数学·统计学系列

二维、三维欧氏几何的对偶原理

Duality Principle for Two Dimensional and Three Dimensional Euclidean Geometry

● 陈传麟 著

哈尔滨工业大学出版社
HARBIN INSTITUTE OF TECHNOLOGY PRESS

内 容 简 介

本书指出二维、三维的欧氏几何都存在对偶原理,欧氏几何经过对偶所产生的新几何,实质上是对欧氏几何的一种新解释,称为"黄几何"(欧氏几何自身改称为"红几何"),"黄几何"经过再对偶产生的新几何称为"蓝几何",……

对于任何一个命题(本书所说的命题均指真命题),都可以反复使用对偶原理,产生一个又一个新的命题,形成命题链,这些新命题的正确性毋庸置疑,盖由对偶原理保证,这是射影几何所不具备的.

建立欧氏几何的对偶原理,除了需要"假元素"(指无穷远点、无穷远直线、无穷远平面)外,还要引进"标准点",它是度量(长度和角度)之必需,是建立对偶原理的点睛之笔,成败之举.

运用欧氏几何对偶原理解题,是一种新的解题方法,称之为"对偶法".

本书可作为大专院校数学系师生、中学数学教师,以及数学爱好者的参考用书.可以将本书与《圆锥曲线习题集》(哈尔滨工业大学出版社出版)结合使用.

图书在版编目(CIP)数据

二维、三维欧氏几何的对偶原理/陈传麟著. —哈尔滨:
哈尔滨工业大学出版社,2018.12
ISBN 978 - 7 - 5603 - 7718 - 6

Ⅰ.①二…　Ⅱ.①陈…　Ⅲ.①欧氏几何－对偶定理－研究　Ⅳ.①O181

中国版本图书馆 CIP 数据核字(2018)第 231241 号

策划编辑　刘培杰　张永芹
责任编辑　张永芹　穆　青
封面设计　孙茵艾
出版发行　哈尔滨工业大学出版社
社　　址　哈尔滨市南岗区复华四道街 10 号　邮编 150006
传　　真　0451 - 86414749
网　　址　http://hitpress.hit.edu.cn
印　　刷　哈尔滨市石桥印务有限公司
开　　本　787mm×1092mm　1/16　印张 51　字数 1024 千字
版　　次　2018 年 12 月第 1 版　2018 年 12 月第 1 次印刷
书　　号　ISBN 978 - 7 - 5603 - 7718 - 6
定　　价　138.00 元

(如因印装质量问题影响阅读,我社负责调换)

作者简介

陈传麟，1940 年生于上海.

1963 年于安徽大学数学系本科毕业.

1965 年试建立欧几里得几何的对偶原理，并于当年获得成功.

2011 年发表专著《欧氏几何对偶原理研究》（上海交通大学出版社）.

2013 年起编撰《圆锥曲线习题集》（上、中、下共五册，哈尔滨工业大学出版社）.

The most incomprehensible thing about the world is that it is all comprehensible.

—— Albert Einstein

这个世界最令人费解的是，它竟可被理解.

——爱因斯坦

If at first the idea is not absurd, then there will be no hope for it.

—— Albert Einstein

如果一个想法从一开始就不荒谬，那它就没有希望了.

——爱因斯坦

◎

点和直线是欧氏几何中最基本的概念.

坊间历来认为欧氏几何没有对偶原理,就是说,在欧氏几何里,点就是点,直线就是直线,点不能当"直线"用,当然,直线也不能当"点"用.苏联几何学家叶菲莫夫就这样认为,他在书中写道:"我们注意到,在初等几何里没有对偶性.例如,在欧几里得几何的从属关系里,点和直线就不是互相对偶的;事实上,在欧几里得平面上,两个点总有公共的直线,但是两条直线并不总有公共的点(可以是平行的)……"(见叶菲莫夫著《高等几何学》,裘光明译,高等教育出版社,1954 年版,第 368 页)他认为,只有射影几何才具备对偶原理,他说:"由于射影几何不涉及度量,所以内容比较贫乏,其对偶原理很容易建立."(上书第 455 页)

事实并非如此,1965 年,本书作者引进了"标准点"后,终于在欧氏几何里建立了对偶原理,这不能不说是对欧氏几何的一项重要建树.

欧氏几何的对偶原理,是一件新事物,新事物往往难于让人接受,加之叙述又颇费口舌,所以,本书作者——我的老师,为此等候了 50 年.

2010 年,上海交通大学出版社对陈先生的研究成果很感兴趣,准备出版他的著作《欧氏几何对偶原理研究》,并向某基金申请出版赞助,陈先生当时表示,恐怕不会有好结果,果不其然,该基金的评审专家很快给出如下评语(这里全文照抄,包括笔误及标点):"此书研究内容为初等几何范畴,在一定意义下可以视为戴沙格定理的补充,其所谓新方法新理论没有挑出经典几何的内容,也没有实际应用。本书可以作为平面几何的补充或课外读物。"

陈先生对此评语,只说了一句话:Go your own way;let others talk!(语出意大利文学家 Dante Alighieri(但丁·阿利格耶里,1265—1321)的代表作长诗《神曲》.)

在数学史上,一件新事物被误解、贬斥,甚至嘲弄,这样的事例还少吗?

过去的已经过去,不必太在意,还是谈谈现在吧! 陈先生现在写的这本书分 3 章,第 1 章是关于二维欧氏几何的对偶原理,第 2 章是关于三维欧氏几何的对偶原理,第 3 章是关于"特殊蓝几何"和"特殊黄几何"的阐述,其中有很多精妙的论述,令人拍案称奇.

陈先生把添加了无穷远点和无穷远直线的欧氏几何称为"红几何",该几何的对偶几何称为"黄几何""黄几何"的对偶几何称为"蓝几何",这里的"红""黄""蓝"只是用以区分彼此的符号,如同甲、乙、丙、丁,或 A,B,C,D 一样,并没有具体的含义.

"红几何"里的"点"是常义下的点,不过也可以是"假点"(无穷远点),"红几何"里的"直线"是常义下的直线,不过也可以是"假线"(无穷远直线). "红几何"的对偶几何是"黄几何",该几何里的"点"和"直线"恰恰是"红几何"里的"直线"和"点",这种把点当"直线"用,同时,把直线当"点"用的做法,会给我们带来许多不适,需要经过长时间的练习才能适应.

点和直线是几何的基础,越是基础的东西,越是困难,牵一发而动全身! 这不,有人就反对在欧氏几何里添加无穷远元素(无穷远点和无穷远直线),说:如果添加了,才能建立起对偶原理,那么,也不算欧氏几何的对偶原理,总之,欧氏几何里就不能有无穷远元素.这样的观点过于偏执,试问,排除了无穷远元素,射影几何岂不也失去了对偶原理? 同样是建立对偶原理,为什么一个允许拥有,一个却不允许,采用两个标准? 正确的理解应该是这样的,欧氏几何里,原本是有无穷远元素的,只是一不小心,把它疏忽了,乃至两千年后打起了口水战.

"黄几何"经过对偶成了"蓝几何""点"和"直线"的身份又一次互换,因而,

"蓝几何"的"点"和"直线"又变回到了常义下的点和直线,话虽这么说,但毕竟"蓝几何"不是"红几何",因为,"蓝几何"的"假点""假线"不再是当初"红几何"的"假点""假线","蓝几何"是一个完全不同于"红几何"的新世界.

在欧氏几何对偶原理的解读下,椭圆、抛物线、双曲线和圆这四种曲线达到高度的统一(不是射影意义下的统一,而是度量意义下的统一),例如:圆,它可以被用作椭圆、抛物线或者双曲线,反过来,椭圆、抛物线、双曲线都可以被当作圆,所以,圆的每一条性质(包括所有的度量性质)均可移植到椭圆上、抛物线上,或者双曲线上,当然,也可以反过来移植,这样就极大地丰富了圆锥曲线的内容.(请参阅陈先生所著《圆锥曲线习题集》,哈尔滨工业大学出版社,该书共五册,内含圆锥曲线命题5 300道.)

一道命题和它的对偶命题是同真同假的,因而,一道真命题经过一再对偶,就会产生一系列的真命题,形成命题链(这一点,射影几何的对偶原理做不到),一些风马牛不相及的命题,就有了因果关系.

下面举六个例子.

第一个例子,请考察下面的命题1.

命题 1 设圆上有六个点:A,B,C,D,E,F,若 $AB \parallel DE$,且 $BC \parallel EF$,如图1所示,求证:$CD \parallel FA$.

这个命题的证明很简单:

因为 $AB \parallel DE$,所以 $\angle ACE = \angle BFD$.

又因为 $BC \parallel EF$,所以 $\angle CAE = \angle BDF$,于是 $\angle DBF = \angle AEC$,所以 $CD \parallel FA$.(证毕)

若把命题1表现在"蓝几何"里,则得下面的命题2.

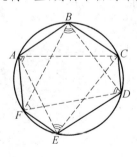

图 1

命题 2 设椭圆 α(或抛物线或双曲线)上有六个点:A,B,C,D,E,F. AB 交 DE 于 P,BC 交 EF 于 Q,CD 交 FA 于 R,如图2所示,求证:P,Q,R 三点共

线(此直线记为 z).

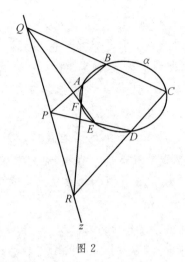

图 2

这就是"帕斯卡(Blaise Pascal,1623—1662)定理",若以 z 为"蓝假线",那么,图 2 在"蓝种人"眼里,就和我们眼里看到的图 1 是一样的.

帕斯卡定理是命题 1 的对偶命题,而命题 1 几乎明显成立,因而,帕斯卡定理也几乎明显成立,无须多说什么,事情就这么简单.

若把命题 2 表现在"黄几何"里,则得下面的命题 3.

命题 3 设六边形 $ABCDEF$ 外切于椭圆(或抛物线或双曲线),如图 3 所示,求证:AD,BE,CF 三线共点(此点记为 Z_2).

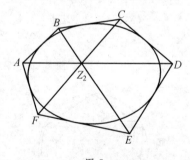

图 3

命题 3 是"布里昂雄(C. J. Brianchon,1785—1864)定理".若以 Z_2 为"黄假线",则图 3 在"黄种人"眼里,就和我们眼里看到的图 2 是一样的.

布里昂雄定理是命题 2 的对偶命题,因为命题 2 是成立的,所以,布里昂雄定理也是成立的,事情就这么简单.

如果把图 2 的 R 视为"黄假线",那么,在"黄种人"眼里,α 是"黄双曲线",A

4

与 F 是一对彼此平行的"直线"，C 与 D 也是一对平行的"直线"，$AFDC$ 是"黄双曲线"α 的外切"平行四边形"，B 与 E 是"黄双曲线"α 的两条"切线"，……把"黄种人"的这些理解，用我们的语言表述出来，就成了下面的命题 4.

命题 4 设平行四边形 $ABCD$ 的四边均与双曲线 α 相切，E，F 两点分别在 AB，BC 上，过 E 作 α 的切线，交 AD 于 G，过 F 作 α 的切线，交 CD 于 H，如图 4 所示，求证：$EF /\!/ GH$.

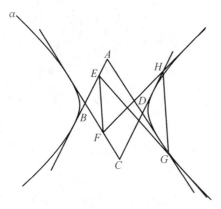

图 4

图 4 的 EF 和 GH 分别对偶于图 2 的 P 和 Q，因为在"黄观点"下，图 2 的 P，Q 是彼此"平行"的，所以，命题 4 的结论是：$EF /\!/ GH$.

命题 4 对椭圆也成立，即下面的命题 5 成立.

命题 5 设平行四边形 $ABCD$ 的四边均与椭圆 α 相切，E，F 两点分别在 AB，BC 上，过 E 作 α 的切线，交 AD 于 G，过 F 作 α 的切线，交 CD 于 H，如图 5 所示，求证：$EF /\!/ GH$.

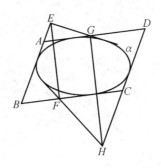

图 5

如果让"蓝种人"去表现命题 5，那么，他们会把图 5 画成像图 6 那样，在那里，PQ 是他们的"蓝假线"，即"无穷远直线"，因而，$ABCD$ 是"蓝椭圆"α 的外切

"平行四边形",…… 在图 6 中,除了 P,Q,R 都是"无穷远点"外,其余各点都与图 5 完全一致(这两个图的字母完全一致).

对于"蓝种人"画的图 6,用我们的语言表述出来,就成了下面的命题 6.

命题 6 设完全四边形 $ABCD-PQ$ 外切于椭圆 α,E,F 两点分别在 AB,BC 上,过 E 作 α 的切线,交 AD 于 G,过 F 作 α 的切线,交 CD 于 H,EF 交 GH 于 R,如图 6 所示,求证:R 在直线 PQ 上.

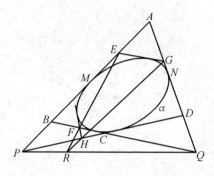

图 6

如果把图 6 的 A 视为"黄假线",那么,在"黄种人"眼里,α 就是"黄双曲线",M,N 都是这"黄双曲线"的"渐近线"(在我们眼里,M,N 分别是 AP,AQ 与 α 的切点),E,B,P 都是与 M 平行的一组"平行线",G,D,Q 都是与 N 平行的另一组"平行线",把"黄种人"对图 6 的这些感受,用我们的语言表述出来,就成了下面的命题 7.

命题 7 设双曲线 α 的两条渐近线为 t_1,t_2,A,B,C,D 是 α 上四点,过 D 作 t_2 的平行线,交 AB 于 P;过 D 作 t_1 的平行线,交 AC 于 Q;过 B 作 t_1 的平行线,同时,过 C 作 t_2 的平行线,这两线交于 R,如图 7 所示,求证:P,Q,R 三点共线.

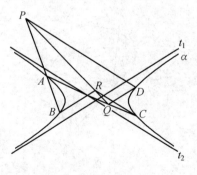

图 7

现在,如果把图 6 的 AB 视为"蓝假线",那么,在"蓝种人"眼里,α 就是"蓝抛物线"，GE，GR 是"蓝平行"的，DP，QP 也是"蓝平行"的，把"蓝种人"对图 6 的这些感受，用我们的语言表述出来，就成了下面的命题 8.

命题 8　设 A，B，C 是抛物线 α 外三点，过 A，B 分别作 α 的切线，这两切线分别记为 l_1，l_2，过 C 作 α 的两条切线，这两切线分别交 l_1 于 D，E，过 A 作 CE 的平行线，交 BC 于 F，如图 8 所示，求证：DF 与 l_2 平行.

命题 7 的下列六点：C，F，G，H，Q，R，分别对偶于命题 8 的以下六点：E，D，B，C，A，F.

直接证明命题 8 是很容易的，只要注意到图 8 的 α 有一个"外切六边形"$ABMNCD$ 即可，这里的 M 是 l_2 上的无穷远点，N 是直线 CE 上的无穷远点，所以由布里昂雄定理知，该"外切六边形"的三条对角线 AN（即 AF），BC，DM（即 DF）共点（该点是 F），相当于说"DF 与 l_2 平行"，这就是命题 8 的证明.

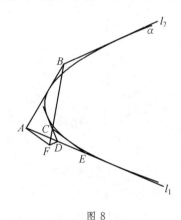

图 8

从命题 1 到命题 8，虽然形态各异，然而，却因为对偶关系，而联系在一起.

第二个例子，请考察下面的命题 9，它是一道关于两个椭圆的命题（见陈先生所著《圆锥曲线习题集》上册命题 414）.

命题 9　设两椭圆 α，β 相交于 P，Q，R，S 四点，α，β 的四条公切线构成四边形 $EFGH$，α，β 在边 EF，FG，GH，HE 上的切点分别记为 A，B，C，D 和 A'，B'，C'，D'，设 EG 交 FH 于 O，如图 9 所示，求证：

① 有四次三点共线，它们分别是：(A,O,C)；(A',O,C')；(B,O,D)；(B',O,D')；

② 还有两次三点共线，它们分别是：(P,O,R)，(Q,O,S).

这道命题如何证明？为此，先考察下面的命题 10 和命题 11，它们都是明显成立的.

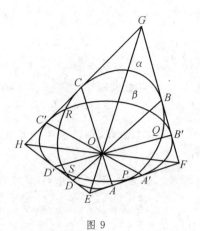

图 9

命题 10 设平行四边形 $ABCD$ 外切于椭圆 α，AC 交 BD 于 O，如图 10 所示，求证：O 是椭圆 α 的中心．

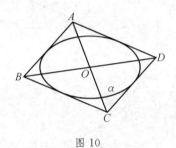

图 10

命题 11 设 O 是两椭圆 α，β 的共同的中心，这两个椭圆相交于 P,Q,R,S 四点，它们的四条公切线构成四边形 $EFGH$，α，β 在四边 EF，FG，GH，HE 上的切点分别记为 A,B,C,D 和 A',B',C',D'，设 EG 交 FH 于 O，如图 11 所示，求证：

① 有四次三点共线，它们分别是：(A,O,C)；(A',O,C')；(B,O,D)；(B',O,D')；

② 还有两次三点共线，它们分别是：(P,O,R)，(Q,O,S)．

现在，回到图 9，设 EF 交 GH 于 L，FG 交 EH 于 K，记 LK 为 z，如图 11.1 所示，这时，若将 z 视为"蓝假线"，那么，在"蓝观点"下，α 是"蓝椭圆"，$EFGH$ 是其外切平行四边形，因而，按命题 10，点 O 是 α 的"蓝中心"．同理，点 O 也是"蓝椭圆" β 的"蓝中心"，可见，图 9 的 α，β 在"蓝观点"下，是有着公共的"蓝中心"的"蓝椭圆"，故按命题 11，命题 9 的两个结论都是成立的（在我们眼里或在"蓝种人"眼里，三点共线都是一致的）．

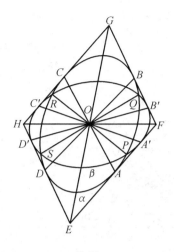

图 11

命题 9 的证明就如此简单.

顺带说一句,命题 9 在"黄几何"中的表现,是下面的命题 12,它的正确性当然毋庸置疑.

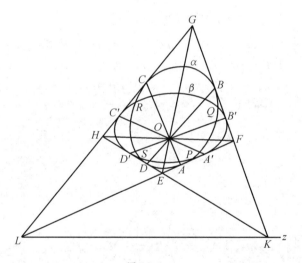

图 11.1

命题 12 设两椭圆 α,β 交于 A,B,C,D 四点,AB 交 CD 于 M,AD 交 BC 于 N,过 A,C 分别作 α 的切线,二者交于 P,过 B,D 分别作 α 的切线,二者交于 Q,过 A,C 分别作 β 的切线,二者交于 S,过 B,D 分别作 β 的切线,二者交于 T. 设 α,β 的四条公切线构成四边形 $EFGH$,EF 交 GH 于 U,EH 交 FG 于 V(限于图中篇幅未画出),如图 12 所示,求证:

①AC,BD,EG,FH 四线共点,这点记为 O;

②E, O, G, N 四点共线，F, O, H, M 四点共线；

③M, N, P, Q, S, T, U, V 八点共线，此线记为 z；

④ 点 O 既是直线 z 关于 α 的极点，又是直线 z 关于 β 的极点．

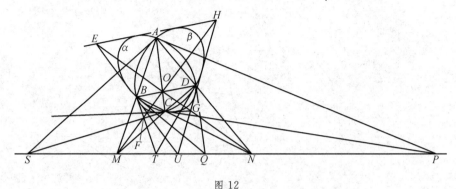

图 12

第三个例子，我们知道，两个椭圆在"蓝几何"里，是可以同时被视为"蓝圆"的（参阅本书第 1 章第 3 节的 3.44），所以，有关两圆的命题均可移植到两个椭圆上．

例如，下面的命题 13 是明显成立的．

命题 13 设两圆 α, β 外离，AB, CD 是它们的两条外公切线，EF, GH 是它们的两条内公切线，A, B, C, D 和 E, F, G, H 都是切点，如图 13 所示，设 AB 交 CD 于 M，EF 交 GH 于 N，AG 交 CE 于 P，BF 交 DH 于 Q，求证：M, N, P, Q 四点共线．

于是，下面的命题 14 也明显成立．

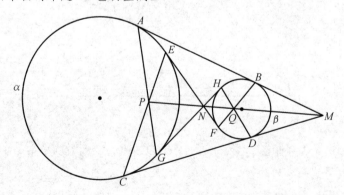

图 13

命题 14 设两椭圆 α, β 外离，AB, CD 是它们的两条外公切线，EF, GH 是它们的两条内公切线，A, B, C, D 和 E, F, G, H 都是切点，如图 14 所示，设 AB

10

交 CD 于 M,EF 交 GH 于 N,AG 交 CE 于 P,BF 交 DH 于 Q,求证:M,N,P,Q 四点共线.

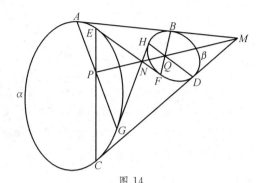

图 14

接下来的问题是:怎样把命题 14 表现在"黄几何"里?

我们知道,当两椭圆外离时,这两椭圆没有公共点,但有四条公切线,反之,若两椭圆没有公共点,但有四条公切线,那么,这两椭圆必然是外离的.

"公共点"对偶于"公切线",而"公切线"则对偶于"公共点",所以上述两椭圆外离的充要条件,在"黄几何"里,应该这样叙述(用我们的语言叙述):若两圆锥曲线有四个公共点(对偶于上面说的"但有四条公切线"),但没有公切线(对偶于上面说的"没有公共点"),那么,在"黄种人"眼里,这两圆锥曲线就是两个外离的"椭圆"——"黄椭圆".于是得到命题 14 的对偶命题如下:

命题 15 设两双曲线 α,β 相交于 A,B,C,D 四点,过 A,B 分别作 α 的切线,这两切线交于 E;过 C,D 分别作 α 的切线,这两切线交于 G,过 B,C 分别作 β 的切线,这两切线交于 F;过 D,A 分别作 β 的切线,这两切线交于 H,如图 15 所示,求证:AC,BD,EG,FH 四线共点(此点记为 O).

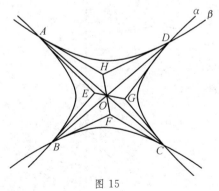

图 15

图 14 与图 15 的对偶关系如下:

11

图 15	图 14
A, B, C, D	AB, EF, CD, GH
E, F, G, H	AG, BF, CE, DH
AC, BD, EG, FH	M, N, P, Q

顺带说一句,命题 15 对椭圆也成立:

命题 16 设两椭圆 α, β 相交于 A, B, C, D 四点,过 A, B 分别作 α 的切线,这两切线交于 E;过 C, D 分别作 α 的切线,这两切线交于 F,过 B, C 分别作 β 的切线,这两切线交于 H;过 D, A 分别作 β 的切线,这两切线交于 G,如图 16 所示,求证:AC, BD, EF, GH 四线共点(此点记为 O).

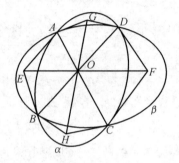

图 16

第四个例子,请考察下面的命题 17,它明显成立.

命题 17 设两圆 α, β 外切于 P,AB, CD 是它们的两条外公切线,A, B, C, D 都是切点,如图 17 所示,过 A, C 分别作 β 的切线,切点依次为 E, F;过 B, D 分别作 α 的切线,切点依次为 G, H,过 P 且与 α, β 都相切的切线记为 l,求证:l 与 EF, GH 都平行.

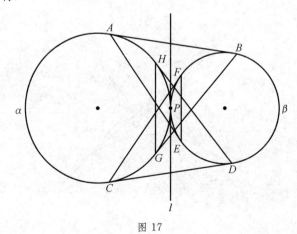

图 17

12

于是,下面的命题18也明显成立.

命题18　设两椭圆α,β外切于P,它们的两条外公切线分别为AB,CD,且A,B,C,D都是切点,如图18所示,过A,C分别作β的切线,切点依次为E,F;过B,D分别作α的切线,切点依次为G,H,设GH交EF于Q,求证:直线PQ是α,β的内公切线.

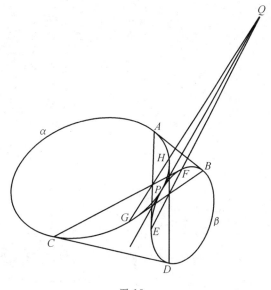

图 18

接下来的问题是:怎样把命题18表现在"黄几何"里?

我们知道,当两椭圆外切时,这两椭圆只有一个公共点,且只有三条公切线,反之,若两椭圆只有一个公共点,且只有三条公切线,那么,这两椭圆必然是外切的.

所以上述两椭圆外切的充要条件,在"黄几何"里,应该这样叙述(用我们的语言叙述):若两圆锥曲线只有三个公共点(对偶于上面说的"只有三条公切线"),但只有一条公切线(对偶于上面说的"只有一个公共点"),那么,在"黄种人"眼里,这两圆锥曲线就是两个外切的"椭圆"——"黄椭圆".于是命题18的对偶命题是下面的命题19:

命题19　设椭圆α与双曲线β有且仅有三个公共点:P,A,B,其中P是α,β的切点,A,B都是α,β的交点,过A,B分别作β的切线,依次交α于C,D,过C,D分别作α的切线,这两切线交于Q;现在,过A,B分别作α的切线,依次交β于E,F,过E,F分别作β的切线,这两切线交于R,如图19所示,求证:P,Q,R三点

13

共线.

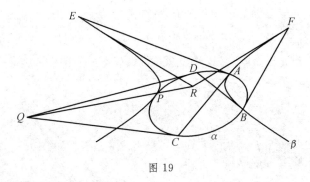

图 19

图 19 与图 18 的对偶关系如下:

图 19　　　　图 18

P,A,B　　　　PQ,AB,CD

C,D,E,F　　AE,CF,BG,DH

Q,R　　　　　EF,GH

也可以用命题 20 替代命题 19.

命题 20　设两椭圆 α,β 有且仅有三个公共点 P,A,B,其中 P 是 α,β 的切点,另两个都是交点,过 A,B 分别作 α 的切线,这两切线依次交 β 于 C,D,过 C,D 分别作 β 的切线,这两切线交于 Q.现在,过 A,B 分别作 β 的切线,这两切线依次交 α 于 E,F,过 E,F 分别作 α 的切线,这两切线交于 R,如图 20 所示,求证:P,Q,R 三点共线.

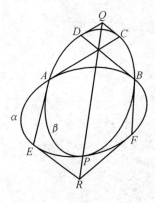

图 20

易见,两椭圆有且仅有三个公共点时,这两椭圆必然有且仅有三条公切线,反之,两椭圆有且仅有三条公切线时,这两椭圆必然有且仅有三个公共点.所以,若将图 20 的 P 视为"黄假线",那么,命题 20 在"黄几何"中的表现是下面的命题 21.

命题 21 设两椭圆 α,β 有且仅有三个公共点,其中有一个公共点是 α,β 的切点,记为 P,过 P 且与 α,β 都相切的直线记为 t,这两椭圆的另两条公切线分别与 α,β 相切于 A,B 和 C,D,过 A,C 分别作 β 的切线,切点依次为 E,F;过 B,D 分别作 α 的切线,切点依次为 G,H,设 EF 交 GH 于 S,如图 21 所示,求证:点 S 在 t 上.

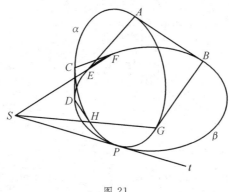

图 21

第五个例子,请考察下面的命题 22.

命题 22 设 Z 是椭圆 α 的焦点,椭圆 β 在 α 的内部且过 Z,α 与 β 有且仅有两个公共点 A,B,它们都是 α,β 的切点,过 A,B 分别作 α,β 的公切线,这两条公切线交于 M,过 Z 作 β 的切线 t,如图 22 所示,求证:$t \perp ZM$.

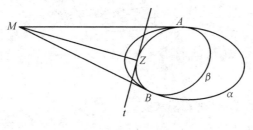

图 22

本命题的正确性是明显的,那是因为,若以 Z 为"黄假线",则在"黄观点"下,图 22 的 β 是"黄抛物线",α 是"黄圆",该"圆"在 β 的"内部"(尽管看起来在外部),且与 β 相切于"两点"(这"两点"是指 AM 和 BM),因而,这"两点"的连线(指 M)与"黄抛物线"β 的"黄对称轴"垂直,就是明显的(至于"黄抛物线"的"黄对称轴"的位置在哪里,请参阅本书第 1 章第 2 节 2.28 的(2)).

把"黄观点"下对图 22 的上述理解,用我们的语言表述出来(这个过程不妨

15

称为"翻译"),就是下面的命题 23.

命题 23 设抛物线 α 的对称轴为 m,圆 O 的圆心在 m 上,且圆 O 与 α 相切,切点分别为 A,B,如图 23 所示,求证:$AB \perp m$.

"黄种人"眼里的图 22,就和我们眼里看到的图 23 是一样的.命题 23 明显成立,因而,命题 22 也明显成立.

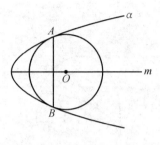

图 23

第六个例子,我们来考察下面各命题的关系.

下面的命题 24 不难证明.

命题 24 过椭圆上两点 A,B 作两个圆,且与椭圆分别交于 C,D 和 C',D',如图 24 所示,求证:$CD \parallel C'D'$.

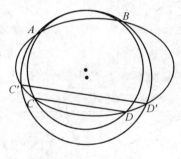

图 24

这个结论对双曲线、抛物线都成立.

将这个命题推广一下,就是下面的命题 25.

命题 25 设三个椭圆 α,β,γ 两两相交于四点,在这些交点中,除了 A,B 是 α,β,γ 三者共同的公共点外,α,β 还交于 C,D;β,γ 还交于 E,F;γ,α 还交于 G,H,如图 25 所示,求证:CD,EF,GH 三线共点.

在"黄观点"下(以三椭圆公共区域内任意一点为"黄假线"),图 25 的 A,B 都是三个"黄椭圆"α,β,γ 的公共的"黄切线",此外,每两"黄椭圆"间都还有两条公共的"黄切线"(指 C,D;E,F;G,H),所以,命题 25 在"黄几何"中的表现,

16

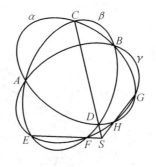

图 25

用我们的语言叙述,就成了下面的命题 26.

命题 26 设三个椭圆 α,β,γ 中,每两个都有四条公切线,其中有两条(记为 l_1,l_2)是 α,β,γ 这三个椭圆共同的公切线,此外,设 β,γ 的另两条公切线交于 P;γ,α 的另两条公切线交于 Q;α,β 的另两条公切线交于 R,如图 26 所示,求证:P,Q,R 三点共线.

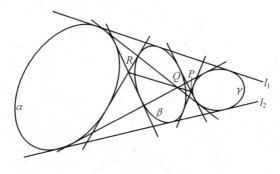

图 26

若把图 26 的 l_2 视为"蓝假线",那么,在"蓝观点"下,α,β,γ 都是"蓝抛物线",且两两外离,l_1 是它们三者的公切线,把这些"蓝观点"下的理解,翻译成我们的语言,就是下面的命题 27.

命题 27 设三条抛物线 α,β,γ 中,每两者都有三条公切线,其中有一条且仅有一条是 α,β,γ 三者公共的切线,它记为 l,除 l 外,三抛物线中,每两者都还有两条相交的公切线,交点分别记为 P,Q,R,如图 27 所示,求证:P,Q,R 三点共线.

我们知道,圆锥曲线能视为"黄圆"的充要条件是:以该圆锥曲线的焦点为"黄假线"(参看本书第 1 章第 2 节的 2.26 及 2.36).因而,命题 24 的"黄表示",

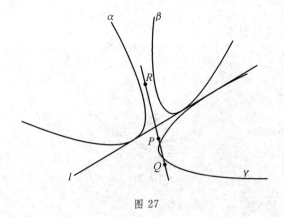

图 27

用我们的语言叙述,是下面的命题 28.

命题 28　设椭圆 α_1,α_2 有着公共的焦点 Z,它们的公切线为 l_1,l_2,作椭圆 α_3,使它与 l_1,l_2 都相切,但与 α_1,α_2 都不相交,设 α_3 与 α_1 的另两公切线交于 A;α_3 与 α_2 的另两公切线交于 B,如图 28 所示,求证:Z,A,B 三点共线.

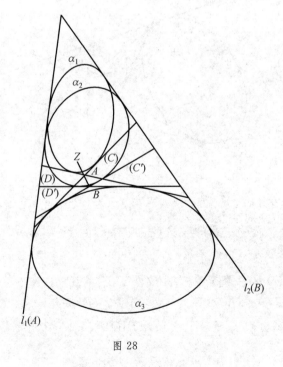

图 28

在图 28 中,α_3 是一条"黄双曲线",它对偶于图 24 中的椭圆 α.

18

到了三维，几何的基本元素由"点"和"线"两件，扩充为"点""线""面"三件，这时，"点"与"面"对偶，而"线"则对偶于自己，就是说，"点"当"面"用，同时，"面"当"点"用，"线"仍然当"线"用.

在日常口语中，"面"通常称为"平面""线"通常称为"直线"，那么，"点"呢？为了字面上能取得平等对待，我们有时把"点"称为"微点".

在三维空间，任何一个平面上，都存在着二维几何，即初中生都熟知的所谓"平面几何".那么，经过对偶，在任何一个点 P 上，也应该存在着二维几何，不妨称为"微点几何"，凡平面几何所含有的东西，如：点、直线、线段、角、三角形、四边形、圆……，在这个点 P 上，应该样样都有，本书对此做了一一交代，例如，在点 P 上，"三角形"是什么样的？原来就是以 P 为顶点的三面角.

必须提醒的是，在点 P 上，凡是过 P 的平面都被当作了"线"，称为"红线"，凡是过 P 的直线，都被当作了"点"，称为"红点"，这样建立的几何称为 P 上的"红微点几何"（参阅本书第 2 章第 1 节的 1.8）.当然也有 P 上的"黄微点几何"，这时，凡是过 P 的平面都被当作了"点"，称为"黄点"，凡是过 P 的直线，都被当作了"线"，称为"黄线"，这样建立的几何称为 P 上的"黄微点几何"（参阅本书第 2 章第 2 节的 2.20），当然还有"蓝微点几何".

本书指出，除了点以外，还有谁可以当作"点"用？回答是："直线"和"平面"都可以.除了直线以外，还有谁可以当作"直线"用？回答是："点"和"平面"都可以.那么，除了平面以外，还有谁可以当作"平面"用？回答是："点"可以，而"直线"不可以，这是因为，任两个平面总有一条公共的直线（这条公共的直线可以是有穷的，也可以是无穷的），而两条直线如果处于异面状态，那么它们既没有公共的点，也没有公共的平面，所以，直线失去了充当"平面"的可能.

谁都知道，在三维空间，一个平面有两侧，即这一侧和那一侧，对偶后，一个"黄面"当然也有"两侧"，这话相当于说，一个点也有"两侧"，那么，一个点的"两侧"是怎么界定的？一个平面有两侧，这个小孩都知道，但一个点也有"两侧"，真是闻所未闻（参阅本书第 2 章第 2 节 2.9 的 (6)）.

本书指出，不论是界定一个平面的两侧，抑或是界定一个点的"两侧"，都离不开无穷远元素，可以这么说，离了无穷远元素，不仅说不清平面两侧，也说不清点的"两侧"，甚至说不清"线段"，说不清三角形的内部和外部……总之，没有无穷远元素的世界，是"混沌的世界""悲惨的世界".

三维欧氏几何的对偶原理当然比二维的要复杂得多、困难得多，读者要细细研读.

W. W. Sawyer 说："数学史上最令人心悦的时刻,就是发现:长久以来认为不相干的两个领域,原来是同一件东西."(语出《数学家是怎样思考的》)

世人都说"欧氏几何没有对偶原理",陈先生却偏要与之叫板,其缘由恐怕只有一个:当时他只有 26 岁.

如今,陈先生已是 76 岁高龄,他还打算再用 10 年的时间,为他的《圆锥曲线习题集》续写两个分册,每册 1 000 题.

老骥伏枥,志在千里.

朱传刚

2017 年

于上海·紫竹园

1

第3章 "特殊蓝几何"和"特殊黄几何" //476

二维欧氏几何的对偶原理

第 1 章

第 1 节　　红二维几何

1.1　欧氏几何存在对偶原理

二维欧氏几何(平面欧氏几何) 的逻辑基础是希尔伯特的公理系统(Hilbert axiomatic system).

1899 年希尔伯特在他的《几何基础》一书中指出:

(1) 二维欧氏几何的基本对象有二:点和直线;

(2) 基本关系有三:属于(或关联,通过,在 …… 之上),介于(或在 …… 之间),合同于(或全等于);

(3) 这些基本概念必须满足 20 条公理.

我们平常说的"点""直线"当然满足上述各条件,那么,我们要问,把点当作"直线",同时把直线当作"点",是否也能满足上述各条件? 用术语说,就是问,二维欧氏几何有对偶原理吗?

坊间长期认为只有射影几何才有对偶原理,二维欧氏几何则没有,此言谬矣.

本书将指出,不但二维欧氏几何有对偶原理,三维欧氏几何也有,而且其用至大.

本章介绍二维欧氏几何的对偶原理.

1.2 "红几何"

要建立欧氏几何的对偶原理,就必须有五项准备工作,或者说必须有五项规定:

规定一　(1) 每条直线上都存在且仅存在一个无穷远点,称为"红假点";

(2) 彼此平行的两条直线公有一个红假点;

(3) 不平行的两条直线有着不同的红假点;

(4) 在平面上存在且仅存在一条无穷远直线,称为"红假线";

(5) 凡红假点均在红假线上,反之,红假线上的点均为红假点. 红假线的专用记号为"z_1"或"z".

直线上增加了红假点后,改称为"红欧线". 红欧线就是我们平常说的直线,不过多加了一个无穷远点(红假点).

红欧线和红假线合称为"红线". 红线常用小写英文字母表示,如 $l, m, n, t, \cdots$.

我们平常说的点以后改称为"红欧点".

红欧点和红假点合称为"红点". 红点常用大写英文字母表示,如 $A, B, C, M, N, \cdots$.

一直线 l 上的红假点,常用排位稍后的大写英文字母表示,如 $W, X, Y, \cdots$. 图示时,可以在该直线上加一个箭头,以显示该红假点所在的方向,如图 1.2.1 所示.

图 1.2.1

我们认为欧氏几何里原本就有红假点(无穷远点)和红假线(无穷远线),是我们自己把它们排除在外,变成目前中学几何教材那样.

排除"假元素"(指红假点和红假线)是造成欧氏几何没有对偶原理的原因之一.

鉴于已经形成的历史,我们还是把增加了红假点和红假线的欧氏几何改称为"红几何".

以往的概念,如"线段""角"等,在红几何里,都应该冠以"红"字,如"红线段""红角"等. 不过,在不会引起误解的情况下,该字通常是省略的,仍像往常一样称呼.

重申一遍,红几何的研究对象有二:红点和红线. 红点包含着两种点:红欧点(就是我们平常说的点)和红假点(无穷远点). 红线包含着两种线:红欧线(就是我们平常说的直线,不过添加了一个无穷远点)和红假线(无穷远直线).

2

红假点是所有红点中一批特殊的红点;红假线是所有红线中一条特殊的红线.

正是由于这些特殊点(红假点)和特殊直线(红假线)的存在,使得红几何(欧氏几何)的内容如此璀璨、宏浩、光彩夺目.

可以预想,如果红几何(欧氏几何)的对偶原理存在,原有的定理都将产生对偶的定理(对偶后的结论必然都是真命题,毋庸怀疑),红几何(欧氏几何)的内容即将翻番,这是何等振奋人心的前景.

1.3 "平行"和"相交"

任何两条红欧线都有且仅有一个公共的红点.

当且仅当该红点是红假点时,称这两条红欧线"平行".

当且仅当该红点是红欧点时,称这两条红欧线"相交".

两条直线平行的定义通常是:如果两条直线没有公共点,则说这两条直线平行.在这种定义里,使用了否定词"没有",就掩盖了事情的实质,后果是严重的.

1.4 "线段"和"线段的中点"

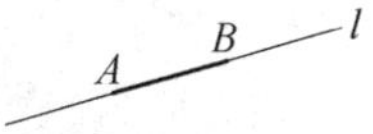

设 A,B 是红欧线 l 上两个固定的红欧点,如图 1.4.1 所示,l 上其余的红点就被 A,B 分成了两个集合,其中粗线条表示的那个集合(包括 A,B 在内)称为"(红)线段",记为"AB"或"BA",也可以记为"$re(AB)$"或"$re(BA)$".A,B 两点均称为该"(红)线段"的"(红)端点".另一个集合不能称为线段,因为它含有 l 上的无穷远点.

图 1.4.1

可见,线段是点的集合.直线 l 上的两点 A,B 只能产生一条线段,介于这两点间的点都称为该线段上的点.

"线段的中点"是一个重要且常用的概念.

通过下列方法,所得之点 M,称为线段 AB 的中点.

方法一:以 AB 为一条对角线作平行四边形 $ACBD$(图 1.4.2),那么,CD 与 AB 的交点 M 就是线段 AB 的中点.

方法二:在 AB 外取一点 C(图 1.4.3),作 AB 的平行线,且分别交 AC,BC 于 D,E,设 AE 交 BD 于 N,CN 交 AB 于 M,那么,M 就是线段 AB 的中点.

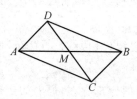

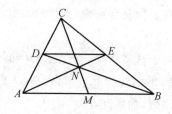

图 1.4.2   图 1.4.3

这里插一句话,下面这个命题可以帮助我们寻找线段的三等分点,其作图过程类似于方法二.

命题 1.4.1   设 $\triangle ABC$ 中,平行于 BC 的直线分别交 AB,AC 于 D,E,BE 交 CD 于 F,过 F 且与 BC 平行的直线分别交 AB,AC 于 G,H,设 BF 交 CG 于 I;CF 交 BH 于 J,AI,AJ 分别交 BC 于 M,N,如图 1.4.4 所示,求证:M,N 是线段 BC 的三等分点.

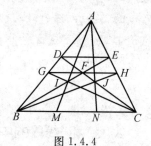

图 1.4.4

1.5 "角"

设两条红欧线 l_1,l_2 有着公共的红欧点 A,如图 1.5.1 所示,那么,经过 A 且处于图 1.5.1 阴影区域的红欧线所构成的集合(包括 l_1,l_2 在内),称为一个"(红)角",记为"$l_1 l_2$"(该阴影区域是 l_1 逆转到 l_2 所致,所以记为"$l_1 l_2$"),也可以记为"$re(l_1 l_2)$"或"$\angle l_1 l_2$".A 称为该角的"顶点",直线 l_1,l_2 称为该角的"边".

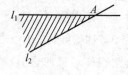

图 1.5.1

图 1.5.1 中经过 A 但不处于阴影区域的红欧线所构成的另一个集合(包括

4

l_1, l_2 在内),也称为一个"(红)角",按逆转的要求,它应该记为"$l_2 l_1$",也可以记为"$re(l_2 l_1)$"或"$\angle l_2 l_1$". A 称为该角的"顶点",直线 l_1, l_2 称为该角的"边".

可见,角是直线的集合.过点 A 的两条直线 l_1, l_2 会产生两个角.

线段是点的集合,角是直线的集合,要想建立对偶原理,就必须这样做.

在图 1.5.2 中,由直线 l_1, l_2 产生的两个角中,与线段 BC 对应的那个角,可以记为"$\angle BAC$",而与线段 CD 对应的那个角,可以记为"$\angle CAD$".

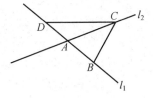

图 1.5.2

这种因线段而产生的角称之为"截角".例如,三角形的三个内角就都是截角.

在图 1.5.2 中,$\angle BAC$ 和线段 BC 相互对应,$\angle CAD$ 和线段 CD 相互对应,角和线段的这种对应很重要.

1.6 "红标准点"

在红欧点中选取一个点(红欧点),称其为"标准点"或"红标准点",记为"O_1",它在角的度量和线段的度量中起着重要的作用.

"标准点"的设立是建设欧氏几何对偶原理的点睛之笔,成败之举.

在建立直角坐标系时,它可以当作坐标原点.

1.7 "角度"

我们赋予每一个红角 $l_1 l_2$ 一个数值,称为该红角的"角度",记为"$|l_1 l_2|$". 必要时,记为"$re(|l_1 l_2|)$".

那么,这个数值是怎样产生的?以下分两种情况叙述.

(1)如果角的顶点正好就是标准点.

设 $\angle AO_1 B$ 恰以标准点 O_1 为顶点,如图 1.7.1(a) 所示,那么,该角的大小就按通常的方法度量,所得数值记为 α.

5

（2）如果角的顶点不是标准点.

在图 1.7.1(b) 中，如果 $\angle DMC$ 的两边分别与 $\angle AO_1B$ 的两边平行，且方向相同（这样的两个角是平移关系），则认为该角的大小与 $\angle AO_1B$ 的大小一样，也是 α.

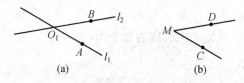

图 1.7.1

由此可见，要想知道一个角的度数，就必须对它作平移，把角的顶点平移到标准点 O_1 处，因为只有顶点在 O_1 的角才是可以度量的. 这是我们对角的度量的规定.

因为平移或旋转不会改变角度的大小，所以上述规定实属多余，这里之所以如此叙述，是为了给后面的对偶几何做示范. 到那时，这条规定就不是多余的了.

若两个红角的大小相同，就说这两个红角"相等"，或者说这两个红角中的一个"合同于"另一个.

角度具有可加性.

考察图 1.5.1，由直线 l_1,l_2 所构成的两个角中，那个较小的角称为这两条直线的"夹角"，其值记为 θ，则 $0°<\theta\leqslant 90°$.

在直线 l_1 和 l_2 平行的情况下，我们认为它们的"夹角"是 $0°$.

在图 1.5.2 中，我们看到，截角的大小可以是钝角（如 $\angle CAD$），所以，截角的大小如果记为 θ，那么，它的取值范围是 $0°<\theta<180°$.

考察图 1.7.2，其中 O_1 是标准点，过 O_1 作直线 l_1，这直线上的红假点（无穷远点）记为 W_1，很清楚，过 O_1 的直线 l_1，与红假线 z_1（无穷远直线）上的红假点 W_1 形成了一一对应. 现在，过 O_1 再作一直线，记为 l_2，l_2 上的红假点记为 W_2，虽然，红假线 z_1 上的两个红假点 W_1,W_2 之间不存在"距离"的说法，但是，我们认为，这两红假点 W_1,W_2 之间存在"角度"，其大小以两直线 l_1,l_2 所构成的夹角计算.

重申一遍，红假线 z_1 上的红假点与过标准点 O_1 的直线形成一一对应；红假线 z_1 上的两个红假点间都赋予一个数值，称为这两个红假点间的"角度". 这个"角度"要通过标准点 O_1 上两条相应直线所构成的夹角体现.

上面说过，角度的度量要在标准点上进行，现在，既然红假线 z_1 上的红假

6

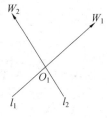

图 1.7.2

点与过标准点 O_1 的直线形成了一一对应,那么,角度的度量也可以在红假线 z_1 上进行,这一点在以后对偶的叙述中很重要.

在红几何里,标准点 O_1 上角度的度量规定在先,红假线 z_1 上两个红假点间"角度"的规定在后,以后,在黄几何里,这样的规定顺序正好倒过来,请参阅本章第 2 节的 2.5.

1.8 "长度"

我们赋予每条线段 AB 一个数值,称为该线段的"长度",记为"$|AB|$",必要时,记为"$re(|AB|)$".

线段 AB 的长度,也就是两点 A,B 间的"距离".

那么,这个数值是怎样产生的? 以下分两种情况叙述.

考察图 1.8.1,设直线 l 经过标准点 O_1,A,B 是 l 上的两点,e 是长度单位,那么,线段 AB 的长度就可以用 e 来度量,度量的结果称为 AB 的"长度".

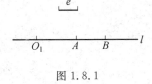

图 1.8.1

可见:

(1)当 l 经过标准点 O_1 时,l 上的线段的长度的度量与我们通常的度量是一样的.

(2)如果直线 l 不经过标准点 O_1.

考察图 1.8.2,设直线 l 不经过标准点 O_1,A,B 是 l 上的两点,O_1 在 l 上的射影记为 C,按上面所说,线段 O_1C 的长度是可以度量的,其长度记为 m,又记 $\angle AO_1B = \alpha$,$\angle BAO_1 = \beta$,$\angle ABO_1 = \gamma$,现在,规定图 1.8.2 的线段 AB 的长度为

7

$$re(|AB|) = \frac{m \cdot \sin \alpha}{\sin \beta \cdot \sin \gamma}$$

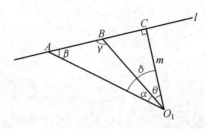

图 1.8.2

以下证明,这样规定的红长度和我们通常所说的长度是一致的.

证明:

记 $\angle BO_1C = \theta$, $\angle AO_1C = \delta$,有

$$re(|AB|) = \frac{m \cdot \sin \alpha}{\sin \beta \cdot \sin \gamma}$$

$$= \frac{m \cdot \sin \alpha}{\dfrac{m}{O_1A} \cdot \dfrac{m}{O_1B}}$$

$$= \frac{O_1A \cdot O_1B \cdot \sin(\delta - \theta)}{m}$$

$$= \frac{O_1A \cdot O_1B \cdot (\sin \delta \cos \theta - \cos \delta \sin \theta)}{m}$$

$$= \frac{O_1A \cdot O_1B \cdot \left(\dfrac{AC}{O_1A} \cdot \dfrac{m}{O_1B} - \dfrac{m}{O_1A} \cdot \dfrac{BC}{O_1B}\right)}{m}$$

$$= AC - BC$$

$$= AB$$

这样说来,不论 l 是否经过标准点 O_1,红线段的红长度实际上与我们通常所说的长度别无二致,上述论述似乎也是多余的,其实不然,这里之所以如此叙述,是为了给后面的对偶几何做示范.

若两条红线段的长度相同,就说这两条红线段"相等",或者说这两条红线段中的一条"合同于"另一条.

平移或旋转不会改变长度的大小.另外,长度具有可加性.

以上回忆了红几何中最基本、最重要的几个概念,由它们可以引申出许许多多其他的概念,如三角形、四边形、圆、椭圆、抛物线、双曲线 ……. 在后面建立欧氏几何的对偶几何时,叙述的顺序也是这样的.

8

红几何的基础是希尔伯特公理系统(希尔伯特,《几何基础》第七版,1930年),但是要有所改进,这主要表现在两方面:

(1) 基本对象是:红欧点、红假点、红欧线、红假线.

(2) 平行公理(parallel axiom)应改为:过红欧线 l 外一个红欧点 A 有且仅有一条红欧线 l',使 l' 与 l 公有一个红假点.

在红几何中,我们要用抽象的观点和集合的观点看待一切几何图形.

(1) 抽象的观点.

对于红点、红线,我们只知道以下一些事实,如:"红点"只有"红欧点"和"红假点"之分;"红线"只有"红欧线"和"红假线"之分;一条红欧线上有无数个红欧点,但只有一个红假点;有无数条红欧线,但只有一条红假线;红假线上的红点全是红假点,反之,凡红假点均在红假线上,等等.

除此之外,红点、红线没有其他的属性,例如,当我们说到"直线"的时候,脑海里立刻浮现出一条又细又长、两头无限延伸的线状物;而说到"点"的时候,脑海里立刻浮现出一个圆形的点状物.这些想象都是对"直线"和"点"额外增加的属性,所以以后一旦发现,"直线"和"点"的"形状"恰好与上面的描述相反,即"直线"是圆形的点状物,而"点"则是又细又长的线状物,就会大惑而不解.

"红假点"就其当初的产生来看,它具有"无穷远""在我们视线之外"的特性,又例如,"红假线"具有"实际上不存在""完全是想象的"等特性,然而,在红几何中,这些特性我们都不关心、不理睬,以后我们会看到,"假点""假线"不一定远不可及,而是近在眼前;不一定虚幻,而是实实在在.

(2) 集合的观点.

例如,"红线段"是由一些红欧点构成的集合;"红角"是由一些红欧线构成的集合……

所有图形,不是"点"的集合,就是"直线"的集合,这一点很重要.

1.9　红点、红线的坐标

用坐标法研究红几何远比用综合法简单、清晰.

以红标准点 O_1 作为坐标原点,建立直角坐标系 $\{O_1, x, y\}$,那么,每一个红点就对应着一个有序实数组 (x, y, z) $(x, y, z$ 不全为零),称为该红点的"红齐次坐标"(homogeneous coodinates)，这个坐标也可以写成$(\frac{x}{z}, \frac{y}{z}, 1)$，或写成 $(\frac{x}{z}, \frac{y}{z})$，后者称为"红非齐次坐标".

当$z = 0$时，红坐标$(x, y, 0)$表示的是一个红假点，反之，凡红假点，其红坐标中的第三个分量一定是零（另两个分量不全为零）.

现在考察红线l，设其方程为

$$px + qy + rz = 0 \quad (p, q, r \in \mathbf{R}, p, q, r \text{ 不全为零}) \tag{1}$$

我们把有序实数组(p, q, r)称为红线l的"红齐次坐标".

当$p = q = 0$，且$r \neq 0$时，具有红坐标$(0, 0, r)$的红线是红假线（红假线的专用记号是z_1）.

我们知道，红点和红线间有着三种关系："属于""介于""合于".

(1)"属于"是这样规定的.

若红点M的齐次坐标为(x_0, y_0, z_0)，红线l的齐次坐标为(p_0, q_0, r_0)，二者有如下关系

$$p_0 x_0 + q_0 y_0 + r_0 z_0 = 0 \tag{2}$$

则说"红点M属于红线l"，或者说"红线l属于红点M".

(2)"介于"是这样规定的.

设三个红欧点P, Q, R的齐次坐标分别为(x_1, y_1, z_1)，(x_2, y_2, z_2)，(x_3, y_3, z_3)，记

$$\lambda_{132} = \frac{z_2(x_1 z_3 - x_3 z_1)}{z_1(x_2 z_3 - x_3 z_2)} \quad \text{或} \quad \lambda_{132} = \frac{z_2(y_1 z_3 - y_3 z_1)}{z_1(y_2 z_3 - y_3 z_2)} \tag{3}$$

则红欧点R介于P, Q之间的充要条件是

$$\lambda_{132} < 0 \tag{4}$$

(3)"合于"是这样规定的.

设两红欧线$l_1(p_1, q_1, r_1)$和$l_2(p_2, q_2, r_2)$构成红角$\angle l_1 l_2$，则它的正切值是

$$\tan(\angle l_1 l_2) = \frac{p_1 q_2 - p_2 q_1}{p_1 p_2 + q_1 q_2} \tag{5}$$

因为$0° \leqslant \angle l_1 l_2 < 180°$，所以$\tan(\angle l_1 l_2)$的值和$\angle l_1 l_2$的度数间形成一一对应，于是，一个红角合于另一个红角的充要条件是它们的正切值相等.

设两个红欧点$P_1(x_1, y_1, z_1)$和$P_2(x_2, y_2, z_2)$构成红线段$P_1 P_2$，则这条红线段的长度规定为

10

$$P_1 P_2 = \sqrt{\left(\frac{x_2}{z_2} - \frac{x_1}{z_1}\right)^2 + \left(\frac{y_2}{z_2} - \frac{y_1}{z_1}\right)^2} \tag{6}$$

于是,一条红线段合于另一条红线段的充要条件是它们的长度相等.

1.10 "红正交线性变换"

现在,谈谈红点与红点间的变换——"红变换".

设两个红点 $M(x,y,z)$ 和 $M'(x',y',z')$ 满足

$$\begin{cases} x' = a_1 x + b_1 y + c_1 \\ y' = a_2 x + b_2 y + c_2 \\ z' = z \end{cases} \tag{1}$$

其中,$a_1,b_1,c_1;a_2,b_2,c_2$ 间有下列关系

$$\begin{cases} a_1{}^2 + b_1{}^2 = 1 \\ a_2{}^2 + b_2{}^2 = 1 \\ a_1 a_2 + b_1 b_2 = 0 \end{cases} \tag{2}$$

在(1)的作用下,红点 M 变成了红点 M',我们称(1)为"红正交线性变换",简称"红变换"(又称"红运动",红运动包含着"红平移"和"红旋转").

设红变换(1)的逆变换是

$$\begin{cases} x = a'_1 x' + b'_1 y' + c'_1 \\ y = a'_2 x' + b'_2 y' + c'_2 \\ z = z' \end{cases} \tag{3}$$

易得

$$\begin{cases} a'_1 = b_2 \\ b'_1 = -b_1 \\ c'_1 = b_1 c_2 - b_2 c_1 \\ a'_2 = -a_2 \\ b'_2 = a_1 \\ c'_2 = -a_1 c_2 + a_2 c_1 \end{cases} \tag{4}$$

且

$$\begin{cases} a'_1{}^2 + b'_1{}^2 = 1 \\ a'_2{}^2 + b'_2{}^2 = 1 \\ a'_1 a'_2 + b'_1 b'_2 = 0 \end{cases} \tag{5}$$

11

这说明（1）的逆变换（3），也是红正交线性变换.

不难看出，在红变换（1）的作用下，虽然红假点会有所变动，但变动后仍然是红假点，也就是说，红变换（1）会使红假点在红假线上"滑动".

现在谈谈红线与红线间的变换——"红变换".

设在红变换（1）的作用下，红线 $l(p,q,r)$ 变成红线 $l'(p',q',r')$，即设

$$px + qy + rz = 0$$

变成

$$p'x' + q'y' + r'z' = 0$$

由（3）可得

$$\begin{cases} p' = b_2 p - a_2 q \\ q' = -b_1 p - a_1 q \\ r' = -D_1 p - D_2 q + r \end{cases} \tag{6}$$

其中

$$D_1 = \begin{vmatrix} c_1 & b_1 \\ c_2 & b_2 \end{vmatrix} \tag{7}$$

$$D_2 = \begin{vmatrix} a_1 & c_1 \\ a_2 & c_2 \end{vmatrix} \tag{8}$$

反解式（6）得

$$\begin{cases} p = a_1 p' + a_2 q' \\ q = b_1 p' + b_2 q' \\ r = c_1 p' + c_2 q' + r' \end{cases} \tag{9}$$

综上所述，可以看出，红假线 $z_1(0,0,r)$ 在红变换（1）的作用下是不变的（不动的），也就是说，红变换（红运动）"搬不动"红假线.

在（1）的作用下，若红欧点 $A(x_1,y_1,z_1)$ 和 $B(x_2,y_2,z_2)$ 分别变成了 $A'(x'_1,y'_1,z'_1)$ 和 $B'(x'_2,y'_2,z'_2)$，那么，可以证明

$$A'B' = \sqrt{\left(\frac{x'_2}{z'_2} - \frac{x'_1}{z'_1}\right)^2 + \left(\frac{y'_2}{z'_2} - \frac{y'_1}{z'_1}\right)^2}$$

$$= \sqrt{\left(\frac{x_2}{z_2} - \frac{x_1}{z_1}\right)^2 + \left(\frac{y_2}{z_2} - \frac{y_1}{z_1}\right)^2}$$

$$= AB$$

这说明红线段的长度在红运动作用下是不变的.

又，在（1）的作用下，若红欧线 $l_1(p_1,q_1,r_1)$ 和 $l_2(p_2,q_2,r_2)$ 分别变成 $l'_1(p'_1,q'_1,r'_1)$ 和 $l'_2(p'_2,q'_2,r'_2)$，那么，可以证明

12

$$\tan(\angle l'_1 l'_2) = \frac{p'_1 q'_2 - p'_2 q'_1}{p'_1 p'_2 + q'_1 q'_2}$$

$$= \frac{p_1 q_2 - p_2 q_1}{p_1 p_2 + q_1 q_2}$$

$$= \pm \tan(\angle l_1 l_2)$$

（其中正、负号的选取视 $\angle l'_1 l'_2$ 与 $\angle l_1 l_2$ 同向或反向而定）这说明红角的度数在红运动作用下也是不变的.

我们还可以证明，如果两条红线段相等，或两个红角相等，则一定存在一个红正交线性变换(1)，使得其中的一个变成另一个.

以上我们回忆了红几何的主要内容，除了"假点""假线"以及"红标准点"外，其余都是众所周知的事实，这些事实在建立对偶几何时，都要一一比照.

1.11　两个圆的"内、外公心"和"内、外公轴"

本小节将指出，任意两个圆都有两个重要的点和两条重要的直线，它们分别称为"内公心""外公心"和"内公轴""外公轴".

请看下面的命题.

命题 1.11.1　设两圆 O_1，O_2 外离，设 AA'，BB' 分别是圆 O_1 和 O_2 的直径，$AA' \parallel BB'$，如图 1.11.1 所示，$A'B$ 交 AB' 于 M；AB 交 $A'B'$ 于 N，求证：

①M 是定点，与 AA'，BB' 的位置无关，且 M 就是两圆 O_1，O_2 的两条外公切线的交点；

②N 是定点，与 AA'，BB' 的位置无关，且 N 就是两圆 O_1，O_2 的两条内公切线的交点.

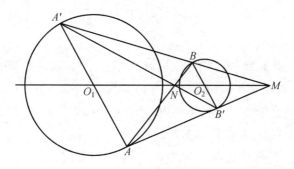

图 1.11.1

我们把图 1.11.1 中，$A'B$ 与 AB' 的交点 M 称为这两圆的"外公心"；AB 与 $A'B'$ 的交点 N 称为这两圆的"内公心".

可以证明,当两圆 O_1,O_2 外离时,"外公心" M 恰好就是这两圆的两条外公切线的交点;"内公心" N 恰好就是这两圆的两条内公切线的交点(图 1.11.1).

可以证明,当两圆 O_1,O_2 外切时,"外公心" M 仍然是这两圆的两条外公切线的交点;而"内公心" N 就是这两圆的切点(图 1.11.2).

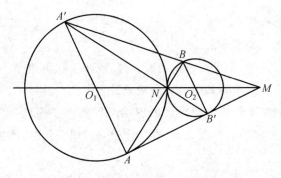

图 1.11.2

可以证明,当两圆 O_1,O_2 相交时,"外公心" M 仍然是这两圆的两条外公切线的交点.这时,两圆的内公切线虽然不存在了,但是,"内公心" N 却还是存在的(图 1.11.3).

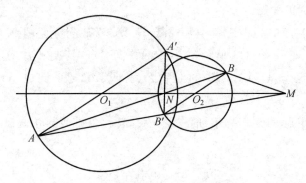

图 1.11.3

可以证明,当圆 O_2 内切于圆 O_1 时,"外公心" M 就是这两个圆的切点.这时,两圆的内公切线虽然不存在,但是,"内公心" N 却还是存在的(图 1.11.4).

当圆 O_2 内含于圆 O_1 时,虽然内、外公切线都不存在了,但是,"外公心" M 和"内公心" N 却都存在(图 1.11.5).

综上所述,不论两圆的位置如何,"外公心"和"内公心"都存在,命题 1.11.1 都成立.

命题 1.11.2 设两圆 O_1,O_2 外离,它们的内公心为 N,一直线过 N,且分别交 O_1,O_2 于 A,A' 和 B,B',如图 1.11.6 所示,过 A 作圆 O_1 的切线,同时,

14

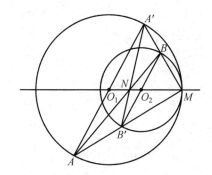

图 1.11.4

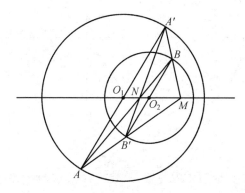

图 1.11.5

过 B' 作圆 O_2 的切线,两条切线交于 Q;过 A' 作圆 O_1 的切线,同时,过 B 作圆 O_2 的切线,这两条切线交于 Q',求证:

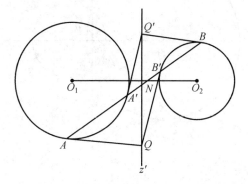

图 1.11.6

① $AQ \parallel BQ'$,$A'Q' \parallel B'Q$;

② 当直线 AB 绕 N 变动时,Q,Q' 始终在一定直线上,这直线记为 z';

③ 直线 z' 就是两圆 O_1,O_2 的根轴.

15

当两圆 O_1, O_2 外离时(图 1.11.6),由 Q,Q' 所确定的直线 z' 称为"内公轴".如果我们认为 AQ 和 BQ' 也有公共点,记为 W,它是无穷远点;$A'Q'$ 和 $B'Q$ 也有公共点,记为 W',它也是无穷远点,那么,由 W,W' 所确定的就是无穷远直线,记为 z,称为两圆 O_1, O_2 的"外公轴".

当两圆 O_1, O_2 外切时,A', B' 都与 N 重合,这时的"内公轴"z'成了这两圆的内公切线,至于"外公轴",仍然是无穷远直线 z.(图 1.11.7)

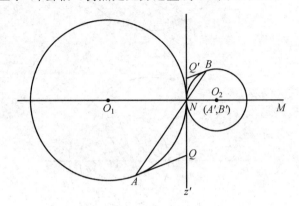

图 1.11.7

当两圆 O_1, O_2 相交时,"内公轴"z'恰好经过这两圆的两个交点,至于"外公轴",仍然是无穷远直线 z.(图 1.11.8)

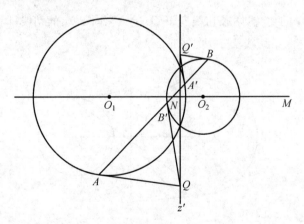

图 1.11.8

当圆 O_2 内切于圆 O_1 时,"内公轴"z'恰好经过这两圆的切点 M("外公心"),至于"外公轴",仍然是无穷远直线 z.(图 1.11.9)

当圆 O_2 内含于圆 O_1 时,"内公轴"z'存在,它在这两圆外,至于"外公轴",仍然是无穷远直线 z.(图 1.11.10)

16

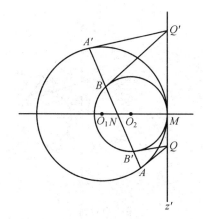

图 1.11.9

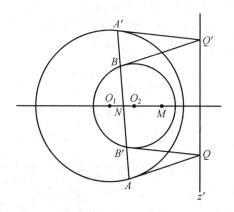

图 1.11.10

综上所述,不论两圆的位置如何,命题 1.11.2 都成立,它们的"内公轴"和"外公轴"都存在,"内公轴"就是这两圆的根轴,"外公轴"是无穷远直线.

命题 1.11.3 设两圆 O_1,O_2 外离,它们的外公心为 M,一直线过 M,且分别交圆 O_1,O_2 于 A,A' 和 B,B',如图 1.11.11 所示,过 A 作圆 O_1 的切线,同时,过 B 作圆 O_2 的切线,两条切线交于 P;过 A' 作圆 O_1 的切线,同时,过 B' 作圆 O_2 的切线,这两条切线交于 P',求证:

① $AP \parallel B'P'$,$A'P' \parallel BP$;

② 当直线 AB 绕 M 变动时,P,P' 始终在一定直线上,这直线记为 z';

③ 直线 z' 就是两圆 O_1,O_2 的根轴.

当两圆 O_1,O_2 外离时(图 1.11.11),由 P,P' 所确定的直线 z' 称为"内公轴".如果我们认为 AP 和 $B'P'$ 也有公共点,记为 W,它是无穷远点;$A'P'$ 和 BP

17

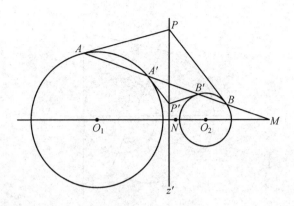

图 1.11.11

也有公共点,记为 W',它也是无穷远点,那么,由 W,W' 所确定的就是无穷远直线,记为 z,称为两圆 O_1,O_2 的"外公轴".

当两圆 O_1,O_2 外切时,"内公轴"z' 成了这两圆的内公切线,至于"外公轴",仍然是无穷远直线 z,如图 1.11.12 所示.

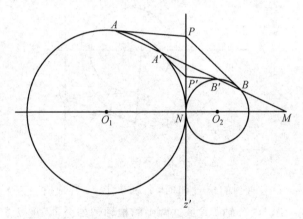

图 1.11.12

当两圆 O_1,O_2 相交时,"内公轴"z' 恰好经过这两圆的两个交点,至于"外公轴",仍然是无穷远直线 z,如图 1.11.13 所示.

当圆 O_2 内切于圆 O_1 时,A',B 都与 M 重合,"内公轴"z' 恰好经过这两圆的切点 M("外公心"),至于"外公轴",仍然是无穷远直线 z,如图 1.11.14 所示.

当圆 O_2 内含于圆 O_1 时,"内公轴"z' 存在,至于"外公轴",仍然是无穷远直线 z,如图 1.11.15 所示.

综上所述,不论两圆的位置如何,命题 1.11.3 都成立,因而,再一次证实,这两圆的"内公轴"和"外公轴"都存在,"内公轴"就是这两圆的根轴,"外公轴"

18

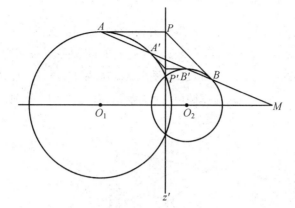

图 1.11.13

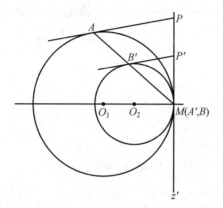

图 1.11.14

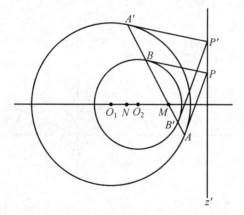

图 1.11.15

是无穷远直线.

下面的命题 1.11.4 给出了两圆的内、外公心间的关系.

命题 1.11.4 设两圆 O_1,O_2 外离,它们的内、外公心分别为 N,M,一直线过 M,且分别交圆 O_1,O_2 于 A,B,如图 1.11.16 所示,设 AN 交圆 O_2 于 B';BN 交圆 O_1 于 A',过 A,A' 分别作圆 O_1 的切线,同时,过 B,B' 分别作圆 O_2 的切线,求证:

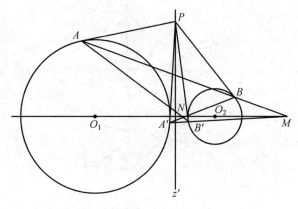

图 1.11.16

① 这四条切线共点,该点记为 P;

② 点 P 一定在两圆 O_1,O_2 的内公轴 z' 上;

③ A,B,M 三点共线.

可以证明,不论两圆 O_1,O_2 的位置关系是外离(图 1.11.16),还是外切(图 1.11.17)、相交(图 1.11.18)、内切(图 1.11.19)、内含(图 1.11.20),命题 1.11.4 都是成立的.

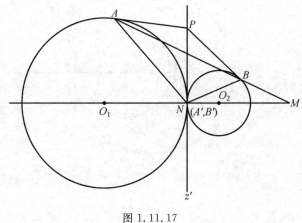

图 1.11.17

20

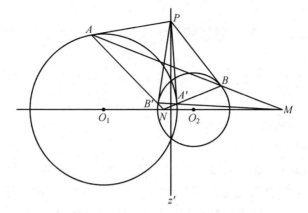

图 1.11.18

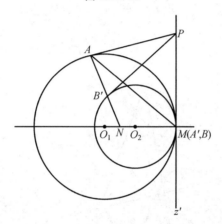

图 1.11.19

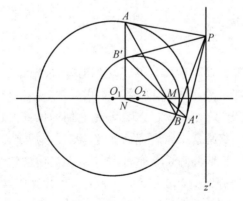

图 1.11.20

1.12 两个椭圆的"内、外公心"和"内、外公轴"

我们知道,椭圆可以看成是圆的推广,因而,不禁要问:任两椭圆是否也都存在"内公心""外公心""内公轴""外公轴"? 回答是肯定的.

(1) 两外离椭圆.

请看下面的各命题.

命题 1.12.1 设两椭圆 α,β 外离,它们的两条外公切线的交点记为 M,过 M 作一直线,该直线分别交 α,β 于 A,A' 和 B,B',过这四点分别作它们所在椭圆的切线,所得四条切线两两相交于 P,P',Q,Q',如图 1.12.1 所示,求证:当直线 AB 绕 M 变动时,点 P,P' 恒在一直线上,这直线记为 z';点 Q,Q' 也恒在一直线上,这直线记为 z.

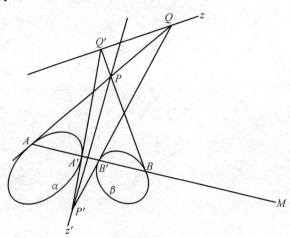

图 1.12.1

在这里,两条外公切线的交点 M 称为这两个外离椭圆 α,β 的"外公心",直线 z 称为它们的"外公轴",直线 z' 称为它们的"内公轴".

注意,若 α,β 都是圆,而非椭圆,那么,"内公轴" z' 就是通常说的"根轴",而 z 则成为无穷远直线. 只要 α,β 都是圆,不论它们的位置关系如何(外离、外切、相交、内切或内含),都是这个结论,前面已经说过,以后不再重复声明.

命题 1.12.2 设两椭圆 α,β 外离,它们的两条内公切线的交点记为 N,过 N 作一直线,该直线分别交 α,β 于 A,A' 和 B,B',过这四点分别作它们所在椭圆的切线,所得四条切线两两相交于 P,P',Q,Q',如图 1.12.2 所示,求证:当直线 AB 绕 N 变动时,点 P,P' 恒在一直线上(这直线记为 z);点 Q,Q' 恒在另一直线上(这直线记为 z').

22

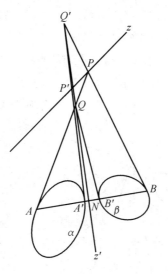

图 1.12.2

在这里,两条内公切线的交点 N 称为两外离椭圆 α, β 的"内公心". 本命题的 z, z' 分别就是上一命题的 z, z', 它们都是相同的直线. 对于任两外离椭圆,内公心、外公心都是存在的,内公轴、外公轴也都是存在的.

下面的命题 1.12.3 和命题 1.12.4 都给出了内公心和外公心间的关系.

命题 1.12.3 设 M, N 是两外离椭圆 α, β 的外公心和内公心,过 M 作一直线,它分别交 α, β 于 A, B, 过 A 且与 α 相切的直线与过 B 且与 β 相切的直线交于 P, 过 P 分别作 α, β 的切线,切点为 A' 和 B', 如图 1.12.3 所示,求证:有三次

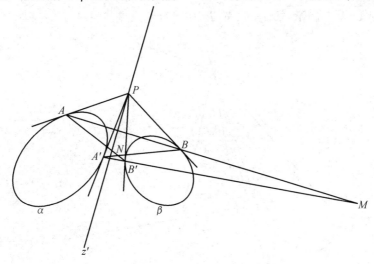

图 1.12.3

23

三点共线,它们是:$(A',B',M),(A',N,B),(B',N,A)$.

命题 1.12.4 设 M,N 是两外离椭圆 α,β 的外公心和内公心,过 N 作一直线,它分别交 α,β 于 A,B,过 A 且与 α 相切的直线与过 B 且与 β 相切的直线交于 P,过 P 分别作 α,β 的切线,切点为 A' 和 B',如图 1.12.4 所示,求证:有三次三点共线,它们是:$(A',N,B'),(A',B,M),(A,B',M)$.

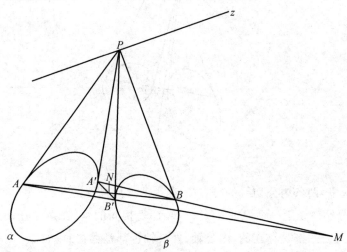

图 1.12.4

下面的命题 1.12.5 给出了内公心、外公心以及内公轴、外公轴间的关系.

命题 1.12.5 设 M,N 是两外离椭圆 α,β 的外公心和内公心,z,z' 是 α,β 的外公轴和内公轴,两公轴交于 P,过 P 分别作 α,β 的切线,切点为 A,A' 和 B,B',如图 1.12.5 所示,求证:A,A',B,B',M,N 六点共线.

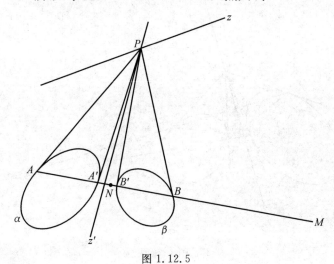

图 1.12.5

24

（2）两外切椭圆.

请看下面的各命题.

命题 1.12.6 设两椭圆 α,β 外切于 N,它们的两条外公切线的交点记为 M,过 M 作一直线,该直线分别交 α,β 于 A,A' 和 B,B',过这四点分别作它们所在椭圆的切线,所得四条切线两两相交于 P,P',Q,Q',如图 1.12.6 所示,求证：

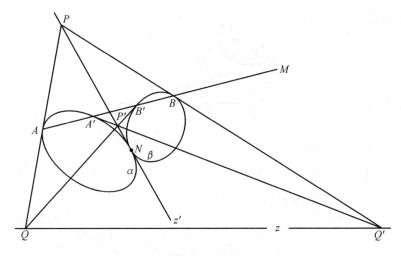

图 1.12.6

① 当直线 AB 绕 M 变动时,点 P,P' 恒在一直线上,这直线记为 z',称为两外切椭圆 α,β 的"内公轴";

② 点 Q,Q' 也恒在一直线上,这直线记为 z,称为两外切椭圆 α,β 的"外公轴";

③ 内公轴 z' 过 N.

在这里,M,N 分别称为两外切椭圆 α,β 的"外公心"和"内公心".

命题 1.12.7 设两椭圆 α,β 外切于 N,过 N 作一直线,该直线分别交 α,β 于 A,B,过这两点分别作它们所在椭圆的切线,所得两条切线交于 Q,如图 1.12.7 所示,求证:当直线 AB 绕 N 变动时,点 Q 恒在一直线上,这直线记为 z,称为两外切椭圆 α,β 的"外公轴".

本命题的 z 与上一命题的 z 是同一条直线.

对于任两外切椭圆,内公心、外公心都是存在的,内公轴、外公轴也都是存在的.

命题 1.12.8 设 M,N 是两外切椭圆 α,β 的外公心和内公心,过 N 作一直线,它分别交 α,β 于 A,B,过 A 且与 α 相切的直线与过 B 且与 β 相切的直线交

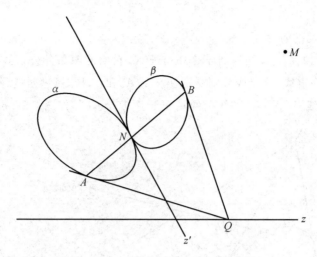

图 1.12.7

于 P,过 P 分别作 α,β 的切线,切点为 A' 和 B',如图 1.12.8 所示,求证:有三次三点共线,它们是:(A',N,B'),(A',B,M),(A,B',M).

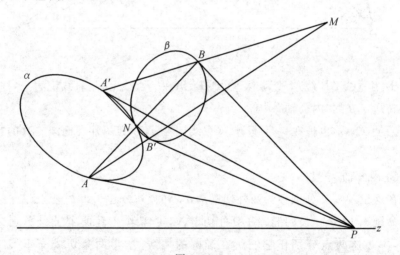

图 1.12.8

命题 1.12.9 设 M,N 是两外切椭圆 α,β 的外公心和内公心,z,z' 是 α,β 的外公轴和内公轴,两公轴交于 P,过 P 分别作 α,β 的切线,切点为 A,B,如图 1.12.9 所示,求证:A,B,M,N 四点共线.

(3) 两相交椭圆.

请看下面的各命题.

命题 1.12.10 设两椭圆 α,β 有且仅有两个交点 S,T(这时,称椭圆 α,β 是"两个相交的椭圆"),它们的两条外公切线的交点记为 M,过 M 作一直线,该直

26

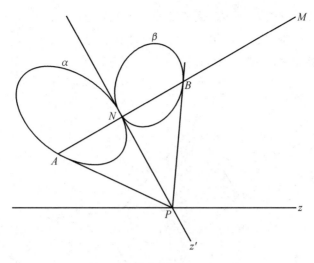

图 1.12.9

线分别交 α, β 于 A, A' 和 B, B', 过这四点分别作它们所在椭圆的切线, 所得四条切线两两相交于 P, P', Q, Q', 如图 1.12.10 所示, 求证:

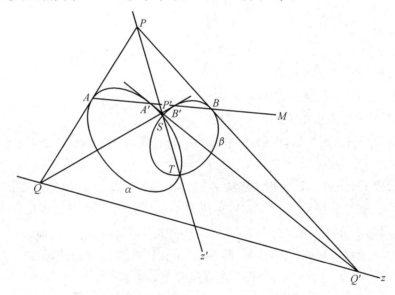

图 1.12.10

① 当直线 AB 绕 M 变动时, 点 P, P' 恒在一直线上, 这直线记为 z';

② 点 Q, Q' 也恒在一直线上, 这直线记为 z;

③ 直线 z' 过 S, T.

在这里, 两条外公切线的交点 M 称为两相交椭圆 α, β 的"外公心", 直线 z 和 z' 分别称为两相交椭圆 α, β 的"外公轴"和"内公轴".

27

命题 1.12.11 设 M 是两相交椭圆 α,β 的外公心,过 M 作一直线,它分别交 α,β 于 A,B,过 A 且与 α 相切的直线与过 B 且与 β 相切的直线交于 P,过 P 分别作 α,β 的切线,切点为 A' 和 B',设 AB' 和 $A'B$ 交于 N,如图 1.12.11 所示,求证:

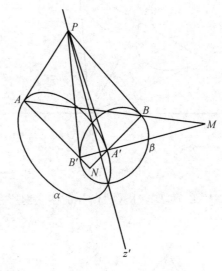

图 1.12.11

① B',A',M 三点共线;
② 当直线 AB 绕点 M 变动时,点 N 是定点.
点 N 称为两相交椭圆 α,β 的"内公心".
对于任两相交椭圆,内公心、外公心都是存在的,内公轴、外公轴也都是存在的.

命题 1.12.12 设两相交椭圆 α,β 的两个交点为 S,T,α,β 的内公心为 N,过 N 的一直线分别交 α,β 于 A,A' 和 B,B',过这四点分别作它们所在椭圆的切线,所得四条切线两两相交于 P,P',Q,Q',如图 1.12.12 所示,求证:

① 当直线 AB 绕 N 变动时,点 P,P' 恒在一直线上,这直线记为 z;
② 点 Q,Q' 也恒在一直线上,这直线记为 z';
③ 直线 z' 过点 S,T.

这里的直线 z,z' 分别是命题1.12.10里的 z,z',因而分别是两相交椭圆 α, β 的外公轴和内公轴.

命题 1.12.13 设 M,N 是两相交椭圆 α,β 的外公心和内公心,过点 N 作一直线,它分别交 α,β 于点 A,B,过点 A 且与 α 相切的直线与过点 B 且与 β 相切的直线交于点 P,过点 P 分别作 α,β 的切线,切点为 A' 和 B',如图 1.12.13 所

28

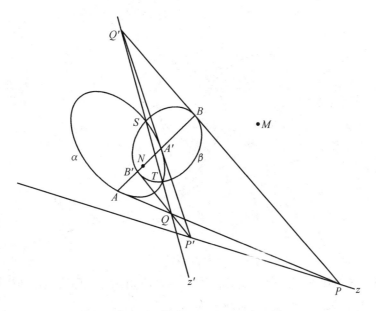

图 1.12.12

示,求证:有三次三点共线,它们是:(A',N,B'),(A',B,M),(A,B',M).

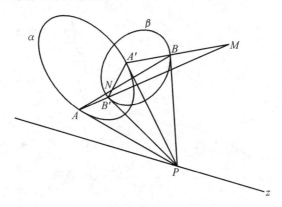

图 1.12.13

命题 1.12.14 设 M,N 是两相交椭圆 α,β 的外公心和内公心,z,z' 是 α,β 的外公轴和内公轴,两公轴交于点 P,过点 P 分别作 α,β 的切线,切点为 A,A' 和 B,B',如图 1.12.14 所示,求证:A,A',B,B',M,N 六点共线.

(4)两内切椭圆.

请看下面的各命题.

命题 1.12.15 设两椭圆 α,β 有且仅有一个公共点 M(这点称为 α,β 的"切点"),且 β 在 α 的内部(这时称 β"内切于 α"),过点 M 而与 α,β 都相切的直线记为 z',过点 M 的任一直线分别交 α,β 于点 A,B,过点 A 且与 α 相切的直线与过

29

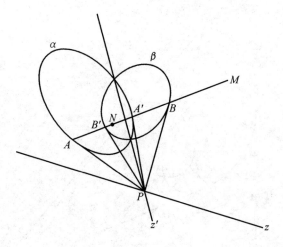

图 1.12.14

点 B 且与 β 相切的直线交于点 Q，如图 1.12.15 所示，求证：当直线 AB 绕 M 变动时，点 Q 恒在一直线上，这直线记为 z.

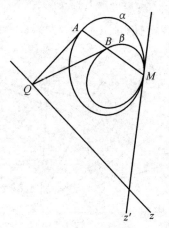

图 1.12.15

在这里，M 称为两内切椭圆 α，β 的"外公心"，z 和 z' 分别称为两内切椭圆 α，β 的"外公轴"和"内公轴".

命题 1.12.16 设椭圆 β 内切于椭圆 α，切点为 M，过 M 而与 α，β 都相切的直线记为 z'，P 是 z' 上一点，过 P 分别作 α，β 的切线，切点为 A，B，如图 1.12.16 所示，求证：当 P 在 z' 上运动时，直线 AB 恒过一个定点，这个定点记为 N.

在这里，定点 N 称为两内切椭圆 α，β 的"内公心".

对于任两内切椭圆，内公心、外公心都是存在的，内公轴、外公轴也都是存在的.

命题 1.12.17 设椭圆 β 内切于椭圆 α，M，N 分别是 α，β 的外公心和内公

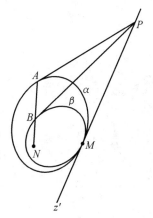

图 1.12.16

心,过点 M 作一直线,它分别交 α,β 于点 A,B,过点 A 且与 α 相切的直线与过点 B 且与 β 相切的直线交于点 Q,过点 Q 分别作 α,β 的切线,切点为 A' 和 B',如图 1.12.17 所示,求证:有三次三点共线,它们是:(A',B',M),(A',N,B),(B',N,A).

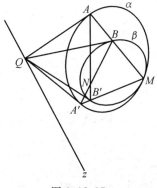

图 1.12.17

和前面一样,本命题给出了椭圆 β 内切于椭圆 α 时,外公心 M 和内公心 N 之间的关系.

命题 1.12.18 设椭圆 β 内切于椭圆 α,M,N 分别是 α,β 的外公心和内公心,z 和 z' 分别是 α,β 的"外公轴"和"内公轴".过 N 作一直线,该直线分别交 α,β 于 A,A' 和 B,B',过这四点分别作它们所在椭圆的切线,所得四条切线两两相交于 P,P',Q,Q',如图 1.12.18 所示,求证:当直线 AB 绕 M 变动时,点 P,P' 恒在内公轴 z' 上;点 Q,Q' 恒在外公轴 z 上.

命题 1.12.19 设椭圆 β 内切于椭圆 α,M,N 分别是 α,β 的外公心和内公心,z 和 z' 分别是 α,β 的"外公轴"和"内公轴",设两公轴交于 P,过 P 分别作 α,β 的切线,切点为 A,B,如图 1.12.19 所示,求证:A,B,M,N 四点共线.

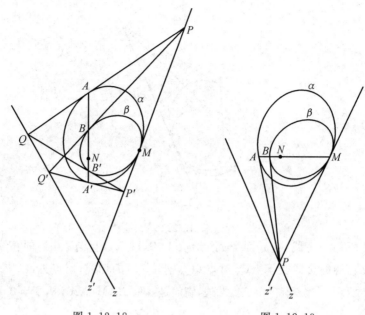

图 1.12.18　　　　　　　　图 1.12.19

（5）两内含椭圆.

请看下面的各命题.

命题 1.12.20　设两椭圆 α,γ 没有公共点，γ 在 α 外，它们的内公轴为 z'，设椭圆 β 是椭圆 γ 关于直线 z' 的对称椭圆，P 是 z' 上任意一点，过 P 分别作 α,β 的切线，切点为 A,A' 和 B,B'，设 AB 交 $A'B'$ 于 M，AB' 交 $A'B$ 于 N，如图 1.12.20 所示，求证：

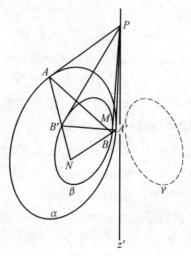

图 1.12.20

32

① 椭圆 β 在椭圆 α 内部,二者没有公共点;

② M,N 是两个定点,与 P 在 z' 上的位置无关.

在图 1.12.20 中,椭圆 β 在椭圆 α 内部,这种关系称为"椭圆 β 内含于椭圆 α".这时,M,N 分别称为 α,β 的"外公心"和"内公心".

命题 1.12.21 设椭圆 β 内含于椭圆 α,M 是 α,β 的外公心,过 M 的一直线分别交 α,β 于 A,A' 和 B,B',过这四点分别作它们所在椭圆的切线,所得四条切线两两相交于 P,P',Q,Q',如图 1.12.21 所示,求证:

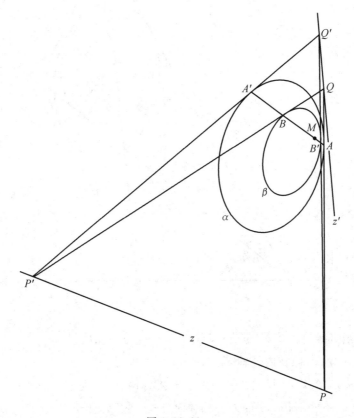

图 1.12.21

① 当直线 AB 绕 M 变动时,点 P,P' 恒在一直线上,这直线记为 z;

② 点 Q,Q' 也恒在一直线上,这直线记为 z'.

在这里,直线 z,z' 分别称为 α,β 的"外公轴"和"内公轴".

对于任两内切椭圆,内公心、外公心都是存在的,内公轴、外公轴也都是存在的.

命题 1.12.22 设椭圆 β 内含于椭圆 α,N 是 α,β 的内公心,直线 z,z' 分别

33

是 α,β 的外公轴和内公轴.过 N 的一直线分别交 α,β 于 A,A' 和 B,B',过这四点分别作它们所在椭圆的切线,所得四条切线两两相交于 P,P',Q,Q',如图 1.12.22 所示,求证:

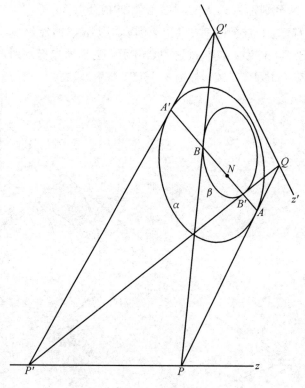

图 1.12.22

① 当直线 AB 绕 N 变动时,点 P,P' 恒在外公轴 z 上;

② 点 Q,Q' 恒在内公轴 z' 上.

命题 1.12.23 设椭圆 β 内含于椭圆 α,M,N 分别是 α,β 的外公心和内公心,直线 z,z' 分别是 α,β 的外公轴和内公轴,两公轴交于 P,过 P 分别作 α,β 的切线,切点为 A,A' 和 B,B',如图 1.12.23 所示,求证:A,A',B,B',M,N 六点共线.

命题 1.12.24 设三个椭圆 α,β,γ 两两外离,其中 β 和 γ 的外公心为 M_1,内公轴为 z'_1;γ 和 α 的外公心为 M_2,内公轴为 z'_2;α 和 β 的外公心为 M_3,内公轴为 z'_3,如图 1.12.24 所示,求证:"M_1,M_2,M_3 三点共线"的充要条件是"z'_1,z'_2,z'_3 三线共点".

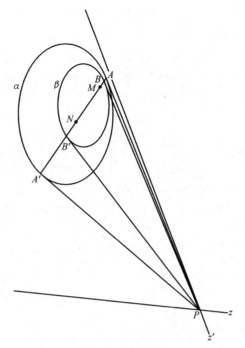

图 1.12.23

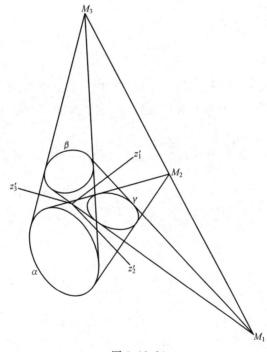

图 1.12.24

35

命题 1.12.25 设三个椭圆 α,β,γ 两两外离,其中 β 和 γ 的外、内公心分别为 M_1,N_1;γ 和 α 的外、内公心分别为 M_2,N_2;α 和 β 的外、内公心分别为 M_3,N_3,三直线 M_1N_1,M_2N_2,M_3N_3 两两相交,构成 $\triangle P_1P_2P_3$,如图 1.12.25 所示,若 M_1,M_2,M_3 三点共线,求证:P_1N_1,P_2N_2,P_3N_3 三线共点(此点记为 S).

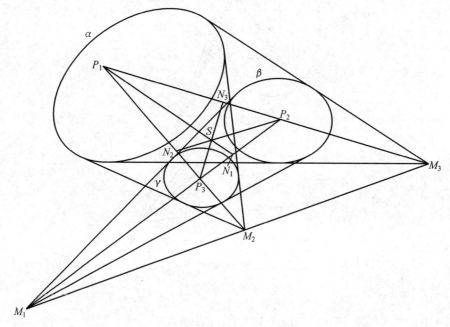

图 1.12.25

本节的结论是:对于任两椭圆,不论它们的关系是外离、外切、相交、内切抑或内含,内公心、外公心都是存在的,内公轴、外公轴也都是存在的.

36

第 2 节　黄二维几何

2.1　"黄几何"

把红几何的红点当作红线,同时,把红线当作红点,叫作"对偶",这时,一种新的几何就产生了,称为"黄几何".("红几何""黄几何"以及后面的"蓝几何",都只是一种称呼,一种符号,没有特殊含义,改称为"R 几何""Y 几何"和"B 几何"也未尝不可.)

黄几何的研究对象有二:"黄点"和"黄线".

黄点是指所有的红线,黄点用小写英文字母表示,如 $l, m, n, t, \cdots$.

黄线是指所有的红点,黄线用大写英文字母表示,如 $A, B, C, M, N, \cdots$.

2.2　"黄假线"和"黄假点"

上面说过,红几何里有一个特殊的点 ——"红标准点 O_1",还有一条特殊的直线 ——"红假线 z_1",那么,对偶后,上述二者身份正好互换,原来的红假线 z_1 成了"黄标准点",原来的红标准点 O_1 则成了"黄假线",改记为 Z_2 或 Z(图 2.2.1),它是所有黄线中一条特殊的黄线,其地位相当于红几何里的红假线 z_1.

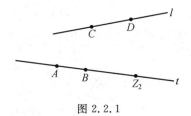

图 2.2.1

过 Z_2 的所有红欧线统统称为"黄假点"(如图 2.2.1 的 t),它们都是特殊的黄点,其地位相当于红几何里的红假点.

除 Z_2 外,其余的红点(如图 2.2.1 的 A, B, C, D) 统统作为普通的黄线,称为"黄欧线"(所有的红假点,在黄几何里,都是"普通的直线"——"黄欧线").

除 Z_2 上的红欧线外,其余的红线统统作为一般的黄点,称"黄欧点"(当初的红假线 z_1,在黄几何里,只是一个"普通的点"——"普通的黄欧点").

37

重申一遍,黄几何的研究对象有二:黄点和黄线.黄点包含着两种点:黄欧点和黄假点.黄线包含着两种线:黄欧线和黄假线.黄假点是所有黄点中一批特殊的黄点;黄假线是所有黄线中一条特殊的黄线.

"黄点"不是"点",其实是线;"黄线"不是"线",其实是点.这种指鹿为马的现象是很别扭的,需要一段时间适应.

2.3 "黄平行"和"黄相交"

在图 2.2.1 中,设 Z_2 是黄假线,t 是 Z_2 上一个黄假点,因为图中黄欧线 A,B 公有一个黄假点 t,所以,这两条黄欧线 A,B 是"黄平行"的,记为"$A \parallel B$".

在图 2.2.1 中,两条黄欧线 C,D 是"黄相交"的,因为它们公有一个黄欧点 l,l 就称为它们的"黄交点".

2.4 "黄角"

现在考察图 2.4.1,在黄几何的观点下(以 Z_2 为黄假线),图 2.4.1 的 l 是一个黄欧点,A,B 是 l 上的两条黄欧线,l 上的所有黄欧线被 A,B"分割"成两个集合,每一个都称为一个"黄角",其中用粗线条表示的那一个,记为"$ye(AB)$"(或"$ye(\angle AB)$"),另一个(指 l 上线段 AB 以外的部分,这一部分包含着 l 上的红假点)记为"$ye(BA)$"(或"$ye(\angle BA)$").看得出来,在黄角的记号里,有着"逆时针旋转"的要求(以 Z_2 为参照物).

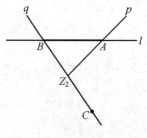

图 2.4.1

可见,黄角是黄欧线的集合.过黄欧点 l 的两条黄欧线 A,B 会产生两个黄角(参看 1.5).黄欧线 A,B 既属于这个黄角,又属于那个黄角,称为黄角的"黄边".

2.5 "黄角度"

"黄角"怎么度量？按照红几何里的说法(参阅本章第 1 节的 1.7)，角度的度量可以在标准点上进行，也可以在假线上进行，现在，在"黄几何"里，说法是一样的，"黄角"的度量可以在"黄标准点"上进行，也可以在"黄假线"上进行，那么，就在"黄假线"上进行吧，因为现在的"黄假线"就是当初的红标准点，使用方便，不过，它的记号已从"O_1"改成了"Z_2"或"Z".

在图 2.4.1 中，每一个黄角都对应着以 Z_2 为顶点的一个红角，例如，黄角 $ye(AB)$ 对应着红角 $\angle AZ_2B$，而黄角 $ye(BA)$ 则对应着红角 $\angle CZ_2A$，我们规定：

规定二   红角 $\angle AZ_2B$ 的度数就作为"黄角 $ye(AB)$ 的度数"，这个度数记为"$ye(\mid AB \mid)$"；红角 $\angle CZ_2A$ 的度数就作为"黄角 $ye(BA)$ 的度数"，这个度数记为"$ye(\mid BA \mid)$".

当两个黄角的度数相等时，就说其中一个"合同于"("黄合同于")另一个，相当于说其中一个"等于"("黄等于")另一个.

易见，在"黄平移"和"黄旋转"下，黄角的大小是不变的，且黄角具有可加性，即下式成立

$$ye(\mid AB \mid) + ye(\mid BC \mid) = ye(\mid AC \mid)$$

2.6 "黄线段"

在红观点(即红几何的观点)下，过点 Z_2 作三条直线 m, n, t(图 2.6.1)，其中 $m \perp t$，在 m 上取一点 P，过 P 作两直线 l_1 和 l_2，且分别交 t 于 A, B；交 n 于 A', B'. 在这里，l_1 和 l_2，把过 P 的直线分成两个集合，即两个角(参看 1.5)，标有希腊字母 α 的就是其中一个.

现在，改用黄观点重新审视图 2.6.1，看到的是：黄欧线 P 上有两个黄欧点 l_1, l_2，它们将 P 上所有的黄点分成两个集合，其中有一个不含黄假点 m(指标有希腊字母 α 的那一个，刚才在红观点下，我们称它为"角")，这个集合称为"黄线段"，记为"$ye(l_1l_2)$".

至此我们看到，红线段一般地说对偶后是黄角，但是，能作为黄角的却不一定都是红线段(参看 2.4)；相仿的是，红角对偶后可能是黄线段，但也可能不是(如果 Z_2 在该红角中的话，参看图 2.6.1).

39

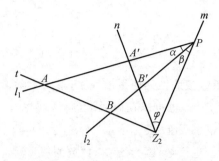

图 2.6.1

总之,线段和角之间不存在简单的对偶关系.

2.7 "黄长度"

与红线段有红长度一样,我们赋予 $ye(l_1 l_2)$ 一个值,称为"黄长度",记为 "$ye(|l_1 l_2|)$",其值是这样规定的:

规定三 $ye(|l_1 l_2|)$ 的值按下面的公式计算(图 2.6.1)

$$ye(|l_1 l_2|) = \frac{AB}{Z_2 A \cdot Z_2 B} \tag{1}$$

其中 $AB, Z_2 A, Z_2 B$ 都是指红观点下的"红长度".

这个算式还可以变为下面两款

$$ye(|l_1 l_2|) = \frac{\sin \alpha}{Z_2 P \cdot \sin \beta \cdot \sin(\alpha + \beta)} \tag{2}$$

其中红角 α, β 如图 2.6.1 所示

$$ye(|l_1 l_2|) = \frac{A'B'}{Z_2 A' \cdot Z_2 B' \cdot \sin \varphi} \tag{3}$$

其中红角 φ 如图 2.6.1 所示.

当两条黄线段的黄长度相等时,就说其中一个"合同于"("黄合同于")另一个,也就是其中一个"等于"("黄等于")另一个.

我们即将证明,在"黄平移"和"黄旋转"下黄长度是不变的,且黄长度具有"可加性",即下式成立

$$ye(|l_1 l_2|) + ye(|l_2 l_3|) = ye(|l_1 l_3|)$$

现在谈谈两平行黄欧线间的"距离".

考察图 2.6.1,黄欧线 A, B 是两条"黄平行线",它们之间的"黄距离"记为 "$ye(A, B)$",其计算公式是

40

$$ye(A,B) = \frac{AB}{Z_2A \cdot Z_2B} \tag{4}$$

下面两道命题在有关"黄长度"("黄距离")的计算中是有用的.

命题 2.7.1 设 $\triangle ZAB$ 中, ZC 是 $\angle AZB$ 的平分线, D 是该线上一点, 如图 2.7.1, 求证

$$\frac{\sin \alpha}{ZA \cdot \sin \beta \sin(\alpha + \beta)} = \frac{\sin \alpha'}{ZB \cdot \sin \beta' \sin(\alpha' + \beta')}$$

其中 $\alpha, \beta, \alpha', \beta'$ 如图 2.7.1 所示.

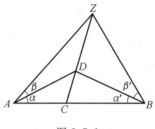

图 2.7.1

命题 2.7.2 设 D 是 $\triangle ABC$ 中 BC 边上一点, 如图 2.7.2 所示, 求证

$$\frac{AB}{BD} \cdot \sin \alpha = \frac{AC}{CD} \cdot \sin \beta$$

其中 α, β 如图 2.7.2 所示.

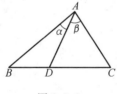

图 2.7.2

2.8 "黄三角形"

我们知道, 比线段、角复杂的几何图形是三角形、四边形 ……, 此后是圆、椭圆、抛物线、双曲线等, 它们都有各自的定义, 在以后的对偶中, 这些概念的定义当然不会改变, 但是, 所展现出的对偶图形会大大出乎所料.

现在考察图 2.8.1, 在黄观点下(以 Z_2 作为"黄假线"), 图 2.8.1 的粗线条所构成的封闭折线(l_1 上含有红假点, 所以称"封闭")就是一个"黄三角形", 记为"$ye(\triangle ABC)$", 它的三个"内角"("黄内角")是指图 2.8.1 中的粗线段 AB, AC 以及线段 BC 的两侧延长线, 其中前两个的大小分别为 γ, β, 如图 2.8.1 所

示.图 2.8.1 的三直线 l_1, l_2, l_3 是该黄三角形的三个"顶点"("黄顶点").图 2.8. 1 的阴影线部分显示的是该黄三角形的一条"边"("黄边").

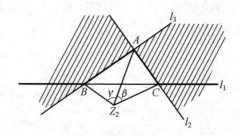

图 2.8.1

若图 2.8.1 的 Z_2 在 $\triangle ABC$ 的内部,如图 2.8.2 那样,那么,在黄观点下,图 2.8.2 的粗线条构成的图形是一个"黄三角形",位于同一条直线上的两段粗线条构成一个"黄内角",它们的大小分别是下面三个角的补角的大小:$\angle BZ_2C$, $\angle CZ_2A$,$\angle AZ_2B$.

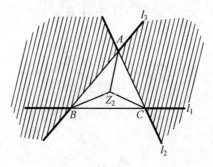

图 2.8.2

2.9 "黄直角三角形"

考察图 2.9.1,设 Z 是 $\triangle ABC$ 内一点,$ZB \perp ZC$,那么,$ye(\triangle ABC)$ 是一个"黄直角三角形",BC 是它的"黄直角顶点",它的"黄斜边"在 A 上.

我们知道,在直角三角形中,两直角边的平方和等于斜边的平方,这就是"勾股定理".

黄几何中的"黄勾股定理",用我们的语言叙述,应该是这样的:

命题 2.9.1 设 Z 是 $\triangle ABC$ 内一点,$ZB \perp ZC$,BZ 交 AC 于 B';CZ 交 AB 于 C',过 Z 且与 AZ 垂直的直线分别交 AB,AC 于 E,F,如图 2.9.1 所示,求证(参阅 2.7 的公式 (1))

42

$$\left(\frac{BB'}{ZB \cdot ZB'}\right)^2 + \left(\frac{CC'}{ZC \cdot ZC'}\right)^2 = \left(\frac{EF}{ZE \cdot ZF}\right)^2$$

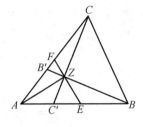

图 2.9.1

2.10 "黄平移"

考察图 2.6.1,在黄观点下(以 Z_2 为"黄假线"),我们认为黄欧线 B 是由黄欧线 A 经过"黄平移"所得(这里说的是"黄欧线的平移").

同样地,在图 2.6.1 中,我们认为黄欧点 l_1 是由黄欧点 l_2 沿黄欧线 P"黄平移"所得(这里说的是"黄欧点的平移").

2.11 "黄旋转"

考察图 2.4.1,在黄观点下(以 Z_2 为"黄假线"),我们认为黄欧线 B 是由黄欧线 A 绕黄欧点 l 经过"黄旋转"所得,所旋转的角度的大小由 $\angle AZ_2B$ 确定(这里说的是"黄欧线的旋转").

以下讨论"黄欧点的旋转".

我们知道,在红几何里,说"点 C 是点 B 绕点 A 旋转所得",就相当于说"$\triangle ABC$ 是以 A 为顶点的等腰三角形"(图 2.11.1),也相当于说"$\triangle ABC$ 中底边 BC 上的高是底边的垂直平分线".

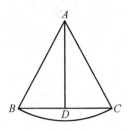

图 2.11.1

43

为了在黄几何里表现出上面最后一句话的图形,我们需要先进行如下作图,在△BZC中作∠BZC的平分线ZT(图2.11.2),再作∠BZC的外角平分线ZS,在ZS上取一点A,直线BC,CA,AB分别记为l_1,l_2,l_3,它们分别对偶于图2.11.1的三点A,B,C(图2.11.2的带括号的字母指出了这一点).

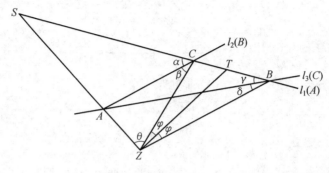

图 2.11.2

在黄观点下(以Z作为"黄假线"),图2.11.2的A,B,C构成了一个"黄等腰三角形",l_1是其"黄顶点",这时,我们认为黄欧点l_3是由黄欧点l_2绕黄欧点l_1"黄旋转"所得(这里说的是"黄欧点的旋转").

2.12 "黄长度"在"黄平移"下的不变性

考察图2.12.1,设A,B,Z三点共线,过A的直线l_1交过B的直线l_3于D;过A的直线l_2交过B的直线l_4于C,且C,D,Z三点共线.在黄观点下(以Z为"黄假线"),$ye(l_1l_2)$和$ye(l_3l_4)$是"黄平移"的关系.这里要探讨的是:下面的式子是否成立

$$ye(|l_1l_2|) = ye(|l_3l_4|)$$

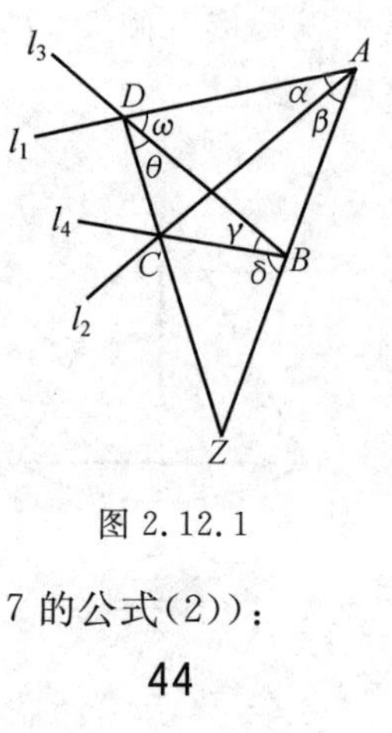

图 2.12.1

这相当于下面的命题(参阅2.7的公式(2)):

44

命题 2.12.1 如图 2.12.1 所示,求证

$$\frac{\sin \alpha}{ZA \cdot \sin \beta \cdot \sin(\alpha + \beta)} = \frac{\sin \gamma}{ZB \cdot \sin \delta \cdot \sin(\gamma + \delta)} \tag{1}$$

其中 $\alpha = \angle CAD, \beta = \angle CAZ, \gamma = \angle DBC, \delta = \angle CBZ.$

证明　记 $\omega = \angle ADB, \theta = \angle BDC,$ 在 $\triangle ZAD$ 和 $\triangle ZBD$ 中,有

$$\frac{\sin(\theta + \omega)}{ZA} = \frac{\sin(\alpha + \beta)}{ZD} \tag{2}$$

$$\frac{\sin(\gamma + \delta)}{ZD} = \frac{\sin \theta}{ZB} \tag{3}$$

将(2)(3)相乘,得

$$\frac{\sin(\theta + \omega) \cdot \sin(\gamma + \delta)}{ZA} = \frac{\sin(\alpha + \beta) \cdot \sin \theta}{ZB}. \tag{4}$$

在 $\triangle ACD, \triangle BCD$ 和 $\triangle ABC$ 中,有

$$\frac{\sin \alpha}{\sin(\omega + \theta)} = \frac{CD}{CA} \tag{5}$$

$$\frac{\sin \theta}{\sin \gamma} = \frac{CB}{CD} \tag{6}$$

$$\frac{\sin \delta}{\sin \beta} = \frac{CA}{CB} \tag{7}$$

将(4)(5)(6)(7)相乘,得

$$\frac{\sin(\gamma + \delta) \cdot \sin \alpha \cdot \sin \delta}{ZA \cdot \sin \gamma \cdot \sin \beta} = \frac{\sin(\alpha + \beta)}{ZB}$$

即

$$\frac{\sin \alpha}{ZA \cdot \sin \beta \cdot \sin(\alpha + \beta)} = \frac{\sin \gamma}{ZB \cdot \sin \delta \cdot \sin(\gamma + \delta)}$$

（证毕）

2.13 "黄长度"在"黄旋转"下的不变性

要证明"黄长度"在"黄旋转"下具有不变性,就相当于在图 2.11.2 中,证明下式成立

$$ye(l_1 l_2) = ye(l_1 l_3)$$

翻译成红几何的语言,就是要证明下面的命题(参阅 2.7):

命题 2.13.1　设 ZT 是 $\triangle BZC$ 中 $\angle BZC$ 的平分线,ZS 是 $\angle BZC$ 的外角平分线,在 ZS 上取一点 A,连 AB, AC,如图 2.11.2 所示,求证

$$\frac{\sin \alpha}{ZC \cdot \sin \beta \cdot \sin(\alpha + \beta)} = \frac{\sin \gamma}{ZB \cdot \sin \delta \cdot \sin(\gamma + \delta)} \qquad (1)$$

其中 $\alpha = \angle SCA, \beta = \angle ACZ, \gamma = \angle CBA, \delta = \angle ABZ.$

证明 记

$$\varphi = \angle TZB = \angle TZC, \theta = \angle AZC$$

在 $\triangle CSA$ 和 $\triangle BSA$ 中

$$\frac{\sin \alpha}{\sin \gamma} = \frac{AB}{AC} \qquad (2)$$

在 $\triangle BAZ$ 和 $\triangle CAZ$ 中

$$\frac{\sin \delta}{\sin \beta} = \frac{AC \cdot \sin(\theta + 2\varphi)}{AB \cdot \sin \theta} \qquad (3)$$

在 $\triangle BSZ$ 和 $\triangle CSZ$ 中

$$\frac{\sin(\gamma + \delta)}{\sin(\alpha + \beta)} = \frac{ZC}{ZB} \qquad (4)$$

因为 $\theta + \varphi = 90°$,所以

$$\frac{\sin(\theta + 2\varphi)}{\sin \theta} = \frac{\sin(90° + \varphi)}{\sin \theta} = \frac{\cos \varphi}{\sin \theta} = \frac{\cos(90° - \theta)}{\sin \theta} = 1 \qquad (5)$$

将(2)(3)(4)(5)相乘,得

$$\frac{\sin \alpha}{\sin \gamma} \cdot \frac{\sin \delta}{\sin \beta} \cdot \frac{\sin(\gamma + \delta)}{\sin(\alpha + \beta)} = \frac{ZC}{ZB}$$

即

$$\frac{\sin \alpha}{ZC \cdot \sin \beta \cdot \sin(\alpha + \beta)} = \frac{\sin \gamma}{ZB \cdot \sin \delta \cdot \sin(\gamma + \delta)}$$

证毕.

2.14 "黄长度"的可加性

考察图 2.14.1,过点 A 有三条直线:l_1, l_2, l_3,点 Z 不在这三条直线上.

在黄观点下(以 Z 为"黄假线"),问"黄长度"是否具有可加性,就等于问:在图 2.14.1 中,是否具有

$$ye(l_1 l_2) + ye(l_2 l_3) = ye(l_1 l_3)$$

这个问题等价于下面的命题(参阅 2.7):

命题 2.14.1 如图 2.14.1 所示,求证

$$\frac{\sin \alpha}{\sin \beta \cdot \sin(\alpha + \beta)} + \frac{\sin \gamma}{\sin(\alpha + \beta) \cdot \sin(\alpha + \beta + \gamma)}$$

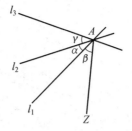

图 2.14.1

$$= \frac{\sin(\alpha + \gamma)}{\sin \beta \cdot \sin(\alpha + \beta + \gamma)} \tag{1}$$

其中 α, β, γ 如图 2.14.1 所示.

证明　式(1)等价于下式

$$\sin \alpha \cdot \sin(\alpha + \beta + \gamma) + \sin \gamma \cdot \sin \beta = \sin(\alpha + \beta) \cdot \sin(\alpha + \gamma) \tag{2}$$

以下证明式(2)成立

式(2)的左边

$$= \sin \alpha \cdot [\sin(\alpha + \beta) \cdot \cos \gamma + \cos(\alpha + \beta) \cdot \sin \gamma] + \sin \gamma \cdot \sin \beta$$

$$= \sin \alpha \cdot \cos \gamma \cdot \sin(\alpha + \beta) + \sin \gamma \cdot [\sin \alpha \cdot \cos(\alpha + \beta) + \sin \beta]$$

$$= \sin \alpha \cdot \cos \gamma \cdot \sin(\alpha + \beta) + \sin \gamma \cdot \{\sin \alpha \cdot \cos(\alpha + \beta) + \sin[(\alpha + \beta) - \alpha]\}$$

$$= \sin \alpha \cdot \cos \gamma \cdot \sin(\alpha + \beta) + \sin \gamma \cdot$$
$$\{\sin \alpha \cdot \cos(\alpha + \beta) + \sin(\alpha + \beta) \cdot \cos \alpha - \cos(\alpha + \beta) \cdot \sin \alpha\}$$

$$= \sin \alpha \cdot \cos \gamma \cdot \sin(\alpha + \beta) + \sin \gamma \cdot \cos \alpha \cdot \sin(\alpha + \beta)$$

$$= \sin(\alpha + \beta) \cdot (\sin \alpha \cdot \cos \gamma + \sin \gamma \cdot \cos \alpha)$$

$$= \sin(\alpha + \beta) \cdot \sin(\alpha + \gamma)$$

$$= 式(2)的右边 \hspace{4cm} (证毕)$$

2.15　"黄平行四边形"

考察图 2.15.1,它由七个点:A, B, C, D, P, Q, Z, 及七条直线:$AB, BC,$ CD, DA, AC, BD, PQ 构成,记为"$ABCD - PQ - Z$",该图称为"七七形".

如果把图 2.15.1 的三条直线 AC, BD, PQ 撤去,变成图 2.15.2 那样,则称其为"完全四边形",该图形由四条直线 AB, BC, CD, DA 及六个点 $A, B, C, D,$ P, Q 构成,记为"$ABCD - PQ$".

如果把图 2.15.1 的三个点 P, Q, Z 撤去,变成图 2.15.3 那样,则称其为"完全四角形",该图形由四个点 A, B, C, D 及六条直线 AB, BC, CD, DA, AC, BD

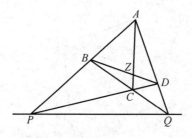

图 2.15.1

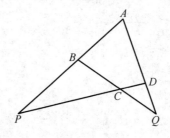

图 2.15.2

构成.

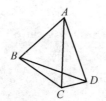

图 2.15.3

在黄观点下(以 Z 为"黄假线"),图 2.15.1 的两条黄欧线 A 和 C 是"平行"的,两条黄欧线 B 和 D 也是"平行"的,所以四条黄欧线 A,B,C,D 构成一个"黄平行四边形",记为"$ABCD$",它的两条"黄对角线"分别是 P 和 Q,因而它的"黄中心"是 PQ.

考察图 2.15.4,O 是平行四边形 $ABCD$ 的中心,过 O 作两条直线且分别交 AB,CD 于 E,F 和 G,H,那么,EH 和 FG 是平行关系.把这个事实反映到黄几何里,就得到下面的命题:

命题 2.15.1 设七七形 $ABCD-EF-Z$ 中,M,N 是直线 EF 上两点,BM 交 DN 于 P;BN 交 DM 于 Q,如图 2.15.5 所示,求证:Z,P,Q 三点共线.

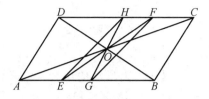

图 2.15.4

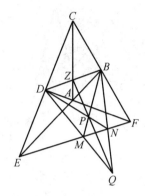

图 2.15.5

2.16 "黄矩形"

现在,在图 2.15.1 的"七七形"上增加条件:$AC \perp BD$(图 2.16.1),那么,在黄观点下(以 Z 为"黄假线"),$ABCD$ 是"黄矩形".

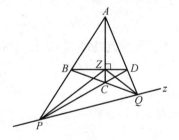

图 2.16.1

我们知道,矩形的两条对角线与矩形的一边成等角,所以在图 2.16.1,有如下结论:

命题 2.16.1 设"七七形"$ABCD - PQ - Z$ 中,$AC \perp BD$,如图 2.16.1 所示,求证:$\angle CZP = \angle CZQ$.

49

2.17 "黄菱形"

如果在图 2.15.1 的"七七形"上增加的条件是：$ZP \perp ZQ$（图 2.17.1），那么，在黄观点下（以 Z 为"黄假线"），$ABCD$ 是"黄菱形".

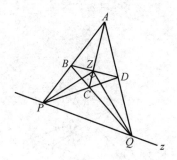

图 2.17.1

我们知道，菱形的一条对角线与菱形的两条相邻边成等角，所以在图 2.17.1 中，有如下结论：

命题 2.17.1 设"七七形"$ABCD - PQ - Z$ 中，$ZP \perp ZQ$，如图 2.17.1 所示，求证：$\angle BZP = \angle CZP$.

也可以用下面的图形表现黄菱形.

考察图 2.17.2，设三直线 l_1, l_2, t 均过点 Z，t 平分 l_1 和 l_2 所成的角，M 是 t 上一点，过 M 的两直线分别交 l_1, l_2 于 A, C 和 B, D，设 AD 交 BC 于 N，那么，在黄观点下（以 Z 为"黄假线"），$ABCD$ 是一个黄菱形，M, N 是它的两条"黄对角线".

我们知道，菱形的两条对角线互相垂直，这话表现在黄几何里就是下面的命题：

命题 2.17.2 设三直线 l_1, l_2, t 均过点 Z，t 平分 l_1 和 l_2 所成的角，M 是 t 上一点，过 M 的两直线分别交 l_1, l_2 于 A, C 和 B, D，设 AD 交 BC 于 N，如图 2.17.2 所示，求证：$ZN \perp ZM$.

我们还知道，菱形的相邻两边是相等的，这话表现在黄几何里就是下面的命题：

命题 2.17.3 设三条射线 l_1, l_2, t 都经过 Z，M 是 t 上一点，过 M 的两条直线分别交 l_1, l_2 于 A, B 和 C, D，如图 2.17.3 所示，求证："$\dfrac{AC}{ZA \cdot ZC} = \dfrac{BD}{ZB \cdot ZD}$"的充要条件是"$t$ 平分 l_1, l_2 所形成的角".

50

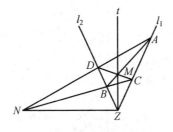

图 2.17.2

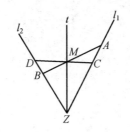

图 2.17.3

命题 2.17.3 可以推广成:

命题 2.17.4 设三条射线 l_1, l_2, t 都经过 Z, t 与 l_1, l_2 所成的角分别为 $\alpha,$ β, M 是 t 上一点,过 M 的两条直线分别交 l_1, l_2 于 A, C 和 B, D,如图 2.17.4 所示,求证

$$\frac{AC}{ZA \cdot ZC \cdot \sin \alpha} = \frac{BD}{ZB \cdot ZD \cdot \sin \beta}$$

在黄观点下(以 Z 为"黄假线"),上式两边明显相等,因为它们都是由 AB 和 CD 构成的黄线段的"黄长度"(参看 2.7 的公式(3)).

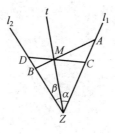

图 2.17.4

2.18 "黄线段"的"黄中点"

在上一章的 1.4,我们曾经介绍过寻找线段 AB 的中点的两种常用方法,复

51

述如下：

方法一：以 AB 为一条对角线作平行四边形 $ACBD$（图 2.18.1），那么，CD 与 AB 的交点 M 就是线段 AB 的中点.

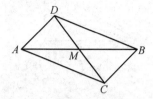

图 2.18.1

方法二：在 AB 外取一点 C（图 2.18.2），作 AB 的平行线，且分别交 AC,BC 于 D,E，设 AE 交 BD 于 N，CN 交 AB 于 M，那么，M 就是线段 AB 的中点.

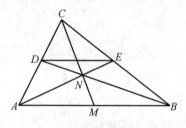

图 2.18.2

把上述寻找线段中点的两种方法对偶到黄几何，就形成了寻找"黄线段"的"黄中点"的两种方法.

方法一：考察图 2.18.3，设两直线 l_1,l_2 交于 P，Z 是这两直线外一点，过 Z 的两条直线交 l_1,l_2 于 A,B 和 C,D，设 AD 交 BC 于 M，过 PM 的直线记为 m. 那么，在黄观点下（以 Z 为"黄假线"），m 就是黄欧点 l_1 和 l_2 所构成的黄线段的"黄中点".

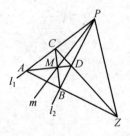

图 2.18.3

方法二：现在考察图 2.18.4，它与图 2.18.3 不同的地方是：直线 AB,CD 不是由 Z 引出，而是由线段 ZP 上一点 Q 引出，其他都一样. 那么，在黄观点下（以

二维、三维欧氏
几何的对偶原理

Z 为"黄假线"),m 就是黄欧点 l_1 和 l_2 所构成的黄线段的"黄中点".

我们知道,三角形的三边上的中线共点,这个结论在黄几何中的表现("黄表现")就是下面的命题:

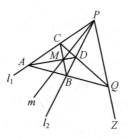

图 2.18.4

命题 2.18.1 设点 Z_2 不在 $\triangle ABC$ 的三边及延长线上,连 Z_2A 且交直线 BC 于 A';连 Z_2B 且交直线 AC 于 B';连 Z_2C 且交 AB 于 C',又连 $B'C'$ 且交 BC 于 M_1;连 $C'A'$ 且交直线 CA 于 M_2;连 $A'B'$ 且交 AB 于 M_3,如图 2.18.5 所示,求证:M_1,M_2,M_3 三点共线(此线记为 m).

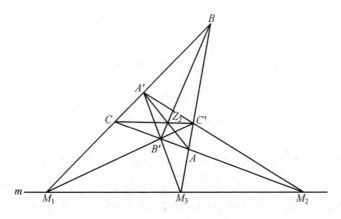

图 2.18.5

在黄观点下(以 Z 为"黄假线"),图 2.18.5 的 $\triangle ABC$ 是一个黄三角形,M_1,M_2,M_3 分别是其三条黄边 A,B,C 上的黄中线,它们应该"共点"(共一个黄欧点),这个"黄欧点"记为 m,它是黄 $\triangle ABC$ 的"黄重心".

下面这个命题告诉我们,"黄线段"的"黄中点"和"红线段"的"红中点"是有联系的.

命题 2.18.2 如图 2.18.6,设 Z,P 是直线 t 上两点,在 $\triangle PAB$ 中,$AB /\!/ t$,AB 边上的中点为 M,求证

$$\frac{\sin \alpha}{\sin \beta} = \frac{\sin \gamma}{\sin \delta}$$

53

其中 $\alpha,\beta,\gamma,\delta$ 如图 2.18.6 所示.

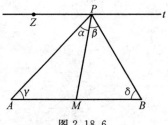

图 2.18.6

这个命题说明,在图 2.18.6 中,若红观点下,M 是红线段 AB 的红中点,那么,换成黄观点,PM 就恰好是 PA,PB 构成的"黄线段"的"黄中点".这个结论很重要.请看下面诸命题.

命题 2.18.3 设完全四边形 $ABCD-PQ$ 中,AC 交 BD 于 O,过 O 作 PQ 的平行线,且分别交 AB,CD,BC,AD 于 M,N,S,T,如图 2.18.7 所示,求证:$OM=ON$,$OS=OT$.

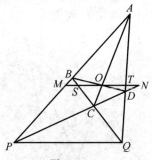

图 2.18.7

命题 2.18.4 设完全四边形 $ABCD-PQ$ 中,AC 交 BD 于 O,过 P 作 OQ 的平行线,且分别交 AC,BD,BC,AD 于 M,N,S,T,如图 2.18.8 所示(此图中 S,T 两点均未画出),求证:$PM=PN$,$PS=PT$.

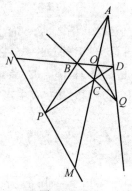

图 2.18.8

54

命题 2.18.5 设完全四边形 $ABCD-PQ$ 中，AC 交 BD 于 O，过 Q 作 OP 的平行线，且分别交 AC，BD，AB，CD 于 M，N，S，T，如图 2.18.9 所示（此图中 S，T 两点均未画出），求证：$QM=QN$，$QS=QT$.

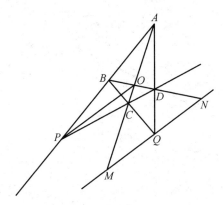

图 2.18.9

命题 2.18.6 设完全四边形 $ABCD-EF$ 中，AC 交 BD 于 O，P 是 EF 上一点，一直线过 O，且与 EF 平行，该直线分别交 PA，PC，PB，PD 于 M，N，S，T，如图 2.18.10 所示，求证：$OM=ON$，$OS=OT$.

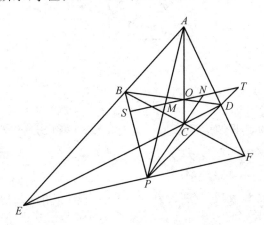

图 2.18.10

命题 2.18.7 设完全四边形 $ABCD-EF$ 中，AC 交 EF 于 P，Q 是 BD 上一点，一直线与 BD 平行，且分别交 QE，QF，QP 于 M，N，O，如图 2.18.11 所示，求证：$OM=ON$.

命题 2.18.8 设完全四边形 $ABCD-EF$ 中，AC 交 BD 于 O，AC 交 EF 于 P，Q 是 AB 上一点，过 P 作 OQ 的平行线，且分别交 AE，CQ 于 M，N，如图 2.18.12 所示，求证：$PM=PN$.

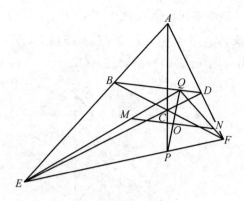

图 2.18.11

有关"七七形"的命题不胜枚举.

有一道命题是这样说的:

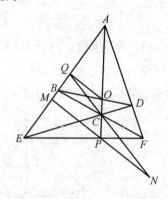

图 2.18.12

命题 2.18.9 设四边形 $ABCD$ 的对角线 AC 和 BD 相交于 M,一直线 l 过 M,且分别交 AD,BC,AB,CD 于 E,F,G,H,如图 2.18.13 所示,求证:"$ME = MF$"的充要条件是"$MG = MH$".

这道命题的"黄表现"(在"黄几何"里的表现),用红几何的语言叙述就是下面的命题:

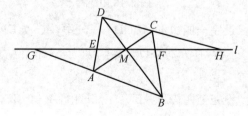

图 2.18.13

命题 2.18.10 设 $ABCD-PQ$ 是完全四边形，S 是直线 PQ 上一点，一直线与 PQ 平行，且分别交 SA，SB，SC，SD 于 E，F，G，H，如图 2.18.14 所示，求证："Z 是线段 EG 的中点"的充要条件是"Z 是线段 FH 的中点".

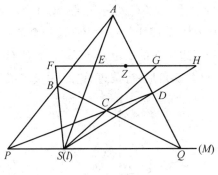

图 2.18.14

2.19　"黄角"的"黄平分线"

考察图 2.11.2，因为 ZT 平分了 $\angle BZC$，所以在黄观点下（以 Z 为"黄假线"），黄欧线 T 就是两黄欧线 B，C 所构成的黄角的"黄平分线"（由两黄欧线 B，C 所构成的另一个黄角的"黄平分线"是 S）.

我们知道，三角形的三个内角的平分线共点，这个结论的"黄表现"就是下面的命题：

命题 2.19.1 设 Z 不在 $\triangle ABC$ 的三边及三边延长线上，$\angle AZC$ 的平分线交 AC 于 E；$\angle AZB$ 的平分线交 AB 于 F；$\angle BZC$ 的补角的平分线交 BC 于 D，如图 2.19.1 所示，求证：D，E，F 三点共线（此线记为 t）.

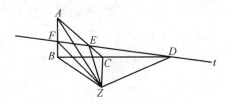

图 2.19.1

在黄观点下（以 Z 为"黄假线"），图 2.19.1 的 $\triangle ABC$ 是一个黄三角形，D，E，F 分别是其三个黄内角的黄平分线，它们应该"共点"（共一个黄欧点），这个"黄欧点"记为 t，它是黄三角形 ABC 的"黄内心".

57

2.20 "黄垂线"

考察图 2.20.1,设 Z 是 $\triangle ABC$ 外一点,在 BC 上取一点 D,使得 $AZ \perp DZ$,那么,在黄观点下(以 Z 为"黄假线"),$\triangle ABC$ 是一个黄三角形,BC,CA,AB 是它的三个黄顶点,它的三边所在的黄欧线分别是 A,B,C,所以,D 是黄边 A 的"黄垂线",准确地说,是黄三角形中,黄边 A 上的"黄高线".

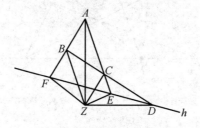

图 2.20.1

我们知道,三角形的三条高线是共点的,这个结论的"黄表现"就是下面的命题:

命题 2.20.1 设 Z 不在 $\triangle ABC$ 的三边及三边延长线上,在直线 BC,CA,AB 上各取一点 D,E,F,使 $AZ \perp DZ$,$BZ \perp EZ$,$CZ \perp FZ$,如图 2.20.1 所示,求证:D,E,F 三点共线(此线记为 h).

在黄观点下(以 Z 为"黄假线"),图 2.20.1 的 $\triangle ABC$ 是一个黄三角形,D,E,F 是其三条黄高线,它们应该"共点"(共一个黄欧点),这个"黄欧点"记为 h,它是黄三角形 ABC 的"黄垂心".

有一个命题是这样说的:

命题 2.20.2 设 $\triangle ABC$ 中,A 在 BC 上的射影为 A';C 在 AB 上的射影为 C',如图 2.20.2 所示,求证:$\angle C'A'B = \angle CAB$.

这个命题的黄表现,是下面的命题:

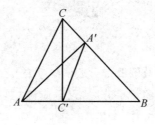

图 2.20.2

58

命题 2.20.3 设 Z 是 $\triangle ABC$ 内一点, 过 Z 作 ZB 的垂线且交 AC 于 B', 过 Z 作 ZC 的垂线且交 AB 于 C', 设 BB' 交 CC' 于 D, 如图 2.20.3 所示, 求证: $\angle AZB' = \angle DZC'$.

顺带说一句, 图 2.20.2 的结论可以推广成下面的命题.

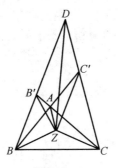

图 2.20.3

命题 2.20.4 设 $\triangle ABC$ 中, A 在 BC 上的射影为 A', 一直线 l 过 A; B,C 在 l 上的射影分别为 B',C', 如图 2.20.4 所示, 求证: $\angle C'A'B' = \angle CAB$.

命题 2.20.4 还可以进一步推广成下面的命题:

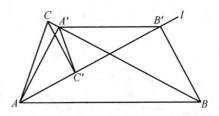

图 2.20.4

命题 2.20.5 设四边形 $ABCD$ 中, 顶点 A,C 在 BD 上的射影分别为 A', C'; 顶点 B,D 在 AC 上的射影分别为 B',D', 如图 2.20.5 所示, 求证: 四边形 $A'B'C'D'$ 与四边形 $ABCD$ 相似.

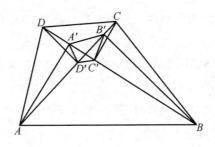

图 2.20.5

59

2.21 "黄垂直平分线"

考察图 2.21.1,设 △ABC 和 △ABD 都是等腰三角形,线段 AB 是它们公共的底,那么,CD 就是线段 AB 的"垂直平分线".

以上作图表现在黄几何中,就相当于下面的命题.

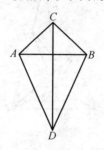

图 2.21.1

命题 2.21.1 设 Z 是 ∠AMC 外一点,在 AM,CM 的延长线上各取一点 D,B,使得 ∠DZM＝∠CZM;∠BZM＝∠AZM.设 AB 交 CD 于 N,一直线过 N 且分别交 BC,AD 于 E,F,如图 2.21.2 所示,求证:

①$ZN \perp ZM$;

②$\angle EZM = \angle FZM$.

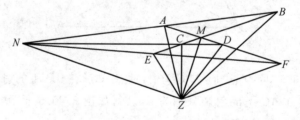

图 2.21.2

在黄观点下(以 Z 为"黄假线"),两个黄欧点 AM 和 CM 构成了一条"黄线段",N 正是这条黄线段的"黄垂直平分线".

在红观点下,不妨把图 2.21.2 的 N 称为 ∠AMC 关于 Z 的"垂直平分点".于是,有下面的命题:

命题 2.21.2 设 Z 是 △ABC 外一点,∠BCA 关于 Z 的"垂直平分点"是 C';∠ABC 关于 Z 的"垂直平分点"是 B',∠BAC 的补角关于 Z 的"垂直平分点"是 A',如图 2.21.3 所示,求证:A',B',C' 三点共线.

60

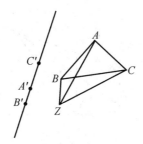

图 2.21.3

2.22 "黄轴对称"

在红观点下,考察图 2.22.1,设三直线 l, m, l' 共点于 A,若 l, l' 与 m 的夹角相等,则说:l, l' 关于 m "对称",直线 m 称为 l, l' 的"对称轴",l' 是 l 关于 m 的"对称直线",反之,l 是 l' 关于 m 的对称直线.

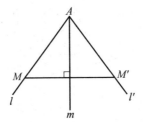

图 2.22.1

设 M 是直线 l 上一点,M' 是 l' 上一点(图 2.22.1),若 MM' 与直线 m 垂直,则说:两点 M, M' 关于直线 m 对称,其中一个是另一个关于 m 的"对称点",直线 m 是这一对对称点的"对称轴".

在红观点下,考察图 2.22.2,设直线 l 上有三点 A, M, A',Z 是 l 外一点,若 $\angle ZMA = \angle ZMA'$,则说 A, A' 关于点 M 成"角对称",A' 是 A 关于 M 的"角对称点",反之,A 是 A' 关于 M 的"角对称点"(注意,如果 $\angle MZA$ 较大,会使得 A 与 A' 出现在 M 的同一侧).

现在,取一点 N,使得 $NZ \perp MZ$,记直线 AN 为 m,记直线 $A'N$ 为 m',那么,在黄观点下(以 Z 为"黄假线"),图 2.22.2 的黄欧线 A, A' 关于黄欧线 M 是"轴对称"的 ——"黄轴对称";黄欧点 m, m' 关于黄欧线 M 也是"轴对称"的 ——"黄轴对称".

于是,有下面的命题:

命题 2.22.1 在图 2.22.2 中,一直线过 M 且分别交 m, m' 于 B, B',求证:

61

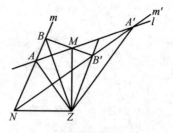

图 2.22.2

$\angle BZM = \angle B'ZM$.

有这样一道命题:

命题 2.22.2 设一直线 m 分别与 $\triangle ABC$ 的三边 BC,CA,AB 交于 $D,E,$ F,m 关于 BC,CA,AB 的对称直线分别记为 l_1,l_2,l_3,设 l_2 交 l_3 于 A';设 l_3 交 l_1 于 B';设 l_1 交 l_2 于 C',如图 2.22.3 所示,求证:AA',BB',CC' 三线共点,这点记为 P.

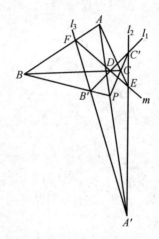

图 2.22.3

该命题的黄表现是这样的:

命题 2.22.3 设 Z,M 两点均不在 $\triangle ABC$ 的三边(或三边的延长线)上,在直线 AM 上取一点 A',使得 $\angle MZA' = \angle MZA$(即 A' 和 A 关于 M 成"角对称");在直线 BM 上取一点 B',使得 $\angle MZB' = \angle MZB$(即 B' 和 B 关于 M 成"角对称");在直线 MC 上取一点 C',使得 $\angle MZC' = \angle MZC$(即 C' 和 C 关于 M 成"角对称"),设 $B'C'$ 交 BC 于 A'';$C'A'$ 交 CA 于 B'';$A'B'$ 交 AB 于 C'',如图 2.22. 4 所示,求证:A'',B'',C'' 三点共线.

图 2.22.4 的 A',B',C' 分别对偶于图 2.22.3 的 l_1,l_2,l_3.

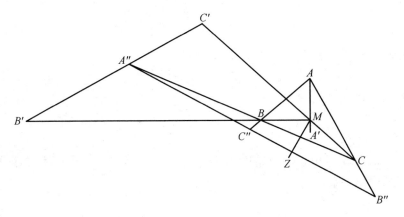

图 2.22.4

2.23 "黄正方形"

设图 2.15.1 的"七七形"$ABCD - PQ - Z$ 中,既有 $AC \perp BD$,又有 $ZP \perp ZQ$(图 2.23.1),那么,在黄观点下(以 Z 为"黄假线"),$ABCD$ 是"黄正方形".

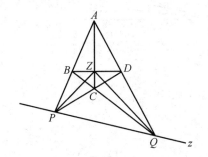

图 2.23.1

我们知道,正方形的边和对角线成 $45°$ 角,于是,有下面的结论:

命题 2.23.1 设"七七形"$ABCD - PQ - Z$ 中,既有 $AC \perp BD$,又有 $ZP \perp ZQ$,如图 2.23.1 所示,求证:$\angle PZB = \angle PZC = \angle QZC = \angle QZD = 45°$.

考察图 2.23.2,设正方形 $ABCD$ 中,E,F 分别是 BC 和 CD 的中点,那么,可以证明:$AE \perp BF$.

把这个结论表现到黄几何里,就相当于下面的命题.

命题 2.23.2 设"七七形"$ABCD - PQ - Z$ 中,$AC \perp BD$,$ZP \perp ZQ$,AC 交 PQ 于 S;BD 交 PQ 于 T,AT 交 CD 于 E;BS 交 AD 于 F,如图 2.23.3 所示,求证:$ZE \perp ZF$.

63

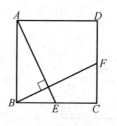

图 2.23.2

在图 2.23.3 中,带括号的字母对应着图 2.23.2 中相应的字母,表明了它们之间的对偶关系.

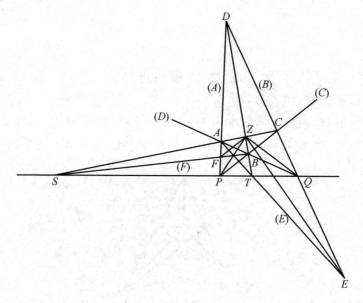

图 2.23.3

2.24 "黄正三角形"

考察图 2.24.1,设 $\angle AZ_2B = \angle AZ_2C = 60°$,那么,这时的 $ye(\triangle ABC)$ 是"黄正三角形",因而它的黄重心 m(参阅图 2.18.6)、黄内心 t(参阅图 2.19.1)、黄垂心 h(参阅图 2.20.1)应当重合在一起,称为 $ye(\triangle ABC)$ 的"黄中心".

考察图 2.24.2,设 Z 是 $\triangle ABC$ 内的费马点(Fermat,法国,1601—1665),即 Z 使得 $\angle AZB = \angle BZC = \angle CZA = 120°$,那么,在黄观点下(以 Z 为黄假线),$\triangle ABC$ 就是"黄正三角形".

我们知道,正三角形的三边是相等的,所以有下面的结论.

64

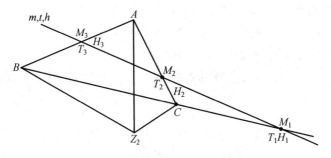

图 2.24.1

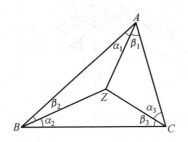

图 2.24.2

命题 2.24.1 设 Z 是 $\triangle ABC$ 内一点,它是该三角形的费马点,如图 2.24.2 所示,求证

$$\frac{\sin(\alpha_1 + \beta_1)}{ZA \cdot \sin \alpha_1 \cdot \sin \beta_1} = \frac{\sin(\alpha_2 + \beta_2)}{ZB \cdot \sin \alpha_2 \cdot \sin \beta_2}$$

$$= \frac{\sin(\alpha_3 + \beta_3)}{ZC \cdot \sin \alpha_3 \cdot \sin \beta_3}$$

其中 $\alpha_1, \beta_1, \alpha_2, \beta_2, \alpha_3, \beta_3$ 均如图 2.24.2 所示.

考察图 2.24.3,设 Z 是 $\triangle ABC$ 内一点,它是该三角形的费马点,AZ 交 BC 于 D;BZ 交 AC 于 E;CZ 交 AB 于 F,又设 EF 交 BC 于 P;FD 交 CA 于 Q;DE 交 AB 于 R,那么,在黄观点下(以 Z 为"黄假线"),$\triangle ABC$ 是"黄正三角形",P, Q,R 既是它的三条"黄中线",又是它的三条"黄角平分线",同时是它的三条"黄高线",因而,这三条黄欧线必定"共点",这个公共的黄欧点记为 z,它是该黄正三角形的"黄中心".

于是,有下面一些结论.

命题 2.24.2 设 Z 是 $\triangle ABC$ 内一点,它是该三角形的费马点,AZ 交 BC 于 D;BZ 交 AC 于 E;CZ 交 AB 于 F,又设 EF 交 BC 于 P;FD 交 CA 于 Q;DE 交 AB 于 R,如图 2.24.3 所示,求证:

①P,Q,R 三点共线;

65

②$\angle PZQ = \angle QZR = 60°$;

③ZP，ZQ，ZR 分别平分 $\angle CZE$，$\angle CZD$，$\angle BZD$；

④$AZ \perp PZ$；$BZ \perp QZ$；$CZ \perp RZ$.

我们把图 2.24.3 中，由费马点 Z 所产生的直线 z，称为 $\triangle ABC$ 的"费马线".

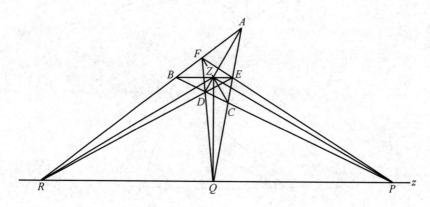

图 2.24.3

命题 2.24.3 设 Z 是 $\triangle ABC$ 内一点，它不是该三角形的费马点，在 BC，CA，AB 上各取两点，它们分别是 F，H；I，E；G，D，使得 $\angle DZA = \angle EZA = 60°$；$\angle FZB = \angle GZB = 60°$；$\angle HZC = \angle IZC = 60°$，设 DE 交 BC 于 A'；FG 交 CA 于 B'；IH 交 AB 于 C'，如图 2.24.4 所示，求证：

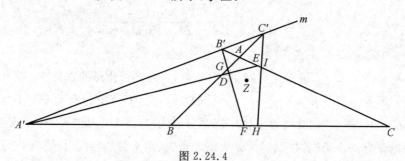

图 2.24.4

①A'，B'，C' 三点共线，此线记为 m；

② 直线 m 是 $\triangle ABC$ 的"费马线".

在黄观点下（以 Z 为"黄假线"），图 2.24.4 的 m 是 $ye(\triangle ABC)$ 的"黄费马点". 因此，有下面的命题.

命题 2.24.4 设 m 是 $\triangle ABC$ 的"费马线"，BC，CA，AB 分别交 m 于 A'，B'，C'，设 BB' 交 CC' 于 A''；CC' 交 AA' 于 B''；AA' 交 BB' 于 C''，如图 2.24.5 所

示,求证:

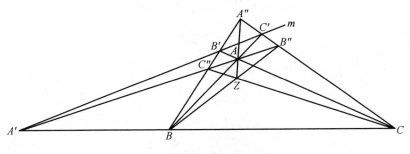

图 2.24.5

①AA'',BB'',CC'' 三线共点,此点记为 Z;

②Z 是 $\triangle ABC$ 的"费马点".

在命题 2.24.3 中,如果仅有 $\angle DZA = \angle EZA$;$\angle FZB = \angle GZB$;$\angle HZC = \angle IZC$,如图 2.24.6 所示,那么,A',B',C' 三点仍然是共线的,不过此线不是 $\triangle ABC$ 的"费马线".

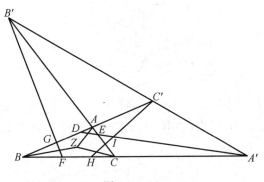

图 2.24.6

考察下面的命题.

命题 2.24.5　设 $ABCD$ 是平行四边形,分别以 AB,BC 为边向外侧作正 $\triangle ABM$ 和正 $\triangle BCN$,如图 2.24.7 所示,求证:$\triangle DMN$ 是正三角形.

把这个结论表述到黄几何里,就是下面的命题(当然,使用的是红几何的语言).

命题 2.24.6　设 Z 是四边形 $ABCD$ 中 AC,BD 的交点,在 BA 和 BC 上各取一点 E,F,使得 $\angle EZB = \angle FZB = 60°$;在 CB 和 CD 上各取一点 G,H,使得 $\angle GZC = \angle HZC = 60°$.设 EF 交 GH 于 S,EF 交 AD 于 M,GH 交 AD 于 N,如图 2.24.8 所示,求证:Z 是 $\triangle MNS$ 的费马点(即 Z 使得 $\angle MZN = \angle NZS = \angle SZM = 120°$).

67

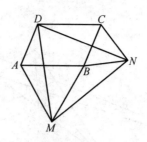

图 2.24.7

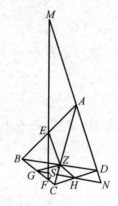

图 2.24.8

考察下面的命题.

命题 2.24.7 过 O 作三条射线 OA，OB，OC，任取一点 M，它在这三射线上的射影分别为 A，B，C，若 $\angle AOB = \angle BOC = 60°$，如图 2.24.9 所示，求证：$\triangle ABC$ 是等边三角形.

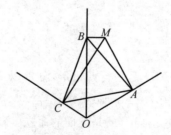

图 2.24.9

把这个结论表述到黄几何里，就是下面的命题（当然，使用的是红几何的语言）.

命题 2.24.8 设 A，B，C 三点在一直线上，Z 是这直线外一点，且使得 $\angle AZB = \angle BZC = 60°$，另有一条不过 Z 的直线 m，在 m 上取三点 A'，B'，C'，使得 $A'Z \perp AZ$，$B'Z \perp BZ$，$C'Z \perp CZ$，设三直线 AA'，BB'，CC' 两两交于 D，E，

68

F,如图 2.24.10 所示,求证:Z 是 $\triangle DEF$ 的费马点.

当然,也可以表述成下面那样.

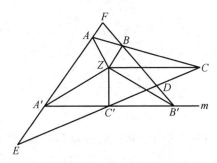

图 2.24.10

命题 2.24.9 设 O 是 $\triangle ABC$ 的费马点,z 是 $\triangle ABC$ 的费马线,BC,CA,AB 分别交 z 于 P,Q,R,一直线分别交 OA,OB,OC 于 P',Q',R',设 QQ' 交 RR' 于 A';RR' 交 PP' 于 B';PP' 交 QQ' 于 C',如图 2.24.11 所示,求证:O 是 $\triangle A'B'C'$ 的费马点.

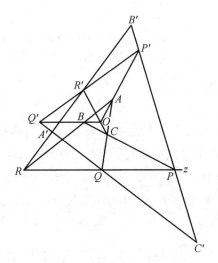

图 2.24.11

现在考察下面的命题.

命题 2.24.10 作 $\triangle ABC$ 各内角的三等分线,靠近某边的两条三等分角线相交,得一个交点,这样的交点有三个,分别记为 D,E,F,如图 2.24.12 所示,求证:$\triangle DEF$ 构成一个正三角形.

我们称这个命题为"莫利定理"(Frank Morley,美国数学家).

其实,除了作 $\triangle ABC$ 各内角的三等分线,会获得一个正 $\triangle DEF$ 外,作 $\triangle ABC$ 各外角的三等分线,也会得到一个正 $\triangle D'E'F'$(图 2.24.13),这两个正

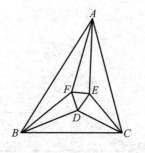

图 2.24.12

三角形不妨分别称为"内莫利三角形"和"外莫利三角形".

现在把关于"外莫利三角形"的结论对偶到黄几何,就得到下面的结论.

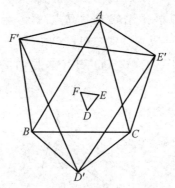

图 2.24.13

命题 2.24.11 设 Z 是 $\triangle ABC$ 内一点,作 $\angle AZB$ 的两条三等分线,且分别交 AB 于 M,N;作 $\angle BZC$ 的两条三等分线,且分别交 BC 于 P,Q;作 $\angle CZA$ 的两条三等分线,且分别交 CA 于 S,T,连 MT,NP,QS,且两两相交于 D,E,F,如图 2.24.14 所示,求证:Z 是 $\triangle DEF$ 的费马点.

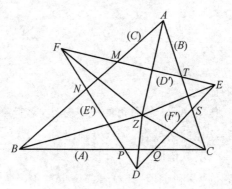

图 2.24.14

图 2.24.14 的带括号字母的直线与图 2.24.13 的相应字母的点是对偶关系.

考察图 2.24.15,以 $\triangle ABC$ 的三边 BC, CA, AB 为边向外作三个等边三角形: $\triangle BCD$, $\triangle CAE$, $\triangle ABF$,它们的中心分别记为 A', B', C',那么,可以证明: A', B', C' 三点构成一个正三角形.

这个命题名为"拿破仑定理"(Napoléon Bonaparte,1769—1821),它可以改述成下面的样子.

命题 2.24.12 在 $\triangle ABC$ 外取三点 A', B', C',使 $\angle A'BC = \angle A'CB = \angle B'AC = \angle B'CA = \angle C'AB = \angle C'BA = 30°$,如图 2.24.15 所示,求证:$A'$, B', C' 三点构成一个等边三角形.

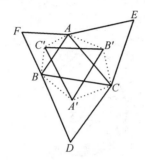

图 2.24.15

这个结论在黄几何里的表现就是下面的命题,当然,用的是红几何语言.

命题 2.24.13 设 Z 是 $\triangle ABC$ 内一点,在三边 BC, CA, AB 上各取两点,分别记为 A_B, A_C;B_C, B_A;C_A, C_B,使 $\angle AZC_A = \angle AZB_A = \angle BZC_B = \angle BZA_B = \angle CZB_C = \angle CZA_C = 30°$,连 A_BC_B, B_CA_C, C_AB_A,且两两相交于 A', B', C',如图 2.24.16 所示,求证:Z 是 $\triangle A'B'C'$ 的费马点.

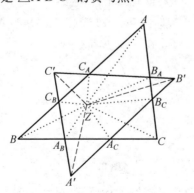

图 2.24.16

71

此乃"黄拿破仑定理".

总之,每当我们谈论三角形的费马点(或费马线)时,"黄种人"(指持黄观点的人)就认为是在谈论"正三角形".

2.25 由圆产生的"黄圆"

考察图 2.25.1,设一个圆 α 的圆心为 Z,该圆的半径为 r,过这圆上每一点 A 作切线 l,那么,这些 l 构成的集合,在黄观点下(以 Z 为"黄假线"),是一个"黄圆"(这时我们就说 α 产生了"黄圆",甚至直呼 α 为"黄圆"),A 是该黄圆的"黄切线",l 是"黄切点",该黄圆的"黄半径"为 $\frac{1}{r}$. 至于"黄圆心",它很特别,是红假线 z_1,因而是看不见的.

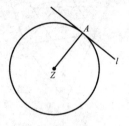

图 2.25.1

可以证明,要想使圆 α 产生"黄圆",就必须以该圆的圆心为黄假线,唯此而已.

我们知道,每一个 $\triangle ABC$ 都有一个外接圆 α(图 2.25.2,α 的圆心记为 Z),然而,在黄观点下(以 Z 为"黄假线"),α 却是 $ye(\triangle ABC)$ 的"黄内切圆". 反过来,我们知道,每一个 $\triangle ABC$ 都有一个内切圆 α(图2.25.3,α 的圆心记为 Z),然而,在黄观点下(以 Z 为"黄假线"),α 却是 $ye(\triangle ABC)$ 的"黄外接圆".

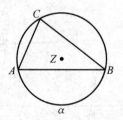

图 2.25.2

因此,一个关于三角形外接圆的命题,经过黄对偶,就可以获得一个关于三角形内切圆的命题,反之亦然. 三角形的外接圆的命题和内切圆的命题是成双

72

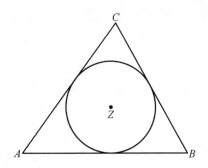

图 2.25.3

成对地出现(这话对四边形的外接圆和内切圆同样成立).

下面八道命题就是两两成对的.

考察下面的命题：

命题 2.25.1 设 AB 是圆 O 的直径，C 是这圆上一点，如图 2.25.4 所示，求证：$\angle ACB = 90°$.

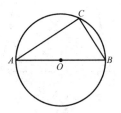

图 2.25.4

该命题的黄表现是：

命题 2.25.2 设 AB 是圆 Z 的直径，过 A,B 的切线分别记为 l_1,l_2，圆 Z 的另一条切线 l_3 分别交 l_1,l_2 于 C,D，如图 2.25.5 所示，求证：$\angle CZD = 90°$.

考察下面的命题：

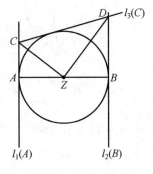

图 2.25.5

73

命题 2.25.3 设四边形 $ABCD$ 内接于圆,如图 2.25.6 所示,求证:"四边形 $ABCD$ 内接于圆"的充要条件是"$\angle BAD + \angle BCD = 180°$".

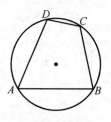

图 2.25.6

该命题的黄表现是:

命题 2.25.4 设四边形 $ABCD$ 外切于圆 Z,如图 2.25.7 所示,求证:"四边形 $ABCD$ 外切于圆 Z"的充要条件是"$\angle AZB + \angle CZD = 180°$".

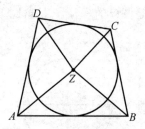

图 2.25.7

考察下面的命题:

命题 2.25.5 设 A,B,C,D 是同圆上四点,如图 2.25.8 所示,求证:$\angle ACB = \angle ADB$.

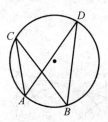

图 2.25.8

该命题的黄表现是:

命题 2.25.6 设四边形 $ABCD$ 外切于圆 Z,AB 交 CD 于 P;AD 交 BC 于 Q,如图 2.25.9 所示,求证:$\angle BZP = \angle DZQ$.

考察下面的命题:

命题 2.25.7 设 $\triangle ABC$ 的内切圆分别切三边 BC,CA,AB 于 A',B',C',

74

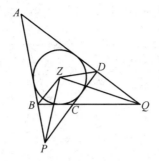

图 2.25.9

如图 2.25.10 所示,求证:AA',BB',CC' 三线共点.

这点记为 G,称为"热尔岗点"(Gergonne).

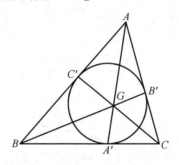

图 2.25.10

该命题的黄表现是:

命题 2.25.8 设 $\triangle ABC$ 内接于圆 Z,过 A,B,C 的切线分别交对边于 A',B',C',如图 2.25.11 所示,求证:A',B',C' 三点共线.

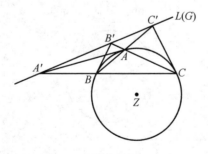

图 2.25.11

这条直线记为 L,称为"勒穆瓦纳线"(Lemoine).

下面八道命题也是两两成对的.

考察下面的命题:

命题 2.25.9 设四边形 $ABCD$ 内接于圆,AB,CD 交于 E;AD,BC 交于 F,

75

$\angle E$ 和 $\angle F$ 的平分线交于 P，如图 2.25.12 所示，求证：$\angle EPF = 90°$.

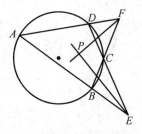

图 2.25.12

该命题的黄表现是：

命题 2.25.10　设四边形 $ABCD$ 外切于圆 Z，$\angle AZC$ 和 $\angle BZD$ 的平分线分别为 ZP 和 ZQ，如图 2.25.13 所示，求证：$\angle PZQ = 90°$.

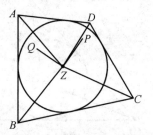

图 2.25.13

考察下面的命题：

命题 2.25.11　设 $\triangle ABC$ 内接于圆，P 是圆上一点，它在 BC，CA，AB 上的射影分别为 D，E，F，如图 2.25.14 所示，求证：D，E，F 三点共线.

此线称为"西姆森线"（Simson，1687—1768）.

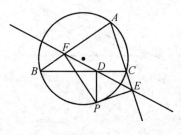

图 2.25.14

该命题的黄表现是：

命题 2.25.12　设 $\triangle ABC$ 外切于圆 Z，直线 l 与圆 Z 相切，在 l 上取三点 A'，B'，C'，使 $A'Z \perp AZ$，$B'Z \perp BZ$，$C'Z \perp CZ$，如图 2.25.15 所示，求证：AA'，BB'，CC' 三线共点（这点记为 S，称为"西姆森点"）.

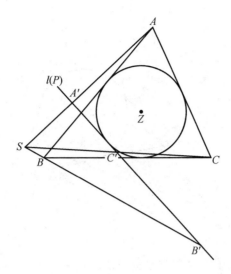

图 2.25.15

考察下面的命题：

命题 2.25.13 设四边形 $ABCD$ 内接于圆 α，如图 2.25.16 所示，求证

$$AB \cdot CD + AD \cdot BC = AC \cdot BD$$

此乃"托勒密定理"（Ptolemy，希腊，约 85—165）.

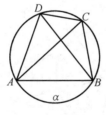

图 2.25.16

该命题的黄表现是：

命题 2.25.14 设完全四边形 $ABCD - EF$ 外切于圆 Z，如图 2.25.17 所示，求证

$$\frac{1}{ZA \cdot ZC \cdot \tan\dfrac{A}{2}\tan\dfrac{C}{2}} + \frac{1}{ZB \cdot ZD \cdot \tan\dfrac{B}{2}\tan\dfrac{D}{2}}$$

$$= \frac{1}{ZE \cdot ZF \cdot \tan\dfrac{E}{2}\tan\dfrac{F}{2}}$$

其中 A, B, C, D, E, F 指以它们为顶点的各角.

这是"黄托勒密定理".

77

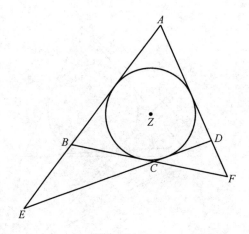

图 2.25.17

下面是另一批例子,它们都是成对的.

考察下面的命题:

命题 2.25.15 设 $\triangle ABC$ 外切于圆 O,三边 BC,CA,AB 上的切点分别为 A',B',C',连 OA,OB,OC,且分别交圆 O 于 A'',B'',C'',如图 2.25.18 所示,求证:$A'A'',B'B'',C'C''$ 三线共点.

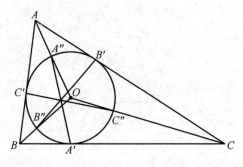

图 2.25.18

这个命题是苏联 1984 年的竞赛题.

该命题的黄表现是:

命题 2.25.16 设 $\triangle ABC$ 内接于圆 Z,作平行于 BC 的切线,且交过 A 的切线于 A';作平行于 CA 的切线,且交过 B 的切线于 B';作平行于 AB 的切线,且交过 C 的切线于 C';如图 2.25.19 所示,求证:A',B',C' 三点共线.

考察下面的命题:

命题 2.25.17 设 $\triangle ABC$ 外切于圆 O,OA,OB,OC 分别交圆于 A',B',C',过这三点分别作切线,且两两相交于 A'',B'',C'',如图 2.25.20 所示,求证:

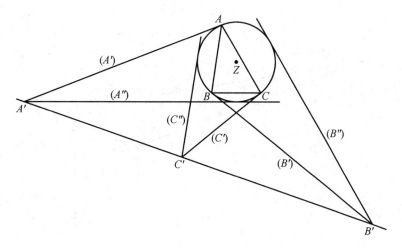

图 2.25.19

AA'',BB'',CC'' 三线共点.

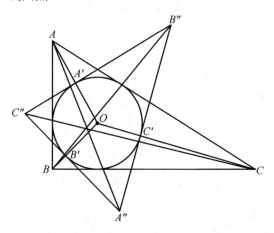

图 2.25.20

该命题的黄表现是:

命题 2.25.18 设 $\triangle ABC$ 内接于圆 Z,三段弧 BC,CA,AB 的中点分别为 A',B',C',设 AB 交 $A'B'$ 于 C';BC 交 $B'C'$ 于 A'';CA 交 $C'A'$ 于 B'',如图 2.25.21 所示,求证:A'',B'',C'' 三点共线.

考察下面的命题:

命题 2.25.19 设 P 是 $\triangle ABC$ 的外接圆上一点,过 P 作三条弦 PA',PB',PC',使 PA' // BC,PB' // AC,PC' // AB,如图 2.25.22 所示,求证:AA' // BB' // CC'.

该命题的黄表现是:

79

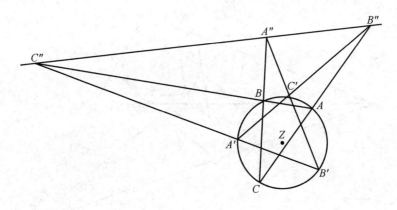

图 2.25.21

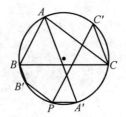

图 2.25.22

命题 2.25.20 设 $\triangle ABC$ 外切于圆 Z，l 是圆 Z 的任一切线，连 AZ，BZ，CZ，且分别交 l 于 A'，B'，C'，过 A' 作切线且交 BC 于 A''；过 B' 作切线且交 CA 于 B''；过 C' 作切线且交 AB 于 C''，如图 2.25.23 所示，求证：A''，B''，C'' 及 Z 四点共线.

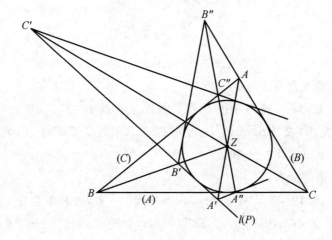

图 2.25.23

80

考察下面的命题:

命题 2. 25. 21　设 $\triangle ABC$ 外切于圆 O，作圆 O 的三条切线，它们分别与 BC,CA,AB 平行，于是产生一个六边形 $DEFGHI$，如图 2.25.24 所示，求证：$DE \parallel GH$.

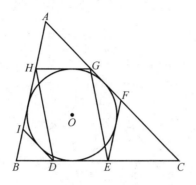

图 2.25.24

该命题的黄表现是:

命题 2. 25. 22　设 $\triangle ABC$ 内接于圆 O，AO,BO,CO 分别交圆 O 于 A',B'，C'，连 $A'B$ 且交 AC' 于 P；连 $A'C$ 且交 AB' 于 Q；如图 2.25.25 所示，求证：P，O,Q 三点共线.

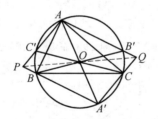

图 2.25.25

考察下面的命题:

命题 2. 25. 23　设 P 是圆 O 外一点，过 P 作圆 O 的切线，切点为 C，一直线过 P 且交圆 O 于 E,F，设 AE,AF 分别交 PO 于 B,D，如图 2.25.26 所示，求证：$ABCD$ 是平行四边形.

该命题的黄表现是:

命题 2. 25. 24　设平行四边形 $ABCD$ 的对角线相交于 Z，以 Z 为圆心作一个与 AD 相切的圆，切点记为 E，过 B,C 分别作这个圆的切线，设这两切线交于 F，如图 2.25.27 所示，求证：$EF \parallel AB$.

考察下面的命题:

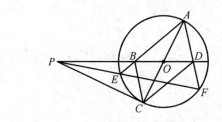

图 2.25.26

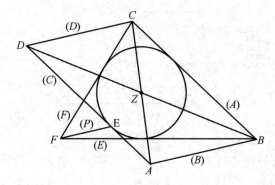

图 2.25.27

命题 2.25.25 设直线 m 经过一个圆的圆心 O，直线 z 与 m 垂直相交于 M，在 z 上取两点 P,Q，使 $MP=MQ$，过 P,Q 各作一直线，且分别交圆 O 于 A,B 和 C,D，连 AD,BC，且分别交 z 于 S,T，如图 2.25.28 所示，求证：$MS=MT$.

不论点 M 在圆内、在圆上或在圆外，命题 2.25.25 都是正确的.

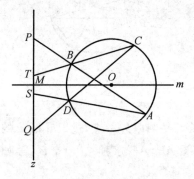

图 2.25.28

该命题的黄表现是：

命题 2.25.26 设 M 是圆 Z 内一点，A,B 是圆 Z 外两点，使得 $\angle ZMA = \angle ZMB$，过 A,B 分别作圆 Z 的一条切线，且二者交于 C；过 A,B 再分别作圆 Z 的一条切线，且二者交于 D，如图 2.25.29 所示，求证：$\angle AMC = \angle BMD$.

82

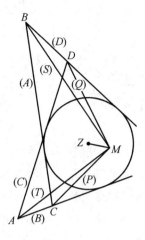

图 2.25.29

2.26　由椭圆、抛物线、双曲线产生的"黄圆"

考察图 2.26.1,设椭圆 α 的一个焦点,例如左焦点为 Z_2,与 Z_2 相对应的左准线为 f,过椭圆上每一点 A 作切线 l,那么,在黄观点下(以 Z_2 为"黄假线"),l 的集合是一个"黄圆"(这时我们就说这个椭圆 α 产生了"黄圆",甚至直接说 α 是"黄圆"),A 是该黄圆的"黄切线",l 是"黄切点",f 是"黄圆心".

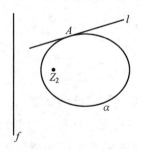

图 2.26.1

如果图 2.26.1 的椭圆 α 在直角坐标系中的方程是

$$\frac{x^2}{a^2} + \frac{y^2}{b^2} = 1 \quad (a > b > 0)$$

那么,经计算,α 所产生的黄圆的"黄半径"为 $\frac{a}{b^2}$.

如果把图 2.26.1 的椭圆 α 换成双曲线 α,如图 2.26.2 所示,它的方程是

$$\frac{x^2}{a^2} - \frac{y^2}{b^2} = 1 \quad (a > 0, b > 0)$$

83

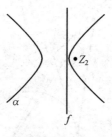

图 2.26.2

那么，双曲线 α 也能产生"黄圆"，情况与椭圆的说法完全相同，设 α 的一个焦点，例如右焦点为 Z_2，与 Z_2 相对应的右准线为 f，过椭圆上每一点 A 作切线 l，那么，在黄观点下（以 Z_2 为"黄假线"），l 的集合是一个"黄圆"（这时我们就说这个双曲线 α 产生了"黄圆"，甚至直接说 α 是"黄圆"），A 是该黄圆的"黄切线"，l 是"黄切点"，f 是"黄圆心"，且经计算，该黄圆的"黄半径"为 $\dfrac{a}{b^2}$.

如果把图 2.26.1 的椭圆 α 换成抛物线 α，如图 2.26.3 所示，它的方程是
$$y^2 = 2px \quad (p > 0)$$

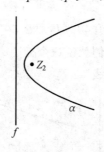

图 2.26.3

那么，抛物线 α 也能产生"黄圆"，设 α 的焦点为 Z_2，准线为 f，过抛物线上每一点 A 作切线 l，那么，在黄观点下（以 Z_2 为"黄假线"），l 的集合是一个"黄圆"（这时我们就说这个抛物线 α 产生了"黄圆"，甚至直接说 α 是"黄圆"），A 是该黄圆的"黄切线"，l 是"黄切点"，f 是"黄圆心"，且经计算，该黄圆的"黄半径"为 $\dfrac{1}{p}$.

可以证明，只有圆、椭圆、抛物线和双曲线这四种曲线才能产生黄圆，而且对于圆必须以圆心为黄假线；对于后三种曲线，必须以它们的焦点为黄假线.

我们知道，最简单的"直线形"是三角形，最简单的"圆锥曲线"是圆，它们的结合能演绎出丰富的内容，而这些内容是从下面的命题开始的.

命题 2.26.1 求证：对任何一个 $\triangle ABC$，都存在一个唯一的圆，它经过 A，

84

B,C 三点(图 2.26.4).

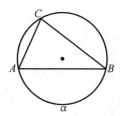

图 2.26.4

这个圆称为 $\triangle ABC$ 的"外接圆".

把命题 2.26.1 对偶到黄几何,就是下面的命题:

命题 2.26.2 设点 Z 不在 $\triangle ABC$ 的三边上,如图 2.26.5 所示,求证:一定存在一条唯一的圆锥曲线 α,它与三边 BC,CA,AB 都相切,且以 Z 为焦点.

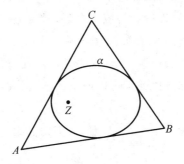

图 2.26.5

如果 Z 恰好是 $\triangle ABC$ 的内心,这时,α 变成一个圆,因而有下面的结论:

命题 2.26.3 求证:对任何一个 $\triangle ABC$,都存在一个唯一的圆 α,它与三边 BC,CA,AB 都相切(图 2.26.6).

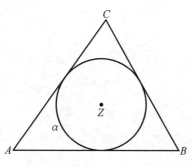

图 2.26.6

这个圆称为 $\triangle ABC$ 的"外切圆".

现在，再把命题 2.26.3 对偶到黄几何，就得到下面的命题：

命题 2.26.4 设直线 z 不过 $\triangle ABC$ 的顶点，如图 2.26.7 所示，求证：一定存在一条唯一的圆锥曲线 α，它经过 A,B,C 三点，且以 z 为准线.

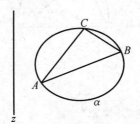

图 2.26.7

这里所说的直线 z，如果是红假线，那么，命题 2.26.4 就成了命题 2.26.1.

如果把命题 2.26.1 看成是红几何命题，那么，命题 2.26.3 就是它对偶后的黄几何命题，反过来，如果把后者看成红命题，那么，前者就是它对偶后的黄命题. 以后把这种互为对偶的命题称为"互对偶命题"，更准确的说法是"红、黄互对偶命题". 命题 2.26.2 和命题 2.26.4 也是一对红、黄互对偶的命题.

既然椭圆、抛物线和双曲线都可以产生黄圆，那么，凡圆的性质就都可以移植到这三种曲线上.

举例说，如果用椭圆产生"黄圆"，那么，当初的命题 2.25.4（图 2.25.7）就可以改述为：

命题 2.26.5 设 Z 是四边形 $ABCD$ 内一点，如图 2.26.8 所示，求证："四边形 $ABCD$ 外切于以 Z 为焦点的椭圆 α"的充要条件为"$\angle AZB + \angle CZD = 180°$".

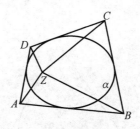

图 2.26.8

举例说，如果用抛物线产生"黄圆"，并且把图 2.26.8 的 C,D 两点置于无穷远，那么，又可以改述为：

命题 2.26.6 设抛物线的焦点为 Z，$\triangle ABE$ 的三边都与抛物线相切，如图 2.26.9 所示，求证：A,E,B,Z 四点共圆.

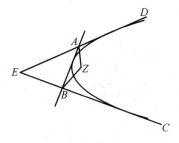

图 2.26.9

再譬如说,由命题 2.25.22(图 2.25.25)可以得到下面的命题:

命题 2.26.7 设椭圆的一个焦点为 O,A,B,C 是该椭圆上三点,AO,BO,CO 分别交椭圆于 A',B',C',设 $A'B$ 交 AC' 于 P;$A'C$ 交 AB' 于 Q,如图 2.26.10 所示,求证:P,O,Q 三点共线.

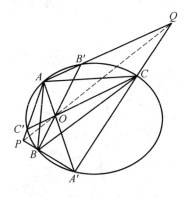

图 2.26.10

现在,重新考察命题 2.25.11(图 2.25.14,"西姆森线"),当时对该命题作黄对偶时,是用圆产生的"黄圆".如今,重新对命题 2.25.11 作黄对偶,改用抛物线产生的"黄圆",同时用红假线 z_1 对偶于图 2.25.14 的点 B,那么,就得到下面的命题:

命题 2.26.8 设抛物线的焦点为 Z,B 是抛物线外一点,过 B 且与抛物线相切的直线记为 l_1,l_2,直线 l 是抛物线的另一条切线,过 Z 且与 l_1 垂直的直线交 l 于 A';过 Z 且与 l_2 垂直的直线交 l 于 C',过 A' 作 l_1 的平行线,同时,过 C' 作 l_2 的平行线,设两次平行线交于 S,SB 交 l 于 B',如图 2.26.11 所示,求证:$ZB \perp ZB'$.

同样用抛物线产生"黄圆",但是,用红假线 z_1 对偶于图 2.25.14 的点 P,那么,得到的是一个全新的命题:

命题 2.26.9 设抛物线的焦点为 F,作抛物线的三条切线,且两两相交于

87

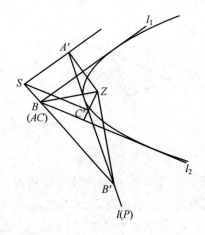

图 2.26.11

A,B,C, 过 A 作 AF 的垂线; 过 B 作 BF 的垂线; 过 C 作 CF 的垂线, 如图 2.26.12 所示, 求证: 这三次垂线共点 (此点记为 S).

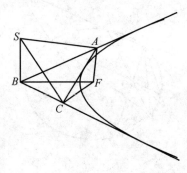

图 2.26.12

在黄观点下, 这里的焦点 F 是当作"黄假线"的, 相当于图 2.25.15 的 Z.

我们知道, 一个三角形有一个内切圆 (图 2.26.6) 和三个旁切圆, 把这一事实对偶到黄几何, 得:

命题 2.26.10　设双曲线 β 的右焦点为 Z, 右准线为 f_0, 以 Z 为圆心作圆 α, α 交 β 的右支于 A, 交左支于 B,C, 连 AB,AC, 且分别交 f_0 于 M,N, 如图 2.26. 13 所示, 求证: $ZM \perp AB$, $ZN \perp AC$.

在"黄种人"(持黄观点的人) 眼里, 双曲线 β 是个"黄圆", f_0 是它的"黄圆心".

命题 2.26.10 可以改述为:

命题 2.26.11　设 $\triangle ABC$ 内接于圆 Z, MN 是 $\triangle ABC$ 中与 BC 平行的中位线, 如图 2.26.13 所示, 求证: 一定存在一条且只有一条以 Z 为焦点、以直线

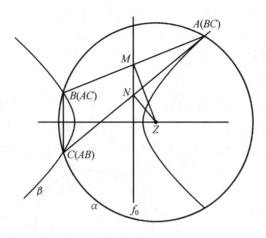

图 2.26.13

MN 为准线、且经过 A,B,C 三点的双曲线 β.

在图 2.26.13 中，α 是 $ye(\triangle ABC)$ 的"黄内切圆"，β 是 $ye(\triangle ABC)$ 的一个"黄旁切圆". 因为，在红观点下，$\triangle ABC$ 的中位线有三条，所以，$ye(\triangle ABC)$ 的"黄旁切圆"应该还有两个(图 2.26.13 未画出).

2.27 "黄椭圆"

只有圆、椭圆、抛物线和双曲线才能产生"黄椭圆".

(1) 红圆能产生"黄椭圆".

考察图 2.27.1，设 AB 是圆 F_1 的直径，过 F_1 作垂直于 AB 的直线，且交圆 F_1 于 C，Z 是 BF_1 上一点，连 CZ 且交圆于 D，D 在 BF_1 上的射影为 F_2，F_2 关于圆 F_1 的极线记为 f_2，f_2 交直线 BF_1 于 G，Z 关于圆 F_1 的极线记为 m，m 交直线 BF_1 于 N，m 上的红假点记为 M，那么，在黄观点下(以 Z 为"黄假线")，圆 F_1 可产生"黄椭圆"，m 是其"黄中心"，M 是其"黄长轴"，N 是其"黄短轴"，f_2 是其

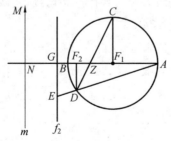

图 2.27.1

89

"黄焦点"之一,另一个"黄焦点"很特别,它是红假线 z_1,F_1,F_2 都是"黄准线".
(连 AD 且交 f_2 于 E,可以证明:$GE = GN = GZ$.)

(2)红椭圆能产生"黄椭圆".

先考察下面的命题.

命题 2.27.1 设 Z 是椭圆 α 内一点,Z 关于 α 的极线为 m,设 P,Q 是 m 上两点,P 关于 α 的极线交 α 于 A,B,Q 关于 α 的极线交 α 于 C,D,如图 2.27.2 所示,求证:"直线 AB 过 Q"的充要条件是"直线 CD 过 P".

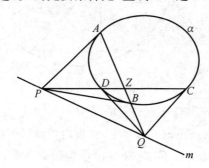

图 2.27.2

在图 2.27.2 中,弦 AB 和 CD 称为椭圆 α 的一对过 Z 的"共轭弦",这是一个重要的概念,对于抛物线、双曲线也一样.

如果 AB 和 CD 还互相垂直,那么,就称为"共轭主弦",对于椭圆(或抛物线、双曲线)内一点 Z 来说,过 Z 的共轭主弦是一定存在的,而且是唯一的.

在使用欧氏几何的对偶原理时,共轭主弦有着重要的作用.至于如何寻找共轭主弦,可参看本章的命题 3.43.24.

以下是两道有关共轭主弦的命题.

命题 2.27.2 设 Z 是椭圆 α 内一点,它关于 α 的极线为 m,AB,CD 是过 Z 的一对共轭主弦,设 M,N 是 α 外两点,使 $\angle MZA = \angle NZA$,过 M,N 各作一条切线,且两切线交于 P,过 M,N 又各作一条切线,且两切线交于 Q,如图 2.27.3 所示,求证:$\angle MZP = \angle NZQ$.

命题 2.27.3 设 Z 是椭圆 α 内一点,它关于 α 的极线为 m,M,N 是 m 上两点,使得 ZM,ZN 为一对共轭主弦,过 ZM 上一点 P 作 α 的两条切线 l_1,l_2,过 N 任作一直线,使分别交 l_1,l_2 于 B,C,如图 2.27.4 所示,求证:$\angle PZB = \angle PZC$.

现在,回到我们的主题上.

考察图 2.27.5,设 Z_2 是红椭圆内一点(不是椭圆中心),它关于该椭圆的极线记为 m,在 m 上取两点 M,N,使 $Z_2M \perp Z_2N$,$Z_2M > Z_2N$,且 M 关于椭圆的

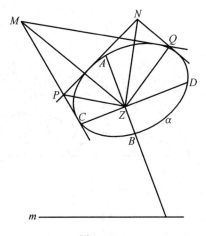

图 2.27.3

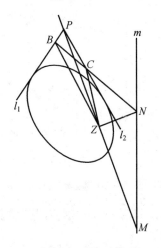

图 2.27.4

极线过 N, N 关于椭圆的极线过 M(即 Z_2M 和 Z_2N 是该椭圆过 Z 的共轭主弦).
过 M, N 各作两切线 l_1, l_2 和 l_3, l_4, 那么, 在黄观点下(以 Z_2 为"黄假线"), 这个
红椭圆可产生"黄椭圆", 其"黄中心"为 m, l_1, l_2 是"黄长轴"的两端, l_3, l_4 是"黄
短轴"的两端.

在图 2.27.5 中, 如果把 Z_2 安置在椭圆的中心, 图 2.27.5 就变成了图 2.27.6,
设这时的椭圆方程为

$$\frac{x^2}{a^2} + \frac{y^2}{b^2} = 1 \quad (a > b > 0)$$

其长轴为 AB, 短轴为 CD, 过 A, B, C, D 且与椭圆相切的直线分别记为 l_1, l_2,
l_3, l_4, 设直线 f_1, f_2 的方程分别为 $y = \frac{ab}{c}$ 和 $y = -\frac{ab}{c}$, 那么, 在黄观点下(以 Z_2

91

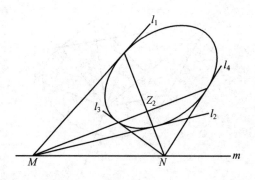

图 2.27.5

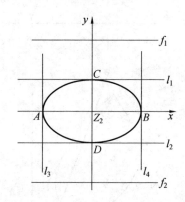

图 2.27.6

为"黄假线"),这个红椭圆可产生"黄椭圆",l_1,l_2 是"黄长轴"的两端,l_3,l_4 是"黄短轴"的两端,f_1,f_2 是其两个"黄焦点",其"黄长轴"的长为 $\dfrac{2}{b}$,"黄短轴"的长为 $\dfrac{2}{a}$,黄焦距的长为 $\dfrac{2c}{ab}$,至于"黄中心",很特别,它是红假线 z_1.

图 2.27.5 的椭圆可以换成抛物线或双曲线.

(3) 红椭圆能产生"黄椭圆".

设红椭圆的中心为 Z_2,焦点为 F_1,F_2,顶点为 A_1,A_2 和 B_1,B_2(图 2.27.7),过 F_2 作 $F_2F_3 /\!/ A_2B_1$,且交 B_1B_2 于 F_3,过 A_2 作 $A_2C_1 /\!/ F_2B_1$,且交直线 B_1B_2 于 C_1,过 C_1 作 A_1A_2 的平行线 f_3,作 F_3 关于 A_1A_2 的对称点 F_4;又作 f_3 关于 A_1A_2 的对称线 f_4,那么,该红椭圆能产生"黄椭圆",其"黄中心"很特别,是红假线 z_1,"黄假线"是 Z_2,"黄焦点"是 f_3,f_4,"黄准线"是 F_3,F_4,"黄长轴"位于直线 A_1A_2 的红假点(M)上,所以,过 B_1,B_2 的切线是"黄长轴的两端"(这两条切线图中未画出),"黄短轴"位于直线 B_1B_2 的红假点(N)上,所以,过 A_1,A_2 的切线是"黄短轴的两端"(未画出).

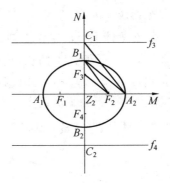

图 2.27.7

若红椭圆的红方程是

$$\frac{x^2}{a^2} + \frac{y^2}{b^2} = 1 \quad (a > b > 0, c = \sqrt{a^2 - b^2})$$

则 F_3, F_4 的红坐标是 $(0, \pm \frac{bc}{a})$，f_3, f_4 的红方程是 $y = \pm \frac{ab}{c}$，且黄长轴的长为

$\frac{2}{b}$，黄短轴的长为 $\frac{2}{a}$.

2.28 "黄抛物线"

只有圆、椭圆、抛物线和双曲线才能产生"黄抛物线"

(1) 红圆能产生"黄抛物线".

考察图 2.28.1，设红圆的圆心为 F，Z_2 是其上一点，连 $Z_2 F$，且交圆于 A，过 A 作 l，那么，在黄观点下(以 Z_2 为"黄假线")，该红圆可产生"黄抛物线"，其"黄准线"是 F，因而，"黄焦点"很特别，是红假线 z_1，l 是其"黄顶点"，A 是黄顶点 l 上的"黄切线".

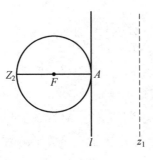

图 2.28.1

（2）红椭圆能产生"黄抛物线".

考察图 2.28.2，设点 Z_2 在椭圆上，过 Z_2 作椭圆的法线且交这椭圆于 A,l 是过 A 且与椭圆相切的直线，B,C 是椭圆上两点，使得 $BZ_2 \perp CZ_2$，设 BC 交 AZ_2 于 F,F 关于该椭圆的极线记为 f,f 交 l 于 M，那么，在黄观点下（以 Z_2 为"黄假线"），图 2.28.2 的椭圆可产生"黄抛物线"，l 是它的"黄顶点"，f 是它的"黄焦点"，F 是它的"黄准线"，M 是它的"黄对称轴".

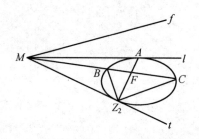

图 2.28.2

图 2.28.2 的椭圆可以换成抛物线或双曲线.

（3）红等轴双曲线能产生"黄抛物线".

考察图 2.28.3，设红等轴双曲线的两个顶点为 A 和 Z，过 A 的切线记为 l，虚轴为 f,f 上的红假点为 V，直线 AZ 上的红假点为 W，那么，在黄观点下（以 Z 为"黄假线"），该红等轴双曲线可产生"黄抛物线"，其"黄焦点"是 f，"黄顶点"是 l，"黄准线"很特别，是 W，"黄对称轴"是 V.

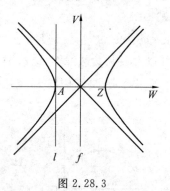

图 2.28.3

（4）红椭圆能产生"黄抛物线".

考察图 2.28.4，设红椭圆长轴的一端为 Z_2，过 Z_2 作倾斜角为 $45°$ 的直线，且交椭圆于 A,A 在长轴上的射影为 F,F 关于椭圆的极线记为 f，过长轴另一端 B 作切线 l，那么，在黄观点下（以 Z_2 为"黄假线"），该红椭圆可产生"黄抛物线"，其"黄焦点"是 f，"黄准线"是 F，"黄顶点"是 l.

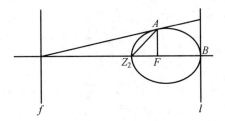

图 2.28.4

（5）红抛物线能产生"黄抛物线".

考察图 2.28.5，设红抛物线的顶点为 Z_2，过 Z_2 作两条互相垂直的直线，且分别交抛物线于 A,B，连 AB，且交抛物线的对称轴 m 于 F，F 关于抛物线的极线记为 f，直线 f 上的红假点为 V，那么，在黄观点下（以 Z_2 为"黄假线"），该红抛物线可产生"黄抛物线"，其"黄焦点"是 f，"黄准线"是 F，"黄对称轴"是 V，至于"黄顶点"，它很特别，是红假线 z_1.

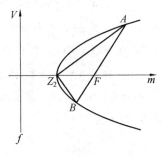

图 2.28.5

2.29 "黄双曲线"

只有圆、椭圆、抛物线和双曲线才能产生"黄双曲线".

（1）红圆能产生"黄双曲线".

考察图 2.29.1，设 AB 是圆 F_1 的直径，过 F_1 而垂直于 AB 的直线交圆于 C，直线 $m \perp AB$，且交圆于 T_1,T_2，交 AB 于 N，连 CN 且交圆于 D，D 在 AB 上的射影为 F_2，F_2 关于圆 F_1 的极线记为 f_2，f_2 交 BF_1 于 G，m 关于圆 F_1 的极点记为 Z，m 上的红假点记为 M，那么，在黄观点下（以 Z 为"黄假线"），圆 F_1 可产生"黄双曲线"，m 是其"黄中心"，M 是其"黄实轴"，N 是其"黄虚轴"，f_2 是其"黄焦点"之一，他的另一个"黄焦点"很特别，是红假线 z_1，F_1,F_2 都是"黄准线"，T_1,T_2 都是"黄渐近线".（连 AD 且交 f_2 于 E，可以证明：$GE = GZ = GN$.）

95

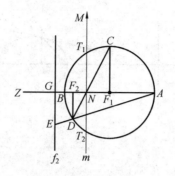

图 2.29.1

(2) 红椭圆能产生"黄双曲线".

考察图 2.29.2,设 Z 是红椭圆外一点,它关于该椭圆的极线记为 m,m 交椭圆于 T_1,T_2,设 $\angle T_1 Z T_2$ 的平分线交椭圆于 A,B,直线 AB 交 $T_1 T_2$ 于 N,过 Z 作 AB 的垂线且交直线 $T_1 T_2$ 于 M,设 $\angle T_1 Z M$ 的平分线为 t_1,t_1 交 BT_1 于 P,过 M,P 的直线记为 f_1;设 $\angle T_2 Z M$ 补角的平分线为 t_2,t_2 交 AT_2 于 Q,过 M,Q 的直线记为 f_2,设 f_1 和 f_2 关于椭圆的极点分别为 F_1 和 F_2,过 M,A 的直线记为 l_1;过 M,B 的直线记为 l_2(可以证明:l_1 和 l_2 都是椭圆的切线).那么,在黄观点下(以 Z 为"黄假线"),该红椭圆可产生"黄双曲线",其"黄中心"是 m,"黄焦点"是 f_1,f_2,"黄准线"是 F_1,F_2,M 是其"黄实轴";N 是其"黄虚轴",T_1,T_2 是其"黄渐近线",l_1,l_2 是其"黄顶点".

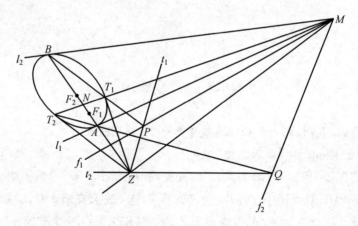

图 2.29.2

图 2.29.2 的椭圆可以换成抛物线或双曲线,只要 Z 在它们的外部就行.

2.30 "黄等轴双曲线"

(1) 红圆能产生"黄等轴双曲线".

考察图 2.30.1,设 A_1A_2 是红圆 F_1 的直径,过 A_1,A_2 分别作圆的切线 l_1, l_2,过直径 A_1A_2 上一点 N 作这直径的垂线 m,且交圆于 T_1,T_2,m 上的红假点记为 M,过 T_1,T_2 分别作圆的切线,两切线的交点记为 Z_2,若 $\angle T_1 Z_2 T_2 = 90°$,那么,在黄观点下(以 Z_2 为"黄假线"),该红圆可产生"黄等轴双曲线",其"黄中心"是 m,"黄顶点"是 l_1,l_2,N 是其"黄虚轴",M 是其"黄实轴",F_1 是"黄准线"之一,与 F_1 相应的"黄焦点"很特别,是红假线 z_1.

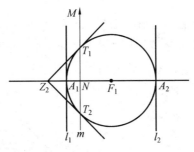

图 2.30.1

(2) 红等轴双曲线能产生"黄等轴双曲线".

考察图 2.30.2,设红等轴双曲线的中心为 Z_2,实、虚轴分别为 m,n,m,n 上的红假点分别记为 W,V,两个焦点为 F_1,F_2,相应的准线为 f_1,f_2,两条渐近线为 t_1,t_2,t_1,t_2 上的红假点分别记为 T_1,T_2,那么,在黄观点下(以 Z_2 为"黄假线"),该红等轴双曲线可产生"黄等轴双曲线",其"黄焦点"是 f_1,f_2,"黄准线"是 F_1,F_2,V 是其"黄实轴",W 是其"黄虚轴",T_1,T_2 是"黄渐近线",至于"黄中心"则很特别,它是红假线 z_1.

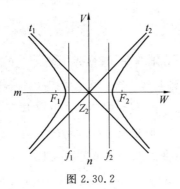

图 2.30.2

97

举例说:

命题 2.30.1　以等轴双曲线的弦 AB 为直径作圆,且交双曲线于 C,过 C 作 AB 的垂线,垂足为 S,如图2.30.3所示,求证:CS 是双曲线的切线.

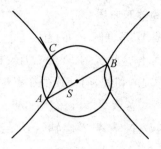

图 2.30.3

把这个命题对偶到"黄等轴双曲线"(参看图2.30.2),得

命题 2.30.2　设 Z 是等轴双曲线的中心,过 Z 作两条互相垂直的直线 l_1,l_2,过双曲线上任一点 A 作双曲线的切线 l_3,且分别交 l_1,l_2 于 B,C,过 B,C 各作一切线,且二者交于 D,如图2.30.4所示,求证:$ZA \perp ZD$.

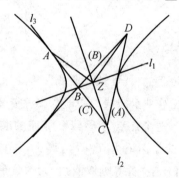

图 2.30.4

图2.30.4中,用 (A),(B),(C) 标示的三条直线分别对偶于图2.30.3的三点 A,B,C.

再看一例:

命题 2.30.3　设两等轴双曲线 α_1,α_2 有着公共的中心 O,α_1 的对称轴 m,n 是 α_2 的渐近线,而 α_1 的渐近线 m',n' 是 α_2 的对称轴,直线 l 与 α_1,α_2 都相切,切点分别为 A,B,如图2.30.5所示,求证:$OA \perp OB$.

图2.30.5在"黄种人"眼里是怎样理解的?他们会把 O 当作"黄假线",那么,α_1,α_2 仍然是"等轴双曲线"——"黄等轴双曲线"(参看图2.30.2),l 是这两条"黄等轴双曲线"的一个"黄公共点",A 是 α_1 的过 l 的"黄切线";B 是 α_2 的过

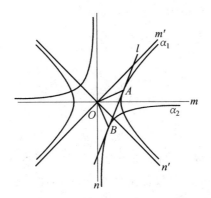

图 2.30.5

l 的"黄切线",命题 2.30.3 的结论就是要证明这两条"黄切线"垂直.

把"黄种人"的这些感受用我们的语言表述,就是下面的命题:

命题 2.30.4　设两等轴双曲线 α_1,α_2 有着公共的中心 O,α_1 的对称轴 m,n 是 α_2 的渐近线,而 α_1 的渐近线 m',n' 是 α_2 的对称轴,A 是 α_1,α_2 的一个公共点,过 A 且与 α_1,α_2 相切的直线分别记为 l_1,l_2,如图 2.30.6 所示,求证:$l_1 \perp l_2$.

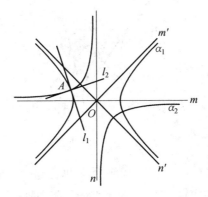

图 2.30.6

这个命题与命题 2.30.3 互为对偶命题,它们同真同假,证明当初的命题 2.30.3,不如改证命题 2.30.4,因为后者毕竟要容易些.

以下是命题 2.30.4 的直接证明:

设两等轴双曲线 α_1,α_2 的方程分别为

$$x^2 - y^2 = m^2$$

和

$$xy = n^2$$

设交点 A 的坐标为 (x_0,y_0),那么,过 A 的两条切线的方程分别为

99

$$x_0 x - y_0 y = m^2$$
$$y_0 x + x_0 y = 2n^2$$

它们的斜率分别为

$$k_1 = \frac{x_0}{y_0}$$

$$k_2 = -\frac{y_0}{x_0}$$

因为 $k_1 \cdot k_2 = -1$. 所以，此两双曲线在公共点 A 处的切线互相垂直. （证毕）

用一道对偶的命题去替换原来的命题，以降低命题的难度，这是很好的解题方法，称为"对偶法".

譬如说，考察下面的命题：

命题 2.30.5 设等轴双曲线 α 的中心为 Z，三直线 l_1, l_2, l_3 都与 α 相切，且 l_3 分别交 l_1, l_2 于 A, B，在 l_2 上取一点 A'，使得 $ZA' \perp ZA$；在 l_1 上取一点 B'，使得 $ZB' \perp ZB$，如图 2.30.7 所示，求证：直线 $A'B'$ 与 α 相切.

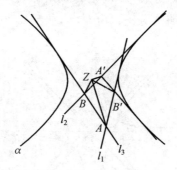

图 2.30.7

在"黄种人"眼里（以 Z 为"黄假线"），α 仍然是"等轴双曲线"——"黄等轴双曲线"（参看图 2.30.2），l_1, l_2, l_3 是该"黄等轴双曲线"上三个"黄欧点"（因为它们都与 α 相切），且构成一个"黄三角形"，$A'B'$ 是这个"黄三角形"的"黄垂心". 命题 2.30.5 所要求证明的是：这个"黄垂心"在 α 上.

把"黄种人"的这些感受用我们的语言表述，就是下面的命题：

命题 2.30.6 设 A, B, C 是等轴双曲线 α 上三点，H 是 $\triangle ABC$ 的垂心，如图 2.30.8 所示，求证：H 在 α 上.

命题 2.30.6 的难度低于命题 2.30.5，下面就是它的证明：

以等轴双曲线 α 的两条渐近线为 x 轴和 y 轴，那么，α 的方程可设为

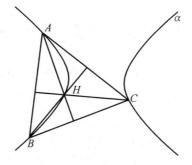

图 2.30.8

$$\begin{cases} x = ct \\ y = \dfrac{t}{c} \end{cases}$$

A,B,C 三点的坐标分别设为 $(ct_i, \dfrac{c}{t_i})$，其中 $i=1,2,3$.

直线 AB 的方程为

$$y - \frac{c}{t_1} = -\frac{1}{t_1 t_2}(x - ct_1)$$

过 C 且与 AB 垂直的直线方程为

$$y + ct_1 t_2 t_3 = t_1 t_2 (x + \frac{c}{t_1 t_2 t_3})$$

过 A 且与 BC 垂直的直线方程为

$$y + ct_1 t_2 t_3 = t_2 t_3 (x + \frac{c}{t_1 t_2 t_3})$$

解得垂心 H 的坐标为 $(\dfrac{-c}{t_1 t_2 t_3}, -ct_1 t_2 t_3)$，它满足 α 的方程，故垂心 H 在 α 上.

（证毕）

需要指出的是：

（1）可以证明，只有红圆锥曲线（指圆、椭圆、抛物线、双曲线）才能产生"黄圆锥曲线"（指"黄圆""黄椭圆""黄抛物线""黄双曲线"）.

（2）我们已经看到，任何一种红圆锥曲线（譬如红椭圆），都可以产生出任何一种"黄圆锥曲线"（譬如"黄抛物线"），而且表现的方式可能不止一种（譬如用红椭圆产生"黄抛物线"，上面就介绍了两种方式）.

（3）上面介绍的那些用红圆锥曲线产生"黄圆锥曲线"的方法，只是经常使用的一部分，其余的方法，请读者自行研讨.

2.31 "黄点""黄线"的"黄坐标"

(1) 在红几何中,建立红直角坐标系$\{O_1,x,y\}$,则每一个红点的红坐标取决于三个不同时为零的有序实数(x,y,z),这里x,y,z分别称为第一、第二、第三分坐标(或称第一、第二、第三坐标分量).

当$z=0$,而x,y不同时为零时,$(x,y,0)$表示的是一个红假点,它位于斜率为$\dfrac{y}{x}$的红直线上.

红原点O_1的红坐标是$(0,0,z)$(其中$z \neq 0$).

若红线的红方程是

$$px + qy + rz = 0 \tag{1}$$

其中p,q,r不同时为零,就说红线l的红坐标是(p,q,r),这里p,q,r分别称为红线l的"第一、第二、第三分坐标"(或"坐标分量").

当$r=0$,而p,q不同时为零,l是过原点的红线.

当$p=q=0$,且$r \neq 0$时,红方程(1)变成$z=0$,这时只有红假点的红坐标才能满足此方程,所以,红假线的红方程是$z=0$,即红假线的红坐标是$(0,0,r)$(其中$r \neq 0$).

以上回忆了红几何中的一些主要内容,下面要谈的是对偶后的情况.

(2) 经过对偶,红原点$O_1(0,0,z)$($z \neq 0$),成了黄假线,改记为"$Z_2(0,0,z)$",过红原点的红欧线$(p,q,0)$都成了"黄假点$(p,q,0)$"(p,q不同时为零),除O_1外的红点(包括红假点)都是普通的黄欧线;除O_1上的红欧线外,其余的红线(包括红假线)都是普通的黄欧点.

下面是一张红、黄几何的对照表:

红几何	黄几何
红点(x,y,z),x,y,z不同时为零	黄点(p,q,r),p,q,r不同时为零
红线(p,q,r),p,q,r不同时为零	黄线(x,y,z),x,y,z不同时为零
红欧点(x,y,z),$z \neq 0$	黄欧点(p,q,r),$r \neq 0$
红欧线(p,q,r),p,q不同时为零	黄欧线(x,y,z),x,y不同时为零
红假点$(x,y,0)$,x,y不同时为零	黄假点$(p,q,0)$,p,q不同时为零
红假线$(0,0,r)$,$r \neq 0$	黄假线$(0,0,z)$,$z \neq 0$
红原点$(0,0,z)$,$z \neq 0$	黄原点$(0,0,r)$,$r \neq 0$

二维、三维欧氏
几何的对偶原理

很明显,红、黄几何间有着对偶关系.

(3) 现在谈谈"属于"("黄属于").

设红点 $M(x_0, y_0, z_0)$ 在红线 $l(p_0, q_0, r_0)$ 上,则有

$$p_0 x_0 + q_0 y_0 + r_0 z_0 = 0 \tag{2}$$

这个式子在红观点下可以理解成"红点 M 属于红线 l",或"红线 l 属于红点 M",而在黄观点下可以理解成"黄点 l 属于黄线 M",或"黄线 M 属于黄点 l".

所以,等式(2)是"属于"成立的充要条件,对红、黄几何都一样.

(4) 现在谈谈"介于"("黄介于").

设黄欧线 M 上有三个黄欧点 l_1, l_2, l_3(图 2.31.1),它们的黄坐标是 $(p_i, q_i, r_i)(i=1,2,3)$,记

$$\lambda_{132} = \frac{r_2(p_1 r_3 - p_3 r_1)}{r_1(p_2 r_3 - p_3 r_2)}$$

或

$$\lambda_{132} = \frac{r_2(q_1 r_3 - q_3 r_1)}{r_1(q_2 r_3 - q_3 r_2)}$$

则黄欧点 l_3 "介于"("黄介于")l_1 和 l_2 之间的充要条件是 $\lambda_{132} < O$.

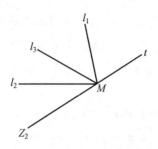

图 2.31.1

(5) 现在谈谈"合于"("黄合于").

在黄几何中,两条黄欧线 $A(x_1, y_1, z_1), B(x_2, y_2, z_2)$ 所构成的黄角的正切值规定为

$$\tan(ye \angle AB) = \frac{x_1 y_2 - x_2 y_1}{x_1 x_2 + y_1 y_2} \tag{3}$$

当且仅当两个黄角的正切值相等时,就说这两个黄角"相等",也就是说,它们中的一个"合于"另一个.

在黄几何中,两个黄欧点 $l_1(p_1, q_1, r_1), l_2(p_2, q_2, r_2)$ 间的"黄距离"规定为

$$ye(l_1 l_2) = \sqrt{\left(\frac{p_2}{r_2} - \frac{p_1}{r_1}\right)^2 + \left(\frac{q_2}{r_2} - \frac{q_1}{r_1}\right)^2} \tag{4}$$

103

它也是黄线段 $ye(l_1l_2)$ 的"黄长度".

当且仅当两条黄线段的黄长度相等时,就说这两条黄线段"相等",也就是说,它们中的一个"合于"("黄合于")另一个.

(6)"点"和"线"的方程.

必须指出,在红几何里,红点 $M(x,y,z)$ 和红线 $l(p,q,r)$ 都有红方程,而且都是

$$px + qy + rz = 0 \qquad (5)$$

同样的,在黄几何里,黄点 $l(p,q,r)$ 和黄线 $M(x,y,z)$ 也都有黄方程,而且都是

$$xp + yq + zr = 0$$

它与方程(5)是一样的,这就说明,方程(5)表示着四个意思:"红点""红线""黄点""黄线".

2.32　"黄正交线性变换"

(1)建立"黄直角坐标系".

取红假线 z_1 作为"黄原点",取两个方向互相垂直的红假点 X,Y,分别作为"黄横坐标轴"和"黄纵坐标轴",于是建立了"黄直角坐标系$\{z_1,X,Y\}$".

z_1,X,Y 这三样东西,在红观点下,都是看不见的.

(2)黄点间的"变换".

在黄几何里,设黄点 $l(p,q,r)$ 和黄点 $l'(p',q',r')$ 的坐标间有如下关系

$$\begin{cases} p' = u_1 p + v_1 q + w_1 r \\ q' = u_2 p + v_2 q + w_2 r \\ r' = r \end{cases} \qquad (1)$$

其中常数 u_1,u_2,v_1,v_2 之间满足

$$\begin{cases} u_1{}^2 + v_1{}^2 = 1 \\ u_2{}^2 + v_2{}^2 = 1 \\ u_1 u_2 + v_1 v_2 = 0 \end{cases} \qquad (2)$$

那么,就说"黄点 l 变成了黄点 l'",且称变换(1)为"黄正交线性变换",简称"黄变换"(或"黄运动").

(3)"黄旋转".

在(1)中,若 $w_1 = w_2 = 0$,则称这种黄变换为"黄旋转".

二维、三维欧氏
几何的对偶原理

(4)"黄平移".

在(1)中,若 $u_1 = v_2 = 1, v_1 = u_2 = 0$,且 w_1, w_2 不同时为零,则称这种黄变换为"黄平移".

(5)黄变换的逆变换.

在(1)中,对 p, q, r 进行反解,得

$$\begin{cases} p = u'_1 p' + v'_1 q' + w'_1 r' \\ q = u'_2 p' + v'_2 q' + w'_2 r' \\ r = r' \end{cases} \tag{3}$$

其中

$$\begin{cases} u'_1 = v_2 \\ v'_1 = -v_1 \\ w'_1 = -D_1 \end{cases} \quad 或 \quad \begin{cases} u'_2 = -u_2 \\ v'_2 = u_1 \\ w'_2 = -D_2 \end{cases} \tag{4}$$

且

$$D_1 = \begin{vmatrix} w_1 & v_1 \\ w_2 & v_2 \end{vmatrix} \quad D_2 = \begin{vmatrix} u_1 & w_1 \\ u_2 & w_2 \end{vmatrix} \tag{5}$$

易得

$$\begin{cases} u'_1{}^2 + v'_1{}^2 = 1 \\ u'_2{}^2 + v'_2{}^2 = 1 \\ u'_1 u'_2 + v'_1 v'_2 = 0 \end{cases} \tag{6}$$

可见,黄变换(1)的逆变换(3)仍然是黄变换.

(6)黄线间的"变换".

设黄线 $A(x, y, z)$ 的黄方程为

$$xp + yq + zr = 0 \tag{7}$$

经黄变换(1)后,它变成黄线 $A'(x', y', z')$,即

$$x'p' + y'q' + z'r' = 0 \tag{8}$$

将(3)代入(7)得

$$\begin{cases} x' = v_2 x - u_2 y \\ y' = -v_1 x + u_1 y \\ z' = -D_1 x - D_2 y + z \end{cases} \tag{9}$$

又,若将(1)代入(8),得

$$\begin{cases} x = u_1 x' + u_2 y' \\ y = v_1 x' + v_2 y' \\ z = w_1 x' + w_2 y' + z' \end{cases} \tag{10}$$

在红几何看来,(9)和(10)都是特殊的射影变换.

(7) 黄变换(9)的作用.

在黄观点下,(9)是黄线间变换,而在红观点下,它是红点间的变换,这变换使红点 $M(x,y,z)$ 先沿着红欧线 Z_2M 作一次"滑动",再绕 Z_2 作一次旋转,成为新的红点 $M'(x',y',z')$,这就是(9)在红几何中的意义.不过 Z_2 是个例外,任何时候,它都在原地不动.

(8)"红旋转"和"黄旋转".

我们知道,在红几何中,有两样东西是不动的:红原点 O_1 和红假线 z_1;在黄旋转中,不动的两样东西是:黄原点 z_1(注意,z_1 就是红假线)和黄假线 Z_2(注意,Z_2 就是 O_1),而"这两样"和"那两样"恰恰是一样的,所以,红旋转和黄旋转是同一件事,作两种理解罢了.

正因为如此,在很多场合,我们可以适当地调整红 x 轴的方向,以利研究,又无损问题的实质.

(9) 黄线段的长度和黄角的度数在黄变换(1)的作用下具有不变性.

设黄变换(1)使黄点 $l_1(p_1,q_1,r_1),l_2(p_2,q_2,r_2)$ 变为黄点 $l'_1(p'_1,q'_1,r'_1),l'_2(p'_2,q'_2,r'_2)$,可以证明

$$ye(l'_1l'_2)=ye(l_1l_2)$$

设黄变换(1)使黄线 $A_1(x_1,y_1,z_1),A_2(x_2,y_2,z_2)$ 变为黄线 $A'_1(x'_1,y'_1,z'_1),A'_2(x'_2,y'_2,z'_2)$,可以证明

$$\tan(ye\angle A'_1A'_2)=\pm\tan(ye\angle A_1A_2)$$

这些说明,黄长度和黄角度在黄变换下具有不变性.

2.33 "黄圆锥曲线"

在红几何中,我们用 (x,y,z) 表示红点 M 的红齐次坐标,用 (p,q,r) 表示红线 l 的红齐次坐标,所以,红方程

$$px+qy+rz=0 \tag{1}$$

可以有两种理解:当 p,q,r 固定时,它是某红线的方程;当 x,y,z 固定时,它是某红点的方程.正因为如此,在黄几何里,(1)既可以看成黄线的黄方程,也可以看成黄点的黄方程.

在红几何里,设红圆锥曲线 L 的红方程是

$$a_{11}x^2+2a_{12}xy+a_{22}y^2+2a_{13}xz+2a_{23}yz+a_{33}z^2=0 \tag{2}$$

记

二维、三维欧氏
几何的对偶原理

$$A = \begin{vmatrix} a_{11} & a_{12} & a_{13} \\ a_{21} & a_{22} & a_{23} \\ a_{31} & a_{32} & a_{33} \end{vmatrix} \tag{3}$$

其中 $a_{ij}(i,j=1,2,3)$ 的代数余子式记为 A_{ij}，易见

$$A_{ij} = A_{ji}$$

因为要求 L 不可分解，所以，$A \neq 0$.

在黄几何中，我们把满足黄方程

$$b_{11}p^2 + 2b_{12}pq + b_{22}q^2 + 2b_{13}pr + 2b_{23}qr + b_{33}r^2 = 0 \tag{4}$$

的黄点 $l(p,q,r)$ 的集合称为"黄圆锥曲线"，记为 L'，这里，b_{11},b_{12},b_{22} 不全为零. 记

$$B = \begin{vmatrix} b_{11} & b_{12} & b_{13} \\ b_{21} & b_{22} & b_{23} \\ b_{31} & b_{32} & b_{33} \end{vmatrix} \tag{5}$$

其中 b_{ij} 的代数余子式记为 $B_{ij}(i,j=1,2,3)$，因为 $b_{ij}=b_{ji}$，所以

$$B_{ij} = B_{ji} \tag{6}$$

因为要求 L' 不可分解，所以 $B \neq 0$.

与红圆锥曲线的分类相仿，黄圆锥曲线也分为三类：

(1) 当 $B_{33} > 0$ 时，L' 称为"黄椭圆"；

(2) 当 $B_{33} = 0$ 时，L' 称为"黄抛物线"；

(3) 当 $B_{33} < 0$ 时，L' 称为"黄双曲线".

2.34 "黄圆锥曲线"和"红圆锥曲线"的关系

设红圆锥曲线 L 的红方程为

$$a_{11}x^2 + 2a_{12}xy + a_{22}y^2 + 2a_{13}xz + 2a_{23}yz + a_{33}z^2 = 0 \tag{1}$$

它可以改写成

$$(a_{11}x + a_{12}y + a_{13}z)x + (a_{21}x + a_{22}y + a_{23}z)y + (a_{31}x + a_{32}y + a_{33}z)z = 0 \tag{2}$$

记

$$\begin{cases} p = a_{11}x + a_{12}y + a_{13}z \\ q = a_{21}x + a_{22}y + a_{23}z \\ r = a_{31}x + a_{32}y + a_{33}z \end{cases} \tag{3}$$

则(2)变成

$$px + qy + rz = 0 \tag{4}$$

过 L 上一点 $M(x,y,z)$ 作切线 t，我们知道，切线方程是

$$(a_{11}x + a_{12}y + a_{13}z)u + (a_{21}x + a_{22}y + a_{23}z)v + (a_{31}x + a_{32}y + a_{33}z)w = 0 \tag{5}$$

其中 u,v,w 是 t 上流动点的红坐标。由(3)可将(5)改写为

$$pu + qv + rw = 0 \tag{6}$$

这表明 t 的红坐标是 (p,q,r).

当 M 沿着 L 移动时，红切线 t 的位置也将变更，因此 p,q,r 的值是随着 x，y,z 的变化而变化的.

为了获得 p,q,r 所满足的红方程，我们就 x,y,z 反解(3)得

$$\begin{cases} x = \dfrac{D_1}{A} \\[2mm] y = \dfrac{D_2}{A} \\[2mm] z = \dfrac{D_3}{A} \end{cases} \tag{7}$$

其中

$$D_1 = \begin{vmatrix} p & a_{12} & a_{13} \\ q & a_{22} & a_{23} \\ r & a_{32} & a_{33} \end{vmatrix} \tag{8}$$

$$D_2 = \begin{vmatrix} a_{11} & p & a_{13} \\ a_{21} & q & a_{23} \\ a_{31} & r & a_{33} \end{vmatrix} \tag{9}$$

$$D_3 = \begin{vmatrix} a_{11} & a_{12} & p \\ a_{21} & a_{22} & q \\ a_{31} & a_{32} & r \end{vmatrix} \tag{10}$$

因为 $A \neq 0$，故(7)是(3)的一组唯一解.

以(7)代入(4)得

$$\frac{pD_1 + qD_2 + rD_3}{A} = 0 \tag{11}$$

此式可改写为

$$h_{11}p^2 + 2h_{12}pq + h_{22}q^2 + 2h_{13}pr + 2h_{23}qr + h_{33}r^2 = 0 \tag{12}$$

二维、三维欧氏
几何的对偶原理

其中

$$\begin{cases} h_{11}=a_{22}a_{33}-a_{23}{}^{2}=A_{11} \\ h_{12}=a_{13}a_{23}-a_{12}a_{33}=A_{12} \\ h_{22}=a_{11}a_{33}-a_{13}{}^{2}=A_{22} \\ h_{13}=a_{12}a_{23}-a_{13}a_{22}=A_{13} \\ h_{23}=a_{12}a_{13}-a_{11}a_{23}=A_{23} \\ h_{33}=a_{11}a_{22}-a_{12}{}^{2}=A_{33} \end{cases} \tag{13}$$

若又记

$$b_{ij}=\frac{h_{ij}}{A} \quad (即\ b_{ij}=\frac{A_{ij}}{A},i,j=1,2,3) \tag{14}$$

那么,(12)可改写为

$$b_{11}p^{2}+2b_{12}pq+b_{22}q^{2}+2b_{13}pr+2b_{23}qr+b_{33}r^{2}=0 \tag{15}$$

(12)和(15)都是切线 t 的红坐标 (p,q,r) 所必须满足的红方程. L 的所有切线 t 的集合 L',在黄观点下,就是一条"黄圆锥曲线",即(15)是黄圆锥曲线 L' 的黄方程.

对于黄圆锥曲线(15),在

$$B=\begin{vmatrix} b_{11} & b_{12} & b_{13} \\ b_{21} & b_{22} & b_{23} \\ b_{31} & b_{32} & b_{33} \end{vmatrix}$$

中利用(14)可得

$$B_{ij}=\frac{a_{ij}}{A} \quad (i,j=1,2,3) \tag{16}$$

因而

$$B=\frac{1}{A} \tag{17}$$

所以 $B\neq0$,即黄圆锥曲线(15)也是不可分解的.

若记

$$H=\begin{vmatrix} h_{11} & h_{12} & h_{13} \\ h_{21} & h_{22} & h_{23} \\ h_{31} & h_{32} & h_{33} \end{vmatrix} \tag{18}$$

则由(14)及(17)可得

$$H=A^{2} \tag{19}$$

即

$$\begin{vmatrix} A_{11} & A_{12} & A_{13} \\ A_{21} & A_{22} & A_{23} \\ A_{31} & A_{32} & A_{33} \end{vmatrix} = A^2 \tag{20}$$

现在,假定先有黄圆锥曲线(15),则它上面任一黄点 $l(p,q,r)$ 上的黄切线的黄坐标 (x,y,z) 应满足

$$a_{11}x^2 + 2a_{12}xy + a_{22}y^2 + 2a_{13}xz + 2a_{23}yz + a_{33}z^2 = 0 \tag{21}$$

或

$$k_{11}x^2 + 2k_{12}xy + k_{22}y^2 + 2k_{13}xz + 2k_{23}yz + k_{33}z^2 = 0 \tag{22}$$

其中

$$\begin{cases} k_{11} = B_{11} = b_{22}b_{33} - b_{23}{}^2 \\ k_{12} = B_{12} = b_{13}b_{23} - b_{12}b_{33} \\ k_{22} = B_{22} = b_{11}b_{33} - b_{13}{}^2 \\ k_{13} = B_{13} = b_{12}b_{23} - b_{13}b_{22} \\ k_{23} = B_{23} = b_{12}b_{13} - b_{11}b_{23} \\ k_{33} = B_{33} = b_{11}b_{22} - b_{12}{}^2 \end{cases} \tag{23}$$

且

$$a_{ij} = \frac{k_{ij}}{B} \tag{24}$$

在红观点下,红方程(21)表示的是一条红圆锥曲线,它是红切线 t 的集合 L' 的"红包络"(envelope),而在黄观点下,黄圆锥曲线(15)是它的黄切线的集合 L 的"黄包络".

与(17)及(19)相仿,对(21)及(22)有

$$A = \frac{1}{B} \tag{25}$$

和

$$\begin{vmatrix} k_{11} & k_{12} & k_{13} \\ k_{21} & k_{22} & k_{23} \\ k_{31} & k_{32} & k_{33} \end{vmatrix} = B^2 \tag{26}$$

现在,考察 B_{33},根据(16)有

$$B_{33} = \frac{a_{33}}{A}$$

即

$$B_{33} = \frac{1}{A^2} \cdot a_{33}A$$

而我们知道,红几何中有以下结论:

(1) 红原点 O_1 位于 L 内部的充要条件是 $a_{33}A > 0$.

(2) 红原点 O_1 位于 L 上的充要条件是 $a_{33}A = 0$.

(3) 红原点 O_1 位于 L 外部的充要条件是 $a_{33}A < 0$.

所以,由红曲线 L 产生的黄曲线 L' 是什么类型的曲线,其直接判断是:

(1)L' 成黄椭圆的充要条件是"在红观点下,红原点 O_1(即黄假线 Z_2)位于 L 的内部(图 2.34.1)";

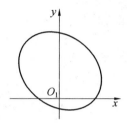

图 2.34.1

(2)L' 成黄抛物线的充要条件是"在红观点下,红原点 O_1(即黄假线 Z_2)位于 L 上(图 2.34.2)";

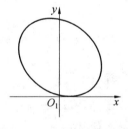

图 2.34.2

(3)L' 成黄双曲线的充要条件是"在红观点下,红原点 O_1(即黄假线 Z_2)位于 L 外部(图 2.34.3)".

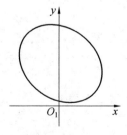

图 2.34.3

111

2.35 "红圆"L所产生的"黄圆锥曲线"L'

红圆 L 是一种特殊的红圆锥曲线,设其红方程为

$$(x-m)^2 + (y-n)^2 = k^2 \quad (k>0) \tag{1}$$

不失一般性,令红 x 轴经过 L 的红圆心 R,即令 $n=0$,于是(1)变为

$$(x-m)^2 + y^2 = k^2 \tag{2}$$

即

$$x^2 + y^2 - 2mx + m^2 - k^2 = 0 \tag{3}$$

由黄圆锥曲线和红圆锥曲线的关系(参阅本章 2.34 的(15)),这里红圆 L 所产生的黄圆锥曲线 L' 的黄方程为

$$(m^2 - k^2)p^2 - k^2 q^2 + 2mp + 1 = 0 \tag{4}$$

因为,对(3)有

$$A = -k^2$$
$$A_{33} = 1$$

所以,对(4)有

$$H = k^4$$
$$H_{33} = k^2(k^2 - m^2)$$

因而:

(1)L' 成黄椭圆的充要条件是 $-k < m < k$;

(2)L' 成黄抛物线的充要条件是 $m = \pm k$;

(3)L' 成黄双曲线的充要条件是 $m < -k$ 或 $m > k$.

以下就这三种情况逐一讨论之.

(1) 若 $-k < m < k$.

这时,L' 是黄椭圆,其黄方程(4)可改为

$$\frac{\left(p - \dfrac{m}{k^2 - m^2}\right)^2}{\left(\dfrac{k}{k^2 - m^2}\right)^2} + \frac{q^2}{\left(\dfrac{1}{\sqrt{k^2 - m^2}}\right)^2} = 1 \tag{5}$$

可见,该黄椭圆的黄中心 d 的黄坐标为 $\left(\dfrac{m}{k^2 - m^2}, 0\right)$,所以,$d$ 的红方程为

$$x = -\frac{k^2 - m^2}{m} \tag{6}$$

显然,在红观点下,d 是红原点 O_1 的极线,在图 2.35.1 中,作切线 l_1, l_2, l_3,

l_4,则黄椭圆 L' 的黄长轴是 $ye(l_3 l_4)$,黄短轴是 $ye(l_1 l_2)$,过红线段 $O_1 M$ 的中点 F_1 作 x 轴的红垂线 f_1,则在黄观点下,f_1 是黄椭圆 L' 的黄焦点,L' 的另一个黄焦点是红假线 z_1,因而,R 是黄椭圆的黄准线之一.

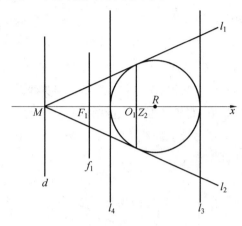

图 2.35.1

当图 2.35.1 中的 O_1 与 R 重合时,L' 成为黄圆.

(2) 若 $m = \pm k$.

我们只讨论 $m = k$,这时,L' 是黄抛物线,其黄方程(4)可改为

$$q^2 = \frac{2}{k} p + \frac{1}{k^2} \tag{7}$$

在图 2.35.2 中,过 A_1 作切线 l_1,它是黄抛物线 L' 的黄顶点,其黄坐标为 $(-\frac{1}{2k}, 0)$,即其红方程为 $x = 2k$,L' 的黄焦点是红假线 z_1,因而,R 是黄抛物线的黄准线.

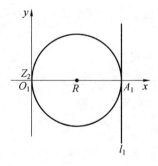

图 2.35.2

(3) 若 $m < -k$ 或 $m > k$.

这时,L' 是黄双曲线,其黄方程(4)可改为

113

$$\frac{\left(p+\dfrac{m}{m^2-k^2}\right)^2}{\left(\dfrac{k}{m^2-k^2}\right)^2}-\frac{q^2}{\left(\dfrac{1}{\sqrt{m^2-k^2}}\right)^2}=1 \tag{8}$$

其黄中心 d 的红方程是

$$mx+k^2-m^2=0 \tag{9}$$

易见，d 就是红原点 O_1 的极线，在图 2.35.3 中，过 A_1,A_2 及 O_1 作红圆 L 的切线 l_1,l_2,t_1,t_2，设 t_1,t_2 上的切点分别为 B_1,B_2，则黄线段 $ye(l_1l_2)$ 是黄双曲线 L' 的黄实轴，B_1,B_2 是 L' 的黄渐近线，过红线段 O_1M 的中点 F_1 作 x 轴的红垂线 f_1，则在黄观点下，f_1 是黄双曲线 L' 的黄焦点，另一个黄焦点是红假线 z_1，因而，R 是黄双曲线的黄准线之一.

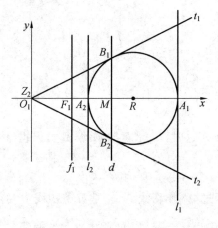

图 2.35.3

2.36 "红圆锥曲线" L 产生的"黄圆" L'

设红圆锥曲线 L 的红方程为

$$a_{11}x^2+2a_{12}xy+a_{22}y^2+2a_{13}xz+2a_{23}yz+a_{33}z^2=0 \tag{1}$$

又设由其产生的黄圆锥曲线的黄方程为

$$h_{11}p^2+2h_{12}pq+h_{22}q^2+2h_{13}pr+2h_{23}qr+h_{33}r^2=0 \tag{2}$$

欲(2)产生黄圆 L'，需

$$\begin{cases} h_{11}=h_{22} \\ h_{12}=0 \end{cases} \tag{3}$$

因而

$$\begin{cases} A_{11} = A_{22} \\ A_{12} = 0 \end{cases}$$

即

$$\begin{cases} a_{22}a_{33} - a_{23}{}^2 = a_{11}a_{33} - a_{13}{}^2 \\ a_{13}a_{23} - a_{12}a_{33} = 0 \end{cases} \tag{4}$$

可以证明,(4)是"红原点 O_1 与 L 的红焦点重合"的充要条件,所以,以下的讨论都是在"以 L 的红焦点为红原点 O_1(也是黄假线 Z_2)"的前提下进行的.

现在,再让 x 轴与 L 的对称轴重合,那么又有

$$\begin{cases} a_{12} = 0 \\ a_{23} = 0 \end{cases} \tag{5}$$

于是(1)化为

$$a_{11}x^2 + a_{22}y^2 + 2a_{13}xz + a_{33}z^2 = 0 \tag{6}$$

这时

$$A = a_{22}(a_{11}a_{33} - a_{13}{}^2) = a_{22}{}^2 a_{33} \tag{7}$$

因而

$$\begin{cases} a_{22} \neq 0 \\ a_{33} \neq 0 \end{cases} \tag{8}$$

此时

$$A_{33} = a_{11}a_{22} \tag{9}$$

下面分三种情况:$A_{33} > 0, A_{33} = 0, A_{33} < 0$,逐一讨论.

(1)$A_{33} > 0$,即 L 是红椭圆(图 2.36.1). 这时(6)化为(写成非齐次方程)

$$\frac{\left(x + \dfrac{a_{13}}{a_{11}}\right)^2}{\dfrac{a_{13}{}^2 - a_{11}a_{33}}{a_{11}{}^2}} + \frac{y^2}{\dfrac{a_{13}{}^2 - a_{11}a_{33}}{a_{11}a_{22}}} = 1 \tag{10}$$

由(4),上式还可以化为

$$\frac{\left(x + \dfrac{a_{13}}{a_{11}}\right)^2}{-\dfrac{a_{22}a_{33}}{a_{11}{}^2}} + \frac{y^2}{-\dfrac{a_{33}}{a_{11}}} = 1 \tag{11}$$

又由(4)有

$$a_{33}a_{11} - a_{33}a_{22} = a_{13}{}^2 > 0 \tag{12}$$

所以,若记

$$a = \sqrt{-\frac{a_{22}a_{33}}{a_{11}{}^2}}$$

115

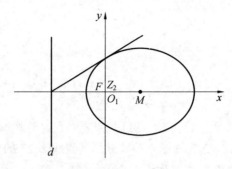

图 2.36.1

$$b = \sqrt{-\frac{a_{33}}{a_{11}}}$$

则总有 $a \geqslant b$.

因为这时

$$h_{23} = A_{23} = 0 \tag{13}$$

所以相应的(12)变为(非齐次黄方程)

$$h_{11}p^2 + h_{22}q^2 + 2h_{13}p + h_{33} = 0 \tag{14}$$

即

$$\left(p + \frac{h_{13}}{h_{11}}\right)^2 + q^2 = \frac{h_{13}{}^2 - h_{11}h_{33}}{h_{11}{}^2} \tag{15}$$

故黄圆 L' 的黄圆心 d 的红方程是

$$x = \frac{h_{11}}{h_{13}} \tag{16}$$

所以,在红观点下,d 是红原点 O_1 的极线(也就是与焦点 F 相对应的红准线).

(2) 若 $A_{33} = 0$,即 L 是红抛物线(图 2.36.2).

这时,因为 $a_{22} \neq 0$,所以从(9)得 $a_{11} = 0$,但 $a_{13} \neq 0$(否则 $A = 0$),方程(6)化为(非齐次方程)

$$y = -\frac{2a_{13}}{a_{22}}x - \frac{a_{33}}{a_{22}} \tag{17}$$

由(4)可知,这里 a_{22} 和 a_{33} 必定异号.

将红抛物线 L 看成黄圆 L' 后,其黄圆圆心 d 就是 L 的红准线.

(3) 若 $A_{33} < 0$,即 L 是红双曲线(图 2.36.3).

这时,(6)化为(非齐次方程)

116

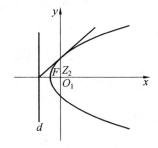

图 2.36.2

$$\frac{(x + \dfrac{a_{13}}{a_{11}})^2}{\dfrac{a_{13}{}^2 - a_{11}a_{33}}{a_{11}{}^2}} - \frac{y^2}{\dfrac{a_{13}{}^2 - a_{11}a_{33}}{-a_{11}a_{22}}} = 1 \tag{18}$$

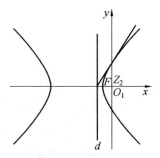

图 2.36.3

再化为

$$\frac{(x + \dfrac{a_{13}}{a_{11}})^2}{-\dfrac{a_{22}a_{33}}{a_{11}{}^2}} - \frac{y^2}{\dfrac{a_{33}}{a_{11}}} = 1 \tag{19}$$

这里，当 $a_{33} > 0$ 时，$a_{22} < 0 < a_{11}$；而当 $a_{33} < 0$ 时，$a_{11} < 0 < a_{22}$.

将红双曲线 L 看成黄圆 L' 后，其黄圆心 d 就是 L 的红准线.

综合上述 (1)(2)(3) 可知：一条红圆锥曲线 L 能产生黄圆的充要条件是"黄假线 Z_2 与 L 的红焦点重合"（与这红焦点相应的红准线就是该黄圆的黄圆心）.

将 (15) 改写为

$$(p - \frac{a_{13}}{a_{33}})^2 + q^2 = -\frac{a_{22}}{a_{33}} \tag{20}$$

不论 L 是什么类型的红圆锥曲线，a_{22} 与 a_{33} 总是异号，所以黄圆 L' 的黄半

117

径长为 $\sqrt{-\dfrac{a_{22}}{a_{33}}}$.

最后说一种特殊情况：若 $a_{11}=a_{22}$，这时 L 是红圆

$$x^2+y^2=-\frac{a_{33}}{a_{11}} \tag{21}$$

它产生的黄圆 L' 的黄方程(20)变为

$$p^2+q^2=-\frac{a_{22}}{a_{33}} \tag{22}$$

可见，一个红圆能产生黄圆的充要条件是"红圆圆心 R 与黄假线 Z_2 重合"，这时，红假线 z_1 成了黄圆的黄圆心.

第 3 节　　蓝二维几何

3.1 "蓝几何"

如果我们对黄几何的黄点、黄线作一次对偶,即将黄点当作黄线,同时将黄线当作黄点,那么,一种更新的几何就产生了,不妨称它为"蓝几何".

蓝几何的研究对象有二:"蓝点"和"蓝线".

蓝点是指所有的黄线,就是所有的红点.

蓝线是指所有的黄点,就是所有的红线.

别以为经过两次对偶,"点"又变回了"点","线"又变回了"线",因而蓝几何就回到了红几何.这是因为蓝点中有一批特殊的点 ——"蓝假点",它们可不是当初的红假点,还有,蓝线中有一条特殊的线 ——"蓝假线",它也不是当初的红假线.所以,仅仅是"点"又变回了"点","线"又变回了"线",并不足以说明蓝几何就回到了红几何.

不管怎么说,毕竟"点"又变回了"点","线"又变回了"线",蓝几何和红几何肯定有相近之处,在以后的讨论中,肯定也没有像"黄几何"那么别扭.

3.2 "蓝假线"和"蓝假点"

不论建立哪种几何体系,需要优先确立的是"假线"和"假点".

考察图 3.2.1,我们在所有红欧线中选取一条,记为 z_3 或 z,让它出任"蓝假线".

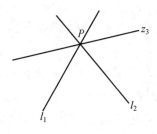

图 3.2.1

在红观点下，这条 z_3 是很寻常的红欧线，然而，在蓝观点下，它很不寻常，它的身份相当于红假线 z_1，是"看不见""摸不着"的，处在"无穷远处".

z_3 上的蓝点统统称为"蓝假点"（相当于红假点），不在 z_3 上的蓝点，包括 z_1 上的红假点（z_3 上的红假点除外）统统称为"蓝欧点"（相当于红欧点），除了 z_3 外，其余的蓝线，包括 z_1，统统称为"蓝欧线"（相当于红欧线）.

重申一遍，蓝几何的研究对象有二：蓝点和蓝线. 蓝点包含着两种点：蓝欧点和蓝假点. 蓝线包含着两种线：蓝欧线和蓝假线. 蓝假点是所有蓝点中一批特殊的蓝点；蓝假线是所有蓝线中一条特殊的蓝线.

3.3 "蓝角"

考察图 3.3.1，设 l_1, l_2 是过蓝欧点 M 的两条蓝欧线，则 l_1 和 l_2 将 M 上的所有蓝欧线分成了两个集合，就如同在红几何中曾经做过的那样（参看 1.5），每一个集合都称为一个"蓝角"，它们分别记为"$bl(\angle AMB)$"和"$bl(\angle AMC)$".

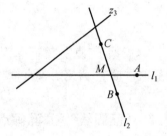

图 3.3.1

如果给蓝角规定一个旋转方向 —— 逆时针方向，就像对红角规定的那样，那么，$bl(\angle AMC)$ 可改记为"$bl(l_1 l_2)$"，而 $bl(\angle AMB)$ 可改记为"$bl(l_2 l_1)$".

3.4 "蓝线段"

在图 3.4.1 和图 3.4.2 中，蓝线 l 上的两个蓝欧点 A, B，把 l 上的蓝点分成两个集合（粗黑线表示的是这两个集合中的一个），其中必然有一个（指粗黑线部分）不含 l 上的蓝假点 W，它就称为"蓝线段"，记为"$bl(AB)$".

图 3.4.1 的蓝线段 $bl(AB)$ 与我们红观点（通常的观点）的理解是一样的，而图 3.4.2 的蓝线段 $bl(AB)$ 就与我们红观点的理解大不一样了.

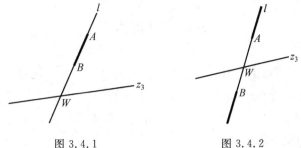

图 3.4.1　　　　　　　　　图 3.4.2

必须指出的是,图 3.4.2 的粗黑线在"蓝观点"(蓝几何的观点)下是一条"线段",一条完整的"线段",而不是两段,因为,l 上的红假点,在蓝观点下,是普通的蓝欧点,是它把这两段粗黑线"连"在了一起.

虽然蓝几何比黄几何容易理解得多,但是毕竟是一个新的体系,我们必须放弃已经习惯的观念,以适应新的世界.

3.5 "蓝平行"和"蓝相交"

考察图 3.2.1,在红观点下,l_1,l_2 是两条相交的直线(相交的红欧线),但是在蓝观点下,l_1,l_2 是两条"平行的直线"("平行的蓝欧线"),因为它们有着一个公共的蓝假点 P.

两条蓝欧线总有一个公共的蓝点,就看这个蓝点在不在蓝假线 z_3 上,如果在 z_3 上,像图 3.2.1 那样,那么,这两条蓝欧线是"蓝平行"的,否则就是"蓝相交"的.

考察图 3.5.1,在我们看来,它是一个"完全四边形",记为"$ABCD-PQ$"或"$ABCD-z$"(z 是 P,Q 的连线),它涉及四条直线(指 AB,BC,CD,DA)和六个点(指 A,B,C,D,P,Q),然而,在"蓝观点"(即蓝几何的观点,以 z 为"蓝假线")看来,$ABCD$ 是一个"蓝平行四边形".

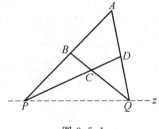

图 3.5.1

121

3.6 "蓝标准点"

现在,在蓝欧点中选取一个,称它为"蓝标准点",专用记号是 O_3(有时简记为 O),早先我们就知道,这个点的设立,至关重要,它是建立欧氏几何对偶原理的成败之举,点睛之笔. 不仅在下面蓝角的度量中需要蓝标准点 O_3,在后面蓝线段的度量中也是不可或缺的.

3.7 "蓝角度"

考察图 3.7.1,在蓝观点下(以 z_3 为"蓝假线"),蓝角 α 和蓝角 β 是"蓝平移"关系,因而,它们是"蓝相等"的.

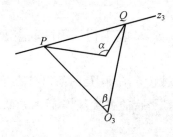

图 3.7.1

我们有如下规定:

规定四 凡顶点在蓝标准点 O_3 的蓝角,其大小就以它在红观点下的大小计算,而顶点不在标准点 O_3 的蓝角,必须经过蓝平移,把顶点平移到 O_3,然后再度量.

按此规定,只有顶点在 O_3 的蓝角才是可以直接度量的,这与 1.7 的叙述是一致的.

例如,图 3.7.1 的蓝角 β,其顶点恰好在 O_3,所以,在红观点下,如果它是 $60°$,那么,在蓝观点下,蓝角 β 的大小也是 $60°$,于是与 β "蓝相等"的 α,在蓝观点下也是 $60°$(其实,在红观点下,α 远不止 $60°$).

蓝角 $bl(l_1 l_2)$ 和 $bl(l_2 l_1)$ 的大小(即度数)分别记为"$bl(|l_1 l_2|)$"和"$bl(|l_2 l_1|)$".

3.8 "蓝长度"

考察图 3.8.1,我们赋予蓝线段 $bl(AB)$ 一个值,称为它的"蓝长度",记为 "$bl(\mid AB \mid)$",其值是这样规定的:

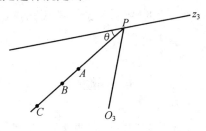

图 3.8.1

规定五 $bl(\mid AB \mid)$ 的值按下面的公式计算(图 3.8.1)

$$bl(\mid AB \mid) = \frac{O_3 P \cdot AB}{PA \cdot PB \cdot \sin \theta}$$

其中线段 $O_3 P, AB, PA, PB$ 都是指红观点下的"红长度",红角 θ 如图 3.8.1 所示,其大小当然也是按红观点度量.

在这样的规定下,z_3 上的点,确实处在"无穷远",生活在"蓝世界"的居民休想走到 z_3,请读者加以验证.

我们即将证明:蓝线段经过"蓝平移"或"蓝旋转",都不会改变其蓝长度,还可以证明:蓝长度具有"可加性",即可以证明(图 3.8.1)

$$bl(\mid AB \mid) + bl(\mid BC \mid) = bl(\mid AC \mid)$$

3.9 "红标准点"和"蓝标准点"

标准点的职责主要是为了角度和长度的度量.

红几何里有标准点 ——"红标准点",专用记号为 O_1,由于平移和旋转都不会改变红角的角度大小和红线段的长度的大小,所以在红几何的教科书里都没有提到红标准点,反正有它没它都是一样的.

黄几何里实际上也有标准点 ——"黄标准点",然而怎么没有看见呢? 那是因为黄假线 Z_2 把黄标准点的职责担当了(参看 2.5 和 2.7,在那里我们说过,真正的"黄标准点"是红假线 z_1).

如果一定要设立黄标准点,那么,它应该是一条"线",那就是红假线 z_1.

在红几何里,是否要设立"红标准点 O_1",是无所谓的事.

在黄几何里,由"黄假线 Z_2"代理"黄标准点",事情能办得很好.

在蓝几何里,必须设立"蓝标准点 O_3",否则,"蓝角度"和"蓝长度"都无法进行.

长期以来,人们在欧氏几何中没有提及"标准点",这是一个小小的疏忽,也是一个天大的疏忽,"标准点"的缺失,是造成欧氏几何对偶原理缺失的一个重要原因.

3.10 "蓝介于"

考察图 3.10.1,在蓝观点下(以 z_3 为"蓝假线"),设 A,B,C 是三个蓝欧点,若 C 在蓝线段 $bl(AB)$ 上,则说"蓝欧点 C 介于两个蓝欧点 A,B 之间".

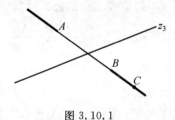

图 3.10.1

在红观点看来,图 3.10.1 的点 C 恰恰不介于 A,B 间.可见,蓝几何与红几何虽然有相近之处,但差异还是很大的.

3.11 "蓝三角形"

考察图 3.11.1,在蓝观点下(以 z_3 为"蓝假线"),$\triangle ABC$ 是一个"蓝三角形",记为"$bl(\triangle ABC)$",它的三条"蓝边"和三个"蓝内角",与红观点下的理解是一致的.

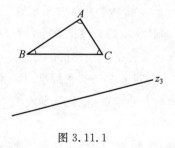

图 3.11.1

然而,在图 3.11.2 中,蓝观点下(以 z_3 为"蓝假线")的 $bl(\triangle ABC)$ 与红观点下的理解就很不一样了,这时的蓝三边如图 3.11.2 的粗线条所示,与我们红几何的理解大不相同,蓝内角的理解也有很大的不同,不过,即便像图 3.11.2 那样,该蓝三角形仍然是"封闭"的图形,你想得通吗?

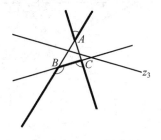

图 3.11.2

3.12 "蓝平移"

在图 3.2.1,我们认为蓝欧线 l_2 是蓝欧线 l_1 经过"蓝平移"所得(此乃蓝欧线的"蓝平移").

在图 3.4.1 和图 3.4.2,我们认为蓝欧点 B 是蓝欧点 A 经过"蓝平移"所得(此乃蓝欧点的"蓝平移").

在图 3.5.1,我们认为蓝线段 CD 是蓝线段 AB 经过"蓝平移"所得(此乃蓝线段的"蓝平移").

在图 3.7.1,我们认为蓝角 β 是蓝角 α 经过"蓝平移"所得(此乃蓝角的"蓝平移").

3.13 "蓝旋转"

在图 3.5.1 中,我们认为蓝欧线 AD 是由蓝欧线 AB 绕着蓝欧点 A 经过"蓝旋转"所得,所转过的角度由 $bl(\angle BAD)$ 的大小确定(这里说的是蓝欧线的"蓝旋转").

现在说说蓝欧点的"蓝旋转".

为此,考察图 3.13.1,设 A,O 是直线 z_3 外两点,P,Q,R,T 是 z_3 上四点,使得 OT 平分 $\angle POQ$,且 $OR \perp OT$,过 R 任作一直线,且分别交 AP,AQ 于 B,C,那么,在蓝观点下(以 z_3 为"蓝假线",O 为"蓝标准点"),就说:蓝欧点 B 绕着蓝

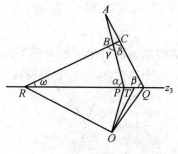

图 3.13.1

欧点 A "蓝旋转"到了 C.

3.14 "蓝长度"在"蓝平移"下的不变性

考察图 3.14.1,设 $ABCD-PQ$ 是完全四边形,过 P,Q 的直线记为 z_3,在蓝观点下(以 z_3 为"蓝假线"),所谓"蓝长度"在"蓝平移"下具有不变性,就是要证明下式成立

$$bl(AA') = bl(BB')$$

翻译成红几何语言(参看 3.8),相当于下面的命题:

命题 3.14.1 设 $ABCD-PQ$ 是完全四边形,过 P,Q 的直线记为 z_3,O 是直线 z_3 外一点,过 P,Q 各作两直线,且两两相交于 A,B 和 A',B',记 $\angle APQ = \alpha$,$\angle A'PQ = \beta$,如图 3.14.1 所示,求证

$$\frac{OP \cdot AB}{PA \cdot PB \cdot \sin \alpha} = \frac{OP \cdot A'B'}{PA' \cdot PB' \cdot \sin \beta}$$

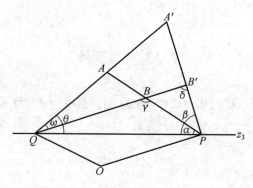

图 3.14.1

证明 记 $\angle PBQ = \gamma$,$\angle PB'Q = \delta$,$\angle AQP = \theta$,$\angle AQB = \omega$.

在 $\triangle AQB$ 和 $\triangle A'QB'$ 中

126

$$\frac{AB}{\sin \omega} = \frac{QA}{\sin \gamma} \tag{1}$$

$$\frac{QA'}{\sin \delta} = \frac{A'B'}{\sin \omega} \tag{2}$$

(1)(2) 相乘,得

$$\frac{AB \cdot QA'}{\sin \delta} = \frac{A'B' \cdot QA}{\sin \gamma} \tag{3}$$

在 $\triangle APQ$ 和 $\triangle A'PQ$ 中

$$\frac{\sin \theta}{PA} = \frac{\sin \alpha}{QA} \tag{4}$$

$$\frac{\sin \beta}{QA'} = \frac{\sin \theta}{PA'} \tag{5}$$

(3)(4)(5) 相乘,得

$$\frac{AB \cdot \sin \beta}{PA \cdot \sin \delta} = \frac{A'B' \cdot \sin \alpha}{PA' \cdot \sin \gamma} \tag{6}$$

在 $\triangle PBB'$ 中

$$\frac{\sin \delta}{PB} = \frac{\sin \gamma}{PB'} \tag{7}$$

(6)(7) 相乘,得

$$\frac{AB \cdot \sin \beta}{PA \cdot PB} = \frac{A'B' \cdot \sin \alpha}{PA' \cdot PB'}$$

即

$$\frac{OP \cdot AB}{PA \cdot PB \cdot \sin \alpha} = \frac{OP \cdot A'B'}{PA' \cdot PB' \cdot \sin \beta}$$

(证毕)

3.15 "蓝长度"在"蓝旋转"下的不变性

考察图 3.15.1,在蓝观点下(以 z_3 为蓝假线),所谓"蓝长度"在"蓝旋转"下具有不变性,就是要证明下式成立

$$bl(AB) = bl(AC)$$

翻译成红几何语言(参看 3.8),相当于下面的命题:

命题 3.15.1 设 A,O 是直线 z_3 外两点,P,Q,R,T 是 z_3 上四点,使得 OT 平分 $\angle POQ$,且 $OR \perp OT$,过 R 作一直线,且分别交 AP,AQ 于 B,C,记 $\angle APR = \alpha$,$\angle AQR = \beta$,如图 3.15.1 所示,求证

127

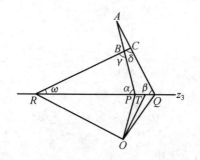

图 3.15.1

$$\frac{OP \cdot AB}{PA \cdot PB \cdot \sin \alpha} = \frac{OQ \cdot AC}{QA \cdot QC \cdot \sin \beta}$$

证明　记 $\angle PBR = \gamma, \angle QCR = \delta, \angle CRQ = \omega$,

在 $\triangle ABC$ 和 $\triangle APQ$ 中,有

$$\frac{AB}{\sin \delta} = \frac{AC}{\sin \gamma} \tag{1}$$

$$\frac{\sin \beta}{PA} = \frac{\sin \alpha}{QA} \tag{2}$$

在 $\triangle PBR$ 和 $\triangle QCR$ 中,有

$$\frac{\sin \omega}{PB} = \frac{\sin \gamma}{PR} \tag{3}$$

$$\frac{\sin \delta}{QR} = \frac{\sin \omega}{QC} \tag{4}$$

将(1)(2)(3)(4)相乘,得

$$\frac{AB \cdot \sin \beta}{PA \cdot PB \cdot QR} = \frac{AC \cdot \sin \alpha}{QA \cdot QC \cdot PR} \tag{5}$$

因为 OR 是 $\triangle OPQ$ 的外角平分线,所以

$$\frac{OP}{PR} = \frac{OQ}{QR} \tag{6}$$

(5)(6)相乘,得

$$\frac{OP \cdot AB \cdot \sin \beta}{PA \cdot PB} = \frac{OQ \cdot AC \cdot \sin \alpha}{QA \cdot QC}$$

即

$$\frac{OP \cdot AB}{PA \cdot PB \cdot \sin \alpha} = \frac{OQ \cdot AC}{QA \cdot QC \cdot \sin \beta}$$

（证毕）

顺便说一句,在图 3.15.1 中,若让 O 与 A 重合,则得:

命题 3.15.2　设 $\triangle APQ$ 中,$\angle A$ 的外角平分线为 AR,一直线过 R 且分别

交 AP，AQ 于 B，C，如图 3.15.2 所示，求证

$$\frac{AB \cdot AP}{PB} = \frac{AC \cdot AQ}{QC}$$

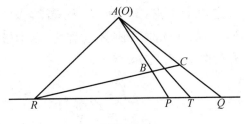

图 3.15.2

3.16 "蓝长度"的可加性

考察图 3.16.1，设 P 是直线 z_3 上一点，直线 l 过 P，l 上有三点 A，B，C，直线 l 与 z_3 的夹角为 θ，O 是直线 z_3 外一点，那么，在蓝观点下（以 z_3 为"蓝假线"，O 为"蓝标准点"），所谓"蓝长度"的可加性，就是要证明下式成立

$$bl(AB) + bl(BC) = bl(AC) \tag{1}$$

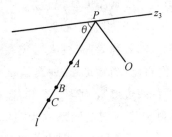

图 3.16.1

此式相当于

$$\frac{OP \cdot AB}{PA \cdot PB \cdot \sin\theta} + \frac{OP \cdot BC}{PB \cdot PC \cdot \sin\theta} = \frac{OP \cdot AC}{PA \cdot PC \cdot \sin\theta}$$

它又相对于

$$AB \cdot PC + BC \cdot PA = AC \cdot PB$$

易证这个式子是成立的，它是同一直线上四点间的"欧拉定理"，因而式（1）也是成立的.

129

3.17 "蓝平行四边形"

考察图 3.17.1,它由七个点:A,B,C,D,P,Q,Z,及七条直线:$AB,BC,$
CD,DA,AC,BD,PQ 构成,这样的图形,不妨称为"七七形",记为"$ABCD-$
$PQ-z$"(这里的 z 是指图 3.17.1 的直线 PQ).

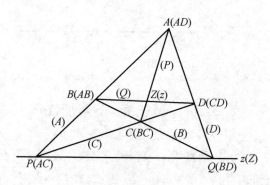

图 3.17.1

早先在黄观点下(以 Z 为黄假线),图 3.17.1 的 $ABCD$ 是"黄平行四边形",
现在,在蓝观点下(以 z 为蓝假线),$ABCD$ 仍然是"平行四边形"——"蓝平行四
边形".Z 是这个"蓝平行四边形"的"蓝中心".

我们曾把持黄几何观点的人称为"黄种人",现在,我们把持蓝几何观点的
人称为"蓝种人",至于我们自己,当然是"红种人".

对于同一个概念:"平行四边形","黄种人"和"蓝种人"画出来的图形居然
都是图 3.17.1,这种自己和自己对偶的图形称为"自对偶图形",准确地说,这
里是"黄、蓝自对偶图形".在图 3.17.1 中,带括号的字母是黄种人的理解,不带
括号的字母是蓝种人的理解,展示了该图在黄、蓝两种观点下的自对偶关系.

在图 3.17.1 中,AC,BD,PQ 都称为"七七形"的"对角线",刚才曾指出,如
果以对角线 PQ 为蓝假线,那么,$ABCD$ 是"蓝平行四边形".其实,另两条对角
线也可以用作蓝假线,例如,以对角线 AC 为蓝假线(图 3.17.2),那么,在蓝观
点下,$BPQD$ 就是蓝平行四边形,它的边界如图中粗线条所示,BD 和 PQ 的交
点 S 是该蓝平行四边形的"蓝中心".

如果在图 3.17.1 的"七七形"上增加条件:$AC \perp BD$,如图 3.17.3 所示,那
么,早先说过,黄观点下(以 Z 为"黄假线",参看 2.16),它是"黄矩形".然而现
在,在蓝观点下(以 z 为"蓝假线",且以 Z 为"蓝标准点"),它是"蓝菱形".

130

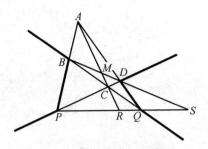

图 3.17.2

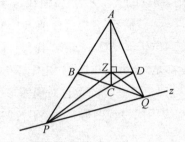

图 3.17.3

如果在图 3.17.1 的"七七形"上增加的条件是:$ZP \perp ZQ$,如图 3.17.4 所示,那么,早先说过,在黄观点下(以 Z 为"黄假线",参看 2.17),它是"黄菱形". 然而现在,在蓝观点下(以 z 为"蓝假线",且以 Z 为"蓝标准点"),它是"蓝矩形".

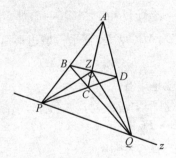

图 3.17.4

因为,在黄观点下(以 Z 为"黄假线"),图 3.17.3 是"黄矩形",图 3.17.4 是"黄菱形",而在蓝观点下(以 z 为"蓝假线",且以 Z 为"蓝标准点"),它们的性质正好互换:图 3.17.3 是"蓝菱形",图 3.17.4 是"蓝矩形". 所以,图 3.17.3 和图 3.17.4 是一对互相对偶的图形,称为一对"互对偶图形"——"黄、蓝互对偶图形".

考察图 3.17.5,设"七七形"$ABCD - PQ - Z$ 中,即有 $AC \perp BD$,又有

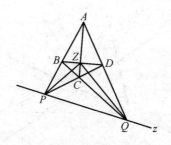

图 3.17.5

$ZP \perp ZQ$，那么，早先，在黄观点下（以 Z 为"黄假线"，参看 2.23），它是"黄正方形". 现在，在蓝观点下（以 z 为蓝假线，Z 为蓝标准点），$ABCD$ 是"蓝正方形". 所以，图 3.17.5 的"七七形" $ABCD - PQ - Z$ 是"黄、蓝自对偶图形".

当图 3.17.1 的 P, Q 都是"无穷远点"时，"七七形"蜕变成普通的平行四边形（图 3.17.6），因而，平行四边形是"红、黄自对偶图形"（即该图形不论在红观点下，还是在黄观点下，都表示同一种图形——"平行四边形"）.

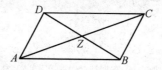

图 3.17.6

现在考察图 3.17.7，设 $ABCD - PQ$ 是完全四边形，直线 PQ 记为 z_3，O_3 是 z_3 外一点，设 $\angle BPQ = \alpha$，$\angle APQ = \beta$，$\angle BQP = \theta$，那么，在蓝观点下（以 z_3 为"蓝假线"，O_3 为"蓝标准点"），$ABCD$ 是"蓝平行四边形"，所以，应有

$$bl(BC) = bl(AD)$$

翻译成红几何语言就是应有

$$\frac{O_3P \cdot BC}{PB \cdot PC \cdot \sin \alpha} = \frac{O_3P \cdot AD}{PA \cdot PD \cdot \sin \beta} \tag{1}$$

因为在 $\triangle BPQ$ 和 $\triangle APQ$ 中，有

$$PB \sin \alpha = BQ \sin \theta$$

$$PA \sin \beta = AQ \sin \theta$$

所以式（1）变为

$$\frac{BC}{PC \cdot BQ \cdot \sin \theta} = \frac{AD}{PD \cdot AQ \cdot \sin \theta} \Rightarrow \frac{BC \cdot PD \cdot AQ}{CP \cdot DA \cdot QB} = 1 \tag{2}$$

于是形成一个命题：

命题 3.17.1 设 $\triangle ABP$ 的三边 PB, PA, AB（或这三边的延长线）分别与

132

直线 l 交于 C,D,Q,如图 3.17.7 所示,求证

$$\frac{BC \cdot PD \cdot AQ}{CP \cdot DA \cdot QB} = 1$$

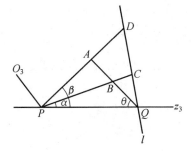

图 3.17.7

此乃 $\triangle ABP$ 被直线 l 所截的"梅内劳斯定理"(Menelaus,希腊,公元 1 世纪).

原来,当我们说"梅内劳斯定理"的时候,在"蓝种人"那里相当于说"平行四边形的对边相等"而已.

我们知道,"平行四边形的对角线被其中心所平分",这个结论在蓝几何中当然也是成立的.

为此,考察图 3.17.8,设 $ABCD-PQ$ 是完全四边形,直线 PQ 记为 z,AC,BD 分别交 z 于 S,T,AC 交 BD 于 M,O_3 是 z 外一点,那么,在蓝观点下(以 z 为"蓝假线",O_3 为"蓝标准点"),$ABCD$ 是"蓝平行四边形",M 是其"蓝中心",所以,$bl(AC)$ 和 $bl(BD)$ 都被 M 所"平分",即有

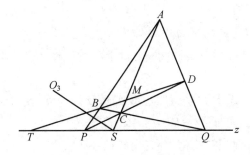

图 3.17.8

$$bl(MA) = bl(MC)$$

和

$$bl(MB) = bl(MD)$$

于是形成一个命题:

133

命题 3.17.2 设 $ABCD-PQ$ 是完全四边形,直线 PQ 记为 z,AC,BD 分别交 z 于 S,T,AC 交 BD 于 M,如图 3.17.8 所示,求证:

① $$\frac{AM \cdot CS}{AS \cdot CM} = 1 \text{(即 } bl(MA) = bl(MC))$$

② $$\frac{BM \cdot DT}{BT \cdot DM} = 1 \text{(即 } bl(MB) = bl(MD))$$

其实,在图 3.17.8 中,若以 AS 为"蓝假线",那么,下面等式也成立

$$\frac{PS \cdot QT}{PT \cdot QS} = 1$$

顺带说一句,"平行四边形的对角线被其中心所平分"这一结论,若表现在黄几何里,就形成下面的命题:

命题 3.17.3 设完全四边形 $ABCD-PQ$ 中,AC 交 BD 于 Z,如图 3.17.9 所示,求证

$$\sin(\alpha + \beta + \gamma) = \frac{\sin \beta \cdot \sin \gamma}{\sin \alpha}$$

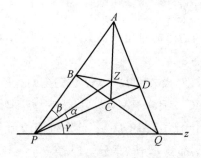

图 3.17.9

其中 $\alpha = \angle ZPC$,$\beta = \angle BPZ$,$\gamma = \angle CPQ$.

关于红平行四边形有一个命题如下,不妨称为"丹尼尔定理"(Daniel Sokolowski):

命题 3.17.4 设 P 是平行四边形 $ABCD$ 外一点,使得 $\angle PAD = \angle PCD$,如图 3.17.10 所示,求证:$\angle APB = \angle CPD$.

将这个命题对偶到蓝几何,并且用我们的语言叙述,就得到下面的命题.

命题 3.17.5 设 O_3 是完全四边形 $ABCD-PQ$ 外一点,$\angle AO_3P = \angle CO_3Q$,如图 3.17.11 所示,求证:$\angle AO_3B = \angle CO_3D$.

在图 3.17.11 里,点 O_3 是"蓝标准点",它相当于图 3.17.10 的点 P.让"蓝标准点"O_3 与 P 重合,是为了简化图形.

我们经常把"蓝标准点"O_3 安置在特殊的位置,以求得某种良好的效果.

134

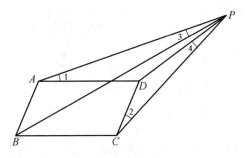

图 3.17.10

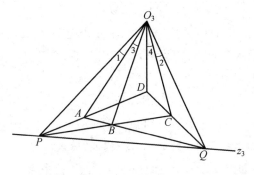

图 3.17.11

3.18 "蓝线段"的"蓝中点"

考察图 3.18.1,两直线 l,z 交于 P,它们的夹角为 θ,A,M,B 是 l 上三点,点 O_3 是 z 外一点,在蓝观点下(以 z 为蓝假线,O_3 为蓝标准点),如果

$$bl(AM) = bl(BM) \tag{1}$$

则称 M 是蓝线段 AB 的"蓝中点".

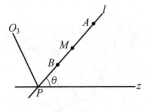

图 3.18.1

这时,由式(1),得

$$\frac{O_3P \cdot AM}{PA \cdot PM \cdot \sin\theta} = \frac{O_3P \cdot BM}{PB \cdot PM \cdot \sin\theta}$$

135

$$\Leftrightarrow \frac{AM}{PA} = \frac{BM}{PB}$$

$$\Leftrightarrow \frac{AM \cdot BP}{AP \cdot BM} = 1$$

可见,蓝几何中,"M 是蓝线段 AB 的蓝中点"这件事,就相当于红几何中,

"等式 $\frac{AM \cdot BP}{AP \cdot BM} = 1$ 成立",二者是一回事.

在红几何中,设直线 l 上有两对点 A,B 和 M,P,它们能使得

$$\frac{AM \cdot BP}{AP \cdot BM} = 1 \qquad\qquad (2)$$

成立,则说这两对点中的一对"平分"了另一对,这两对点是平等的,因而,可以说 M,P"平分"了 A,B,也可以说 A,B"平分"了 M,P.

我们把式(2)记为

$$(AB,MP) = 1 \qquad\qquad (3)$$

当一对点(譬如 A,B)被另一对点(譬如 M,P)所"平分"时,在蓝种人看来,就意味着,其中有一对点(譬如 A,B)构成"蓝线段",另一对点中,有一个充当了"蓝假点"(譬如 P),另一个(指点 M)充当了"蓝中点",它"平分"——"蓝平分"了前面说的"蓝线段".

在蓝几何里,蓝线段被蓝平分是常有的事,因而,在红几何里,两对点中的一对"平分"另一对的事,也是常有的,就是说,式(3)会经常出现.

寻找蓝线段 AB 的蓝中点有两种办法(参阅第一章的 1.4).

方法一:这种方法的依据是下面的命题 3.18.1.

命题 3.18.1 设 P,Q 是直线 z 上两点,A,B 是直线 z 外两点,AB 交 z 于 S,AP 交 BQ 于 C,BP 交 AQ 于 D,CD 交 AB 于 M,如图 3.18.2 所示,求证:$(AB,MS) = 1$.

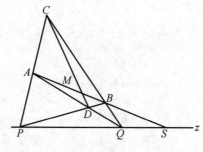

图 3.18.2

方法二:这种方法的依据是下面的命题 3.18.2.

命题 3.18.2 设 A,B,C 是直线 z 外不共线的三点,AB 交 z 于 P,一直线过 P 且分别交 AC,BC 于 D,E,设 AE 交 BD 于 N,CN 交 AB 于 M,如图 3.18.3 所示,求证:$(AB,MP)=1$.

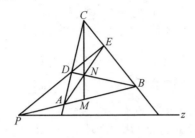

图 3.18.3

下面考察几种特殊蓝线段的蓝中点.

考察图 3.18.4,线段 AB 与直线 z 平行,M 是线段 AB 的中点,这时,在蓝观点下(以 z 为蓝假线),不难看出,M 也恰好是蓝线段 AB 的蓝中点.

考察图 3.18.5,P 是直线 z 上一点,过 P 作一直线,B 是该直线上一点,直线 PB 上的无穷远点(红假点)记为 A(因为无穷远,所以图中用箭头指示 A 存在的方向),在直线 PB 上取一点 M,使得 $BM=BP$. 那么,在蓝观点下(以 z 为蓝假线),蓝线段 AB 的蓝中点就是 M.

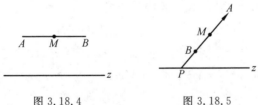

图 3.18.4　　　　　图 3.18.5

考察图 3.18.6,P,N,Q 是直线 z 上三点,其中 N 是线段 PQ 的中点,设 S 是直线 z 外一点,直线 PS,QS,NS 上的无穷远点(红假点)分别记为 A,B,M. 那么,在蓝观点下(以 z 为蓝假线),蓝线段 AB 的蓝中点就是 M.

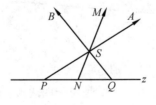

图 3.18.6

下面是一道简单的命题.

命题 3.18.3 设 M 是平行四边形 $ABCD$ 的中心,一直线过 M 且分别交

AB, CD 于 E, F, 如图 3.18.7 所示,求证: $ME = MF$.

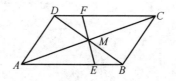

图 3.18.7

这个命题在蓝几何中的表现为:

命题 3.18.4 设 $ABCD-PQ$ 是完全四边形,过 P, Q 的直线记为 z, AC 交 BD 于 M, 一直线过 M 且分别交 AB, CD 及 z 于 E, F, S, 如图 3.18.8 所示,求证:
$(EF, MS) = 1$.

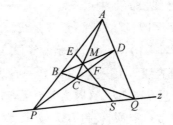

图 3.18.8

下面的命题是命题 3.18.4 的特殊情况:

命题 3.18.5 设 $ABCD-PQ$ 是完全四边形,过 P, Q 的直线记为 z, AC 交 BD 于 M, 过 M 且与 z 平行的直线分别交 AB, CD, BC, AD 于 E, F, G, H, 如图 3.18.9 所示,求证: $ME = MF$; $MG = MH$.

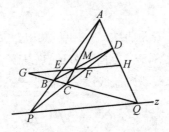

图 3.18.9

下面的命题是命题 3.18.5 的推广:

命题 3.18.6 设 $ABCD-PQ$ 是完全四边形, AC 交 BD 于 M, 过 P, Q 的直线记为 z, S 是 z 上一点,过 M 且与 z 平行的直线分别交 AS, CS 于 E, F, 如图 3.18.10 所示,求证: $ME = MF$.

我们知道,三角形的三条中线是共点的,因而有下面的命题.

138

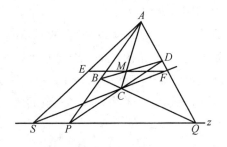

图 3.18.10

命题 3.18.7 过直线 z_3 上三点 P, Q, R 各作两直线,且两两相交于六个点 A, B, C, A', B', C'($\triangle ABC$ 内接于 $\triangle A'B'C'$),如图 3.18.11 所示,求证:三直线 AA', BB', CC' 必共点.

此点记为 M,称为 $bl(\triangle ABC)$ 的"蓝重心".

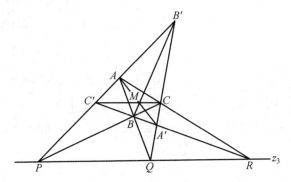

图 3.18.11

根据吉拉尔(Girard Desargue)定理,命题 3.18.7 明显成立.

下面的定理称为"牛顿(Isaac Newton)定理":

命题 3.18.8 设完全四边形 $ABCD—EF$ 的三条对角线 AC, BD, EF 的中点分别为 M, N, L,如图 3.18.12 所示,求证:M, N, L 三点共线.

过 M, N, L 三点的直线称为"牛顿线".

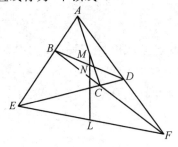

图 3.18.12

139

把命题 3.18.8 对偶到蓝几何,得:

命题 3.18.9 设完全四边形 $ABCD—EF$ 的对角线为 AC,BD,EF,直线 AB,AD,CB,CD 分别交直线 z_3 于 P,Q,R,S,设 CD 交 AS 于 G,BC 交 AR 于 H,GH 交 AC 于 M;设 BR 交 DS 于 K,KC 交 BD 于 N;设 EQ 交 FP 于 J,AJ 交 EF 于 L,如图 3.18.13 所示,求证:L,M,N 三点共线.

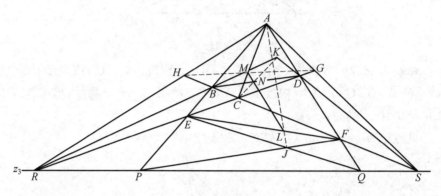

图 3.18.13

下面的命题称为"瓦里格努(Pierre Varignon,1654—1722)定理":

命题 3.18.10 设 A,B,C,D 是平面上四点,其中任三点不共线,P,Q,R,S 分别是线段 AB,BC,CD,DA 的中点,如图 3.18.14 所示,求证:$PQ \parallel RS$,$PS \parallel QR$.

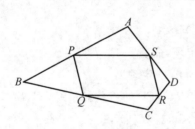

图 3.18.14

把命题 3.18.10 对偶到蓝几何,得:

命题 3.18.11 设 B 是 $\triangle PQR$ 中线段 QR 的中点,过 P 且与 QR 平行的直线记为 z,一直线过 B 且分别交 PQ 和 z 于 A,S;另一直线也过 B 且分别交 PR 和 z 于 C,T,设 M,N 分别在 PQ,PR 上,且使得 $(AP,QM)=1$;$(CP,RN)=1$,如图 3.18.15 所示,求证:M,D,N 三点共线.

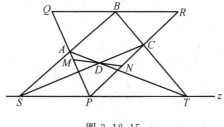

图 3.18.15

3.19 "蓝矩形"

我们知道,有一道简单的命题:

命题 3.19.1 设矩形 $ABCD$ 中,AC,BD 是对角线,如图 3.19.1 所示,求证:$\angle BAC = \angle BDC$.

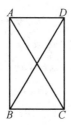

图 3.19.1

将这个命题对偶到蓝几何,得:

命题 3.19.2 设四边形 $ABCD$ 的 AB 交 CD 于 E,AD 交 BC 于 F,AC,BD 分别交 EF 于 S,T,以线段 EF 为直径作圆,在此圆上任取一点 O,如图 3.19.2 所示,求证:$\angle FOS = \angle FOT$.

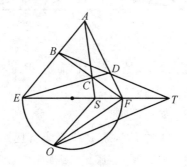

图 3.19.2

在图 3.19.2,如果以 EF 为"蓝假线",且以 O 为"蓝标准点",那么,在蓝观

141

点下,$ABCD$ 是"蓝矩形",它与图 3.19.1 的红矩形 $ABCD$ 相当.

下面这道命题结构不太简单,但是其证明却不复杂.

命题 3.19.3 设 $ABCD-EF$ 是完全四边形,AC,BD 分别交 EF 于 M,N,一直线分别交 AE,AF,AM,AN 于 P,Q,S,T,以线段 PQ 为直径作圆,在此圆上取一点 O,如图 3.19.3 所示,求证:$\angle QOS = \angle QOT$.

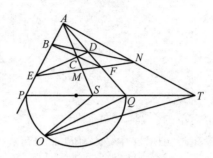

图 3.19.3

以下说说命题 3.19.3 的证明是怎样进行的.

如果把图 3.19.3 的 PQ 视为"蓝假线",且把 O 视为"蓝标准点",那么,在"蓝种人"(持蓝几何观点的人)眼里,看到的是:$ABCD-EF$ 是"蓝完全四边形",已知条件是 $bl(\angle BAD)=90°$,等待证明的是 $bl(\angle FAM)=bl(\angle FAN)$. 蓝种人的这些感受,用"红语言"(即我们的语言)表述,就是下面的命题:

命题 3.19.4 设 $ABCD-EF$ 是完全四边形,AC,BD 分别交 EF 于 M,N,若 $\angle BAD=90°$,如图 3.19.4 所示,求证:$\angle FAM=\angle FAN$.

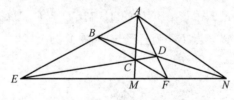

图 3.19.4

命题 3.19.4 和命题 3.19.3 是一对对偶命题,因而,它们同真同假,要想证明命题 3.19.3,可以改证命题 3.19.4.

那么,命题 3.19.4 又如何证明呢?

为此,我们把图 3.19.4 的 EF 视为"蓝假线",且把 A 视为"蓝标准点",那么,在"蓝种人"(持蓝几何观点的人)眼里,看到的是:$ABCD-EF$ 是"蓝完全四边形",因为已知 $bl(\angle BAD)=90°$,所以 $ABCD$ 是"蓝矩形",于是有 $bl(\angle FAM)=bl(\angle FBN)$(参看命题 3.19.1),又因为 $bl(\angle FBN)=$

$bl(\angle FAN)$（这两个蓝角是蓝平移关系），等量代换后，得 $bl(\angle FAM) = bl(\angle FAN)$，也就是得 $\angle FAM = \angle FAN$（因为 A 是蓝标准点），命题 3.19.4 得到了证明，也就是命题 3.19.3 得到了证明.

把蓝种人对命题 3.19.3 的感悟，用红语言写出来，形成命题 3.19.4，这个过程称为"逆对偶". 后来对命题 3.19.4 又作了一次"逆对偶"，变成命题 3.19.1，变得明显成立. 这种通过逆对偶，降低命题难度，甚至直到明显成立的解法，称为"对偶法".

现在，重新考察命题 3.19.1，我们再一次对它作蓝对偶，得：

命题 3.19.5 设 $\triangle APQ$ 中，$AP \perp AQ$，一直线分别交 PQ，AP，AQ 于 R，B，D，设 BQ，DP 交于 C，如图 3.19.5 所示，求证：$\angle PAR = \angle PAC$.

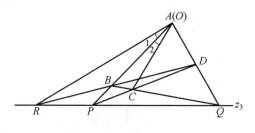

图 3.19.5

在图 3.19.5 中，如果把 PQ 视为"蓝假线"，把 A 视为"蓝标准点"，那么，在蓝观点下，$ABCD$ 是"蓝矩形"，因而命题 3.19.5 的正确性就由命题 3.19.1 得到保证。这一次，我们特地把蓝标准点 O_3 放置在 A 处，以求某种良好的效果.

对一道命题（譬如命题 3.19.1）作某种对偶（"蓝对偶"或"黄对偶"），由于处理的方法不同，可以得到许多不同的对偶命题（譬如命题 3.19.2、命题 3.19.5），这是常有的事.

为了说明这一点，我们再回到命题 3.19.1，对它再一次作蓝对偶，得：

命题 3.19.6 设 O 是以 PQ 为直径的圆上一点，过 P，Q 各作两条直线，且它们两两相交于 A，B，C，D，如图 3.19.6 所示，若 A，O，C 三点共线；B，O，D 三点也共线，求证：$\angle BOP = \angle COP$.

如果把图 3.19.6 的 PQ 视为"蓝假线"，把 O 视为"蓝标准点"，那么，在蓝观点下，$ABCD$ 是"蓝矩形"，"蓝种人"眼里的图 3.19.6，和我们眼里的图 3.19.1，一模一样，命题 3.19.6 的正确性就显而易见了.

143

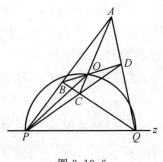

图 3.19.6

3.20 "蓝菱形"

我们知道,有一道简单的命题:

命题 3.20.1　设菱形 $ABCD$ 中,AC,BD 是对角线,如图 3.20.1 所示,求证:$\angle CAB = \angle CAD$.

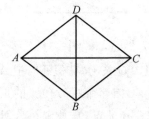

图 3.20.1

把命题 3.20.1 对偶到蓝几何,得:

命题 3.20.2　设四边形 $ABCD$ 的 AB 交 CD 于 E,AD 交 BC 于 F,AC,BD 分别交 EF 于 S,T,以线段 ST 为直径作圆,在此圆上取一点 O,如图 3.20.2 所示,求证:$\angle EOS = \angle FOS$.

在图 3.20.2 中,如果以 EF 为"蓝假线",且以 O 为"蓝标准点",那么,在蓝观点下,$ABCD$ 是"蓝菱形".

命题 3.20.1 是真命题,它的对偶命题 3.20.2 当然也是真命题,毋庸置疑,不过我们还是给出命题 3.20.2 的直接证明如下:

首先,在完全四边形 $ABCD - EF$ 中,有 $(EF, ST) = 1$(参看命题 3.17.2),即

$$\frac{ES \cdot FT}{ET \cdot FS} = 1 \Rightarrow \frac{ES}{ET} = \frac{FS}{FT} \tag{1}$$

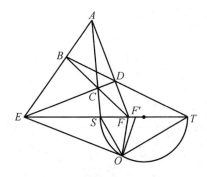

图 3.20.2

在直线 EF 上取一点 F'，使得 $\angle EOS = \angle F'OS$，于是

$$\frac{OE}{OF'} = \frac{ES}{F'S} \tag{2}$$

因为 $OS \perp OT$，所以 OT 是 $\triangle EOF'$ 的外角平分线，于是

$$\frac{OF'}{OE} = \frac{F'T}{ET} \tag{3}$$

(1)(2)(3) 相乘，得

$$FS \cdot F'T = FT \cdot F'S \Rightarrow FS \cdot (FT - FF') = FT \cdot (SF + FF')$$
$$\Rightarrow FS \cdot FF' = FT \cdot FF'$$
$$\Rightarrow FF' = 0$$

可见，F' 与 F 重合，故 $\angle EOS = \angle FOS$. （证毕）

3.21 "蓝角"的"蓝平分线"

考察图 3.21.1，设 O_3 是直线 z_3 外一点，$\angle CAB$ 的两边分别交 z_3 于 Q,R，$\angle QO_3R$ 的平分线交 z_3 于 A'，那么，在蓝观点下（以 z_3 为"蓝假线"，O_3 为"蓝标准点"），AA' 就是 $bl(\angle CAB)$ 的"蓝平分线".

我们知道，三角形的三条内角平分线是共点的，因而有下面的命题：

命题 3.21.1 设 $\triangle ABC$ 的三边所在的直线 BC,CA,AB 分别与直线 z_3 交于 P,Q,R，点 O_3 在直线 z_3 外，$\angle QO_3R$，$\angle PO_3R$ 的平分线，以及 $\angle PO_3Q$ 的补角的平分线，分别交直线 z_3 于 A',B',C'，如图 3.21.1 所示，求证：三直线 AA'，BB',CC' 必共点.

此点记为 T，称为 $bl(\triangle ABC)$ 的"蓝内心".

145

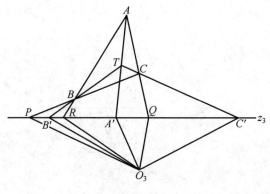

图 3.21.1

3.22 "蓝垂线"

考察图 3.22.1,设 A,B,C,O_3 都是直线 z_3 外的点,BC 交 z_3 于 P,过 O_3 作 O_3P 的垂线,且交 z_3 于 A',那么,在蓝观点下(以 z_3 为"蓝假线",O_3 为"蓝标准点"),AA' 就是过 A 且与蓝欧线 BC "垂直"的"蓝垂线".

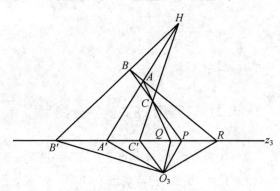

图 3.22.1

我们知道,在三角形中,三边上的三条高线是共点的,因而有下面的命题:

命题 3.22.1 设 $\triangle ABC$ 的三边所在的直线 BC,CA,AB 分别与直线 z_3 相交于 P,Q,R,点 O_3 在直线 z_3 外,在直线 z_3 上取三点 A',B',C',使 $O_3A' \perp O_3P, O_3B' \perp O_3Q, O_3C' \perp O_3R$,如图 3.22.1 所示,求证:三直线 AA',BB',CC' 必共点.

此点记为 H,称为 $bl(\triangle ABC)$ 的"蓝垂心".

3.23 "蓝垂直平分线"

命题 3.23.1 设 O_3 是直线 z 外一点,P,Q,R 是 z 上三点,O_3P 平分 $\angle QO_3R$,一直线过 P,A,B 是该直线上两点,AQ 交 BR 于 C;AR 交 BQ 于 D,CD 交 z 于 S,如图 3.23.1 所示,求证:$O_3S \perp O_3P$.

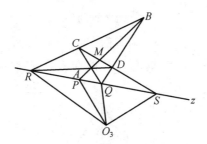

图 3.23.1

在蓝观点下(以 z 为"蓝假线",O_3 为"蓝标准点"),在图 3.23.1 的蓝平行四边形 $ADBC$ 中,有 $bl(\angle PBQ) = bl(\angle PBR)$(因为 $\angle QO_3P = \angle RO_3P$),所以 $ADBC$ 是蓝菱形,因而,CD 是蓝线段 AB 的"蓝垂直平分线".

在图 3.23.1 中,如果把 O_3 置于 A,或者置于 M,则分别得到下面两个命题.

命题 3.23.2 设完全四边形 $ADBC - QR$ 中,AB 平分 $\angle CAD$,CD 交 PQ 于 S,如图 3.23.2 所示,求证:$AS \perp AB$.

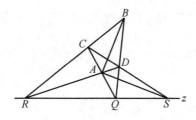

图 3.23.2

命题 3.23.3 设完全四边形 $ADBC - QR$ 中,AB 交 CD 于 M,MA 平分 $\angle QMR$,如图 3.23.3 所示,求证:$AB \perp CD$.

3.24 "蓝轴对称"

考察图 3.24.1,在那里,A 是直线 m 上一点,过 A 的两直线 l_1,l_2 与 m 成等

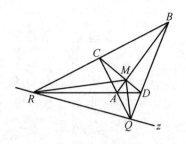

图 3.23.3

角,那么,我们就说 l_1,l_2 关于 m"轴对称",m 称为"对称轴".如果两点 B,C 分别在 l_1,l_2 上,且 BC 与 m 垂直,则说 B,C 两点关于 m"轴对称".

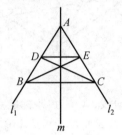

图 3.24.1

考察图 3.24.2,在那里,直线 z 上有四个点 P,Q,S,T,点 O_3 在 z 外,使得 O_3S 平分 $\angle PO_3Q$,且 $O_3S \perp O_3T$,设 A 是 z 外另一点,一直线过 T,且分别交 AP,AQ 于 B,C,那么,在蓝观点下(以 z 为"蓝假线",O_3 为"蓝标准点"),AS 就是"蓝对称轴",两蓝欧线 AP,AQ 关于它"对称"——"蓝轴对称",两蓝欧点 B,C 也关于它成"蓝轴对称".前者是两"线"的对称,后者是两"点"的对称.

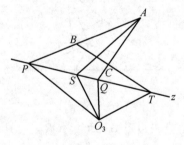

图 3.24.2

在图 3.24.1,如果平行于 BC 的直线分别交 AB,AC 于 D,E,那么,$\angle DCB = \angle EBC$. 这一结论反映到蓝几何就是下面的命题,当然,使用的是红几何语言.

命题 3.24.1 设直线 z 上有三个点 P,Q,S,点 O_3 在 z 外,使得 O_3S 平分

二维、三维欧氏
几何的对偶原理

$\angle PO_3Q$,过 P,Q,S 各作一直线,它们两两相交于 A,B,C,一直线过 S,且分别交 AB,AC 于 D,E,设 CD,BE 分别交 z 于 M,N,如图 3.24.3 所示,求证:
$\angle SO_3M = \angle SO_3N$.

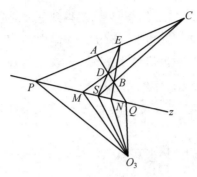

图 3.24.3

在蓝观点下(以 z 为"蓝假线",O_3 为"蓝标准点"),图 3.24.3 的 $bl(\triangle ABC)$ 是"蓝等腰三角形",A 是它的"蓝顶点". 如果把"蓝标准点"O_3 置于 A 处,那么,就得到下面的命题.

命题 3.24.2 设 M,N,P,Q 是直线 z 上四点,O_3 是 z 外一点,使得 O_3P 平分 $\angle MO_3N$,且 $O_3Q \perp O_3P$,过 Q 的两直线分别交 O_3M,O_3N 于 A,A' 和 B,B',设 AB' 交 BA' 于 C,AB' 和 BA' 分别交 z 于 R,S,如图 3.24.4 所示,求证:

①C 在 O_3P 上;

②O_3P 平分 $\angle RO_3S$.

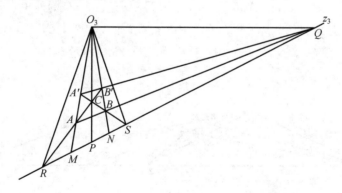

图 3.24.4

149

3.25 "蓝正方形"

把图 3.19.2 和图 3.20.2 结合起来,就得到下面的命题.

命题 3.25.1 设完全四边形 $ABCD-PQ$ 中,过 P,Q 的直线记为 z,AC, BD 分别交 z 于 S,T,分别以线段 PQ,ST 为直径作圆,设两圆交于 O_3,如图 3.25.1 所示,求证:$\angle PO_3S = \angle SO_3Q = \angle QO_3T = 45°$.

在蓝观点下(以 z 为"蓝假线",O_3 为"蓝标准点"),图 3.25.1 的 $ABCD$ 是一个"蓝正方形".

如果把图 3.25.1 的蓝标准点 O_3 置于 A 处,就得到下面的命题:

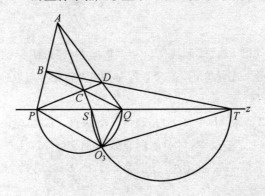

图 3.25.1

命题 3.25.2 设 $\triangle ABC$ 中,$AB \perp AC$,AD 是 $\triangle ABC$ 的外角平分线,一直线过 D,且分别交 AB,AC 于 E,F,设 BF 交 CE 于 G,AG 交 EF 于 O,OB 交 CE 于 M;OC 交 FG 于 N,EN 交 BD 于 P,如图 3.25.2 所示,求证:$AM \perp AP$.

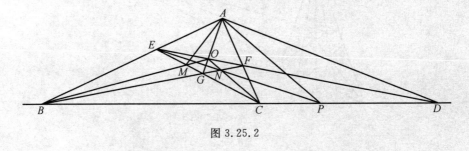

图 3.25.2

3.26 "蓝正三角形"

考察图 3.26.1,设 O_3 是直线 z_3 外一点,P,Q,R 是 z_3 上三点,过 P,Q,R 各

作一直线,且两两相交于 A,B,C,若 $\angle PO_3R=\angle QO_3R=60°$,那么,在蓝观点下(以 z_3 为"蓝假线",O_3 为"蓝标准点"),$bl(\triangle ABC)$ 是"蓝正三角形"或"蓝等边三角形",因而,图 3.18.11 的 M,图 3.21.1 的 T,图 3.22.1 的 H 应当重合在一起,这一点记为 O,称为蓝正三角形的"蓝中心".

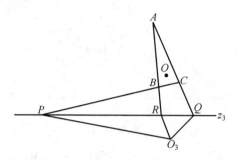

图 3.26.1

于是,有如下结论:

命题 3.26.1 设 O_3 是直线 PQ 外一点,P,Q,R,D,F 是直线 PQ 上五点,使得 $\angle PO_3F=\angle FO_3Q=\angle QO_3D=\angle DO_3R=30°$,设 AD 交 CF 于 M,BM 交 PQ 于 E,如图 3.26.2 所示,求证:$\angle EO_3R=30°$.

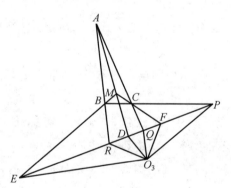

图 3.26.2

在蓝观点下(以 z_3 为"蓝假线",O_3 为"蓝标准点"),图 3.26.2 的 $bl(\triangle ABC)$ 是"蓝正三角形",M 是其"蓝中心".

我们知道,边长都相等的三角形是正三角形.因而,有下面的结论:

命题 3.26.2 设一直线 z 分别与 $\triangle ABC$ 的三边 BC,CA,AB 交于 P,Q,R,D 是 BC 边上一点,DQ 交 AB 于 F;DR 交 AC 于 E,CF,BE 交于 O,如图 3.26.3 所示,若下面两式同时成立

$$\frac{AC \cdot QO \cdot RB}{CQ \cdot OR \cdot BA}=1$$

151

$$\frac{CA \cdot QO \cdot PB}{AQ \cdot OP \cdot BC} = 1$$

求证:O 是 $\triangle ABC$ 的费马点.

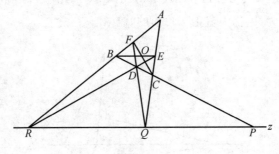

图 3.26.3

命题 3.26.3 设点 O_3 在 $\triangle ABC$ 内部,它是 $\triangle ABC$ 的费马点,即 O_3 使得 $\angle AO_3B = \angle BO_3C = \angle CO_3A = 120°$,设 AO_3 交 BC 于 A';BO_3 交 AC 于 B';CO_3 交 AB 于 C',设 $B'C'$ 交 BC 于 P;$A'C'$ 交 AC 于 Q;$A'B'$ 交 AB 于 R,如图 3.26. 4 所示,求证:

① P,Q,R 三点共线,此线记为 z_3;

② $\angle PO_3Q = \angle QO_3R = 60°$;

③ O_3P, O_3Q, O_3R 分别平分 $\angle CO_3B'$,$\angle CO_3A'$,$\angle BO_3A'$;

④ $A'O_3 \perp PO_3$;$B'O_3 \perp QO_3$;$C'O_3 \perp RO_3$.

我们把图 3.26.4 中,由费马点 O_3 所产生的直线 z_3,称为 $\triangle ABC$ 的"费马线".

在蓝观点下(以 z_3 为"蓝假线",O_3 为"蓝标准点"),图 3.26.4 的 $bl(\triangle ABC)$ 是"蓝正三角形",O_3 是其"蓝中心".

我们发现图 3.26.4 和先前的图 2.24.3 实质是一样的,可见,费马点和费马线既会产生"蓝等边三角形",也会产生"黄等边三角形",就看你用什么观点审视:如果把费马点视为"蓝标准点"、费马线视为"蓝假线",那么,产生的就是"蓝等边三角形"(图 3.26.4);如果把费马点视为"黄假点",那么,产生的就是"黄等边三角形"(图 2.24.3).

总之,费马点(或费马线)与"蓝等边三角形""黄等边三角形"密切相关.

请关注下面的命题 3.26.4:

命题 3.26.4 设 O 是 $\triangle ABC$ 的费马点,z 是 $\triangle ABC$ 的费马线,BC,CA,AB 分别交 z 于 P,Q,R,一直线分别交 OA,OB,OC 于 P',Q',R',设 QQ' 交 RR' 于 A';RR' 交 PP' 于 B';PP' 交 QQ' 于 C',如图 3.26.5 所示,求证:O 是

152

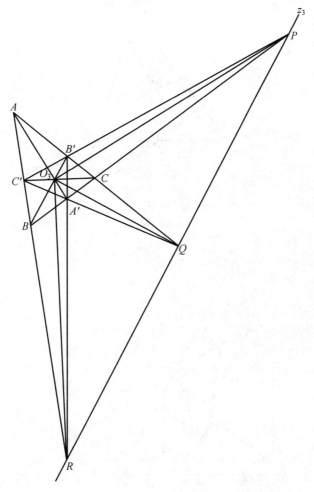

图 3.26.4

$\triangle A'B'C'$ 的费马点.

还有命题 3.26.5:

命题 3.26.5 设 O 是 $\triangle ABC$ 的费马点，z 是 $\triangle ABC$ 的费马线，该线分别与 BC，CA，AB 相交于 P，Q，R。M 是任意一点，MP 交 OA 于 A'；MQ 交 OB 于 B'；MR 交 OC 于 C'，$B'C'$ 交 z 于 P'；$C'A'$ 交 z 于 Q'；$A'B'$ 交 z 于 R'，如图 3.26.6 所示，求证：$\angle P'OQ' = 60°$；$\angle P'OR' = 60°$。

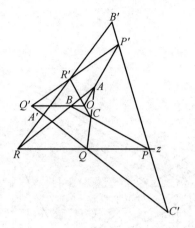

图 3.26.5

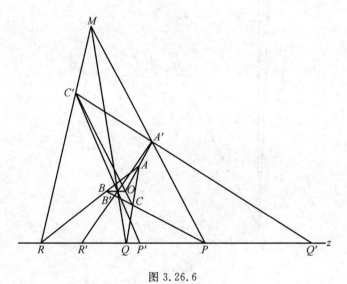

图 3.26.6

3.27 "蓝直角三角形"

考察图 3.27.1,设 P,Q,R 是直线 z_3 上三点,O_3 是 z_3 外一点,使得 $QO_3 \perp RO_3$,过 P,Q,R 各作一直线,它们两两相交于 A,B,C,在蓝观点下(以 z_3 为"蓝假线",O_3 为"蓝标准点"),$bl(\triangle ABC)$ 是"蓝直角三角形",$bl(\angle BAC)$ 是"蓝直角",BC 是"蓝斜边".

如果把"蓝标准点"O_3 安置在图 3.27.1 的 A 处,就成了图 3.27.2.

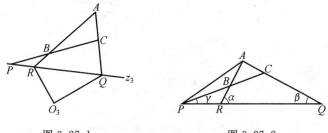

图 3.27.1   图 3.27.2

考察图 3.27.2,设直角 $\triangle ABC$ 中,$AB \perp AC$,一直线分别交 $\triangle ABC$ 的三边 BC,CA,AB(或它们的延长线)于 P,Q,R,记 $\angle ARQ = \alpha$;$\angle AQR = \beta$;$\angle APR = \gamma$,那么,在蓝观点下(以 PQ 为"蓝假线",A 为"蓝标准点"),$\triangle ABC$ 是"蓝直角三角形",因而(按"勾股定理")有

$$[bl(AB)]^2 + [bl(AC)]^2 = [bl(bc)]^2$$

$$\Rightarrow \left(\frac{AR \cdot AB}{RA \cdot RB \cdot \sin \alpha}\right)^2 + \left(\frac{AQ \cdot AC}{QA \cdot QC \cdot \sin \beta}\right)^2 = \left(\frac{AP \cdot BC}{PB \cdot PC \cdot \sin \gamma}\right)^2$$

$$\Rightarrow \left(\frac{AB}{PB \cdot \sin \gamma}\right)^2 + \left(\frac{AC}{PC \cdot \sin \gamma}\right)^2 = \left(\frac{AP \cdot BC}{PB \cdot PC \cdot \sin \gamma}\right)^2$$

$$\Rightarrow (AB \cdot PC)^2 + (AC \cdot PB)^2 = (BC \cdot PA)^2$$

这就形成下面的命题:

命题 3.27.1 设 $\triangle ABC$ 是直角三角形,$AB \perp AC$,D 是 BC 上一点,如图 3.27.3 所示,求证

$$(AB \cdot CD)^2 + (AC \cdot BD)^2 = (BC \cdot AD)^2 \tag{1}$$

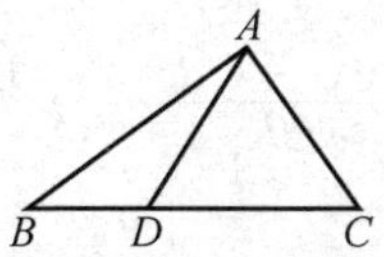

图 3.27.3

命题 3.27.1 是直角三角形的勾股定理的推广,如果 D 是线段 BC 的中点,或者 D 是直线 BC 上的无穷远点,命题 3.27.1 就成了真正的勾股定理.

我们可以把命题 3.27.1 再一次对偶到蓝几何,使该命题进一步推广成下面的样子:

命题 3.27.2 设 $\triangle OAB$ 中,$OA \perp OB$,C,S 是直线 AB 上两点,一直线 z 过 S 且分别交 OA,OB,OC 于 P,Q,R,如图 3.27.4 所示,求证

$$\left(\frac{OA \cdot OP}{AP} \cdot \frac{BC}{SB \cdot SC}\right)^2 + \left(\frac{OB \cdot OQ}{BQ} \cdot \frac{AC}{SA \cdot SC}\right)^2$$

$$= \left(\frac{OC \cdot OR}{CR} \cdot \frac{AB}{SA \cdot SB}\right)^2 \tag{2}$$

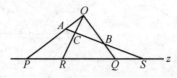

图 3.27.4

欧氏几何的对偶原理保证式(2)正确,不过我们还是给出直接证明如下:

因为 $\triangle OAB$ 被直线 SPQ 所截,所以由梅内劳斯定理,有

$$\frac{OP \cdot AS \cdot BQ}{PA \cdot SB \cdot QO} = 1 \tag{3}$$

又因为 $\triangle OBC$ 被直线 SQR 所截,所以由梅内劳斯定理,有

$$\frac{OQ \cdot BS \cdot CR}{QB \cdot SC \cdot RO} = 1 \tag{4}$$

(3)(4) 相乘,得

$$\frac{OP}{AP} \cdot \frac{SA \cdot SB}{SB \cdot SC} \cdot \frac{CR}{OR} = 1$$

$$\Rightarrow \frac{OP}{AP} \cdot \frac{1}{SB \cdot SC} = \frac{OR}{CR} \cdot \frac{1}{SA \cdot SB}$$

$$\Rightarrow \frac{OP}{AP} \cdot \frac{BC}{SB \cdot SC} = \frac{OC \cdot OR}{CR} \cdot \frac{1}{SA \cdot SB} \cdot \frac{BC}{OC}$$

$$\Rightarrow \frac{OA \cdot OP}{AP} \cdot \frac{BC}{SB \cdot SC} = \frac{OC \cdot OR}{CR} \cdot \frac{1}{SA \cdot SB} \cdot \frac{OA \cdot BC}{OC}$$

同理

$$\frac{OB \cdot OQ}{BQ} \cdot \frac{AC}{SA \cdot SC} = \frac{OC \cdot OR}{CR} \cdot \frac{1}{SA \cdot SB} \cdot \frac{OB \cdot AC}{OC}$$

于是式(2) 变为

$$\left(\frac{OA \cdot BC}{OC}\right)^2 + \left(\frac{OB \cdot AC}{OC}\right)^2 = (AB)^2$$

即

$$(OA \cdot CB)^2 + (OB \cdot CA)^2 = (OC \cdot AB)^2$$

上式是正确的(见命题 3.27.1),可见式(2) 成立.　　　　　　　　　(证毕)

顺便说一句,如果把命题 3.27.1 的"$AB \perp AC$"去掉,那么,还能推广成下面两个命题:

命题 3.27.3 设 $\triangle OAB$ 中,$\angle AOB = \theta$,C 是直线 AB 上一点,如图 3.27.5 所示,求证

$$(OA \cdot OB)^2 + (OA \cdot OB)^2 -$$
$$2 \cdot OA \cdot OB \cdot AC \cdot BC \cdot \cos\theta = (OC \cdot AB)^2$$

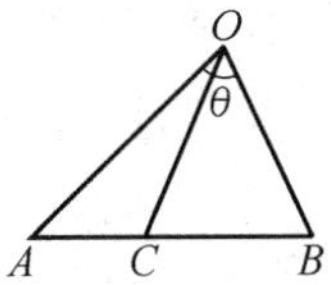

图 3.27.5

这个命题是余弦定理的推广.

命题 3.27.4 设 D 是 $\triangle ABC$ 中 BC 边上一点,如图 3.27.6 所示,求证

$$AB^2 \cdot CD + AC^2 \cdot BD - AD^2 \cdot BC = BC \cdot CD \cdot DB$$

这是"斯特瓦尔特定理"(Stewart),下面是这个定理的推广:

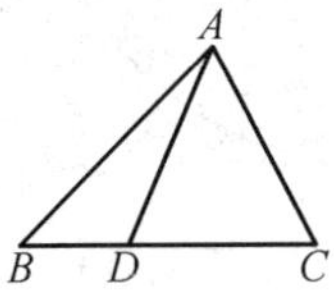

图 3.27.6

命题 3.27.5 设 D,P 是 $\triangle ABC$ 中 BC 边上两点,如图 3.27.7 所示,求证

$$AB^2 \cdot CD \cdot PC \cdot PD + AC^2 \cdot BD \cdot PB \cdot$$
$$PD - AD^2 \cdot BC \cdot PB \cdot PC$$
$$= AP^2 \cdot BC \cdot CD \cdot DB$$

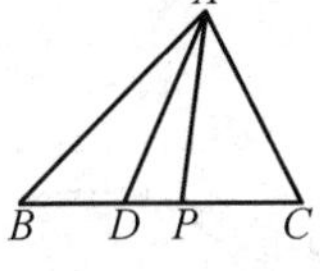

图 3.27.7

这个命题题设之简单,结论之复杂,堪称罕见,其证明并不困难,读者可用解析法试之.

3.28 "蓝圆"

可以证明,只有圆、椭圆、抛物线和双曲线这四种曲线能视为"蓝圆".

(1) 红圆能视为"蓝圆".

考察图 3.28.1,设 M 是红圆 α 内一点,M 关于该圆的极线为 z_3,M 在 z_3 上的射影为 P,MP 交 α 于 A_1,A_2,过 M 作 A_1A_2 的垂线,且交 α 于 B_1,B_2,过 A_1,A_2 的切线与过 B_1 的切线相交于 C_1,C_2,连 MC_1,MC_2 且分别交 z_3 于 Q,R,以 QR 为直径作圆,且交直线 A_1A_2 于 O_3(这样的 O_3 有两个),那么,在蓝观点下(以 z_3 为"蓝假线",O_3 为"蓝标准点"),该红圆 α 是"蓝圆",其"蓝圆心"是 M.

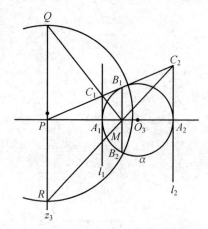

图 3.28.1

现在,如果有人问:在一个圆内,哪个点可以作为圆心？答案应该是:随便哪个点都可以,不过要用"蓝观点"欣赏.

(2) 红椭圆能视为"蓝圆".

考察图 3.28.2,设红椭圆的焦点为 O_3,与其相应的准线为 z_3,那么,在蓝观点下(以 z_3 为"蓝假线",O_3 为"蓝标准点"),该红椭圆是"蓝圆",其"蓝圆心"就是 O_3.

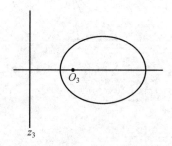

图 3.28.2

上面所说可靠吗？请看下面的简单命题,它很容易证明:

命题 3.28.1 设椭圆 α 的左焦点为 O,左准线为 z,离心率为 e,A 是 α 上一

点,OA 交 z 于 P,OP 与 z 的夹角为 θ,如图 3.28.3 所示,求证

$$\frac{OP \cdot OA}{PO \cdot PA \cdot \sin \theta} = e$$

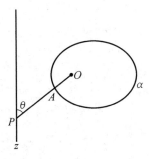

图 3.28.3

这个结论在"蓝种人"看来(以 z 为"蓝假线",O 为"蓝标准点"),相当于说:$bl(|OA|) = e$,即蓝线段 OA 的长为定值,所以,α 确实是一个"圆"——"蓝圆",其"蓝半径"为 e.

(3)红抛物线能视为"蓝圆".

考察图 3.28.4,设红抛物线的焦点为 O_3,准线为 z_3,那么,在蓝观点下(以 z_3 为"蓝假线",O_3 为"蓝标准点"),该红抛物线是"蓝圆",其"蓝圆心"就是 O_3,"蓝半径"为 1.

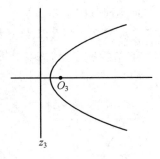

图 3.28.4

(4)红双曲线能视为"蓝圆".

考察图 3.28.5,设红双曲线的焦点为 O_3,与其相应的准线为 z_3,双曲线的离心率为 e,那么,在蓝观点下(以 z_3 为"蓝假线",O_3 为"蓝标准点"),该红双曲线是"蓝圆",其"蓝圆心"就是 O_3,"蓝半径"为 e.

(5)红等轴双曲线能视为"蓝圆".

考察图 3.28.6,设红等轴双曲线的顶点为 O_3,其虚轴为 z_3,实轴上的红假

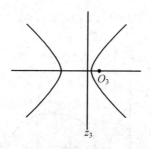

图 3.28.5

点为 R，那么，在蓝观点下（以 z_3 为"蓝假线"，O_3 为"蓝标准点"），该红等轴双曲线是"蓝圆"，其"蓝圆心"是 R.

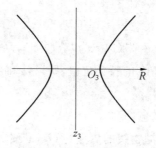

图 3.28.6

（6）红等轴双曲线能视为"蓝圆"．

考察图 3.28.7，设红等轴双曲线的中心为 O_3，一个焦点为 R，与 R 相应的准线为 z_3，z_3 与双曲线的实轴 m 的交点为 P，P 恰好是线段 O_3R 的中点，在蓝观点下（以 z_3 为"蓝假线"，O_3 为"蓝标准点"），该红等轴双曲线是"蓝圆"，其"蓝圆心"是 R，"蓝半径"为 $\sqrt{2}$．

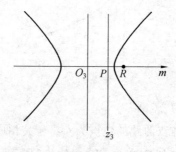

图 3.28.7

（7）红椭圆能视为"蓝圆"．

考察图 3.28.8，设红椭圆的中心为 O_3，长轴的右端为 A，短轴的上端为 B，过焦点 F 作 AB 的平行线，且交 O_3B 于 R，过 A 且与 BF 平行的直线交 O_3B 于

P,过 P 作 O_3P 的垂线 z_3,那么,在蓝观点下(以 z_3 为"蓝假线",O_3 为"蓝标准点"),该红椭圆是"蓝圆",其"蓝圆心"是 R.

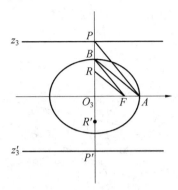

图 3.28.8

若 $O_3A=a$,$O_3B=b$,$c=\sqrt{a^2-b^2}$,则 $O_3R=\dfrac{bc}{a}$,$O_3P=\dfrac{ab}{c}$.

(8)红椭圆能视为"蓝圆".

考察图 3.28.9,设 O_3 是红椭圆上一点,过 O_3 的切线记为 t,过 O_3 作 t 的垂线,且交椭圆于 A,又过 O_3 作两条互相垂直的弦 O_3B 和 O_3C,设 BC 交 AO_3 于 R,R 的极线为 z_3,那么,在蓝观点下(以 z_3 为"蓝假线",O_3 为"蓝标准点"),该红椭圆是"蓝圆",其"蓝圆心"是 R.

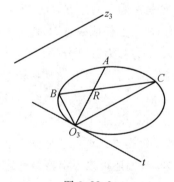

图 3.28.9

若将本款的红椭圆换成红抛物线或红双曲线,上述说法一样成立.

(9)红椭圆能视为"蓝圆".

考察图 3.28.10,过红椭圆外一点 O_3 作椭圆的两条切线,切点为 A,B,作 $\angle AO_3B$ 的平分线,且交椭圆于 C,D,交 AB 于 N,过 O_3 作 O_3N 的垂线 WW',分别作 $\angle BO_3W$,$\angle AO_3W'$ 的平分线 t_1,t_2,设 BC 交 t_1 于 U,AD 交 t_2 于 V,AB 交 WW' 于 W,连 WU 得直线 z_3,连 WV 得直线 $z_3{}'$,过 O_3 作 AO_3 的垂线,且交

161

z_3 于 A'，连 AA' 且交 NO_3 于 R；又过 O_3 作 BO_3 的垂线，且交 z_3' 于 B'，连 BB' 且交 NO_3 于 R'，那么，在蓝观点下（以 z_3 或 z_3' 为"蓝假线"，O_3 为"蓝标准点"），该红椭圆是"蓝圆"，其"蓝圆心"是 R（或 R'）.

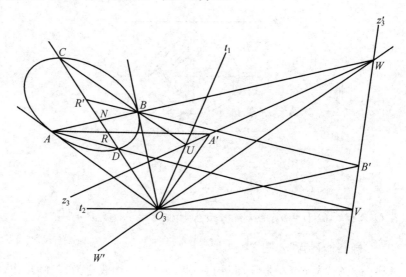

图 3.28.10

若将本款的红椭圆换成红抛物线或红双曲线，那么，上述说法一样成立.

（10）红椭圆能视为"蓝圆".

考察图 3.28.11，设 R 是椭圆 k 内一点，R 关于 k 的极线为 z_3，过 R 作 k 的三条弦 A_1B_1，A_2B_2，A_3B_3，在 k 上任取一点 P，连 PA_1，PA_2，PA_3，且分别交 z_3 于 X_1，X_2，X_3；又，连 PB_1，PB_2，PB_3，且分别交 z_3 于 Y_1，Y_2，Y_3，分别以线段 X_1Y_1，X_2Y_2，X_3Y_3 为直径作圆，可以证明，这些圆恒过两个定点，它们中的每一个都记为 O_3. 那么，在蓝观点下（以 z_3 为"蓝假线"，O_3 为"蓝标准点"），该红椭圆是"蓝圆"，其"蓝圆心"是 R.

若将本款的红椭圆换成红抛物线或红双曲线，上述说法一样成立.

除了上述 10 种情况外，我们还可以说出许多种能成为"蓝圆"的方案，红圆的所有性质都可以转移到这些"蓝圆"上，实际上转移到了圆锥曲线上，这就极大地丰富了圆锥曲线的性质.

这里，产生"蓝圆"的问题有两类：

第一类是，先指定"蓝圆心"R 的位置，然后确定合适的"蓝标准点"O_3，如上面的第（1），（10）款.

第二类是，先指定"蓝标准点"O_3 的位置，然后确定合适的"蓝圆心"R，如上面的第（7），（8），（9）款.

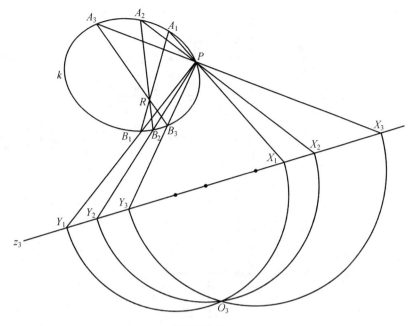

图 3.28.11

有一道简单题:

命题 3.28.2 设 E 是圆 O 上一点,过 E 的切线为 l,如图 3.28.12 所示,求证:l 与 OE 垂直.

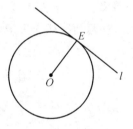

图 3.28.12

把这个命题的内容表现到图 3.28.1 上,得下面的命题:

命题 3.28.3 在图 3.28.1 上继续作图,设 E 是圆 α 上一点,过 E 的切线交 z_3 于 S,连 EM 且交 z_3 于 T,如图 3.28.13 所示,求证:$O_3S \perp O_3T$.

下面也是一道简单命题:

命题 3.28.4 设圆 O 的直径为 AB,过这直径两端的切线分别记为 l_1, l_2,过 O 且与 l_1 平行的直线记为 l_3,如图 3.28.14 所示,求证:

①l_1 与 l_2 互相平行;

②l_3 与 AB 垂直.

163

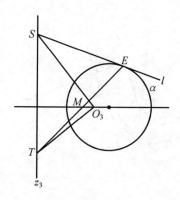

图 3.28.13

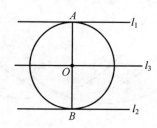

图 3.28.14

把命题 3.28.4 的内容反映到"蓝圆"上(参看图 3.28.2),就成了下面的命题:

命题 3.28.5 设椭圆的左焦点为 O,左准线为 z,过 O 的直线交椭圆于 A,B,过 A,B 分别作椭圆的切线,这两切线相交于 P,如图 3.28.15 所示,求证:

①P 在 z 上;(这意味着 l_1,l_2 是"平行"的)

②$OP \perp AB.$(在蓝观点下,PA,PB 与 AB 都是"垂直"的)

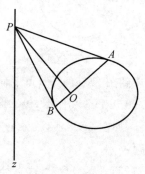

图 3.28.15

下面是另一道关于圆的简单命题:

命题 3.28.6 设 A,B,C 是圆 O 上三点,如图 3.28.16 所示,求证:

164

$\angle AOB = 2\angle ACB.$

把命题 3.28.6 的内容反映到"蓝圆"上(参看图 3.28.2),就成了下面的命题:

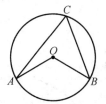

图 3.28.16

命题 3.28.7　设椭圆的左焦点为 O,左准线为 z,A,B,C 是椭圆上三点,CA,CB 分别交 z 于 P,Q,如图 3.28.17 所示,求证:$\angle AOB = 2\angle POQ.$

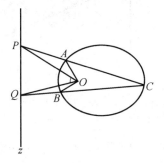

图 3.28.17

再看一个例子:

命题 3.28.8　设 N 是圆 O_3 上一点,过 N 且与该圆相切的直线为 l,一直线与 l 平行,且交 O_3 于 A,B,交 O_3N 于 M,如图 3.28.18 所示,求证:

①$O_3M \perp AB$;

②$AM = BM.$

把命题 3.28.8 的内容反映到"蓝圆"上(参看图 3.28.4),就成了下面的命题:

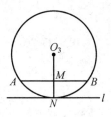

图 3.28.18

165

命题 3.28.9 设抛物线的焦点为 O_3，准线为 z_3，N 是抛物线上一点，过 N 且与该抛物线相切的直线为 l，l 与 z_3 交于 P，过 P 且与 z_3 垂直的直线交抛物线于 A，交 O_3N 于 M，如图 3.28.19 所示，求证：

① $O_3P \perp O_3N$；

② $AP = AM$.（参看图 3.18.5）

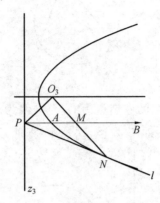

图 3.28.19

把命题 2.28.3 的内容反映到"蓝圆"上（参看图 3.28.6），就成了下面的命题：

命题 3.28.10 设等轴双曲线的顶点为 A,C，在双曲线上任取两点 B,D，如图 3.28.20 所示，求证：$\angle DAB + \angle DCB = 180°$。

下面的命题也够简单了：

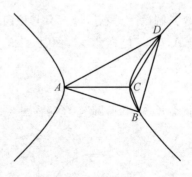

图 3.28.20

命题 3.28.11 设 P 是圆 O 外一点，过 P 作圆 O 的两条切线，切点分别为 A,B，如图 3.28.21 所示，求证：$\angle APO = \angle BPO$。

把命题 3.28.11 的内容反映到"蓝圆"上（参看图 3.28.5），就成了下面的命题：

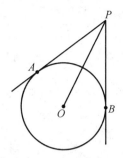

图 3.28.21

命题 3.28.12 设双曲线的右焦点为 O,右准线为 z,直线 l 与 z 平行,且与双曲线相切,P 是 l 上一点,过 P 且与双曲线相切的直线交 z 于 S,OP 交 z 于 T,如图 3.28.22 所示,求证:$OS = ST$.

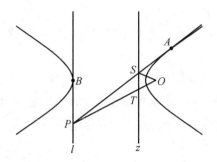

图 3.28.22

下面是一道有名的命题.

命题 3.28.13 设圆 O 是四边形 $ABCD$ 的内切圆,线段 AC, BD 的中点分别为 M, N,如图 3.28.23 所示,求证:M, O, N 三点共线.

过 M, O, N 的直线称为"牛顿线".

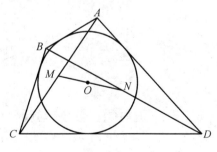

图 3.28.23

这个命题在蓝几何中的表现为(参看图 3.28.2):

命题 3.28.14 设 O 是椭圆的焦点,相应的准线为 z,四边形 $ABCD$ 外切于

167

这个椭圆,直线 AC,BD 分别交 z_3 于 P,Q,一直线过 O 且分别交 AC,BD 于 M,N,如图 3.28.24 所示,求证:"$(AC,MP)=1$"的充要条件是"$(BD,NQ)=1$".即"A,C 调和分割 M,P"的充要条件是"B,D 调和分割 N,Q".

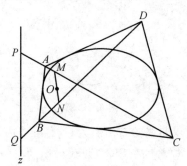

图 3.28.24

下面这个命题很有意思:

命题 3.28.15　　设椭圆 α,抛物线 β 及双曲线 γ 有着公共的焦点 O,以及公共的准线 z,自 α 上两点 A,A' 分别作 α 的切线(射线),且分别交 β,γ 于 B,C 和 B',C',如图 3.28.25 所示,求证:$\angle B'OC'$ 和 $\angle BOC$ 相等.

别以为这是一道了不起的奥数级难题,如果你能看出 α,β,γ 是三个"同心圆"——"同心蓝圆"(参看图 3.28.2、图 3.28.4、图 3.28.5),它就"一文不值".

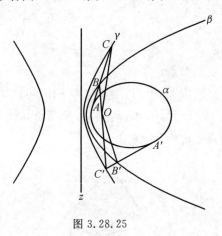

图 3.28.25

3.29　"正对偶"和"逆对偶"

把一个红几何命题对偶到蓝几何或黄几何,有两条途径:"正对偶"和"逆对偶".

先谈谈"正对偶".

我们知道,圆的直径所对的圆周角是直角,即有:

命题 3.29.1 设 AA' 是圆 O 的直径,B 是圆上一点,如图 3.29.1 所示,求证:$\angle ABA' = 90°$.

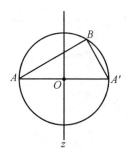

图 3.29.1

如果想把红命题 3.29.1 介绍给"蓝种人",就需要画出"蓝种人"看得懂的图形,譬如说,画成图 3.29.2 那样,因为,在他们眼里,抛物线是"圆"——"蓝圆"(参看图 3.28.4),他们看图 3.29.2,就如同我们看图 3.29.1 一样.然而在我们眼里,图 3.29.2 所展示的已经是一个新的红命题了,用我们的语言表述(这一步称为"翻译"),就是:

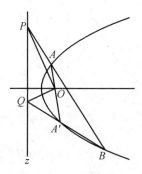

图 3.29.2

命题 3.29.2 设抛物线的焦点为 O,准线为 z,AA' 是焦点弦(经过焦点的弦称"焦点弦"),B 是抛物线上一点,BA,BA' 分别交 z 于 P,Q,如图 3.29.2 所示,求证:$PO \perp QO$.

为了向"蓝种人"介绍命题 3.29.1,而产生新命题 3.29.2,这个过程称为"正对偶"(这里是"蓝正对偶").

可以用作"蓝圆"的图形很多,因而,对命题 3.29.1 作正对偶,可以产生许多类似命题 3.29.2 的新命题.例如,用图 3.28.6 的"蓝圆"来表述命题 3.29.1,

那么,得到的就是下面的命题:

命题 3.29.3 设等轴双曲线的两个顶点为 B,B',一直线与 BB' 平行,且交等轴双曲线于 A,A',如图 3.29.3 所示,求证:$\angle ABA'=90°$.

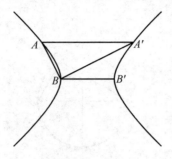

图 3.29.3

同样是用图 3.28.6 的"蓝圆"来表述命题 3.29.1,还可以得到这样的命题.

命题 3.29.4 设等轴双曲线的两个顶点为 A,A',B 是双曲线上一点,连 BA' 且交虚轴 z 于 P,如图 3.29.4 所示,求证:$\angle PAB=90°$.

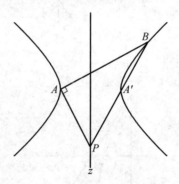

图 3.29.4

如果用图 3.28.5 来表述命题 3.29.1,那么,得到的就是下面的命题:

命题 3.29.5 设双曲线的右焦点为 O,右准线为 z,两条渐近线为 t_1,t_2,双曲线的实轴为 m,m 交 z 于 P,过 O 作渐近线 t_1 的平行线,且交双曲线于 A,如图 3.29.5 所示,求证:$AP /\!/ t_2$,且 $AO=AP$.

在蓝观点下(以 z 为"蓝假线",O 为"蓝标准点"),图 3.29.5 的双曲线是"蓝圆",其"蓝圆心"是 O.图 3.29.1 的 A' 和 B,在图 3.29.5 中怎么没看见?原来它们分别是两渐近线上的红假点(A' 是 t_1 上的红假点;B 是 t_2 上的红假点,图 3.29.5 用箭头显示了这件事),这一次,"蓝线段"BA' 是我们"红种人"所看不见的,它与"蓝线段"BA 是"蓝垂直"的关系,所以我们看到 B,A,P 是共线的,也就是说 AP 与 t_2 平行.

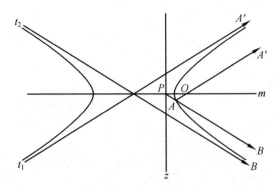

图 3.29.5

也可以对命题 3.29.1 作"黄正对偶",譬如可以得到(参看图 2.26.1):

命题 3.29.6 设 Z 是椭圆的一个焦点,过椭圆长轴的两端作椭圆的切线,它们分别记为 l_1, l_2,又任作一切线 l_3,它分别交 l_1, l_2 于 A, B,如图 3.29.6 所示,求证:$AZ \perp BZ$.

把命题 3.29.1 对偶到黄几何也可以是这样的(参看图 2.26.3):

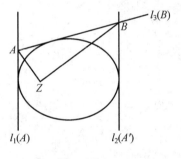

图 3.29.6

命题 3.29.7 设抛物线的焦点为 Z,准线为 f,过 f 上一点 P 作抛物线的两条切线,它们分别记为 l_1, l_2,另作一切线,它分别交 l_1, l_2 于 A, B,如图 3.29.7 所示,求证:$AZ \perp BZ$.

如果将图 3.29.7 的切线 AB 置于无穷远,那么就有下面的命题:

命题 3.29.8 设抛物线的焦点为 Z,准线为 f,过 f 上一点 P 作抛物线的两条切线,它们分别记为 l_1, l_2,如图 3.29.8 所示,求证:$l_1 \perp l_2$.

图 3.29.8 的两条虚线分别与 l_1, l_2 平行,而按照命题 3.29.1 的结论,这两条虚线应该垂直,所以,命题 3.29.8 的结论是 $l_1 \perp l_2$.

如果不是将图 3.29.7 的 AB 置于无穷远,而是将图 3.29.7 的切线 l_2 置于无穷远,那么,就有下面的命题:

命题 3.29.9 设抛物线的焦点为 Z,准线为 f,与 f 平行且与抛物线相切

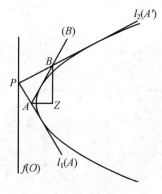

图 3.29.7

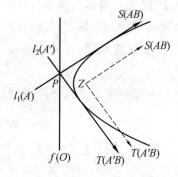

图 3.29.8

的直线记为 l_1,另有一切线 l_2 与 l_1 交于 P 如图 3.29.9 所示,求证:ZP 与 l_2 垂直.

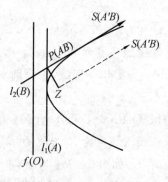

图 3.29.9

把命题 3.29.1 对偶到黄几何也可以是这样的(参看图 2.26.2):

命题 3.29.10　设双曲线的右焦点为 Z,右准线为 f,两条渐近线为 t_1,t_2,其中 t_1 交 f 于 P,过 P 且与双曲线相切的直线交 t_2 于 Q,如图 3.29.10 所示,求

二维、三维欧氏
几何的对偶原理

证:ZQ 与 f 平行.

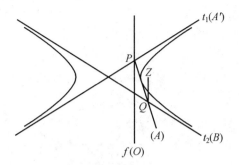

图 3.29.10

如果不是因为对偶原理,我们很难想象,差别甚远的命题,如命题 3.29.1 和它以后的九道命题,会有着因果关系.

现在,谈谈"逆对偶".

考察下面这个命题:

命题 3.29.11 设圆锥曲线(椭圆、抛物线或双曲线)上有六个点:A,B,C,D,E,F,若 AB 交 DE 于 P,BC 交 EF 于 Q,CD 交 FA 于 R,如图 3.29.11 所示,求证:P,Q,R 三点共线.

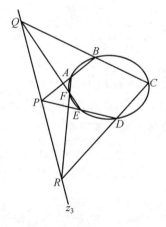

图 3.29.11

此乃著名的"帕斯卡定理"(Blaise Pascal,法国,1623－1662).

下面是该定理的两种证明,直接的证明和应用对偶法的证明.

先看第一种证明:

设圆锥曲线的二元二次方程为

$$f(x,y) = a_{11}x^2 + 2a_{12}xy + a_{22}y^2 + 2a_{13}xz + 2a_{23}yz + a_{33}z^2 = 0 \quad (1)$$

173

直线 AB,BC,CD,DE,EF,FA 的方程分别为

$$t_i = A_i x + B_i y + C_i = 0 \quad (i = 1,2,3,4,5,6)$$

P,Q,R 的坐标分别是下面三个方程组的解

$$\begin{cases} AB: t_1 = 0 \\ DE: t_4 = 0 \end{cases}$$

$$\begin{cases} BC: t_2 = 0 \\ EF: t_5 = 0 \end{cases}$$

$$\begin{cases} CD: t_3 = 0 \\ FA: t_6 = 0 \end{cases}$$

设直线 AD 的方程为

$$s = A'x + B'y + C' = 0$$

那么,过 A,B,C,D 的圆锥曲线可以表示为

$$t_2 s - m t_1 t_3 = 0 \tag{2}$$

其中 m 是常数,只要适当选取 m,可以使得方程(2)和方程(1)表示相同的圆锥曲线,即有

$$t_2 s - m_1 t_1 t_3 \equiv n_1 f(x,y) = 0 \quad (n_1 \text{ 是常数}) \tag{3}$$

同理,对于 A,D,E,F,可得

$$t_5 s - m_2 t_4 t_6 \equiv n_2 f(x,y) = \quad 0 \, (n_2 \text{ 是常数}) \tag{4}$$

由(3)(4)消去 s,得

$$m_1 t_1 t_3 t_5 - m_2 t_2 t_4 t_6 \equiv (n_2 t_2 - n_1 t_5) \cdot f(x,y) = 0 \tag{5}$$

易见,A,B,C,D,E,F,P,Q,R 诸点均满足方程(5),但是 P,Q,R 的坐标不满足方程 $f(x,y) = 0$,故只能满足方程

$$n_2 t_2 - n_1 t_5 = 0$$

该方程是关于 x,y 的一次方程,这说明 P,Q,R 三点共线.

下面是第二种证明:

把图 3.29.11 展示在"蓝种人"面前,请他们观察,并谈观后感,他们会怎样说呢?他们会把过 P,Q,R 的直线(该直线记为 z_3)当作"蓝假线",把图中的椭圆当作"圆"——"蓝圆"(参看图 3.28.1),然后说:此图的"圆"上有六个点:$A,$ B,C,D,E,F,若 $AB \parallel DE$,且 $BC \parallel EF$,那么,必定有 $CD \parallel FA$. 即有下面的命题:

命题 3.29.12 设圆上有六个点:A,B,C,D,E,F,若 $AB \parallel DE$,且 $BC \parallel EF$,如图 3.29.12 所示,求证:$CD \parallel FA$.

174

这个命题的证明很简单:

因为 $AB \parallel DE$,所以 $\angle ACE = \angle BFD$,又因为 $BC \parallel EF$,所以 $\angle CAE = \angle BDF$,于是 $\angle DBF = \angle AEC$,所以 $CD \parallel FA$. （证毕）

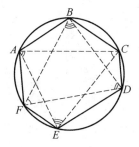

图 3.29.12

把一道红几何的命题(譬如命题 3.29.11),展示在"蓝种人"面前,让他们观察、领悟,并说出观后感,将这观后感翻译成我们(红几何)的语言,一个新的红几何命题(譬如命题 3.29.12)就诞生了,这就是"逆对偶"(准确地说是"蓝逆对偶").

对一个命题作"逆对偶",就是在寻找这个命题的"源头",例如命题 3.29.12 就是帕斯卡定理的源头,我们把它称为帕斯卡定理的"源命题".

"蓝种人"眼里的图 3.29.11,和我们眼里的图 3.29.12 是一样的. 命题 3.29.12 获得证明,也就是命题 3.29.11 获得了证明,因为它们是同真同假的对偶关系.

而命题 3.29.11 经过"逆对偶"变成命题 3.29.12 后,其难度大大地降低了,按这种思路解题,称为"对偶法".

我们知道,抛物线有如下光学性质:

命题 3.29.13 设抛物线的焦点为 F,B 是抛物线上一点,直线 DA 过 B 且与抛物线相切,直线 BC 过 B 且与抛物线的对称轴平行,如图 3.29.13 所示,求证:$\angle DBF = \angle ABC$.

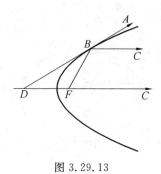

图 3.29.13

经过"逆对偶",该命题的源命题如下:

命题 3.29.14 设 A 是圆 F 外一点,过 A 作圆 F 的两条切线,切点分别为 B,C,如图 3.29.14 所示,求证:$\angle AFB = \angle AFC$.

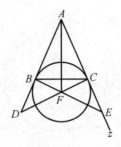

图 3.29.14

这是因为:如果把图 3.29.14 的 AC 视为"蓝假线",F 视为"蓝标准点",那么,在"蓝观点"下,图 3.29.14 的圆是"蓝抛物线",F 是这"蓝抛物线"的"蓝焦点",因为 $\angle AFB = \angle AFC$,所以,$bl(\angle AFB) = bl(\angle AFC)$,因为 DA 和 FA "蓝平行",所以,$bl(\angle AFB) = bl(\angle DBE)$("蓝内错角"),又因为 BC 和 FC 也"蓝平行",所以,$bl(\angle AFC) = bl(\angle ABC)$,于是,$bl(\angle DBE) = bl(\angle ABC)$,把"蓝种人"的这些感受写出来,就成了命题 3.29.13.由于命题 3.29.14 明显成立,因而,它的对偶命题 3.29.13 也明显成立,抛物线的光学性质就是这样得来的.

"蓝种人"眼里的图 3.29.14 和我们所看到的图 3.29.13 是一样的.

黄对偶也有"正""逆"之分.

以命题 3.29.11 为例,这是一道关于椭圆的命题,将其对偶到黄几何后,得到的仍然是一道关于椭圆的命题(因为在"黄种人"那里,椭圆能产生"黄椭圆",参看图 2.27.2):

命题 3.29.15 设椭圆(或抛物线或双曲线)外有六个点:A,B,C,D,E,F,若 AB,BC,CD,DE,EF,FA 都与椭圆相切,如图 3.29.15 所示,求证:AD,BE,CF 三线共点.

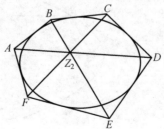

图 3.29.15

二维、三维欧氏
几何的对偶原理

这就是"布里昂雄定理"(C. J. Brianchon,法国,1785－1864).

把命题 3.29.11 对偶成命题 3.29.15 是"正对偶"——"黄正对偶". 倒过来的对偶称为"黄逆对偶".

举例说,考察下面的命题,它是 1999 年全国高中数学竞赛的一道几何题.

命题 3.29.16 设四边形 $ABCD$ 中,对角线 AC 平分 $\angle BAD$,在 CD 上取一点 E,连 BE 且交 AC 于 F,连 DF 且交 BC 于 G,如图 3.29.16 所示,求证: $\angle GAC = \angle EAC$.

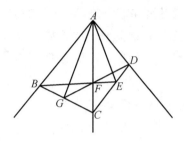

图 3.29.16

若将图 3.29.16 中的点 A 视为"黄假线",那么,在黄观点下,图 3.29.16 中, B,C,D 这三条"黄欧线"构成"黄等腰三角形",且 F,C 是互相"平行"的"黄欧线",把这些几何事实用红几何语言叙述,就是下面的命题:

命题 3.29.17 设 $\triangle ABC$ 中, $\angle ABC = \angle ACB$,一直线与 BC 平行,且分别交 AB,AC 于 D,E,如图 3.29.17 所示,求证: $\angle EBC = \angle DCB$(图 3.29.17 中带括号的字母供对照用).

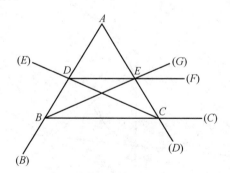

图 3.29.17

这个结论明显成立,因而,那道竞赛题(指命题 3.29.16)也"明显"成立.
"正对偶"的过程是这样的:

第一步,选取一道红命题(如命题 3.29.1);

第二步,把该命题交给"黄种人"(或"蓝种人"),让他们去作图(指图 3.29.2);

第三步,用红观点解读这张图,从而形成一个新命题(指命题 3.29.2).

"逆对偶"的过程也是三步:

第一步,选取一道红命题(如命题 3.29.16),画出该命题的图形(指图 3.29.16);

第二步,把该图交给"黄种人"(或"蓝种人"),让他们去解读;

第三步,把他们的理解,表述成我们的语言,从而形成一道新的红命题(指命题 3.29.17).

不论是正对偶,还是逆对偶,它们都能从一道旧命题"生产"出一道新命题.

举例说,下面的命题 3.29.18 是我们所熟知的,把它表现到"黄几何"(正对偶),就是命题 3.29.19.

命题 3.29.18 设三圆两两相交,产生六个交点:A,A';B,B';C,C',如图 3.29.18 所示,求证:它们的三条公共弦 AA',BB',CC' 共点(此点记为 P,它可能是红假点).

命题 3.29.19 设三个椭圆 α,β,γ 有着公共的焦点 Z,它们两两间有且仅有两个公共点,每两个椭圆的两条公切线都相交,交点分别为 P,Q,R,如图 3.29.19 所示,求证:P,Q,R 三点共线.

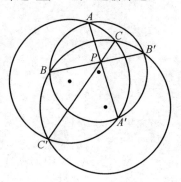

图 3.29.18

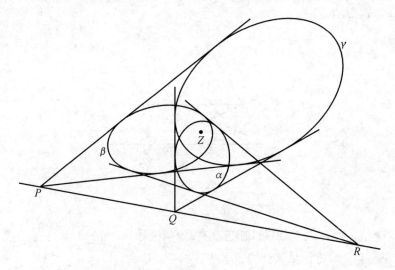

图 3.29.19

二维、三维欧氏
几何的对偶原理

再举例说,下面的命题 3.29.20 也是我们所熟知的,把它表现到"黄几何"(正对偶),就是命题 3.29.21.

命题 3.29.20 设三个圆 α,β,γ 两两相交,每两圆都有两条公切线,它们的交点分别记为 P,Q,R,如图 3.29.20 所示,求证:P,Q,R 三点共线.

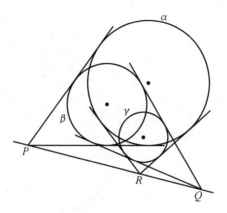

图 3.29.20

命题 3.29.21 设椭圆 α,抛物线 β 和双曲线 γ 有着公共的焦点 O,它们每两者间都有且仅有两个交点,α,β 的交点记为 A,B;β,γ 的交点记为 C,D;γ,α 的交点记为 E,F,如图 3.29.21 所示,求证:AB,CD,EF 三线共点(此点记为 S).

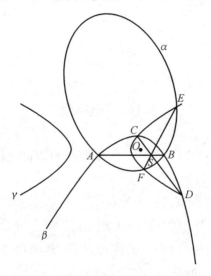

图 3.29.21

顺带说一句,把命题 3.29.19 和命题 3.29.21 结合起来,我们得到下面的命题 3.29.22.

命题 3.29.22　设三椭圆 α, β, γ 两两有且仅有两个交点：β 交 γ 于 A, B；γ 交 α 于 C, D；α 交 β 于 E, F，设 β, γ 的两条公切线交于 P；γ, α 的两条公切线交于 Q；α, β 的两条公切线交于 R，如图 3.29.22 所示，求证："三直线 AB, CD, EF 共点（这点记 M）"的充要条件是"三点 P, Q, R 共线（这直线记为 z）".

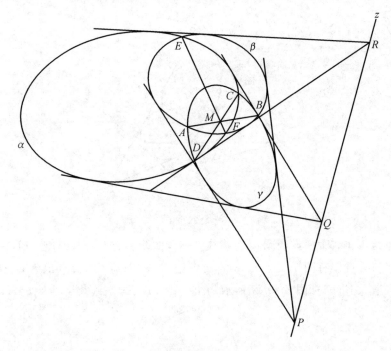

图 3.29.22

3.30　"蓝椭圆"

可以证明，只有圆、椭圆、抛物线和双曲线这四种曲线能视为"蓝椭圆".

（1）红圆能视为"蓝椭圆".

考察图 3.30.1，设红圆的圆心为 O_3，过 O_3 的直线 m 交圆于 A_1, A_2，在 A_1，O_3 间取一点 M，过 M 作 m 的垂线，且交圆于 B_1, B_2，过 B_1 作切线交 m 于 P，过 A_1, A_2 分别作圆 O_3 的切线，且交 $B_1 P$ 于 C_1, C_2，连 $C_1 O_3$ 且交 $B_1 B_2$ 于 V，连 $C_2 V$ 且交 m 于 F，过 P 作 m 的垂线 z_3，那么，在蓝观点下（以 z_3 为"蓝假线"，O_3 为"蓝标准点"），该红圆能视为"蓝椭圆"，其"蓝中心"是 M，"蓝焦点"是 O_3 和 F，"蓝长轴"是 $A_1 A_2$，"蓝短轴"是 $B_1 B_2$，与"蓝焦点"O_3 相对应的"蓝准线"很特别，它是红假线 z_1.

180

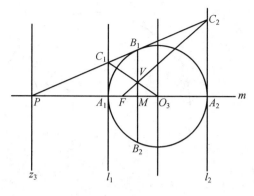

图 3.30.1

(2) 红双曲线能视为"蓝椭圆".

考察图 3.30.2,设红双曲线的左、右焦点分别是 F_1,F_2,直线 F_1F_2 上的红假点记为 M,该红双曲线的虚轴记为 z_3,F_2(或 F_1) 又记为 O_3,那么,在蓝观点下(以 z_3 为"蓝假线",O_3 为"蓝标准点"),该红双曲线能视为"蓝椭圆",其"蓝中心"是 M,有趣的是,F_1,F_2 在这里仍然是"焦点",不过是"蓝椭圆"的"蓝焦点",还要指出一点,这个"蓝椭圆"的"蓝短轴"很特别,是红假线 z_1.

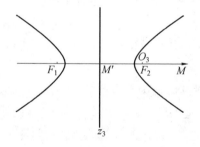

图 3.30.2

(3) 红椭圆能视为"蓝椭圆".

考察图 3.30.3,设 M 是椭圆内一点,M 的极线为 z_3,过 M 作一直线交椭圆于 A_1,A_2;交 z_3 于 P,设直线 A_1A_2 的极点为 Q,连 QM 且交椭圆于 B_1,B_2,过 B_1 作椭圆的切线,且分别交 A_1Q,A_2Q 于 C_1,C_2,在线段 A_1A_2 上取一点 F,连 C_1F 和 C_2F,且分别交 z_3 于 P',Q',分别以线段 PQ,$P'Q'$ 为直径作圆,两圆交于 O_3(有两个),那么,在蓝观点下(以 z_3 为"蓝假线",O_3 为"蓝标准点"),图 3.30.3 的椭圆能视为"蓝椭圆",其"蓝中心"为 M,"蓝长轴"为 A_1A_2,"蓝短轴"为 B_1B_2,F 是其"蓝焦点"之一.

本款对红抛物线、红双曲线均有效.

181

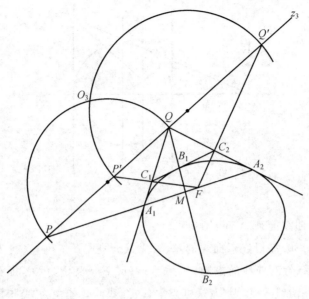

图 3.30.3

3.31 "蓝抛物线"

可以证明,只有圆、椭圆、抛物线和双曲线这四种曲线能视为"蓝抛物线".

(1) 红圆能视为"蓝抛物线".

考察图 3.31.1,设红圆的圆心为 O_3,AP 是其一直径,过 P 作切线 z_3,那么,在蓝观点下(以 z_3 为"蓝假线",O_3 为"蓝标准点"),该红圆能视为"蓝抛物线",其"蓝焦点"是 O_3,A 是其"蓝顶点",AP 是其"蓝对称轴",有趣的是,它的"蓝准线"是红假线 z_1.

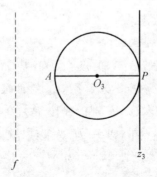

图 3.31.1

182

（2）红椭圆能视为"蓝抛物线".

考察图 $3.31.2$，设 O_3 是椭圆的焦点之一，与 O_3 相应的准线是 f，一直线 z_3 与椭圆相切，切点为 P，PO_3 与椭圆交于 A，那么，在蓝观点下（以 z_3 为"蓝假线"，O_3 为"蓝标准点"），该红椭圆能视为"蓝抛物线"，其"蓝焦点"是 O_3，"蓝准线"是 f，A 是"蓝顶点"，AP 是"蓝对称轴".

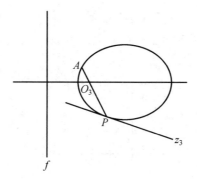

图 $3.31.2$

本款的红椭圆可以换成红抛物线（图 $3.31.3$）或红双曲线（图 $3.31.4$）.

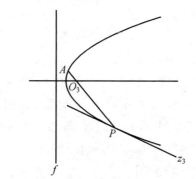

图 $3.31.3$

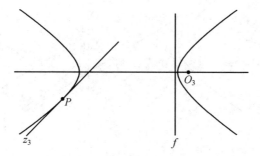

图 $3.31.4$

183

在图 3.31.3 和图 3.31.4 中,我们可以把 z_3 安排在特殊的位置,以获得更有意义的效果,请看下面的第(3)款和第(4)款.

(3) 红抛物线能视为"蓝抛物线".

考察图 3.31.5,设红抛物线的焦点为 O_3,准线为 f,顶点为 A,过 A 的切线为 z_3,那么,在蓝观点下(以 z_3 为"蓝假线",O_3 为"蓝标准点"),该红抛物线能视为"蓝抛物线",其"蓝焦点"是 O_3,"蓝准线"是 f,AO_3 是"蓝对称轴",有趣的是,其"蓝顶点"是直线 AO_3 上的红假点.

图 3.31.5 是图 3.31.3 的特例.

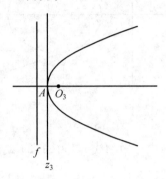

图 3.31.5

(4) 红双曲线能视为"蓝抛物线".

考察图 3.31.6,设红双曲线的焦点之一为 O_3,与其相应的准线为 f,直线 z_3 是其渐近线之一,过 O_3 作 z_3 的平行线,且交双曲线于 A,那么,在蓝观点下,(以 z_3 为"蓝假线",O_3 为"蓝标准点"),该红等轴双曲线能视为"蓝抛物线",其"蓝焦点"是 O_3,f 是其"蓝准线",A 是"蓝顶点",射线 AO_3 是"蓝对称轴".

图 3.31.6 是图 3.31.4 的特例.

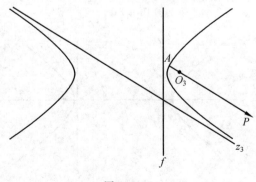

图 3.31.6

二维、三维欧氏
几何的对偶原理

（5）红等轴双曲线能视为"蓝抛物线".

考察图 $3.31.7$，设红等轴双曲线的中心为 O_3，两顶点为 A,P，虚轴为 f，过 P 且与等轴双曲线相切的直线记为 z_3，那么，在蓝观点下（以 z_3 为"蓝假线"，O_3 为"蓝标准点"），该红等轴双曲线能视为"蓝抛物线"，其"蓝标准点"是 O_3，"蓝假线"是 z_3，A 是"蓝顶点"，f 是"蓝准线"，至于"蓝焦点"，则很特别，它是直线 AP 上的红假点（记为 F）.

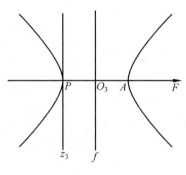

图 3.31.7

（6）红椭圆能视为"蓝抛物线".

考察图 $3.31.8$，设红椭圆的中心为 F，AP 是红椭圆的直径，直线 l,z_3 分别过 A,P，且都与红椭圆相切，另作一条与 AP 平行的切线，它分别交 l,z_3 于 C，U，设 CF 交 z_3 于 V（可以证明：$PV=PU$），在过 P 且与 z_3 垂直的直线上取点 O_3 使得 $PO_3=PU$（这样的 O_3 有两个），那么，在蓝观点下（以 z_3 为"蓝假线"，O_3 为"蓝标准点"），该红椭圆能视为"蓝抛物线"，其"蓝焦点"是 F，"蓝对称轴"是 AP，"蓝顶点"是 A，这时，"蓝准线"很特别，是红假线 z_1.

本款对红双曲线也有效.

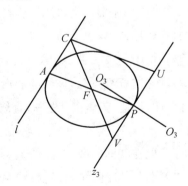

图 3.31.8

185

(7) 红椭圆能视为"蓝抛物线".

考察图 3.31.9,设 A,P 是椭圆上两点,过 P 作椭圆的切线,这切线记为 z_3,过 A 的切线交 z_3 于 Q,在线段 AP 上取一点 F,F 关于该椭圆的极线记为 f,一直线与椭圆相切,且分别交 AQ 和 z_3 于 B,S,分别以线段 PQ 和 ST 为直径作圆,两圆交于 O_3(这样的 O_3 有两个),那么,在蓝观点下(以 z_3 为"蓝假线",O_3 为"蓝标准点"),图 3.31.9 的椭圆就是"蓝抛物线",其"蓝焦点"为 F,"蓝准线"为 f,A 是它的"蓝顶点".

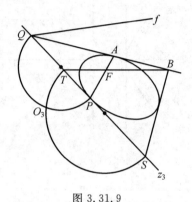

图 3.31.9

本款对红抛物线、红双曲线均有效.

3.32 "蓝双曲线"

(1) 红圆能视为"蓝双曲线".

考察图 3.32.1,过红圆直径 A_1A_2 的两端各作一切线 l_1,l_2,过线段 A_1A_2 上一点 P 作 A_1A_2 的垂线 z_3,且交圆于 B_1,B_2,过 B_1 作红圆的切线,且交 l_1,l_2 及直线 A_1A_2 于 C_1,C_2 及 M,在线段 A_1A_2 上又取一点 F,连 FC_1,FC_2,且分别交 z_3 于 U,V,以线段 UV 为直径作圆,且交直线 A_1A_2 于 O_3(有两个),那么,在蓝观点下(以 z_3 为"蓝假线",O_3 为"蓝标准点"),该红圆能视为"蓝双曲线",其"蓝中心"是 M,A_1,A_2 是"蓝顶点",F 是"蓝焦点"之一,直线 MB_1,MB_2 是"蓝渐近线".

若在图 3.32.1 中,将 F 取在红圆的圆心处(图 3.32.2),那么,O_3 就也在圆心处,这时与 F 相应的"蓝准线"是红假线 z_1. 这种情况很特别,因而很有意思.

(2) 红椭圆能视为"蓝双曲线".

考察图 3.32.3,设红椭圆的长轴为 A_1A_2,短轴为 B_1B_2,B_1B_2 所在的直线

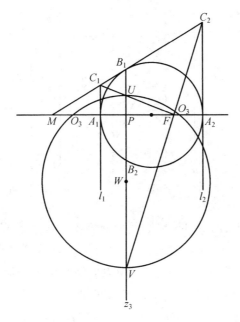

图 3.32.1

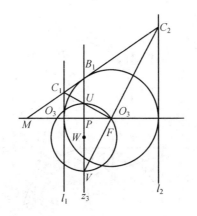

图 3.32.2

记为 z_3，左、右焦点记为 F_1，F_2，相应的准线记为 f_1，f_2，F_2（或 F_1）又记为 O_3，那么，在蓝观点下（以 z_3 为"蓝假线"，O_3 为"蓝标准点"），该红椭圆能视为"蓝双曲线"，其"蓝焦点"是 F_1 和 F_2，"蓝准线"是 f_1 和 f_2，"蓝渐近线"是过 B_1，B_2 的切线，值得一提的是，"蓝中心"很特别，它是直线 A_1A_2 上的红假点（记为 M）.

（3）红椭圆能视为"蓝双曲线".

考察图 3.32.4，设 M 是椭圆外一点，M 关于该椭圆的极线为 z_3，过 M 作一直线交椭圆于 A_1，A_2；交 z_3 于 P，设直线 A_1A_2 关于该椭圆的极点为 Q，设 z_3 交

187

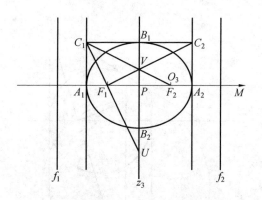

图 3.32.3

椭圆于 B_1，B_2，过 B_1 作椭圆的切线，且分别交 A_1Q，A_2Q 于 C_1，C_2，在线段 A_1A_2 上取一点 F，连 C_1F 和 C_2F，且分别交 z_3 于 P'，Q'，分别以线段 PQ，$P'Q'$ 为直径作圆，两圆交于 O_3（有两个），那么，在蓝观点下（以 z_3 为蓝假线，O_3 为蓝标准点），图 3.32.4 的椭圆能视为"蓝双曲线"，其"蓝中心"为 M，"蓝实轴"为 A_1A_2，F 是其"蓝焦点"之一，MB_1，MB_2 是其两条"蓝渐近线".

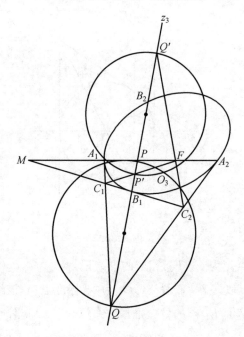

图 3.32.4

本款对红抛物线、红双曲线均有效.

举例说，下面的命题是明显成立的.

命题 3.32.1　设双曲线 β 的中心为 M，圆 α 在 β 的外部，其圆心为 O，且 α 与 β 切于 A，B，设 N 是直线 OM 上一点，如图 3.32.5 所示，求证：$\angle ANM = \angle BNM$.

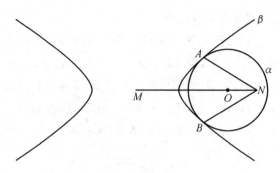

图 3.32.5

把这道命题 3.32.1 表现在蓝几何里，就得到下面的命题.

命题 3.32.2　设椭圆 α 的左焦点为 O，左准线为 z，椭圆 β 在 α 外，且与 α 相切于 A，B 两点，设 β 与 z 相交于 P，Q，过 P，Q 分别作 β 的切线，且交于 M，设 N 是直线 OM 上一点，AN，BN 分别交 z 于 S，T，如图 3.32.6 所示，求证：$\angle SOM = \angle TOM$.

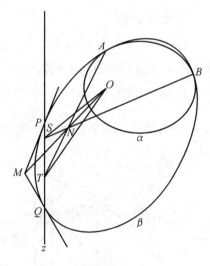

图 3.32.6

由于命题 3.32.1 是明显成立的，因而，命题 3.32.2 也是"明显"成立的.

一道很不起眼、半文不值的命题（指命题 3.32.1），一旦变成对偶命题（指命题 3.32.2），其身价陡增，这样的例子，比比皆是，举不胜举.

3.33 "蓝等轴双曲线"

(1) 红圆能视为"蓝等轴双曲线".

考察图 3.33.1,设红圆的圆心为 O_3,直线 z_3 与该圆交于 B_1,B_2,过 B_1,B_2 的切线分别记为 l_1,l_2,l_1,l_2 交于 M,MO_3 交 z_3 于 P,若 $\angle B_1MP = 45°$,那么,在蓝观点下(以 z_3 为蓝假线,O_3 为蓝标准点),图 3.33.1 的红圆能视为"蓝等轴双曲线",M 是其"蓝中心",O_3 是其"蓝焦点"之一,因而,红假线 z_1 是"蓝准线"之一,l_1,l_2 是"蓝渐近线".M 也可以作为"蓝标准点".

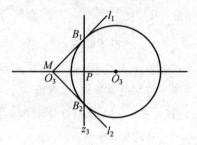

图 3.33.1

(2) 红圆能视为"蓝等轴双曲线".

考察图 3.33.2,设红圆的圆心为 P,A_1A_2 和 B_1B_2 都是该圆的直径,它们互相垂直,过 B_1 作该圆的切线,且分别交过 A_1,A_2 的切线于 C_1,C_2,以 B_2 为圆心,线段 B_2A_1 为半径作圆,且交 B_1B_2 于 V,连 VC_1 和 VC_2,且分别交 A_1A_2 于 F_1,F_2(易见,$PF_1 = \frac{\sqrt{2}}{2}PA_2$),$F_1$,$F_2$ 关于该圆的极线分别记为 f_1,f_2,A_1(或 A_2)又

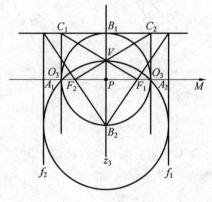

图 3.33.2

190

记为 O_3，直线 B_1B_2 记为 z_3，那么，在蓝观点下（以 z_3 为"蓝假线"，O_3 为"蓝标准点"），该红圆能视为"蓝等轴双曲线"，其"蓝中心"是 M，A_1,A_2 是"蓝顶点"，F_1,F_2 是"蓝焦点"，f_1,f_2 是"蓝准线"，MB_1,MB_2 是"蓝渐近线"，至于"蓝中心"则很特别，它是直线 A_1A_2 上的红假点（记为 M）.

（3）一种特殊的红椭圆能视为"蓝等轴双曲线".

考察图 3.33.3，设红椭圆的中心为 P，长轴为 A_1A_2，短轴为 B_1B_2，直线 B_1B_2 记为 z_3，红椭圆的两焦点为 F_1,F_2，F_1（或 F_2）又记为 O_3，若 $B_1B_2=F_1F_2$，那么，这种特殊的红椭圆，在蓝观点下（以 z_3 为"蓝假线"，O_3 为"蓝标准点"），能视为"蓝等轴双曲线"，其"蓝焦点"就是原来红椭圆的焦点，其"蓝准线"也是原来红椭圆的准线，至于"蓝中心"则很特别，它是直线 A_1A_2 上的红假点（记为 M）.

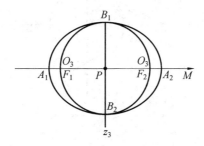

图 3.33.3

这种焦距和短轴相等的椭圆称为"等轴椭圆".

（4）红抛物线能视为"蓝等轴双曲线".

考察图 3.33.4，设红抛物线的焦点为 F，准线为 f，对称轴为 m，m 交 f 于 M，M 又记为 O_3，过 M 且与红抛物线相切的直线分别记为 l_1,l_2，过 F 且与 m 垂直的直线记为 z_3，那么，在蓝观点下（以 z_3 为"蓝假线"，O_3 为"蓝标准点"），该红抛物线能视为"蓝等轴双曲线"，其"蓝中心"是 M，l_1,l_2 是其两条"蓝渐近线"，值得一提的是，m 上的红假点是它的一个"蓝顶点".

（5）红抛物线能视为"蓝等轴双曲线".

考察图 3.33.5，设红抛物线的焦点为 F，顶点为 O_3，对称轴为 m，延长 O_3F 到 P，使 $FP=3\cdot O_3F$，过 P 且与 m 垂直的直线记为 z_3，设 z_3 交抛物线于 B_1，B_2（易见，$PB_1=4\cdot O_3F$），过 B_1 作红抛物线的切线，且交 m 于 M，那么，在蓝观点下（以 z_3 为"蓝假线"，O_3 为"蓝标准点"），该红抛物线能视为"蓝等轴双曲线"，其"蓝中心"是 M，MB_1,MB_2 是它的两条"蓝渐近线"，值得一提的是，m 上的红假点是它的一个"蓝顶点".

191

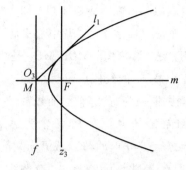

图 3.33.4

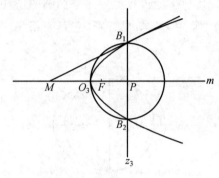

图 3.33.5

欲表示"蓝等轴双曲线",还有其他的途径,下面再介绍两种.

(6) 红双曲线能视为"蓝等轴双曲线".

我们知道,红双曲线可视为"蓝抛物线"(参看图 3.31.6),而红抛物线可视为"蓝等轴双曲线"(参看图 3.33.4),所以,二者结合起来,就能使红双曲线视为"蓝等轴双曲线".

具体地说是这样的,在图 3.33.6 中,设双曲线的焦点为 F,准线为 f,过 F 作渐近线的平行线 m,且交 f 于 M,过 M 作双曲线的两条切线 t_1, t_2,切点分别为 A, B,那么,这双曲线可视为"蓝等轴双曲线",其"蓝中心"是 M,"蓝实轴"为 m,"蓝虚轴"为 f,"蓝渐近线"为 t_1, t_2,"蓝假线"为 AB(图 3.33.6 中未画出),F 是"蓝标准点".

举例说,等轴双曲线的两条渐近线是互相垂直的,将此性质对偶到蓝几何,而且用图 3.33.6 来表现,就得到下面的命题:

命题 3.33.1　如图 3.33.6,设双曲线的右焦点为 F,右准线为 f,z 是双曲线的渐近线之一,过 F 作渐近线 z 的平行线 m,m 交 f 于 M,过 M 作双曲线的两条切线 t_1, t_2,切点分别为 A, B,设 t_1, t_2 分别交 z 于 P, Q,求证:$FP \perp FQ$.

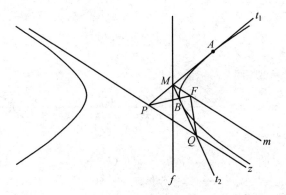

图 3.33.6

这个结论当然是正确的(对偶原理保证),不过,我们还是给出它的直接证明:

设图 3.33.6 的双曲线方程为

$$\frac{x^2}{a^2} - \frac{y^2}{b^2} = 1 \quad (a > 0, b > 0) \tag{1}$$

其右焦点 F 的坐标为 $(c, 0)$(其中 $c = \sqrt{a^2 + b^2}$),右准线 f 的方程为 $x = \frac{a^2}{c}$,渐近线 z 的方程为

$$y = -\frac{b}{a}x \tag{2}$$

直线 m 的方程为

$$y = -\frac{b}{a}(x - c)$$

因而,可得点 M 的坐标为 $(\frac{a^2}{c}, \frac{b^3}{ac})$. 设 P, Q 的坐标分别为 $(x_1, y_1), (x_2, y_2)$,那么

$$y_1 = -\frac{b}{a}x_1$$

$$y_2 = -\frac{b}{a}x_2$$

设切线 t_1, t_2 的斜率分别为 k_1, k_2,那么,t_1 的方程为

$$y - \frac{b^3}{ac} = k_1(x - \frac{a^2}{c}) \tag{3}$$

由(2)和(3)解得

$$x_1 = \frac{a^3 k_1 - b^3}{c \cdot (ak_1 + b)} \tag{4}$$

193

同理

$$x_2 = \frac{a^3 k_2 - b^3}{c \cdot (ak_2 + b)} \qquad (5)$$

(4)(5) 相加并整理得

$$x_1 + x_2 = \frac{2a^4 k_1 k_2 + (a^3 b - ab^3)(k_1 + k_2) - 2b^4}{c \cdot [a^2 k_1 k_2 + ab(k_1 + k_2) + b^2]} \qquad (6)$$

(4)(5) 相乘并整理得

$$x_1 x_2 = \frac{a^6 k_1 k_2 - a^3 b^3 (k_1 + k_2) + b^6}{c^2 \cdot [a^2 k_1 k_2 + ab(k_1 + k_2) + b^2]} \qquad (7)$$

设过 M 的切线为

$$y - \frac{b^3}{ac} = k \quad \left(x - \frac{a^2}{c}\right) \qquad (8)$$

其中 k 可以是 k_1，也可以是 k_2.

由(1) 和(8)，消去 y，并整理得

$$(b^2 - a^2 k^2)x^2 + \frac{2ak(a^3 k - b^3)}{c}x - \frac{(a^3 k - b^3)^2 + a^2 b^2 c^2}{c^2} = 0 \qquad (9)$$

因为(8) 是切线，所以方程(9) 有等根，因此其判别式的值应该等于零，即有

$$\frac{4a^2 k^2 \ (a^3 k - b^3)^2}{c^2} + 4(b^2 - a^2 k^2) \cdot \frac{(a^3 k - b^3)^2 + a^2 b^2 c^2}{c^2} = 0$$

经整理，得

$$a^4 k^2 + 2a^3 bk - a^4 - a^2 b^2 - b^4 = 0 \qquad (10)$$

因为，切线 t_1, t_2 的斜率 k_1、k_2 是方程(10) 的两根，所以

$$\begin{cases} k_1 + k_2 = -\dfrac{2b}{a} \\[2mm] k_1 k_2 = -\dfrac{a^4 + a^2 b^2 + b^4}{a^4} \end{cases} \qquad (11)$$

将(11) 代入(6)(7)，并整理，得

$$\begin{cases} x_1 + x_2 = \dfrac{2a^2}{c} \\[2mm] x_1 \cdot x_2 = \dfrac{a^2 (a^2 - b^2)}{c^2} \end{cases} \qquad (12)$$

因而

$$k_{PF} \cdot k_{QF} = \frac{y_1}{x_1 - c} \cdot \frac{y_2}{x_2 - c} = \frac{\dfrac{b^2}{a^2} x_1 x_2}{x_1 x_2 - c \cdot (x_1 + x_2) + c^2} = -1$$

可见,$PF \perp QF$.(证毕)

本来,"等轴双曲线"是"双曲线"中的特殊者,前者的性质,后者未必具备.
现在,既然双曲线能视为"等轴双曲线"(不过是"蓝色的"),那么,凡等轴双曲线
的性质,就都可以"搬到"双曲线上.

例如,在图 3.33.6 中,应该有 $\angle MFP = 45°$.你知道为什么吗?

(7) 红等轴双曲线能视为"蓝等轴双曲线".

考察图 3.33.7,设等轴双曲线 α 的中心为 M,焦点为 F_1,F_2,顶点为 A,A',
实轴为 m,虚轴为 n,直线 m,n 上的无穷远点(红假点)分别记为 P,Q.α 的两条
渐近线分别记为 t_1,t_2,过 A,A' 分别作 α 的切线,这两切线与 t_1,t_2 分别交于 G,
H,I,J,如图 3.33.7 所示,显然,四边形 $GHIJ$ 是一个正方形(该正方形用粗黑
线条显示),称为等轴双曲线 α 的"外框".以 M 为圆心,MA 为半径作圆,此圆记
为 β,β 交 n 于 B,B',显然,β 与正方形 $GHIJ$ 的四边都相切,切点分别是 A,A',
B,B'.

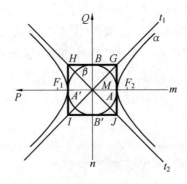

图 3.33.7

以上是我们在红观点下,对红等轴双曲线 α 的一番考察.

下面我们要问,如果把图 3.33.7 的 m 当作"蓝假线",那么,在蓝观点下,
"蓝种人"会对 α 说些什么?

为此,我们先在红观点下考察图 3.33.8,在那里,有两条全等的红等轴双
曲线,分别记为 α,β,它们有着公共的中心 Q 和公共的渐近线,记为 l_1,l_2,因而
α,β 是共轭的,它们公共的中心是 Q,它们的顶点分别记为 C,C' 和 B,B',过 C,
C',B,B' 分别作各自所在双曲线的切线,那么,四条切线围成一个正方形
$HGIJ$,如图 3.33.8 所示,正方形的对角线就是 α,β 的渐近线,直线 GI 和 HJ 分
别记为 t_1,t_2,α 的实、虚轴分别记为 z,n.延长 $C'C$ 到 D,使得线段 CD 等于线段
QH,直线 DJ,DH 上的无穷远点(红假点)分别记为 F_1,F_2.

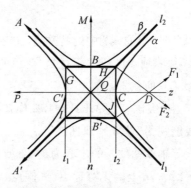

图 3.33.8

如果以 z 为"蓝假线",那么,在"蓝种人"眼里,图 3.33.8 的 α 仍然是"等轴双曲线"——"蓝等轴双曲线",它的"蓝中心"是无穷远点 M,两条"蓝渐近线"是 t_1,t_2,其"蓝虚轴"为 n,其"蓝实轴"很特别,是无穷远直线 z_1(红假线),两个"蓝顶点"也很特别,分别是直线 l_1,l_2 上的无穷远点(红假点)A,A',两个"蓝焦点"分别是 F_1,F_2,它们也是无穷远点(红假点).我们知道,等轴双曲线有一个正方形的"外框"(参看图 3.33.7),那么,图 3.33.8 的"蓝等轴双曲线"的"外框"在哪里呢?该图的粗黑线条所围的"封闭"图形就是所说的"蓝外框",它是一个"蓝正方形",图 3.33.8 的 β,在"蓝种人"眼里正是这"蓝外框"里的"蓝内切圆".至此,我们可以说:"蓝种人"眼里的图 3.33.8 就和我们眼里看到的图 3.33.7 一样.

补充一句话,在图 3.33.8 里,B(或 B')是"蓝标准点".

现在,考察图 3.33.9,就图形而言,它与图 3.33.7 的构造是一样的,都是一条等轴双曲线夹一个圆,但是,在图 3.33.9 里,等轴双曲线的虚轴当成了"蓝假线",记为 z,所以,"蓝种人"对图 3.33.9 的理解是这样的:圆 α 是"蓝等轴双曲线"(参看图 3.33.2),m 上的无穷远点 M 是它的"蓝中心",t_1,t_2 是它的两条"蓝渐近线",F_1,F_2 是它的两个"蓝焦点"($PF_2=\dfrac{\sqrt{2}}{2}PA$),$\alpha$ 的"蓝外框"如粗黑线所示,它是一个"蓝正方形",等轴双曲线 β 恰恰是这个"蓝正方形"的"蓝内切圆"(参看图 3.28.6).至此,我们可以说:"蓝种人"眼里的图 3.33.9 就和我们眼里看到的图 3.33.7 一样.

补充一句话,在图 3.33.9.里,A(或 A')是"蓝标准点".

需要指出的是:

① 可以证明,只有红圆锥曲线(指圆、椭圆、抛物线、双曲线)才能产生"蓝圆锥曲线"(指"蓝圆""蓝椭圆""蓝抛物线""蓝双曲线").

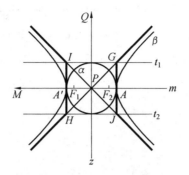

图 3.33.9

图 3.28.11 给出了用椭圆、抛物线、双曲线产生"蓝圆"的最一般的方法；

图 3.30.3 给出了用椭圆、抛物线、双曲线产生"蓝椭圆"的最一般的方法；

图 3.31.9 给出了用椭圆、抛物线、双曲线产生"蓝抛物线"的最一般的方法；

图 3.32.4 给出了用椭圆、抛物线、双曲线产生"蓝双曲线"的最一般的方法.

② 我们已经看到,任何一种红圆锥曲线(譬如红椭圆),都可以产生任何一种"蓝圆锥曲线"(譬如"蓝抛物线"),而且表现的方式可能不止一种(譬如用红椭圆产生"蓝抛物线",上面就介绍了三种方式).

③ 上面介绍的那些用红圆锥曲线产生"蓝圆锥曲线"的方法,只是经常使用的一部分,其余的方法,请读者自行研讨.

至此,我们可以下这样的结论:有关圆的性质可以转移到椭圆、抛物线和双曲线上,反之,椭圆、抛物线和双曲线的性质也可以转移到圆上,不但如此,椭圆、抛物线和双曲线的性质可以在它们之间随意转移.

3.34 "红、黄、蓝三方对偶图形"

一般地说,对同一道命题,"红种人"(持红几何观点的人)、"黄种人"(持黄几何观点的人)和"蓝种人"(持蓝几何观点的人)所绘出的几何图形是不一样的,然而,有时也可能那么巧,它们中的某两种人,甚至三种人,画出的图形居然是一样的,这种命题称为"自对偶命题",相应的图形称为"自对偶图形".

如果是"红种人"和"黄种人"所画出的图形相同,就称为"红、黄自对偶图形",类似的有"红、蓝自对偶图形"和"黄、蓝自对偶图形". 如果三种人所画出的图形都相同,就称为"红、黄、蓝三方对偶图形".

例如,为了表现"点 A 在直线 l 上"这句话,"红""黄"两种人所画出的图形都一样,都是图 3.34.1,他们都认为对方画对了,尽管双方对图中的物件的理解截然不同(黄种人的理解用带括号的字母表示,以后都这样).

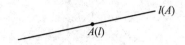

图 3.34.1

又例如,为了表现"不共点的三条直线 l_1,l_2,l_3 两两相交,交点分别为 A, B,C"这句话,"红""黄"两种人所画出的图形都是图 3.34.2.

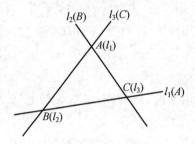

图 3.34.2

下面的命题是帕普斯(Pappus)定理:

命题 3.34.1 设直线 l,n 上各有三个点:L_1,L_2,L_3 和 N_1,N_2,N_3,直线 m 上有两个点:M_1,M_2,这些点之间有四次三点共线:(L_1,M_1,N_2),(L_2,M_1,N_1),(L_2,M_2,N_3),(L_3,M_2,N_2),如图 3.34.3 所示,设 L_1N_3 交 L_3N_1 于 M_3,求证:M_3 在 m 上.

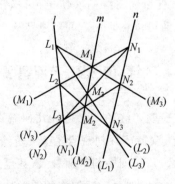

图 3.34.3

图 3.34.3 是我们按帕普斯定理的内容画出的图形,有趣的是,在"黄种人"那里,按照该定理的意思画出的图形居然也是图 3.34.3,图中带括号的字母就

是"黄种人"对该画图的理解. 因此,帕普斯定理是"红、黄自对偶命题",图 3.34.3 是"红、黄自对偶图形".

帕普斯图形(图 3.34.3)共涉及 9 个点: $L_1, L_2, L_3, M_1, M_2, M_3, N_1, N_2, N_3$ 和 9 条直线: $l, m, n, L_1M_1, L_1M_3, L_2M_1, L_2M_2, L_3M_2, L_3M_3$,点的个数与直线的条数相等,这是图形成为红、黄自对偶图形的必要条件,但非充分条件,我们可以举出这样的例子,它不是红、黄自对偶图形,但却有着相同的点数和相同的条数.

下面的命题是吉拉尔(Girard Desargues)定理:

命题 3.34.2 设 $\triangle ABC$ 和 $\triangle A'B'C'$ 的对应顶点的连线交于 O, $B'C'$ 交 BC 于 P; $C'A'$ 交 CA 于 Q; $A'B'$ 交 AB 于 R,如图 3.34.4 所示,求证: P, Q, R 三点共线(此线记为 z).

吉拉尔图形也是红、黄自对偶图形,它涉及 10 个点和 10 条直线.

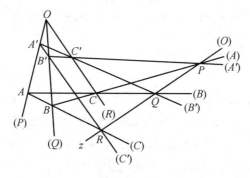

图 3.34.4

寻找自对偶图形是一件有趣而又困难的事.

考察下面的命题:

命题 3.34.3 设四边形 $EFGH$ 内接于四边形 $ABCD$ 中, AB 交 CD 于 P, AD 交 BC 于 Q, EF 交 GH 于 M, EH 交 FG 于 N,如图 3.34.5 所示,求证:" P, Q, M, N 四点共线(此线记为 z)"的充要条件是" AC, BD, EG, FH 四线共点(此点记为 Z)".

图 3.34.5 也是一幅红、黄自对偶图形,它涉及 13 个点和 13 条直线.

由于命题 3.34.1、命题 3.34.2、命题 3.34.3 都属射影几何范畴,所以,即便是在"蓝种人"那里,对这三个命题给出的图形也还是图 3.34.3、图 3.34.4、图 3.34.5. 因此,这三张图不仅是红、黄自对偶图形,而且是"红、黄、蓝三方对偶图形".

考察下面的命题:

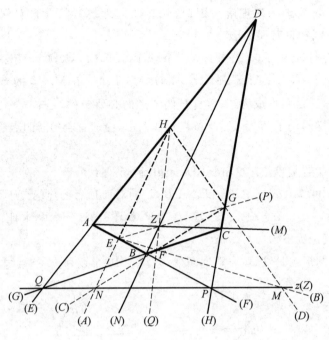

图 3.34.5

命题 3.34.4 设 Z 是 $\triangle ABC$ 内一点,A',B',C' 分别在 ZA,ZB,ZC 上,设 BA' 交 AC 于 A_1,CA' 交 AB 于 A_2,A_1A_2 交 BC 于 P;设 CB' 交 AB 于 B_1,AB' 交 BC 于 B_2,B_1B_2 交 AC 于 Q;设 AC' 交 BC 于 C_1,BC' 交 AC 于 C_2,C_1C_2 交 AB 于 R;如图 3.34.6 所示,求证:P,Q,R 三点共线.

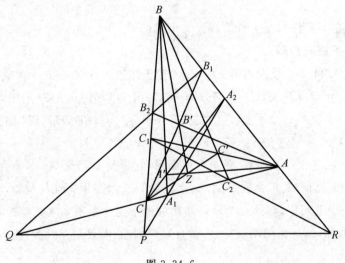

图 3.34.6

当 A', B', C' 都与 Z 重合时, 本命题就成了吉拉尔定理, 因此, 命题 3.34.4 是吉拉尔定理的推广.

可以看出, 图 3.34.6 是一幅红、黄、蓝三方对偶图形, 它涉及 16 个点和 16 条直线.

请看下面的命题:

命题 3.34.5 设四边形 $ABCD$ 外切于椭圆 α, 切点为 E, F, G, H, AB 交 CD 于 I; AD 交 BC 于 J; EG 交 FH 于 O; EF 交 GH 于 P; EH 交 FG 于 Q, 如图 3.34.7 所示, 求证: 有三次四点共线, 它们分别是: (A, O, C, P), (B, O, D, Q), (I, P, J, Q).

图 3.34.7 含有 13 个点、13 条直线及一个椭圆, 这个椭圆在红、黄、蓝三种人眼里都是"椭圆"(参看图 3.27.2、图 3.30.3), 所以, 按命题 3.34.5 的意思作图, 三种人的作图结果都是图 3.34.7, 该图也是一幅红、黄、蓝三方对偶图形.

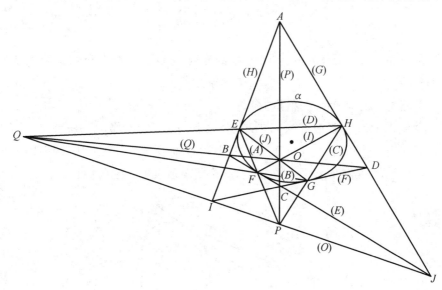

图 3.34.7

下面是另一个关于一个椭圆的命题:

命题 3.34.6 设 A, B, C 三点在椭圆 α 内, 它们关于 α 的极线两两相交于 A', B', C', 设 BC 交 $B'C'$ 于 P; CA 交 $C'A'$ 于 Q; AB 交 $A'B'$ 于 R, 如图 3.34.8 所示, 求证:

① 直线 BC, CA, AB 关于 α 的极点分别为 A', B', C';

②AA', BB', CC' 三线共点, 这点记为 S;

③P, Q, R 三点共线;

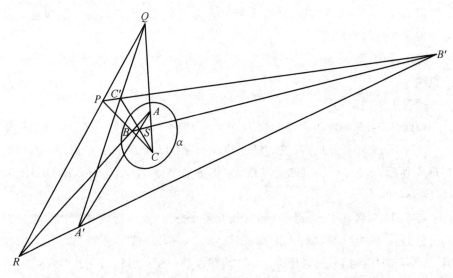

图 3.34.8

④ 点 S 关于 α 的极线是直线 PQ.

图 3.34.8 是一幅红、黄、蓝三方对偶图形,它涉及 10 个点和 10 条直线及一个椭圆.

下面是一道关于两个椭圆的命题:

命题 3.34.7 设两椭圆 α,β 没有公共点,β 在 α 的内部,存在一个 $\triangle ABC$,它既外切于 β,同时又内接于 α,如图 3.34.9 所示,求证:凡外切于 β 的 $\triangle A'B'C'$,只要它有两个顶点在 α 上,其第三个顶点也一定在 α 上.

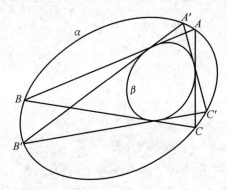

图 3.34.9

图 3.34.9 是一幅红、黄、蓝三方对偶图形(α,β 彼此对偶,$\triangle ABC$ 的三个顶点与其对边相对偶,$\triangle A'B'C'$ 也是如此).

下面是另一道关于两个椭圆的命题:

二维、三维欧氏
几何的对偶原理

命题 3.34.8 设两椭圆 α,β 有着四个交点,它们顺次是 P,Q,R,S,PS 交 QR 于 A;PQ 交 RS 于 B,设 α,β 的四条外公切线构成一个四边形 $EFGH$,EH 交 FG 于 C;EF 交 GH 于 D,如图 3.34.10 所示,求证:

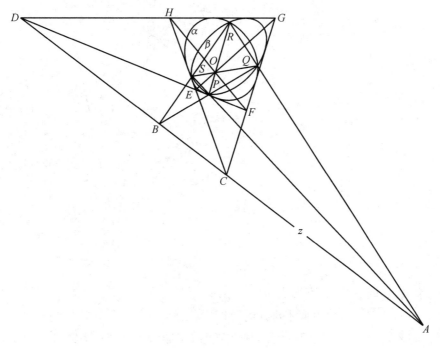

图 3.34.10

①A,B,C,D 四点共线,此线记为 z;

②PR,QS,EG,FH 四线共点,此点记为 O;

③O 关于 α,β 的极线都是直线 z,而且唯有点 O 才有这种特性.

图 3.34.10 也是一幅红、黄、蓝三方对偶图形。图中两椭圆 α,β 的四个公共点 P,Q,R,S,对偶于 α,β 的四条公切线 EF,FG,GH,HE;z 上的四点 A,B,C,D,对偶于过 O 的四条直线 PR,QS,EG,FH;点 O 对偶于直线 z.

下面是一道关于三个椭圆的命题.

命题 3.34.9 设三椭圆 α,β,γ 两两有且仅有两个交点:β 交 γ 于 A,B;γ 交 α 于 C,D;α 交 β 于 E,F,设 β,γ 的两条公切线交于 P;γ,α 的两条公切线交于 Q;α,β 的两条公切线交于 R,如图 3.34.11 所示,求证:"三直线 AB,CD,EF 共点(这点记 M)"的充要条件是"三点 P,Q,R 共线(这直线记为 z)".

图 3.34.11 也是一幅红、黄、蓝三方对偶图形,图中每两椭圆都有两个公共点,它们是 A,B,C,D,E,F,共六个,而每两个椭圆都有两条公切线,一共有六

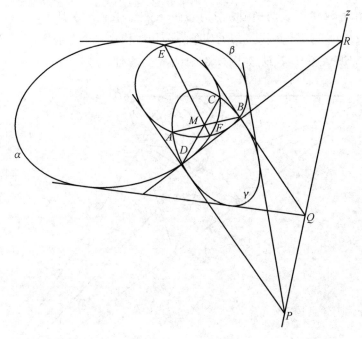

图 3.34.11

条,公共点和公切线正好形成对偶关系.

自对偶图形是可遇而不可期的.

考察图 3.34.12,设抛物线 α 的焦点为 F,准线为 f,顶点为 A,过 A 且与 α 相切的直线记为 l,设直线 AF 上的无穷远点(红假点)为 P,我们认为,抛物线 α 与无穷远直线(红假线)z_1 是"相切"的关系,而且"切点"就是 P.这些都是在红观点下的理解.

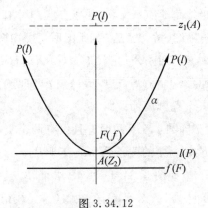

图 3.34.12

那么,在黄观点下又是如何理解的呢?

在"黄种人"眼里,它们会把图 3.34.12 的 A 当作"黄假线"Z_2,因而 α 仍然是"抛物线"——"黄抛物线",z_1(红假线)是黄抛物线的"黄顶点",P 是过"黄顶点"的"黄切线",F 成了"黄准线",f 则成了"黄焦点",l 是"黄抛物线"α 上唯一的"黄假点",A 是过这个黄假点的"黄切线"."黄种人"的这些理解都用带括号的字母显示在图 3.34.12 里.

这样说来,抛物线是"红、黄自对偶图形".

下面的命题是 1982 年的一道全国数学高考题:

命题 3.34.10　设两抛物线 α_1 和 α_2 有着公共的顶点 Z,它们的对称轴 m_1 和 m_2 互相垂直,过 α_1 上一点 A 作 α_2 的两条切线,且这两切线分别交 α_1 于 B,C,如图 3.34.13 所示,求证:直线 BC 也与 α_2 相切.

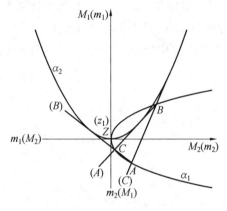

图 3.34.13

如果拿这道命题去考"黄种人",他们所画出的图形,居然和图 3.34.13 一模一样,当然,理解是不一样的,他们认为:Z 是"黄假线",因而 α_1 和 α_2 都是"黄抛物线",它们有一个公共的"黄顶点",那就是红假线 z_1,直线 m_2 上的红假点 M_1 是"黄抛物线"α_1 的"黄对称轴";直线 m_1 上的红假点 M_2 是"黄抛物线"α_2 的"黄对称轴",这两条"黄对称轴"是"黄垂直"的. A,B,C 都是"黄抛物线"α_1 上的"黄切线",(A),(B),(C) 都是"黄抛物线"α_2 上的"黄切点". 因此,"黄种人"画的图 3.34.13 完全符合命题 3.34.10 的意思,它是一幅红、黄双方都认可的图形,这种图形称为"红、黄自对偶图形".

顺带说一句,命题 3.34.10 可以推广成下面的命题:

命题 3.34.11　设两抛物线 α,β 有且仅有两个公共点,β 过 α 的顶点 O,且与 α 的对称轴 m 相切,设 A,B,C 是 α 上三点,若 CA,CB 均与 β 相切,如图 3.34. 14 所示,求证:直线 AB 也与 β 相切.

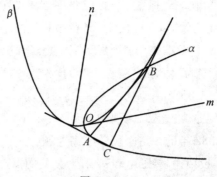

图 3.34.14

还可以进一步推广成：

命题 3.34.12　设两抛物线 α,β 有且仅有两个公共点，O 是它们的公共点之一，α,β 的对称轴分别为 m,n，过 O 作 β 的切线 l，l 恰好与 m 平行，设 A,B,C 是 α 上三点，若 CA，CB 均与 β 相切，如图 3.34.15 所示，求证：直线 AB 也与 β 相切.

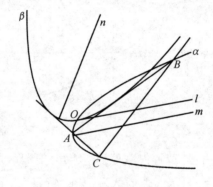

图 3.34.15

现在要问："蓝种人"对图 3.34.12 的抛物线是怎样理解的？

在"蓝种人"眼里，它们会把图 3.34.12 的 l 当作"蓝假线"z_3（请看图 3.34.16），因而 α 仍然是"抛物线"——"蓝抛物线"（参看图 3.31.5），P 是"蓝顶点"，z_1（红假线）是过这个"蓝顶点"的"蓝切线"，F 仍然是"焦点"——"蓝焦点"，f 仍然是"准线"——"蓝准线"，A 是这条"蓝抛物线"上唯一的"蓝假点"（蓝观点的理解用带括号的字母表示）.

这样说来，抛物线是"红、蓝自对偶图形".

综合上述，"红""黄""蓝"三种人对图 3.34.12 的 α 的理解是一样的，都认为 α 是"抛物线"，所以，抛物线是"红、黄、蓝三方对偶图形".

其实,从早先的讨论知道,等轴双曲线也是"红、黄、蓝三方对偶图形"(参看图 2.30.2、图 3.33.7、图 3.33.8).

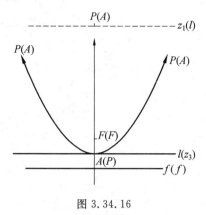

图 3.34.16

3.35 "红、黄自对偶图形"

能做到红、黄、蓝三方都对偶是不容易的,能做到某两方对偶就已经不错了,譬如,红、黄两方对偶,称为"红、黄自对偶图形".

请看下面的命题:

命题 3.35.1 设 H 是 $\triangle ABC$ 的垂心,直线 l 分别交 AC,AB 于 B',C',过 B,C 分别作 HB',HC' 的垂线,且二者交于 P,如图 3.35.1 所示,求证:$PH \perp l$.

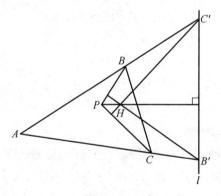

图 3.35.1

把命题 3.35.1 对偶到黄几何,并且取 $\triangle ABC$ 的垂心 Z 作为"黄假线",我们发现,黄观点下画出的图形(图 3.35.2),居然与图 3.35.1 一样.

虽然图形是一样的,但是红、黄两种人对图中"点""线"的理解是不一样的."黄种人"的理解,我们用带括号的字母标注在图 3.35.2 里,读者可与图

207

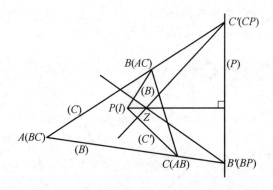

图 3.35.2

3.35.1 进行对比.

3.36 "黄、蓝自对偶图形"

早先说过,在图 3.17.5 的"七七形"$ABCD - PQ - Z$ 中,若即有 $AC \perp BD$,又有 $ZP \perp ZQ$,那么,在黄观点下(以 Z 为"黄假线"),$ABCD$ 是"黄正方形";蓝观点下(以 z 为蓝假线,Z 为蓝标准点),$ABCD$ 是"蓝正方形".所以,图 3.17.5 的"七七形"$ABCD - PQ - Z$ 是"黄、蓝自对偶图形".

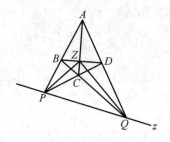

图 3.17.5

下面是一道简单的命题:

命题 3.36.1 设直线 m 经过圆 O 的圆心,且交该圆于 A,B,过 A,B 且与圆 O 相切的直线分别记为 l_1 和 l_2,如图 3.36.1 所示,求证:$l_1 \parallel l_2$.

把这个命题对偶到蓝几何,得:

命题 3.36.2 设 O 是椭圆内一点,O 关于该椭圆的极线为 z,直线 m 过 O 且交这椭圆于 A,B,过 A 作椭圆的切线 l_1,同时,过 B 作这个椭圆的切线 l_2,设两次切线交于 P,如图 3.36.2 所示,求证:P 点在 z 上.

如果把命题 3.36.1 对偶到黄几何,我们发现"黄种人"所绘出的图形居然

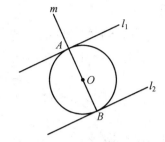

图 3.36.1

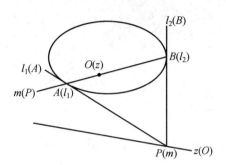

图 3.36.2

也是图 3.36.2,他们对图 3.36.2 的理解,用带括号的字母显示.因此,图 3.36.2 是"黄、蓝自对偶图形".

现在考察下面的命题:

命题 3.36.3 若 $\triangle ABC$ 的内切圆 α 和外接圆 β 是同心圆,如图 3.36.3 所示,求证:$\triangle ABC$ 是等边三角形.

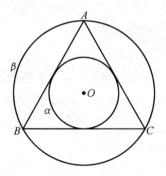

图 3.36.3

请注意,图 3.36.3 是我们依照命题 3.36.3 的意思画出的图形,那么,让"黄种人"或"蓝种人"按命题 3.36.3 的意思作图,结果将会怎样呢?按理说,在他们的世界里,依照他们各自的法则,其结果不仅不会与我们的(指图 3.36.3)一

209

样,而且他们之间也会彼此不一样.

然而,令人惊讶的是,它们的图居然都画成了图 3.36.4 那样,对我们来说,图 3.36.4 的含义已经是全新的了,它相当于下面的命题:

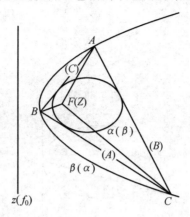

图 3.36.4

命题 3.36.4　设椭圆 α 与抛物线 β,既有相同的焦点 F,又有相同的准线 z,$\triangle ABC$ 既内接于 β,又外切于 α,如图 3.36.4 所示,求证:F 是 $\triangle ABC$ 的费马点,即 $\angle AFB = \angle BFC = \angle CFA = 120°$.

当然,两种人对图 3.36.4 的具体事物的理解是不一样的,"蓝种人"认为:图 3.36.4 的 z 是"蓝假线",α,β 是两个同心的"蓝圆",F 是它们公共的"蓝圆心";而"黄种人"则认为:图 3.36.4 的 (Z) 是"黄假线",(α),(β) 是两个同心的"黄圆",(f_0) 是它们公共的"黄圆心"(带括号的字母都是"黄种人"的理解).

虽然"黄""蓝"两种人对图 3.36.4 的具体事物的理解是不一样的,但都认为该图所表述的是同一个命题(命题 3.36.4),这种图形称为"黄、蓝自对偶图形".

随后,我们将考察图 3.36.6,那是一幅非常精美的"黄、蓝自对偶图形".

事情是这样的,在图 3.36.5 里,设 α 和 β 是共轭双曲线,那么,它们有着:

① 公共的中心 M;

② 公共的渐近线 t_1,t_2;

③ 公共的矩形框 $EFGH$.(指过四个顶点 A,A',B,B' 的切线所形成的矩形,渐近线 t_1,t_2 是该矩形的对角线).

现在,考察图 3.36.6,在那里,双曲线 α 和椭圆 β 外切于 P,Q,过 P,Q 分别作二者的公切线 t_1,t_2,且 t_1,t_2 交于 M,过 M 作 $\angle PMQ$ 的平分线,此线交 β 于 B,B',过 M 作 BB' 的垂线,且交 α 于 A,A',过 A 作 α 的切线,且分别交 t_1,t_2 于

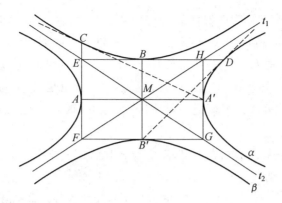

图 3.36.5

E,F;过 A' 作 α 的切线,且分别交 t_1,t_2 于 G,H,若 E,B,H 三点共线,F,B',G 也恰好共线,那么,在"蓝种人"眼里(以直线 PQ 为"蓝假线"此线记为 z),α,β 是一对"蓝共轭双曲线",M 是它们公共的"蓝中心",也是"蓝标准点",$E-F-G-H$ 是它们公共的"蓝矩形框"(一个折四边形),t_1,t_2 是它们公共的"蓝渐近线",A,A' 和 B,B' 分别是 α,β 的"蓝顶点".

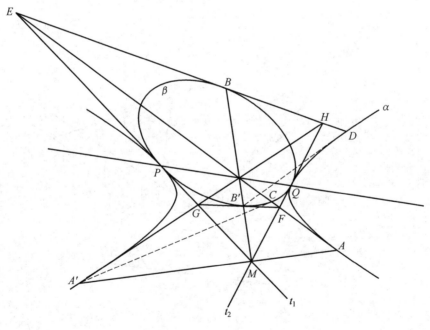

图 3.36.6

  总之,图 3.36.5 与图 3.36.6 的含义是一样的,不同的是:图 3.36.5 是供"红种人"(就是你和我)看的,而图 3.36.6 是供"蓝种人"看的(如果有这种人的

211

话）。就如同有两种电视屏（指图 3.36.5 和图 3.36.6），分别供两种人——我们（"红种人"）和"蓝种人"——观赏：屏幕 3.36.5 是我们（"红种人"）看的，屏幕 3.36.6 是"蓝种人"看的。在我们眼里，屏幕 3.36.6 上所播放的图形都是扭曲的。同样地，在"蓝种人"眼里，我们的屏幕 3.36.5 也是"坏了的"，上面的图形都"扭曲"得不像样子。（顺便说一句，图 3.36.6 中，A, Q, B 三点必共线；A', P, B 三点也必共线。）

现在，考察图 3.36.7，在那里，双曲线 α 和椭圆 β 外切于 T_1, T_2，过 T_1, T_2 分别作二者的公切线 t_1, t_2，且 t_1, t_2 交于 Z，过 Z 作 $\angle T_1 Z T_2$ 的平分线，此线交 β 于 B, B'，过 Z 作 BB' 的垂线，且交 α 于 A, A'，过 A 作 α 的切线，且分别交 t_1，t_2 于 E, F；过 A' 作 α 的切线，且分别交 t_1, t_2 于 G, H，若 E, B, H 三点共线，F，B', G 也恰好共线，那么，在"黄种人"眼里，α, β 是一对"黄共轭双曲线"，直线 $T_1 T_2$ 是它们公共的"黄中心"，Z 是"黄假线"，$A-B-A'-B'$ 是它们公共的"黄矩形框"，T_1, T_2 是它们公共的"黄渐近线"，直线 EF, GH 是 α 的"黄顶点"，直线 EH, FG 是 β 的"黄顶点".

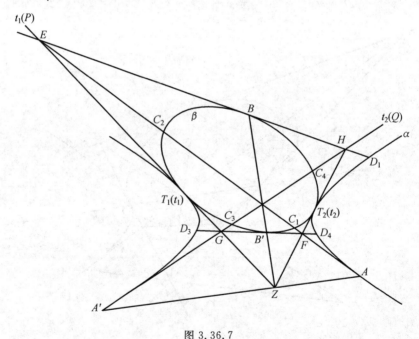

图 3.36.7

读者一定注意到，图 3.36.7 实际上与图 3.36.6 是同一张图，在"黄""蓝"两种人眼里，这张图所展现的都是"共轭双曲线"，只是对具体物件的理解不一样。图 3.36.6 是一张非常难得的"黄、蓝自对偶图形".

我们知道,关于共轭双曲线有这样的结论:

命题 3.36.5 设双曲线 α,β 共轭,它们的顶点分别为 A,A' 和 B,B',过 A 作 α 的切线,且交 β 于 C;过 B 作 β 的切线,且交 α 于 D,如图 3.36.5 所示,求证:

① 过 C 作 β 的切线,这切线必过 A';

② 过 D 作 α 的切线,这切线必过 B'.

把命题 3.36.5 的结论反映到蓝几何,得:

命题 3.36.6 设双曲线 α 与椭圆 β 外切于 P,Q,过 P,Q 分别作二者的公切线 t_1,t_2,且 t_1,t_2 交于 M,过 M 作 $\angle PMQ$ 的平分线,且交 β 于 B,B',过 M 作 BB' 的垂线,且交 α 于 A,A',过 A 作 α 的切线,且分别交 t_1,t_2 于 E,F,交 β 于 C;过 A' 作 α 的切线,且交 t_1,t_2 于 G,H,若 E,B,H 三点共线,且与 α 交于 D,又, G,B',F 三点也共线,如图 3.36.6 所示,求证:

① 直线 $A'C$ 与椭圆 β 相切;

② 直线 $B'D$ 与双曲线 α 相切.

把命题 3.36.5 的结论反映到黄几何,得:

命题 3.36.7 设双曲线 α 与椭圆 β 外切于 T_1,T_2,过 T_1,T_2 分别作二者的公切线 t_1,t_2,且 t_1,t_2 交于 Z,过 Z 作 $\angle T_1ZT_2$ 的平分线,且交 β 于 B,B',过 Z 作 BB' 的垂线,且交 α 于 A,A',过 A 作 α 的切线,且分别交 t_1,t_2 于 E,F,交 β 于 C_1, C_2;过 A' 作 α 的切线,且分别交 t_1,t_2 于 G,H,交 β 于 C_3,C_4,若 E,B,H 三点共线,且与 α 交于 D_1,D_2;又, G,B',F 三点也共线,且交 α 于 D_3,D_4,如图 3.36.7 所示,求证:

① 直线 $AC_3,AC_4,A'C_1,A'C_2$ 均与 β 相切;(即 A 关于 β 的极线过 A',而 A' 关于 β 的极线过 A)

② 直线 $BD_3,BD_4,B'D_1,B'D_2$ 均与 α 相切.(即 B 关于 α 的极线过 B',而 B' 关于 α 的极线过 B)

把图 3.36.6 的椭圆 β 换成圆,图形的结构会简单得多,于是有下面的结论:

命题 3.36.8 设圆 β 与双曲线 α 外切于 P,Q,过 P,Q 分别作 α,β 的公切线 t_1,t_2,且 t_1,t_2 相交于 M,过 M 作 PQ 的平行线,且交 α 于 A,A',作 β 的两条与 PQ 平行的切线,且分别交 t_1,t_2 于 E,G 和 F,H,设 EH 上的切点为 B,作 $\angle AMP$ 的平分线,且交 PQ 于 R,连 ER,GR,且分别交直线 AA' 于 F_1,F_2,若 B,Q,A 三点共线,如图 3.36.8 所示,求证: $MF_1 = MF_2$.

图 3.36.8 的圆 β 就相当于图 3.36.6 的椭圆 β,在蓝观点下(以直线 PQ 为"蓝假线",M 为"蓝标准点"),图 3.36.8 的 α,β 是一对"蓝共轭双曲线",F_1,F_2 就是"蓝双曲线"α 的两个"蓝焦点",至于"蓝双曲线"β 的两个"蓝焦点"在哪

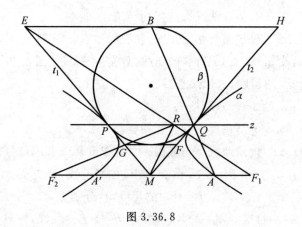

图 3.36.8

里？请读者仿此寻找.

3.37 "红、蓝自对偶图形"

几何图形,依红观点和蓝观点,分成两类:

第一类 有些命题,按红、蓝观点各自作图,图形是不一样的,红、蓝双方都会对对方所画的图形嗤之以鼻,不以为然.

大多数的命题都属于这一类.

第二类 有些命题,按红、蓝观点各自作图,图形是一样的,因而红、蓝双方都会对对方所画的图形表示赞许.这类图形称为"红、蓝自对偶图形".

这类命题大都与"假线""标准点"无关的命题,因而都属于射影几何的范畴.吉拉尔定理和帕普斯定理的构图是这类图形中的典范.

考察下面的命题:

命题 3.37.1 设椭圆 α 外有三点 A,B,C,自这三点各向椭圆 α 引两条切线,于是在直线 BC,CA,AB 上各产生两个交点,分别记为 $A_1,A_2;B_1,B_2;C_1,C_2$,如图 3.37.1 所示,求证:"A_1,B_1,C_1 三点共线"的充要条件是"A_2,B_2,C_2 三点共线".

图 3.37.1 是一幅"红、蓝自对偶图形",其中的 α 可以换成其他任何圆锥曲线.

考察下面的命题.

命题 3.37.2 设直线 l 交 $\triangle ABC$ 的三边 BC,CA,AB（或延长线）于 X,Y,Z,如图 3.37.2 所示,求证

$$AZ \cdot BX \cdot CY = ZB \cdot XC \cdot YA$$

214

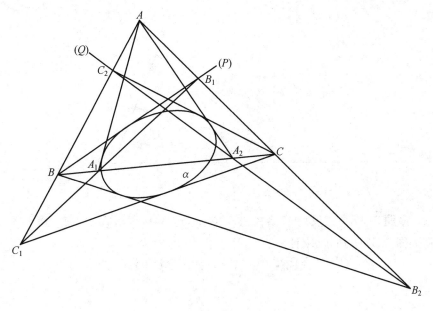

图 3.37.1

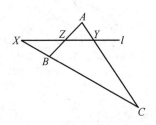

图 3.37.2

此乃"梅内劳斯定理". 把它对偶到蓝几何,得:

命题 3.37.3 设 $\triangle ABC$ 的三边(或延长线)被两直线 l,z 所截,交点分别为 X,Y,Z 和 P,Q,R,且 l 交 z 于 S,如图 3.37.3 所示,求证

$$\frac{AZ}{RA \cdot RZ \cdot \sin \gamma} \cdot \frac{BX}{PB \cdot PX \cdot \sin \alpha} \cdot \frac{CY}{QC \cdot QY \cdot \sin \beta}$$

$$= \frac{ZB}{RZ \cdot RB \cdot \sin \gamma} \cdot \frac{XC}{PX \cdot PC \cdot \sin \alpha} \cdot \frac{YA}{QY \cdot QA \cdot \sin \beta}$$

命题 3.37.3 不妨称为"蓝梅内劳斯定理",然而,经整理后发现,命题 3.37.3 的结论与命题 3.37.2 的结论是一样的,可见"蓝梅内劳斯定理"和"红梅内劳斯定理"是同一个命题,因而,它是"红、蓝自对偶命题",图 3.37.2 是"红、蓝自对偶图形".

类似的还有"西瓦定理"(Ceva):

215

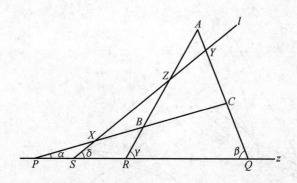

图 3.37.3

命题 3.37.4 设点 M 不在 $\triangle ABC$ 上,连 AM,BM,CM 且交对边于 X,Y,Z,如图 3.37.4 所示,求证

$$AZ \cdot BX \cdot CY = ZB \cdot XC \cdot YA$$

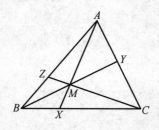

图 3.37.4

类似地,还有"卡诺定理"(Carnot):

命题 3.37.5 设 $\triangle ABC$ 的三边 BC,CA,AB(或延长线)与椭圆分别交于 A_1,A_2;B_1,B_2;C_1,C_2,如图 3.37.5 所示,求证

$$\frac{AC_1 \cdot AC_2}{BC_1 \cdot BC_2} \cdot \frac{BA_1 \cdot BA_2}{CA_1 \cdot CA_2} \cdot \frac{CB_1 \cdot CB_2}{AB_1 \cdot AB_2} = 1$$

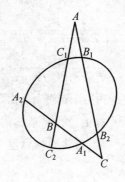

图 3.37.5

3.38 "红、黄互对偶图形"

考察图 3.38.1 和图 3.38.2,在我们看来,图 3.38.1 的圆 Z 是 $\triangle ABC$ 的外接圆,图 3.38.2 的圆 Z 是 $\triangle ABC$ 的内切圆.然而,要是换个观点,譬如说黄观点(以 Z 为"黄假线"),那么,图 3.38.1 的圆 Z 恰恰是 $ye(\triangle ABC)$ 的"黄内切圆",而图 3.38.2 的圆 Z 则是 $ye(\triangle ABC)$ 的"黄外接圆".

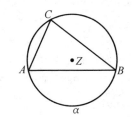

图 3.38.1

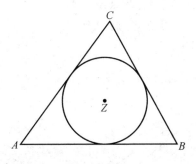

图 3.38.2

由此可见,三角形的外接圆和内切圆是一对"红、黄互对偶图形".因此,有关三角形外接圆的性质都可以转移到三角形的内切圆上,反之,有关三角形内切圆的性质都可以转移到三角形的外接圆上,从而造成有关三角形外接圆和内切圆的定理都是成对地出现(参阅 2.25),四边形的外接圆和内切圆也是一对"红、黄互对偶图形".

例如:

命题 3.38.1 设完全四边形 $ABCD-EF$ 内接于圆,作 $\angle A,\angle B,\angle C,\angle D$ 的平分线,且相邻两条依次相交于 R,S,P,Q,如图 3.38.3 所示,求证:

①E,Q,S 三点共线,且此线是 $\angle E$ 的平分线;

②F,P,R 三点共线,且此线是 $\angle F$ 的平分线;

③$EQ \perp FP$.

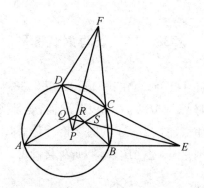

图 3.38.3

把命题 3.38.1 对偶到黄几何,得:

命题 3.38.2 设四边形 $ABCD$ 外切于圆 Z,在 $\triangle AZD$,$\triangle AZB$,$\triangle BZC$,$\triangle CZD$ 中,分别作 $\angle AZD$,$\angle AZB$,$\angle BZC$,$\angle CZD$ 的平分线,且分别交各自的对边于 P,Q,R,S,如图 3.38.4 所示,求证:

①PQ,RS 及 BD 三线共点,此点记为 M;

②PS,QR 及 AC 三线共点,此点记为 N;

③$ZM \perp ZN$.

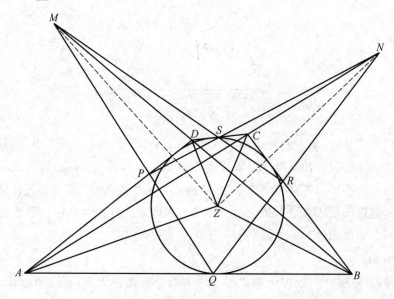

图 3.38.4

两个互相对偶的命题是同真同假的,所以,在鉴定一道命题(譬如命题 3.38.1)的真伪时,不妨去画该命题的对偶命题(譬如命题 3.38.2)的图形,如果此图正确,确实如对偶命题(指命题 3.38.2)所言,那么,原命题(指命题

3.38.1) 的正确性,不敢百分之百的肯定,至少也八九不离十了.

现在考察菱形(图 3.38.5)和矩形(图 3.38.6),它们的身份,在黄观点下(以它们的中心为"黄假线"),却正好换了个,二者分别是"黄矩形"和"黄菱形",所以,菱形和矩形是一对"红、黄互对偶图形".

例如,菱形有下列 5 条性质:

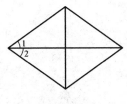

图 3.38.5

① 菱形中,∠1＝∠2(图 3.38.5);

② 菱形的四边等长;

③ 菱形的两组对边的距离相等;

④ 菱形有内切圆;

⑤ 菱形没有外接圆;

矩形也有 5 条相应的性质:

① 矩形中,∠1＝∠2(图 3.38.6);

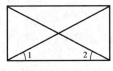

图 3.38.6

② 矩形的四内角相等;

③ 矩形的两组相对顶点的距离相等(即:对角线等长);

④ 矩形有外接圆;

⑤ 矩形没有内切圆;

现在考察下面两个命题:

命题 3.38.3 设 $\triangle ABC$ 的三边 BC, CA, AB 的延长线上各有两点:A_1, A_2;B_1,B_2;C_1,C_2,使 $BA_1 = CA_2$;$AB_1 = CB_2$;$BC_1 = AC_2$,如图 3.38.7 所示,求证:"A_1, B_1, C_1 三点共线"的充要条件是"A_2, B_2, C_2 三点共线".

图 3.38.7 的直线 $A_1B_1C_1$ 和 $A_2B_2C_2$ 称为 $\triangle ABC$ 的一对"等截共轭线"(截点不一定都取在延长线上).

把命题 3.38.3 对偶到黄几何(以图 3.38.8 的 $\triangle ABC$ 的内心 Z 作为"黄假

219

线"),得：

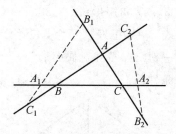

图 3.38.7

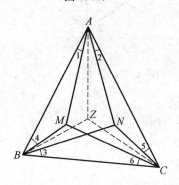

图 3.38.8

命题 3.38.4　设 $\triangle ABC$ 中,过 A,B,C 各有两射线:$AM,AN;BM,BN;$ CM,CN,使 $\angle 1 = \angle 2, \angle 3 = \angle 4, \angle 5 = \angle 6$,如图 3.38.8 所示,求证:"$AM,BM,$ CM 三线共点(此点记为 M)"的充要条件是"AN,BN,CN 三线共点(此点记为 N)".

图 3.38.8 的 M,N 称为 $\triangle ABC$ 的一对"等角共轭点".

原来"等截共轭线"和"等角共轭点"也是一对"红、黄互对偶图形".这是以前我们所不知道的.

下面是"等截共轭线"和"等角共轭点"的另一对例子.

命题 3.38.5　设 $\triangle ABC$ 的三边 BC,CA,AB(或延长线)上各有两点 $A_1,$ $A_2;B_1,B_2;C_1,C_2$,使 $BA_1 = CA_2;AB_1 = CB_2;BC_1 = AC_2$,如图 3.38.9 所示,求证:"三线 AA_1,BB_1,CC_1 共点(此点记为 M)"的充要条件是"三线 $AA_2,BB_2,$ CC_2 共点(此点记为 N)".

把命题 3.38.5 对偶到黄几何,得(以图 3.38.10 中 $\triangle ABC$ 的内心 Z 作为"黄假线",不过,Z 在图 3.38.10 中未画出)

命题 3.38.6　设 $\triangle ABC$ 中,过三顶点 A,B,C 分别作等角线,且分别交对边于 $A_1,A_2;B_1,B_2;C_1,C_2$,如图 3.38.10 所示,求证:"A_1,B_1,C_1 三点共线"的

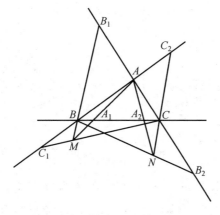

图 3.38.9

充要条件是"A_2, B_2, C_2 三点共线".

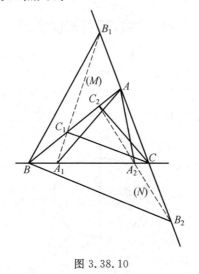

图 3.38.10

3.39 "黄、蓝互对偶图形"

考察图 3.39.1,设完全四边形 $ABCD-PQ$ 中,AC 交 BD 于 Z,$AC \perp BD$,直线 PQ 记为 z,那么,在黄观点下(以 Z 为"黄假线"),它是"黄矩形". 然而在蓝观点下(以 z 为"蓝假线",且以 Z 为"蓝标准点"),它是"蓝菱形".

现在,考察图 3.39.2,设完全四边形 $ABCD-PQ$ 中,AC 交 BD 于 Z,$ZP \perp ZQ$,直线 PQ 记为 z. 那么,在黄观点下(以 Z 为"黄假线"),它是"黄菱形". 然而在蓝观点下(以 z 为"蓝假线",且以 Z 为"蓝标准点"),它是"蓝矩形".

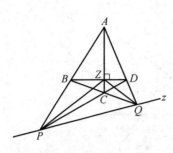

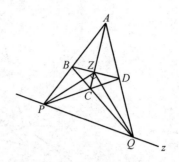

图 3.39.1   图 3.39.2

这样的两张图:图 3.39.1 和图 3.39.2,称为"黄、蓝互对偶图形",因为,在黄观点下,图 3.39.1 是"黄矩形",图 3.39.2 是"黄菱形",而在蓝观点下,它们的性质正好互换:图 3.39.1 是"蓝菱形",图 3.39.2 是"蓝矩形".

3.40   "红、蓝互对偶图形"

考察图 3.40.1,设椭圆的两焦点为 F_1,F_2,直线 z 是椭圆的短轴,那么,在蓝观点下(以 z 为"蓝假线",以下都这样),这个椭圆是"蓝双曲线",F_1,F_2 是其两个"蓝焦点",F_1(或 F_2)是其"蓝标准点"(参看图 3.32.3).

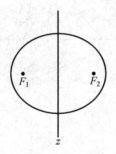

图 3.40.1

类似地,在图 3.40.2,设双曲线的两焦点为 F_1,F_2,直线 z 是双曲线的虚轴,那么,在蓝观点下(以 z 为"蓝假线",以下都这样),这条双曲线是"蓝椭圆",F_1,F_2 是其两个"蓝焦点",F_1(或 F_2)是其"蓝标准点"(参看图 3.30.2).

所以,椭圆和双曲线是一对"红、蓝互对偶图形".

举例说,下面的命题 3.40.1 和命题 3.40.2 就是这样的一对.

命题 3.40.1   设椭圆 α 的左、右焦点为 F_1,F_2,A 是 α 上一点,过 A 且与 α 相切的直线记为 l,如图 3.40.3 所示,求证:直线 AF_1 和 AF_2 与 l 的夹角相等(即图中 $\angle 1 = \angle 2$).

222

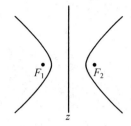

图 3.40.2

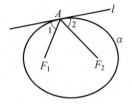

图 3.40.3

命题 3.40.2　设双曲线 α 的左、右焦点为 F_1，F_2，A 是 α 上一点，过 A 且与 α 相切的直线记为 l，如图 3.40.4 所示，求证：直线 AF_1 和 AF_2 与 l 的夹角相等.

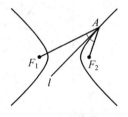

图 3.40.4

其实，开始时，命题 3.40.1 在蓝几何中的对偶命题并非命题 3.40.2，应该是下面的命题 3.40.3：

命题 3.40.3　设双曲线 α 的左、右焦点为 F_1，F_2，虚轴为 z，A 是 α 上一点，过 A 且与 α 相切的直线记为 l，直线 AF_1 和 AF_2 及 l 分别交 z 于 P，Q，R，如图 3.40.5 所示，求证：$\angle RF_2P = \angle RF_2Q$（即图中 $\angle 3 = \angle 4$）.

这时，可以证明：在图 3.40.5，"$\angle 3 = \angle 4$"和"$\angle 1 = \angle 2$"互为充要条件，所以，由命题 3.40.1 直接得命题 3.40.2，而略去了中间的命题 3.40.3.

下面由命题 3.40.4 形成它的对偶命题 3.40.5 的过程，也有类似的现象发生，命题 3.40.4 在蓝几何中的对偶命题并非命题 3.40.5，但是，经过推演就成了命题 3.40.5，中间缺失的环节，请读者自行补上中间环节.

命题 3.40.4　设椭圆的焦点为 F，短轴为 z，过椭圆上一点 A 作切线，且交

223

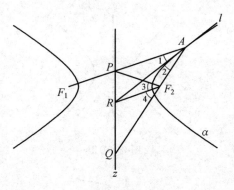

图 3.40.5

z 于 P, 过 F 作 FP 的垂线, 且交 z 于 Q, 如图 3.40.6 所示, 求证: $AQ \perp AP$ (即 AQ 是 A 处的法线).

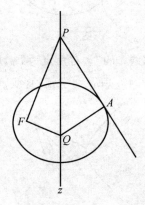

图 3.40.6

命题 3.40.5 设双曲线的焦点为 F, 虚轴为 z, 过双曲线上一点 A 作切线, 且交 z 于 P, 过 F 作 FP 的垂线, 且交 z 于 Q, 如图 3.40.7 所示, 求证: $AQ \perp AP$ (即 AQ 是 A 处的法线).

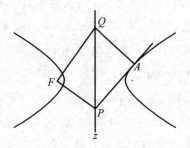

图 3.40.7

我们知道, 圆锥曲线上某点的切线, 不论红观点看, 还是蓝观点看, 都是切

224

线,然而,某点的法线就不一定了.例如,在图3.40.8中,设 O 是椭圆的左焦点,z 是左准线,直线 l 与椭圆切于 A,过 A 作 l 的垂线 AN,那么,在红观点下,A 处的法线是 AN,然而,在蓝观点下(z 作为"蓝假线",O 作为"蓝标准点"),A 处的"蓝法线"是 AO,而不是 AN,可见,一般情况下,红、蓝法线是不一致的.

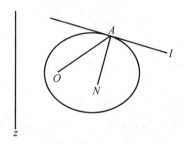

图 3.40.8

可是,命题3.40.4及命题3.40.5却告诉我们,在图3.40.6和图3.40.7中,AP 和 AQ 不仅在红观点下是垂直的,而且在蓝观点下也是"垂直"("蓝垂直")的,即:不论红观点,还是蓝观点,这两张图中的 AP 都是"切线",AQ 都是"法线",这种意外的一致,令人惊叹!

我们可以举出关于椭圆和双曲线的成双成对的其他的例子,例如下面一对命题:

命题 3.40.6 设椭圆 α 的左、右焦点为 F_1,F_2,左、右准线为 f_1,f_2,α 的一条切线分别交 f_1,f_2 于 B,C,设 BF_1 交 CF_2 于 D,如图3.40.9所示,求证:$BD=CD$.

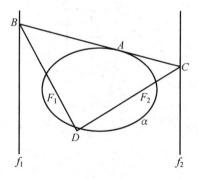

图 3.40.9

命题 3.40.7 设双曲线 α 的左、右焦点为 F_1,F_2,左右准线为 f_1,f_2,α 的一条切线分别交 f_1,f_2 于 B,C,设 BF_1 交 CF_2 于 D,如图3.40.10所示,求证:$BD=CD$.

225

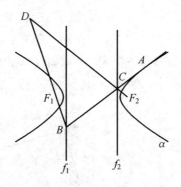

图 3.40.10

上述两命题既涉及两个焦点,又涉及两条准线,这种情况是不多见的.

其实,开始时,命题 3.40.6 在蓝几何中的对偶命题并非命题 3.40.7,而应该是下面的命题:

命题 3.40.8　设双曲线 α 的左、右焦点为 F_1,F_2,左右准线为 f_1,f_2,α 的一条切线分别交 f_1,f_2 于 B,C,设 BF_1 交 CF_2 于 D,如图 3.40.11 所示,求证

$$\frac{F_1Q \cdot BD}{QB \cdot QD \cdot \sin \alpha} = \frac{F_2R \cdot CD}{RC \cdot RD \cdot \sin \beta}$$

(即 $bl(|BD|) = bl(|CD|)$),其中 $\alpha = \angle F_1QM, \beta = \angle F_2RM$.

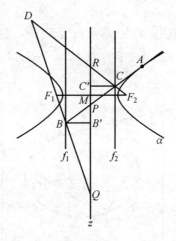

图 3.40.11

命题 3.40.8 和命题 3.40.7 的结论表面看不一样,但是,实际上是一样的,下面给出推演过程:

设 B,C 在 z 上的射影分别为 B',C',则 $BB' = CC'$.

易见

$$F_1Q \cdot \sin \alpha = F_2R \cdot \sin \beta$$

226

且
$$DQ \cdot \sin \alpha = DR \cdot \sin \beta$$

所以

$$\frac{F_1 Q \cdot \sin \alpha}{BB'} = \frac{F_2 R \cdot \sin \beta}{CC'}$$

$$\Rightarrow \frac{F_1 Q}{QB} = \frac{F_2 R}{RC}$$

$$\Rightarrow \frac{F_1 Q}{QB \cdot QD \cdot \sin \alpha} = \frac{F_2 R}{RC \cdot RD \cdot \sin \beta}$$

因为,命题 3.40.6 已指出 $BD = CD$,所以

$$\frac{F_1 Q \cdot BD}{QB \cdot QD \cdot \sin \alpha} = \frac{F_2 R \cdot CD}{RC \cdot RD \cdot \sin \beta}$$

（证毕）

可见图 3.40.10 的线段 BD,CD,不论是红观点,还是蓝观点,都是相等的. 用相同的推演,可以证明图 3.40.9 的线段 BD,CD 也是这样的.

椭圆和双曲线成双配对的例子有很多,如下面的命题 3.40.9 和命题 3.40. 10：

命题 3.40.9 设椭圆 α 的左、右焦点为 F_1,F_2,一直线过 F_2 且交 α 于 A,B, 过 A,B 分别作 α 的切线和法线,设两切线交于 C,两法线交于 D,如图 3.40.12 所示,求证：C,D,F_1 三点共线.

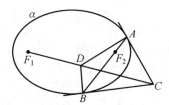

图 3.40.12

命题 3.40.10 设双曲线 α 的左、右焦点为 F_1,F_2,一直线过 F_2 且交 α 于 A,B,过 A,B 分别作 α 的切线和法线,设两切线交于 C,两法线交于 D,如图 3. 40.13 所示,求证：C,D,F_1 三点共线.

如果把 α 换成抛物线,那么,结论应该是：四边形 $ACBD$ 为矩形,且 CD 与 α 的对称轴 m 平行(图 3.40.14).

下面是又一对命题：

命题 3.40.11 设椭圆 α 的左、右焦点为 F_1,F_2,A 是 α 上一点,过 A 且与 α 相切的直线记为 l,过 F_1 且与 AF_2 平行的直线交 l 于 B,设 A 处的法线交 BF_1

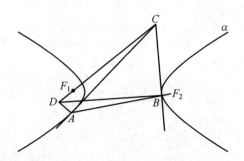

图 3.40.13

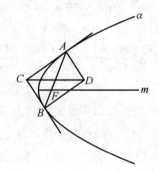

图 3.40.14

于 C,如图 3.40.15 所示,求证:$BF_1 = CF_1$.

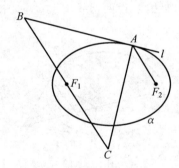

图 3.40.15

命题 3.40.12　设双曲线 α 的左、右焦点为 F_1,F_2,A 是 α 上一点,过 A 且与 α 相切的直线记为 l,过 F_1 且与 AF_2 平行的直线交 l 于 B,设 A 处的法线交 BF_1 于 C,如图 3.40.16 所示,求证:$BF_1 = CF_1$.

下一对命题是:

命题 3.40.13　设椭圆的左焦点为 F,两平行直线 l_1,l_2 都与椭圆相切,且分别过这椭圆长轴的两端,另有一切线分别交 l_1,l_2 于 A,B,如图 3.40.17 所示,求证:$FA \perp FB$.

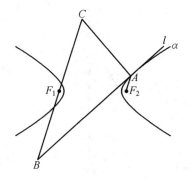

图 3.40.16

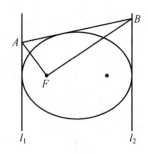

图 3.40.17

命题 3.40.14 设双曲线的左焦点为 F，两平行直线 l_1，l_2 都与双曲线相切，且分别过这双曲线实轴的两端，另有一切线分别交 l_1，l_2 于 A，B，如图 3.40. 18 所示，求证：$FA \perp FB$.

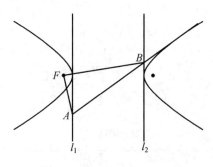

图 3.40.18

下一对命题是：

命题 3.40.15 设椭圆的两焦点为 F_1，F_2，短轴为 z，过椭圆上一点 A 作切线 l，l 交短轴 z 于 P，连 AF_1，AF_2，且分别交 z 于 Q，R，如图 3.40.19 所示，求证：$\angle PF_2 Q = \angle PF_2 R$.

命题 3.40.16 设双曲线的两焦点为 F_1，F_2，虚轴为 z，过双曲线上一点 A

229

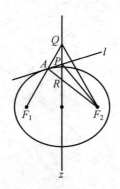

图 3.40.19

作切线 l，l 交虚轴 z 于 P，连 AF_1，AF_2，且分别交 z 于 Q，R，如图 3.40.20 所示，求证：$\angle PF_2Q = \angle PF_2R$.

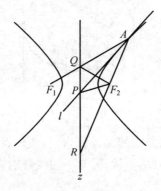

图 3.40.20

下一对命题是：

命题 3.40.17 设椭圆的焦点为 F_1，F_2，短轴为 n，P 是椭圆上一点，I 是 $\triangle PF_1F_2$ 的内心，PI 交 F_1F_2 于 D，交 n 于 Q，如图 3.40.21 所示，求证：

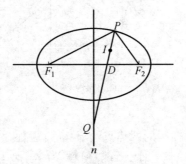

图 3.40.21

① $\dfrac{ID}{IP}=e$；（e 是椭圆的离心率）

② $\dfrac{ID \cdot PQ}{IP \cdot DQ}=\dfrac{1}{e}$.

命题 3.40.18 设双曲线的左、右焦点分别为 F_1,F_2，虚轴为 n，P 是双曲线右支上一点，I 是 $\triangle PF_1F_2$ 中，边 PF_2 上的旁切圆圆心，PI 交 F_1F_2 于 D，交 n 于 Q，如图 3.40.22 所示，求证：

① $\dfrac{ID}{IP}=e$；（e 是双曲线的离心率）

② $\dfrac{ID \cdot PQ}{IP \cdot DQ}=\dfrac{1}{e}$.

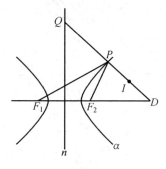

图 3.40.22

下一对命题是：

命题 3.40.19 设椭圆的中心为 M，焦点为 F，长轴为 m，短轴为 z，过椭圆上一点 A 作切线，且分别交 m,z 于 B,C，记 $\angle BAF=\alpha$；$\angle ABF=\beta$；$\angle AFC=\alpha'$；$\angle CFM=\beta'$，如图 3.40.23 所示，求证：

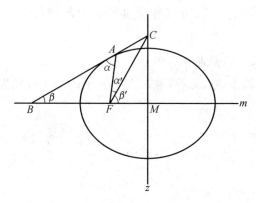

图 3.40.23

231

① $\dfrac{\cos\alpha}{\cos\beta}=e$；($e$ 是椭圆的离心率)

② $\dfrac{\cos\alpha'}{\cos\beta'}=\dfrac{1}{e}$.

命题 3.40.20　设双曲线的中心为 M，焦点为 F，实轴为 m，虚轴为 z，过双曲线上一点 A 作切线，且分别交 m，z 于 B，C，记 $\angle BAF=\alpha$；$\angle ABF=\beta$；$\angle CFD=\alpha'$；$\angle CFM=\beta'$，如图 3.40.24 所示，求证：

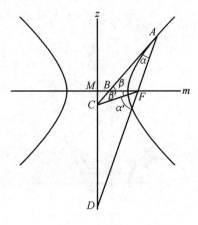

图 3.40.24

① $\dfrac{\cos\alpha}{\cos\beta}=e$；($e$ 是双曲线的离心率)

② $\dfrac{\cos\alpha'}{\cos\beta'}=\dfrac{1}{e}$.

下一对命题是：

命题 3.40.21　设椭圆 α 的中心为 M，左、右焦点为 F_1，F_2，以 α 的长轴为直径作圆，A 是该圆上一点，过 A 作 α 的两条切线，切点分别记为 B，C，如图 3.40.25 所示，求证：$BF_1\ /\!/\ CF_2$.

命题 3.40.22　设双曲线的中心为 M，左、右焦点为 F_1，F_2，以 α 的实轴为直径作圆，A 是该圆上一点，过 A 作 α 的两条切线，切点分别为 B，C，如图 3.40.26 所示，求证：$BF_1\ /\!/\ CF_2$.

下一对命题是：

命题 3.40.23　设双曲线的方程为

$$\dfrac{x^2}{a^2}-\dfrac{y^2}{b^2}=1\quad(a>0,b>0)$$

它的两个焦点为 F_1，F_2，它的左、右顶点为 B，C，虚轴为 z_3，A 是双曲线上一点，

二维、三维欧氏
几何的对偶原理

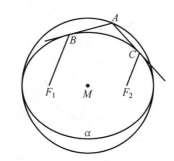

图 3.40.25

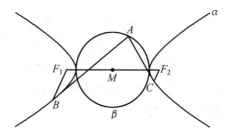

图 3.40.26

AF_1,AF_2 分别交 z_3 于 P,Q,如图 3.40.27 所示,求证

$$\frac{F_1P \cdot F_1A}{PA} + \frac{F_2Q \cdot F_2A}{QA} = \frac{2(a^2+b^2)}{a}$$

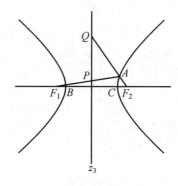

图 3.40.27

命题 3.40.24 设椭圆的方程为

$$\frac{x^2}{a^2} + \frac{y^2}{b^2} = 1 \quad (a > b > 0)$$

它的两个焦点为 F_1,F_2,它的左、右顶点为 B,C,短轴为 z_3,A 是椭圆上一点,
AF_1,AF_2 分别交 z_3 于 P,Q,如图 3.40.28 所示,求证

$$\left| \frac{F_1P \cdot F_1A}{PA} - \frac{F_2Q \cdot F_2A}{QA} \right| = \frac{2(a^2-b^2)}{a} \tag{1}$$

233

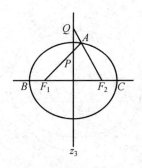

图 3.40.28

以上两命题的结论都是由定义形成的.

具体地说,图 3.40.27 的双曲线,在蓝观点下(以双曲线的虚轴 z_3 为"蓝假线",以 F_1 或 F_2 为"蓝标准点")是"蓝椭圆",按"蓝椭圆"的定义应该有

$$bl(|AF_1|) + bl(|AF_2|) = bl(|BC|)$$

经计算,就得到命题 3.40.23 的结论.

同样的,图 3.40.28 的椭圆,在蓝观点下(以椭圆的短轴 z_3 为"蓝假线",以 F_1 或 F_2 为"蓝标准点")是"蓝双曲线",按"蓝双曲线"的定义应该有

$$bl(|AF_1|) - bl(|AF_2|) = bl(|BC|)$$

经计算,就得到命题 3.40.24 的结论.

现在给出命题 3.40.24 的直接证明如下:

在图 3.40.28 中,设点 A 的坐标为 (x_0, y_0)(不妨设 $x_0 > 0$),令

$$\begin{cases} x_0 = a\cos\theta \\ y_0 = b\sin\theta \end{cases} (\theta \text{ 为参数})$$

由相似,得

$$\frac{F_1 P}{PA} = \frac{c}{x_0} (\text{其中 } c = \sqrt{a^2 - b^2})$$

和

$$\frac{F_2 Q}{QA} = \frac{c}{x_0}$$

所以,式(1)的左边 $= \frac{c}{x_0} \cdot |AF_1 - AF_2| = c \cdot \left| \dfrac{AF_1}{x_0} - \dfrac{AF_2}{x_0} \right|$.

因为

$$F_1 A^2 = y_0{}^2 + (c + x_0)^2$$
$$= b^2\sin^2\theta + a^2\cos^2\theta + 2ac\cos\theta + c^2$$
$$= b^2 - b^2\cos^2\theta + a^2\cos^2\theta + 2ac\cos\theta + c^2$$

234

$$= a^2 + c^2 \cos^2 \theta + 2ac \cos \theta$$

$$= (a + c \cos \theta)^2$$

所以

$$\frac{F_1 A}{x_0} = \frac{a + c \cos \theta}{a \cos \theta} = \frac{1}{\cos \theta} + \frac{c}{a}$$

同理

$$\frac{F_2 A}{x_0} = \frac{1}{\cos \theta} - \frac{c}{a}$$

因而,式(1)的左边 $= c \cdot \dfrac{2c}{a} = \dfrac{2(a^2 - b^2)}{a}$. （证毕）

椭圆与双曲线的"近亲"关系,必然带来下面的问题：

既然椭圆和双曲线是一对红、蓝互对偶图形,那么,在蓝几何里,与"红等轴双曲线"对偶的是什么图形?

为此,考察图 3.40.29,设椭圆 α 的中心为 M,两焦点为 F_1,F_2,长轴的两端为 A_1,A_2,设 $A_1 A_2 = 2a$,$F_1 F_2 = 2c$,那么,α 的半短轴为 $b = \sqrt{a^2 - c^2}$.

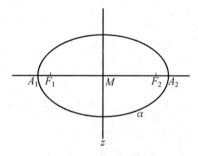

图 3.40.29

在蓝观点下(以 α 的短轴 z 为"蓝假线",F_1 或 F_2 为"蓝标准点"),图 3.40.29 的 α 是"蓝双曲线",F_1,F_2 是其"蓝焦点",A_1,A_2 是其"蓝顶点",那么,"蓝实轴"和"蓝焦距"的值分别为

$$bl(A_1 A_2) = \frac{F_1 M \cdot A_1 A_2}{MA_1 \cdot MA_2 \cdot \sin 90°}$$

$$= \frac{c \cdot 2a}{a \cdot a \cdot 1}$$

$$= \frac{2c}{a}$$

$$bl(F_1 F_2) = \frac{F_1 M \cdot F_1 F_2}{MF_1 \cdot MF_2 \cdot \sin 90°}$$

$$= \frac{c \cdot 2c}{c \cdot c \cdot 1}$$
$$= 2$$

因而,"蓝半虚轴"为

$$\sqrt{\left[\frac{1}{2} \cdot bl(F_1 F_2)\right]^2 - \left[\frac{1}{2} bl(A_1 A_2)\right]^2} = \sqrt{1 - \frac{c^2}{a^2}} = \frac{b}{a}$$

因为,我们想让 α 成为"蓝等轴双曲线",所以,必须使 $\frac{c}{a} = \frac{b}{a}$,即 $b = c$,可见,当椭圆的短轴与焦距相等时,这个椭圆可以视为"蓝等轴双曲线".

这种短轴与焦距相等的椭圆称为"等轴椭圆",它与"等轴双曲线"一起,形成一对红、蓝互对偶图形,即:在蓝观点下,等轴双曲线是"蓝等轴椭圆",而等轴椭圆则是"蓝等轴双曲线".因而,凡等轴双曲线的性质都可以在等轴椭圆上得到表现.

举例说,等轴双曲线有下面的结论.

命题 3.40.25 设等轴双曲线的实轴为 m,虚轴为 n,A 是等轴双曲线上一点,A 处的法线分别交 m 和 n 于 B,C,如图 3.40.30 所示,求证:$AB = AC$.

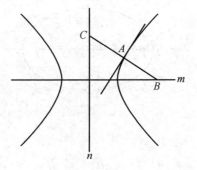

图 3.40.30

把命题 3.40.25 对偶到"蓝等轴双曲线"上,得:

命题 3.40.26 设"等轴椭圆"的长轴为 m,短轴为 n,A 是这个"等轴椭圆"上一点,A 处的法线分别交 m 和 n 于 B,C,如图 3.40.31 所示,求证:$AB = BC$.

接着要问的问题是:谁是"黄等轴椭圆"?

设红椭圆的方程为

$$\frac{x^2}{a^2} + \frac{y^2}{b^2} = 1 \quad (a > b > 0, \text{记 } c = \sqrt{a^2 - b^2})$$

那么,在黄观点下(以红椭圆的中心为"黄假线",参看图 2.27.3),该红椭圆可

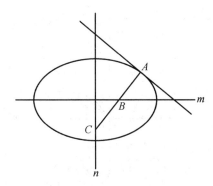

图 3.40.31

以产生"黄椭圆",其"黄长轴"的长为 $\dfrac{2}{b}$,"黄短轴"的长为 $\dfrac{2}{a}$,黄焦距的长为 $\dfrac{2c}{ab}$.

因而,当 $b=c$ 时,这个"黄椭圆"就成了"黄等轴椭圆",而 $b=c$ 的红椭圆恰恰是"红等轴椭圆",可见,"红等轴椭圆"可以产生"黄等轴椭圆".

总之,"红等轴双曲线"和"红等轴椭圆"在蓝观点下分别是"蓝等轴椭圆"和"蓝等轴双曲线",因而是红、蓝互对偶图形;而在黄观点下则分别是"黄等轴双曲线"和"黄等轴椭圆",因而是红、黄自对偶图形.

注意,前一次是互对偶,后一次是自对偶.

作为练习,建议读者把命题 3.40.25 和命题 3.40.26 分别对偶到"黄等轴双曲线"和"黄等轴椭圆"上.

答案就是下面的两个命题,你做对了吗? 注意,对偶后的结论,都要适当地加工.

命题 3.40.27 设等轴双曲线的中心为 Z,实、虚轴分别为 m,n,过等轴双曲线上一点 A 作切线 l,过 Z 作 l 的平行线 l',过 A 作 ZA 的垂线,且分别交 m,n,l' 于 C,D,M,如图 3.40.32 所示,求证:$MC=MD$.

命题 3.40.28 设等轴椭圆的中心为 Z,长、短轴分别为 m,n,过等轴椭圆上一点 A 作切线 l,过 Z 作 l 的平行线 l',过 A 作 ZA 的垂线,且分别交 m,n,l' 于 M,C,D,如图 3.40.33 所示,求证:$MC=MD$.

我们知道,伴随每条双曲线都有两条特殊的直线 ——"渐近线",那么,椭圆作为双曲线的对偶图形,它也有"渐近线"吗? 请看下面两道命题.

命题 3.40.29 设双曲线 α 的右焦点为 O,两渐近线为 t_1,t_2,一直线过 O 且分别交 t_1,t_2 于 A,B,过 A 且与 α 相切的直线交 t_2 于 C;过 B 且与 α 相切的直线交 t_1 于 D,如图 3.40.34 所示,求证:$CD \parallel AB$.

命题 3.40.30 设椭圆 α 的右焦点为 O,短轴为 z,z 交 α 于 T_1,T_2,过 T_1,

237

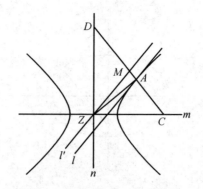

图 3.40.32

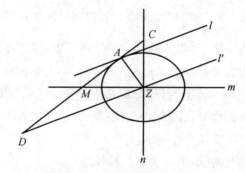

图 3.40.33

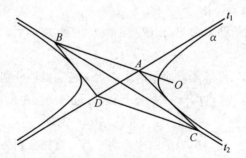

图 3.40.34

T_2 分别作 α 的切线, 记为 t_1, t_2, 一直线过 O 且分别交 t_1, t_2 于 A, B, 过 A 且与 α 相切的直线交 t_2 于 C; 过 B 且与 α 相切的直线交 t_1 于 D, 设 AB 交 CD 于 P, 如图 3.40.35 所示, 求证: P 在 z 上.

图 3.40.35 的 t_1, t_2 就是椭圆的"渐近线", 因为 z 是"蓝假线".

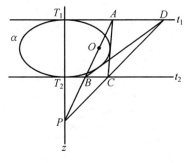

图 3.40.35

3.41　特殊状态下的"蓝线段"的度量

考察图 3.41.1，我们知道，在蓝观点下（以 z_3 为"蓝假线"，O_3 为"蓝标准点"），"蓝线段"AB 的长度是这样计算的

$$bl(|AB|) = \frac{O_3P \cdot AB}{PA \cdot PB \cdot \sin\theta} \tag{1}$$

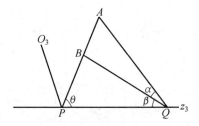

图 3.41.1

在 z_3 上任取一点 Q，记 $\alpha = \angle AQB, \beta = \angle BQP$，那么，式（1）可变为

$$bl(|AB|) = \frac{O_3P \cdot \sin\alpha}{PQ \cdot \sin\beta \cdot \sin(\alpha+\beta)} \tag{2}$$

这个算式也有着广泛的应用.

以下讨论"蓝线段"AB 的三种特殊情况.

（1）如果图 3.41.1 的 P 是 z_3 上的红假点，即 $AB \mathbin{/\!/} z_3$，那么，就成了图 3.41.2 那样. 这时，式（2）变为

$$bl(|AB|) = \frac{\sin\alpha}{\sin\beta \cdot \sin(\alpha+\beta)} \tag{3}$$

或

$$bl(|AB|) = \frac{\sin\alpha}{\sin\beta \cdot \sin\gamma} \tag{4}$$

239

其中 $\gamma = \angle BAQ$.

很明显,式(3)或(4)已经和"蓝标准点 O_3"的位置无关.

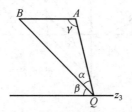

图 3.41.2

我们还能证明,式(3)的值与点 Q 的位置也无关,也就是说,只要 A,B 固定,对于 z_3 上不同两点 Q 和 Q'(图 3.41.3),下面的等式恒成立

$$\frac{\sin \alpha'}{\sin \beta' \cdot \sin(\alpha' + \beta')} = \frac{\sin \alpha}{\sin \beta \cdot \sin(\alpha + \beta)}$$

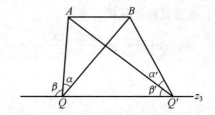

图 3.41.3

因此,我们可以在 z_3 上,把 Q 选取在合适的地方.例如,以 B 在 z_3 上的射影作为 Q(图 3.41.4),式(3)就变得更简单

$$bl(|AB|) = \frac{AB}{BQ} \tag{5}$$

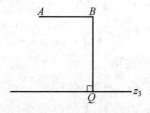

图 3.41.4

现在,考察图 3.41.5,设红观点下,直线 l 与直线 z_3 平行,l 上的两条线段 AB 和 CD 是相等的,那么,在蓝观点下(z_3 作为"蓝假线"),由公式(5)可得

$$bl(|AB|) = bl(|CD|)$$

二维、三维欧氏
几何的对偶原理

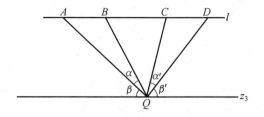

图 3.41.5

这就说明,在图 3.41.5 的情况下,"红观点的 $AB = CD$"和"蓝观点的 $bl(|AB|) = bl(|CD|)$"是等价的. 于是有下面的结论:

命题 3.41.1 设直线 l 与直线 z_3 平行,直线 l 上的线段 AB 和线段 CD 相等,如图 3.41.5 所示,求证

$$\frac{\sin \alpha'}{\sin \beta' \cdot \sin(\alpha' + \beta')} = \frac{\sin \alpha}{\sin \beta \cdot \sin(\alpha + \beta)}$$

其中 $\alpha, \beta, \alpha', \beta'$ 如图 3.41.5 所示.

这结论的证明如下:

在 $\triangle QAB, \triangle QBC, \triangle QCD$ 中,分别有

$$AB \cdot \sin \beta = BQ \cdot \sin \alpha$$
$$BQ \cdot \sin(\alpha + \beta) = CQ \cdot \sin(\alpha' + \beta')$$
$$CQ \cdot \sin \alpha' = CD \cdot \sin \beta'$$

以上三式相乘,得

$$\sin \beta \cdot \sin(\alpha + \beta) \cdot \sin \alpha' = \sin \alpha \cdot \sin(\alpha' + \beta') \cdot \sin \beta'$$

(证毕)

下面举三个应用公式(5)的例子.

第一个例子:

下面的命题明显成立:

命题 3.41.2 设 O 是圆锥曲线(椭圆、抛物线、双曲线)α 内一点,O 关于该椭圆 α 的极线为 z,一直线过 O 且交椭圆 α 于 P, Q,如图 3.41.6 所示,求证:"$OP = OQ$"的充要条件是"PQ 与 z 平行".

这是因为,在蓝观点下(以 z 为"蓝假线"),图 3.41.6 的 α 是"蓝椭圆",O 是其"蓝中心"的缘故.

现在,考察下面的命题:

命题 3.41.3 设两条圆锥曲线(椭圆、抛物线、双曲线)α, β 有四个公共点 A, B, C, D,如图 3.41.7 所示,AB 交 CD 于 O,一直线过 O,且分别交 α, β 于 P,

241

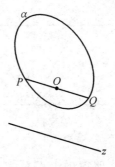

图 3.41.6

Q 和 R,S,求证:"$OP = OQ$"的充要条件是"$OR = OS$".

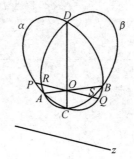

图 3.41.7

设 O 关于 α 的极线为 z,那么,z 也是 O 关于 β 的极线(因为 O 是 α,β 的两条公共弦的交点),在蓝观点下(以 z 为"蓝假线"),α,β 都是"蓝椭圆",O 是它们公共的"蓝中心",所以,依据命题 3.41.2 有

$$OP = OQ \Leftrightarrow PQ \;/\!/\; z(即\ RS \;/\!/\; z) \Leftrightarrow OR = OS$$

这就是用对偶的方法给出的证明,十分简洁.

命题 3.41.3 的直接证明是这样进行的:

取 PQ 所在的直线为 y 轴,O 为坐标原点,建立直角坐标系,设 $OP = OQ = m$,即 P,Q 两点的坐标分别为 $(0,m)$,$(0,-m)$,那么,过 P,Q 的圆锥曲线的方程是

$$Ax^2 + Bxy + y^2 + Dx - m^2 = 0$$

设直线 AB,CD 的方程分别为 $y = k_1 x$ 和 $y = k_2 x$,那么,过 A,B,C,D 四点的圆锥曲线方程为

$$f(x,y) = Ax^2 + Bxy + y^2 + Dx - m^2 + \lambda(y - k_1 x)(y - k_2 x) = 0$$

它在 y 轴上的截距是 OR,OS,因而 OR,OS 是方程

$$f(0,y) = (1 + \lambda)y^2 - m^2 = 0$$

的两根,所以 $OR + OS = 0$,故 $OR = -OS$,在不考虑线段方向的情况下,就是 $OR = OS$. （证毕）

顺带说一句,命题 3.41.3 在黄几何中的对偶命题,用我们的语言叙述,就是下面的命题:

命题 3.41.4 设两条圆锥曲线(椭圆、抛物线、双曲线)α,β 有四个公共点 A,B,C,D,如图 3.41.8 所示,AB 交 CD 于 Z,Z 关于 α 的极线为 m,设 P 是 m 上一点,过 P 作 α 的两条切线,记为 l_1,l_2;过 P 作 β 的两条切线,记为 l_3,l_4,如图 3.41.8 所示,求证:"PZ 平分 l_1,l_2 的夹角"的充要条件是"PZ 平分 l_3,l_4 的夹角".

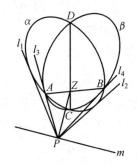

图 3.41.8

事实上,"PZ 平分 l_1,l_2 的夹角"$\Leftrightarrow$"P 是 Z 在 m 上的射影"$\Leftrightarrow$"PZ 平分 l_3,l_4 的夹角".

第二个例子:

有一个结论是这样说的:

命题 3.41.5 设双曲线的右焦点为 F,t 是其渐近线之一,过 F 作 t 的平行线,且交双曲线于 A,BC 是过 F 的通径,如图 3.41.9 所示,求证:$FA = \dfrac{1}{4}BC$.

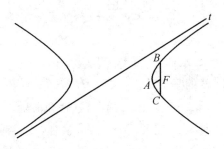

图 3.41.9

把命题 3.41.5 对偶到蓝几何,得:

命题 3.41.6 设椭圆的右焦点为 F,中心为 O,短轴为 z,z 交椭圆于 T,连

TF,且交椭圆于 A,过 F 作椭圆的通径 BC,取 BF 的中点 D,连 AD 且交 z 于 E,如图 3.41.10 所示,求证:$TE = TF$.

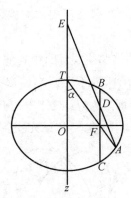

图 3.41.10

从命题 3.41.5 变到命题 3.41.6,期间要用到公式(5).下面是演变的过程:

在蓝观点下(z 作"蓝假线"),图 3.41.10 的椭圆是"蓝双曲线",BC 是"蓝通径",因而,按命题 3.41.5 的说法,在"蓝种人"那里应该有

$$bl(|FA|) = \frac{1}{4} bl(|BC|)$$

即

$$bl(|FA|) = bl(|FD|)$$

其中

$$bl(|FD|) = \frac{FD}{OF} \text{(见公式(5))}$$

所以

$$\frac{FT \cdot FA}{TF \cdot TA \cdot \sin \alpha} = \frac{FD}{OF} \tag{6}$$

经整理,得

$$TE = TF \tag{7}$$

这就是命题 3.41.6 的来历.

一个命题(譬如命题 3.41.5)的对偶命题(譬如命题 3.41.6)的结论往往是繁杂、粗糙的(譬如(6)那样),需要进行化简、整理,变得越简单越好(譬如(7)那样).正因为如此,使得倒过来寻找一个命题的源命题的工作(即逆对偶)往往变得十分困难,因为,我们很难知道当初曾经做过哪些加工,原始的面目到底是什么样的.

现在考察第三个例子:

244

设双曲线 k 的方程为

$$\frac{x^2}{a^2} - \frac{y^2}{b^2} = 1 \quad (a > 0, b > 0)$$

它的中心为 M(图 3.41.11),右焦点为 F,右准线为 f,z 是渐近线之一,z 交 f 于 P,MF 交 f 于 A,过 F 作 z 的平行线 m,且交 f 于 B,连 FP 且交 k 于 C,D.

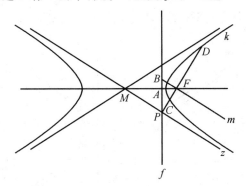

图 3.41.11

在蓝观点下(把 z 当作"蓝假线",F 当作"蓝标准点"),图 3.41.11 的 k 是 "蓝抛物线"(参看图 3.31.6),其"蓝焦点"为 F,"蓝准线"为 f,"蓝焦距"为 $bl(|BF|)$.因为,在红观点下,可以证明:$FP \perp z$,所以,由本节公式(5),有

$$bl(|BF|) = \frac{BF}{PF} = \frac{\dfrac{b^2}{a}}{b} = \frac{b}{a}$$

另一方面,"蓝抛物线"k 的"蓝通径"是

$$bl(|CD|) = \frac{PF \cdot CD}{PC \cdot PD} = \frac{b \cdot CD}{PC \cdot PD}$$

我们知道,抛物线的焦准距和通径是相等的,对于"蓝抛物线"当然也是这样,即有

$$bl(|BF|) = bl(|CD|)$$

经整理就是

$$\frac{CD}{PC \cdot PD} = \frac{1}{a}$$

于是,我们得到一个关于双曲线的结论:

命题 3.41.7 设双曲线的方程为

$$\frac{x^2}{a^2} - \frac{y^2}{b^2} = 1 \quad (a > 0, b > 0)$$

它的右焦点为 F,右准线为 f,z 是渐近线之一,f 交 z 于 P,连 PF,且交双曲线

245

于 C,D,如图 3.41.11 所示,求证

$$\frac{PC \cdot PD}{CD} = a$$

下面是一道应用公式(4)的例子.

命题 3.41.8 设双曲线 α 的右焦点为 F,右准线为 f,z 是渐近线之一,过双曲线 α 上一点 A 作 z 的平行线,且交 f 于 A',如图 3.41.12 所示,求证:$AA' = AF$.

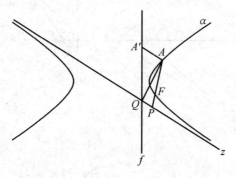

图 3.41.12

首先,我们给出"对偶法"的证明于下:

在蓝观点下(以 z 为"蓝假线",F 为"蓝标准点"),图 3.41.12 的 α 是"蓝抛物线"(参看图 3.31.6),F 是其"蓝焦点",f 是其"蓝准线",AA' 与 f 是"蓝垂直"的关系(为什么),"蓝种人"眼里的图 3.41.12 和我们眼里的图 3.41.13 是一样的(在图 3.41.13 中,抛物线的焦点和准线是 F 和 f,A 是抛物线上一点,$AA' \perp f$),按抛物线的定义,在图 3.41.12 应有

$$bl(|AA'|) = bl(|AF|) \tag{8}$$

设 AF 交 z 于 P,f 交 z 于 Q,记 $\alpha = \angle AQA'$,$\beta = \angle QAA'$,$\theta = \angle APQ$,那

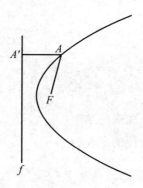

图 3.41.13

246

么,式(8) 变为(其左边应用公式(4),其右边应用公式(1))

$$\frac{\sin \alpha}{\sin \beta \cdot \sin \gamma} = \frac{FP \cdot AF}{PA \cdot PF \cdot \sin \theta}$$

$$\Rightarrow \frac{\sin \alpha}{\sin \beta \cdot \sin \gamma} = \frac{AF}{PA \cdot \sin \theta}$$

$$\Rightarrow \frac{\sin \alpha}{\sin \beta \cdot \sin \gamma} = \frac{AF}{QA \sin \beta}$$

$$\Rightarrow \frac{\sin \alpha}{\sin \gamma} = \frac{AF}{QA}$$

$$\Rightarrow \frac{AA'}{AQ} = \frac{AF}{AQ}$$

$$\Rightarrow AA' = AF \qquad\qquad （证毕）$$

以下给出"$AA' = AF$"的直接证明：

设双曲线 α 的方程为

$$\frac{x^2}{a^2} - \frac{y^2}{b^2} = 1 \quad (a > 0, b > 0)$$

在 α 上取一点 A，设其坐标为($a \sec \theta, b \tan \theta$)，则 AA' 的方程为

$$y - b \tan \theta = -\frac{a}{b} \cdot (x - a \sec \theta)$$

在此方程中,令 $x = \frac{a^2}{c}$,解得 A' 的坐标为($\frac{a^2}{c}, b(\frac{1 + \sin \theta}{\cos \theta} - \frac{a}{c})$). 所以

$$AA'^2 = \frac{a^4 \cos^2 \theta - 2a^3 c \cos \theta + a^2 c^2 + b^2 c^2 - 2ab^2 c \cos \theta + a^2 b^2 \cos^2 \theta}{c^2 \cos^2 \theta}$$

$$= \frac{a^2 c^2 \cos^2 \theta - 2a^3 c \cos \theta + c^4}{c^2 \cos^2 \theta}$$

$$= \frac{a^2 \cos^2 \theta - 2ac \cos \theta + c^2}{\cos^2 \theta}$$

而

$$AF^2 = \frac{a^2 - 2ac \cos \theta + c^2 \cos^2 \theta + b^2 \sin^2 \theta}{\cos^2 \theta}$$

$$= \frac{a^2 - 2ac \cos \theta + a^2 \cos^2 \theta + b^2 \cos^2 \theta + b^2 \sin^2 \theta}{\cos^2 \theta}$$

$$= \frac{a^2 - 2ac \cos \theta + a^2 \cos^2 \theta + b^2}{\cos^2 \theta}$$

$$= \frac{c^2 - 2ac \cos \theta + a^2 \cos^2 \theta}{\cos^2 \theta}$$

可见

$$AA' = AF$$

（证毕）

这里又一次出现一个少有的现象:在红、蓝两种人眼里,图 3.41.12 的 AA' 和 AF 居然都是相等的(在图 3.40.6 和图 3.40.7 也有过这样的现象).

(2) 若"蓝线段"AB 中有一端,例如 B,在红观点下,是红假点,如图 3.41.14 那样.

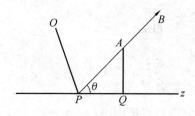

图 3.41.14

这时,"蓝线段"AB 的长度计算公式是

$$bl(|AB|) = \frac{OP}{PA \cdot \sin\theta} \qquad (9)$$

设 A 在 z 上的射影为 Q,则

$$bl(|AB|) = \frac{OP}{AQ} \qquad (10)$$

当 PQ 重合时,此式又变为(图 3.41.15)

$$bl(|AB|) = \frac{OP}{AP} \qquad (11)$$

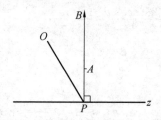

图 3.41.15

下面举一个应用公式(11)的例子.我们知道,有一道命题是这样的:

命题 3.41.9 等轴双曲线的中心为 O,两焦点为 F_1,F_2,A 是该等轴双曲线上一点,如图 3.41.16 所示,求证:A 到双曲线中心 O 的距离是它到两焦点 F_1,F_2 距离的比例中项,即有

$$AF_1 \cdot AF_2 = AO^2$$

把命题 3.41.9 对偶到蓝几何,得:

248

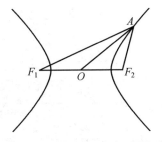

图 3.41.16

命题 3.41.10 设椭圆的两焦点为 F_1，F_2，短轴为 z，该椭圆的焦距和短轴相等，椭圆上一点 A 在短轴 z 上的射影为 P，如图 3.41.17 所示，求证

$$AF_1 \cdot AF_2 = F_1P^2$$

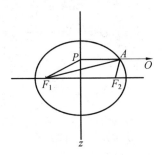

图 3.41.17

这个结论是这样得来的：

图 3.41.17 的椭圆是一种特殊的椭圆（其焦距和短轴相等，参看图 3.40. 26），所以，在蓝观点下（以 z 作为"蓝假线"，F_1 或 F_2 作为"蓝标准点"），它是"蓝等轴双曲线"，其蓝中心是红观点下，直线 F_1F_2 上的红假点 O，所以，按公式（11）

$$bl(|AO|) = \frac{F_1P}{AP}$$

依命题 3.41.9 的结论，这里应有

$$bl(|AF_1|) \cdot bl(|AF_2|) = bl^2(|AO|)$$

由此整理得

$$AF_1 \cdot AF_2 = F_1P^2$$

（3）若"蓝线段"AB 的两端，在红观点下，都是红假点，如图 3.41.18 那样.

这时，"蓝线段"AB 长度的计算公式是

$$bl(|AB|) = \frac{\sin \alpha}{\sin \beta \sin(\alpha + \beta)} \tag{12}$$

249

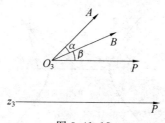

图 3.41.18

这个公式与"蓝标准点"O_3 的位置无关.

特别是,当红观点下,$O_3A \perp O_3P$ 时(图 3.41.19),式(12)变为

$$bl(|AB|) = \tan \alpha \tag{13}$$

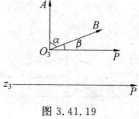

图 3.41.19

3.42 "对偶法"

下面是一道数学竞赛题(1990 年全国高中数学冬令营选拔赛第三题).

命题 3.42.1 设线段 BD 垂直平分线段 AC,垂足为 Z,一直线过 Z 且分别交 AB,CD 于 E,G;另有一直线也过 Z 且分别交 BC,AD 于 F,H,设 EH,FG 分别交 AC 于 M,N,如图 3.42.1 所示,求证:$AM = CN$.

在这道题里,条件"$BD \perp AC$"是多余的,去掉它,结论仍然成立(图 3.42.2),当然,题目的难度加大.

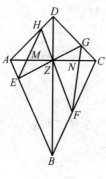

图 3.42.1

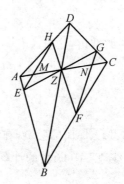

图 3.42.2

如果把题中的条件"$ZA = ZC$"也去掉,那么,该命题变成:

命题 3.42.2 设四边形 $ABCD$ 中,AC 交 BD 于 Z,一直线过 Z,且分别交 AB,CD 于 E,G;另有一直线也过 Z,且分别交 BC,AD 于 F,H,设 EH,FG 分别交 AC 于 M,N,如图 3.42.3 所示,求证

$$\frac{AM}{ZA \cdot ZM} = \frac{CN}{ZC \cdot ZN}$$

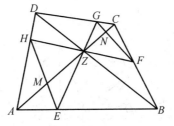

图 3.42.3

看起来难度变得更大了,其实不然,如果将图 3.42.3 中的 Z 当作黄假线,那么,在"黄种人"眼里,这图中有两个"黄平行四边形",其中"$EFGH$"那一个的"四边"分别过"$ABCD$"那一个的"四个顶点",将"黄种人"眼里的这些几何现象,用红几何的图形表述,就如同图 3.42.4 那样,且形成下面这个命题:

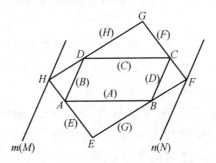

图 3.42.4

命题 3.42.3 设平行四边形 $ABCD$ 内接于平行四边形 $EFGH$,直线 m 过 H;直线 n 过 F,且 $m \parallel AD$;$n \parallel BC$,如图 3.42.4 所示,求证:直线 m 和 AD 间的距离等于直线 n 和 BC 间的距离.

从命题 3.42.1 到命题 3.42.2 是"正对偶",从命题 3.42.2 到命题 3.42.3 的过程是"逆对偶",命题 3.42.3 称为命题 3.42.2 的"源命题",它们是对偶关系,因而,同真同假.因为命题 3.42.3 明显成立,无须证明,因而命题 3.42.2 也是"明显"成立的,命题 3.42.1 作为命题 3.42.2 的特例,当然更是"明显"成立的.一道竞赛题(指命题 3.42.1)就是这样获得了证明.

251

通过对偶,不论正、逆,寻找一个等价的对偶命题,以降低命题的难度,这是一种不错的解题思路.早先我们通过命题 3.29.12 轻易地证明了命题 3.29.11(帕斯卡定理)就是一例.

请看下面的命题:

命题 3.42.4 设圆 O 中, M 是弦 GH 的中点,过 M 的两条直线分别交圆 O 于 A,C 和 B,D,设 AD,BC 分别交 GH 与 E,F,如图 3.42.5 所示,求证: $ME=MF$.

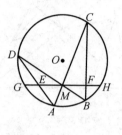

图 3.42.5

在图 3.42.5,设 M 关于圆 O 的极线为 z,那么,"过 M 的弦 GH 被 M 所平分"和"过 M 的弦 GH 与 z 平行",这两句话是等价的,因而,命题 3.42.4 可以改述为:

命题 3.42.5 设 M 是圆 O 内一点, M 关于圆 O 的极线为 z,过 M 的两条直线分别交圆 O 于 A,C 和 B,D,过 M 且与 z 平行的直线分别交 AD,BC 于 E, F,如图 3.42.5 所示,求证: $ME=MF$.

在"蓝种人"眼里(以 z 为"蓝假线"),图 3.42.5 的圆是个"蓝圆", M 是其"蓝圆心"(参看图 3.28.1),我们知道,表示"蓝圆"的方法很多(譬如说,图 3.28.11),所以,命题 3.42.5 可以推广成:

命题 3.42.6 设 M 是椭圆 α 内一点, M 关于 α 的极线为 z,两直线过 M 且分别交 α 于 A,C 和 B,D,过 M 且与 z 平行的直线分别交 AD,BC 于 E,F,如图 3.42.6 所示,求证: $ME=MF$.

命题 3.42.6 还可以进一步推广成:

命题 3.42.7 设 M 是椭圆 α 内一点, M 关于 α 的极线为 z,两直线过 M 且分别交 α 于 A,C 和 B,D,一直线过 M 且分别交 AD,BC 及 z 于 E,F,P,如图 3.42.7 所示,求证

$$\frac{ME}{PE}=\frac{MF}{PF} \quad (即:(EF,MP)=1)$$

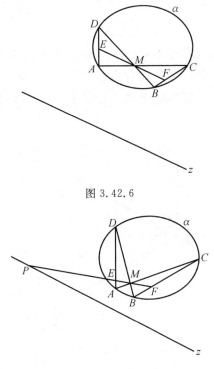

图 3.42.6

图 3.42.7

在蓝观点下(以 z 为"蓝假线"),图 3.42.7 的 α 是"蓝圆",M 是其"蓝圆心",AC,BD 是其两条"蓝直径",命题求证的是:"蓝线段"ME 和"蓝线段"MF 是"相等"的.把"蓝种人"眼里看到的这些用我们红几何的语言叙述,就是下面的命题 3.42.8:

命题 3.42.8 设 AC,BD 是圆 M 的两条直径,一直线过 M 且分别交 AD,BC 于 E,F,如图 3.42.8 所示,求证:$ME=MF$.

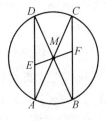

图 3.42.8

命题 3.42.8 就是命题 3.42.4 的"源命题",它是如此之简单,是不需要任何证明的,因而,当初的命题 3.42.4 也是成立的,由欧氏几何的对偶原理保证.

命题 3.42.4 是有名的"蝴蝶定理",自 1815 年以来,在蝴蝶定理的众多证明中,还有比这种证明更简单的吗?

顺便说一句,命题3.42.8的黄对偶是:

命题3.42.9 设抛物线的对称轴为m,在抛物线外作m的垂线n,且交m于M,设P,Q是n上两点,过P,Q各作抛物线的一条切线,且两者相交于A;过P,Q再各作抛物线的一条切线,且二者相交于B,如图3.42.9所示,求证:m是$\angle AMB$的平分线.

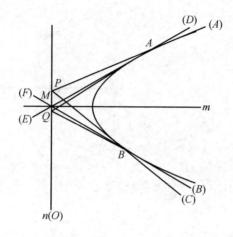

图3.42.9

图3.42.9中,带括号的字母是为了与图3.42.8进行对照.

命题3.42.6的黄对偶是:

命题3.42.10 设M是椭圆α内一点,它关于α的极线为m,它在m上的射影为N,设P,Q是m上两点,过P,Q各作α的一条切线,且二者交于A;过P,Q再各作α的一条切线,这一次二者交于B,如图3.42.10所示,求证:$\angle MNA=\angle MNB$.

在图3.42.10中,带括号的字母是为了与图3.42.6进行对照.

我们知道,射影几何对偶原理的使用是一次性的,譬如说,帕斯卡定理的对偶命题是布里昂雄定理,那么,布里昂雄定理的对偶命题又是什么呢? 是帕斯卡定理,又回到了当初的命题,并没有产生更新的命题.

然而,欧氏几何的对偶原理则不是这样的,它可以反复使用,不断地产生新的命题,形成"命题链",例如,从命题3.42.8出发,经过不断地对偶(黄对偶或蓝对偶),先后形成命题3.42.4、3.42.6、3.42.7、3.42.9、3.42.10等.

考察下面的命题:

命题3.42.11 设O是椭圆α内一点,O关于α的极线为z,设抛物线β以

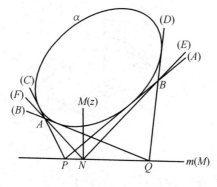

图 3.42.10

O 为焦点, z 为准线, β 交 α 于 A, B, C, D 四点, α, β 的两条公切线交于 E, 如图 3. 42.11 所示, 求证:

① A, O, C 三点共线, B, O, D 三点也共线;

② $\angle EOA = \angle EOB$.

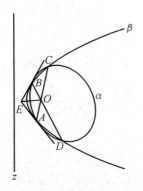

图 3.42.11

在"蓝种人"眼里(以 z 为"蓝假线", O 为"蓝标准点"),图 3.42.11 意味着什么? 把他们的理解翻译成我们的语言,就是下面的命题:

命题 3.42.12 设椭圆 α 的中心为 O,以 O 为圆心作圆 β, β 交 α 于 A, B, C, D 四点,如图 3.42.12 所示,设 α, β 的两条公切线交于 E,求证:

① A, O, C 三点共线, B, O, D 三点也共线;

② $\angle EOA = \angle EOB$.

命题 3.42.12 明显成立,而命题 3.42.11 与它是对偶关系,因而,根据欧氏几何的对偶原理,命题 3.42.11 也成立.

下面是另一个例子:

命题 3.42.13 设椭圆 α 与双曲线 β 有着公共的焦点 Z, α 和 β 交于 A, B,

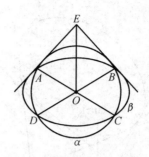

图 3.42.12

C,D 四点,过 A,B 分别作 α 的切线,二者交于 P;过 A,B 又分别作 β 的切线,这次两切线交于 Q,设 AD 交 BC 于 R,如图 3.42.13 所示,求证:P,Q,R 三点共线.

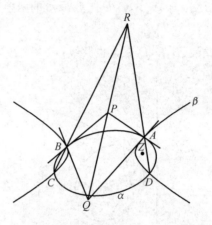

图 3.42.13

如果以图 3.42.13 的 Z 为"黄假线",那么,在"黄种人"眼里,图 3.42.13 意味着什么?把他们的理解翻译成我们的语言,就是下面的命题:

命题 3.42.14 设两圆 α,β 外离,外公切线 l_1 分别与 α,β 切于 A,B,内公切线 l_2 分别与 α,β 切于 C,D,如图 3.42.14 所示,设 α,β 的两条外公切线交于 P;α,β 的两条内公切线交于 Q,求证:AC,BD,PQ 三线共点(这点记为 R).

这个命题的结论不难证明,因而,由欧氏几何的对偶原理,保证原先的命题 3.42.13 也是成立的,这就是命题 3.42.13 的证明.

图 3.42.13 和图 3.42.14 的对偶关系,在图 3.42.14 中用带括号的字母显示.

考察另一道命题:

命题 3.42.15 设两双曲线 α,β 有着公共的焦点 Z,且有着两条公切线 l_1,l_2,一直线与 α 相切于 C,且分别交 l_1,l_2 于 A,B,过 A,B 分别作 β 的切线,且二

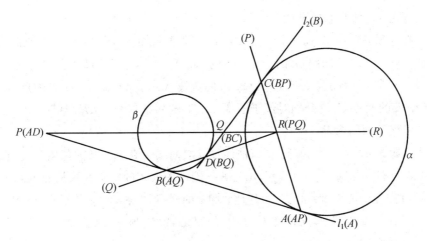

图 3.42.14

者交于 D,如图 3.42.15 所示,求证:D,Z,C 三点共线.

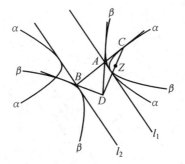

图 3.42.15

这个命题不是一道简单的命题,但是,经过逆对偶(视 Z 为"黄假线"),就相当于下面的命题:

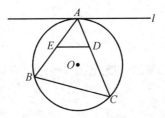

图 3.42.16

命题 3.42.16 设 $\triangle ABC$ 内接于圆 O,过 A 的切线为 l,一直线分别交 AC,AB 于 D,E,如图 3.42.16 所示,求证:"B,C,D,E 四点共圆"的充要条件是"$DE \ /\!/ \ l$".

这个命题几乎明显成立,因而,由欧氏几何的对偶原理,原先的命题 3.42.

15 也成立,这就是它的证明.

在这里,图 3.42.15 和图 3.42.16 的对偶关系如下:图 3.42.15 的双曲线 α 对偶于图 3.42.16 的圆 O;图 3.42.15 的四条直线 l_1,l_2,DA,DB 分别对偶于图 3.42.16 的四点 B,C,D,E;图 3.42.15 的直线 AB 对偶于图 3.42.16 的点 A;图 3.42.15 的两点 C,D 分别对偶于图 3.42.16 的两条直线 l,DE,等等.

考察下面的命题:

命题 3.42.17 设椭圆 α,双曲线 β 及双曲线 γ 有着公共的焦点 Z,它们与 Z 相应的准线分别为 f_1,f_2,f_3,由 α,β,γ 围成的含 Z 的最小区域是曲边三角形 ABC,其中,A 是 β 和 γ 的交点;B 是 γ 和 α 的交点;C 是 α 和 β 的交点,设 BC 交 f_1 于 P;CA 交 f_2 于 Q;AB 交 f_3 于 R,如图 3.42.17 所示,求证:P,Q,R 三点共线.

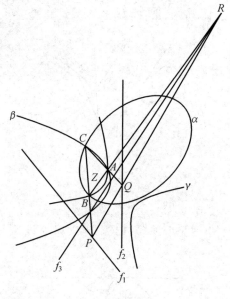

图 3.42.17

虽然它也不是一道简单的命题,但是,经过逆对偶(视 Z 为"黄假线"),就成了下面的命题:

命题 3.42.18 设三个圆 α,β,γ 都在 $\triangle ABC$ 的内部,它们的圆心分别为 P,Q,R,设 α 与 AB,AC 都相切;β 与 BC,BA 都相切;γ 与 CA,CB 都相切,如图 3.42.18 所示,求证:AP,BQ,CR 三线共点.

这个命题明显成立,因而,由欧氏几何的对偶原理,原先的命题 3.42.17 也成立,这就是证明,还需要多说什么?

二维、三维欧氏
几何的对偶原理

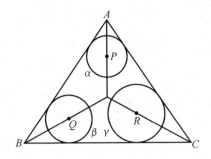

图 3.42.18

在这里,图 3.42.17 和图 3.42.18 的对偶关系如下:图 3.42.17 的曲线 α,β,γ 分别对偶于图 3.42.18 的圆 P,Q,R;图 3.42.17 的直线 f_1,f_2,f_3 分别对偶于图 3.42.18 的点 P,Q,R;图 3.42.17 的点 A,B,C 分别对偶于图 3.42.18 的直线 BC,CA,AB;图 3.42.17 的点 P,Q,R 分别对偶于图 3.42.18 的直线 AP,BQ,CR,等等.

我们说圆、椭圆、抛物线、双曲线是高度统一的,并不是因为它们在射影几何中彼此间没有区别,而是说,在欧氏几何里,尽管它们各不相同,但由于对偶原理的存在,谁都可以替代谁.

"对偶法"是利用欧氏几何的对偶原理解题的一种方法,其要点是:通过正对偶或逆对偶,将椭圆、抛物线、双曲线的问题转化成圆的问题,使问题的难度降下来.

未来的欧氏几何,研究圆锥曲线会像现在研究圆一样地平常.

可以肯定,欧氏几何的对偶原理将会写入几何课本,因为要想说明我们的几何世界是如何的完满、美妙,欧氏几何的对偶原理是最好的诠释.

3.43 "命题链"

一道命题经过对偶(黄对偶或蓝对偶,正对偶或逆对偶),会得到一系列的结果,形成"命题链".

把欧氏几何的对偶原理比喻为一台会生产定理的机器,并不为过.

举例说,考察下面的命题 3.43.1:

命题 3.43.1 设 $\triangle ABC$ 内接于圆 O,过 A 作切线 l,如图 3.43.1 所示,求证:$\angle 1 = \angle 2$.

这是大家熟知的"弦切角定理".

把命题 3.43.1 对偶到黄几何,得到如下结论(参看图 2.25.3):

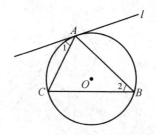

图 3.43.1

命题 3.43.2 设 $\triangle ABC$ 的内切圆 Z 在 BC 边上的切点为 D,连 AZ 且交 BC 于 E,如图 3.43.2 所示,求证:$\angle 1 = \angle 2$.

把图 3.43.2 的 BC 看成"蓝假线",Z 看成"蓝标准点",那么,在蓝观点下,图 3.43.2 的圆就是"蓝抛物线"(参看图 3.31.3),Z 是该"蓝抛物线"的"蓝焦点",G,F 仍然是"切点",而 B,C,D 都成了"蓝假点"(无穷远点),AB,ZB"蓝平行",AC,ZC 也"蓝平行",把"蓝种人"的这些理解,画成我们所熟悉的图形,那就是图 3.43.3.

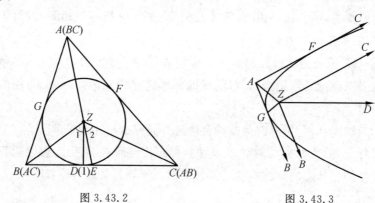

图 3.43.2　　　　　图 3.43.3

当初,在图 3.43.2,$\angle 1 = \angle BZD = \angle BZG$,$\angle 2 = 180° - \angle AZC$,所以,命题 3.43.2 的结论可修改为:$\angle BZG = 180° - \angle AZC$.于是,在图 3.43.3 里,也有这样的结论(注意,Z 是"蓝标准点"),然而,这时 $\angle BZG = \angle ZGA$,且 $180° - \angle AZC = \angle ZAF$,所以,有 $\angle ZGA = \angle ZAF$.

经过这番加工,命题 3.43.2 的蓝对偶命题如下:

命题 3.43.3 设抛物线的焦点为 Z,过一点 A 作抛物线的两条切线,切点分别为 F,G,如图 3.43.4 所示,求证:

①$\angle 1 = \angle 2$,$\angle 3 = \angle 4$;

②$AZ^2 = ZF \cdot ZG$.

但凡"对偶",不论"黄""蓝",都不是简单地"对号入座",总要做些加工和演

260

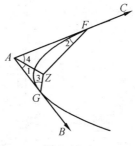

图 3.43.4

绎,使结论变得简练、精彩.

由命题 3.43.3 还可以推得：

命题 3.43.4 设抛物线的焦点为 F,过抛物线上三点 A,B,C 的切线两两交于 A',B',C',如图 3.43.5 所示,求证

$$FA \cdot FB \cdot FC = FA' \cdot FB' \cdot FC'$$

事先你能想到命题 3.43.4 是从"弦切角定理"变来的?

考察下面的命题 3.43.5：

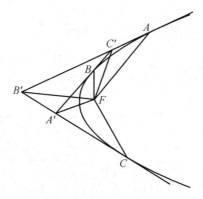

图 3.43.5

命题 3.43.5 设 AA' 是圆 O 的直径,B,C 是圆上两点,且 $AB \parallel OC$,如图 3.43.6 所示,求证：$\angle BOC = \angle A'OC$.

把命题 3.43.5 对偶到蓝几何,得(参看图 3.28.5)：

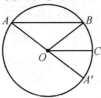

图 3.43.6

261

命题 3.43.6 设 O 是双曲线的右焦点，z 是它的右准线，作一直线交双曲线于 A,B，交 z 于 P，如图 3.43.7 所示，求证：$\angle AOP = \angle BOP$.

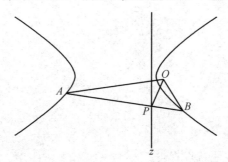

图 3.43.7

在图 3.43.7 中，若让点 B 沿双曲线趋于无穷远，则得：

命题 3.43.7 设 O 是双曲线的右焦点，z 是它的右准线，t 是渐近线之一，一直线与 t 平行，且交双曲线于 A，交 z 于 P，如图 3.43.8 所示. 求证：$AO = AP$.

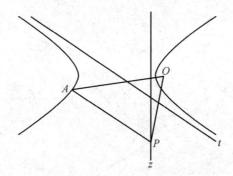

图 3.43.8

命题 3.43.5 也可以这样对偶到蓝几何（参看图 3.28.2）：

命题 3.43.8 设 CD 是椭圆的长轴，椭圆上一点 N 在 CD 上的射影为 R，过 N 的切线交 CD 于 P，一直线过 P 且交椭圆于 A,B，如图 3.43.9 所示，求证：$\angle ARN = \angle BRN$.

图 3.43.9 的椭圆，在蓝观点下是"蓝圆"，R 是"蓝圆心"，P 是"蓝假点"，RA,RB,RN 分别对偶于图 3.43.1 的 OA',OB,OC，虽然 R 不是"蓝标准点"，但真正的"蓝标准点"一定在直线 CD 上，所以，命题 3.43.8 的结论成立.

让图 3.43.9 的 R 取在椭圆的中心，那么，$AB \parallel CD$，这时再作黄对偶（参看图 2.27.1），得：

命题 3.43.9 设 Z 是圆直径 AB 上一点，Z 关于该圆的极线为 m，m 交 AB 于 M，过 Z 作 AB 的垂线 t，过 t 上一点 N 作圆的两条切线，且分别交 m 于 P,Q，

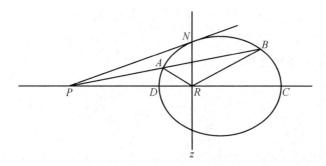

图 3.43.9

如图 3.43.10 所示,求证:$MP = MQ$.

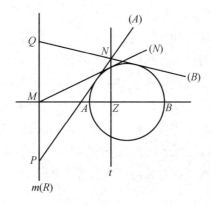

图 3.43.10

如果将图 3.43.9 的椭圆换成双曲线,然后再作黄对偶(参看图 3.29.2),得:

命题 3.43.10　设抛物线的顶点为 D,在对称轴 m 上取两点 Z,P,使 $DZ = DP(Z$ 在抛物线外),过 Z,P 分别作 m 的垂线 l 和 n,过 l 上一点 A 作抛物线的两条切线,且分别交 n 于 B,C,如图 3.43.11 所示,求证:$PB = PC$.

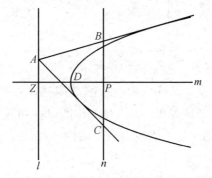

图 3.43.11

再举一例:

命题 3.43.11 设椭圆的长轴为 m,A,B,C,D 是椭圆上四点,两弦 AB,CD 关于 m 的倾斜角互补,即图 3.43.12 中,有 $\angle 1 + \angle 2 = 180°$,求证:$A,B,C,D$ 四点共圆.

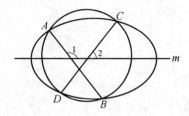

图 3.43.12

这个命题对抛物线、双曲线均成立.

把命题 3.43.11 对偶到蓝几何,得(参看图 3.30.1):

命题 3.43.12 设直线 m 经过圆心 O,直线 z 与 m 垂直相交于 M,在 z 上取两点 P,Q,使 $MP = MQ$,过 P,Q 各作一直线,且分别交圆于 A,B 和 C,D,连 AD,BC,且分别交 z 于 S,T,如图 3.43.13 所示,求证:$MS = MT$.

不论点 M 在圆内、在圆上或在圆外,命题 3.43.12 都是正确的.

把命题 3.43.11 对偶到黄几何,得(参看图 2.27.1):

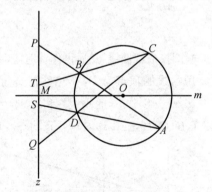

图 3.43.13

命题 3.43.13 设 Z 是圆 O 内一点(Z 可以在任何地方),在圆 O 外选两点 P,Q,使 ZP,ZQ 与 OZ 成等角,过 P,Q 各作圆 O 的切线,且二者交于 A;过 P,Q 再各作圆 O 的切线,且二者交于 B,如图 3.43.14 所示,求证:$\angle AZP = \angle BZQ$.

图 3.43.13 的圆 O 可以换成任何一条圆锥曲线,如:

命题 3.43.14 设 M 是抛物线对称轴 m 上一点,直线 z 过 M 且与 m 垂直,

264

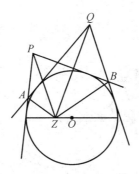

图 3.43.14

在 z 上取两点 P,Q,使 $PM=QM$,过 P,Q 各作一直线,且分别交抛物线于 A,B 和 C,D,连 AD,BC,且分别交 z 于 S,T,如图 3.43.15 所示,求证:$MS=MT$.

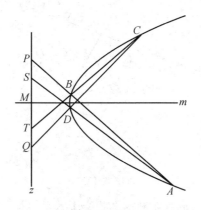

图 3.43.15

当然,图 3.43.14 的圆 O 也可以换成任何一条圆锥曲线,例如:

命题 3.43.15 设 Z 是椭圆长轴 m 上一点,另在椭圆外取两点 P,Q,使 PZ,QZ 与 m 成等角,过 P,Q 各作一切线,且二者交于 A;过 P,Q 再各作一切线,且二者交于 B,如图 3.43.16 所示,求证:AZ,BZ 与 m 成等角.

还可以把图 3.43.13 画成图 3.43.17 那样:

命题 3.43.16 设 EE' 和 FF' 是椭圆的一对共轭直径,直线 $z \parallel FF'$,且交 EE' 于 M,在 z 上取两点 P,Q,使 $MP=MQ$,过 P,Q 各作一直线,且分别交椭圆于 A,B 和 C,D,连 AD,BC,且分别交 z 于 S,T,如图 3.43.17 所示,求证:$MS=MT$.

需要指出的是,若把 z 视为"蓝假线",那么,在蓝观点下,图 3.43.17 的椭圆是"蓝椭圆",EE' 是"蓝长轴",FF' 是"蓝短轴".

命题 3.43.11 的逆命题也是成立的,即:

265

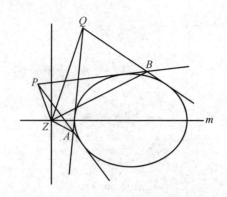

图 3.43.16

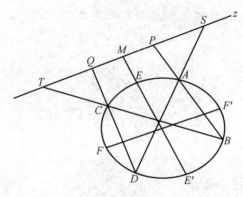

图 3.43.17

命题 3.43.17　设椭圆 α 和圆 β 相交于 A,B,C,D 四点，α 的长轴为 m，如图 3.43.18 所示，求证：

①AB,CD 与 m 成等角；

②AD,BC 与 m 成等角；

③AC,BD 与 m 成等角.

把命题 3.43.17 对偶到黄几何，得：

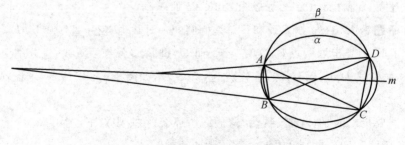

图 3.43.18

命题 3.43.18 设圆 α 的圆心为 O,椭圆 β 的焦点为 Z,α 与 β 交于四点,作 α,β 的四条公切线,这四条公切线构成一个完全四边形 $ABCD - EF$,如图 3.43.19 所示,求证:

①ZA,ZC 与 ZO 成等角;

②ZB,ZD 与 ZO 成等角;

③ZE,ZF 与 ZO 成等角.

在黄观点下,图 3.43.19 的 α 是"黄椭圆",而 β 则是"黄圆".

图 3.43.18 和图 3.43.19 是一对很漂亮的彼此对偶的图形(红、黄互对偶).

由命题 3.43.17 还可以引申出下面的命题:

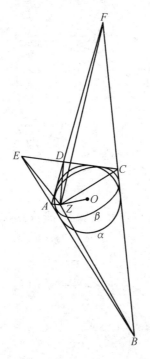

图 3.43.19

命题 3.43.19 过椭圆 α 上两点 A,B 作两个圆,它们与椭圆分别交于 C,D 和 E,F,如图 3.43.20 所示,求证:$CD \parallel EF$.

在图 3.43.20,设椭圆 α 的长轴为 m(图中未画出),那么,CD,AB 与 m 成等角(依据命题 3.43.17),EF,AB 与 m 也成等角,因而,CD 与 EF 彼此平行.

如果把图 3.43.20 的两个圆都换成椭圆,那么,就有下面的命题:

命题 3.43.20 设三椭圆 α,β,γ 中,每两个都有着四个公共点,在这些公共点中,除了 A,B 是 α,β,γ 三者共同的公共点外,α,β 还交于 C,D;β,γ 还交于

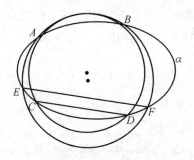

图 3.43.20

$E, F; \gamma, \alpha$ 还交于 G, H,如图 3.43.21 所示,求证:CD, EF, GH 三线共点(此点记为 P).

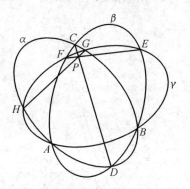

图 3.43.21

注意,图 3.43.21 的 α 可以换成圆锥曲线中的任何一个,β, γ 也是如此. 例如像图 3.43.22 那样.

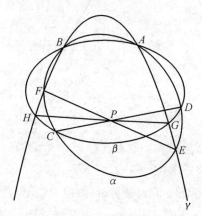

图 3.43.22

把命题 3.43.20 对偶到黄几何,得:

命题 3.43.21 设三个椭圆 α, β, γ 中,每两个都有四条公切线,其中有两条(记为 l_1, l_2)是 α, β, γ 这三个椭圆共同的公切线,此外,设 β, γ 的另两条公切线交于 P; γ, α 的另两条公切线交于 Q; α, β 的另两条公切线交于 R,如图 3.43. 23 所示,求证: P, Q, R 三点共线.

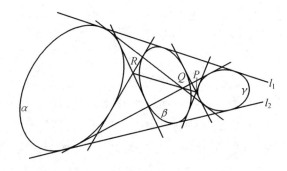

图 3.43.23

在图 3.43.23 中, l_1, l_2 对偶于图 3.43.21 的 A, B;另外,图 3.43.23 中,每两圆的内公切线(共六条),分别对偶于图 3.43.21 的六个点: C, D, E, F, G, H.

若将图 3.43.23 的 l_2 视为"蓝假线",那么, α, β, γ 都成了"蓝抛物线",用我们的语言来表述,就形成了下面的命题 3.43.22.

命题 3.43.22 设三条抛物线 α, β, γ 中,每两者都有三条公切线,其中有一条且仅有一条是 α, β, γ 三者公共的切线,它记为 l,除 l 外,三抛物线中,每两者都还有两条相交的公切线,交点分别记为 P, Q, R,如图 3.43.24 所示,求证: P, Q, R 三点共线.

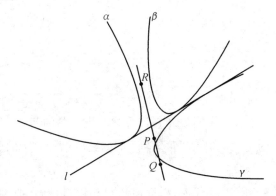

图 3.43.24

现在回到命题 3.43.11,由该命题可得下面的命题:

命题 3.43.23 设椭圆 α 的中心为 M,任作一圆,它交 α 于 A, C, B, D 四点,如图 3.43.25 所示,设 AC 交 BD 于 N, $\angle AND$ 和 $\angle ANC$ 的平分线分别记为 m, n,求证: m, n 分别与 α 的长、短轴平行.

269

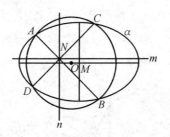

图 3.43.25

这个命题很重要,它告诉我们如何使用圆规和直尺寻找椭圆的长、短轴. 把该命题对偶到黄几何,我们又得到下面的命题:

命题 3.43.24 设 Z 是椭圆 α 内一点,Z 关于 α 的极线为 m,以 Z 为圆心作一圆,该圆与 α 有四个交点,设它们的四条公切线围成四边形 $ABCD$,如图 3.43.26 所示,作 $\angle BZD$ 和 $\angle AZC$ 的平分线,且分别交 m 于 M,N,求证:M 关于 α 的极线是 ZN;N 关于 α 的极线是 ZM,且 $ZM \perp ZN$.

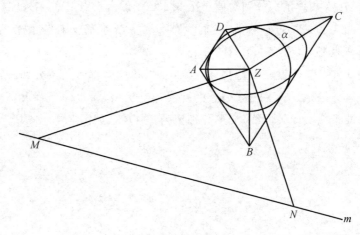

图 3.43.26

这个命题解决了怎样用圆规和直尺寻找共轭主弦的问题,也就是解决了怎样寻找"黄椭圆"的"黄长轴"和"黄短轴"的问题(参看 2.27 的(2)).

再看一例:

命题 3.43.25 设两直线 l_1,l_2 都与圆 O 相切,切点分别为 M,N,过 M,N 的直线记为 l_3,P 是圆 O 上一点,P 在 l_1,l_2,l_3 上的射影分别为 A,B,C,如图 3.43.27 所示,求证:$PC^2 = PA \cdot PB$.

这里的 PA,PB,PC 分别是点 P 到直线 l_1,l_2,l_3 的距离(所谓"点线距"),如果过点 P 分别作 l_1,l_2,l_3 的平行线,那么,PA,PB,PC 就分别成了平行线间的

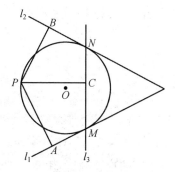

图 3.43.27

距离(所谓"线线距"),把"点线距"替换成"线线距",这一点在黄几何里很重要,因为在黄几何里,表现"线线距"远比表现"点线距"来得容易.

命题 3.43.25 在黄几何中的表现,用我们的语言叙述,就是下面的命题:

命题 3.43.26 设直线 z 是圆 Z 的切线,A,B 是圆 Z 上两点,过 AB 的切线相交于 C,ZA,ZB,ZC 分别交 z 于 P,Q,R,如图 3.43.28 所示,求证

$$\left(\frac{CR}{ZC \cdot ZR}\right)^2 = \frac{AP}{ZA \cdot ZP} \cdot \frac{BQ}{ZB \cdot ZQ} \tag{1}$$

(即 $\left[ye\left(\mid CR \mid\right)\right]^2 = ye\left(\mid AP \mid\right) \cdot ye\left(\mid BQ \mid\right)$).

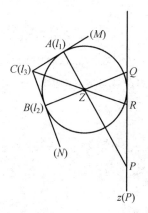

图 3.43.28

在黄观点下(以 Z 为"黄假线"),图 3.43.28 的 A,P 是一对平行的黄欧线,还有 B,Q 和 C,R 也是如此,用它们之间的距离替换了图 3.43.27 的"点线距".

图 3.43.28 中带括号的字母表明它和图 3.43.27 中相应字母间的对偶关系.

现在要对式(1)进行改造,设图 3.43.28 中的 $\angle ZPR = \alpha$,$\angle ZQR = \beta$,$\angle ZRP = \gamma$,那么,有

271

$$ZP \cdot \sin \alpha = ZQ \cdot \sin \beta = ZR \cdot \sin \gamma$$

因而,式(1)可以改写为

$$\left(\frac{ZR \cdot ZC}{RZ \cdot RC \cdot \sin \gamma}\right)^2 = \frac{ZP \cdot ZA}{PZ \cdot PA \cdot \sin \alpha} \cdot \frac{ZQ \cdot ZB}{QZ \cdot QB \cdot \sin \beta} \qquad (2)$$

在蓝观点下(以 z 为"蓝假线"),图 3.43.28 的圆是"蓝抛物线",Z 是其"蓝焦点",式(2)表明的恰恰是三条"蓝线段" ZA,ZB,ZC 间的关系,即

$$[bl(|CR|)]^2 = bl(|AP|) \cdot bl(|BQ|)$$

把"蓝种人"对图 3.43.26 的这些理解,用我们的语言叙述,就是下面命题:

命题 3.43.27 设抛物线 α 的焦点为 Z,C 是 α 外一点,过 C 作 α 的两条切线,切点分别为 A,B,如图 3.43.29 所示,求证:$ZC^2 = ZA \cdot ZB$.

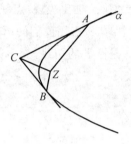

图 3.43.29

图 3.43.29 和图 3.43.27 原本风马牛不相及,然而,借助图 3.43.28,及"黄""蓝"两种观点的转换,它们之间原来有着因果关系.

命题 3.43.27 与早先的命题 3.43.3 是同一个命题,它的直接证明如下:

设抛物线的方程为

$$\rho = \frac{p}{1 - \cos \theta} \qquad (1)$$

A,B 两点的坐标分别为 (ρ_1, α_1),(ρ_2, α_2),那么,过 A,B 的切线方程分别为

$$\frac{p}{\rho} = \cos(\theta - \alpha_1) - \cos \theta$$

$$\frac{p}{\rho} = \cos(\theta - \alpha_2) - \cos \theta$$

于是

$$\cos(\theta - \alpha_1) = \cos(\theta - \alpha_2)$$

$$\Rightarrow \theta = \pi + \frac{\alpha_1 + \alpha_2}{2}$$

于是,由式(1)得

二维、三维欧氏
几何的对偶原理

$$\rho = \frac{p}{\cos\dfrac{\alpha_1 + \alpha_2}{2} - \cos\dfrac{\alpha_1 - \alpha_2}{2}}$$

所以,点 C 的坐标为 $(\dfrac{p}{\cos\dfrac{\alpha_1 + \alpha_2}{2} - \cos\dfrac{\alpha_1 - \alpha_2}{2}}, \pi + \dfrac{\alpha_1 + \alpha_2}{2})$,因此

$$ZC^2 = \left[\frac{p}{\cos\dfrac{\alpha_1 + \alpha_2}{2} - \cos\dfrac{\alpha_1 - \alpha_2}{2}}\right]^2$$

$$= \frac{p^2}{4\sin^2\dfrac{\alpha_1}{2}\sin^2\dfrac{\alpha_2}{2}}$$

$$= \frac{p^2}{(1 - \cos\alpha_1)(1 - \cos\alpha_2)}$$

$$= ZA \cdot ZB \qquad\qquad \text{(证毕)}$$

下面的命题是一道大家都很熟悉的命题:

命题 3.43.28 设抛物线 α 的焦点为 F,过 F 任作一圆 β,过 β 上一点 A 作 α 的两条切线 l_1, l_2,设 l_1, l_2 分别交 β 于 B, C,过 BC 的直线记为 l_3,如图 3.43. 30 所示,求证:l_3 与 α 相切.

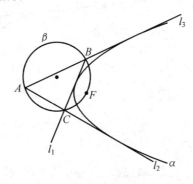

图 3.43.30

把这个命题对偶到黄几何,并且用我们的语言叙述,就是:

命题 3.43.29 设双曲线 α 的中心为 M,虚轴为 f,右顶点为 Z,以 Z 为圆心,线段 ZM 为半径作圆 β,一直线与 β 相切,且交 α 于 B, C,过 B, C 分别作 β 的切线,两切线交于 A,如图 3.43.31 所示,求证:A 在 α 上.

在"黄种人"眼里(以 Z 为"黄假线"),α 是"黄抛物线"(参看图 2.28.3),其"黄焦点"为 f,β 是"黄圆"(参看图 2.28.1),该"黄圆"恰好过 f,图 3.43.31 的 BC, CA, AB 分别对偶于图 3.43.30 的 A, B, C,而 A, B, C 则分别对偶于图 3.43.30 的

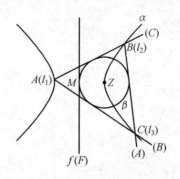

图 3.43.31

l_1, l_2, l_3，总之，"黄种人"眼里的图 3.43.31 就和我们看到的图 3.43.30 是一样的.

现在，把命题 3.43.28 对偶到蓝几何，并且用我们的语言叙述，就是：

命题 3.43.30 设等轴双曲线 β 的中心为 M，虚轴为 z，右顶点为 F，椭圆 α 的左焦点为 F，左顶点为 M，A 是 β 上一点，过 A 作 α 的两条切线 l_2, l_3，设 l_2, l_3 分别交 β 于 C, B，过 C, B 的直线记为 l_1，如图 3.43.32 所示，求证：l_1 与 α 相切.

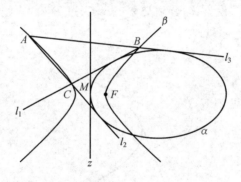

图 3.43.32

在"蓝种人"眼里（以 z 为"蓝假线"，F 为"蓝标准点"），图 3.43.32 的 β 被当作"圆"（可它明明是等轴双曲线），α 被当作"抛物线"（可它明明是椭圆），这种张冠李戴，指鹿为马的现象，使人感到别扭，至于黄几何，就更不用说了. 不过，时间长了，会慢慢习惯的.

我们不知道宇宙间是否有这样的星球，那里的居民，在一位先哲的教导下，学会了使用"蓝几何"（他们自己称其为"欧氏几何"），在他们那里，黑板上像图 3.43.32 那样的命题，实际上就是我们说的图 3.43.30 那样的命题.

也许，宇宙间还有更离奇的星球，那里的居民，在一位先哲的教导下，居然学会了使用"黄几何"（他们自己称其为"欧氏几何"），在他们那里，黑板上像图

3.43.31 那样的命题,实际上就是我们说的图 3.43.30 那样的命题.

3.44 两个"蓝圆"

在图 3.28.11 里,我们已经知道如何把一个椭圆视为"蓝圆",那时我们看到,一旦"蓝圆心"给定,"蓝假线"和"蓝标准点"也就相继确定.因为"蓝圆心"和"蓝假线"是极点和极线的关系,因此,准确的说法是:只要"蓝圆心"和"蓝假线"中,有一个确定了,其余的一切就都确定了,尤其是"蓝标准点"就确定了.

那么,能不能使两个椭圆(甚至两条任意圆锥曲线)同时被视为"蓝圆"呢? 回答是:可以的,只要我们适当地选择"蓝假线",就能做到这一点.

在这里,我们先以两个互相外离的椭圆说起,请考察下面三个命题.

命题 3.44.1 设两个椭圆 α,β 外离,它们的两条外公切线交于 M,它们的两条内公切线交于 N,连 MN 且分别交 α,β 于 A_1,C_1 和 A_2,C_2,两条外公切线分别切 α,β 于 B_1,D_1 和 B_2,D_2,设 A_1D_1 交 A_2D_2 于 P_1;B_1D_1 交 B_2D_2 于 P_2;B_1C_1 交 B_2C_2 于 P_3,如图 3.44.1 所示,求证:P_1,P_2,P_3 三点共线.

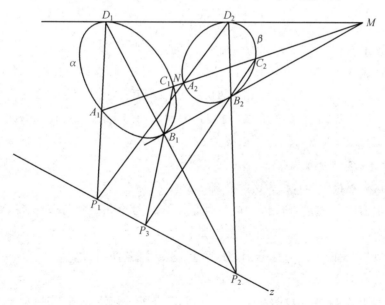

图 3.44.1

此线记为 z,称为两椭圆 α,β 的"蓝假线".

命题 3.44.2 设图 3.44.2 中,直线 z 关于两外离椭圆 α,β 的极点分别为 O_1,O_2,过 O_1 作直线 z 的平行线,且交 α 于 D_1,E_1;过 O_2 作直线 z 的平行线,且

交 β 于 D_2, E_2, 如图 3.44.2 所示,求证:

①O_1, O_2, M, N 四点共线(M, N 分别是 α, β 的外公切线交点和内公切线交点);

②O_1, O_2 分别是线段 $D_1 E_1$, $D_2 E_2$ 的中点.

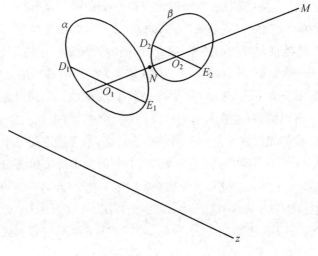

图 3.44.2

这里的 O_1, O_2 分别称为两椭圆 α, β 的"蓝圆心".

命题 3.44.3 在图 3.44.1、图 3.44.2 的基础上,继续作图如下:设直线 $O_1 O_2$ 交直线 z 于 P, 过 A_1 作 α 的切线,且交直线 z 于 P'; 设 F_1 是 α 上任一点, 连 $F_1 D_1$, $F_1 E_1$, 且分别交直线 z 于 Q, Q'; 设 F_2 是 β 上任一点,连 $F_2 D_2$, $F_2 E_2$, 且分别交直线 z 于 R, R', 分别以线段 PP', QQ', RR' 为直径作圆,如图 3.44.3 所示,求证:这三个圆共点(这三个圆未画出).

这个点记为 O_3, 称为这两椭圆 α, β 的"蓝标准点".

把命题 3.44.1, 命题 3.44.2, 命题 3.44.3 综合在一起,我们发现,如果以 z 为"蓝假线",以 O_3 为"蓝标准点",那么,在蓝观点下,α, β 就都是"蓝圆",而且是外离的"蓝圆",O_1, O_2 分别是这两个"蓝圆"的"蓝圆心".

考察图 3.44.4, 有一个简单的结论:

命题 3.44.4 设两圆 O_1, O_2 外离,两条外公切线分别切圆 O_2 于 B_2, D_2, 如图 3.44.4 所示,求证:$\angle O_2 O_1 B_2 = \angle O_2 O_1 D_2$.

把命题 3.44.4 对偶到蓝几何,得:

命题 3.44.5 在图 3.44.3, 设两条外公切线分别切椭圆 β 于 B_2, D_2, 连 $O_1 B_2$, $O_1 D_2$, 且分别交直线 z 于 S, T, 如图 3.44.5 所示,求证:$\angle PO_3 S =$

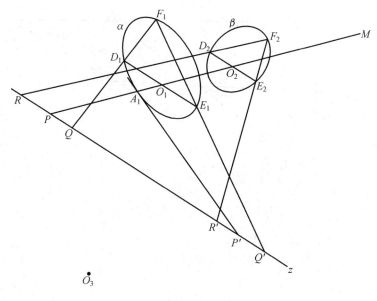

图 3.44.3

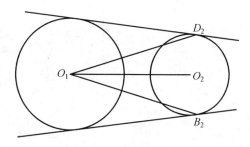

图 3.44.4

$\angle PO_3T.$

考察下面的命题,它是 1996 年的全国高中数学竞赛题.

命题 3.44.6 设 $\triangle NBC$ 的旁切圆 α 分别与直线 BC,NC 相切于 B_1,F_1;另一个旁切圆 β 分别与直线 BC,NB 相切于 B_2,F_2,分别连 B_1F_1 和 B_2F_2,且二者交于 N',如图 3.44.6 所示,求证:$NN' \perp BC.$

把命题 3.44.6 对偶到蓝几何,得:

命题 3.44.7 设图 3.44.5 的两椭圆 α,β 都在 $\triangle NBC$ 外,且与 $\triangle NBC$ 的三边(所在直线)都相切,椭圆 α 分别切 BC,NC 于 B_1,F_1;椭圆 β 分别切 BC,NB 于 B_2,F_2,分别连 B_1F_1 和 B_2F_2,且二者交于 N',连 NN' 且交直线 z 于 Y,BC 交直线 z 于 X,如图 3.44.7 所示,求证:$XO_3 \perp YO_3.$

现在,我们再谈谈两个互相外切的椭圆,请考察下面三个命题.

277

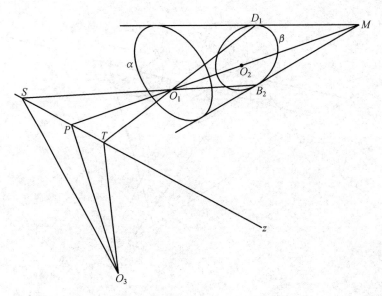

图 3.44.5

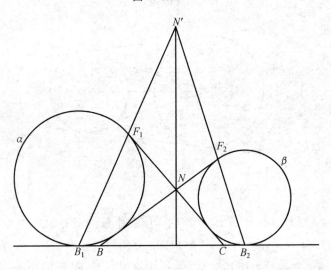

图 3.44.6

命题 3.44.8 设两椭圆 α, β 外切于 A, α, β 的两条外公切线交于 M, 连 AM, 且分别交 α, β 于 B_1, C_1, 过 B_1, C_1 分别作 α, β 的切线, 且二者交于 P_1, 过 A 作两条直线, 它们分别交 α, β 于 B_2, C_2 和 B_3, C_3, 过 B_2, C_2 分别作 α, β 的切线, 且二者交于 P_2; 过 B_3, C_3 分别作 α, β 的切线, 且二者交于 P_3, 如图 3.44.8 所示, 求证: P_1, P_2, P_3 三点共线.

此线记为 z, 称为两椭圆 α, β 的"蓝假线".

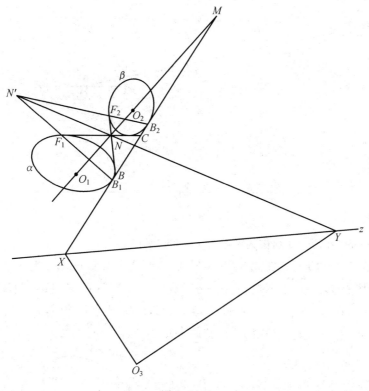

图 3.44.7

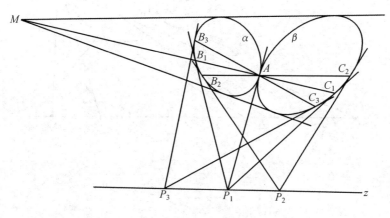

图 3.44.8

命题 3.44.9 设图 3.44.8 中直线 z 关于 α, β 的极点分别为 O_1, O_2, 如图 3.44.9 所示, 求证: M, A, O_1, O_2 四点共线.

顺带说一句, 若过 O_1 作直线 z 的平行线, 且交 α 于 D_1, E_1; 过 O_2 作 z 的平行线, 且交 β 于 D_2, E_2, 那么, 可以证明: O_1, O_2 分别是线段 D_1E_1, D_2E_2 的中点.

279

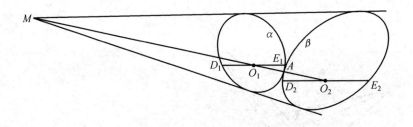

图 3.44.9

这里的 O_1, O_2 分别称为两椭圆 α, β 的"蓝圆心".

命题 3.44.10　在图 3.44.9 的基础上,继续作图如下:过 β 上三点 C_1, C_2, C_3 分别作 β 的切线,且分别交直线 z 于 P_1, P_2, P_3,连 O_2C_1, O_2C_2, O_2C_3,且分别交直线 z 于 Q_1, Q_2, Q_3,分别以线段 P_1Q_1, P_2Q_2, P_3Q_3 为直径作圆,如图 3.44.10 所示,求证:所作三圆共点(这样的点有两个).

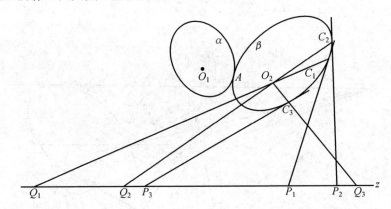

图 3.44.10

这个点记为 O_3,称为这两椭圆 α, β 的"标准点".

把命题 3.44.8,命题 3.44.9,命题 3.44.10 综合在一起,我们发现,如果以

280

z 为"蓝假线",以 O_3 为"蓝标准点",那么,在蓝观点下,α,β 就都是"蓝圆",而且是外切的"蓝圆",O_1,O_2 分别是这两个"蓝圆"的"蓝圆心".

我们知道,下面的命题 3.44.11 是明显成立的,它在"蓝种人"那里就应该叙述成命题 3.44.12 那样.

命题 3.44.11 设圆 O_1,O_2 外切于 A,过 A 作两直线,且分别交圆 O_1,O_2 于 B_1,B_2 和 C_1,C_2,如图 3.44.11 所示,求证:B_1B_2 ∥ C_1C_2.

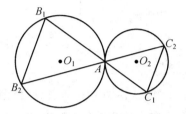

图 3.44.11

命题 3.44.12 设两椭圆 α,β 外切于 A,过 A 作两直线,且分别交 α,β 于 B_1,B_2 和 C_1,C_2,设 B_1B_2 和 C_1C_2 交于 S,如图 3.44.12 所示,求证:S 的轨迹是一条直线.

这直线就是两椭圆 α,β 的"蓝假线"z(参看图 3.44.8),设 z 关于 α,β 的极点分别为 O_1,O_2,那么,图 3.44.12 的 O_1,A,O_2 三点共线.

我们知道,下面的命题 3.44.13 也是成立的,在"蓝种人"那里它应该叙述成命题 3.44.14.

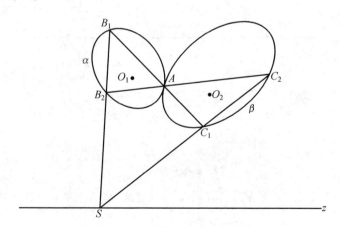

图 3.44.12

命题 3.44.13 设圆 O_1,O_2 外切于 A,这两圆的一条外公切线分别切圆 O_1,O_2 于 F_1,F_2,过 A 的内公切线与 F_1F_2 交于 F_3,如图 3.44.13 所示,求证:

281

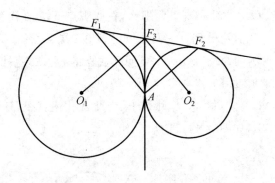

图 3.44.13

$AF_1 \perp AF_2$，且 $O_1F_3 \perp O_2F_3$．

命题 3.44.14　设两椭圆 α,β 外切于 A，这两椭圆的一条外公切线分别切 α,β 于 F_1,F_2，过 A 的内公切线与 F_1F_2 交于 F_3，连 AF_1 和 AF_2，且分别交 α,β 的"蓝假线" z（参看图 3.44.8）于 M,N，如图 3.44.14 所示，求证：

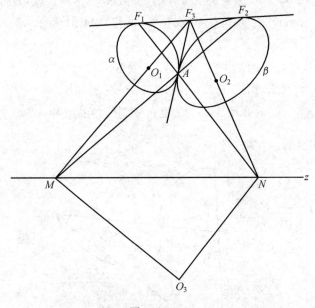

图 3.44.14

①O_1,F_3,M 三点共线，O_2,F_3,N 三点也共线（这里的 O_1,O_2 如图 3.44.12 所述）；

②$MO_3 \perp NO_3$．

以下讨论两椭圆相交的情况（若两椭圆有且仅有两个交点，则说这两椭圆是相交的）．

考察下面四个命题.

命题 3.44.15 设两个椭圆 α,β 有且仅有两个交点 A,B,过 B 作一直线,且分别交 α,β 于 E,F;过 A 作三条直线,且分别交 α,β 于 C_1,D_1;C_2,D_2;C_3,D_3,设 EC_1 交 FD_1 于 P;EC_2 交 FD_2 于 Q;EC_3 交 FD_3 于 R,如图 3.44.15 所示,求证:P,Q,R 三点共线.

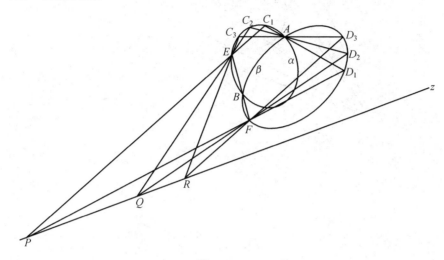

图 3.44.15

此线记为 z,在蓝观点下,它将当作"蓝假线".

命题 3.44.16 在图 3.44.15 上继续作图:设椭圆 α,β 的两条公切线交于 M,如图 3.44.16 所示,连 AB 且交 z 于 S,过 S 作 α,β 的切线,切点分别为 G_1,G_2 和 G_3,G_4,求证:G_1,G_2,G_3,G_4 以及 M 五点共线.

此直线记为 m,它与直线 z 的交点记为 T.

命题 3.44.17 在图 3.44.16 上继续作图:过 S,T 各作 α 的两条切线,如图 3.44.17 所示,且它们两两相交于 K_1,K_2,K_3,K_4,四边形 $K_1K_2K_3K_4$ 的对角线交于 O_1,求证:O_1 在 m 上.

同样的,若对 β 施以上述作图,将得到点 O_2,O_2 也在 m 上.

在蓝观点下,图 3.44.17 的 O_1,O_2 分别是"蓝圆"α,β 的"蓝圆心".

命题 3.44.18 在图 3.44.17 上继续作图:设两条直线 K_1K_3,K_2K_4 分别交 z 于 S',T',设 α,β 的公切线之一交直线 z 于 S'',且与 α 切于 H,连 HO_1,且交直线 z 于 T'',分别以 ST,$S'T'$,$S''T''$ 为直径作圆,如图 3.44.17 所示,求证:这三个圆共点.

这个点记为 O_3,称为椭圆 α,β 关于直线 z 的"标准点".

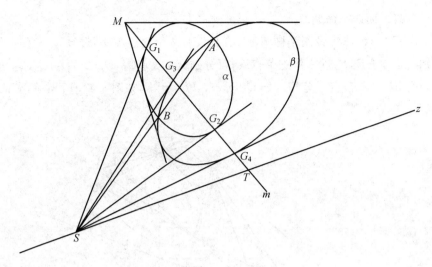

图 3.44.16

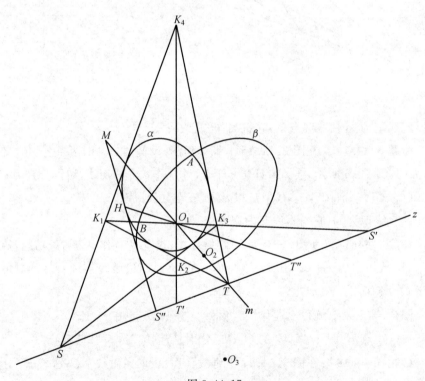

图 3.44.17

现在,在蓝观点下(以 z 为"蓝假线",O_3 为"蓝标准点"),图 3.44.17 的 α,β 都是"蓝圆",而且是相交的"蓝圆",z 是"蓝假线",O_3 是"蓝标准点".

举例说,下面的命题 3.44.19,在"蓝种人"那里就应该叙述成命题 3.44.20(已

284

经翻译).

命题 3.44.19 设两圆 α,β 相交于 A,B,P 是 α 上一点,连 PA,PB,且分别交 β 于 A',B',过 P 作 $A'B'$ 的平行线,如图 3.44.18 所示,求证:这条平行线与 α 相切.

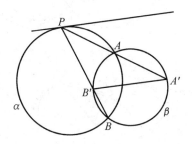

图 3.44.18

命题 3.44.20 在图 3.44.17 上继续作图:设 P 是 α 上一点,连 PA,PB,且分别交 β 于 A',B',连 $A'B'$ 且交直线 z 于 P',如图 3.44.19 所示,求证:PP' 与 α 相切.

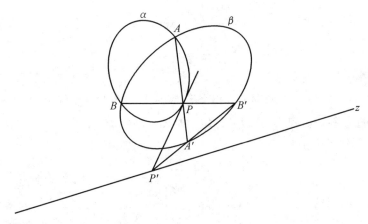

图 3.44.19

举例说,下面的命题 3.44.21,在"蓝种人"那里就应该叙述成命题 3.44. 22(已经翻译).

命题 3.44.21 设两圆 α,β 相交于 A,B,它们的圆心分别为 O_1,O_2,Q 是 α 上一点,连 QA,QB,且分别交 β 于 A_1,B_1,如图 3.44.20 所示,求证:$QO_1 \perp A_1B_1$.

命题 3.44.22 在图 3.44.17 上继续作图:设 Q 是椭圆 α 上一点,连 QA, QB,且分别交椭圆 β 于 A_1,B_1,如图 3.44.21 所示,连 A_1B_1 且交直线 z 于 X;连 QO_1 且交直线 z 于 Y,求证:$XO_3 \perp YO_3$.

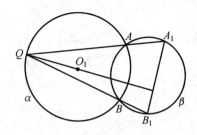

图 3.44.20

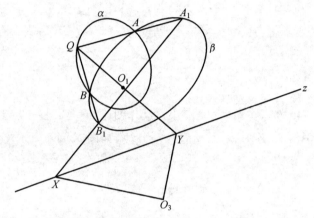

图 3.44.21

举例说,下面的命题 3.44.23,在"蓝种人"那里就应该叙述成命题 3.44.24.

命题 3.44.23　设两圆 α,β 相交于 A,B,在 AB 的延长线上取一点 R,过 R 作 α,β 的切线,切点分别为 L_1,L_2,如图 3.44.22 所示,求证:$\angle RL_1L_2 =$ $\angle RL_2L_1$.

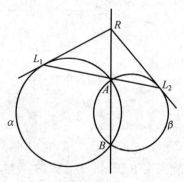

图 3.44.22

命题 3.44.24　在图 3.44.17 上继续作图:在 AB 的延长线上取一点 R,过 R 作 α,β 的切线,切点分别为 L_1,L_2,如图 3.44.23 所示,设 L_1L_2,RL_1,RL_2 分别 交直线 z 于 N,X_1,Y_1,求证:$\angle NO_3X_1 = \angle NO_3Y_1$.

二维、三维欧氏
几何的对偶原理

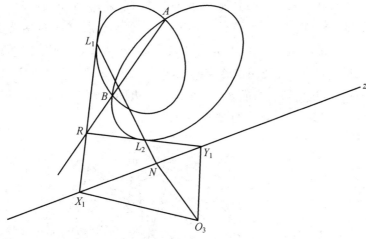

图 3.44.23

两椭圆的其他情况请读者自行研讨.

如果还与黄几何相结合,我们能够得到更有价值的结果,举例说,由命题 3.44.15,先得到下面的结论:

命题 3.44.25   设两个椭圆 α,β 有且仅有两个交点 P,Q,过 P 作两直线,且分别交 α,β 于 A,A' 和 B,B';过 Q 作两直线,且分别交 α,β 于 C,C' 和 D,D',设 AC 交 $A'C'$ 于 E;AD 交 $A'D'$ 于 F;BC 交 $B'C'$ 于 G;BD 交 $B'D'$ 于 H,如图 3.44.24 所示,求证:E,F,G,H 四点共线.

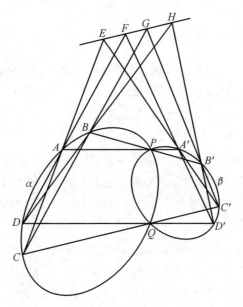

图 3.44.24

287

这个命题在黄几何中的表现,用我们的语言叙述,就是下面的命题:

命题 3.44.26 设两个椭圆 α,β 有且仅有两个交点,它们的两条公切线记为 l_1,l_2,A,B 是 l_1 上两点,C,D 是 l_2 上两点,过 A,B,C,D 分别作 α 的切线,这些切线构成 α 的一个外切四边形 $EFGH$,如图 3.44.25 所示,过 A,B,C,D 再分别作 β 的切线,这些切线构成 β 的一个外切四边形 $E'F'G'H'$,求证:EE',FF',GG',HH' 四线共点(这点记为 Z).

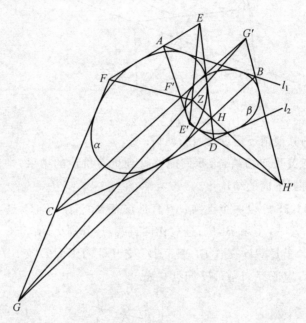

图 3.44.25

图 3.44.25 的 l_1,l_2 分别对偶于图 3.44.24 的 P,Q;图 3.44.25 的 A,B,C,D 分别对偶于图 3.44.24 的 AA',BB' 和 CC',DD';图 3.44.25 的 EE',FF',GG',HH' 分别对偶于图 3.44.24 的 E,F,G,H.

下面是另一个例子.

我们知道,若两圆外离,有下面的结论:

命题 3.44.27 设两圆 α,β 外离,它们的两条外公切线分别与 α,β 相切于 A,B 和 C,D,两条内公切线与 α,β 分别相切于 E,F 和 G,H,如图 3.44.26 所示,求证:

①AF,BE,CG,DH 四线共点,这点记为 P;

②AE,BF,CH,DG 四线共点,这点记为 Q;

③AB,EF,GH,CD 四线共点,这点是个红假点(意即:这四直线彼此平行).

二维、三维欧氏
几何的对偶原理

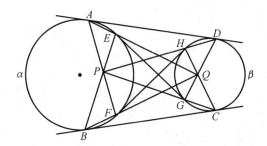

图 3.44.26

这个命题在蓝几何中的表现,用我们的语言叙述,就是下面的命题:

命题 3.44.28 设两个椭圆 α,β 外离,它们的两条外公切线分别与 α,β 相切于 A,B 和 C,D,两条内公切线与 α,β 分别相切于 E,F 和 G,H,如图 3.44.27 所示,求证:

①AF,BE,CG,DH 四线共点,这点记为 P;

②AE,BF,CH,DG 四线共点,这点记为 Q;

③AB,EF,GH,CD 四线共点,这点记为 R(这四直线及 R 在图 3.44.27 中均未画出).

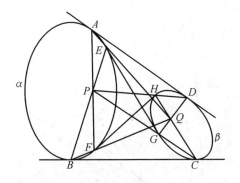

图 3.44.27

命题 3.44.28 在黄几何中的表现,用我们的语言叙述,就是下面的命题 3.44.29 或者命题 3.44.30:

命题 3.44.29 设两双曲线 α,β 相交于 A,B,C,D 四点,过 A,B 分别作 α 的切线,这两切线交于 E;过 C,D 分别作 α 的切线,这两切线交于 G;过 B,C 分别作 β 的切线,这两切线交于 F;过 D,A 分别作 β 的切线,这两切线交于 H,如图 3.44.28 所示,求证:AC,BD,EG,FH 四线共点(此点记为 O).

命题 3.44.30 设椭圆 α 和双曲线 β 有着四个交点,分别记为 A,B,C,D,过 A,B,C,D 分别作 α 的切线,这四条切线构成一个完全四边形,记为 $EFGH-$

289

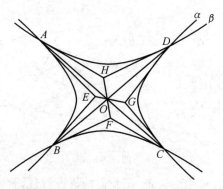

图 3.44.28

PQ;过 A,B,C,D 又分别作 β 的切线,这四条切线也构成一个完全四边形,记为 $IJKL-RS$,如图 3.44.29 所示,求证:

①F,J,L,H 四点共线;

②E,I,K,G 四点共线;

③P,Q,R,S 四点共线.

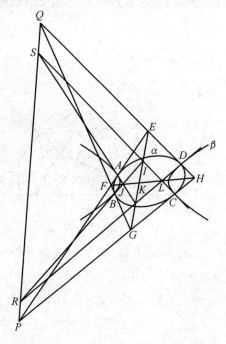

图 3.44.29

如果把图 3.44.29 的双曲线换成椭圆,那么,就成了下面的命题 3.44.31:

命题 3.44.31 设两椭圆 α,β 有着四个交点,分别记为 A,B,C,D,过 A,B,C,D 分别作 α 的切线,这四条切线构成一个完全四边形,记为 $EFGH-PQ$,

如图 3.44.30 所示(不过,P,Q 并未画出),过 A,B,C,D 又分别作 β 的切线,这四条切线也构成一个完全四边形,记为 $IJKL - RS$,求证:

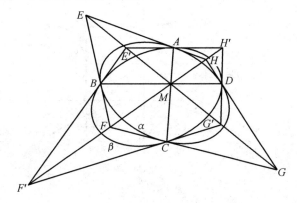

图 3.44.30

①F,J,L,H 四点共线；

②E,I,K,G 四点共线；

③P,Q,R,S 四点共线；

④A,M,C 三点共线,B,M,D 三点也共线.

3.45 "蓝共轭双曲线"

考察图 3.45.1,那里有一对共轭的双曲线 α,β(α 左右开口,β 上下开口),它们有一个公共的"外框"$GHIJ$,该框的中心也是 α,β 的中心,该框的对角线 t_1,t_2 就是 α,β 的公共的渐近线,t_1,t_2 上的假点分别记为 T_1,T_2,该框的四边与 α,β 相切,切点就是 α,β 的顶点 A,A' 和 B,B',α 的实、虚轴 m,n 分别是 β 的虚、实轴,α 的两个焦点 F_1,F_2 和 β 的两个焦点 F_3,F_4,都在一个以 M 为圆心、MG 为半径的圆上.

以上这些都是红几何中大家所熟知的.

现在,考察图 3.45.2,那里画着一个椭圆 α,以及它的"外框"$GHJI$,这个框的中心 P 就是 α 的中心,这个框的四边 l_1,l_2 和 t_1,t_2 都与 α 相切,切点就是 α 的长轴 AA' 和短轴 T_1T_2 的端点,这个框的对角线记为 m_1,m_2,m_1,m_2 上的红假点分别记为 B,B',过 A,A' 的直线记为 m,m 上的红假点记为 M,过 T_1,T_2 的直线记为 z.现在,作双曲线 β,它以 P 为中心,以 m_1,m_2 为渐近线,且以 T_1,T_2 为顶点,设 α 的焦点为 F_1,F_2,在 z 上(β 的内部)取两点 F_3,F_4,使 $T_1F_3 = T_2F_4 = PA$(即 $\angle F_3HT_1 = 45°$).

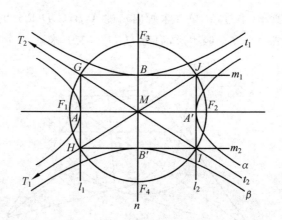

图 3.45.1

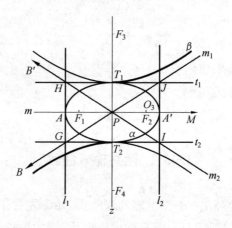

图 3.45.2

如果把图 3.45.2 的 z 当作"蓝假线",把 F_2（或 F_1）当作"蓝标准点",那么,在蓝观点下,图 3.45.2 的 α,β 就是一对"蓝共轭双曲线",它们公有的"蓝中心"是 M（一个红假点!）,公有的"蓝渐近线"是 t_1,t_2,T_1,T_2 是"蓝渐近线"上的"蓝假点",它们公有的"蓝外框"是 $GHIJ$（注意,在红观点下,它是一个折四边形）. α 的"蓝顶点"是 A,A',而 β 的"蓝顶点"是 B,B'（注意, B,B' 都是红假点,若设 α 的红方程为 $\dfrac{x^2}{a^2}+\dfrac{y^2}{b^2}=1(a>b>0)$. 那么, $bl(BB')=\dfrac{2b}{a}$ ）, α 的"蓝实轴"是 m ,"蓝虚轴"是红假线 z_1（因而看不见）. 而 β 的"蓝实轴"和"蓝虚轴"恰好与 α 的相反: β 的"蓝实轴"是红假线 z_1（因而看不见）, β 的"蓝虚轴"是 m. 必须提醒的是: z 把 α "劈"成左、右两部分,这两部分就是"蓝双曲线" α 的左、右支. 虽然 z 也把 β "劈"成左、右两部分,却不能认为这两部分就是"蓝双曲线" β 的左、右支. 正确的理解应该是这样的: z 把 β "斩"成四段,分布在第一、二、三、四象限

二维、三维欧氏
几何的对偶原理

内，第一象限和第三象限的那两段才是"蓝双曲线"β的一支（这两段在图 3.45.2 中画成了粗线条，它们在无穷远的B处是"连"着的），第二、四象限的两段构成"蓝双曲线"β的另一支（这两段在无穷远的B'处"相连"），这是事先没有想到的，然而更没有想到的事还在后面："蓝双曲线"α的"蓝焦点"在哪里？当然是F_1和F_2，那么，"蓝双曲线"β的"蓝焦点"在哪里？回答是：它们是红观点下，直线HF_3和JF_3上的红假点（当然也是直线GF_4和IF_4上的红假点）！正因为这样，所以"蓝双曲线"β的"蓝准线"，就应该是红观点下，过P的两条直线（图 3.45.2 中未画出）。

能产生"蓝共轭双曲线"的当然不止图 3.45.2 这一种，譬如说，在图 3.45.3 中，我们介绍另一种。

考察图 3.45.3，在红观点下，椭圆α的"外框"为$GHJI$，这框的中心P也是α的中心，这框的四边与α的切点中，有两个是α的长轴的两端，记为T_1,T_2，另两个是α的短轴的两端，记为A,A'，过T_1,T_2的直线记为z，过T_1,T_2的切线分别记为t_1,t_2，过A,A'的直线记为m，过A,A'且与α相切的直线分别记为l_1，l_2，m上的红假点记为M，"外框"的对角线记为m_1,m_2，m_1,m_2上的红假点分别记为B,B'，现在，作双曲线β，它以P为中心，以m_1,m_2为渐近线，且以T_1,T_2为顶点，因而α,β有着共同的"外框"。

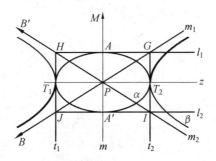

图 3.45.3

如果把图 3.45.3 的z当作"蓝假线"，那么，在蓝观点下，α,β都是"蓝双曲线"，而且是一对"蓝共轭双曲线"，它们有着：

① 公共的"蓝外框"$GHIJ$；（在红观点下，$G-H-I-J$是一个折四边形）；

② 公共的"蓝渐近线"t_1,t_2；

③ 公共的"蓝中心"——m上的红假点M。

"蓝双曲线"α的"蓝实轴"是m，"蓝虚轴"是红假线z_1，而"蓝双曲线"β的"蓝实、虚轴"正好反过来，是z_1和m。α的"蓝顶点"是A,A'，β的"蓝顶点"是

m_1, m_2 上的红假点 B, B'. z 把 β"斩"成四段,分布在第一、二、三、四象限内,第一象限和第三象限的那两段才是"蓝双曲线"β 的一支(这两段在图 3.45.3 中画成了粗线条,它们在无穷远的 B 处是"连"着的),第二、四象限的两段构成"蓝双曲线"β 的另一支(这两段在无穷远的 B' 处也是"连"着的).

至于 α, β 的"蓝焦点""蓝准线"以及"蓝标准点",是这样确定的:在红观点下,在 m 上取一点 F_1(F_1 在 α 内,见图 3.45.4),连 GF_1,IF_1,且分别交 z 于 Q,R,以线段 QR 为直径作圆,且交 m 于 O_3,这样的 O_3 有两个,它们都是"蓝标准点",取 F_1 关于 P 的对称点 F_2,那么,F_1, F_2 都是 α 的"蓝焦点",在 z 上取一点 F'_3(F'_3 在 β 内),使 $F'_3 T_2 = O_3 T_2$,那么,直线 GF'_3 和 IF'_3 上的红假点 F_3 和 F_4 就是 β 的两个"蓝焦点".

至此,图 3.45.3 的一对"蓝共轭双曲线"α, β 就完全形成了.

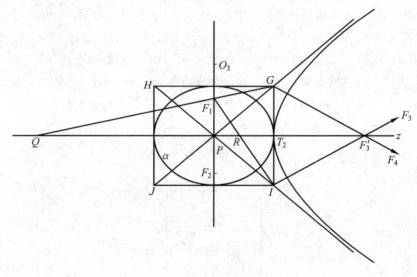

图 3.45.4

3.46 关于"中点"的讨论

(1) 在一直线上取三点 A, B, M,这直线上的红假点记为 N,如图 3.46.1 所示,若下面的等式成立

$$\frac{AM}{NA \cdot NM} = \frac{BM}{NB \cdot NM} \tag{1}$$

我们就说:M 是 A, B 的"中点".

值得注意的是,在式(1)成立时,A, B, M, N 四点中的每一个都可以当作

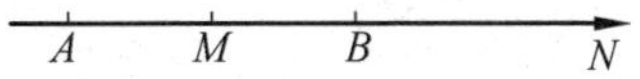

图 3.46.1

"中点":

N 是 A,B 的"中点",因为这时 $\dfrac{AN}{MA \cdot MN} = \dfrac{BN}{MB \cdot MN}$ 成立;

A 是 M,N 的"中点",因为这时 $\dfrac{MA}{BM \cdot BA} = \dfrac{NA}{BN \cdot BA}$ 成立;

B 是 M,N 的"中点",因为这时 $\dfrac{MB}{AM \cdot AB} = \dfrac{NB}{AN \cdot AB}$ 成立;

当式(1)成立时,我们就说"M,N 是 A,B 的中点",当然,也可以说成"A,B 是 M,N 的中点".

(2)考察图 3.46.2,在一直线上取三点 A,B,M,这直线上的红假点记为 N,M,N 是 A,B 的中点,在直线 AB 外取一点 P,过 P 作 AB 的平行线 n,直线 PA,PB,PM 分别记为 a,b,m,如图 3.46.2 所示.

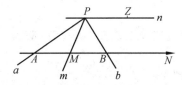

图 3.46.2

现在,在 n 上取一点 Z,那么,在黄观点下(以 Z 为"黄假线"),m 就是 a,b 构成的"黄线段"的"黄中点"(参看命题 2.18.3).

其实,"黄假线"Z 也可以安置在 m,a,b 中任何一条上,即:

如果 Z 在 m 上,那么,n 就是 a,b 构成的"黄线段"的"黄中点";

如果 Z 在 a 上,那么,b 就是 m,n 构成的"黄线段"的"黄中点";

如果 Z 在 b 上,那么,a 就是 m,n 构成的"黄线段"的"黄中点".

总之,"红观点下,M,N 是 A,B 的中点"与"黄观点下,m,n 是 a,b 的黄中点",二者互为充要条件.

(3)在图 3.46.2 上,作一直线 l,它分别交 PA,PB,PM 及 n 于 A',B',M',N',如图 3.46.3 所示,那么,应用正弦定理,容易证明下面的命题:

命题 3.46.1 设 M 是线段 AB 的中点,P 是直线 AB 外一点,过 P 且与 AB 平行的直线记为 n,一直线分别交 PA,PB,PM 及 n 于 A',B',M',N',如图 3.46.3 所示,求证

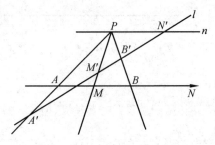

图 3.46.3

$$\frac{A'M'}{N'A' \cdot N'M'} = \frac{B'M'}{N'B' \cdot N'M'}.$$

这个结论说明:在蓝观点下(以 N' 为"蓝假点"),M' 是"蓝线段"$A'B'$ 的"蓝中点".不难看出,这时在 l 上,不仅 M' 是"蓝线段"$A'B'$ 的"蓝中点",而且,A',B',N' 中的任何一个都可以当作"蓝中点",即:

若以 M' 为"蓝假点",那么,N' 是"蓝线段"$A'B'$ 的"蓝中点",因为这时

$$\frac{A'N'}{M'A' \cdot M'N'} = \frac{B'N'}{M'B' \cdot M'N'}$$ 成立;

若以 B' 为"蓝假点",那么,A' 是"蓝线段"$M'N'$ 的"蓝中点",因为这时

$$\frac{M'A'}{B'M' \cdot B'A'} = \frac{N'A'}{B'N' \cdot B'A'}$$ 成立;

若以 A' 为"蓝假点",那么,B' 是"蓝线段"$M'N'$ 的"蓝中点",因为这时

$$\frac{M'B'}{A'M' \cdot A'B'} = \frac{N'B'}{A'N' \cdot A'B'}$$ 成立.

总之,"红观点下,M,N 是 A,B 的中点"与"黄观点下,m,n 是 a,b 的黄中点",以及"蓝观点下,M',N' 是 A',B' 的蓝中点",三者互为充要条件.

(4) 在图 3.46.3 上,任取一点 Q,如图 3.46.4 所示,那么,在黄观点下,QM',QN' 是 QA',QB' 的"黄中点",这说明:"中点关系"可以在红、黄、蓝几何中互相"传递",这个结论很重要,它不仅在二维几何成立,而且在三维几何里,也是成立的.

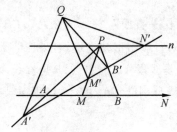

图 3.46.4

二维、三维欧氏
几何的对偶原理

3.47 "蓝点""蓝线"的坐标

现在,我们要建立两个直角坐标系,一个是红几何中的红直角坐标系,另一个是蓝几何中的蓝直角坐标系。红坐标系的原点是红标准点 O_1,它的红坐标是 $(0,0,r)(r \neq 0)$,蓝坐标系的原点是蓝标准点 O_3,但是让 O_3 与 O_1 重合,即红、蓝坐标系公用一个原点,而且就是各自的标准点,不仅如此,红、蓝坐标系的 x 轴是同一条直线,同一方向;y 轴也是同一条直线,同一方向(图 3.47.1).

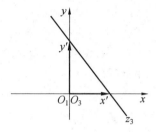

图 3.47.1

建立了红、蓝坐标系后,每个点、每条线都有了两种坐标:红坐标和蓝坐标,例如,蓝假线 z_3 的蓝坐标是 $(0,0,1)$,而红坐标是 $(w_1, w_2, 1)$.

设点 M 的红坐标为 (x,y,z),而蓝坐标为 (u,v,w),则二者间的关系是

$$\begin{cases} u = x \\ v = y \\ w = w_1 x + w_2 y + z \end{cases} \tag{1}$$

其中 w_1, w_2 是蓝假线 z_3 红坐标 $(w_1, w_2, 1)$ 的前两个分量,它们不全为零.

设直线 l 的红坐标为 (p,q,r),而蓝坐标为 (l,m,n),则二者间的关系是

$$\begin{cases} l = p - w_1 r \\ m = q - w_2 r \\ n = r \end{cases} \tag{2}$$

其中 w_1, w_2 依然是蓝假线 z_3 红坐标 $(w_1, w_2, 1)$ 的前两个分量,它们不全为零.

由此可见,w_1, w_2 是很关键的两个量,只要它们确定,(1) 和 (2) 也就确定了,红、蓝坐标间的关系就确定了.

反解 (1) 和 (2),得

$$\begin{cases} x = u \\ y = v \\ z = -w_1 u - w_2 v + w \end{cases} \tag{3}$$

297

和

$$\begin{cases} p = l + w_1 r \\ q = m + w_2 r \\ r = n \end{cases} \tag{4}$$

3.48 "蓝正交线性变换"

设蓝点 M 的蓝坐标为 (u,v,w)，蓝点 M' 的蓝坐标为 (u',v',w')，二者有如下关系

$$\begin{cases} u' = d_1 u + e_1 v + f_1 w \\ v' = d_2 u + e_2 v + f_2 w \\ w' = w \end{cases} \tag{1}$$

其中常数 d_1,e_1,f_1,d_2,e_2,f_2 满足

$$\begin{cases} d_1{}^2 + e_1{}^2 = 1 \\ d_2{}^2 + e_2{}^2 = 1 \\ d_1 d_2 + e_1 e_2 = 0 \end{cases} \tag{2}$$

式(1)是蓝几何中，把蓝点 $M(u,v,w)$ 变成蓝点 $M'(u',v',w')$ 的"蓝正交线性变换"，简称"蓝变换"，或"蓝运动"(它包含着"蓝平移"和"蓝旋转").

因为，这里的蓝变换(1)与第一章1.10中的红变换(1)同构，所以有关红变换的结论，蓝变换也一一具备，例如，在蓝几何中，有下列结论：

(1) 蓝变换使蓝假点变成蓝假点；

(2) 蓝变换使蓝假线变成蓝假线；

(3) 蓝变换(2.9)的逆变换仍然是"正交"的；

(4) 蓝变换使蓝线段的蓝长度不变；使蓝角的蓝角度不变.

3.49 "红圆锥曲线"和"蓝圆锥曲线"

设红圆锥曲线 k 的红方程为

$$a_{11}x^2 + 2a_{12}xy + a_{22}y^2 + 2a_{13}xz + 2a_{23}yz + a_{33}z^2 = 0 \tag{1}$$

记

$$A = \begin{vmatrix} a_{11} & a_{12} & a_{13} \\ a_{21} & a_{22} & a_{23} \\ a_{31} & a_{32} & a_{33} \end{vmatrix} \tag{2}$$

二维、三维欧氏
几何的对偶原理

其中 $a_{ij} = a_{ji}(i,j=1,2,3)$,且 $A \neq 0$（即 k 不可分解）.

设 k 在蓝坐标系中的蓝方程为

$$a'_{11}x'^2 + 2a'_{12}x'y' + a'_{22}y'^2 + 2a'_{13}x'z' + 2a'_{23}y'z' + a'_{33}z'^2 = 0 \quad (3)$$

设蓝假线 z_3 的红方程是

$$w_1 x + w_2 y + z = 0 \quad (4)$$

则同一点 M 的红坐标 (x,y,z) 和蓝坐标 (x',y',z') 之间的关系是

$$\begin{cases} x = x' \\ y = y' \\ z = -w_1 x' - w_2 y' + z' \end{cases} \quad (5)$$

将(5)代入(1)可得

$$\begin{cases} a'_{11} = a_{11} - 2a_{13}w_1 + a_{33}w_1^2 \\ a'_{12} = a_{12} - a_{13}w_2 - a_{23}w_1 + a_{33}w_1w_2 \\ a'_{22} = a_{22} - 2a_{23}w_2 + a_{33}w_2^2 \\ a'_{13} = a_{13} - a_{33}w_1 \\ a'_{23} = a_{23} - a_{33}w_2 \\ a'_{33} = a_{33} \end{cases} \quad (6)$$

记

$$A' = \begin{vmatrix} a'_{11} & a'_{12} & a'_{13} \\ a'_{21} & a'_{22} & a'_{23} \\ a'_{31} & a'_{32} & a'_{33} \end{vmatrix} \quad (7)$$

$$A'_{33} = \begin{vmatrix} a'_{11} & a'_{12} \\ a'_{21} & a'_{22} \end{vmatrix} \quad (8)$$

可以证明

$$A' = A \quad (9)$$

所以,$A' \neq 0$,且:

K 为蓝椭圆的充要条件是 $A'_{33} > 0$;

K 为蓝抛物线的充要条件是 $A'_{33} = 0$;

K 为蓝双曲线的充要条件是 $A'_{33} < 0$.

由(4)有

$$y = \frac{-z - w_1 x}{w_2} \quad (10)$$

将它代入红方程(1)得

$$(a_{11}w_2{}^2 - 2a_{12}w_1w_2 + a_{22}w_1{}^2)x^2 -$$
$$2(a_{12}w_2 - a_{22}w_1 - a_{13}w_2{}^2 + a_{23}w_1w_2)x +$$
$$(a_{22} - 2a_{23}w_2 + a_{33}w_2{}^2) = 0$$

解这个方程得

$$x = \frac{(a_{12}w_2 - a_{22}w_1 - a_{13}w_2{}^2 + a_{23}w_1w_2) \pm \sqrt{\Delta}}{a_{11}w_2{}^2 - 2a_{12}w_1w_2 + a_{22}w_1{}^2}$$

其中

$$\Delta = (a_{12}w_2 - a_{22}w_1 - a_{13}w_2{}^2 + a_{23}w_1w_2)^2 - (a_{11}w_2{}^2 - 2a_{12}w_1w_2 + a_{22}w_1{}^2) \cdot$$
$$(a_{22} - 2a_{23}w_2 + a_{33}w_2{}^2)$$

经计算得

$$\Delta = -w_2{}^2 A'_{33} \tag{11}$$

这个式子表明：

K 为蓝椭圆的充要条件是 z_3 与 k 没有公共点；

K 为蓝抛物线的充要条件是 z_3 与 k 仅有一个公共点；

K 为蓝双曲线的充要条件是 z_3 与 k 有两个公共点.

以下指出：如何用尺规确定蓝标准点，使得 k（不论 k 是红椭圆、红抛物线或红双曲线）在蓝观点下成为"蓝椭圆"或"蓝抛物线"或蓝双曲线.

因为不论 k 是红椭圆、红抛物线或红双曲线，作图的方法都是一样的，所以在以下三次作图中，k 都以椭圆为例.

（1）如何使 k 成为"蓝椭圆".

考察图 3.49.1，设 A_1A_2 是 k 的一条弦，A_1A_2 的极点为 P，过 P 作一割线交 k 于 B_1，B_2，设 B_1B_2 的极点为 Q，记直线 PQ 为 z_3，过 Q 作 k 的切线，且交 PA_1，PA_2 于 C_1，C_2，在 A_1A_2 上取一点 F_1，连 F_1C_1，F_1C_2，且分别交 z_3 于 P'，Q'，又设 F_1 的极线是 f_1，在 f_1 上任取一点 D，F_1D 交 z_3 于 P''，D 的极线交 z_3 于 Q''，那么，分别以 PQ，$P'Q'$，$P''Q''$ 为直径的三个圆必共点，该点记为 O_3（这样的 O_3 有两个），它就是蓝标准点. 这时，在蓝观点下，红圆锥曲线 k 是"蓝椭圆"，A_1A_2 是"蓝长轴"，B_1B_2 是"蓝短轴"，F_1 是"蓝焦点"之一，f_1 是"蓝准线"之一，z_3 是"蓝假线"，A_1A_2 与 B_1B_2 的交点 M 是该蓝椭圆的"蓝中心".

易见，"蓝长轴"A_1A_2，"蓝短轴"B_1B_2 以及第一个"蓝焦点"F_1 的位置要先行确定，然后按上述过程作图，寻找"蓝标准点"O_3，从而使 k 成为"蓝椭圆".

有两点需要指出：

第一，寻找蓝标准点的方法有很多种，上面介绍的只是其一；

第二，对某些特殊的红圆锥曲线 k，在蓝观点下，视为"蓝椭圆"，是很有价值的.

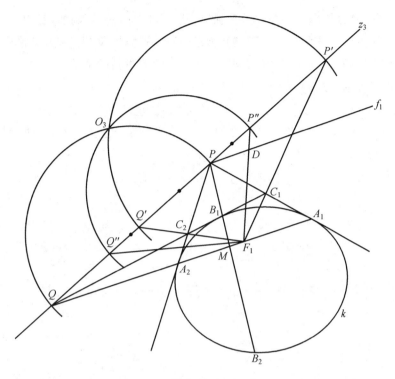

图 3.49.1

例如,图 3.49.2 中的红等轴双曲线 k,就可以看成"蓝椭圆",这时,k 的虚轴 z_3(在图 3.49.2 中,z_3 被略成 z,以后经常这样做)是"蓝假线",k 的两个焦点 F_1,F_2 仍然是"焦点",不过是"蓝椭圆"的"蓝焦点",图中的粗线条是"蓝长轴",该"蓝椭圆"的"蓝短轴"很特别,是看不见的,它是红假线,因而"蓝椭圆"的"蓝中心"也是看不见的,它是直线 F_1F_2 上的红假点,最后指出:"蓝标准点"O_3 是 F_1(或 F_2).

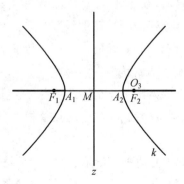

图 3.49.2

301

于是,凡红椭圆的性质,均可"搬到"红等轴双曲线上.例如,我们知道:"椭圆上任一点到椭圆两焦点的距离和为定值",将这条性质对偶到蓝几何中,并且让它表现在图 3.49.2 那样的蓝椭圆上,于是得到下面的结论:

设等轴双曲线的方程为

$$x^2 - y^2 = a^2 \quad (a > 0)$$

其两个焦点是 F_1, F_2(图 3.49.3),A 是双曲线上任一点,连 AF_2, AF_1,且分别交双曲线虚轴所在直线 z_3 于 P, Q,则有

$$\frac{F_2A \cdot F_2P}{PA} + \frac{F_1A \cdot F_1Q}{QA} = 4a$$

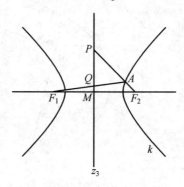

图 3.49.3

(2) 如何使 k 成为"蓝抛物线".

考察图 3.49.4,设 F 是红圆锥曲线 k 内一点,PA 是过 F 的弦,过 A, P 分别作 k 的切线 l 和 z_3,二者交于 Q,在 l 上任取两点 A', A'',分别连 $A'F, A''F$,且交 z_3 于 P' 和 P'',又过 A', A'',分别作 k 的切线,且交 z_3 于 Q' 和 Q'',分别以 PQ,$P'Q', P''Q''$ 为直径作圆,那么,这三个圆必共点,记这点为 O_3(这样的 O_3 有两个),它就是蓝标准点.这时,在蓝观点下,红圆锥曲线 k 是"蓝抛物线",AP 是其"蓝对称轴",F 是其"蓝焦点",z_3 是"蓝假线".

易见,"蓝假线"z_3 和"蓝焦点"F 的位置要先行确定,然后按上述过程作图,寻找"蓝标准点"O_3,从而使 k 成为"蓝抛物线".

当然,寻找蓝标准点的方法不止上述那一种.

对于某些特殊的红圆锥曲线 k,在蓝观点下视为"蓝抛物线",是很有价值的.

例如,设红椭圆 k 的中心为 M,长轴为 AP,MN 是半短轴,过 P 作 k 的切线 z_3(图 3.49.5),在直线 AP 上取一点 O_3,使 $PO_3 = MN$(这样的 O_3 有两个),那么,在蓝观点下,红椭圆 k 就成了"蓝抛物线",其"蓝焦点"是 M,"蓝对称轴"是

二维、三维欧氏
几何的对偶原理

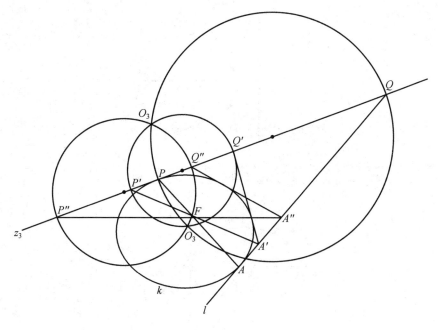

图 3.49.4

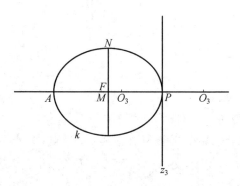

图 3.49.5

AP，z_3 是"蓝假线"，O_3 是"蓝标准点"，有趣的是，"蓝准线"在无穷远，是红假线 z_1.

　　我们知道，在红几何中，关于抛物线有一条性质：设抛物线的焦点为 F，准线为 f（图 3.49.6），过抛物线上一点 A 作切线，且交 f 于 B，则 $FA \perp FB$.

　　现在，将这条性质对偶到蓝几何中，并且让它表现在图 3.49.5 那样的蓝抛物线上，于是得到下面的结论：

　　设椭圆的中心为 M（图 3.49.7），长轴为 AP，半短轴为 MN，过 P 的切线为 z_3，过椭圆上任一点 B 作切线 l，过 M 作 l 的平行线，且交 z_3 于 Q，连 MB 且交 z_3 于 R，以 QR 为直径作于圆，且交直线 AP 于 O_3（这样的 O_3 有两个），则：

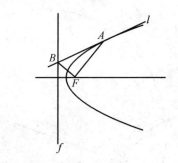

图 3.49.6

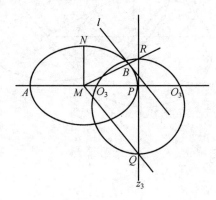

图 3.49.7

①O_3 是定点；

②$O_3P = MN$.

（3）如何使 k 成为"蓝双曲线".

考察图 3.49.8，设 A_1A_2 是红圆锥曲线 k 的一弦，A_1A_2 的极点为 P，过 P 作一割线 z_3，且交 k 于 B_1,B_2，交 A_1A_2 于 Q，设 B_1B_2 的极点为 M，过 M 作 k 的切线，且分别交 PA_1,PA_2 于 C_1,C_2，在 A_1A_2 上取点 F_1，连 F_1C_1,F_1C_2，且分别交 z_3 于 P',Q'，又设 F_1 的极线是 f_1，在 f_1 上取一点 D，连 F_1D 且交 z_3 于 P''，D 的极线交 z_3 于 Q''，那么，以 $PQ,P'Q',P''Q''$ 为直径的三个圆必共点，该点记为 O_3（这样的 O_3 有两个）. 它就是蓝标准点，这时，在蓝观点下，红圆锥曲线 k 是"蓝双曲线"，A_1A_2 是"蓝实轴"，MP 是"蓝虚轴"，M 是"蓝中心"，MC_1 是"蓝渐近线"之一，F_1 是"蓝焦点"之一，f_1 是与 F_1 相应的"蓝准线"，z_3 是"蓝假线".

易见，"蓝实轴"A_1A_2、"蓝虚轴"MP 以及第一个"蓝焦点"F_1 的位置要先行确定，然后按上述过程作图，寻找"蓝标准点"O_3，从而使 k 在蓝观点下成为"蓝双曲线".

当然，寻找蓝标准点的方法不止上述一种.

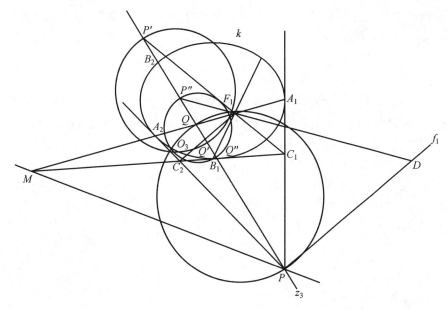

图 3.49.8

对于某些特殊的红圆锥曲线 k，在蓝观点下视为"蓝双曲线"，是很有价值的.

例如，图 3.49.9 中的红椭圆 k 就可以看成"蓝双曲线"：k 的短轴 z_3 是"蓝假线"，k 的两个焦点 F_1，F_2 仍然是"焦点"，不过是"蓝双曲线"的"蓝焦点"，图中的粗线条是"蓝实轴"，该"蓝双曲线"的"蓝虚轴"很特别，是看不见的，它是红假线 z_1，因而其"蓝中心"也是看不见的，它是直线 F_1F_2 上的红假点，至于"蓝标准点"则是 F_1（或 F_2）. 所以，如果将红几何中双曲线的定义，对偶到像图 3.49.9 那样的"蓝双曲线"上，则可得下面一个结论：

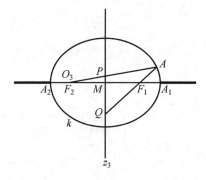

图 3.49.9

设图 3.49.9 中的红椭圆的红方程是

$$\frac{x^2}{a^2} + \frac{y^2}{b^2} = 1 \quad (a > b > 0)$$

305

椭圆的两个焦点是 F_1，F_2，A 是椭圆上一点，连 AF_1 和 AF_2，且分别交椭圆的短轴 z_3 于 Q，P，则有

$$\left| \frac{F_2 A \cdot F_2 P}{PA} - \frac{F_1 A \cdot F_1 Q}{QA} \right| = \frac{2(a^2 - b^2)}{a}$$

在图 3.49.1，图 3.49.4，图 3.49.8 中，以 $P''Q''$ 为直径的那个圆，实际上是多余的，之所以每次都有它，是为了确保 O_3 的"正确性"，是为了增强我们的"信心".

二维、三维欧氏
几何的对偶原理

三维欧氏几何的对偶原理

第 1 节　红三维几何

1.1　三维几何中的对偶几何

中学教科书中的立体几何是"红三维几何",它的对偶几何称"黄三维几何",再对偶则称"蓝三维几何",……

红三维几何研究的对象有三:"红点""红线""红面".

黄三维几何研究的对象有三:"黄点"(其实就是红面)、"黄线"(其实就是红线)、"黄面"(其实就是红点).

蓝三维几何研究的对象有三:"蓝点"(其实就是红点)、"蓝线"(其实就是红线)、"蓝面"(其实就是红面).

1.2　红三维几何研究的对象

红三维几何研究的最基本的对象有以下三种.

"红点":包含"红欧点"(就是通常的点)和"红假点";

"红线":包含"红欧线"(就是通常的直线)和"红假线";

"红面":包含"红欧面"(就是通常的平面)和"红假面"(红假面只有一个).

307

进一步的解释是：

"红欧点"：就是通常的点；

"红欧线"：就是通常的直线,但是带上一个红假点；

"红欧面"：就是通常的平面,但是带上一条红假线；

"红假点"：每条红欧线都有且仅有一个红假点；凡平行的红欧线都有一个公共的红假点；

"红假线"：每个红欧面上都有且仅有一条红假线；凡平行的红欧面都有一条公共的红假线；

"红假面"：一种特殊的红面,称"红假面",红假面是唯一的.红假面的专用记号是"**R**".

由以上六种基本元素可以逐渐引申出其他的概念,如：线段,角,平行线,三角形,四边形,圆,椭圆,三棱锥,平行六面体,正多面体,球,椭圆面,双叶双曲面,……,在三维红几何里,这些概念都应该冠以"红"字,称为"红线段""红角"……,不过,在不会引起误会的情况下,"红"字通常是省略的,就像往常一样叙述.

在红欧点中选取一个点(红欧点),称其为"标准点"或"红标准点",专记为"O_1",它在角的度量和线段的度量中起着重要的作用.

红假面 **R** 上的红假点与过红标准点 O_1 的直线形成一一对应；红假面 **R** 上的两个红假点间都赋予一个数值,称为这两个红假点间的"角度".这个"角度"要通过标准点 O_1 上两条相应直线所构成的夹角体现(参阅本章1.4).

1.3　线段

红三维几何里,"线段"的定义与二维时一样,请参看第1章的1.4.

线段是点的集合.

直线 l 上的两点 A,B 只能产生一条线段.

线段的"长度"的度量与红二维几何的规定是一样的,请参看第1章第1节的1.8.

1.4　角

红三维几何里,一平面上两条相交直线将产生"角"的概念,其定义与二维时一样,请参看第1章的1.5.

二维、三维欧氏
几何的对偶原理

角是直线的集合.

过点 A 的两条直线 l_1,l_2 会产生两个角.

要想知道一个角的度数,就必须对它作平移,把角的顶点平移到标准点 O_1 处,因为只有顶点在 O_1 的角才是可以度量的. 这是我们对角的度量的规定,请参看第一章第一节的 1.7.

1.5 二面角

在红三维几何里,两相交平面 M,N 的交线记为 l,如图 1.5.1 所示,让平面 M 绕着 l 循两个不同的方向旋转到 N,其两次扫过的平面构成两个集合,这两个集合都称为"二面角",l 称为二面角的"棱".

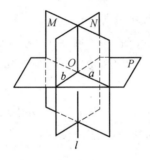

图 1.5.1

作一个与 l 垂直的平面 P,垂足记为 O,P 与 M,N 的交线分别记为 a,b,那么,由 a,b 所产生的两个角的大小就作为相应二面角的大小. 由 a,b 所构成的这两个角称为二面角的"平面角".

在没有特别声明时,所谓"两个平面的夹角",是指这两个平面所产生的两个二面角中较小的那一个.

总之,二面角是平面的集合.

过一条直线 l 的两个平面 M,N 会产生两个二面角.

1.6 三角形

在红三维几何里,"三角形"这个概念是这样定义的:

设平面 P 上,有不共点的三直线 l_1,l_2,l_3,它们两两相交于 A,B,C,如图 1.6.1 所示,那么,这个几何图形称为"三角形". 记为"$P-l_1l_2l_3$" 或"$P-ABC$"或"$\triangle ABC$".

请注意以下与三角形有关的概念：

"截面"：指平面 P；

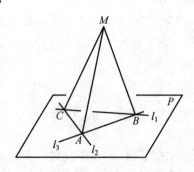

图 1.6.1

"底边"：指三直线 l_1, l_2, l_3 中的每一条；

"顶点"：指 A, B, C 三点中的每一个；

"内边"：指线段 BC, CA, AB 中的每一个，内边可以简称为"边"；

"外边"：指每条底边上除去"内边"后的剩余部分（剩余部分并非两段，而是一个整体）；

"内角"：指 $\angle BAC, \angle CBA, \angle ACB$，它们分别对着"内边"$BC, CA, AB$；

"外角"：指各"内角"的补角，它们分别以 A, B, C 为顶点，且分别与各"外边"相对应；

"聚点"或"参考点"：指平面 P 外一点（记为 M）.

如果一个点与三角形的三个顶点的连线，属于每一个内角，就说这个点位于该三角形的内部，否则就属于该三角形的外部.

三角形的"内角"和"外角"，"内边"和"外边"，…… 有内、外之分的概念，都直接或间接地与无穷远元素（假元素）有关，我们没有明确地承认这一点，却无时无刻不在应用着.

没有假元素，就不会有内、外之分，一切混沌不清. 没有假元素的世界，是"悲惨的世界"（雨果，Victor Hugo）.

1.7 三面角

现在考察图 1.7.1，过点 P 有三条不共面的直线 l_1, l_2, l_3，我们称这个图形为"三面角"，作一个截面 M，它分别交直线 l_1, l_2, l_3 于 A, B, C，那么，这个三面角可以记为"$P - l_1 l_2 l_3$"或"$P - ABC$". 三面角也有内外之分，凡 $\triangle ABC$ 内部的

二维、三维欧氏
几何的对偶原理

点也都是该三面角内部的点. 正因为如此, 平面 M 一旦选定, 就不可更改其方向, 当然, 可以上下平移.

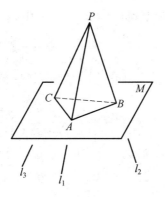

图 1.7.1

过点 P 的不共面的三条直线 l_1, l_2, l_3, 会构成两个"三面角", 要想说清是哪一个, 就必须作截面 M, 产生 $\triangle ABC$, 以明确三面角的"内部", 从而明确所说的"三面角"是两个里的哪一个. 可见, 说"三面角"时, 截面 M 是必不可少的(正因为如此, 有关三面角的命题常改说成有关三棱锥的命题).

在这里, 我们利用 $\triangle ABC$ 的内部来界定三面角的内部, 这个先后也可以倒过来, 即利用三面角的内部来界定 $\triangle ABC$ 的内部, 因为它们之间是因果关系, 这就是为什么在图 1.6.1 中, 添加了"参考点" M 的缘故.

我们即将看到, 三角形和三面角有着对偶关系.

请注意以下与三面角有关的概念:

"聚点":指点 P;

"侧棱":指三直线 l_1, l_2, l_3 中的每一条;

"侧面":指平面 PBC, PCA, PAB 中的每一个;

"内二面角":指二面角 $B-PA-C, C-PB-A, A-PC-B$ 中的每一个, 它们的专用记号分别是 A^*, B^*, C^*, 三面角的"内二面角"可以简称为三面角的"二面角";

"外二面角":指上述内二面角的补二面角;

"平分线":三面角的三个二面角的平分面是共线的(参看本章命题 2.18. 8), 这线就称为该三面角的"平分线";

"内面角":指 $\angle BPC, \angle CPA, \angle APB$, 它们分别对应着线段 BC, CA, AB, 专用记号分别是 $(A), (B), (C)$, "内面角"可以简称为"面角";

"外面角":指各"内面角"的补角;

"底面"或"参考面":指平面 M.

下面介绍两个与三面角有关的定理:

命题 1.7.1(第一余弦定理) 在图 1.7.1 中,求证

$$\cos A^* = \frac{\cos(A) - \cos(B) \cdot \cos(C)}{\sin(B) \cdot \sin(C)} \tag{1}$$

$$\cos B^* = \frac{\cos(B) - \cos(C) \cdot \cos(A)}{\sin(C) \cdot \sin(A)} \tag{2}$$

$$\cos C^* = \frac{\cos(C) - \cos(A) \cdot \cos(B)}{\sin(A) \cdot \sin(B)} \tag{3}$$

命题 1.7.2(第二余弦定理) 在图 1.7.1 中,求证

$$\cos(A) = \frac{\cos A^* + \cos B^* \cdot \cos C^*}{\sin B^* \cdot \sin C^*} \tag{4}$$

$$\cos(B) = \frac{\cos B^* + \cos C^* \cdot \cos B^*}{\sin C^* \cdot \sin B^*} \tag{5}$$

$$\cos(C) = \frac{\cos C^* + \cos A^* \cdot \cos B^*}{\sin A^* \cdot \sin B^*} \tag{6}$$

如果对(1)(2)(3)求解 $\cos(A),\cos(B),\cos(C)$,就会得到后三个公式,但是,求解的工作很吃力,在后面我们有轻松的解法(参看本章的 2.15).

若三面角中,$(A)=45°,(B)=90°,(C)=60°$,则由前三个公式得 $\cos A^* = \sqrt{\dfrac{2}{3}}$,$\cos B^* = -\dfrac{\sqrt{3}}{3}$,$\cos C^* = \dfrac{\sqrt{2}}{2}$.

若在三面角中,$A^*=90°,B^*=\arccos\dfrac{\sqrt{3}}{3},C^*=\arccos\dfrac{\sqrt{3}}{3}$,则由后三个公式得:$(A)=60°,(B)=45°,(C)=45°$.

命题 1.7.3 设三面角 $P-ABC$ 中,$(A)=90°$(即 $\angle BPC=90°$),如图 1.7.2 所示,求证

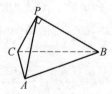

图 1.7.2

$$\cos A^* \cdot \cos B^* = c\tan(A) \cdot c\tan(B)$$

命题 1.7.4 设三面角 $P-ABC$ 中,$A^*=90°$(即二面角 $B-P-C$ 为 $90°$),如图 1.7.3 所示,求证

二维、三维欧氏
几何的对偶原理

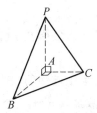

图 1.7.3

$$\cos(A) \cdot \cos(B) = c\tan A^* \cdot c\tan B^*$$

易见,下面的命题成立:

命题 1.7.5 设三面角 $P-ABC$ 如图 1.7.1 所示,求证:"二面角 $A-PB-C$ 和二面角 $A-PC-B$ 相等"的充要条件是"面角 $\angle APB$ 和面角 $\angle APC$ 相等".

于是推得一个有用的命题(参看本章中 2.7 的(8)):

命题 1.7.6 设四面体 $ABCD$ 中(图 1.7.4),六个二面角都相等,求证:这个四面体是正四面体.

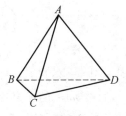

图 1.7.4

证明 因为二面角 $C-AD-B,D-AB-C,B-AC-D$ 都相等,所以 $\angle CAB,\angle DAC,\angle BAD$ 都相等(依据命题 1.7.5),它们的值记为 α.

同理,$\angle ABC,\angle CBD,\angle DBA$ 都相等,它们的值记为 β;$\angle ACB,\angle BCD$,$\angle DCA$ 都相等,它们的值记为 γ;$\angle ADB,\angle BDC,\angle CDA$ 都相等,它们的值记为 δ.

于是,$\triangle ACD \cong \triangle BCD$,所以,$\alpha=\beta$,同理,$\beta=\gamma,\gamma=\delta,\delta=\alpha$.

故 $\triangle ABC,\triangle ACD,\triangle ADB,\triangle BCD$ 均为正三角形,四面体 $ABCD$ 是正四面体. (证毕)

1.8 "红微点几何"

我们通常认为,一个平面是无限延伸的,其上领域广阔,二维欧氏几何在这个舞台上,演绎着成千上万的"故事".至于一个点,它是如此之微小,其上还能有什么作为?

出乎意料的是,一个点的容量和一个平面的容量实际上是一样的,为此,我们考察图 1.8.1,设 P 是平面 π 外一点,过 P 且与 π 平行的平面记为 λ,我们称 π 为"基准面",λ 为"参考面".

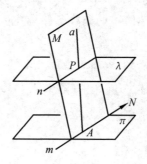

图 1.8.1

设 m 是 π 上一直线,A 是 m 上一点,过 A,P 的直线记为 a,过 m,P 的平面记为 M,M 与 λ 的交线记为 n,直线 m 上的无穷远点(红假点)记为 N.

现在,在点 P 和平面 π 之间建立起一种一一对应:

平面 π 上的点 A(包括红假点)对应于点 P 上的直线 a;

平面 π 上的直线 m(包括红假线)对应于点 P 上的平面 M;

平面 π 上的红假点 N 对应于平面 λ 上过点 P 的直线 n;

平面 π 上的红假线 z_1 对应于平面 λ.

这样一来,基准面 π 上的一切事物和一切活动,例如:线段、角、三角形、圆、……,以及平行、相交、相等 ……,在点 P 上都会有相应的反映,π 上的一切事物,在点 P 上都一一存在.

π 上演绎的几何叫作"欧氏平面几何"或"红平面几何",那么,P 上演绎的几何就应该叫作"欧氏微点几何"或"红微点几何".

上述对应是双向的对应,其中从 π 上的事物(譬如点 A),产生 P 上相应的事物(譬如直线 a),这个过程称为"吸收"——"从平面 π 吸收到点 P";反过来的过程称为"放射"——"从点 P 放射到平面 π".

既然在点 P 上演绎的是"红几何",那么,就应该有"红点""红线"…… 概念,这些概念用我们的语言叙述,就是:

"红点":指过 P 的所有直线;

"红线":指过 P 的所有平面;

"红假线":指过 P 且与 π 平行的平面,就是"基准面"λ;

"红假点":指平面 λ 上过 P 的所有直线;

"红欧点":指过 P 但不在 λ 内的所有直线;

"红欧线":指过 P 的所有平面,但 λ 除外;

"平行的红欧线":指过 P 的两个相交平面 M,M',它们的交线 n 在 λ 上(图 1.8.2);

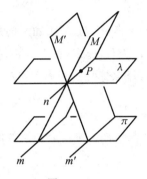

图 1.8.2

"红角":若过 P 的两个相交平面 M,N 的交线不在 λ 上(图1.8.3),则说这两个平面在 P 上构成一个"红角";

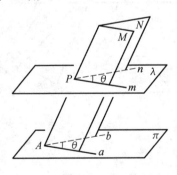

图 1.8.3

设 M,N 分别交 λ 于直线 m,n,又分别交 π 于直线 a,b,若 m,n 的夹角为 θ,则 a,b 的夹角也是 θ,我们规定在 P 上由 M,N 所构成的"红角"的大小就以 θ 计.

在平面 π 上,平移不会改变一个角的大小,这一结论在 P 上也是明显成立

315

的(参看图 1.8.4).

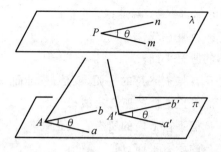

图 1.8.4

"红线段":若过 P 的两直线 l_1, l_2 均不在平面 λ 上(图 1.8.5),则说这两个直线在 P 上构成一个"红线段";

设 l_1, l_2 分别交平面 π 于 A, B, l_1, l_2 所确定的平面 M 与平面 λ 的交线记为 n,点 P 在平面 π 上的射影记为 O,那么,在 P 上由 l_1, l_2 所确定的"红线段"的长(也就是 P 上两"红欧点"l_1, l_2 之间的"距离"),按下式计算

$$d(l_1 l_2) = \frac{k \cdot \sin \alpha}{\sin \beta \cdot \sin \gamma \cdot \sin \theta} \tag{1}$$

其中 k 是常数,θ 是平面 M 与平面 λ 所构成的锐二面角的大小,α, β, γ 的大小如图 1.8.5 所示.

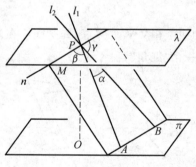

图 1.8.5

我们有下面的结论:

命题 1.8.1 求证

$$d(l_1 l_2) = \frac{k \cdot AB}{PO} \tag{2}$$

证明 图 1.8.5 中,设 O 在直线 AB 上的射影为 C,如图 1.8.6 所示,那么

$$d(l_1 l_2) = \frac{k \cdot \sin \alpha}{\sin \beta \cdot \sin \gamma \cdot \sin \theta}$$

二维、三维欧氏
几何的对偶原理

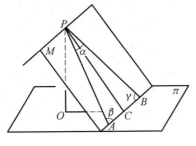

图 1.8.6

$$= \frac{k \cdot \sin \alpha}{\dfrac{PC}{PA} \cdot \dfrac{PC}{PB} \cdot \dfrac{PO}{PC}}$$

$$= \frac{k \cdot PA \cdot PB \cdot \sin \alpha}{PO \cdot PC}$$

$$= \frac{2k \cdot S_{\triangle PAB}}{PO \cdot PC}$$

$$= \frac{k \cdot PC \cdot AB}{PO \cdot PC}$$

$$= \frac{k \cdot AB}{PO} \qquad\qquad （证毕）$$

如果令 $k = PO$，那么

$$d(l_1 l_2) = AB$$

这说明 P 上"红线段" $l_1 l_2$ 的"长度"与 π 上线段 AB 的长度是一样的，所以，在 P 上，"红线段" $l_1 l_2$ 的"长度"在"平移"或"旋转"下都是不变的.

"红三角形"：设 A, B, C 是平面 π 上不共线三点（图 1.8.7），直线 PA, PB，PC 分别记为 a, b, c，那么，在点 P 上，由 a, b, c 构成的图形称为"红三角形"，a，b, c 是它的三个"顶点"，三平面 PBC, PCA, PAB 都是它的"边"，显然，这个"红三角形"实际上是个三面角.

"红圆"：设 m 是过 P 的定直线，l 是过 P 的一条动直线，若 l, m 按 P 上的"红欧点"间距离公式（1）计算的值为定值（该值记为 r），则说动直线 l 的集合为一个"红圆"（图 1.8.8）.

在我们看来，这里所说的"红圆"，实际上是一个斜圆锥面（oblique circular cone）.

总之，我们在点 P 上建立了"红二维几何"，在那里，平面被当作"直线"，而直线则被当作了"点".

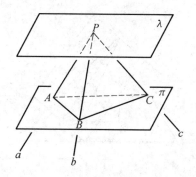

图 1.8.7

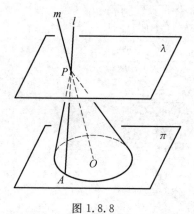

图 1.8.8

1.9　四面体

空间不共面四点 A,B,C,D 两两相连所形成的几何图形称为"四面体",如图 1.9.1 所示.

与四面体有关的概念有:

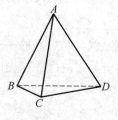

图 1.9.1

"顶点":指点 A,B,C,D;

"面":指平面 ABC,ACD,ADB,BCD,有时把 $\triangle ABC,\triangle ACD,\triangle ADB$,

△BCD 也称为"面";

"棱":指直线 AB,AC,AD,BC,CD,DB,有时把线段 AB,AC,AD,BC,CD,DB 也称为"棱",这时,棱有长度,称为"棱长".

"内切球":四面体有四个面,每相邻两个面构成一个二面角,这样的二面角有六个,它们都各有一个平分面,可以证明,这六个平分面是共点的,这点记为O,因而,每一个四面体都存在且仅存在一个球,它以 O 为球心,且与四面体的各个面都相切,这个球称为"四面体的内切球"(图 1.9.2).

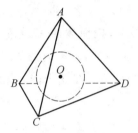

图 1.9.2

"内心":四面体的内切球的球心称为这个四面体的"内心".

"外接球":四面体有四个面,每个面都有一个外心,过每个外心都作其所在面的垂线,得到四条垂线,可以证明,这四条垂线是共点的,这点记为O,因而,每一个四面体都存在且仅存在一个球,它以 O 为球心,且过四面体的各个顶点,这个球称为"四面体的外接球"(图 1.9.3).

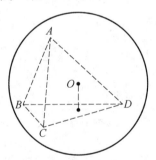

图 1.9.3

"外心":四面体的外接球的球心称为这个四面体的"外心".

"外接平行六面体":过四面体 $ABCD$ 的每一条棱作对棱的平行平面,这六个平面围成的平行六面体 $AC'BD'-A'CB'D$ 称为四面体 $ABCD$ 的"外接平行六面体",如图 1.9.4 所示,这样的外接平行六面体是唯一的.反之,一个平行六面体 $AC'BD'-A'CB'D$,会有两个内接于它的四面体,一个是 $ABCD$,另一个是 $A'B'C'D'$.

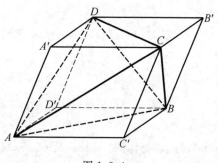

图 1.9.4

"中心(重心)"：我们知道，四面体 $ACFH$ 的三组对棱的中点连线（如图 1.9.5 的 MN 就是其一）是共点的，这点记为 T，称为这个四面体的"中心"（其实，称为"重心"更适宜），显然，T 也是这个四面体的外接平行六面体 $ABCD - EFGH$ 的中心.

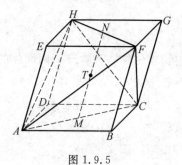

图 1.9.5

1.10 "等对棱四面体"

若四面体的三组对棱分别相等，这样的四面体称为"等对棱四面体".

我们知道，长方体 $ABCD - A'B'C'D'$ 中，就有两个"等对棱四面体"，例如，$AB'CD'$ 就是其一（图 1.10.1），长方体 $ABCD - A'B'C'D'$ 的中心 T 也称为"等对棱四面体"$AB'CD'$ 的"中心".

"等对棱四面体"有以下性质：

（1）"等对棱四面体"的对棱中点连线两两垂直平分；

（2）"等对棱四面体"的一组对棱中点连线是这组对棱的公垂线；

（3）每个"等对棱四面体"可以置入一个长方体中，这个长方体的六个面分别经过"等对棱四面体"的一条棱，如图 1.10.1 那样. 反过来，每个长方体中都有两个全等的"等对棱四面体"，而且长方体的长、宽、高分别等于"等对棱四面

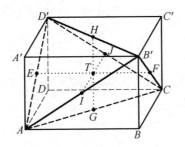

图 1.10.1

体"三组对棱间的距离;

(4)"等对棱四面体"的每一个面都是全等的锐角三角形;

(5)"等对棱四面体"的各个面上的高相等;

(6)"等对棱四面体"各面的重心与所对顶点的连线必过这四面体的中心;

(7) 一个四面体是"等对棱四面体"的充要条件为"三组对棱的公垂线互相垂直平分";

证明 充分性:设三组对棱的公垂线互相垂直平分.

过每组对棱作该组对棱公垂线的垂面,就会构成一个长方体(图 1.10.1),因而三组对棱都相等。

必要性:设四面体 $ABCD$ 的三组对棱都相等.

取各棱的中点 E,F,G,H,I,J,如图 1.10.2 所示,那么,$EGFH$ 是菱形,对角线 EF,GH 互相垂直平分,同理,IJ,EF 互相垂直平分;IJ,GH 互相垂直平分,且 EF,GH,IJ 共点,这点就是它们的中点,记为 T,于是,$EF \perp$ 平面 $IGJH \Rightarrow EF \perp GI(GI$ 是 $\triangle ABC$ 的中位线$) \Rightarrow EF \perp AB$,同理,$EF \perp CD$,所以 EF 是 AB,CD 的公垂线.

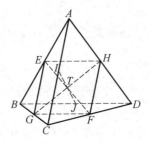

图 1.10.2

同理可以证明:GH 是 AD,BC 的公垂线;IJ 是 AC,BD 的公垂线.（证毕）

考察图 1.10.1,设 $AB=a,BC=b,CC'=c$,则"等对棱四面体"$AB'CD'$ 的三组对棱的长分别为 $\sqrt{a^2+b^2}$,$\sqrt{b^2+c^2}$,$\sqrt{c^2+a^2}$.

321

在处理"等对棱四面体"的问题时，我们可以设三组对棱的长分别为 $\sqrt{b^2+c^2}$，$\sqrt{c^2+a^2}$，$\sqrt{a^2+b^2}$.

命题 1.10.1 设"等对棱四面体"$ABCD$ 的中心为 T，过 A 的三条棱 AB，AC，AD 对 T 的张角分别记为 α，β，γ，如图 1.10.3 所示，求证

$$\cos\alpha+\cos\beta+\cos\gamma=-1$$

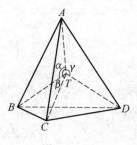

图 1.10.3

证明 设

$$AB=CD=\sqrt{b^2+c^2}$$

$$AC=BD=\sqrt{c^2+a^2}$$

$$AD=BC=\sqrt{a^2+b^2}$$

则

$$AT=BT=CT=\frac{1}{2}\sqrt{a^2+b^2+c^2}$$

$$\Rightarrow\cos\alpha=\frac{a^2-c^2-b^2}{a^2+b^2+c^2}$$

$$\cos\beta=\frac{b^2-c^2-a^2}{a^2+b^2+c^2}$$

$$\cos\gamma=\frac{c^2-a^2-b^2}{a^2+b^2+c^2}$$

故

$$\cos\alpha+\cos\beta+\cos\gamma=-1$$

（证毕）

命题 1.10.2 设"等对棱四面体"$ABCD$ 的中心为 T，平面 BCD 上的三条棱 BC，CD，DB 对 T 的张角分别记为 δ，θ，φ，如图 1.10.3 所示，求证

$$\cos\delta+\cos\theta+\cos\varphi=-1$$

命题 1.10.3 设"等对棱四面体"$ABCD$ 的中心为 T，四面体的六条棱 AB，AC，AD，BC，CD，DB 对 T 的张角分别记为 α，β，γ，δ，θ，φ，如图 1.10.3 所

二维、三维欧氏
几何的对偶原理

示,求证
$$\cos\alpha + \cos\beta + \cos\gamma + \cos\delta + \cos\theta + \cos\varphi = -2$$

命题 1.10.4 设"等对棱四面体"$ABCD$ 的一个面,如 BCD,与其余三个面所成的二面角的大小分别为 α,β,γ,如图 1.10.4 所示,求证
$$\cos\alpha + \cos\beta + \cos\gamma = 1$$

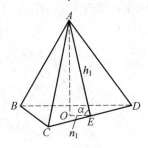

图 1.10.4

证明 设 AB,BC,CA 的长分别为 a,b,c,A 在平面 BCD 上的射影为 O,O 到 CD,DB,BC 的距离分别记为 n_1,n_2,n_3,A 到 CD,DB,BC 的距离分别记为 h_1,h_2,h_3,则

$$\cos\alpha = \frac{n_1}{h_1} = \frac{\dfrac{1}{2}an_1}{\dfrac{1}{2}ah_1} = \frac{an_1}{2S}$$

其中 S 是"等对棱四面体"中一个面的面积.

同理,有

$$\cos\beta = \frac{bn_2}{2S}$$

$$\cos\gamma = \frac{cn_3}{2S}$$

$$\Rightarrow \cos\alpha + \cos\beta + \cos\gamma = \frac{an_1 + bn_2 + cn_3}{2S} = \frac{2S}{2S} = 1$$

（证毕）

命题 1.10.5 设"等对棱四面体"$ABCD$ 中,过同一个顶点（例如 A）的三个面,两两所成的二面角的大小分别记为 δ,θ,φ,如图 1.10.4 所示,求证
$$\cos\delta + \cos\theta + \cos\varphi = 1$$

命题 1.10.6 设"等对棱四面体"$ABCD$ 中,每两个相邻的面所构成的二面角的大小分别记为 $\alpha,\beta,\gamma,\delta,\theta,\varphi$,如图 1.10.4 所示,求证
$$\cos\alpha + \cos\beta + \cos\gamma + \cos\delta + \cos\theta + \cos\varphi = 2$$

323

命题 1.10.7 设"等对棱四面体"$ABCD$ 中,二面角 $C-AB-D$,二面角 $D-AC-B$,二面角 $B-AD-C$ 的大小分别记为 α,β,γ,三组对棱中点的连线 EF,IJ,GH 长分别记为 a,b,c,如图 1.10.2 所示,求证

$$\frac{AB}{\sin\alpha}=\frac{AC}{\sin\beta}=\frac{AD}{\sin\gamma}=\frac{a^2b^2+b^2c^2+c^2a^2}{2abc}$$

命题1.10.8 设 T 是"等对棱四面体"$ABCD$ 的中心,如图 1.10.5 所示,求证:T 到"等对棱四面体"$ABCD$ 各个面的距离都相等。

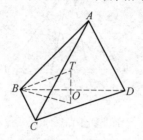

图 1.10.5

证明 设三组对棱中点连线的长分别记为 a,b,c,那么,三组对棱的长分别为 $\sqrt{b^2+c^2},\sqrt{c^2+a^2},\sqrt{a^2+b^2}$. 因而 $\triangle BCD$ 的面积是

$$S=\frac{1}{2}\sqrt{a^2b^2+b^2c^2+c^2a^2}$$

设 T 在 $\triangle BCD$ 上的射影为 O,因为

$$TB=TC=TD=\frac{1}{2}\sqrt{a^2+b^2+c^2}$$

所以,O 是 $\triangle BCD$ 的外心

$$OB=\frac{BC\cdot CD\cdot DB}{4S}=\frac{\sqrt{(a^2+b^2)(b^2+c^2)(c^2+a^2)}}{2\sqrt{a^2b^2+b^2c^2+c^2a^2}}$$

$$\Rightarrow OT^2=BT^2-OB^2=\frac{a^2+b^2+c^2}{4}-\frac{(a^2+b^2)(b^2+c^2)(c^2+a^2)}{4(a^2b^2+b^2c^2+c^2a^2)}$$

$$=\frac{a^2b^2c^2}{4(a^2b^2+b^2c^2+c^2a^2)}$$

这个结果是关于 a,b,c 的轮回对称式,所以,T 到四面体各面的距离都是一样的.　　　　　　　　　　　　　　　　　　　　　　　　　　　　（证毕）

如果三组对棱中点连线的长分别记为 a,b,c,那么这个"等对棱四面体"的体积为 $\frac{1}{3}abc$,每个面上的高都是 $\dfrac{2abc}{\sqrt{a^2b^2+b^2c^2+c^2a^2}}$.

第2节 黄三维几何

2.1 黄三维几何研究的对象

黄几何是红几何的对偶几何,所以黄三维几何研究的最基本的对象有以下三种.

"黄点":指所有的红面,包含"黄欧点"和"黄假点";

"黄线":指所有的红线,包含"黄欧线"和"黄假线";

"黄面":指所有的红点,包含"黄欧面"和"黄假面".

进一步的解释是:

"黄假面":指红欧点中的某一个,其专用记号为"T_2"或"T","黄假面"是唯一的.

我们通常把红三维几何中的红标准点 O_1 作为黄三维几何中的"黄假面".

"黄假线":指过 T_2 的所有红欧线;

"黄假点":指过 T_2 的所有红欧面;

"黄欧面":除 T_2 外的所有红点(包括所有的红假点);

"黄欧线":除过 T_2 的红欧线外的所有红线(包括所有的红假线);

"黄欧点":除过 T_2 的红欧面外的所有红面(包括红假面 **R**).

在黄三维几何里,当初的红假面 **R** 被当作"黄标准点".

2.2 黄三维几何中的三种"相交"

(1)两黄欧线 l_1,l_2 的"相交".

在红观点下,只要 l_1 与 l_2 共面,且该面不过 T_2(图 2.2.1),就说 l_1,l_2"黄相交",它们所共之面 M 就是"黄交点".

(2)黄欧线 l 与黄欧面 A 的"相交".

在红观点下,只要 l 与 A 共面,且该面不过 T_2(图 2.2.2),就说 l 与 A"黄相交",它们所共之面 M 就是"黄交点".

(3)两黄欧面 A,B 的"相交".

在红观点下,只要 A,B 的连线 l 不过 T_2(图 2.2.3),就说 A,B"黄相交",l

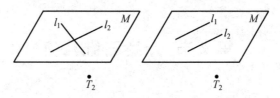

图 2.2.1

是它们的"黄交线".

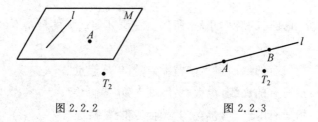

图 2.2.2   图 2.2.3

2.3　黄三维几何中的三种"平行"

(1) 两黄欧线 l_1, l_2 的"平行".

在红观点下,只要 l_1, l_2 共面(该面记为 ω,图 2.3.1),且该面过 T_2,就说 l_1 与 l_2"黄平行",或者说它们之间存在"黄平移".

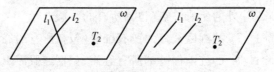

图 2.3.1

(2) 黄欧线 l 与黄欧面 M 的"平行".

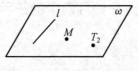

图 2.3.2

在红观点下,只要 l 与 M 共面(该面记为 ω,图 2.3.2),且该面过 T_2,就说 l 与 M"黄平行".

(3) 两黄欧面 M, N 的"平行".

在红观点下,只要 M 与 N 的连线 t 过 T_2(图 2.3.3),就说 M 与 N"黄平行".

图 2.3.3

2.4 黄三维几何中的三种"垂直"

（1）两黄欧线 l_1，l_2 的"垂直".

在红观点下，若 l_1，T_2 所确定的平面 ω_1 和 l_2，T_2 所确定的平面 ω_2 相互垂直（图 2.4.1），就说 l_1 与 l_2"黄垂直".

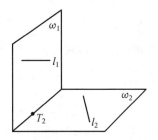
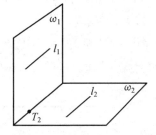

图 2.4.1

（2）黄欧线 l 与黄欧面 A 的"垂直".

在红观点下，若 A，T_2 的连线 t 与 l，T_2 所确定的平面 ω 垂直（图 2.4.2），就说 l 与 A"黄垂直".由 l 和 A 所确定的平面是"黄垂足"（该"黄垂足"在图 2.4.2 中未画出）.

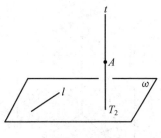

图 2.4.2

（3）两黄欧面 M，N 的"垂直".

在红观点下，若 $\angle MT_2N$ 为直角（图 2.4.3），就说 M，N"黄垂直"，直线 MN 是两黄欧面 M，N 的"黄交线".

327

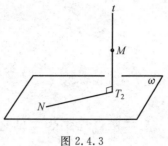

图 2.4.3

2.5 黄三维几何中的三种"角"

(1) 两黄欧线 l_1，l_2 所成的"角".

在红观点下，不论 l_1 与 l_2 异面与否，红二面角 $l_1 - T_2 - l_2$ 的大小就是两黄欧线 l_1，l_2 所成"黄角"的大小(图2.5.1、图2.5.2)，其值记为 θ，我们规定 θ 的范围是 $0° \leqslant \theta \leqslant 90°$，因而，当红二面角 $l_1 - T_2 - l_2$ 的大小超过 $90°$ 时，应取其补角.

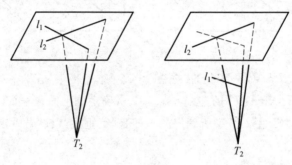

图 2.5.1

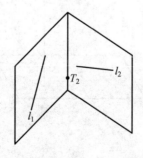

图 2.5.2

(2) 两黄欧面 M，N 所成的"角".

两个黄欧面 M，N 会形成两个"黄二面角"，在图2.5.3中，粗线条所表示的

328

那个黄二面角的大小,就以其所对的红角 $\angle MT_2N$ 的大小计之,另一个则以 $\angle MT_2N$ 的补角计之.黄二面角的大小记为 θ,则 θ 范围是 $0° \leqslant \theta \leqslant 180°$.

(3) 黄欧线 l 与黄欧面 A 所成的"角".

在红观点下,设 l 与 T_2 确定的平面为 ω(图 2.5.4),A 在 ω 上的射影为 B,在 l 上取一点 C,使 $\angle BT_2C = 90°$,则黄欧线 l 与黄欧面 A 所成的"黄线面角"的大小,就以红二面角 $A-CT_2-B$ 的大小计算,也就是以红角 $\angle AT_2B$ 的大小计算,其值记为 θ,我们规定 $0° \leqslant \theta \leqslant 90°$,当且仅当 l,A,T_2 三者共面时,$\theta=0°$(图 2.5.5);当且仅当红观点下,$AT_2 \perp \omega$ 时,$\theta=90°$(图 2.5.6).

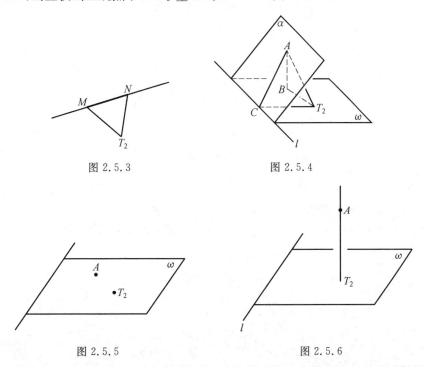

图 2.5.3　　　　　　图 2.5.4

图 2.5.5　　　　　　图 2.5.6

在黄观点下,图 2.5.4 中的黄欧线 AC 是黄欧线 l 在黄平面 A 上的"射影".

2.6　黄三维几何中的六种"距离"

(1) 两黄平行平面 M,N 间的"距离".

这距离记为"$ye(M,N)$",其计算公式是(图 2.6.1)

$$ye(M,N) = \frac{MN}{MT_2 \cdot NT_2}$$

(2) 两黄欧点 A,B 间的"距离".

329

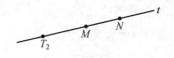

图 2.6.1

这距离记为"$ye(A,B)$",它需要转化为两黄平行平面间的距离.

在红观点下,设平面 A,B 的交线为 l(图 2.6.2),l 与 T_2 确定的平面为 ω,过 T_2 作 ω 的垂线 t,设 t 交平面 A,B 于 M,N,则 $ye(M,N)$ 的值就作为 $ye(A,B)$ 的值,即

$$ye(A,B)=ye(M,N)$$

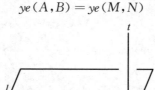

图 2.6.2

(3) 黄欧线 l 与黄欧面 M"黄平行"时的"距离".

这距离记为"$ye(l,M)$",它需要转化为两黄平行平面间的距离.

在红观点下,设 M,T_2 的连线交 l 于 N(图 2.6.3),则

$$ye(l,M)=ye(N,M)$$

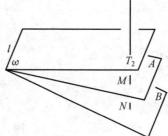

图 2.6.3

(4) 两平行黄欧线间的"距离".

两平行黄欧线 l_1,l_2 间的距离记为"$ye(l_1,l_2)$".

这时,在红观点下,l_1,l_2,T_2 三者共面,此面记为 ω.

若 l_1 与 l_2 相交于 A,则规定

$$ye(l_1,l_2)=\frac{\sin\alpha}{T_2A\cdot\sin\beta\cdot\sin(\alpha+\beta)}$$

其中 α,β 如图 2.6.4 的上图所示.

二维、三维欧氏
几何的对偶原理

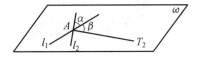

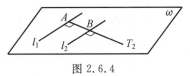

图 2.6.4

若 l_1 与 l_2 平行,则规定

$$ye(l_1,l_2)=\frac{AB}{T_2A \cdot T_2B}$$

其中 A,B 是红观点下点 T_2 在 l_1,l_2 上的射影(图 2.6.4 的下图).

(5) 黄欧点 A 与黄欧线 l 间的"距离".

这距离记为"$ye(A,l)$",它需要转化成两平行黄欧线间的距离.

在红观点下,设由 l 和 T_2 所确定的平面为 ω(图 2.6.5),ω 与 A 交于 l',则不论 l 与 l' 平行或相交,都规定

$$ye(A,l)=ye(l,l')$$

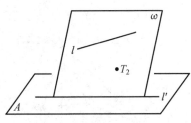

图 2.6.5

(6) 黄欧点 A 与黄欧面 M 间的"距离".

这距离记为"$ye(A,M)$",它需要转化成两平行黄欧面间的距离.

在红观点下,设 M 与 T_2 的连线交 A 于 N(图 2.6.6),则规定

$$ye(A,M)=ye(N,M)$$

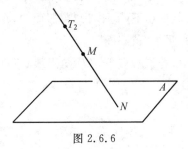

图 2.6.6

2.7 几种"黄几何体"

(1)"黄平行六面体".

在红观点下,图 2.7.1 的三棱锥 $T_2 - ABC$(T_2 是黄假面,以下都如此)被一平面所截,截面为 $A'B'C'$,那么,在黄观点下,$ABC - A'B'C'$ 是一个"黄平行六面体".

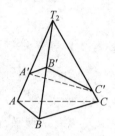

图 2.7.1

当然,也不是非如此不可,例如,在红观点下,若线段 AB,CD,EF 共点于 T_2,像图 2.7.2 那样,那么,在黄观点下,$A - CEDF - B$ 也是一个"黄平行六面体".在这里,重要的是三线段 AB,CD,EF 必须共点于 T_2.

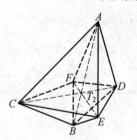

图 2.7.2

(2)"黄直平行六面体".

在红观点下,图 2.7.1 的三棱锥 $T_2 - ABC$ 中,若 $\angle AT_2B = \angle BT_2C = 90°$(图 2.7.3),那么,在黄观点下($T_2$ 作为"黄假面"),$ABC - A'B'C'$ 是"黄直平行六面体",B,B' 是它的两个"黄底面".

或者,在图 2.7.2 中,若红观点下,AB 与平面 $CEDF$ 是垂直的,那么,在黄观点下,$A - CEDF - B$ 是一个"黄直平行六面体".

(3)"黄长方体".

在红观点下,图 2.7.1 的三棱锥 $T_2 - ABC$ 中,若 T_2A,T_2B,T_2C 两两互相

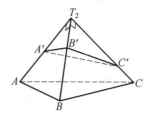

图 2.7.3

垂直(图 2.7.4),那么,在黄观点下(T_2 作为"黄假面"),$ABC-A'B'C'$ 是"黄长方体".

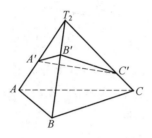

图 2.7.4

在图 2.7.2 中,若 AB,CD,EF 两两互相垂直,那么,在黄观点下,$A-CEDF-B$ 是"黄长方体".

(4)"黄正四棱柱".

在红观点下,图 2.7.1 的三棱锥 T_2-ABC 中,若 T_2A,T_2B,T_2C 两两互相垂直,且三棱台 $ABC-A'B'C'$ 中有且仅有一个侧面是等腰梯形,譬如 $BB'C'C$ 是等腰梯形(图 2.7.5),那么,在黄观点下(T_2 作为"黄假面"),$ABC-A'B'C'$ 是"黄正四棱柱".

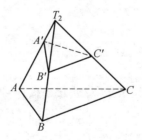

图 2.7.5

在图 2.7.2 中,若 AB,CD,EF 两两互相红垂直,且 $CEDF$ 是红正方形,那么,在黄观点下,$A-CEDF-B$ 是"黄正四棱柱".

333

(5)"黄正方体".

在红观点下,图 2.7.1 的三棱锥 T_2-ABC 中,若 T_2A,T_2B,T_2C 两两互相垂直,且三棱台 $ABC-A'B'C'$ 是正三棱台(图 2.7.6),那么,在黄观点下(T_2 作为"黄假面"),$ABC-A'B'C'$ 是"黄正方体".

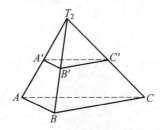

图 2.7.6

在图 2.7.2 中,若 $A-CEDF-B$ 是正八面体,那么,在黄观点下,$A-CEDF-B$ 是"黄正方体",当然,能成为"黄正方体"者,不一定非正八面体不可.

(6)"黄四面体"("黄三棱锥").

在红观点下,对于四面体 $ABCD$,不论 T_2 在其内部,抑或外部(图 2.7.7),只要不在四面体的面上,那么,在黄观点下(T_2 作为"黄假面"),$ABCD$ 仍然是"四面体",称"黄四面体".

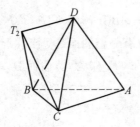 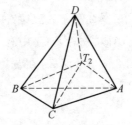

图 2.7.7

(7)"黄正三棱锥".

在红观点下,设三棱锥 $A-BCD$ 是正三棱锥,顶点 A 在底面 BCD 上的射影为 O(图 2.7.8),在直线 AO 上取一点 T_2(T_2 不与 A,O 重合),那么,二面角 $B-AT_2-C,C-AT_2-D,D-AT_2-B$ 的大小均为 $120°$,所以,在黄观点下(T_2 作为"黄假面"),$BCD-A$ 是"黄正三棱锥",(平面)BCD 是"黄顶点",(点)A 是"黄底面".

在红观点下,过 A 作 AO 的垂面 α(图 2.7.8 中未画出),那么,α 上的红假线是该黄正三棱锥"黄底面上的高",称为"黄高",α 是这"黄高"上的"黄足".

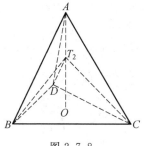

图 2.7.8

(8)"黄正四面体".

在红观点下,设 $ABCD$ 是正四面体,其中心为 T_2(图 2.7.9),这里,两个相邻侧面所成的钝二面角的大小为 $\arccos(-\frac{1}{3})$,而 $\angle AT_2D$ 的大小恰好也是 $\arccos(-\frac{1}{3})$(真是天意!),因而,在黄观点下(以 T_2 为"黄假面"),$ABCD$ 仍然是"正四面体",不过是"黄正四面体",它的四个"黄顶点"是红观点下的平面 ABC,ACD,ADB 以及 BCD,它的四个"黄面"是 A,B,C,D,六条"黄棱"是 AB,AC,AD,BC,BD,CD,黄面 A 上的"黄高"是红平面 BCD 上的红假线,这个"黄正四面体"的"黄中心"很特别,是红假面 $\mathbf{R}$.

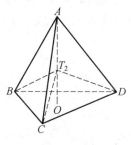

图 2.7.9

其实,在图 2.7.9 中,只要 A,B,C,D 四点能保证做到:四条射线 T_2A,T_2B,T_2C,T_2D 两两夹角都是 $\arccos(-\frac{1}{3})$,这样的四面体,在黄观点下(以 T_2 为"黄假面")就是"黄正四面体",因为,在我们的红几何里,有一个结论是这样说的:一个四面体成为正四面体的充要条件是它的六个二面角都相等(这是一道数学竞赛题).

正四面体在黄观点下仍然是"正四面体"——"黄正四面体",因此,正四面体在红、黄两观点下是自对偶的二维图形.

顺便说一句,正六面体在黄观点下(以该正六面体的中心为"黄假面")是

335

"黄正八面体",而正八面体在黄观点下(以该正八面体的中心为"黄假面")是"黄正六面体",因此,正六面体和正八面体在红、黄观点下是一对互对偶的三维图形.同理,正十二面体和正二十面体也是一对红、黄互对偶的三维图形.

五个正多面体间的对偶关系如此严丝密合,真是巧夺天工,叹为观止.

我们知道,在平面上,当 $\triangle ABC$ 的费马点 Z 在该三角形内部时,$\angle AZB = \angle BZC = \angle CZA = \arccos\left(-\dfrac{1}{2}\right) = 120°$,此时若以 Z 为"黄假线",那么,在"黄种人"眼里,ABC 是一个"黄正三角形"(参阅第一章的图 2.24.2).据此,可以把费马点的概念推广到空间.

设 Z 是四面体 $ABCD$ 内一点,它使得

$$\angle AZB = \angle AZC = \angle AZD = \angle BZC = \angle CZD = \angle DZB = \arccos\left(-\dfrac{1}{3}\right)$$

那么,称点 Z 是"四面体 $ABCD$ 的费马点".

四面体的费马点也有很多性质:

命题 2.7.1 设四面体 $ABCD$ 内一点 Z,使得

$$\angle AZB = \angle AZC = \angle AZD = \angle BZC = \angle CZD = \angle DZB = \arccos\left(-\dfrac{1}{3}\right)$$

设 AZ 交平面 BCD 于 A',在平面 BCD 上,连 BA',CA',DA',且分别交对边于 E,F,G,连 EZ,FZ,GZ 且分别交 AB,AC,AD 于 E',F',G',如图 2.7.10 所示,求证:

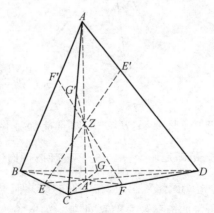

图 2.7.10

① 三直线 EE',FF',GG' 两两垂直;

② $\dfrac{EE'}{ZE \cdot ZE'} = \dfrac{FF'}{ZF \cdot ZF'} = \dfrac{GG'}{ZG \cdot ZG'}$;

③ 平面 $ZAB \perp$ 平面 ZCD,平面 $ZAC \perp$ 平面 ZBD,平面 $ZAD \perp$ 平面 ZBC;

④ 二面角 $B - AZ - C$ 的大小为 $60°$；

⑤ 二面角 $B - ZG - E'$ 的大小和二面角 $C - ZG - F'$ 的大小相等，都是 $45°$.

在二维空间，费马点 Z 对三角形的各边的张角均为 $\arccos(-\frac{1}{2})$；在三维空间，费马点 Z 对四面体的各棱的张角均为 $\arccos(-\frac{1}{3})$，循此思路，我们是否可以猜想，在四维的"超级几何"里，某种"超级几何体"的费马点需要用到的张角均为 $\arccos(-\frac{1}{4})$？

2.8 "黄正多面体"

正多面体有五种：正四面体、正六面体、正八面体、正十二面体和正二十面体，如果以它们的中心为"黄假面"，那么，在"黄种人"眼里，它们依次应该称为"黄正四面体""黄正八面体""黄正六面体""黄正二十面体""黄正十二面体".

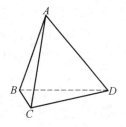

图 2.8.1

（1）正四面体是红、黄自对偶的三维图形.

正四面体 $ABCD$ 在黄观点下（以该正四面体的中心为"黄假面"）是"黄正四面体"（图 2.8.1），两种观点的对偶关系如下：

（红观点）		（黄观点）
顶点 A	⟷	平面 BCD（称"黄顶点"）
面 BCD	⟷	点 A（称"黄面"）
棱 AB	⟷	AB 的对棱 CD（称"黄棱"）
面 BCD 的中心	⟷	过 A 且与平面 BCD 平行的平面 α
面 BCD 上的高	⟷	上述平面 α 上的红假线
正四面体 $ABCD$ 的中心	⟷	红假面（称"黄中心"）
共顶点的两棱所成的角为 $60°$	⟷	相邻两棱对中心所张的二面角为 $60°$
相邻两面所成的钝二面角为 $\arccos(-\frac{1}{3})$	⟷	相邻两顶点对正四面体的中心所张的角为 $\arccos(-\frac{1}{3})$

......

其中最后两款应该特别关注.

（2）正六面体和正八面体是红、黄互对偶的三维图形.

337

正六面体在黄观点下,是"黄正八面体";而正八面体在黄观点下,则是"黄正六面体",两种观点的对偶关系如下:

正六面体(图 2.8.2)　　　　　　　正八面体(图 2.8.3)

有八个顶点　　　⟷　　　有八个面

有六个面　　　⟷　　　有六个顶点

有十二条棱　　　⟷　　　有十二条棱

每个面上有四条棱　　　⟷　　　每个顶点上有四条棱

每个顶点上有三条棱　　　⟷　　　每个面上有三条棱

上述三棱两两垂直　　　⟷　　　上述三棱对中心构成直三面角

正六面体的中心　　　⟷　　　红假面

红假面　　　⟷　　　正八面体的中心

相对两顶点的连线(有四条)　　　⟷　　　相对两面所决定的红假线(有四条)

相邻两面互相垂直　　　⟷　　　相邻两顶点对中心张直角

相邻两顶点对中心所张的角　　　⟷　　　相邻两面所成的锐二面角

为 $\arccos \frac{1}{3}$ 　　　　　　　　为 $\arccos \frac{1}{3}$

……

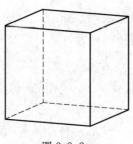　　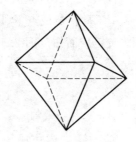

图 2.8.2　　　　　　　　图 2.8.3

其中最后两款应该特别关注.

(3) 正十二面体和正二十面体是红、黄互对偶的三维图形.

正十二面体在黄观点下,是"黄正二十面体";而正二十面体在黄观点下,则是"黄正十二面体",两种观点的对偶关系如下:

正十二面体(图 2.8.4)　　　　　　　正二十面体(图 2.8.5)

有二十个顶点　　　⟷　　　有二十个面

有十二个面　　　⟷　　　有十二个顶点

有三十条棱　　　⟷　　　有三十条棱

一个面上有五条棱　　　⟷　　　一个顶点上有五条棱

二维、三维欧氏
几何的对偶原理

一个顶点上有三条棱　　　　　←→　　　　一个面上有三条棱

正十二面体的中心　　　　　　←→　　　　红假面

红假面　　　　　　　　　　　←→　　　　正二十面体的中心

共顶点两棱的成角为120°　　　←→　　　共顶点两棱与中心所成的二面角为120°

相邻两面所成的锐二面角　　　←→　　　相邻两顶点对中心所张的角

为 $\arccos\dfrac{\sqrt{5}}{5}$　　　　　　　　　　　为 $\arccos\dfrac{\sqrt{5}}{5}$

相邻两顶点对中心所张的角　　←→　　　相邻两面所成的锐二面角

为 $\arccos\dfrac{\sqrt{5}}{3}$　　　　　　　　　　　为 $\arccos\dfrac{\sqrt{5}}{3}$

……

其中最后两款应该特别关注,下面给出这两款的计算过程.

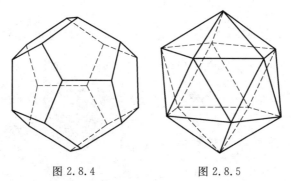

图 2.8.4　　　　　　　　　图 2.8.5

命题 2.8.1　求证:

① 正二十面体中,相邻两顶点对中心所张的角为 $\arccos\dfrac{\sqrt{5}}{5}$.

② 正二十面体中,相邻两面所成的锐二面角为 $\arccos\dfrac{\sqrt{5}}{3}$.

证明　① 设正二十面体的中心为 O,ABF,ABG,AFE 是它的某三个面,如图 2.8.6 所示,$\triangle ABF$ 的中心为 S,$\triangle ABG$ 的中心为 T,线段 AB 的中点为 P,A 在 OF 上的射影记为 M,过 A,B,E 的截面是一个正五边形 $ABCDE$,M 恰是它的中心,若设 $AB=1$,那么,易得 $AM=\dfrac{\sqrt{2}}{\sqrt{5-\sqrt{5}}}$.

在直角 $\triangle AFM$ 中(图 2.8.7)

$$\sin\angle AFM=\frac{AM}{AF}=\frac{\sqrt{2}}{\sqrt{5-\sqrt{5}}}$$

339

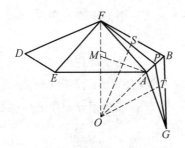
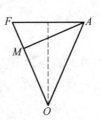

图 2.8.6   图 2.8.7

在 $\triangle OAF$ 中,因为 $OA = OF$,所以

$$\cos \frac{1}{2} \angle AOM = \sin AFM = \frac{\sqrt{2}}{\sqrt{5 - \sqrt{5}}}$$

$$\Rightarrow \cos \angle AOM = \frac{1}{\sqrt{5}}$$

可见,正二十面体中,相邻两顶点对中心所张的角为 $\arccos \frac{\sqrt{5}}{5}$.

② 在图 2.8.6 中,记 $OA = OF = r$,由 $\triangle OAF$ 的面积,得

$$r \cdot AM = \sqrt{r^2 - \frac{1}{4}}$$

$$\Rightarrow r^2 = \frac{1}{4(1 - AM^2)} = \frac{5 + \sqrt{5}}{8}$$

在等边 $\triangle FAB$ 中

$$FS = \frac{\sqrt{3}}{3}, SP = TP = \frac{\sqrt{6}}{3}$$

在直角 $\triangle OSF$ 中

$$OS^2 = r^2 - FS^2 = \frac{7 + 3\sqrt{5}}{24}$$

在 $\triangle SPT$ 和 $\triangle SOT$ 中,记 $\angle SOT = \alpha$(图 2.8.8),由余弦定理,得

$$OS^2 + OT^2 - 2 \cdot OS \cdot OT \cdot \cos \alpha$$
$$= PS^2 + PT^2 - 2 \cdot PS \cdot PT \cdot \cos(180° - \alpha)$$

$$\Rightarrow \cos \alpha = \frac{\sqrt{5}}{3}$$

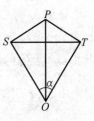

图 2.8.8

可见,在正二十面体中,相邻两面所成的锐二面角为

340

$\arccos \dfrac{\sqrt{5}}{3}$. （证毕）

命题 2.8.2 求证：

① 正十二面体中,相邻两顶点对中心所张的角为 $\arccos \dfrac{\sqrt{5}}{3}$.

② 正十二面体中,相邻两面所成的锐二面角为 $\arccos \dfrac{\sqrt{5}}{5}$.

证明 ① 设正十二面体的中心为 O, $DAEFB$ 和 $DBGHC$ 是它的某两个相邻的面,如图 2.8.9 所示.

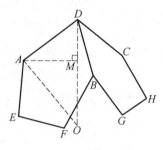

图 2.8.9

设 $DA = 1$. 则 $\angle ADB = 108°$,且 $AB = \dfrac{1+\sqrt{5}}{2}$.

设 A 在 OD 上的射影为 M(图 2.8.10),因为 $\triangle ABC$ 是边长为 $\dfrac{1+\sqrt{5}}{2}$ 的等边三角形,M 是其外接圆的中心,所以 $AM = \dfrac{\sqrt{3}(1+\sqrt{5})}{6}$.

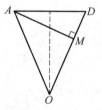

图 2.8.10

在直角 $\triangle AMD$ 中,$\sin\angle ADM = \dfrac{\sqrt{3}(1+\sqrt{5})}{6}$.

记 $\angle AOD = 2\alpha$,则在等腰 $\triangle AOD$ 中

$$\cos \alpha = \sin\angle ADM = \dfrac{\sqrt{3}(1+\sqrt{5})}{6}$$

$$\Rightarrow \cos 2\alpha = 2\cos^2\alpha - 1 = \frac{\sqrt{5}}{3}$$

可见,正十二面体中,相邻两顶点对中心所张的角为 $\arccos\dfrac{\sqrt{5}}{3}$.

② 记 $OA = OD = r$,由 $\triangle AOD$ 的面积(图 2.8.10),得

$$r \cdot AM = \sqrt{r^2 - \frac{1}{4}} \Rightarrow r^2 = \frac{3(3+\sqrt{5})}{8}$$

设两相邻面 $DAEFB$ 和 $DBGHC$ 的中心分别为 S,T(图 2.8.11).

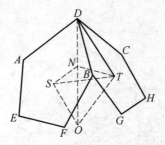

图 2.8.11

在 $\triangle BTD$ 中(图 2.8.12),$\angle BTD = 72°$,由余弦定理,得 $DT^2 = \dfrac{5+\sqrt{5}}{10}$.

过 S,T 作 OD 的垂面,且交 OD 于 N.

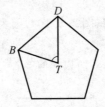

图 2.8.12

在直角 $\triangle OTD$ 中(图 2.8.13),由勾股定理,得

$$OT^2 = r^2 - DT^2 = \frac{25+11\sqrt{5}}{40}$$

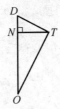

图 2.8.13

342

再由面积,得

$$NT^2 = \frac{DT^2 \cdot OT^2}{OD^2} = \frac{7 + 3\sqrt{5}}{30}$$

在 $\triangle SNT$ 中(图 2.8.14),$NS = NT$,$\angle SNT = 120°$,由余弦定理,得

$$ST^2 = 3 \cdot NT^2 = \frac{7 + 3\sqrt{5}}{10}$$

图 2.8.14

在 $\triangle SOT$ 中(图 2.8.15),由余弦定理,得

$$\cos \theta = \frac{OS^2 + OT^2 - ST^2}{2 \cdot OS \cdot OT} = \frac{\sqrt{5}}{5}$$

可见,正十二面体中,相邻两面所成的锐二面角为 $\arccos \dfrac{\sqrt{5}}{5}$.　　　　（证毕）

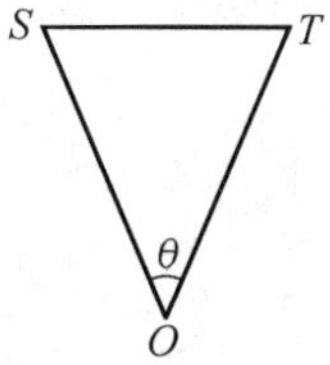

图 2.8.15

欧氏几何对偶原理的存在,使我们获得了许多惊人的发现,让我们再一次感受到欧氏几何的至善至美,自然造化的博大无垠.

2.9　点、线、面之间的简单关系

(1) 空间三点.

命题 2.9.1　设 A,B,C 是空间三点(三个红欧点),求证:它们之间的位置只有两种可能:

①A,B,C 三点共线(图 2.9.1);

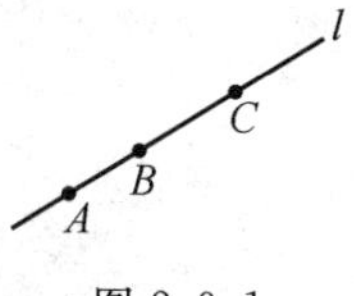

图 2.9.1

②A,B,C三点不共线（此时A,B,C三点必共面,如图2.9.2所示）.

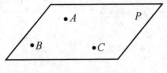

图 2.9.2

该命题的黄表现,用我们的语言叙述,就是:

命题 2.9.2　求证:空间三平面的位置关系只有两种可能:

① 三面共线（如图2.9.3所示,其中l是三个平面A,B,C的公共的直线）;

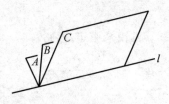

图 2.9.3

② 三面不共线（此时的三平面必然共点,如图2.9.4所示,且这点可能是无穷远点,如图2.9.5所示）.

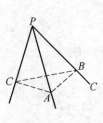

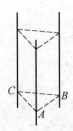

图 2.9.4　　　　　　　图 2.9.5

（2）空间四点.

命题 2.9.3　设A,B,C,D是空间四点（四个红欧点）,求证:它们之间的位置关系只有两种可能:

①A,B,C,D四点不共面（如图2.9.6所示,这时,这四点构成一个四面体）;

②A,B,C,D四点共面（此时,这四点可能任三点不共线,如图2.9.7所示;或仅有三点共线,如图2.9.8所示;或四点共线,如图2.9.9所示）.

二维、三维欧氏
几何的对偶原理

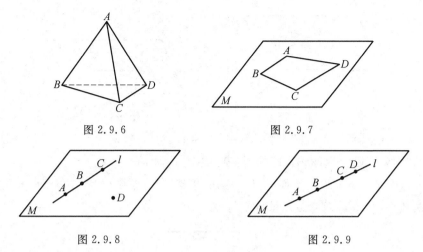

图 2.9.6   图 2.9.7

图 2.9.8   图 2.9.9

该命题的黄表现,用我们的语言叙述,就是:

命题 2.9.4   求证:空间四平面的位置关系只有两种可能:

① 四个面不共点(如图 2.9.10 所示,这时,这四个面构成一个四面体);

② 四个面共点(此时,这四个面可能任三个不共线,如图 2.9.11 和 2.9.12 所示;或仅有三个共线,如图 2.9.13 所示;或四个面共线,如图 2.9.14 所示).

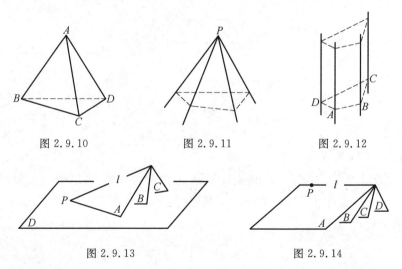

图 2.9.10   图 2.9.11   图 2.9.12

图 2.9.13   图 2.9.14

下面的命题也是关于空间四点的.

命题 2.9.5   设空间有不共线的三个红欧点 A,B,C,T_2 是第四个红欧点,求证:这四个红欧点的位置关系只有两种可能:

① A,B,C 三点所确定的平面 ω 不过 T_2(图 2.9.15);

② A,B,C 三点所确定的平面 ω 经过 T_2(图 2.9.16).

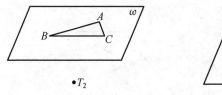 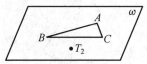

图 2.9.15　　　　　　　　　　　图 2.9.16

这样的几何事实,在"黄种人"眼里,他们会有怎样的感想呢? 下面就是他们的"理解"(已经翻译成我们的语言):

命题 2.9.6　设三平面 A,B,C 两两相交,交线分别记为 a,b,c,求证:这三直线共点(图 2.9.17);或者彼此平行(图 2.9.18).

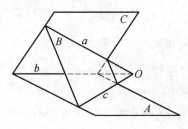

图 2.9.17

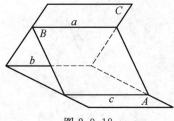

图 2.9.18

(3) 空间两直线.

命题 2.9.7　求证:空间两直线(两条红欧线)l_1,l_2 的位置关系只有两种可能:

① l_1,l_2 是两条不可能共面的直线(如图 2.9.19 所示,称为"异面直线"或"不共面直线");

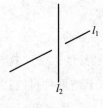

图 2.9.19

346

二维、三维欧氏
几何的对偶原理

②l_1,l_2是两条共面的直线(此时,这两条直线可能是相交的,如图 2.9.20 所示;也可能是平行的,如图 2.9.21 所示).

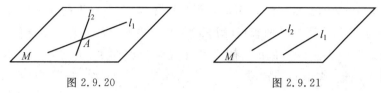

图 2.9.20   图 2.9.21

很清楚,当两条直线不可能共面时,这两条直线也一定不可能共点,所以,这种状态下的两直线称为"不共面直线",或"不共点直线",都是可以的,效果是一样的,不过,我们还是按习惯称它们为"异面直线".

命题 2.9.7 的黄表现,用我们的语言叙述,就是:

命题 2.9.8 设 T 是两直线(红欧线)l_1,l_2 外一点(红欧点),求证:它们之间的位置关系只有两种可能:

①l_1,l_2 是两条不共面直线,如图 2.9.22 所示(因为,题设点 T 既不在 l_1 上,又不在 l_2 上,所以,在 l_1,l_2 是两条不共面直线的情况下,T 在哪里都无关紧要);

②l_1,l_2 是两条共面直线(此时,T 可能就在这个面上,如图 2.9.23 及图 2.9.24 所示;也可能不在这个面上,如图 2.9.25 及图 2.9.26 所示)

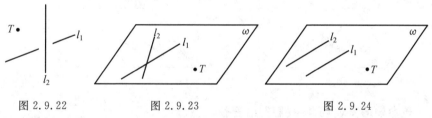

图 2.9.22   图 2.9.23   图 2.9.24

在黄观点下(以 T 为"黄假面"),图 2.9.23 和图 2.9.24 展示的是两条平行的黄欧线;而图 2.9.25 和图 2.9.26 展示的是两条相交的黄欧线.

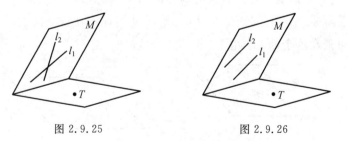

图 2.9.25   图 2.9.26

从图 2.9.19 和图 2.9.22 可以看出:红观点下的两条不共面直线,在黄观点下,必然也是不共面直线,反之,黄观点下的两条不共面直线,在红观点下,必然也是不共面直线.也就是说,两条"不共面直线"是红、黄自对偶图形.

至于我们认为相交的两直线(图2.9.20),在"黄种人"眼里就很难说了,可能仍然是"相交的直线"(图2.9.25),但也可能成了"平行的直线"(图2.9.23).类似地,我们认为平行的两直线(图2.9.21),在"黄种人"眼里,可能仍然是"平行的直线"(图2.9.24),但也可能成了"相交的直线"(图2.9.26).

(4) 空间三条共点的直线.

命题 2.9.9 求证:空间三条共点直线(红欧线)l_1,l_2,l_3 的位置关系只有两种可能:

① 三直线 l_1,l_2,l_3 共点但不共面(此点可能是红欧点,如图2.9.27所示;也可能是红假点,如图2.9.28所示);

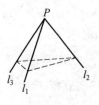

图 2.9.27   图 2.9.28

② 三直线 l_1,l_2,l_3 共点还共面(此点可能是红欧点,如图2.9.29所示;也可能是红假点,如图2.9.30所示).

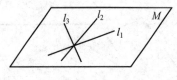
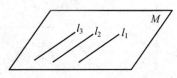

图 2.9.29   图 2.9.30

该命题的黄表现,用我们的语言叙述,就是:

命题 2.9.10 设 l_1,l_2,l_3 是空间三条共面的直线(红欧线),T 是 l_1,l_2,l_3 外一点,求证:它们的位置关系只有两种可能:

① 三直线 l_1,l_2,l_3 共面但不共点(此时,T 可能不在这个面上,图2.9.31所示;也可能在这个面上,如图2.9.32所示);

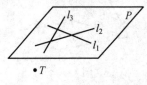
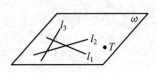

图 2.9.31   图 2.9.32

② 三直线 l_1,l_2,l_3 共面同时还共点(此时,T 可能不在这个面上,如图2.9.33所

二维、三维欧氏
几何的对偶原理

示;也可能在这个面上,如图 2.9.34 所示).

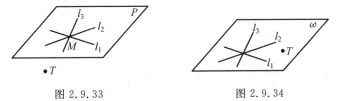

图 2.9.33　　　　　　　　图 2.9.34

(5) 空间四条两两相交直线.

命题 2.9.11　设四直线 l_1, l_2, l_3, l_4 两两相交,且不共点,如图 2.9.35 所示,求证:这四直线必共面(此平面记为 P).

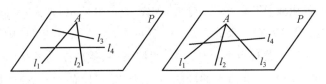

图 2.9.35

该命题的对偶命题是:

命题 2.9.12　设四直线 l_1, l_2, l_3, l_4 两两相交,且不共面,如图 2.9.36 所示,求证:这四直线必共点(此点记为 P).

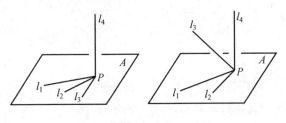

图 2.9.36

(6) 空间一平面.

我们知道,一平面把空间分成两个部分,就是说,平面有两侧,三岁小孩都知道这件事。那么,在黄几何里,"黄种人"是怎样叙述"黄面"的两侧? 翻译成我们的语言,就是问:一个点的"两侧"是怎样规定的?

在红几何里,平面 α 的两侧是这样鉴定的:任取 α 外两点 P, Q,过 PQ 的直线记为 l, l 交 α 于 A,那么:

① 当且仅当 A 在线段 PQ 外时,就说 P, Q 两点位于 α 的"同侧"(图 2.9.37);

② 当且仅当 A 在线段 PQ 内时,就说 P, Q 两点位于 α 的"异侧"(图 2.9.38).

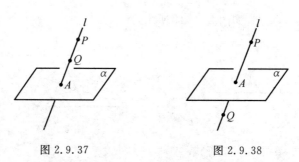

图 2.9.37　　　　　　　　　图 2.9.38

仿此规定,我们可以界定一个点的"两侧".

设 l 是两相交平面 α,β 的交线,A 和 T 是这两平面外两点,直线 AT 分别交 α,β 于 P,Q,若线段 AT 在线段 PQ 外,如图 2.9.39 所示,则说"平面 α,β 在点 A 的同侧";若线段 AT 有一部分在线段 PQ 内,如图 2.9.40 所示,则说"平面 α,β 在点 A 的异侧".在黄观点下(以 T 为"黄假面"),就应该说成这样:"图 2.9.39 的两个黄欧点 α,β 在黄欧面 A 的同侧";而"图 2.9.40 的两个黄欧点 α,β 在黄欧面 A 的异侧".

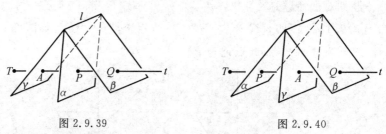

图 2.9.39　　　　　　　　　图 2.9.40

现在,不仅一个平面有两侧之分,一个点也有"两侧"之分.

点的两侧之分显然与 T 有关,其实,平面的两侧之分也与一件东西有关,那就是无穷远元素,因为从图 2.9.37 和 2.9.38 可知,鉴定一个平面的两侧,依赖于线段内、外的判定,而线段内、外的判定是离不开无穷远点的(请参看第一章的 1.4 和 3.4).

就本质而言,一个平面之所以有两侧之分,是因为无穷远元素的存在,即红假面 **R**(自然包括红假线和红假点)的存在,不错,谁都知道平面有两侧之分,但不是谁都知道 **R** 的存在."无穷"的概念在我们的心中,往往只是潜意识地存在,冥冥然有那么回事,说不清,也道不明.明明在使用它,却又说它不存在.

(7) 空间两平面.

命题 2.9.13　求证:空间两平面(红欧面)M,N 的位置关系只有两种可能:

① M,N 彼此平行,如图 2.9.41 所示;

②M,N 相交,如图 2.9.42 所示.

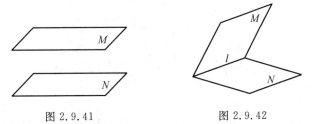

图 2.9.41　　　　　　图 2.9.42

该命题的黄表现,用我们的语言叙述,就是:

命题 2.9.14　设 M,N,T 是空间三点(红欧点),求证:这三点间的位置关系只有两种:

①M,N,T 三点共线,如图 2.9.43 所示;

②M,N,T 三点不共线,如图 2.9.44 所示.

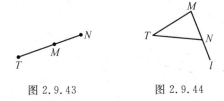

图 2.9.43　　　　图 2.9.44

考察下面的命题:

命题 2.9.15　设两平面(红欧面)M,N 彼此平行,一直线 l 与 M 相交(交点为 A),如图 2.9.45 所示,求证:l 与 N 也相交.

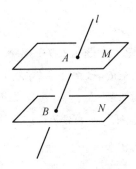

图 2.9.45

该命题的黄表现,用我们的语言叙述,就是:

命题 2.9.16　设 M,N,T 三点共线,一直线 l 与 M 确定的平面记为 A,l 与 N 确定的平面记为 B,如图 2.9.46 所示,若平面 A 不过 T,求证:平面 B 也不会经过 T.

考察下面的命题:

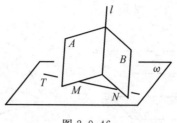

图 2.9.46

命题 2.9.17 设两相交平面 M,N 的交线为 m，直线 l 与 M,N 都平行，如图 2.9.47 所示，求证：$l \parallel m$.

该命题的黄表现，用我们的语言叙述，就是：

命题 2.9.18 设三点 M,N,T 不共线，直线 l 与 MT 共面；直线 l 与 NT 也共面，如图 2.9.48 所示，求证：直线 l 与 MN 共面.

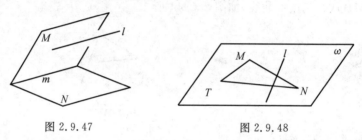

图 2.9.47　　　　　　　　　图 2.9.48

2.10　基本作图

(1) 确定平面.

在红三维几何里，下列四个命题是有关确定平面的.

命题 2.10.1 求证：在空间，三个不共线的点 A,B,C 确定一个平面（这平面记为 M，如图 2.10.1 所示）.

命题 2.10.2 求证：在空间，一直线 l 及这直线外一点 A 确定一个平面（这平面记为 M，如图 2.10.2 所示）.

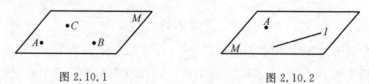

图 2.10.1　　　　　　　　　图 2.10.2

命题 2.10.3 求证：在空间，两相交直线 l_1,l_2（它们的交点记为 A）确定一个平面（这平面记为 M，如图 2.10.3 所示）.

命题 2.10.4 求证：在空间，两条平行直线 l_1,l_2（这两直线有一个公共的

二维、三维欧氏
几何的对偶原理

红假点,它相当于图 2.10.3 的 A) 确定一个平面(这平面记为 M,如图 2.10.4 所示).

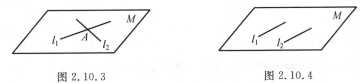

图 2.10.3　　　　　　　　图 2.10.4

把这四个命题依次对偶到黄三维空间,并且用红几何的语言叙述,得到下面相应的四个命题.

命题 2.10.5　设三平面 MBC,MCA,MAB 不共线,如图 2.10.5 所示,求证:这三平面有且仅有一个公共点(这个点记为 M,M 可能是无穷远点 —— 红假点).

命题 2.10.6　设 l 是平面 A 外一直线,如图 2.10.6 所示,求证:l 与 A 有且仅有一个公共点(这点记为 M,M 可能是无穷远点 —— 红假点).

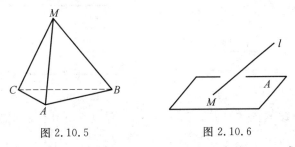

图 2.10.5　　　　　　　　图 2.10.6

命题 2.10.7　设点 T 不在平面 A 上,A 上有两直线 l_1,l_2,求证:不论 l_1,l_2 是相交(图 2.10.7)还是平行(图 2.10.8),它们都有且仅有一个公共点(这点记为 M,M 可能是无穷远点 —— 红假点,如图 2.10.8 所示).

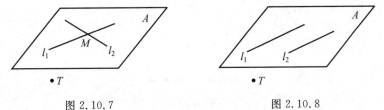

图 2.10.7　　　　　　　　图 2.10.8

命题 2.10.8　设点 T 在平面 ω 上,ω 上有两直线 l_1,l_2,求证:不论 l_1,l_2 是相交(图 2.10.9)还是平行(图 2.10.10),它们都有且仅有一个公共点(这点记为 M,M 可能是无穷远点 —— 红假点,如图 2.10.10 所示).

353

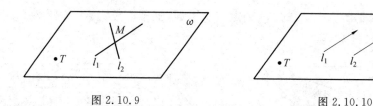

图 2.10.9　　　　　　　　　　　图 2.10.10

把命题 2.10.7 和命题 2.10.8 合并在一起,就是下面的结论:共面的两直线必定有一个公共点(这点可能是红假点).

(2) 平行.

在红三维几何里,下列两个命题是有关平行的.

命题 2.10.9　设 M 是直线 l 外一点(红欧点),如图 2.10.11 所示,求证:过 M 有且仅有一直线 l',它与直线 l 平行.

命题 2.10.10　设 M 是平面 A 外一点(红欧点),如图 2.10.12 所示,求证:过 M 有且仅有一平面 A',它与平面 A 平行.

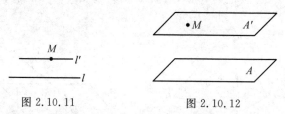

图 2.10.11　　　　　　图 2.10.12

把这两个命题依次对偶到黄三维空间,并且用红几何的语言叙述,得到下面相应的两个命题.

命题 2.10.11　设直线 l 不在平面 M 上,点 T 既不在 M 上,又不在 l 上,如图 2.10.13 所示,求证:在 M 上一定存在直线 l',使得 l,l' 以及点 T 共面.

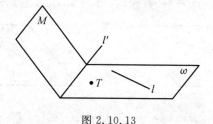

图 2.10.13

很明显,由 l 及 T 所确定的平面 ω 与 M 的交线,就是所说的 l'.

命题 2.10.12　设 A,T 是平面 M 外两点,如图 2.10.14 所示,求证:过 A,T 的直线与平面 M 必定有一个公共点(这点记为 A').

(3) 垂直.

在红三维几何里,下列四个命题是有关垂直的.

命题 2.10.13 设 M 是直线 l 外一点, 如图 2.10.15 所示, 求证: 过 M 存在且仅存在一个平面与 l 垂直(这平面记为 A).

命题 2.10.14 设 M 是直线 l 外一点, 如图 2.10.16 所示, 求证: 过 M 存在且仅存在一条直线与 l 垂直相交(这交点记为 M').

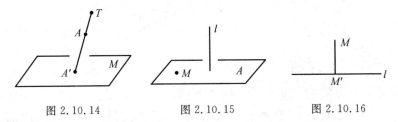

图 2.10.14   图 2.10.15   图 2.10.16

命题 2.10.15 设 M 是平面 A 外一点, 如图 2.10.17 所示, 求证: 过 M 存在且仅存在一条直线与平面 A 垂直(这条垂线记为 l).

图 2.10.17 中, l 与 M 的交点记为 M', 称为 M 在平面 A 上的射影.

命题 2.10.16 设 l 是平面 A 外一直线(l 与 A 不垂直), 如图 2.10.18 所示, 求证: 过 l 存在且仅存在一个平面与平面 A 垂直(这个平面记为 A').

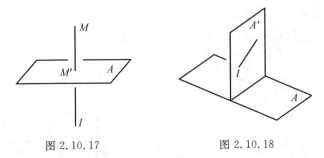

图 2.10.17   图 2.10.18

把这四个命题依次对偶到黄三维空间, 并且用红几何的语言叙述, 得到下面相应的四个命题.

命题 2.10.17 设 l 是平面 M 外一直线, 点 T 既不在 l 上, 也不在 M 上, 如图 2.10.19 所示, 求证: M 上一定存在一点 A, 使得直线 AT 与 l 垂直.

设 T 和 l 所确定的平面为 ω, 则过 T 且与 ω 垂直的直线与 M 的交点就是命题 2.10.19 所说的 A.

命题 2.10.18 设 l 是平面 M 外一直线, 点 T 既不在 l 上, 也不在 M 上, 如图 2.10.20 所示, 求证: M 上一定存在一直线 l', 使得二面角 $l-T-l'$ 为直二面角.

在图 2.10.19 中, 设 A 和 l 所确定的平面为 M', 它与 M 的交线就是命题 2.10.18 所说的 l', 这时, 在黄观点下(以 T 为"黄假面"), 图 2.10.20 的"黄欧点"M'是"黄欧点"M在"黄欧线"l上的"射影".

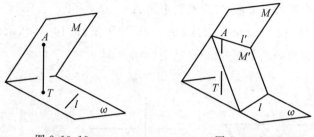

图 2.10.19　　　　　　　　图 2.10.20

命题 2.10.19　设 A,T 是平面 M 外两点（A,T 的连线与 M 不平行），如图 2.10.21 所示，求证：在平面 M 上一定存在一直线 l，它与 T 所确定的平面与直线 AT 垂直.

易见，过 T 作 AT 的垂面 ω，它与 M 的交线就是命题 2.10.19 所说的 l，这时，由 A 和 l 所确定的平面 M'，在黄观点下（以 T 为"黄假面"），称为"黄欧点"M 在"黄欧面"A 上的"射影".

命题 2.10.20　设 A,T 是直线 l 外两点（A,T 的连线与 l 不垂直），如图 2.10.22 所示，求证：l 上一定存在唯一的点 A'，使得 $TA \perp TA'$.

其实，只要过 T 作 TA 的垂面 ω，那么，ω 与 l 的交点就是命题 2.10.20 所说的 A'.

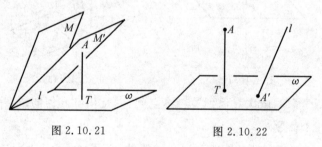

图 2.10.21　　　　　　　　图 2.10.22

2.11　"黄异面直线"

黄异面直线的定义有两种：

定义 1　若两条"黄欧线"不可能共存于任何"黄欧面"，则说这两条"黄欧线"是"黄异面直线"（图 2.11.1）.

定义 2　若两条"黄欧线"不可能共存于任何"黄欧点"，则说这两条"黄欧线"是"黄异面直线"（图 2.11.1）.

在红几何里，若 l_1,l_2 是异面直线，那么，改成黄观点看，l_1,l_2 也还是异面直

二维、三维欧氏
几何的对偶原理

线——"黄异面直线".因此,图2.11.1是"三维的红、黄自对偶图形".

在红几何里,判定两直线是否异面有下面两种方法:

命题2.11.1(判定1) 设直线a在平面M内,直线b与M相交,交点记为A,若A不在a上,如图2.11.2所示,求证:a,b是异面直线.

命题2.11.2(判定2) 设两平面M,N相交,交线记为t,平面M上一直线a交t于A;平面N上一直线b交t于B,A,B是两个不同的点,如图2.11.3所示,求证:a,b是异面直线.

其实,判定2只是判定1的推论.

在黄几何里,判定两"黄欧线"是否"异面"也有两种方法.

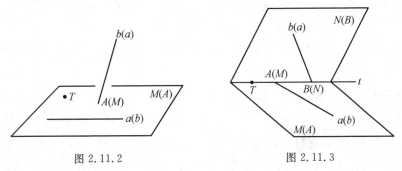

图2.11.2　　　　　　图2.11.3

判定1 设T是"黄假面",黄欧线(a)在黄欧面(M)内,黄欧线(b)与(M)相交,其"黄交点"记为(A),若(A)不在(a)上,如图2.11.2所示(请注意带括号的字母),那么,$(a),(b)$是"黄异面直线".

可见,图2.11.2是"三维的红、黄自对偶图形".

判定2 设T是"黄假面",两"黄欧面"$(M),(N)$相交,其"黄交线"记为(t),"黄欧面"M上有一条"黄欧线"(a)交(t)于(A);"黄欧面"N上有一条"黄欧线"(b)交(t)于(B),$(A),(B)$是两个不同的"黄欧点",如图2.11.3所示(请注意带括号的字母),那么,$(a),(b)$是"黄异面直线".

可见,图2.11.3也是"三维的红、黄自对偶图形".

命题2.11.3 设直线AD上有A,B,C,D四点,过直线AD有四个平面,分别记为M,N,P,Q,在这四个平面内各有一直线,分别记为a,b,c,d,它们分别经过A,B,C,D,如图2.11.4所示,求证:a,b,c,d两两异面.

有趣的是,该命题的黄对偶命题(用红几何语言叙述)仍然是命题2.11.3,就是说,图2.11.3是三维的"红、黄自对偶图形",该图的A,B,C,D分别对偶于

357

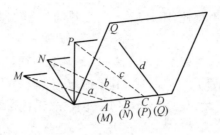

图 2.11.4

M,N,P,Q,反之,M,N,P,Q 则分别对偶于 A,B,C,D,而 a,b,c,d 则自己对偶于自己.

我们知道,在红几何里,能与两条异面直线 a,b 都垂直相交的直线称为这两条异面直线的"公垂线",如图 2.11.5 中的 l,它与两条异面直线 a,b 都垂直相交,它就是 a,b 的"公垂线".设 l 分别交 a,b 于 M,N,那么,线段 MN 称为 a,b 的"公垂线段",线段 MN 的长称为"异面直线 a,b 间的距离".

考察图 2.11.6,设两相交平面 M,N 都与平面 P 垂直,M,N 的交线为 t_3,M,N 与 P 的交线分别为 $t_1,t_2.t_1,t_2,t_3$ 共点于 T,设 C 是 t_1 上一点;D 是 t_2 上一点;A,B 是 t_3 上两点,过 A,C 的直线记为 a;过 B,D 的直线记为 b,过 C,D 的直线记为 l,那么,在"黄观点"下(以 T 为"黄假面"),a,b 是两条"黄异面直线",l 是它们的"黄公垂线","黄欧点"ACD 和"黄欧点"BCD 是 l 与 a,b 的"黄交点",因而这两个"黄欧点"构成的"黄线段"称为 a,b 的"黄公垂线段",其"黄长度"就是两平行"黄欧面"A,B 间的"黄距离",这距离称为黄异面直线 a,b 间的"黄距离"(在红观点下,直线 AB 与平面 P 垂直,参看本章 2.6 的(2)).

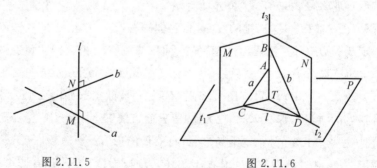

图 2.11.5   图 2.11.6

图 2.11.6 指出了寻找两"黄异面直线"a,b 的"黄公垂线"的方法,这方法用我们红几何的语言叙述是这样的:设 a 与 T(黄假面)确定平面 M;b 与 T 确定平面 N,M 和 N 的交线记为 t_3,过 T 作 t_3 的垂面 P,P 分别交 a,b 于 C,D,则直线 CD(记为 l)就是所求的"黄公垂线".

2.12 "黄线段"

"黄线段"是三维黄几何中重要的概念之一(参看第一章1.4关于"线段"的定义).

考察图2.12.1,设A,B是过直线l的两个平面,T是l外一点,T不在A,B上,由T和l确定的平面记为ω. 让A绕着l作两次旋转,第一次逆转(以l为参照物),转到B为止,期间每一时刻,它都是经过l的一个平面,这些平面构成了一个集合.下一次顺转到B,又构成一个集合,这两个集合中,不含ω的那一个(但包括A,B),在"黄观点"下(以T为"黄假面"),称为"黄线段",记为"$ye(AB)$"或"$ye(BA)$",A,B称为该"黄线段"的"端点".

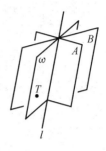

图 2.12.1

另一个集合不能称为线段,因为它含有l上的"无穷远点"(指"黄假点"ω).

可见,在红观点看来,"黄线段"是某些平面的集合,过直线l的两个平面A,B只能产生一条"黄线段".

两"黄端点"A,B间的"黄距离"称为该"黄线段"的"长"(参看本章2.6的(2)),记为"$ye(|AB|)$".

考察图2.12.2,设两相交平面A,B的交线为l,T是平面A,B外一点,由T和l所确定的平面记为ω,过T而垂直于ω的垂线t分别交平面A,B于M,N,过T作一直线s,s分别交平面A,B于M',N',设s,t所确定的平面交l于O,则$OT \perp MT$.

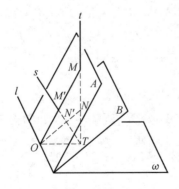

图 2.12.2

记$\angle MTM'=\theta$,$\angle OTM'=\varphi$(φ是直线s与平面ω所成的角),则$\theta+\varphi=$

359

$90°$.

在黄观点下(以 T 为"黄假面"),由两"黄欧点"A,B 所构成的"黄线段"的长,也就是两"黄欧点"A,B 间的"黄距离",是这样计算的

$$ye(A,B) = \frac{MN}{TM \cdot TN} \tag{1}$$

式(1)有两个变化,请看下面的命题:

命题 2.12.1 求证:公式(1)可以变化为

$$ye(A,B) = \frac{M'N'}{TM' \cdot TN' \cdot \cos\theta} \tag{2}$$

或

$$ye(A,B) = \frac{M'N'}{TM' \cdot TN' \cdot \sin\varphi} \tag{3}$$

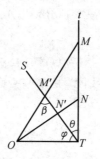

图 2.12.3

证明 记 $\angle OM'T = \beta$.(图 2.12.3)

由 $\triangle OMT$ 的面积可得

$$OM \cdot TM' \cdot \sin\beta = OT \cdot TM$$
$$\Rightarrow OM \cdot TM' \cdot OM' \cdot \sin\beta = OT \cdot TM \cdot OM'$$
$$\Rightarrow OM \cdot TM' \cdot OT \cdot \sin\varphi = OT \cdot TM \cdot OM'$$
$$\Rightarrow OM \cdot TM' \cdot \sin\varphi = TM \cdot OM'$$
$$\Rightarrow \frac{OM \cdot TM'}{OM' \cdot TM} = \frac{1}{\sin\varphi} \tag{4}$$

因为 $\triangle TMM'$ 被直线 ONN' 所截,所以按"梅内劳斯定理",有

$$\frac{OM' \cdot N'T \cdot NM}{M'N' \cdot TN \cdot MO} = 1 \tag{5}$$

(4)(5)相乘,得

$$\frac{N'T \cdot NM \cdot TM'}{M'N' \cdot TN \cdot TM} = \frac{1}{\sin\varphi}$$

$$\Rightarrow \frac{MN}{TM \cdot TN} = \frac{M'N'}{TM' \cdot TN' \cdot \sin\varphi}$$

或

$$\frac{MN}{TM \cdot TN} = \frac{M'N'}{TM' \cdot TN' \cdot \cos\theta}$$

（证毕）

式(1)还可以变成下面那样

$$ye(A,B) = \left| \frac{\tan\theta_1 - \tan\theta_2}{d \cdot \tan\theta_1 \cdot \tan\theta_2} \right| \tag{6}$$

其中 θ_1, θ_2 分别是平面 A, B 与平面 ω 所形成的二面角的大小，d 是点 T 到直线 l 的距离.

在红几何里,要想寻找线段 AC 的中点,只要以 AC 为对角线作一个平行四边形 $ABCD$,那么,BD 与 AC 的交点 O 就是所求的中点(图 2.12.4).循此思路,可以寻找黄线段的"中点".

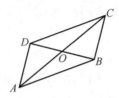

图 2.12.4

考察图 2.12.5,三面角 $M-PQR$ 的三个侧面 MQR,MRP,MPQ 分别记为 α, β, γ,T 是 $\triangle PQR$ 内部一点,设 PT 交 QR 于 A;QT 交 PR 于 B,AB 交 PQ 于 C,记 C 与 MR 确定的平面为 δ,那么,在黄观点下(以 T 为"黄假面"),由 α, β 构成的"黄线段"的"黄中点"是 δ.

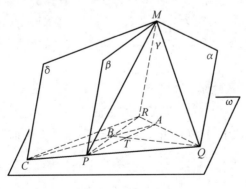

图 2.12.5

2. 13 "黄角"

"黄角"是三维黄几何中重要的概念之一（参看第一章 1.5 关于"角"的定义）.

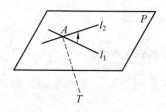

图 2.13.1

考察图 2.13.1, 设平面 P 上, 两直线 l_1, l_2 均过点 A, T 是 P 外一点, 现在, 在平面 P 上, 让 l_1 绕着 A 作两次旋转, 第一次逆转 (以 A 为参照物), 转到 l_2 为止, 期间每一时刻, 它都是经过 A 的一条直线, 这些直线构成了一个集合. 下一次顺转到 l_2, 又构成一个集合, 这两个集合, 在"黄观点"下 (以 T 为"黄假面"), 都称为"黄角", 逆转的那一个记为 "$ye(l_1 l_2)$", 顺转的那一个记为 $ye(l_2 l_1)$, l_1, l_2 既属于这个"黄角", 又属于那个"黄角", 称为"黄边", A 称为它们的"黄截面", P 称为它们的"黄顶点".

在我们看来 (红观点), 所谓"黄角"是某些直线的集合. 过点 A 的两条直线 l_1, l_2 会产生两个"黄角".

"黄角"的大小是这样度量的:

在图 2.13.1 中, 由 l_1 和 AT 所确定的平面记为 α, 由 l_2 和 AT 所确定的平面记为 β, 当 l_1 绕着 A 逆转到 l_2 时, α 也相应地逆转到了 β, 这个红二面角的大小就作为 $ye(l_1 l_2)$ 的大小, 记为 "$ye(|l_1 l_2|)$"; 当 l_1 绕着 A 顺转到 l_2 时, α 也相应地顺转到了 β, 这个新二面角的大小就作为 $ye(l_2 l_1)$ 的度量, 记为 "$ye(|l_2 l_1|)$".

总之, 我们看到:

(1) "黄角"是"黄欧线"的集合;

(2) "黄角"的大小是通过 T 处的红二面角的大小度量的;

(3) "黄角"的度量也离不开无穷远元素 (指"黄假面" T, 参看第一章的 2.5).

二维、三维欧氏
几何的对偶原理

2.14 "黄二面角"

考察图 2.14.1,设 AB 是直线 l 上两点,T 是 l 外一点,当直线 AT 绕着 T 逆转时 A 将沿着 l 向 B 运动,这样,在 l 上从 A 到 B 就形成一个点集,图中用粗线条显示,除去这个点集 l 上剩下的点构成另一个集合,在黄观点下(以 T 为"黄假面"),这两个集合,都称为"黄二面角",图 2.13.1 中粗线条的那一个记为"$ye(AB)$",另一个记为"$ye(BA)$". 前者的大小以 $\angle ATB$ 的大小度量,若其值为 θ,那么,后者的大小就是 $180° - \theta$.

图 2.14.1

总之,我们看到:

(1)"黄二面角"是某些"黄欧面"(红点)的集合;

(2)"黄二面角"的大小是通过 T 处的红角的大小度量的;可见,"黄二面角"的概念也离不开无穷远元素(指"黄假面"T).

2.15 "黄三角形"

考察图 2.15.1,过点 P 有三条不共面的直线 l_1, l_2, l_3,这个图形在红几何里称为"三面角",作一个平面 M,它分别交直线 l_1, l_2, l_3 于 A, B, C, T 是这个三面角内部一点(T 当然可以在外部,但本书一律置于内部,其他情况留给读者自行讨论).

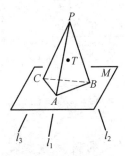

图 2.15.1

在黄观点下(以 T 为"黄假面"),图 2.15.1 的三面角 $P - l_1 l_2 l_3$ 是一个"黄三角形",记为"$ye(P - l_1 l_2 l_3)$".

请注意以下与"黄三角形"有关的概念(这些概念的解释,使用的是红几何

363

的语言）：

"黄截面"：指点 P；

"黄底边"：指三直线 l_1,l_2,l_3 中的每一条；

"黄顶点"：指三侧面 PBC,PCA,PAB 中的每一个；

"黄内边"：指二面角 $B-PA-C,C-PB-A,A-PC-B$ 中每一个的补二面角；

"黄外边"：指二面角 $B-PA-C,C-PB-A,A-PC-B$ 中的每一个,它们的专用记号分别是 A^*,B^*,C^*；

"黄内角"：指 $\angle BAC,\angle CBA,\angle ACB$ 的补角；

"黄外角"：指 $\angle BAC,\angle CBA,\angle ACB$ 中的每一个,专用记号分别是 (A),(B),(C)；

"黄聚点"或"黄参考点"：指平面 M(有时,为方便计,可让 M 过 T).

很明显,说"黄三角形"无疑就是在说"红三面角"(参看本章的 1.7).

2.16　"黄三面角"

考察图 2.16.1,设平面 P 上,有不共点的三直线 l_1,l_2,l_3,它们两两相交于 A,B,C,这个图形在红几何里称为"三角形".

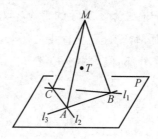

图 2.16.1

在平面 P 外取一点 M,并且,在三面角 $M-ABC$ 内部取一点 T,那么,在黄观点下(以 T 为"黄假面"),图 2.16.1 的平面 P 及其上三直线 l_1,l_2,l_3 称为"黄三面角",记为"$ye(P-l_1l_2l_3)$".

请注意以下与黄三面角有关的概念(这些概念的解释,使用的是红几何的语言)：

"黄聚点"：指平面 P；

"黄侧棱"：指三直线 l_1,l_2,l_3 中的每一条；

"黄侧面"：指 A,B,C 三点中的每一个；

"黄内二面角"：指线段 BC,CA,AB 中每一个的两侧延伸部分（其实,是一个部分）；

"黄外二面角"：指线段 BC,CA,AB；

"黄内面角"：指 $\angle BAC,\angle CBA,\angle ACB$ 的补角；

"黄外面角"：指 $\angle BAC,\angle CBA,\angle ACB$；

"黄底面"或"黄参考面"：指点 M.

很明显,说"黄三面角形"无疑就是在说"红三角形"（参看本章的1.6）.

因此,图 2.15.1 和图 2.16.1 是一对"红、黄互对偶图形",那是因为：

当我们说及三角形时,"红种人"（就是我们）画出的图形是图 2.16.1,而"黄种人"画出的图形是 2.15.1（他们把该图的 T 视为"黄假面"）.

当我们说及三面角时,"红种人"（就是我们）画出的图形是图 2.15.1,而"黄种人"画出的图形是 2.16.1（他们把该图的 P 视为"黄假面"）.

现在,我们研究"黄三面角"的"第一余弦定理"（参看本章1.7）.

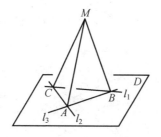

图 2.16.2

图 2.16.2 的三棱锥 $M-ABC$,在红、黄两种观点下,它都是"三面角"（红观点下,MA,MB,MC 是侧棱;而黄观点下,l_1,l_2,l_3 是"黄侧棱"）,应当注意的是,在黄观点下（M 视为"黄假面"）,它的"黄内二面角"的大小,与红观点下的"红内面角"的大小互补,同理,黄观点下的"黄内面角"的大小,与红观点下的"红内二面角"的大小互补,就是说,三个"黄内二面角"的大小分别是 $\pi-(A)$,$\pi-(B)$,$\pi-(C)$；三个"黄内面角"的大小分别是 $\pi-A^*$,$\pi-B^*$,$\pi-C^*$.将这些关系代入本章 1.7 的公式(1),得

$$\cos(\pi-(A))=\frac{\cos(\pi-A^*)-\cos(\pi-B^*)\cdot\cos(\pi-C^*)}{\sin(\pi-B^*)\cdot\sin(\pi-C^*)}$$

$$\Rightarrow\cos(A)=\frac{\cos A^*+\cos B^*\cdot\cos C^*}{\sin B^*\cdot\sin C^*}$$

这是红几何中,三面角的第二余弦定理.

虽然我们没有得到新的发现,但是,通过对偶关系,轻而易举地从三面角的

第一余弦定理推出第二余弦定理,自然也是一大收获.

用以表现"黄三面角"(图 2.16.1)、"黄三角形"(图 2.15.1)、"红三面角"(图 1.7.1),甚至"红三角形"(图 1.6.1)的图形就实质而言,都是在说"三棱锥".

2.17 "黄三角形"的"重心"

考察图 2.17.1,三面角 $P-ABC$ 中,底面 ABC 记为 ω,T 是 $\triangle ABC$ 内一点,TA 交 BC 于 D;TB 交 CA 于 E;TC 交 AB 于 F;EF 交 BC 于 A';FD 交 CA 于 B';DE 交 AB 于 C',那么,A',B',C' 三点必共线(参看第一章的命题 3.18.7),此线记为 m,由 P 和 m 确定的平面记为 M(图中未画出),那么,在黄观点下(以 T 为"黄假面"),"黄三角形"$P-ABC$ 的"黄重心"是 M.

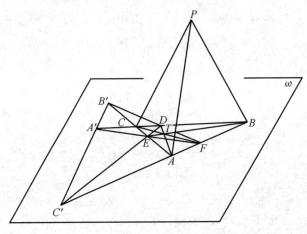

图 2.17.1

2.18 "黄三角形"的"内心"

命题 2.18.1 设 l_1,l_2,l_3 是平面 P 上三条不共点的直线,它们两两相交于 A,B,C,$\triangle ABC$ 的三内角的平分线分别为 AD,BE,CF,如图 2.18.1 所示,求证:AD,BE,CF 三线共点.

这点记为 S,称为 $\triangle ABC$ 的"内心". 把这个命题对偶到"黄三角形"上,并且用我们的语言叙述是这样的:

命题 2.18.2 设 T 是三面角 $P-ABC$ 内一点,二面角 $B-PT-C$ 的补

366

二维、三维欧氏
几何的对偶原理

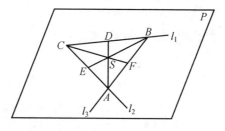

图 2.18.1

二面角的平分面交 BC 于 D;二面角 $C-PT-A$ 的补二面角的平分面交 CA 于 E;二面角 $A-PT-B$ 的补二面角的平分面交 AB 于 F,如图 2.18.2 所示,求证:D,E,F 三点共线.

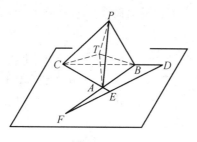

图 2.18.2

设直线 DE 和点 P 所确定的平面为 S(图中未画出),那么,在黄观点下(以 T 为"黄假面"),S 就是"黄三角形"$P-ABC$ 的"黄内心".

我们知道,三角形的外角平分线也有一个与命题 2.18.1 相匹配的结论,那就是:

命题 2.18.3 设 l_1,l_2,l_3 是平面 P 上三条不共点的直线,它们两两相交于 A,B,C,$\triangle ABC$ 的三外角的平分线分别交各自的对边于 D,E,F,如图 2.18.3 所示,求证:D,E,F 三点共线.

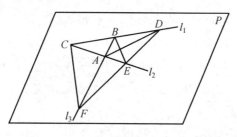

图 2.18.3

把这个命题对偶到"黄三角形"上,并且用我们的语言叙述是这样的:

命题 2.18.4 设 T 是三面角 $P-ABC$ 内一点,二面角 $B-PT-C$ 的平

367

分面交 BC 于 D；二面角 $C-PT-A$ 的平分面交 CA 于 E；二面角 $A-PT-B$ 的平分面交 AB 于 F，如图 2.18.4 所示，求证：AD，BE，CF 三线共点.

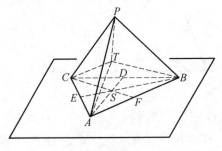

图 2.18.4

如果让图 2.18.2 的 T 沿着直线 TP 向 P 运动，直到与 P 重合，那么，就有下面的命题：

命题 2.18.5 设平面 M 与三面角 $P-l_1l_2l_3$ 的三侧棱分别交于 A,B,C，$\angle BPC$ 的平分线交 BC 于 D；$\angle CPA$ 的平分线交 CA 于 E；$\angle APB$ 的平分线交 AB 于 F，如图 2.18.5 所示，求证：AD，BE，CF 三线共点.

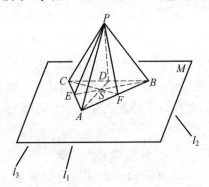

图 2.18.5

把这个命题对偶到"黄三角形"上，并且用我们的语言叙述是这样的：

命题 2.18.6 设 T 是三面角 $M-ABC$ 内一点，二面角 $B-AT-C$ 的补二面角的平分面交 BC 于 D；二面角 $C-BT-A$ 的补二面角的平分面交 CA 于 E；二面角 $A-CT-B$ 的补二面角的平分面交 AB 于 F，如图 2.18.6 所示，求证：D,E,F 三点共线.

这个命题的 M 是多余的，所以，应该重述为：

命题 2.18.7 设三面角 $M-ABC$ 内，二面角 $B-AM-C$ 的补二面角的平分面交 BC 于 D；二面角 $C-BM-A$ 的补二面角的平分面交 CA 于 E；二面角 $A-CM-B$ 的补二面角的平分面交 AB 于 F，如图 2.18.7 所示，求证：D,E，

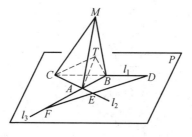

图 2.18.6

F 三点共线(图 2.18.7 的 M 就是图 2.18.6 的 T).

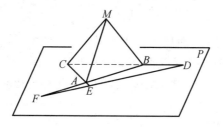

图 2.18.7

与命题 2.18.5 相匹配的命题是:

命题 2.18.8 设三面角 $P-ABC$ 中,三个面角(指 $\angle BPC$,$\angle CPA$,$\angle APB$)的补角的平分线,分别交直线 BC,CA,AB 于 D,E,F,如图 2.18.8 所示,求证:D,E,F 三点共线.

把这个命题对偶到"黄三角形"上,并且用我们的语言叙述是这样的:

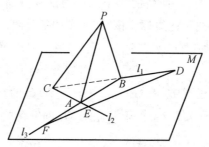

图 2.18.8

命题 2.18.9 设 T 是三面角 $M-ABC$ 内一点,二面角 $B-AT-C$ 的平分面交 BC 于 D;二面角 $C-BT-A$ 的平分面交 CA 于 E;二面角 $A-CT-B$ 的平分面交 AB 于 F,如图 2.18.9 所示,求证:AD,BE,CF 三线共点(这点记为 S).

这个命题的 M 是多余的,所以,应该重述为:

369

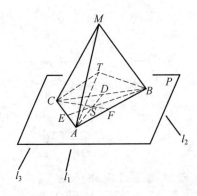

图 2.18.9

命题 2.18.10 设三面角 $M-ABC$ 内,二面角 $B-AM-C$ 的平分面交 BC 于 D;二面角 $C-BM-A$ 的平分面交 CA 于 E;二面角 $A-CM-B$ 的平分面交 AB 于 F,如图 2.18.10 所示,求证:AD,BE,CF 三线共点(这点记为 S).

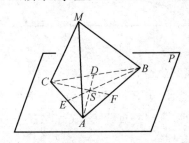

图 2.18.10

这个命题告诉我们,三面角的三个二面角的平分面是共线的(图 2.18.10 的直线 MS 就是这条线),此线称为该"三面角的平分线".

在图 2.18.2 中,如果让 P,T 重合,而且落在 $\triangle ABC$ 的内部,在这种极端情况下,有下面的命题:

命题 2.18.11 设 T 是 $\triangle ABC$ 内一点,$\angle BTC$ 的补角的平分线交 BC 于 D;$\angle CTA$ 的补角的平分线交 CA 于 E;$\angle ATB$ 的补角的平分线交 AB 于 F,如图 2.18.11 所示,求证:D,E,F 三点共线(此线记为 n).

另一种极端情况发生在图 2.18.4,让 P,T 重合,而且落在 $\triangle ABC$ 的内部,这时,有下面的命题:

命题 2.18.12 设 T 是 $\triangle ABC$ 内一点,$\angle BTC$ 的平分线交 BC 于 D;$\angle CTA$ 的平分线交 CA 于 E;$\angle ATB$ 的平分线交 AB 于 F,如图 2.18.12 所示,求证:AD,BE,CF 三线共点(这点记为 N).

若 T 是 $\triangle ABC$ 的外心,那么,图 2.18.12 的 N 就是该三角形的重心,而图

二维、三维欧氏
几何的对偶原理

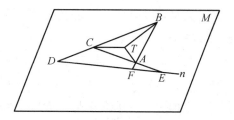

图 2.18.11

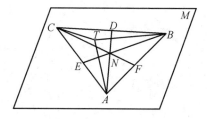

图 2.18.12

2.18.11 的 n 是 $\triangle ABC$ 所在平面 M 上的无穷远直线（即红假线 z_1）.

图 2.18.5 和图 2.18.10 是一对"三维的红、黄互对偶图形"，那是因为：

当我们说及三面角的面角的平分线时，"红种人"（就是我们）画出的图形是图 2.18.5，而"黄种人"画出的图形是 2.18.10（他们把该图的 M 视为"黄假面"）.

当我们说及三面角的二面角的平分线时，"红种人"（就是我们）画出的图形是图 2.18.10，而"黄种人"画出的图形是 2.18.5（他们把该图的 P 视为"黄假面"）.

2.19 "黄三角形"的"垂心"

命题 2.19.1　设 $\triangle ABC$ 在平面 P 上，它的三条高线分别为 AD，BE，CF，如图 2.19.1 所示，求证：AD，BE，CF 三线共点.

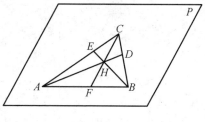

图 2.19.1

371

这点记为 H,称为 $\triangle ABC$ 的"垂心".把这个命题对偶到"黄三角形"上,并且用我们的语言叙述是这样的:

命题 2.19.2 设 T 是三面角(三棱锥)$P-ABC$ 内一点,在直线 BC,CA,AB 上各有一点,分别记为 D,E,F,使得平面 $PTD \perp$ 平面 PTA;平面 $PTE \perp$ 平面 PTB;平面 $PTF \perp$ 平面 PTC,如图 2.19.2 所示,求证:三直线 PD,PE,PF 共面(此面记为 H).

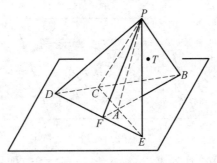

图 2.19.2

在黄观点下(以 T 为"黄假面"),此面 H 是"黄三角形"$P-ABC$ 的"黄垂心".

命题 2.19.2 也可以叙述成这样:

命题 2.19.3 设 T 是三面角(三棱锥)$P-ABC$ 内一点,在直线 BC,CA 上各有一点,分别记为 D,E,使得平面 $PTD \perp$ 平面 PTA;平面 $PTE \perp$ 平面 PTB,设 DE 交 AB 于 F,如图 2.19.2 所示,求证:平面 $PTF \perp$ 平面 PTC.

其实,把命题 2.19.1 对偶到"黄三角形"上,并且用我们的语言叙述,也可以是下面的命题 2.19.4:

命题 2.19.4 设三棱锥 $P-ABC$ 的底面 $\triangle ABC$ 在平面 M 上,T 是这个三棱锥内一点,平面 Z 经过顶点 P,平面 PAB 与平面 Z 的交线记为 l,在平面 M 上取一点 C',使得 $PC' \perp PT$,且 $PC' \perp l$;如果这样的操作对平面 PBC 和平面 PCA 也各进行一次,那么,在平面 M 上就又产生两个点,它们分别记为 A' 和 B',如图 2.19.3 所示,求证:AA',BB',CC' 三线共点(这点记为 O).

顺带说一句,我们知道,三角形中三边的垂直平分线是共点的,因而有下面的命题:

命题 2.19.5 设 T 是三棱锥 $P-ABC$ 底面上一点,TB 交 AC 于 B';TC 交 AB 于 C',设 $B'C'$ 交 BC 于 A'',过 T 作平面 PTA 的垂线,这垂线交平面 PAA'' 于 O_1;类似地作图还可以进行两次,分别得到点 O_2 和点 O_3,如图 2.19.4 所示,求证:下列三直线共面:PO_1,PO_2,PO_3.

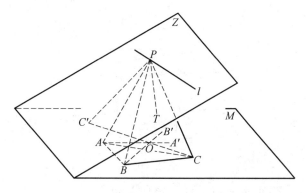

图 2.19.3

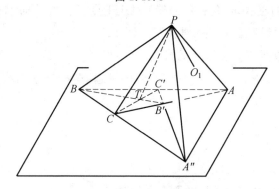

图 2.19.4

2.20 "黄微点几何"

考察图 2.20.1,设 P 是平面 π 外一点,过 P 且与 π 平行的平面记为 λ,我们称 π 为"基准面",λ 为"参考面".

前面我们说过,平面 π 上如果演绎着"红平面几何",那么,通过"吸收",在点 P 上,也能演绎这样的几何,因为,这时的载体不是平面,而是一个点,所以,在该点上演绎的红几何,称为"红微点几何".可想而知,如果在平面 π 上演绎的不是红几何,而是黄几何,那么,"吸收"到点 P 上的自然也是黄几何了,我们称它为"黄微点几何".

设平面 π 上有两点 Z,A,过 Z,P 的直线记为 z,过 A,P 的直线记为 a,过 Z,A 的直线记为 t,t 和 P 所确定的平面记为 T,在平面 π 上过 A 还有一条直线 m,m 和 P 所确定的平面记为 M.

现在,在点 P 和平面 π 之间建立起一种一一对应:

平面 π 上的点 A(包括红假点)对应于点 P 上的直线 a(当 A 是红假点时,

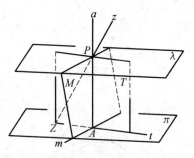

图 2.20.1

a 在 λ 上）；特别是，点 Z 对应于直线 z（图2.20.1）；

平面 π 上的直线 m（包括红假线）对应于点 P 上的平面 M（当 m 是红假线时，M 就是 λ）；特别是，直线 t 对应于平面 T.

这一次在基准面 π 上演绎的是黄几何（以 Z 为"黄假线"），因而在点 P 上应有相应的反映，应该有"黄点""黄线"…… 概念，这些概念用我们的语言叙述，就是：

"黄点"：指过 P 的所有平面；

"黄线"：指过 P 的所有直线；

"黄假线"：指过 P 的直线 z；

"黄假点"：指过直线 PZ 的所有平面 T；

"黄欧点"：指过 P 但不过 Z 的所有平面；

"黄欧线"：指过 P 但不过 Z 的所有直线；

"平行的黄欧线"：设 a,b 是过 P 的两条直线，它们所确定的平面恰好过 z，则说 a,b 是两条彼此"平行的黄欧线"（图 2.20.2）；

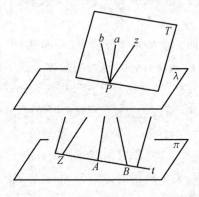

图 2.20.2

"黄角"：设 Z,A,B 是平面 π 上不共线三点，直线 PZ,PA,PB 分别记为 z，

a,b(图 2.20.3),那么,a,b 将平面PAB 上的直线分成两个集合,每一个都称为 P 上的"黄角". 设过 a,z 的平面交λ 于 a';过 b,z 的平面交λ 于 b',那么,由 a,b 构成的"黄夹角"的大小就以 a',b' 间的夹角的大小度量.

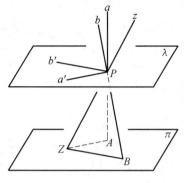

图 2.20.3

"黄线段":设过 P 的两相交平面的交线为 m,m 交平面π 于A(图 2.20.4), 两直线 m,z 所确定的平面记为 T,平面 M,N,T 与平面 λ 的交线分别为 a,b,t, 设 a,b 的夹角为 α;t 与 a,b 的夹角分别为 β 和 γ;m 与 t 的夹角为 θ,那么,在 P 上,由 M,N 构成的"黄线段"的"长度",也就是两"黄欧点"M,N 间的"距离"为

$$d(MN) = \frac{\sin \alpha}{\sin \beta \cdot \sin \gamma \cdot \sin \theta}$$

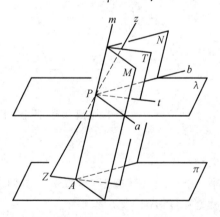

图 2.20.4

"黄三角形":设平面 π 上有不共线三点 A,B,C. Z 是 $\triangle ABC$ 内部一点,过 P,Z 的直线记为 z(图 2.20.5),直线 PA,PB,PC 分别记为 a,b,c,那么,在 P 上 (以 z 为"黄假线"),由 a,b,c 构成一个"黄三角形",平面 PBC,PCA,PAB 是它 的三个"顶点",a,b,c 是它的三条"底边",其他有关概念请读者自行判断(参看 第一章的图 2.8.2).

375

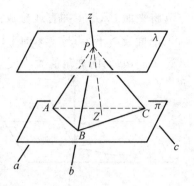

图 2.20.5

"黄圆"：设平面 π 上有一个椭圆，Z 是它的焦点之一（图 2.20.6），直线 ZP 记为 z，A 是椭圆上一动点，直线 AP 记为 l，当 A 在椭圆上运动时，所有 l 的集合 —— 椭圆锥面，能产生一个"黄圆"，过 l 且与这锥面相切的平面是"黄圆"上的一个"点"（参看第一章的图 2.26.1）.

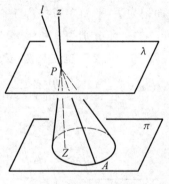

图 2.20.6

总之，我们在点 P 上建立了"黄二维几何"，在那里，平面被当作"点"，而直线仍然是"直线".

如果有人问：除了点以外，还有谁可以当作"点"用，现在的回答是："直线"可以（平面上的黄二维几何就是这样做的，参看第一章的 2.1），"平面"也可以（点上的黄二维几何就是这样做的，参看本节）.

如果有人问：除了直线以外，还有谁可以当作"直线"用，现在的回答是："点"可以（平面上的黄二维几何就是这样做的，参看第一章的 2.1），"平面"也可以（点上的红二维几何就是这样做的，参看本章的 1.8）.

如果有人问：除了平面以外，还有谁可以当作"平面"用，现在的回答是："点"可以（空间的黄三维几何就是这样做的，参看本章），但是，"直线"不可以，因为，任两平面总有一条公共的直线（这条公共的直线或是有穷的或是无穷

二维、三维欧氏
几何的对偶原理

的),而两条直线如果处于异面状态,它们既没有公共的点,又没有公共的直线,也没有公共的平面,所以,直线失去了充当"平面"的可能.

至此,要想对一道红二维命题作"黄对偶",就有了两种选择:可以向"黄(二维)平面几何"对偶,也可以向"黄(二维)微点几何"对偶.

譬如说,下面是一道简单的红二维命题:

命题 2.20.1 设平行四边形 $ABCD$ 的中心为 O,过 O,D,B 各有一条直线,分别记为 l,m,n,它们彼此平行,如图 2.20.7 所示,求证:直线 l 与另两直线 m,n 等距离.

先把这个命题对偶到"黄平面几何",得:

命题 2.20.2 设完全四边形 $ABCD-EF$ 中,AC 交 BD 于 T,一直线过 T 且分别交 AD,BC,EF 于 M,N,O,如图 2.20.8 所示,求证

$$\frac{OM}{MT}=\frac{ON}{NT}$$

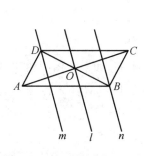
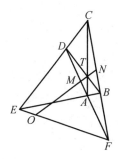

图 2.20.7　　　　　图 2.20.8

在特殊情况下,结论是这样的:

命题 2.20.3 设完全四边形 $ABCD-EF$ 中,AC 交 BD 于 T 且与 EF 平行,该直线分别交 AD,BC,CD,AB 于 M,N,M',N',如图 2.20.9 所示,求证:$TM=TN$;$TM'=TN'$.

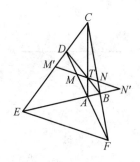

图 2.20.9

把命题 2.20.1 对偶到"黄微点几何",得：

命题 2.20.4　设四棱锥 $P-ABCD$ 中，AB 交 CD 于 E；AD 交 BC 于 F，AC 交 BD 于 S，T 是 PS 上一点，一直线过 T 且分别交平面 PAD，平面 PBC，平面 PEF 于 M,N,O，如图 2.20.10 所示，求证

$$\frac{OM}{MT}=\frac{ON}{NT}$$

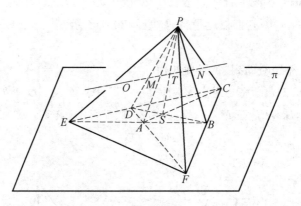

图 2.20.10

图 2.20.10 貌似三维几何，实则是二维的，如果让图中的 T 沿着 PS 向下移动，直到与 S 重合，并且让直线 MN 也落在平面 $ABCD$ 上，那么，这时的底面就和图 2.20.8 一样了.

另一个简单的二维命题是：

命题 2.20.5　设 $\triangle ABC$ 中，$AB=AC$，直线 m 与 BC 平行，且分别交 AB，AC 于 D,E，BE 交 CD 于 F，如图 2.20.11 所示，求证：

①$\angle EBC=\angle DCB$；

②$AF\perp BC$.

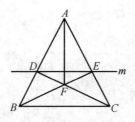

图 2.20.11

该命题在"黄微点几何"中的表现是：

命题 2.20.6　设 T 是三棱锥 $P-ABC$ 内一点，M 是线段 TA 上一点，BM 交平面 PAC 于 E；CM 交平面 PAB 于 D；PD 交 AB 于 D'；PE 交 AC 于 E'；$D'E'$

交 BC 于 F,如图 2.20.12 所示,求证:

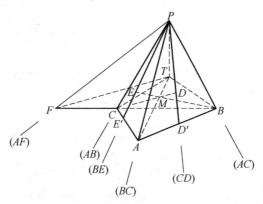

图 2.20.12

① "二面角 $A-PT-B$ 和二面角 $A-PT-C$ 相等" 的充要条件是 "二面角 $A-PT-D$ 和二面角 $A-PT-E$ 相等";

② 平面 PTA 和平面 PTF 垂直.

现在,考察图 2.20.13,设三棱锥 $P-ABC$ 中,P 在底面 ABC 上的射影为 T,T 在 $\triangle ABC$ 内部,且是 $\triangle ABC$ 的费马点(即 T 使 $\angle BTC = \angle CTA = \angle ATB = 120°$).那么,$P$ 上三直线 PA,PB,PC 构成的三面角,在 "黄微点几何" 看来,是 P 上一个 "黄等边三角形".

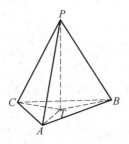

图 2.20.13

在更一般的情况下,考察图 2.20.14,设 T 是三棱锥 $P-ABC$ 内部一点,它使得三个二面角 $B-PT-C$,$C-PT-A$,$A-PT-B$ 的大小都是 $120°$,那么,P 上三直线 PA,PB,PC 构成的三面角,在 "黄微点几何" 看来,是 P 上一个 "黄等边三角形".

因为,等边三角形的三边是相等的,所以,有下面的命题:

命题 2.20.7 设 T 是三棱锥 $P-ABC$ 内部一点,它使得三个二面角 $B-PT-C$,$C-PT-A$,$A-PT-B$ 的大小都是 $120°$,一直线 l 过 T,且分别交三

平面:PBC,PCA,PAB 于 A',B',C',如图 2.20.14 所示,求证

$$\frac{B'C'}{TB' \cdot TC' \cdot \sin\alpha} = \frac{C'A'}{TC' \cdot TA \cdot \sin\beta}$$

$$= \frac{A'B'}{TA' \cdot TB' \cdot \sin\gamma}$$

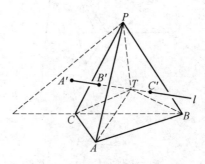

图 2.20.14

其中 α,β,γ 是直线 l 分别与三个平面 PTA,PTB,PTC 所成的角(参看 2.12 的公式(3)).

在图 2.20.14,二面角 $B-AT-C$ 的补二面角的平分面交 BC 于 D;二面角 $C-BT-A$ 的补二面角的平分面交 CA 于 E;二面角 $A-CT-B$ 的补二面角的平分面交 AB 于 F,如图 2.20.15 所示,那么,D,E,F 三点共线(参看命题 2.18.6),由 PA,PB,PC 构成的"黄等边三角形"的"黄中心"就是平面 PDE.

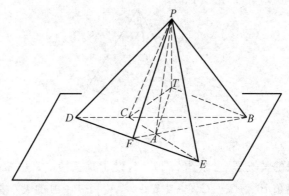

图 2.20.15

2.21 "升维"和"降维"

我们已经知道,"点"和"平面"在黄三维几何里分别被理解成"平面"和"点",那么,把一幅二维的图形放在"黄种人"面前,让他们说出观后感,并把这

二维、三维欧氏
几何的对偶原理

些感受用我们的语言翻译出来,将会是怎样的? 看下面的例子:

命题 2.21.1　在平面上,设三直线 l_1,l_2,l_3 上各有两点,他们分别是 A, A';B,B';C,C';设 BC 和 $B'C'$ 交于 P;CA 和 $C'A'$ 交于 Q;AB 和 $A'B'$ 交于 R, 如图 2.21.1 所示,求证:"P,Q,R 三点共线(此线记为 m)"的充要条件是"三直线 l_1,l_2,l_3 共点(此点记为 O)".

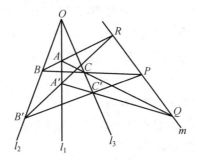

图 2.21.1

这是平面上的吉拉尔定理,它涉及 10 个点和 10 条直线.

在"黄种人"看来,命题 2.21.1 涉及 10 个"黄平面"和 10 条"黄直线",因此, 他们所画出的图形如图 2.21.2 所示,翻译成我们的语言,就是下面的命题:

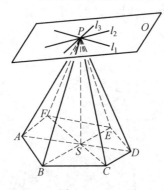

图 2.21.2

命题 2.21.2　设六棱锥 $P-ABCDEF$ 中,侧面 PAB 侧面 PDE 的交线为 l_1;侧面 PBC 和侧面 PEF 的交线为 l_2;侧面 PCD 和侧面 PFA 的交线为 l_3,如 图 2.21.2 所示,求证:"AD,BE,CF 三线共点(此点记为 S)"的充要条件是"三 直线 l_1,l_2,l_3 共面(此面记为 O)".

图 2.21.2 和图 2.21.1 的对偶关系如下:

图 2.21.2 的六个侧面 PAB,PBC,PCD,PDE,PEF,PFA 分别对偶于图 2.21.1 的六个点 A,B,C,A',B',C';

381

图 2.21.2 的三个对角面 PAD，PBE，PCF 对偶于图 2.21.1 的三个点 P，Q，R；

图 2.21.2 的平面 O 对偶于图 2.21.1 的点 O；

图 2.21.2 的三条直线 l_1，l_2，l_3 分别对偶于图 2.21.1 的三条直线 l_1，l_2，l_3；

图 2.21.2 的直线 PS 对偶于图 2.21.1 的直线 m；

原先，命题 2.21.1 是二维的命题（图 2.21.1 是二维的图形），但是对偶后的命题 2.21.2 已经是三维的命题（图 2.21.2 是三维的图形），这种现象称为"升维"。从"二维"升级为"三维"，这是对偶原理的功劳。

不过，如果把命题 2.21.2 视为一道演绎在点 P 上的命题，称为"点 P 上的吉拉尔定理"，那么，仍然是二维的。

反过来，三维的命题经过对偶变成二维的命题就称为"降维"。

下面是一个"降维"的例子。

命题 2.21.3 设四棱锥 $S-ABCD$ 中，两侧面 SAD，SBC 的交线为 t，另两侧面 SAB，SCD 的交线为 l，底面四边形 $ABCD$ 的对角线交于 E，由 E 和 l 所确定的平面交侧面 SBC 于 SF，如图 2.21.3 所示，求证

$$\sin \alpha \cdot \sin \gamma = \sin \beta \cdot \sin \delta \qquad (1)$$

其中 $\alpha = \angle BSF$，$\beta = \angle FSC$，γ 是 SC 与 t 的夹角，δ 是 SB 与 t 的夹角。

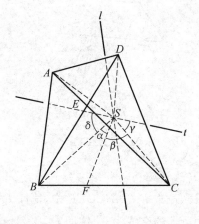

图 2.21.3

严格地说，该命题是发生在点 S 上的二维的（黄微点几何）命题，具体解释如下：在"黄种人"眼里，t 是"黄假线"，两条"黄欧线"SA，SD 彼此"黄平行"（因为 SA，SD 和 t 三者共面），同理，SB，SC 也彼此"平行"，因而 SA，SD，SB，SC 构成一个"黄平行四边形"，由 SE 和 l 所确定的平面是该"黄平行四边形"的"黄中心"，"黄欧线"SF 过这"黄中心"且与 SB，SC 都"平行"，所以，SF 与 SB，SC 都

二维、三维欧氏
几何的对偶原理

"等距",这就是式(1)的来历.

以上解释用我们的图形描绘就是图 2.21.4,在那里,带括号的字母显示了它与图 2.21.3 的对应关系,例如,图 2.21.4 中平行四边形的四个顶点(SAC),(SCD),(SBD),(SAB),分别对应着图 2.21.3 中下列四个平面:SAC,SCD,SBD,SAB,请结合此图把上面的解释再读一遍.

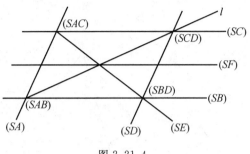

图 2.21.4

貌似三维的命题 2.21.3,实际上只是一道二维命题.

下面的命题大家都很熟悉:

命题 2.21.4 设 $\triangle ABC$ 在平面 π 上,P 是 $\triangle ABC$ 内一点,$AP \perp BC$;$BP \perp CA$,如图 2.21.5 所示,求证:$CP \perp AB$.

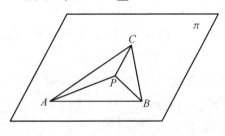

图 2.21.5

这是一道二维的命题(P 是 $\triangle ABC$ 的垂心),如果让图 2.21.5 的 P 离开平面 π,就成了一道三维的命题:

命题 2.21.5 设三棱锥 $P-ABC$ 中,$PA \perp BC$;$PB \perp CA$,如图 2.21.6 所示,求证:$CP \perp AB$.

这也是大家所熟悉的,现在,把命题 2.21.5 对偶到黄三维几何,得:

命题 2.21.6 设 T 是三棱锥 $P-ABC$ 内一点,平面 $PTA \perp$ 平面 TBC;平面 $PTB \perp$ 平面 TCA,如图 2.21.7 所示,求证:平面 $PTC \perp$ 平面 TAB.

这个命题是一道陌生的命题,它的正确性由对偶原理保证,毋庸置疑,不过,我们还是给出直接证明如下.

383

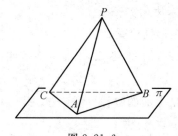

图 2.21.6

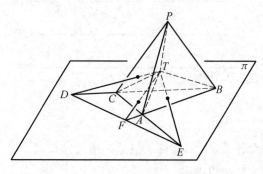

图 2.21.7

证明　过 T 作平面 PTA 的垂线 TD，因为平面 $PTA \perp$ 平面 TBC，所以 TD 在平面 TBC 内．设 TD 交 BC 于 D，那么，平面 $PTD \perp$ 平面 PTA．

同理，过 T 作平面 PTB 的垂线 TE，因为平面 $PTB \perp$ 平面 TCA，所以 TE 在平面 TCA 内．设 TE 交 CA 于 E，那么，平面 $PTE \perp$ 平面 PTB．

设 DE 交 AB 于 F，那么，按命题 2.19.3，平面 $PTF \perp$ 平面 PTC．

因为，$TD \perp$ 平面 PTA，所以，$TD \perp PT$；又因为 $TE \perp$ 平面 PTB，所以，$TE \perp PT$，因而，$PT \perp$ 平面 $TDE \Rightarrow PT \perp TF$．

由于前已证平面 $PTF \perp$ 平面 PTC，所以，$TF \perp$ 平面 PTC，而平面 TAB 过 TF，所以，平面 $TAB \perp$ 平面 PTC．　　　　　　　　（证毕）

从命题 2.21.4 引申出命题 2.21.5，严格地说，不能算作"升维"，只能算作一道命题从二维到三维的推广，不过，这种现象倒是普遍存在，例如下面的例子．

我们知道，三角形的三条角平分线共点，即：

命题 2.21.7　设 $\triangle ABC$ 在平面 π 上，P 是 $\triangle ABC$ 内一点，PA 平分 $\angle BAC$；PB 平分 $\angle CBA$，如图 2.21.8 所示，求证：PC 平分 $\angle ACB$．

这是一道二维的命题（P 是 $\triangle ABC$ 的内心），如果让图 2.21.8 的 P 离开平面 π，就成了一道三维的命题：

二维、三维欧氏
几何的对偶原理

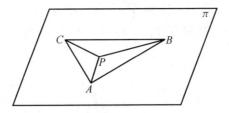

图 2.21.8

命题 2.21.8 设三棱锥 $P-ABC$ 中，$\angle PAB = \angle PAC$；$\angle PBC = \angle PBA$，如图 2.21.9 所示，求证：$\angle PCA = \angle PCB$.（证略）

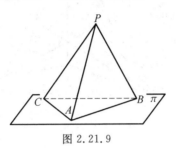

图 2.21.9

再譬如说：

命题 2.21.9 设点 M 不在 $\triangle ABC$ 的三边上，BC, CA, AB 的中点分别是 P, Q, R，作 $PN /\!/ MA$；$QN /\!/ MB$；$RN /\!/ MC$，如图 2.21.10，求证：三直线 PN，QN, RN 共点（这点记为 N).

这是一道二维的命题，不过，若把图 2.21.10 的 $M-ABC$ 当作三棱锥看，该命题也是成立的，即有：

命题 2.21.10 设三棱锥 $M-ABC$ 的底面三边 BC, CA, AB 的中点分别是 P, Q, R，作 $PN /\!/ MA$；$QN /\!/ MB$；$RN /\!/ MC$，如图 2.21.11 所示，求证：三直线 PN, QN, RN 共点（这点记为 N).

这种现象也发生在下面的命题上：

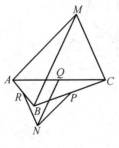

图 2.21.10

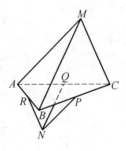

图 2.21.11

命题 2.21.11 设 $ABCD$ 和 $A'B'C'D'$ 是两个四边形，四直线 AA'，BB'，CC'，DD' 共点于 P；另外四直线 AB，CD，$A'B'$，$C'D'$ 共点于 Q，如图 2.21.12 所示，求证：四直线 AD，BC，$A'D'$，$B'C'$ 共点（这点记为 R）.

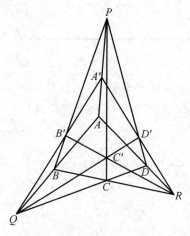

图 2.21.12

这道二维的命题在三维也成立.

命题 2.21.12 设四边形 $ABCD$ 和四边形 $A'B'C'D'$ 分处在两个平面上，四直线 AA'，BB'，CC'，DD' 共点于 P；另外四直线 AB，CD，$A'B'$，$C'D'$ 共点于 Q，如图 2.21.13 所示，求证：四直线 AD，BC，$A'D'$，$B'C'$ 共点（这点记为 R）（参看第二章的命题 3.10.1）.

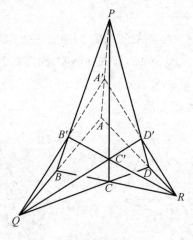

图 2.21.13

二维、三维欧氏
几何的对偶原理

2.22 "黄四面体"

在红三维几何里,如图 2.22.1 那样,不共面四点 A, B,C,D 两两相连所形成的几何图形称为"四面体"(或"红四面体",参看本章的 1.9)。在黄三维几何里,这样的几何图形也称为"四面体"——"黄四面体".

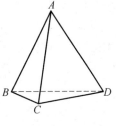

图 2.22.1

红四面体的内部和外部非常明确,连三岁小孩都分得清,因为在我们这个几何世界里,无穷远元素(即假元素:假点、假线、假面)的位置从远古起,早就确定了,放在很远很远,看不见、摸不着的地方,这一点不用声明,不用解释,不用讲道理,自然而然.

然而,在黄三维几何里,为了确定"黄四面体"的内、外部,不得不先看清"黄假线"T 在哪里?

我们知道,在空间,n 个平面最多会把空间分成 $\frac{1}{6}(n^3 + 5n + 6)$ 个部分,而四面体含有 4 个平面,所以,它们把空间分成 15 个部分,T 到底处于哪个部分,对黄四面体内、外部的鉴定是有影响的.

一般地说,我们把 T 置于四面体 $ABCD$ 的内部,如图 2.22.2 所示(以后若无特别声明,都按此处理),这时,我们所认为的四面体的内部,恰恰是"黄四面体"的外部,我们和"黄种人"的感受是反的.

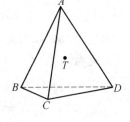

图 2.22.2

有关"黄四面体"的概念,用我们的语言解释于下(图 2.22.2):

"黄顶点":指下列四平面:ABC,ACD,ADB,BCD;

"黄面":指下列四点:A,B,C,D;

"黄棱":指直线 AB,AC,AD,BC,CD,DB, 有时也把线段 AB,AC,AD,BC,CD,DB 的两侧部分称之为"黄棱",这时,"黄棱"的"长度"称为"黄棱长";

"黄外接平行六面体":我们知道,四面体都有一个外接平行六面体(参看 1.9),"黄四面体"自然也不例外.

命题 2.22.1 设 T 是四面体 $ABCD$ 内一点,T 与四面体 $ABCD$ 的每条棱所确定的平面都与对棱交一点(如:T 与 CD 所确定的平面交 CD 的对棱 AB 于 E),它们分别记为 E,F,G,H,M,N,如图 2.22.3 所示,求证:三线段 EG,FH,

MN 都经过 T.

图 2.22.3 的六个点 E,F,G,H,M,N 构成一个"有心八面体",记为 $M-EFGH-N$,在黄观点下(以 T 为"黄假面"),$ABCD$ 是一个"黄四面体",$M-EFGH-N$ 是一个"黄平行六面体",它就是"黄四面体"$ABCD$ 的"黄外接平行六面体"."黄平行六面体"$M-EFGH-N$ 有两个内接于它的"黄四面体",$ABCD$ 只是其一.

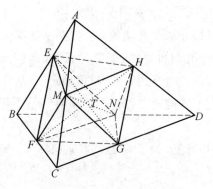

图 2.22.3

"黄中心"("黄重心"):我们知道,四面体的中心与其外接平行六面体的中心是同一个点,那么,对于"黄四面体"自然也是如此.

在图 2.22.3 中,可以证明:下列六对直线 (EF,GH),(FG,EH),(ME,NG),(MF,NH),(MG,NE),(MH,NF) 的交点共面,这个平面在黄观点下,就是"黄四面体"$ABCD$ 的"黄中心"(参看本章的命题 2.24.7.).

命题 2.22.2 设图 2.22.3 的平面 MEH 与平面 BCD 的交线为 l_1;平面 MFG 与平面 ABD 的交线为 l_2;平面 NGH 与平面 ABC 的交线为 l_3;平面 NEF 与平面 ACD 的交线为 l_4,求证:这四条直线共面(这个平面就是"黄四面体"$ABCD$ 的"黄中心").

有一种特殊情况,请看图 2.22.4,设四面体 $ACFH$ 的外接平行六面体为 $ABCD-EFGH$,T 是它们的中心,那么,平行六面体 $ABCD-EFGH$ 的每一个面,在黄观点下(以 T 为"黄假面"),分别是"黄四面体"$ABCD$ 各棱上的"黄中点",因此,这个"黄四面体"的"黄中心"很特别,是远在天边的红假面 **R**.

我们知道,四面体中,如果有两条高相交那么,另两条高也相交.所以,有下面的命题:

命题 2.22.3 是 T 是四面体 $ABCD$ 内一点,过 T 作 AT 的垂面且与 A 的对面 BCD 相交,交线记为 l_1;类似地作图对 BT,CT,DT 各进行一次,于是,在

二维、三维欧氏
几何的对偶原理

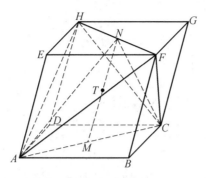

图 2.22.4

平面 ACD,ABD,BCD 上各得一直线,它们分别记为 l_2,l_3,l_4,如图 2.22.5 所示,求证:在四直线 l_1,l_2,l_3,l_4 中,任两条相交的充要条件是另两条相交.

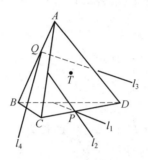

图 2.22.5

2.23 "黄正四面体"

设正四面体 $ABCD$ 的中心为 T,那么,在黄观点下(以 T 为"黄假面"),$ABCD$ 就是"黄正四面体",所以,正四面体是"红、黄自对偶的三维图形"(图 2.23.1).

有关"黄正四面体"的概念,用我们的语言叙述于下:

"黄中心":是红假面 $\mathbf{R}$;

"黄顶点":指四个面:ABC,ACD,ADB,BCD;

"黄面":指四个点:A,B,C,D;

"黄棱":指六条直线:AB,AC,AD,BC,CD,DB;

"黄面上的高":例如,"黄面"A 上的"高"就是平面 BCD 上的红假线;

"黄面上的高的足":例如,"黄面"A 上的"高"的"足"是一个平面,该平面过 A 且与平面 BCD 平行(图 2.23.1 中该平面未画出);

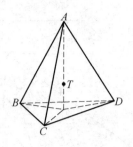

图 2.23.1

"两黄顶点对黄中心所张的锐角":就是指四面体中(图 2.23.1),相邻蓝面所成的锐二面角,这个值为 $\arccos \dfrac{1}{3}$;

"两黄面所成的黄二面角(取锐角)":就是指四面体中(图 2.23.1),两顶点对中心所张的角(取锐角),这个值为 $\arccos \dfrac{1}{3}$;

"两相交黄棱的夹角":就是指四面体中(图 2.23.1),两相交棱(如 AC,AB)对中心 T 所张的二面角,这个值为 $60°$;

"两黄顶点间的距离(即黄棱的长)":若四面体 $ABCD$(图 2.23.1)的棱长为 1,那么,"黄四面体"$ABCD$ 的"黄棱"的长为 8;

"黄外接球":指四面体 $ABCD$(图 2.23.1)的内切球,若四面体 $ABCD$ 的棱长为 1,那么,该"黄外接球"的"黄半径"为 $2\sqrt{6}$;

"黄内切球":指四面体 $ABCD$(图 2.23.1)的外接球,若四面体 $ABCD$ 的棱长为 1,那么,该"黄内切球"的"黄半径"为 $\dfrac{2\sqrt{6}}{3}$;

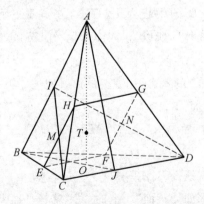

图 2.23.2

"黄四面体中对棱的公垂线":设四面体 $ABCD$ 各棱的中点为 E,F,G,H,

I,J,如图 2.23.2 所示,那么,平面 $EFGH$ 即与平面 ABJ 垂直,又与平面 CDI 垂直,因此,平面 $EFGH$ 上的红假线,就是黄观点下,两"黄棱" AB 和 CD 的"公垂线".

考察下面的命题:

命题 2.23.1 设正四面体 $ABCD$ 中,M,N 分别是 AC,AD 的中点,如图 2.23.3 所示,求证:两异面直线 BM 和 CN 所成的角为 $\arccos\dfrac{2}{3}$.

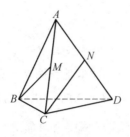

图 2.23.3

这个命题的黄表现,用我们的语言叙述就是下面的命题:

命题 2.23.2 设正四面体 $ABCD$ 中,E,F 分别是 AB,AD 的三等分点;G,H 分别是 BA,BC 的三等分点,设 GH 交 CE 于 P;EF 交 DG 于 Q,如图 2.23.4 所示,求证:平面 CEF 和平面 DGH 所成的锐二面角为 $\arccos\dfrac{2}{3}$.

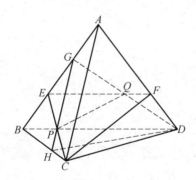

图 2.23.4

在图 2.23.4 中,平面 DGH 和平面 CEF 分别对偶于图 2.23.3 的 M,N.

前面说过,四面体 $ABCD$ 内一点 T,若能使得四条射线 TA,TB,TC,TD 两两夹角都是 $\arccos\left(-\dfrac{1}{3}\right)$,如图 2.23.5 所示,那么,这样的四面体,在黄观点下(以 T 为"黄假面")就是"黄正四面体".

我们知道,正四面体的四条高共点,而且这点就是这个正四面体的中心.因

391

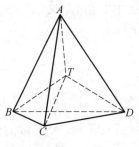

图 2.23.5

而,有下面的命题:

命题 2.23.3 设 T 是四面体 $ABCD$ 内一点,过 T 作 AT 的垂面且与 A 的对面 BCD 相交,交线记为 $E'F'$;类似地作图对 BT,CT,DT 各进行一次,于是,在平面 ACD,ABD,ABC 上各得一直线,它们分别记为 $C'D',B'D',B'C'$,如图 2.23.6 所示,若 TA,TB,TC,TD 两两夹角都是 $\arccos\left(-\frac{1}{3}\right)$,求证:

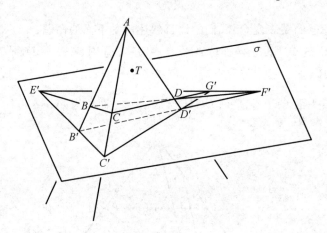

图 2.23.6

① 四直线 $E'F',C'D',B'D',B'C'$ 共面(此平面记为 σ,这四条直线两两的交点分别记为 B',C',D',E',F',G');

② $TE' \perp TD',TF' \perp TC',TG' \perp TB'$;

③ 下列四平面 TFG,TFQ,TGQ,TEP 中,任两个所构成的锐二面角的大小均为 $\arccos\frac{1}{3}$.

图 2.23.6 的 $ABCD$,在黄观点下(以 T 为"黄假面")是"黄正四面体",σ 就是它的"黄中心".

现在,考察下面的命题:

二维、三维欧氏
几何的对偶原理

命题 2.23.4 设 AH 是正四面体 $ABCD$ 中底面 BCD 上的高,一平面过 AH 且与三个侧面 ACD,ADB,ABC 都相交,三交线分别为 AE,AF,AG,它们与底面所成的角分别为 α,β,γ,如图 2.23.7 所示,求证

$$\tan^2\alpha + \tan^2\beta + \tan^2\gamma = 12 \qquad (1)$$

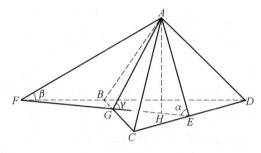

图 2.23.7

证明 设正四面体 $ABCD$ 的棱长为 a,则

$$AH^2 = \frac{2}{3}a^2$$

依题,式(1)等价于

$$\frac{AH^2}{EH^2} + \frac{AH^2}{FH^2} + \frac{AH^2}{GH^2} = 12$$

$$\Leftrightarrow \frac{1}{EH^2} + \frac{1}{FH^2} + \frac{1}{GH^2} = \frac{18}{a^2} \qquad (2)$$

$\triangle ABC$ 是正三角形,H 是其中心,H 在 CD,DB,BC 上的射影分别为 B',C',D'(图 2.23.8),记 $HB' = HC' = HD' = r$,则 $r^2 = \dfrac{a^2}{12}$,因而,式(2)等价于

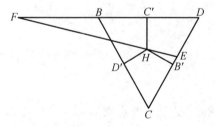

图 2.23.8

$$\frac{r^2}{EH^2} + \frac{r^2}{FH^2} + \frac{r^2}{GH^2} = \frac{3}{2}$$

$$\Leftrightarrow \frac{B'H^2}{EH^2} + \frac{C'H^2}{FH^2} + \frac{D'H^2}{GH^2} = \frac{3}{2}$$

此式可化为

$$\cos^2\delta + \cos^2\theta + \cos^2\varphi = \frac{3}{2}$$

（其中 $\delta = \angle B'HE, \theta = \angle C'HF, \varphi = \angle D'HG$）又化为

$$\cos 2\delta + \cos 2\theta + \cos 2\varphi = 0 \qquad\qquad (3)$$

因为

$$\delta = \angle B'HC' - \angle EHC' = 120° - (180° - \theta) = \theta - 60°$$
$$\varphi = \angle D'HC' - \theta = 120° - \theta$$

所以,式(3)等价于

$$\cos(120° - \theta) + \cos 2\theta + \cos(240° - \theta) = 0$$

容易证明上式成立,因而式(1)成立.   （证毕）

把命题 2.23.4 对偶到黄三维几何,得:

命题 2.23.5 设 T 是四面体 $ABCD$ 内一点,四射线 TA,TB,TC,TD 两两夹角的大小都是 $\arccos\left(-\dfrac{1}{3}\right)$（即便有这个条件,也不能保证四面体 $ABCD$ 是红正四面体,但是一定是"黄正四面体"）,在底面 BCD 上作三条平行线 $l_1, l_2,$ l_3,且分别经过 B, C, D,如图 2.23.9 所示,记 T 与 l_1, l_2, l_3 所确定的平面分别为 $\omega_1, \omega_2, \omega_3$,又设 TA 与 $\omega_1, \omega_2, \omega_3$ 所成的角分别为 α, β, γ,求证

$$\tan^2\alpha + \tan^2\beta + \tan^2\gamma = 12$$

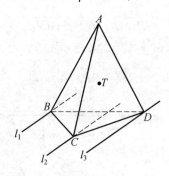

图 2.23.9

如果说,命题 2.23.4 的证明有点吃力,那么,命题 2.23.5 的证明就会很吃力.

2.24 "黄平行六面体"

考察图 2.24.1,设 $ABCD - EFGH$ 是一个平行六面体,它有 8 个顶点;6 个面;12 条棱;4 条对角线;12 条面的对角线;8 个"三角面"（由 A, C, F 三点确定的

二维、三维欧氏
几何的对偶原理

平面称为"三角面");每个面都有一个中心,相对两面的中心连线(这样的连线称为"中心线")交于一点,这点也是各对角线的交点,称为这个平行六面体的中心,中心是唯一的.

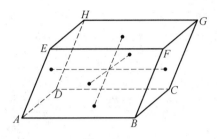

图 2.24.1

考察图 2.24.2,设三棱锥 $T-ABC$ 被一平面所截,这截面分别交 TA,TB,TC 于 D,E,F,又分别交 AB,BC,CA 于 J,K,L,设 AE 交 BD 于 G;BF 交 CE 于 H;AF 交 CD 于 I,三棱锥 $T-ABC$ 被截去小三棱锥 $T-DEF$ 后的剩余部分称为"准三棱台",记为"$T-DEF-ABC$"或"$DEF-ABC$".

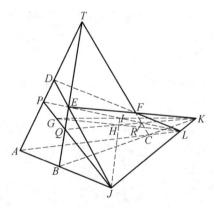

图 2.24.2

在黄观点下(以 T 为"黄假面"),$DEF-ABC$ 是一个"黄平行六面体",它的有关概念,用我们的语言解释如下:

"黄面":指 A,B,C,D,E,F,共 6 个;

"黄顶点":指下列 8 个平面:ABC,DEF,ABF,BCD,ACE,DEC,EFA,FDB,其中有的是"相对的顶点",如 ABC 和 AEF;有的是"相邻的顶点",如 ABF 和 ACE;一个"黄面"上有四个"黄顶点",如 A 上有 ABC,AEF,ABF,ACE;

"黄棱":指 12 条直线.

它们按"对棱"分组(6 组),是 (AB,DE),(BC,EF),(AC,DF),$(AE$,

395

$BD),(BF,CE),(AF,CD)$；

它们按"平行棱"分组（3 组），是 $(AB,DE,AE,BD),(BC,EF,BF,CE)$，$(AC,DF,AF,CD)$；

它们按"共点棱"分组（8 组），是 $(AB,BC,CA),(DE,EF,FD),(AB,BF,FA),(BC,CD,DB),(AC,CE,EA),(DE,EC,CD),(EF,FA,AE),(FD,DB,BF)$；

它们按"共面棱"分组（6 组），是 $(AB,AC,AE,AF),(BA,BC,BD,BF),(CA,CB,CD,CE),(DE,DF,DB,DC),(ED,EF,EA,EC),(FD,FE,FA,FB)$；

"黄对角面"：指以下 6 个点：$G(AE,BD$ 的交点），$H(BF,CE$ 的交点），$I(AF,CD$ 的交点），$J(AB,DE$ 的交点），$K(BC,EF$ 的交点），$L(AC,DF$ 的交点），它们之间有四次三点共线，这四次是 $(G,H,L),(H,I,J),(I,G,K),(K,J,L)$；

"黄对角线"：指下列 4 条直线：GH,HI,IG,JK；

"黄中心"：G,H,I,J,K,L 六点共面，这个平面记为 σ，称为"黄中心"；

"黄中心线"：设平面 σ 分别交 TA,TB,TC 于 P,Q,R，则 PQ,QR,RP 称为"黄中心线"；

"黄面的中心"：指以下六个平面，它们分成三对：$(PQC,PQF),(QRA,QRD),(RPB,RPE)$，每一对产生一条"黄中心线"；

"黄面的对角线"：每个黄面上都有两条"面的对角线"，如"黄面"F 上的两条分别是 FG 和 FJ，其中 FG 是两个"黄顶点"FAE 和 FBD 的"连线"，FJ 是 FAB 和 FDE 的"连线"；

"黄三角面"：指八个特殊的点，两两成对，共四对，请看下面的命题：

命题 2.24.1 设准三棱台 $T-DEF-ABC$ 中，G,H,I 分别是四边形 $ABED$、$BCFE$、$ACFD$ 的对角线的交点，如图 2.24.3 所示，求证：

① 三直线 AH,BI,CG 共点，此点记为 P；

② 三直线 DH,EI,FG 共点，此点记为 Q；

③ P,Q,T 三点共线.

在黄观点下（以 T 为"黄假面"），这里的 P,Q 都是"黄三角面"，它们是"平行"的. 这样的 P,Q 共有四对，下面的命题说到了另外一对：

命题 2.24.2 设准三棱台 $T-DEF-ABC$ 中，H 是四边形 $BCFE$ 的对角线的交点，DE 交 AB 于 J；DF 交 AC 于 I，EI 交 FJ 于 P；BI 交 CJ 于 Q，如图 2.24.4 所示，求证：

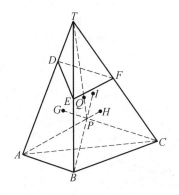

图 2.24.3

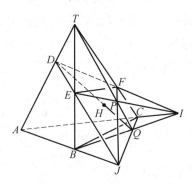

图 2.24.4

①A,H,P 三点共线;

②D,H,Q 三点共线;

③T,P,Q 三点共线.

命题 2.24.2 也可以叙述成这样:

命题 2.24.3 设准三棱台 $T-A'B'C'-ABC$ 中,A'' 是四边形 $BCC'B'$ 的对角线的交点,TA'' 分别交 $BC,B'C'$ 于 D,D',$A'D'$ 交 AA'' 于 E';$A'A''$ 交 AD 于 E,如图 2.24.5 所示,求证:T,E',E 三点共线.

表现一个"黄平行六面体",其图形不一定非要像图 2.24.2 那样,画成准三棱台,其实,只要空间七个点 T,A,B,C,D,E,F 能做到:

①T,A,D 三点共线,T,B,E 三点共线,T,C,F 三点共线;

②TA,TB,TC 三线不共面.

那么,在黄观点下(以 T 为"黄假面"),A,B,C,D,E,F 就构成一个"黄平行六面体",如下面的图 2.24.6、图 2.24.7 以及图 2.24.13 就是.

命题 2.24.4 设四棱锥 $C-ABDE$ 中,AD 交 BE 于 T,AB 交 DE 于 J,AE

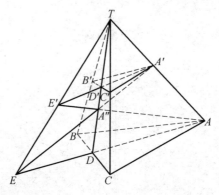

图 2.24.5

交 BD 于 G,过 G,J 两点任作一平面,这平面分别交 CA,CB,CD,CE 于 L,K,I,H,如图 2.24.6 所示,求证:

①AI,BH,DL,EK 四线共点;

②C,F,T 三点共线.

在黄观点下(以 T 为"黄假面"),图 2.24.6 的 A,B,C,D,E,F 构成一个"黄平行六面体",由两直线 KJ,KG 所确定的平面是这个"黄平行六面体"的"黄中心".

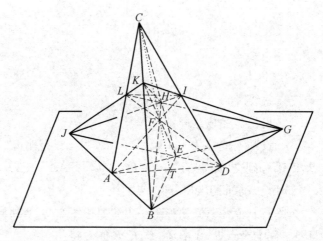

图 2.24.6

命题 2.24.5 设三棱锥 $F-ABC$ 中,一直线分别交 BC,CA,AB 于 K,L,J,一平面过 C,J 两点,且分别交 FA,FB,FL,FK 于 I,H,D,E,如图 2.24.7 所示,求证:

①AE,BD,LH,KI 四线共点,这点记为 G;

②AD,BE,CF 三线共点,这点记为 T.

二维、三维欧氏
几何的对偶原理

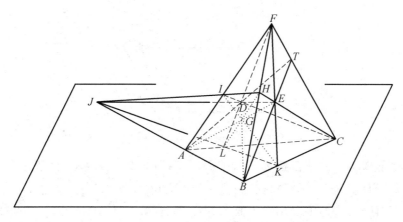

图 2.24.7

在黄观点下(以 T 为"黄假面"),图 2.24.7 的 A,B,C,D,E,F 构成一个"黄平行六面体",由两直线 JH,JK 所确定的平面是这个"黄平行六面体"的"黄中心".

让图 2.24.6 的 C,G,J 都成为无穷远点(红假点),那么,$ABDE-LKIH$ 就成了平行六面体,如图 2.24.8 所示,这时,在黄观点下(以 T 为"黄假面"),由 A,B,D,E,F,C(C 是 EH 上的无穷远点)构成的几何体,是"黄平行六面体",其"黄中心"是红观点下的平面 $LKIH$.

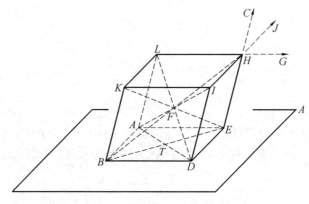

图 2.24.8

考察下面的命题:

命题 2.24.6 设 O 是平行六面体 $ABCD-A'B'C'D'$ 的中心,如图 2.24.9 所示,过 B,O,D' 三点各作一个平面,它们分别记为 α,β,γ,若它们彼此平行,求证:β 与 α,γ 等距离(α,β,γ 在图 2.24.9 中未画出).

这个命题的黄表现应该是:

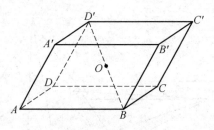

图 2.24.9

命题 2.24.7 设三棱锥 $F-ABC$ 中，T 是 FC 上一点，D,E 分别是 TA,TB 上的点，FD 交 AC 于 L，CD 交 FA 于 I，FE 交 BC 于 K，CE 交 FB 于 H，一直线过点 T，且分别交平面 FLK，平面 $HILK$，平面 ABC 于 M,O,N，如图 2.24.10 所示，求证：

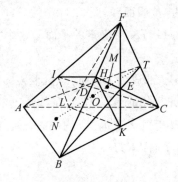

图 2.24.10

① H,I,L,K 四点共面；

② $\dfrac{OM}{MT}=\dfrac{ON}{NT}$.

考察下面的命题：

命题 2.24.8 设 O 是平行六面体 $ABCD-A'B'C'D'$ 的中心，一直线过 O，且分别交平面 $ABCD$ 和平面 $A'B'C'D$ 于 M,N，如图 2.24.11 所示，求证：$OM=ON$.

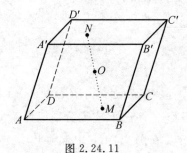

图 2.24.11

400

这个命题的黄表现应该是:

命题2.24.9 设三棱锥 $T-ABC$ 的三侧棱 TA,TB,TC 上各有一点,它们分别是 D,E,F,DE 交 AB 于 G;DF 交 AC 于 H,AE 交 BD 于 K,GK 交 TA 于 I,在 GI 上取一点 P;在 HI 上取一点 Q,一直线过 T,且分别交平面 APQ,平面 DPQ,平面 IPQ 于 M,N,O,如图 2.24.12 所示,求证:$\dfrac{OM}{MT}=\dfrac{ON}{NT}$.

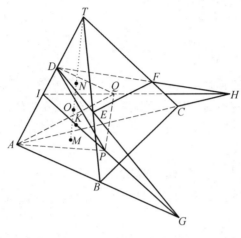

图 2.24.12

考察下面的命题:

命题2.24.10 设三线段 AD,BE,CF 共点于 T,AE 交 BD 于 G;CE 交 BF 于 H;AF 交 CD 于 I;AB 交 DE 于 J;BC 交 EF 于 K,AC 交 DF 于 L,如图 2.24.13 所示,求证:

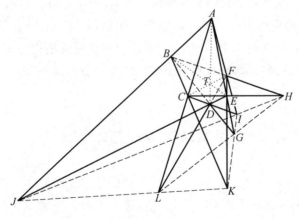

图 2.24.13

① 有四次三点共线,它们是 $(H,I,J),(H,G,L),(K,L,J),(K,G,I)$;

②G,H,I,J,K,L 六点共面,此面记为 σ;

③ 若 T 同时平分线段 AD,BE,CF,那么,σ 就成了红假面 **R**.

图 2.24.13 中,由 A,B,C,D,E,F 构成的那个八面体称为"有心八面体",记为"$A-BCEF-D$",有关它的概念有:

"顶点":指 A,B,C,D,E,F 各点;

"面":指下列八个平面:$ABC,ACE,AEF,AFB,DBC,DCE,DEF,DFB$;

"棱":指下列 12 条直线:$AB,AC,AE,AF,DB,DC,DE,DF,BC,CE,EF,$ FB;

"中心":指点 T;

图 2.24.13 的"有心八面体"$A-BCEF-D$ 在黄观点下(以 T 为"黄假面"),是一个"黄平行六面体",有关它的概念有(用我们的语言叙述):

"黄顶点":指下列八个平面:$ABC,ACE,AEF,AFB,DBC,DCE,DEF,$ DFB;

"黄面":指下列 6 点:A,B,C,D,E,F;

"黄棱":指下列 12 条直线:$AB,AC,AE,AF,DB,DC,DE,DF,BC,CE,$ EF,FB;

"黄中心":指图 2.24.13 中由 G,H,I,J,K,L 六点所确定的平面 σ;

"黄对角线":指下列 4 条直线:HJ,HL,KI,KJ;

"黄对角面":指下列 6 个点:G,H,I,J,K,L;

"黄中心线":指下列 3 条直线:GJ,HK,IL;

命题 2.24.11 设 $A-BCEF-D$ 是一个"有心八面体",顶点 A 上的四个侧面两两相对,这两对侧面的交线分别记为 m_1 和 m_2,m_1,m_2 所确定的平面记为 A',在其他的顶点上,也各有一个这样的平面,分别记为 B',C',D',E',F',如图 2.24.14 所示,在这六个平面中,相对两个的交线分别记为 n_1,n_2,n_3,求证:n_1,n_2,n_3 三线共面(此面在黄观点下,就是"黄平行六面体"$A-BCEF-D$ 的"黄中心"σ).

2.25 "黄长方体"

考察图 2.25.1,设长方体 $ABCD-A'B'C'D'$ 中,各面的中心分别为 $M,N,$ O,P,Q,R,那么,MN,OP,QR 三线共点,这点记为 T,它是这个长方体的中心,由 A',B,C' 所确定的平面称为"三角面",在长方体中,这样的三角面共有八个,两两相对.

二维、三维欧氏
几何的对偶原理

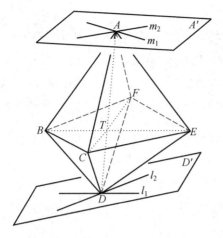

图 2.24.14

由 M,N,O,P,Q,R 八个点产生的八面体,在黄观点下(以 T 为"黄假面"),是"黄长方体",记为" $ye(O-MQNR-P)$ ",这个"黄长方体"的有关概念,用我们的语言解释,就是:

"黄顶点":指八面体 $O-MQNR-P$ 的八个面;

"黄面":指 M,N,O,P,Q,R 八个点;

"黄棱":指八面体 $O-MQNR-P$ 的十二条棱所在的直线,如 PM,PQ 等;

"黄三角面":指 A,B,C,D,A',B',C',D' 这八个点;

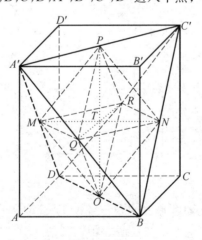

图 2.25.1

"黄面的对角线":每一个黄面上都有两条"对角线",如黄面 P 上的两条对角线分别是 $A'C'$ 和 $B'D'$;

"黄长方体的对角线":这样的"线"共有四条,它们分别是平面 PMQ,

403

PQN，PNR，PRM 上的红假线；

"黄对角面"：这样的"面"共有六个，它们分别是下面六条直线上的无穷远点（红假点）：PM，PN，PQ，PR，MQ，MR；

"黄中心"：黄长方体的"黄中心"就是空间的红假面 **R**.

设红长方体 $ABCD-A'B'C'D'$ 的长、宽、高分别为 a,b,c，那么，在黄观点下，黄长方体 $O-MQNR-P$ 的"长""宽""高"分别为 $\dfrac{4\sqrt{a^2+b^2}}{ab}$，$\dfrac{4\sqrt{b^2+c^2}}{bc}$，

$\dfrac{4\sqrt{c^2+a^2}}{ca}$.

在红观点下，长方体 $ABCD-A'B'C'D'$ 中，有两个等对棱四面体，它们是 $A'BC'D$ 和 $AB'CD'$.

在黄观点下（以 T 为"黄假面"），黄长方体 $O-MQNR-P$ 中，也有两个"等对棱四面体"，它们是 $A'BC'D$ 和 $AB'CD'$.

可见，$A'BC'D$ 和 $AB'CD'$ 是三维红、黄自对偶图形.

我们知道，长方体的对角线有下面一条性质：

命题 2.25.1 设长方体 $ABCD-A'B'C'D'$ 的对角线 BD' 与 BA，BC，BB' 所成的角分别记为 α,β,γ；对角线 BD' 与三平面 $ABCD$，$ABB'A'$，$BCC'B'$ 所成的角分别记为 α',β',γ'；如图 2.25.2 所示，求证：

①$\cos^2\alpha+\cos^2\beta+\cos^2\gamma=1$；

②$\cos^2\alpha'+\cos^2\beta'+\cos^2\gamma'=2$.

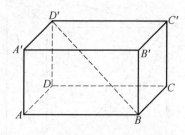

图 2.25.2

这条性质的黄表现（反映在直角三棱锥 $T-PMQ$ 上），就得到下面的命题：

命题 2.25.2 设三棱锥 $T-ABC$ 中，TA，TB，TC 两两垂直，三侧面 TBC，TCA，TAB 与底面 ABC 所成的二面角分别记为 α,β,γ；三侧棱 TA，TB，TC 与底面所成的角分别记为 α',β',γ'，如图 2.25.3 所示，求证：

①$\cos^2\alpha+\cos^2\beta+\cos^2\gamma=1$；

②$\cos^2\alpha'+\cos^2\beta'+\cos^2\gamma'=2$.

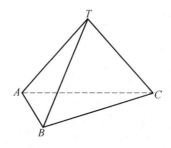

图 2.25.3

命题 2.25.1 可以改述为：

命题 2.25.3 设三棱锥 $A-BCD$ 中，AB,AC,AD 两两垂直，一直线 l 过 A，且与 AB,AC,AD 所成的角分别记为 α,β,γ；l 与三个面 ABC,ACD,ADB 所成的角分别记为 α',β',γ'，如图 2.25.4 所示，求证：

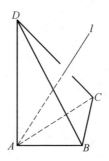

图 2.25.4

①$\cos^2\alpha + \cos^2\beta + \cos^2\gamma = 1$；

②$\cos^2\alpha' + \cos^2\beta' + \cos^2\gamma' = 2$.

这个命题的黄表现，用我们的语言叙述，就是下面的命题：

命题 2.25.4 设三棱锥 $T-ABC$ 中，TA,TB,TC 两两垂直，一平面过 T，且分别交 AC,BC 于 D,E，设平面 TDE 与三个平面 TAB,TBC,TCA 所成的二面角分别为 α,β,γ；平面 TDE 与 TA,TB,TC 所成的角分别记为 α',β',γ'，如图 2.25.5 所示，求证：

①$\cos^2\alpha + \cos^2\beta + \cos^2\gamma = 1$；

②$\cos^2\alpha' + \cos^2\beta' + \cos^2\gamma' = 2$.

考察图 2.25.6，设三棱锥 $T-ABC$ 中，TA,TB,TC 两两垂直，一平面与 TA,TB,TC 分别交于 A',B',C'，那么，在黄观点下（以 T 为"黄假面"），$ABC-A'B'C'$ 是"黄长方体"，因而，命题 2.25.1 的黄表现就是这样的：

命题 2.25.5 设三棱锥 $T-ABC$ 中，TA,TB,TC 两两垂直，一平面与

405

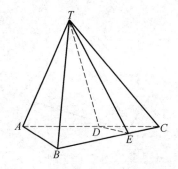

图 2.25.5

TA,TB,TC 分别交于 A',B',C',AB' 交 $A'B$ 于 D,BC' 交 $B'C$ 于 E,如图 2.25. 6 所示,设平面 TDE 与三棱锥的三侧面所成二面角的大小分别为 α,β,γ,又设平面 TDE 与三侧棱所成角的大小分别为 α',β',γ',求证:

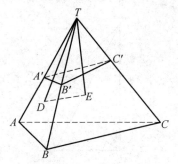

图 2.25.6

①$\cos^2\alpha + \cos^2\beta + \cos^2\gamma = 1$;

②$\cos^2\alpha' + \cos^2\beta' + \cos^2\gamma' = 2$.

我们知道,关于长方体还有下面两个结论:

命题 2.25.6　设长方体 $ABCD-A'B'C'D'$ 中,$\angle BOA = \alpha$,$\angle BOC = \beta$,$\angle BOB' = \gamma$,如图 2.25.7 所示,求证

$$\cos\alpha + \cos\beta + \cos\gamma = 1$$

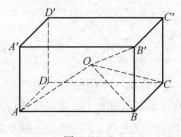

图 2.25.7

406

命题 2.25.7 设长方体 $ABCD-A'B'C'D'$ 中,$\angle BOC'=\alpha',\angle BOA'=\beta',\angle BOD=\gamma'$,如图 2.25.8 所示,求证

$$\cos\alpha'+\cos\beta'+\cos\gamma'=-1$$

命题 2.25.5 的黄表现,用我们的语言叙述,就是下面的命题:

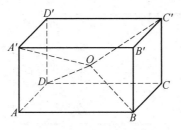

图 2.25.8

命题 2.25.8 设三棱锥 $T-ABC$ 中,TA,TB,TC 两两垂直,一平面分别截 TA,TB,TC 于 D,E,F,又分别交 AB,BC,CA 于 J,K,L,设 AE 交 BD 于 G;BF 交 CE 于 H;AF 交 CD 于 I,三平面 TGH,THI,TIG 与平面 TKJ 所成之锐二面角分别记为 α,β,γ,如图 2.25.9 所示,求证

$$\cos\alpha+\cos\beta+\cos\gamma=1$$

由于图 2.25.7 的 α,β,γ 和图 2.25.8 的 α',β',γ' 分别互补,所以,命题 2.25.7 的黄表现,也是命题 2.25.8.

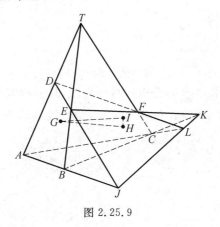

图 2.25.9

2.26 "黄等对棱四面体"

考察图 2.26.1,设长方体 $ABCD-A'B'C'D'$ 的中心为 T,六个面的中心分别为 E,F,G,H,M,N,那么,在黄观点下(以 T 为"黄假面"),八面体 $M-EFGH-N$ 是"黄长方体",A,B,C,D,A',B',C',D' 是它的八个"黄三角面",

其中 $AB'CD'$ 构成一个"黄等对棱四面体",如图 2.26.2 所示($A'BC'D$ 构成另一个"黄等对棱四面体"),其"黄中心"是红假面 **R**.

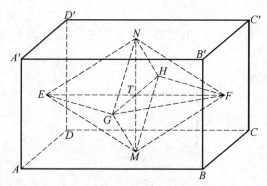

图 2.26.1

既然对棱相等,那么,就有下面的命题:

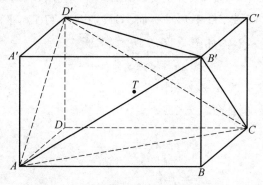

图 2.26.2

命题 2.26.1 设 $ABCD$ 是等对棱四面体,其中心为 T,一直线过 T 且分别交平面 ABD,ACD,ABC,BCD 于 M,N,P,Q,设直线 PQ 与平面 TBC,平面 TAB 所成的角分别为 α,β,如图 2.26.3 所示,求证

$$\frac{PQ}{TP \cdot TQ \cdot \sin\alpha} = \frac{MN}{TM \cdot TN \cdot \sin\beta}$$

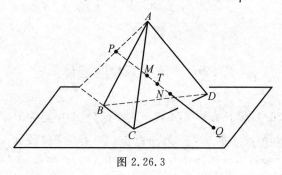

图 2.26.3

2.27 "黄正方体"

考察图 2.27.1,正三棱锥 $T-ABC$ 中,若三侧棱 TA,TB,TC 两两垂直,则称这三棱锥为"正直角三棱锥".若它被平行于底面 ABC 的平面所截,那么,所得之正三棱台称为"正直角三棱台",记为"$T-DEF-ABC$".

在黄观点下(以 T 为"黄假面"),这个"正直角三棱台"是"黄正方体".黄欧点 ABF,BCD,ABC 都是它的"黄顶点",且前两个都与第三个相邻,因此得到下面的命题:

命题 2.27.1 设 $T-DEF-ABC$ 是"正直角三棱台",一直线过 T 且分别交平面 ABC,BCD,ABF 于 P,Q,R,直线 TP 与平面 TBC,TAB 所成的角分别为 α,β,如图 2.27.1 所示,求证

$$\frac{\sin \alpha}{\sin \beta} = \frac{PQ \cdot TR}{PR \cdot TQ}.$$

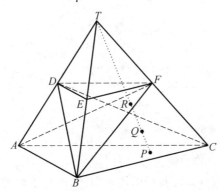

图 2.27.1

命题 2.27.2 设 $T-DEF-ABC$ 是"正直角三棱台",一直线过 T 且分别交平面 ABC,ABF,DEF 于 M,P,N,直线 TP 与平面 TAB,ABC 所成的角分别为 α,β,如图 2.27.2 所示,求证

$$\frac{\sin \alpha}{\sin \beta} = \sqrt{3} \cdot \frac{MP \cdot TN}{MN \cdot TP}.$$

我们知道,正方体中,两个平行的"三角面"三等分一条对角线,这个结论的黄表现,用我们的语言叙述,就是下面的命题:

命题 2.27.3 设 $T-DEF-ABC$ 是"正直角三棱台",AE 交 BD 于 O,一直线过 T 且分别交平面 ABC,DEF 于 M,N,且分别交 OC,OF 于 P,Q,如图

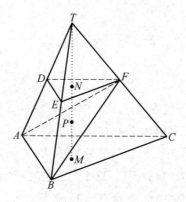

图 2.27.2

2.27.3 所示,求证

$$\frac{MP}{TM \cdot TP} = \frac{PQ}{TP \cdot TQ} = \frac{QN}{TQ \cdot TN}$$

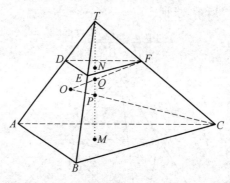

图 2.27.3

我们知道,在正方体 $ABCD-A'B'C'D'$ 中,$BD' \perp$ 平面 ACB',如图2.27.4 所示,这个结论的黄表现,用我们的语言叙述,就是下面的命题:

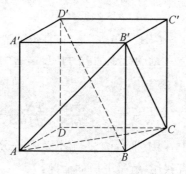

图 2.27.4

命题 2.27.4 在正三棱锥 $T-ABC$ 中,三侧棱 TA,TB,TC 两两垂直,平

行于底面的截面分别交 TA，TB，TC 于 A'，B'，C'，BC' 交 CB' 于 D，TD 交 BC 于 G，$A'D$ 交 AG 于 H，AB' 交 BA' 于 F，AC' 交 CA' 于 E，如图 2.27.5 所示，求证：TH 与平面 TEF 垂直.

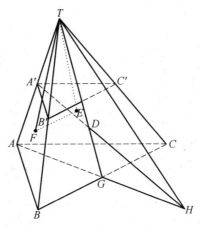

图 2.27.5

这个命题可以简述为：

命题 2.27.5 设 $T-ABC$ 是"正直角三棱锥"，M，N 分别是 BC，AC 的中点，在底面 ABC 上取一点 D，使得 $ADBC$ 成为平行四边形，如图 2.27.6 所示，求证：直线 TD 与平面 TMN 垂直.

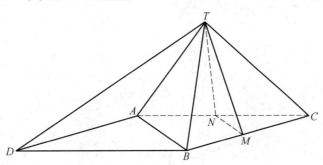

图 2.27.6

考察图 2.27.7，设 $A-BCEF-D$ 是一个正八面体，其中心为 T，这个正八面体的外接正方体为 $A'B'C'D'-E'F'G'H'$，那么，在黄观点下（以 T 为"黄假面"），$A-BCEF-D$ 是一个"黄正方体"，其"黄中心"是红假面 **R**.

考察图 2.27.8，设过点 T 的三直线上各有两点，它们分别记为 $(A，D)$，$(B，E)$，$(C，F)$，如果这六点能满足下面两条要求，那么，这六个点就构成一个"黄正方体"：

411

①TA，TB，TC 两两垂直；

② $\dfrac{AD}{TA \cdot TD} = \dfrac{BE}{TB \cdot TE} = \dfrac{CF}{TC \cdot TF}$.

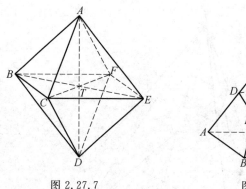

图 2.27.7　　　　　　图 2.27.8

这是产生"黄正方体"的最一般的条件. 这时, 以下 6 个点: $G(AE$, BD 的交点), $H(BF$, CE 的交点), $I(AF$, CD 的交点), $J(AB$, DE 的交点), $K(BC$, EF 的交点), $L(AC$, DF 的交点), 如图 2.27.9 所示, 就是这个"黄正方体"的六个"黄对角面", 因而, GH, HI, IG, JK 就是这个"黄正方体"的四条"黄对角线".

我们可以证明: 图 2.27.9 的 G, H, I, J, K, L 六点共面, 这个平面记为 σ, 此平面在"黄种人"眼里, 就是"黄正方体"的"黄中心".

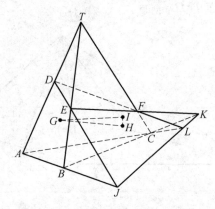

图 2.27.9

在正方体中, 有许多关于角的计算, 诸如线、线成角; 线、面成角; 面、面成角等, 把它们反映到黄几何里, 并翻译成我们的语言, 就形成下面两个命题:

命题 2.27.6　设 $T - ABC$ 是"正直角三棱锥", TD, TE, TF 分别是 $\angle BTC$, $\angle CTA$, $\angle ATB$ 的平分线, 如图 2.27.10 所示, 求证:

①TD, TE, TF 的两两夹角均为 $60°$;

二维、三维欧氏
几何的对偶原理

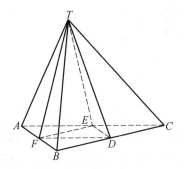

图 2.27.10

② 二面角 $D-TE-F$ 为 $\arccos \dfrac{1}{3}$;

③ 平面 TDF 与三棱锥 $T-ABC$ 的任何一个侧面所成的二面角均为 $\arccos \dfrac{1}{\sqrt{3}}$;

④ 平面 TDF 与三棱锥 $T-ABC$ 的任何一条侧棱所成的角均为 $\arccos \sqrt{\dfrac{2}{3}}$;

⑤ 直线 TD 与平面 TFC 所成之角为 $30°$;

⑥ 直线 TD 与平面 TAB,平面 TAC 所成之角均为 $45°$.

命题 2.27.7 设 $T-ABC$ 是"正直角三棱锥",T 在底面 ABC 上的射影为 O,在底面上作 $\triangle ABC$ 的外接 $\triangle A'B'C'$,使得 $A'B' /\!/ AB$;$B'C' /\!/ BC$;$C'A' /\!/ CA$,设 CC' 交 AB 于 F,如图 2.27.11 所示,求证:

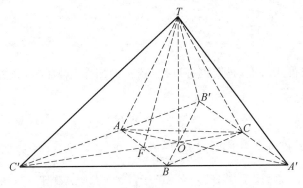

图 2.27.11

① $TF \perp TA'$,$TF \perp TB'$;

② $\angle FTC' = \arccos \dfrac{\sqrt{6}}{3}$;

③$\angle FTO = \arccos \dfrac{\sqrt{6}}{3}$;

④$\angle C'TO = \arccos \dfrac{1}{3}$;

⑤$\angle C'TA = \arccos \dfrac{\sqrt{3}}{3}$.

我们知道,正四面体 $QNM'P'$ 是可以补成正方体 $PQMN - P'Q'M'N'$ 的,如图 2.27.12 所示(图中正方体的六个面分别记为 $B', B'', C', C'', D', D''$,如各箭头所指).

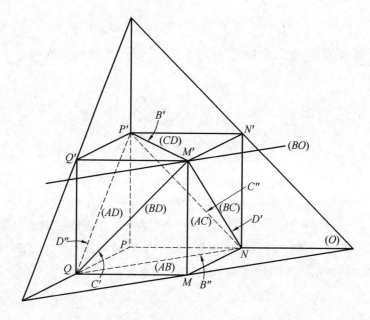

图 2.27.12

因而,在黄几何里,我们也可以把"黄正四面体"补成"黄正方体".因此,有下面的命题:

命题 2.27.8 设 T 是四面体 $ABCD$ 内一点,T 对各棱的张角都是 $\arccos\left(-\dfrac{1}{3}\right)$,设 AT 交平面 BCD 于 O,BO 交 CD 于 B';CO 交 DB 于 C';DO 交 BC 于 D',$B'T$ 交 AB 于 B'';$C'T$ 交 AC 于 C'';$D'T$ 交 AD 于 D'',如图 2.27.13 所示,求证:

①$B'T, C'T, D'T$ 两两垂直;

②$\dfrac{B'B''}{TB' \cdot TB''} = \dfrac{C'C''}{TC' \cdot TC''} = \dfrac{D'D''}{TD' \cdot TD''}$;

二维、三维欧氏
几何的对偶原理

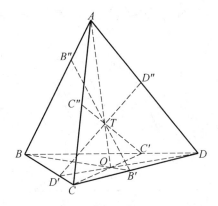

图 2.27.13

③ $\dfrac{AO}{TA \cdot TO} = \dfrac{\sqrt{3}}{3} \cdot \dfrac{B'B''}{TB' \cdot TB''}$;

④ 平面 TBC 与平面 $TB'D'$ 所构成的锐二面角为 $45°$,平面 TBC 与平面 $TC'D'$ 所构成的锐二面角也是 $45°$;

⑤ 平面 TBC 与平面 $TB'C'$ 垂直;

⑥ 平面 TBC 与平面 TBD,TCD 所构成的锐二面角均为 $60°$;

⑦ $\angle CTB' = \angle CTD' = \angle CTC'' = \arctan\sqrt{2}$.

在黄观点下(以 T 为"黄假面"),图 2.27.13 的 $ABCD$ 是一个"黄正四面体",由 B',C',D',B'',C'',D'' 构成的几何体是它的"黄外接正方体","黄种人"眼里的图 2.27.13,就如同我们眼里的图 2.27.12,两图间的对偶关系在图 2.27.12 中用带括号的字母标示(参看本章命题 2.7.1).

图 2.27.12 给我们提供了绘制"黄正方体"的新途径.

2.28　黄三维几何中的"黄圆"

我们知道,"圆""椭圆""双曲线""抛物线"都是二维的概念.

那么,在黄三维几何里,"黄欧面"P 上的"黄圆""黄椭圆""黄双曲线""黄抛物线"都是怎样的?

为此,考察图 3.28.1,设圆 α 在平面 ω 上,点 T 在 ω 上,且在 α 内,P 是 ω 外一点,A 是 α 上一点,当 A 在 α 上运动时,直线 PA 构成的集合称为"锥面",记为 φ,P 称为 φ 的"锥顶",直线 PA 称为 φ 的"母线",α 称为 φ 的"准线". 过 PA 作锥面的切面 M,那么,在"黄种人"眼里(以 T 为"黄假面"),这些"黄欧点"M 构成的集合是"黄欧面"P 上一个"黄椭圆",PA 是这个"黄椭圆"的一条过 M 的

415

"切线"——"黄切线". 我们经常直接把锥面 φ 称为"黄欧面"P 上的"黄椭圆".

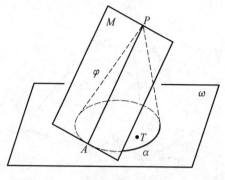

图 2.28.1

如果图 2.28.1 的 T 在 α 上,如图 2.28.2 所示,那么,φ 是"黄欧面"P 上的"黄抛物线".

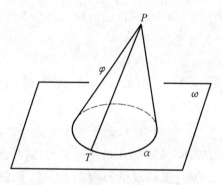

图 2.28.2

如果图 2.28.1 的 T 在 α 外,如图 2.28.3 所示,那么,φ 是"黄欧面"P 上的"黄双曲线".

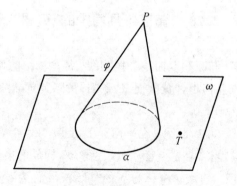

图 2.28.3

在图 2.28.2 中,用以产生锥面 φ 的准线 α 可以是任何圆锥曲线,譬如可以

二维、三维欧氏
几何的对偶原理

是双曲线,如图 2.28.4 所示,只要 T 在双曲线的内部,这样的锥面,在"黄种人"眼里(以 T 为"黄假面"),仍然表示 P 上的一个"黄椭圆".

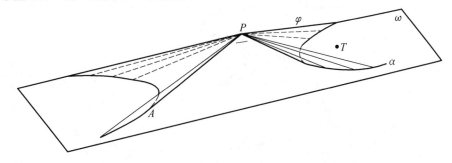

图 2.28.4

我们可以证明:任何锥面都可以看作"斜圆锥",即作为经过一个定点 P 和一个定圆 α 的直线 PA 的集合(轨迹),譬如图 2.28.4,经过加工成了图 2.28.5,其中 α' 是一个圆,那么,原先由双曲线 α 所产生的锥面 φ,现在可以认为是由圆 α' 所产生.

所以,以后凡说"锥面"都认为它的准线是圆,也就是说,凡说"锥面"就是说"斜圆锥".

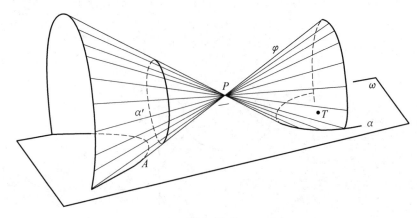

图 2.28.5

如果图 2.28.1 的 T 恰好是圆 α 的圆心,且 PT 垂直于平面 ω,即 φ 是"正圆锥面",如图 2.28.6 所示,那么,在"黄种人"眼里(以 T 为"黄假面"),φ 表示的是 P 上的一个"黄圆".

我们知道,圆的直径所对的圆周角是直角.将这个结论对偶到黄三维几何,并且用我们的语言叙述,就是下面的命题:

命题 2.28.1 设正圆锥 φ 的顶点为 P,底面圆为 α,P 在底面上的射影是 α

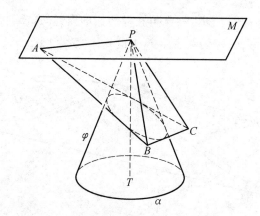

图 2.28.6

的中心,过 P 且与 PT 垂直的平面记为 M,三棱锥 $P-ABC$ 的三个侧面 PAB,PBC,PCA 均与 φ 相切,若直线 PA 在平面 M 上,如图 2.28.6 所示,求证:平面 PTB 和平面 PTC 垂直.

现在,考察下面的结论:

命题 2.28.2 设椭圆 α 的右焦点为 T,右准线为 l,A 是 α 上一点,AT 交 l 于 B,过 A 且与 α 相切的直线交 l 于 C,如图 2.28.7 所示,求证:$\dfrac{AB}{TA \cdot TB}$ 为定值.

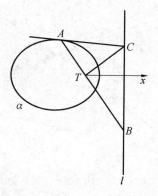

图 2.28.7

证明 以 T 为极点,建立极坐标系,则椭圆 α 的极坐标方程为 $\rho = \dfrac{\mathrm{e}p}{1-\mathrm{e}\cos\theta}$,$l$ 的极坐标方程 $\rho = \dfrac{p}{\cos\theta}$.

设 $\angle ATX = \theta$,则

$$\frac{1}{TA} = \frac{1-\mathrm{e}\cos\theta}{\mathrm{e}p}$$

$$\frac{1}{TB} = \frac{\cos\theta}{p}$$

所以

$$\frac{AB}{TA \cdot TB} = \frac{TA + TB}{TA \cdot TB} = \frac{1}{TA} + \frac{1}{TB}$$

$$= \frac{1 - \mathrm{e}\cos\theta}{\mathrm{e}p} + \frac{\cos\theta}{p}$$

$$= \frac{1}{\mathrm{e}p}$$

可见 $\dfrac{AB}{TA \cdot TB}$ 为定值. （证毕）

如果图 2.28.8 的椭圆方程是

$$\frac{x^2}{a^2} + \frac{y^2}{b^2} = 1$$

那么，上述定值就是 $\dfrac{a}{b^2}$.

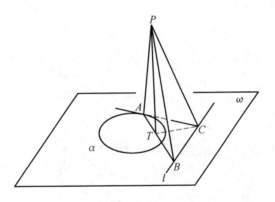

图 2.28.8

考察图 2.28.8,设 P 是平面 ω 外一点,椭圆 α 在平面 ω 上,其焦点恰好是 P 在 ω 上的射影,在平面 ω 上,设 α 的准线为 l, AT 交 l 于 B,过 A 且与 α 相切的直线交 l 于 C,那么, CT 与 AB 垂直,且 $\dfrac{AB}{TA \cdot TB}$ 为定值(命题 2.28.2).在黄观点下(以 T 为"黄假面"),平面 PAC 和 PBC 都是"黄欧面" P 上的"黄欧点",前者是"动点",后者是"定点",这两"点"间的"黄距离"就是上述定值(参看本章 2.12.1 的公式(3)),因而,在"黄种人"眼里,平面 PAC 构成的集合是一个"黄圆",平面 PBC 是其"黄圆心".

我们知道,任何一个三角形都有且仅有一个与其三边都相切的圆,该圆称为三角形的"内切圆",例如,图 2.28.9 的圆 O 就是 $\triangle ABC$ 的内切圆,它分别与

三边 BC,CA,AB 切于 D,E,F，内切圆的圆心 O 是 $\triangle ABC$ 三个内角的平分线的交点.

那么，在黄三维几何里，一个"黄三角形"的"内切圆"是怎样的？

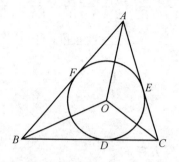

图 2.28.9

为此，我们先给出一个结论：

命题 2.28.3 设平面上有 A,B,C,T 四点，它们任三点不共线，设 $\angle BTC$ 的补角的平分线交 BC 于 P；$\angle CTA$ 的补角的平分线交 AC 于 Q；$\angle ATB$ 的补角的平分线交 AB 于 R，如图 2.28.10 所示，求证：

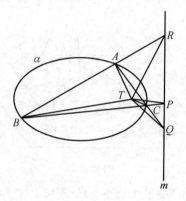

图 2.28.10

① P,Q,R 三点共线，此线记为 m；

② 存在且仅存在一圆锥曲线 α，它以 T 为焦点、m 为相应的准线、且经过 A，B,C 三点.

这里说的圆锥曲线 α 可能是椭圆（图 2.28.10），也可能是抛物线（图 2.28. 11）或双曲线（图 2.28.12）.

在黄观点下（以 T 为"黄假线"），图 2.28.10、图 2.28.11、图 2.28.12 的 α 都是平面上的"黄圆".

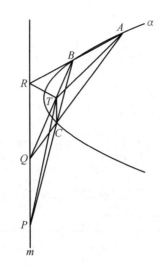

图 2.28.11

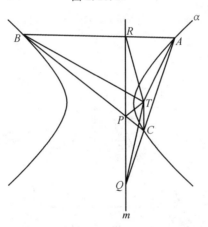

图 2.28.12

现在,考察图 2.28.13,设三直线 MA,MB,MC 共点于 M,T 是这三直线外一点,过 T 且与 MT 垂直的平面记为 ω,ω 与三直线 MA,MB,MC 的交点分别为 A,B,C,在平面 ω 上,设 $\angle BTC$ 的补角的平分线交 BC 于 P;$\angle CTA$ 的补角的平分线交 AC 于 Q;$\angle ATB$ 的补角的平分线交 AB 于 R,依据命题 2.28.3,P,Q,R 三点共线(此线记为 m),并且存在一圆锥曲线 α,它以 T 为焦点、m 为相应的准线、且经过 A,B,C 三点.过 M 及 α 上一点的直线记为 l,那么,l 的集合构成一个斜圆锥面,记为 φ 或"$M-\alpha$",M 是它的"顶点",l 是它的"母线",α 是它的"准线",在黄观点下(以 T 为"黄假面"),φ 是"黄欧面"M 上的一个"黄圆",平面 MPR 是其"黄圆心",这个"黄圆"就是 MA,MB,MC 所构成的"黄三角形"的"(黄)内切圆".

421

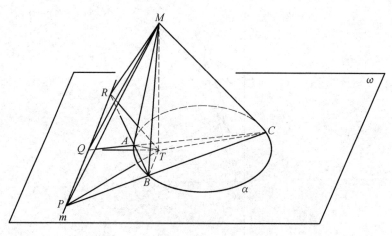

图 2.28.13

如果图 2.28.13 的 T 恰好是 $\triangle ABC$ 的外接圆的圆心,那么,φ 就成了正圆锥面,也只有这时 φ 才能成为正圆锥面(图 2.28.14).

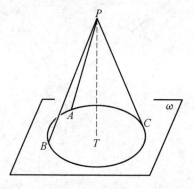

图 2.28.14

我们知道,任何一个三角形都有且仅有一个过其三个顶点的圆,该圆称为三角形的"外接圆",例如,图 2.28.15 的圆 O 就是 $\triangle ABC$ 的外接圆,它分别过顶点 A,B,C,外接圆的圆心 O 是 $\triangle ABC$ 三边垂直平分线的交点.

那么,在黄三维几何里,一个"黄三角形"的"外接圆"是怎样的?

为此,我们从下面的概念开始:

设两直线 l_1,l_2 相交于 A,T 是这两直线外一点,过 T 任作两直线,它们分别交 l_1,l_2 于 B,D 和 C,E,设 BE 交 CD 于 M,过 T 且与 AT 垂直的直线交 AM 于 N,如图 2.28.16 所示,我们称 N 是两直线 l_1,l_2 关于 T 的"中垂点".

在黄观点下(以 T 为"黄假线"),图 2.28.16 的 N 是 l_1,l_2 所构成的"黄线段"的"垂直平分线".

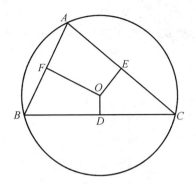

图 2.28.15

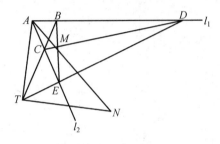

图 2.28.16

命题 2.28.4 设平面上有 A,B,C,T 四点,它们任三点不共线,设 A' 是 AB,AC 关于 T 的"中垂点";B' 是 BC,BA 关于 T 的"中垂点";C' 是 CA,CB 关于 T 的"中垂点",如图 2.28.17 所示,求证:

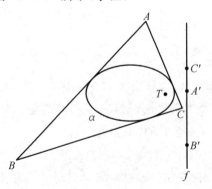

图 2.28.17

①A',B',C' 三点共线,此线记为 f;

② 存在且仅存在一圆锥曲线 α,它以 T 为焦点,以 f 为相应的准线,且与 BC,CA,AB 都相切.

这里说的圆锥曲线 α 可能是椭圆(图 2.28.17),也可能是抛物线

423

（图 2.28.18）或双曲线（图 2.28.19）.

在黄观点下（以 T 为"黄假线"），图 2.28.17，图 2.28.18，图 2.28.19 的 α 都是平面上的"黄圆".

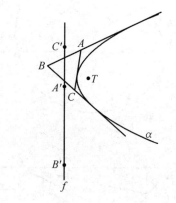

图 2.28.18

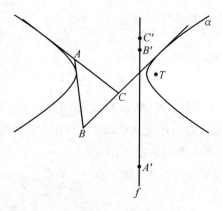

图 2.28.19

现在，考察图 2.28.20，设三直线 MA，MB，MC 共点于 M，T 是这三直线外一点，过 T 且与 MT 垂直的平面记为 ω，ω 与三直线 MA，MB，MC 的交点分别为 A，B，C，设 AB，AC 关于 T 的"中垂点"为 A'；BC，BA 关于 T 的"中垂点"为 B'；CA，CB 关于 T 的"中垂点"为 C'，依据命题 2.28.4，A'，B'，C' 三点共线，此线记为 f，并且存在且仅存在一圆锥曲线 α，它以 T 为焦点，以 f 为相应的准线，且与 BC，CA，AB 都相切. 过 M 及 α 上一点的直线记为 l，那么，l 的集合构成一个斜圆锥面，记为 φ 或"$M-\alpha$"，M 是它的"顶点"，l 是它的"母线"，α 是它的"准线"，在黄观点下（以 T 为"黄假面"），φ 是"黄欧面"M 上的一个"黄圆"，平面 $MA'C'$ 是其"黄圆心"，这个"黄圆"就是 MA，MB，MC 所构成的"黄三角形"的"（黄）外接圆".

424

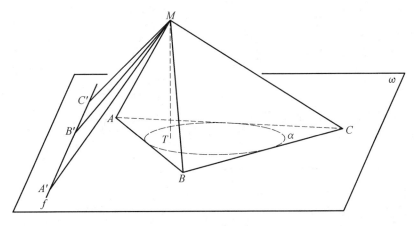

图 2.28.20

如果图 2.28.20 的 T 恰好是 $\triangle ABC$ 的内切圆的圆心,那么,φ 就成了正圆锥面,也只有这时 φ 才能成为正圆锥面(图 2.28.21).

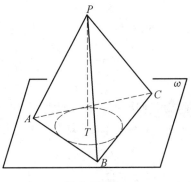

图 2.28.21

2.29 "黄球面"

考察图 2.29.1,设 T 是球面 α 的球心,A 是 α 上一点,过 A 且与 α 相切的平面记为 M,那么,在黄观点下(以 T 为"黄假面"),α 仍然是"球(面)"——"黄球(面)",红假面 $\mathbf{R}$ 是其"黄球心",A 是其"黄切面",M 是其"黄切点",特别需要提醒的是:我们所说的球 α 的内部,在"黄种人"眼里,恰恰是"黄球"α"外部",我们和"黄种人"的感受是反的.

下面是一道简单的命题:

命题 2.29.1 设球面 α 的球心为 O,AB 是过 O 的直径,C 是 α 上任一点,如图 2.29.2 所示,求证:$AB \perp AC$.

425

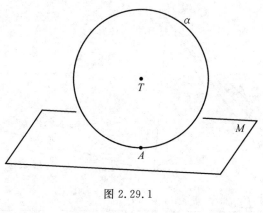

图 2.29.1

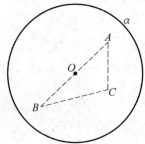

图 2.29.2

这个命题的黄表现,用我们的语言叙述就是:

命题 2.29.2　设球面 α 的球心为 T,两平行平面 M,N 均与 α 相切,另有一平面也与 α 相切,且与 M,N 相交,交线分别为 AB 和 CD,如图 2.29.3 所示,求证:平面 TAB 和平面 TCD 相互垂直.

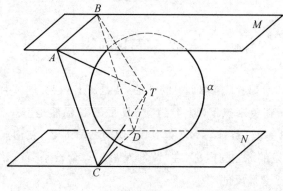

图 2.29.3

下面也是一道简单的命题:

命题 2.29.3　设球面 α 的球心为 O,一平面与 α 相交,交线为一小圆,A,

B,C 是这小圆上三点，O 在小圆面上的射影为 N,A,B,N 三点共线，如图 2.29.4 所示，求证：$CA \perp CB$.

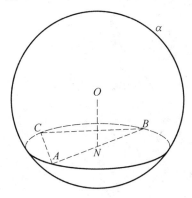

图 2.29.4

这个命题的黄表现，用我们的语言叙述就是：

命题 2.29.4 设球面 α 的球心为 T，该球面与三棱锥 $N-ABC$ 的三个侧面 NAB,NBC,NCA 都相切，若 $NT \perp NA$，如图 2.29.5 所示，求证：平面 $NTB \perp$ 平面 NTC.

图 2.29.5 和图 2.29.4 的对偶关系如下：图 2.29.5 的点 N 对偶于图 2.29.4 的小圆面 ABC；图 2.29.5 的三平面 NAB,NBC,NBC 分别对偶于图 2.29.4 的三点 A,B,C；如果过图 2.29.5 的 N 作 NT 的垂面，那么，这个平面上的红假线对偶于图 2.29.4 的直线 ON.

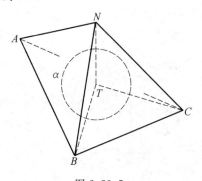

图 2.29.5

1956 年美国第 16 届普特南(William Lowell Putnam)数学竞赛中有一道题是这样的：

命题 2.29.5 设球 O 内切于四面体 $ABCD$，平面 BCD,ACD,ABD,ABC 上的切点分别记为 P,Q,R,S，将每一个面上的切点（如点 S）与该面上的三个顶点连起来,得三个以切点为顶点的角,让这三个角构成一个集合,这样的集合共有四个(每个面上都有一个),如图 2.29.6 所示,求证:这四个集合相等.

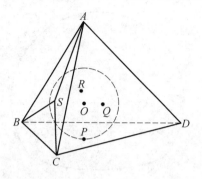

图 2.29.6

证明　因为 P,Q,R,S 都是切点,所以

$$AQ = AR = AS , BP = BR = BS$$

$$CP = CQ = CS , DP = DQ = DR$$

因而能得出六对三角形全等,如 $\triangle PBC \cong \triangle SBC$;$\triangle PCD \cong \triangle QCD$;…,记各切点处的角为 $\alpha,\beta,\gamma,\delta,\varphi,\omega$,如图 2.29.7 所示,将这 12 个角相加,得

$$2(\alpha + \beta + \gamma + \delta + \varphi + \omega) = 4 \cdot 360°$$

$$720° + 2(\delta + \varphi + \omega) = 4 \cdot 360°$$

$$\delta + \varphi + \omega = 360°$$

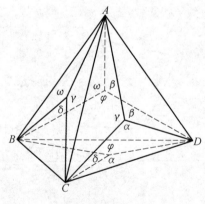

图 2.29.7

而另一方面,在侧面 ABC 上有

$$\gamma + \delta + \omega = 360°$$

所以,$\gamma = \varphi$.

同理可得,$\delta = \beta , \alpha = \omega$.

故四个关于角的集合是相等的. （证毕）

将普特南的这道竞赛题对偶到黄三维几何,得下面的结论:

命题 2.29.6 设四面体 $ABCD$ 内接于球 T,过顶点 A 作这球的切面 M,M 分别与平面 ACD,ABD,ABC 相交,交线分别记为 b,c,d,如图 2.29.8 所示,设三直线 b,c,d 的两两夹角的正弦值构成的集合为 S_A,同样的,对于顶点 B,C,D 也各有一个集合,分别记为 S_B,S_C,S_D,求证:$S_A = S_B = S_C = S_D$.

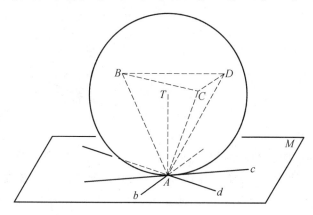

图 2.29.8

内接于一个球的四面体,在"黄种人"眼里恰恰是"球的外切四面体",反之,外切于一个球的四面体,在"黄种人"眼里恰恰是"球的内接四面体".

有一道数学竞赛题(波兰 $1963 \sim 1964$ 年)是这样的:

命题 2.29.7 设空间四边形 $ABCD$ 的四边 AB,BC,CD,DA 与球 O 相切,切点分别为 E,F,G,H,如图 2.29.9 所示,求证:E,F,G,H 四点共面.

将此命题对偶到黄三维几何,得:

命题 2.29.8 设空间四边形 $ABCD$ 的四条边 AB,BC,CD,DA 与球 O 相切,切点分别为 E,F,G,H,如图 2.29.9 所示,求证:过四点 E,F,G,H 且与球 O 相切的切面共点(此点记为 V).

于是,又有下面的结论:

命题 2.29.9 设四棱锥 $V-PQRS$ 的四个侧面都与球 O 相切,侧面 VPQ,VQR,VRS,VSP 上的切点分别为 E,F,G,H,在侧棱 VP 上取一点 A,连 AE 且交 VQ 于 B;连 BF 且交 VR 于 C;连 CG 且交 VS 于 D,如图 2.29.9 所示,求证:A,H,D 三点共线.

由命题 2.29.7 可知,E,F,G,H 四点肯定在球 O 的一个小圆上,且这个小圆面与 VO 垂直(小圆的圆心记为 O'),所以又得到一个结论:

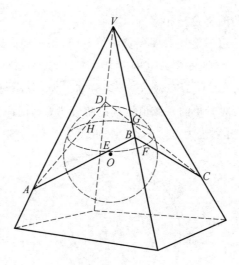

图 2.29.9

命题 2.29.10 设四边形 $PQRS$ 外切于圆 O',过 O' 作平面 $PQRS$ 的垂线 VO',V 是这垂线上一点,在直线 VP 上取一点 A,连 AE 且交 VQ 于 B;连 BF 且交 VR 于 C;连 CG 且交 VS 于 D,如图 2.29.10 所示,求证:A,H,D 三点共线.

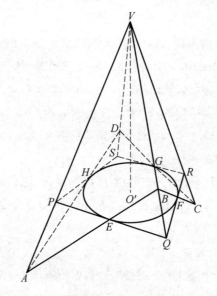

图 2.29.10

在空间直角坐标系里,由方程

$$\frac{x^2}{a^2}+\frac{y^2}{b^2}+\frac{z^2}{c^2}=1 \quad (a>b>c>0)$$

所确定的曲面称为"椭球面",如图 2.29.11 所示.

430

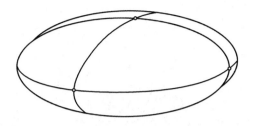

图 2.29.11

设一个椭圆 α 的两个焦点为 F_1,F_2，α 绕直线 F_1F_2 旋转一周，所得之旋转曲面称为"长旋转椭球面"，它是一种特殊的椭球面，F_1,F_2 是这个椭球面的两个焦点.

在空间直角坐标系里，"长旋转椭球面"的方程为

$$\frac{x^2}{a^2}+\frac{y^2}{a^2}+\frac{z^2}{c^2}=1 \quad (a>c>0)$$

若将长旋转椭球面 α 的焦点作为"黄假面"，记为 T，T 关于 α 的极面记为 σ，那么，在黄观点下（以 T 为"黄假面"），α 是"球面"——"黄球面"，σ 是其"黄球心".

下面的命题是一道简单的命题：

命题 2.29.11 设球面 α 的球心为 O，A 是 α 上一点，过 A 且与 α 相切的平面记为 N，如图 2.29.12 所示，求证：OA 与平面 N 垂直.

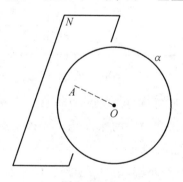

图 2.29.12

这个命题的黄表现是这样的：

命题 2.29.12 设长旋转椭球面 α 的焦点为 T，T 关于 α 的极面记为 σ，N 是 α 上一点，过 N 且与 α 相切的平面记为 A，A 与平面 σ 的交线为 PQ，如图 2.29.13 所示，求证：直线 NT 与平面 TPQ 垂直.

再譬如说，命题 2.29.1 的黄表现也可以是这样的：

431

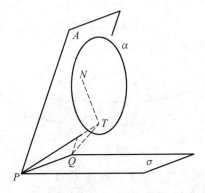

图 2.29.13

命题 2.29.13 设长旋转椭球面 α 的焦点为 T，T 关于 α 的极面记为 σ，四面体 $ABCD$ 的各个面都与 α 相切，若直线 AB 在平面 σ 上，如图 2.29.14 所示，求证：平面 $ATC \perp$ 平面 ATD；平面 $BTC \perp$ 平面 BTD.

图 2.29.14 的两平面 ABC，ABD 分别对偶于图 2.29.2 的两点 A，B.

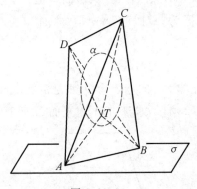

图 2.29.14

下面的命题也是一道简单的命题：

命题 2.29.14 设 O 是球 α 的球心，P 是 α 外一点，过 P 作 α 的切线，切点记为 A，如图 2.29.15 所示，求证：

① 点 A 的轨迹是一个小圆，记为 β，β 所在的平面记为 N，N 与 PO 的交点 O' 是 β 的圆心；

② 在 N 上，过 A 作 β 的切线 m，则 m 与 PA 垂直，m 与 α 相切，m 和 PA 所确定的平面是 α 的切面；

这个命题的黄表现是：

命题 2.29.15 设 T 是球 α 的球心，一平面 P 与 α 相交，交线记为 β，B 是 β 上一动点，过 B 作 α 的切面 A，A 与 P 的交线记为 l，如图 2.29.16 所示（该图

432

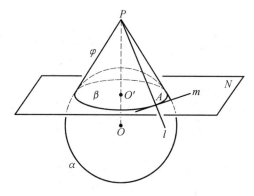

图 2.29.15

中平面 A 未画出),求证:

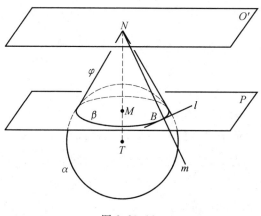

图 2.29.16

①β 是 α 的一个小圆;

② 所有的切面 A 过一定点 N,NT 与平面 P 垂直相交,交点 M 是小圆 β 的圆心;

③ 直线 NB 记为 m,则 m 的集合是一个正圆锥面,这个正圆锥面记为 φ;

④l,T 所确定的平面垂直于 m,T 所确定的平面.

在黄观点下(以 T 为"黄假面"),图 2.29.16 的 α 是"黄球面",φ 是其一个"黄小圆",过 N 且与 NT 垂直的平面 O' 是这个"黄小圆"的"圆心".

命题 2.29.14 的黄表现也可以是这样的:

命题 2.29.16 设长旋转椭球面 α 的焦点为 T,T 关于 α 的极面记为 O,一平面 P 与 α 相交,交线记为 φ,平面 P 与平面 O 的交线记为 n,设 B 是 φ 上一动点,过 B 作 α 的切面 A,A 与 P 的交线记为 l,如图 2.29.17 所示,求证:

①φ 是 α 上的一个椭圆;

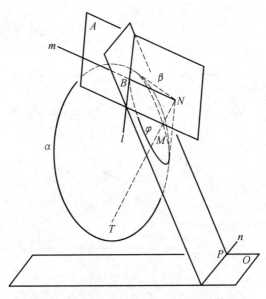

图 2.29.17

② 所有的切面 A 过一定点 N；

③ T 与 n 所确定的平面与 NT 垂直；

④ 设 NT 交平面 P 于 M，则 M 是椭圆 φ 的焦点，n 是与 M 相应的准线；

⑤ 直线 NB 记为 m，则 m 的集合是一个斜圆锥面，这个斜圆锥面记为 β；

⑥ l, T 所确定的平面垂直于 m, T 所确定的平面.

在黄观点下（以 T 为"黄假面"），图 2.29.17 的 α 是"黄球面"，β 是其一个"黄小圆"，过 N 及 n 的平面 O'（图 2.29.17 中该平面未画出）是这个"黄小圆"的"圆心".

除了球和长旋转椭球面外，还有没有别的曲面也能产生"黄球面"？

在空间直角坐标系里，由方程

$$\frac{x^2}{a^2}+\frac{y^2}{b^2}-\frac{z^2}{c^2}=-1 \quad (a>0,b>0,c>0)$$

所确定的曲面称为"双叶双曲面"，如图 2.29.18 所示.

如果一条双曲线 α 的两个焦点为 F_1, F_2，α 绕直线 F_1F_2 旋转一周，所得之旋转曲面称为"旋转双叶双曲面"，它是一种特殊的双叶双曲面，F_1, F_2 是这个旋转双叶双曲面的两个焦点.

在空间直角坐标系里，"旋转双叶双曲面"的方程是

$$\frac{x^2}{a^2}+\frac{y^2}{a^2}-\frac{z^2}{c^2}=-1 \quad (a>0,c>0)$$

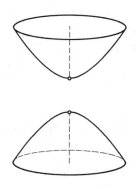

图 2.29.18

若将旋转双叶双曲面 α 的一个焦点作为"黄假面",记为 T,T 关于 α 的极面记为 σ,那么,在黄观点下(以 T 为"黄假面"),α 是"球面"——"黄球面",σ 是其"黄球心".

在空间直角坐标系里,由方程

$$\frac{x^2}{p} + \frac{y^2}{q} = 2z \quad (p > 0, q > 0)$$

所确定的曲面称为"椭圆抛物面",如图 2.29.19 所示.

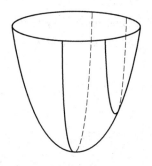

图 2.29.19

如果一条抛物线 α 的焦点为 F,α 绕其对称轴旋转一周,所得之旋转曲面称为"旋转抛物面",它是一种特殊的椭圆抛物面,F 是这个旋转抛物面的焦点.

在空间直角坐标系里,"旋转抛物面"的方程是

$$x^2 + y^2 = 2pz \quad (p > 0)$$

若将旋转抛物面 α 的焦点作为"黄假面",记为 T,T 关于 α 的极面记为 σ,那么,在黄观点下(以 T 为"黄假面"),α 是"球面"——"黄球面",σ 是其"黄球心".

因此,有关"黄球面"的命题,当然都可以表现在旋转双叶双曲面或旋转抛物面上.

435

第3节　　蓝三维几何

3.1　　蓝三维几何研究的对象

蓝几何是黄几何的对偶几何,是红几何的对偶的对偶几何,所以蓝三维几何研究的最基本的对象有以下三种:

"蓝点":指所有的红点;包含"蓝欧点"和"蓝假点";

"蓝线":指所有的红线;包含"蓝欧线"和"蓝假线";

"蓝面":指所有的红面;包含"蓝欧面"和"蓝假面".

进一步的解释是:

"蓝假面":指红欧面中的某一个,其专用记号为"**B**",蓝假面是唯一的;

"蓝假线":指 **B** 上的所有红线;

"蓝假点":指 **B** 上的所有红点;

"蓝欧面":除 **B** 外的所有红面(包括红假面 **R**);

"蓝欧线":除 **B** 上的红线外,其余的红线统称"蓝欧线"(包括不在 **B** 上的所有红假线);

"蓝欧点":除 **B** 上的红点外,其余的红点统称"蓝欧点"(包括不在 **B** 上的红假点).

由于点还是"点";线还是"线";面还是"面",所以,蓝三维几何与红三维几何有着较多的相近之处.

3.2　　蓝三维几何中的"相交""平行"和"异面"

(1) 两蓝欧线 l_1, l_2 的"平行"和"相交".

考察图 3.2.1,设两直线 l_1, l_2 的公共点 P 在平面 **B** 上,那么,在蓝观点下(以平面 **B** 为"蓝假面"),两蓝欧线 l_1, l_2 是"平行"的.

考察图 3.2.2,设两直线 l_1, l_2 的公共点 P 不在平面 **B** 上,那么,在蓝观点下(以平面 **B** 为"蓝假面"),两蓝欧线 l_1, l_2 是"相交"的.

二维、三维欧氏
几何的对偶原理

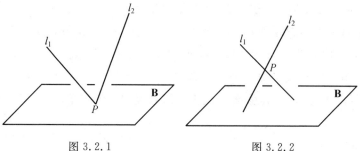

图 3.2.1　　　　　　　　　图 3.2.2

像图 3.2.3 中的两直线 l_1, l_2,在我们看来,它们是平行的,然而在"蓝种人"看来,则是"相交"的,因为它们的公共点(是个红假点),不在"蓝假面"**B** 上.

(2) 蓝欧线 l 与蓝欧面 M 的"平行"和"相交".

考察图 3.2.4,设直线 l 和平面 M 的公共点为 P,P 在平面 **B** 上,那么,在蓝观点下(以平面 **B** 为"蓝假面"),蓝欧线 l 和蓝欧面 M 是"平行"的.

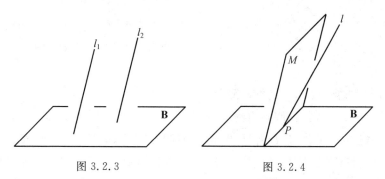

图 3.2.3　　　　　　　　　图 3.2.4

考察图 3.2.5,设直线 l 和平面 M 的公共点为 P,P 不在平面 **B** 上,那么,在蓝观点下(以平面 **B** 为"蓝假面"),蓝欧线 l 和蓝欧面 M 是"相交"的.

像图 3.2.6 中的直线 l 和平面 M,在我们看来,它们是平行的,然而在"蓝种人"看来,则是"相交"的,因为它们的公共点(是个红假点),不在"蓝假面"**B** 上.

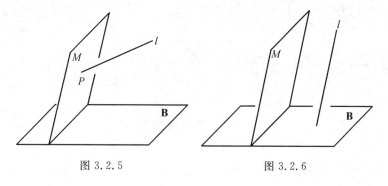

图 3.2.5　　　　　　　　　图 3.2.6

(3) 两蓝欧面 M, N 的"平行"和"相交".

考察图 3.2.7, 设平面 M 和平面 N 相交, 交线为 l, l 在平面 **B** 上, 那么, 在蓝观点下(以平面 **B** 为"蓝假面"), 蓝欧面 M, N 是"平行"的.

考察图 3.2.8, 设平面 M 和平面 N 相交, 交线为 l, l 不在平面 **B** 上, 那么, 在蓝观点下(以平面 **B** 为"蓝假面"), 蓝欧面 M, N 是"相交"的.

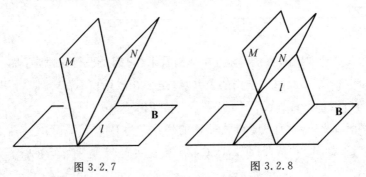

图 3.2.7   图 3.2.8

像图 3.2.9 中的平面 M 和平面 N, 在我们看来, 它们是平行的, 然而在"蓝种人"看来, 则是"相交"的, 因为它们的公共直线(是一条红假线), 不在"蓝假面" **B** 上.

(4) 两蓝欧线 l_1, l_2 的"异面".

考察图 3.2.10, 设两条直线 m, n 分别与平面 **B** 交于 P, Q, 若 m, n 异面, 那么, 在蓝观点下(以平面 **B** 为"蓝假面"), 两蓝欧线 m, n 也是"异面"的.

"异面直线"这个概念是"红、黄、蓝三方自对偶概念", 就是说, 如果在红观点下, 两直线异面, 那么, 在黄观点下或蓝观点下, 它们也都是"异面"的.

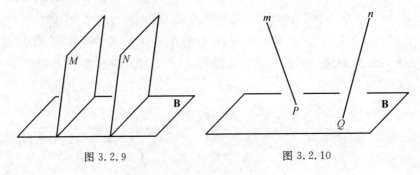

图 3.2.9   图 3.2.10

3.3 "蓝线段"

考察图 3.3.1, 设直线 l 交平面 **B** 于 P, A, B 是 l 上两点, 那么, l 上的点就被 A, B 分成了两个集合, 介于 A, B 间的点构成一个集合, 不介于 A, B 间的点构成

二维、三维欧氏
几何的对偶原理

了另一个集合,不含 P 的那个集合,在蓝观点下(以 **B** 为"蓝假面"),称为"蓝线段"(在图 3.3.1 中,它们用粗黑线显示),记为"$ye(AB)$".

"蓝线段"是"蓝欧线"上一些"蓝欧点"构成的集合.

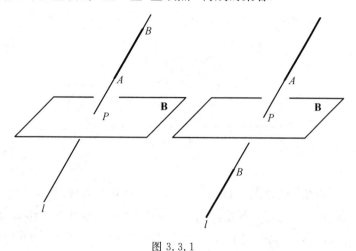

图 3.3.1

3.4 "蓝角"

考察图 3.4.1,设 l_1,l_2 是过蓝欧点 P 的两条蓝欧线,那么,与 l_1 和 l_2 共面的所有蓝欧线,被 l_1 和 l_2 分成了两个集合,就如同在红几何中曾经做过的那样(参看第一章的 1.5),每一个集合都称为一个"蓝角".其中,由 l_1 逆转到 l_2 所形成的"蓝角",记为"$ye(l_1 l_2)$";由 l_2 逆转到 l_1 所形成的"蓝角",记为"$ye(l_2 l_1)$".

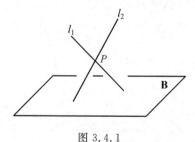

图 3.4.1

"蓝角"是"蓝欧点"上一些共面的"蓝欧线"构成的集合.

3.5 "蓝标准点"

现在,在蓝欧点中选取一个,称它为"蓝标准点",专用记号是 O_3(有时简记

439

为 O). 它在蓝角的度量和蓝线段的度量中,都是至关重要的.

考察图 3.5.1,设 A 是平面 **B** 外一点,过 A 的两直线分别交 **B** 于 P,Q,O_3 是平面 **B** 外一点,$\angle PAQ$ 记为 α,$\angle PO_3Q$ 记为 θ,α,θ 都对应着 PQ,这时,在蓝观点下(以 **B** 为"蓝假面"),"蓝角"α 和"蓝角"θ 间存在"平移"关系.

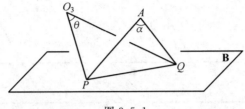

图 3.5.1

我们规定:

(1) 凡"蓝角"的顶点在 O_3 者,如 θ,其大小就按常规(指红几何)度量;

(2) 凡"蓝角"的顶点不在 O_3 者,需先作"平移",使其顶点移至 O_3 后,再按常规度量,如图 3.5.1 的"蓝角"α 的大小可按 θ 的大小计量,如果 θ 是 30°,那么,就认为 α 也是 30°(尽管 α 的角度在我们看来远大于 30°).

3.6　蓝三维几何中的三种"角"

(1) 两蓝欧线 l_1,l_2 所成的"角".

考察图 3.6.1,设 O_3 是平面 **B** 外一点,两直线 l_1 和 l_2 分别交平面 **B** 于 P,Q,设 O_3P 和 O_3Q 所成的锐角为 θ,那么,在蓝观点下(以 **B** 为"蓝假面",O_3 为"蓝标准点"),就认为两蓝欧线 l_1,l_2 所成的"角"为 θ.

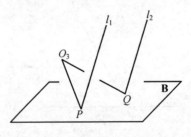

图 3.6.1

若图 3.6.1 中,O_3P 和 O_3Q 所成的角为 90°,那么,就认为两蓝欧线 l_1,l_2 所成的"角"为 90°,即 l_1,l_2 是"垂直"的(尽管图中的 l_1,l_2 看上去是平行的).

(2) 两蓝欧面 M,N 所成的"角".

考察图 3.6.2,设 O_3 是平面 **B** 外一点,两相交平面 M,N 与平面 **B** 的交线分

别为 l_1,l_2,设二面角 $l_1-O_3-l_2$ 的大小为 θ,那么,在蓝观点下(以 **B** 为"蓝假面",O_3 为"蓝标准点"),就认为两蓝欧面 M,N 所成的"蓝二面角"的大小为 θ.

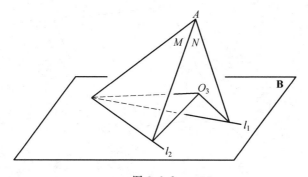

图 3.6.2

若图 3.6.2 中,二面角 $l_1-O_3-l_2$ 的大小为 $90°$,那么,就认为两蓝欧面所成的"蓝二面角"的大小为 $90°$,即 M,N 是"垂直"的.

(3) 蓝欧线 l 与蓝欧面 N 所成的"角".

考察图 3.6.3,设 O_3 是平面 **B** 外一点,平面 N 与平面 **B** 的交线为 m,直线 l 与平面 **B** 的交点为 P,过 O_3 和 m 的平面记为 M,设直线 PO_3 与平面 M 所成角的大小为 θ,那么,在蓝观点下(以 **B** 为"蓝假面",O_3 为"蓝标准点"),就认为蓝欧线 l 与蓝欧面 N 所成的"角"为 θ.

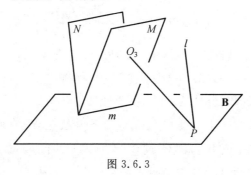

图 3.6.3

3.7 "蓝线段"的度量

考察图 3.7.1,设平面 M 和平面 **B** 的交线为 z,A,B 和 O_3 是平面 M 上 z 外三点,直线 AB 交 z 于 P,A 在 z 上的射影为 Q,A 在平面 **B** 上的射影为 O,记 $\angle APQ=\alpha$,$\angle AQO=\beta$,$\angle APO=\theta$,我们知道,在二维蓝观点下(以 z 为"蓝假线",O_3 为"蓝标准点"),蓝平面 M 上的"线段"AB 的"长度"按下面的公式计算(参看第 1 章的 3.8)

$$bl(\mid AB\mid) = \frac{O_3 P \cdot AB}{PA \cdot PB \cdot \sin \alpha}$$

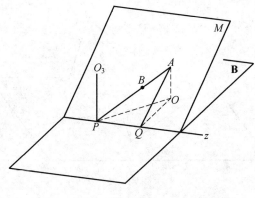

图 3.7.1

不过,现在是蓝三维几何,所以这个公式应该修改为

$$bl(\mid AB\mid) = \frac{O_3 P \cdot AB}{PA \cdot PB \cdot \sin \alpha \cdot \sin \beta} \tag{1}$$

很容易证明

$$\sin \alpha \cdot \sin \beta = \sin \theta$$

所以公式(1)可以改变成

$$bl(\mid AB\mid) = \frac{O_3 P \cdot AB}{PA \cdot PB \cdot \sin \theta} \tag{2}$$

注意,这里的 θ 是指图 3.7.1 的 $\angle APO$,它是直线 AB 与平面 **B** 所成的角.

可以证明,公式(1),(2)在"蓝平移"或"蓝旋转"下,具有不变性,另外,它还具有可加性.下面仅给出"蓝旋转"下不变性的证明.

考察图 3.7.2,在空间,设 O_3, A, A' 是不共线三点,它们都在平面 **B** 外,$O_3 A, O_3 A'$ 分别交平面 **B** 于 P, Q,过 O_3 作直线 l,使得 l 与 $O_3 A, O_3 A'$ 成等角,设 l 交平面 **B** 于 S,由 O_3, S, P 所确定的平面记为 α;由 O_3, S, Q 所确定的平面记为 β,$\angle O_3 PS$ 和 $\angle O_3 QS$ 的大小分别记为 θ 和 θ',平面 α, β 与平面 **B** 所成的二面角分别记为 φ, φ',作 $\angle AO_3 A'$ 的平分线且交 AA' 于 N.

现在,换成蓝观点(以 **B** 为"蓝假面",O_3 为"蓝标准点"),并且,认为"蓝线段"$O_3 A'$ 是由 $O_3 A$ 经"旋转"而得,因而,$O_3 N$ 是"蓝角"$AO_3 A'$ 的"平分线",且 $O_3 N$ 与 AA' 是"蓝垂直"的.我们的任务就是要证明:"蓝旋转"前 $O_3 A$ 的"长度"(按公式(1)计算),与"蓝旋转"后 $O_3 A'$ 的"长度"(按公式(1)计算)是相等的,就是要证明下式成立

442

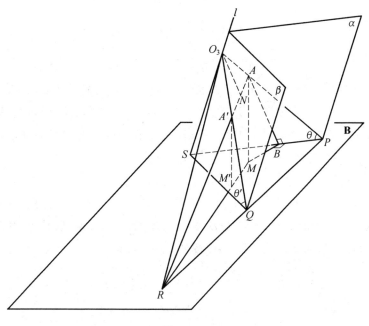

图 3.7.2

$$\frac{O_3 P \cdot O_3 A}{PO_3 \cdot PA \cdot \sin \theta \sin \varphi} = \frac{O_3 Q \cdot O_3 A'}{QO_3 \cdot QA' \cdot \sin \theta' \sin \varphi'}$$

证明：设 A, A' 在平面 **B** 上的射影分别为 M, M'，A 在 PS 上的射影为 B，直线 AA' 交平面 **B** 于 R，易见

$$PA \cdot \sin \theta \sin \varphi = AM$$

同理

$$QA' \cdot \sin \theta' \sin \varphi' = A'M'$$

$$\Rightarrow \frac{PA \cdot \sin \theta \sin \varphi}{QA' \cdot \sin \theta' \sin \varphi'} = \frac{AM}{A'M'}$$

$$\Rightarrow \frac{PA \cdot \sin \theta \sin \varphi}{QA' \cdot \sin \theta' \sin \varphi'} = \frac{AR}{A'R}$$

易见，M, M', R 三点共线；P, Q, R 三点也共线.

在蓝观点下，前曾说过 $O_3 N$ 与 AA' 是"蓝垂直"的，而 $O_3 R$ 与 AA' 是"蓝平行"的，所以，$O_3 N$ 与 $O_3 R$ 也是"蓝垂直"的，于是，在红观点下，$O_3 N$ 与 $O_3 R$ 也是垂直的（因为，O_3 是"蓝标准点"），因而，$O_3 N$ 与 $O_3 R$ 分别是 $\triangle AO_3 A'$ 的内、外角平分线，所以

$$\frac{AR}{A'R} = \frac{O_3 A}{O_3 A'}$$

443

$$\frac{PA \cdot \sin\theta\sin\varphi}{QA' \cdot \sin\theta'\sin\varphi'} = \frac{O_3A}{O_3A'}$$

$$\Rightarrow \frac{O_3P \cdot O_3A}{PO_3 \cdot PA \cdot \sin\theta\sin\varphi} = \frac{O_3Q \cdot O_3A'}{QO_3 \cdot QA' \cdot \sin\theta'\sin\varphi'} \qquad \text{(证毕)}$$

这里证明了:"蓝线段"O_3A绕着"蓝标准点"O_3旋转成O_3A'后,前、后的"蓝长度"(按公式(1)计算)是不变的.虽然这是一种特殊的旋转(旋转中心恰好是"蓝标准点"O_3),但是,以此为基础,就不难完成一般情况的证明,未完成的工作留给读者了.

在特殊情况下,公式(2)可以得到简化:

考察图 3.7.3,设A,B是平面$\mathbf{B}$外两点,它们在平面$\mathbf{B}$上的射影分别为A',B',直线AB交平面$\mathbf{B}$于P,$\angle BPB'=\theta$,现在,换成蓝观点(以$\mathbf{B}$为"蓝假面",A为"蓝标准点"),那么,"蓝线段"AB按公式(2)计算,得

$$bl(\mid AB \mid) = \frac{AB}{BB'} \qquad (3)$$

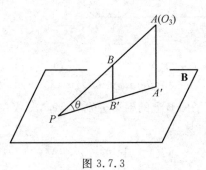

图 3.7.3

3.8　蓝三维几何中的七种"距离"

(1)两"蓝欧点"A,B间的距离.

两蓝欧点A,B间的距离,就是指"蓝线段"AB的"蓝长度",请参看 3.7 的公式(2).

(2)两平行"蓝欧面"α,β间的距离.

考察图 3.8.1,设两相交平面α,β的交线为t,t在平面$\mathbf{B}$上,O_3是平面$\mathbf{B}$外一点,O_3和t所确定的平面记为γ,过O_3作平面γ的垂线l,设l分别交α,β于A,B,那么,在蓝观点下(以$\mathbf{B}$为"蓝假面",O_3为"蓝标准点"),两平行"蓝欧面"α,β间的距离,就以两"蓝欧点"A,B间的距离计算.

(3)两平行"蓝欧线"l_1,l_2间的距离.

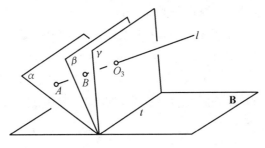

图 3.8.1

考察图 3.8.2, 设两相交直线 l_1, l_2 的交点为 P, P 在平面 **B** 上, O_3 是平面 **B** 外一点, 过 O_3 作 PO_3 的垂面, 这垂面分别交 l_1, l_2 于 A, B, 那么, 在蓝观点下(以 **B** 为"蓝假面", O_3 为"蓝标准点"), 两平行"蓝欧线" l_1, l_2 间的距离, 就以两"蓝欧点" A, B 间的距离计算.

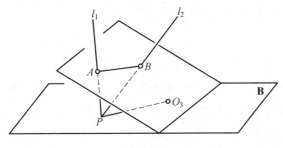

图 3.8.2

(4) "蓝欧点" A 和"蓝欧线" l 间的距离.

考察图 3.8.3, 设直线 l 交平面 **B** 于 P, A 和 O_3 是平面 **B** 外两点, A 不在 l 上, 过 O_3 作 PO_3 的垂面, 这垂面与平面 **B** 的交线为 t, 设 t, A 所确定的平面交 l 于 B, 那么, 在蓝观点下(以 **B** 为"蓝假面", O_3 为"蓝标准点"), "蓝欧点" A 和"蓝欧线" l 间的距离, 就以两"蓝欧点" A, B 间的距离计算.

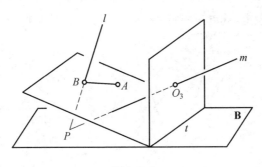

图 3.8.3

445

(5)"蓝欧点"A和"蓝欧面"α间的距离.

考察图3.8.4,设平面α与平面$\mathbf{B}$的交线为t,A和O_3是平面$\mathbf{B}$外两点,A不在α上,设t和O_3所确定的平面为β,过O_3作β的垂线,这垂线与平面$\mathbf{B}$的交于P,设PA交平面α于B,那么,在蓝观点下(以$\mathbf{B}$为"蓝假面",O_3为"蓝标准点"),"蓝欧点"A和"蓝欧面"α间的距离,就以两"蓝欧点"A,B间的距离计算.

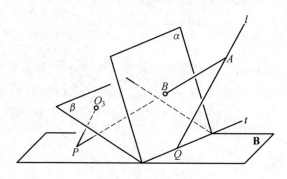

图3.8.4

(6)"蓝欧线"l和"蓝欧面"α平行时,二者间的距离.

考察图3.8.4,设平面α与平面$\mathbf{B}$的交线为t,直线l与平面$\mathbf{B}$交于Q,Q就在t上,O_3是平面$\mathbf{B}$外一点,设t和O_3所确定的平面为β,过O_3作β的垂线,这垂线与平面$\mathbf{B}$交于P,设A是l上一点,PA交平面α于B,那么,在蓝观点下(以$\mathbf{B}$为"蓝假面",O_3为"蓝标准点"),"蓝欧线"l和"蓝欧面"α间的距离,就以两"蓝欧点"A,B间的距离计算.

(7)"蓝异面直线"l_1,l_2间的距离.

考察图3.8.5,设"蓝异面直线"l_1,l_2分别交平面$\mathbf{B}$于P,Q,过P作直线l_4且与l_2相交,过Q作直线l_3且与l_1相交,设l_1,l_3所确定的平面为α;l_2,l_4所确定的平面为β,那么,在蓝观点下(以$\mathbf{B}$为"蓝假面",O_3为"蓝标准点"),"蓝异面直线"l_1,l_2间的距离,就以两平行的"蓝欧面"α,β间的距离计算.

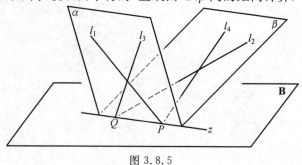

图3.8.5

3.9 "蓝四面体"

设 $ABCD$ 是平面 **B** 外四点,那么,在蓝观点下(以 **B** 为"蓝假面"),由 $ABCD$ 构成的"封闭"的几何图形称为"蓝四面体",如图 3.9.1 和图 3.9.2 所示.

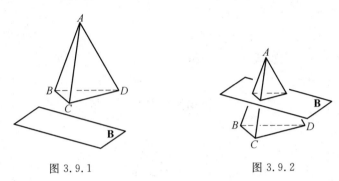

图 3.9.1 　　　　　　　　　　　　　图 3.9.2

"蓝四面体"$ABCD$ 的内部的判定,与平面 **B** 的位置有关.

当一个四面体 $ABCD$ 全部位于平面 **B** 的一侧的时候(图 3.9.1),红、蓝两种观点对"内部"的理解是一致的,然而,当平面 **B** 与四面体 $ABCD$ 的某三条棱相交时(图 3.9.2),红、蓝两种观点的理解就大不相同了,这时,他们对"内部"的理解完全相反,这种现象早在蓝二维几何里就已经有过了(参看第一章的 3.11).

下面要讨论"蓝四面体"的体积,为此,先讨论"蓝三角形"的面积。

考察图 3.9.3,设直线 z 在 $\triangle OAB$ 外,OA,OB 分别交 z 于 P,Q,A,B 在 z 上的射影分别为 A',B',$\angle APA' = \alpha$;$\angle BPB' = \beta$;$\angle AOB = \theta$.那么,在蓝观点下(以 z 为"蓝假线",O 为"蓝标准点"),"蓝三角形"OAB 的面积计算如下

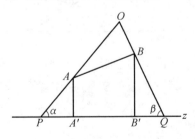

图 3.9.3

$$bl(S_{\triangle OAB}) = \frac{1}{2} bl(|OA|) \cdot bl(|OB|) \cdot \sin\theta$$

$$= \frac{1}{2} \frac{OP \cdot OA}{PO \cdot PA \cdot \sin \alpha} \cdot \frac{OQ \cdot OB}{QO \cdot QB \cdot \sin \beta} \cdot \sin \theta$$

$$= \frac{1}{2} \frac{OA \cdot OB \cdot \sin \theta}{AA' \cdot BB'}$$

$$= \frac{S_{\triangle OAB}}{AA' \cdot BB'} \tag{1}$$

这就是"蓝三角形"的面积公式.

由(1)可以得到下面两个命题:

命题 3.9.1　设直线 z 在 $\triangle ABC$ 外,D 是 $\triangle ABC$ 中 BC 边上一点,B,C,D 在 z 上的射影分别为 B',C',D',如图 3.9.4 所示,求证

$$\triangle ABD \cdot CC' + \triangle ADC \cdot BB' = \triangle ABC \cdot DD' \tag{2}$$

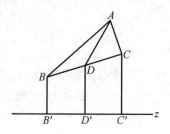

图 3.9.4

命题 3.9.2　设 O 是 $\triangle ABC$ 内一点,AO 交 BC 于 D;BO 交 AC 于 E;CO 交 AB 于 F,如图 3.9.5 所示,求证

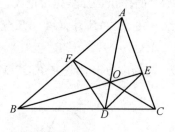

图 3.9.5

$$\frac{S_{\triangle AOE}}{S_{\triangle AOF}} = \frac{S_{\triangle ADC} \cdot S_{\triangle EDB}}{S_{\triangle ADB} \cdot S_{\triangle FDC}} \tag{3}$$

证法 1　式(3)等价于

$$\frac{S_{\triangle AOE}}{S_{\triangle AOF}} \cdot \frac{S_{\triangle ADB}}{S_{\triangle ADC}} = \frac{S_{\triangle EDB}}{S_{\triangle FDC}}$$

$$\Leftrightarrow \frac{AE \cdot AB}{AF \cdot AC} = \frac{S_{\triangle EDB}}{S_{\triangle FDC}}$$

$$\Leftrightarrow \frac{S_{\triangle ABE}}{S_{\triangle ACF}} = \frac{S_{\triangle EDB}}{S_{\triangle FDC}}$$

$$\Leftrightarrow \frac{S_{\triangle ABE}}{S_{\triangle DBE}} = \frac{S_{\triangle ACF}}{S_{\triangle DCF}}$$

$$\Leftrightarrow \frac{AA'}{DD'} = \frac{AA''}{DD''} \tag{4}$$

这里,A',A'' 是 A 分别在 BE,CF 上的射影;D',D'' 是 D 分别在 BE,CF 上的射影,如图 3.9.6 所示,易见,$\dfrac{AA'}{DD'}$ 和 $\dfrac{AA''}{DD''}$ 都与 $\dfrac{OA}{OD}$ 相等,所以,式(4)成立,因而,式(3)成立.   (证毕)

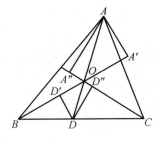

图 3.9.6

证法 2 设 O,E,F 在直线 BC 上的射影分别为 O',E',F',如图 3.9.7 所示,在蓝观点下(以 BC 为"蓝假线",A 为"蓝标准点"),由公式(1),下面两式成立

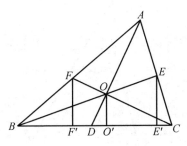

图 3.9.7

$$S_{\triangle AOE} = EE' \cdot OO' \cdot bl(S_{\triangle AOE})$$
$$S_{\triangle AOF} = FF' \cdot OO' \cdot bl(S_{\triangle AOF})$$

因为,$AFOE$ 是"蓝平行四边形",所以

$$bl(S_{\triangle AOE}) = bl(S_{\triangle AOF}) \Rightarrow \frac{S_{\triangle AOE}}{S_{\triangle AOF}} = \frac{EE'}{FF'}$$

在红观点下

$$\frac{S_{\triangle ADC}}{S_{\triangle ADB}} = \frac{DC}{DB}$$

$$\frac{S_{\triangle EDB}}{S_{\triangle FDC}} = \frac{EE' \cdot BD}{FF' \cdot CD}$$

所以

$$\frac{S_{\triangle ADC} \cdot S_{\triangle EDB}}{S_{\triangle ADB} \cdot S_{\triangle FDC}} = \frac{EE'}{FF'}$$

故

$$\frac{S_{\triangle AOE}}{S_{\triangle AOF}} = \frac{S_{\triangle ADC} \cdot S_{\triangle EDB}}{S_{\triangle ADB} \cdot S_{\triangle FDC}}$$

（证毕）

3.10 "蓝平行六面体"

考察下面的命题 3.10.1：

命题 3.10.1 设 A, B, C, D 四点共面, AB 交 CD 于 P; AD 交 BC 于 Q, 在平面 $ABCD$ 外取一点 R, R 与 P, Q 不共线, 在 BR 上取一点 B', 设 PB' 交 RA 于 A'; QB' 交 RC 于 C'; PC' 交 QA' 于 D', 如图 3.10.1 所示, 求证:

① D' 在 RD 上;

② AC', BD', CA', DB' 四线共点(这点记为 O).

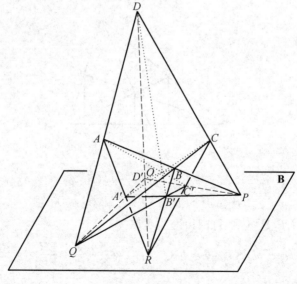

图 3.10.1

二维、三维欧氏
几何的对偶原理

不论在红观点下,还是在蓝观点下,该命题都是正确的.也就是说,命题 3.10.1 总是成立的,与"假面"和"标准点"的位置均无关系.

在红观点下,图 3.10.1 的几何体 $ABCD - A'B'C'D'$ 称为"拟平行六面体",O 是其"中心".当 P,Q,R 都是红假点的时候,它成为真正的平行六面体.

在蓝观点下,图 3.10.1 的几何体 $ABCD - A'B'C'D'$ 称为"蓝拟平行六面体",O 是其"蓝中心".当 P,Q,R 都是蓝假点,即以 P,Q,R 三点所确定的平面为"蓝假面"的时候(这时,该平面记为 **B**,如图 3.10.1 所示),$ABCD - A'B'C'D'$ 称为"蓝平行六面体".只要 $\triangle PQR$ 是锐角三角形,我们就能找到一点 O_3,使得 O_3P,O_3Q,O_3R 两两垂直(参看后面关于图 3.10.12 的论述),那么,在蓝观点下(以 **B** 为"蓝假面",O_3 为"蓝标准点"),$ABCD - A'B'C'D'$ 是"蓝长方体".

我们知道,平行六面体的六个面中,相对两面的中心连线共点,因而有下面的结论:

命题 3.10.2 设一平面分别交四棱锥 $R - ABCD$ 的四条棱 RA,RB,RC,RD 于 A',B',C',D',下列六个四边形:$AA'D'D,BB'C'C,AA'B'B,DD'C'C,ABCD,A'B'C'D'$ 的对角线的交点分别记为 E,F,G,H,M,N,如图 3.10.2 所示,若 $AB,CD,A'B',C'D'$ 四线共点于 P;求证

①$AD,BC,A'D',B'C'$ 四线共点(这点记为 Q);

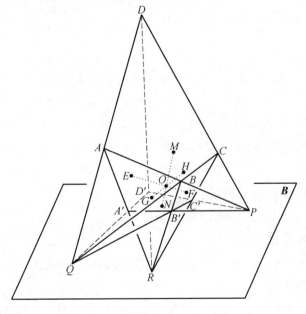

图 3.10.2

451

②EF,GH,MN 三线共点(这点记为 O).

这里说的点 O 与图 3.10.1 的点 O 是同一个点.

在图 3.10.1 中,如果恰好 OP,OQ,OR 两两垂直,那么,在蓝观点下(以 **B** 为"蓝假面",O 为"蓝标准点"),$ABCD-A'B'C'D'$ 是"蓝长方体",因而,有下面的结论(参看命题 2.25.5 和命题 2.25.6):

命题 3.10.3 设图 3.10.1 中,$\angle BOA = \alpha$,$\angle BOC = \beta$,$\angle BOB' = \gamma$,求证
$$\cos \alpha + \cos \beta + \cos \gamma = 1$$

命题 3.10.4 设图 3.10.1 中,$\angle BOC' = \alpha'$,$\angle BOA' = \beta'$,$\angle BOD = \gamma'$,求证
$$\cos \alpha' + \cos \beta' + \cos \gamma' = -1$$

3.11 "直角四面体"

四面体 $P-ABC$ 中,如果一个顶点(譬如 P)上的三条棱两两垂直,就称这个四面体为"直角四面体",P 称为这个"直角四面体"的"直角顶点",这时,底面 ABC 是锐角三角形,P 在底面上的射影是底面 $\triangle ABC$ 的垂心.

以 P 为直角顶点、以 $\triangle ABC$ 为底面的"直角四面体"记为"$P-ABC$".

直角四面体有许多性质,例如:

命题 3.11.1 设四面体 $A-BCD$ 中,AB,AC,AD 两两垂直,A 在底面 BCD 上的射影为 O,如图 3.11.1 所示,求证:

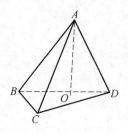

图 3.11.1

①O 是 $\triangle BCD$ 的垂心;

②$AB \perp CD$,$AC \perp BD$,$AD \perp BC$;

③$\triangle BCD$ 是锐角三角形;

④$\cos^2 \alpha + \cos^2 \beta + \cos^2 \gamma = 1$,其中 α,β,γ 分别是三侧面 ABC,ACD,ADB 与底面所成的角;

⑤$\cos^2 \alpha' + \cos^2 \beta' + \cos^2 \gamma' = 2$,其中 α',β',γ' 分别是三侧棱 AB,AC,AD 与底面所成的角;

二维、三维欧氏
几何的对偶原理

⑥ $S^2_{\triangle ABC} = S_{\triangle OBC} \cdot S_{\triangle BCD}$;

⑦ $S^2_{\triangle ABC} + S^2_{\triangle ACD} + S^2_{\triangle ADB} = S^2_{\triangle BCD}$;

⑧ $S_{\triangle BCD} = \dfrac{1}{2}\sqrt{a^2 b^2 + b^2 c^2 + c^2 a^2}$,其中 a,b,c 分别是棱 AB,AC,AD 的长;

⑨ $AO = \dfrac{abc}{\sqrt{a^2 b^2 + b^2 c^2 + c^2 a^2}}$,其中 a,b,c 分别是棱 AB,AC,AD 的长.

命题 3.11.2 设四面体 $A-BCD$ 中,AB,AC,AD 两两垂直,O 是底面 BCD 上一点,如图 3.11.2 所示,求证:

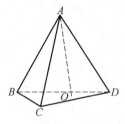

图 3.11.2

① $\cos^2 \alpha + \cos^2 \beta + \cos^2 \gamma = 1$,其中 α,β,γ 是 AO 分别与三侧棱 AB,AC,AD 所成的角;

② $\cos^2 \alpha' + \cos^2 \beta' + \cos^2 \gamma' = 2$,其中 α',β',γ' 是 AO 分别与三侧面 ABC, ACD,ADB 所成的角.

命题 3.11.3 设四面体 $A-BCD$ 中,AB,AC,AD 两两垂直,过 A 的平面分别交 BD,CD 于 E,F,如图 3.11.3 所示,求证:

(1) $\cos^2 \alpha + \cos^2 \beta + \cos^2 \gamma = 1$,其中 α,β,γ 是平面 AEF 与三侧面 ABC, ACD,ADB 所成的角;

(2) $\cos^2 \alpha' + \cos^2 \beta' + \cos^2 \gamma' = 2$,其中 α',β',γ' 是平面 AEF 分别与三侧棱 AB,AC,AD 所成的角.

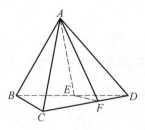

图 3.11.3

命题 3.11.4 设四面体 $O-ABC$ 中,OA,OB,OC 两两垂直,三点 D,E,F 分别在 OA,OB,OC 上,BC 交 EF 于 P;CA 交 FD 于 Q;AB 交 DE 于 R(显然,

P,Q,R 三点共线），设直线 PR 与 O 所确定的平面为 α，过 O 作 α 的垂线，且分别交平面 ABC 和平面 DEF 于 M,N，如图 3.11.4 所示，求证

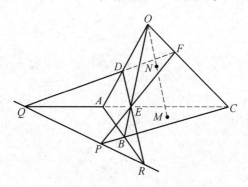

图 3.11.4

$$\left(\frac{AD}{OA \cdot OD}\right)^2 + \left(\frac{BE}{OB \cdot OE}\right)^2 + \left(\frac{CF}{OC \cdot OF}\right)^2 = \left(\frac{MN}{OM \cdot ON}\right)^2$$

下面讨论直角四面体存在的条件，为此，从一道二维的命题开始.

命题 3.11.5　设 $\triangle ABC$ 是锐角三角形，H 是其垂心，如图 3.11.5 所示，求证：H 对三边 BC,CA,AB 所张的角都是钝角.

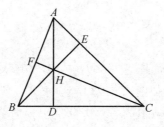

图 3.11.5

证明　因为 A,F,H,E 四点共圆，所以 $\angle FHE = 180° - \angle FAE$ 是钝角，所以 $\angle BHC = \angle FHE$ 也是钝角.

同理，$\angle CHA$，$\angle AHB$ 都是钝角.　　　　　　　　　　　（证毕）

如果 $\triangle ABC$ 是直角三角形，其垂心是其直角顶点 A，如图 3.11.6 所示，那么，垂心对三边 BC,CA,AB 所张的角都是直角（广义）.

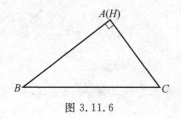

图 3.11.6

454

二维、三维欧氏
几何的对偶原理

如果 $\triangle ABC$ 是钝角三角形,其垂心在此三角形外,如图 3.11.7 所示,那么,垂心对三边 BC,CA,AB 所张的角至少有两个是锐角.

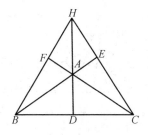

图 3.11.7

命题 3.11.6 设 $\triangle ABC$ 是锐角三角形,P 是平面 ABC 外一点,P 在平面 ABC 上的射影,恰好是 $\triangle ABC$ 的垂心 H,且 $PA \perp PB$,如图 3.11.8 所示,求证:$PC \perp PA,PC \perp PB$.

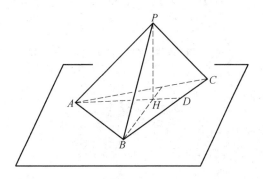

图 3.11.8

证明 因为 H 是垂心,所以 $AD \perp BC$,因为 $PH \perp$ 平面 ABC,所以 $PH \perp BC$,所以 $BC \perp$ 平面 PAD,所以 $BC \perp PA$,因为已知 $PB \perp PA$,所以 $PA \perp$ 平面 PBC,所以 $PA \perp PC$.

同理,$PB \perp PC$. (证毕)

命题 3.11.7 设 A,B,C 是平面 α 上不共线三点,如图 3.11.9 所示,试在平面 α 外求一点 P,使得 PA,PB,PC 两两垂直.

解 首先,由命题 3.11.5 和命题 3.11.6 的讨论可知,$\triangle ABC$ 必须是锐角三角形,否则,无解.

若 $\triangle ABC$ 是锐角三角形,取其垂心 H,过 H 作平面 α 的垂线 l,设线段 BC,AC 的中点分别为 D,E,DE 交 CH 于 M,在 l 上取一点 P,使得 $MP = MC$,那么,P 就是所求之点.

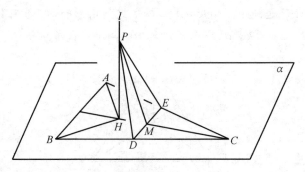

图 3.11.9

证明:因为 $DE \ /\!/ \ AB$,所以 $DE \perp CH$.

因为 $DE \perp l$,所以 $DE \perp$ 平面 PMC,所以 $DE \perp PM$.

因为 $MP = MC$,所以

$$\triangle DMP \cong \triangle DMC;\triangle EMP \cong \triangle EMC$$

所以

$$DP = DC = \frac{1}{2}BC;EP = EC = \frac{1}{2}AC$$

所以

$$PB \perp PC;PA \perp PC$$

又因为 $BH \perp AC$,所以 $PB \perp AC$.

而前证 $PB \perp PC$,所以 $PB \perp$ 平面 PAC.

所以 $PB \perp PA$.

故 PA,PB,PC 两两垂直. （证毕）

于是,下面的命题成立:

命题 3.11.8 设 $\triangle ABC$ 是锐角三角形,如图 3.11.10 所示,求证:

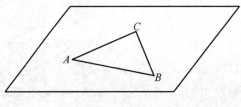

图 3.11.10

①分别以线段 BC,CA,AB 为直径的球面共点,这点记为 P,这样的点 P 有两个,均在平面 ABC 外;

②P 在平面 ABC 的射影是 $\triangle ABC$ 的垂心.

如果 $\triangle ABC$ 是直角三角形,那么,点 P 仍然存在,但是,P 在平面 ABC 上.

二维、三维欧氏
几何的对偶原理

如果 $\triangle ABC$ 是钝角三角形,那么,点 P 就不存在了.

考察图 3.11.11,设 $ABCD-PQ$ 是完全四边形,过 P,Q 的直线记为 z,那么,在蓝观点下(以 z 为"蓝假线"),$ABCD$ 是"蓝平行四边形".

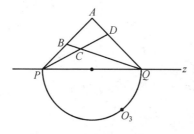

图 3.11.11

要想使得图 3.11.11 的 $ABCD$ 表现的是"蓝矩形",就得适当地安置"蓝标准点",为此,以线段 PQ 为直径作圆,在此圆上取一点 O_3,那么,在蓝观点下(以 z 为"蓝假线",O_3 为"蓝标准点"),$ABCD$ 就是"蓝矩形".

在蓝二维几何里,只要适当地选取"蓝标准点" O_3,就一定能使"蓝平行四边形"变成"蓝矩形",然而,在蓝三维几何里,一个"蓝平行六面体"不一定能成为"蓝长方体".

考察图 3.11.12,在蓝三维几何里,设 $ABCD-A'B'C'D'$ 是一个"蓝平行六面体",AA',AD,AB 上的"蓝假点"分别记为 P,Q,R,它们都在"蓝假面"$\mathbf{B}$ 上,我们的问题是:能不能像蓝二维几何那样,只要适当地安置"蓝标准点" O_3,就能使 $ABCD-A'B'C'D'$ 成为"蓝长方体"? 命题 3.11.8 给出了答案:不一定.只有当红观点下,$\triangle PQR$ 为锐角三角形时,才是可能的.

现在,考察图 3.11.13,得到下面的结论:

命题 3.11.9 设 $P-ABC$ 是直角四面体,PA,PB,PC 两两垂直,过 A,B,C 三点的平面记为 $\mathbf{B}$,A',B',C' 三点分别在 PA,PB,PC 上,$A'B$ 交 AB' 于 C'';$B'C$ 交 BC' 于 A'';$C'A$ 交 CA' 于 B'',设 $A'A'',B'B'',C'C''$ 与平面 $\mathbf{B}$ 分别交于 D,E,F,且与平面 $\mathbf{B}$ 所成的角分别为 α,β,γ,如图 3.11.13 所示,求证:

①$A'A'',B'B'',C'C''$ 三线共点,这点记为 O;

②AA'',BB'',CC'' 三线共点,这点记为 Q;

③P,O,Q 三点共线(设此线与平面 $\mathbf{B}$ 交于 R,且与平面 $\mathbf{B}$ 所成的角为 θ);

④ $\dfrac{A'A''}{DA' \cdot DA'' \cdot \sin \alpha} = \dfrac{B'B''}{EB' \cdot EB'' \cdot \sin \beta} = \dfrac{C'C''}{FC' \cdot FC'' \cdot \sin \gamma} = \dfrac{PQ}{RP \cdot RQ'' \cdot \sin \theta}.$

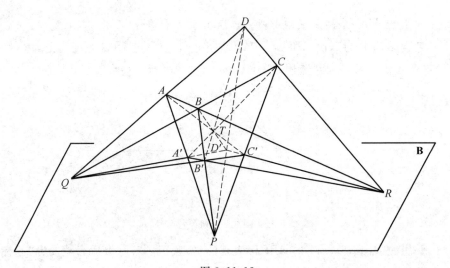

图 3.11.12

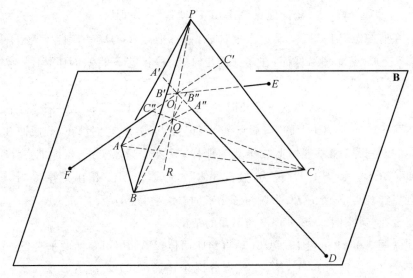

图 3.11.13

在蓝观点下(以 **B** 为"蓝假面",P 为"蓝标准点"),$PA'B''C' - B'C''QA''$ 是"蓝长方体",O 是其"蓝中心",也就是说,"蓝种人"眼里所看到的图 3.11.13,就如同我们眼里看到的图 3.11.14 一样,是一个"长方体",所以,四条对角线相等,即 $A'A'' = B'B'' = C'C'' = PQ$,这就是命题 3.11.9 中,第四个结论的来历.

正因为 $PA'B''C' - B'C''QA''$ 是"蓝长方体",所以在图 3.11.13 中,还可以得出其他的结论,例如,下列三点共线:(A, B', C''),(A, B'', C'),(B, A', C''),(B, A'', C'),(C, A', B''),(C, A'', B'),等等.

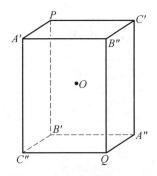

图 3.11.14

我们知道,直角四面体的底面三角形一定是锐角三角形,这一结论反映到蓝几何,得下面的命题:

命题 3.11.10 设四面体 $O-ABC$ 是直角四面体,其底面记为 α,一直线在 α 上,且分别交 CB,CA,AB 的延长线于 P,Q,R,如图 3.11.15 所示,求证:

①$\angle POQ$,$\angle POR$ 均为锐角;

②$\angle QOR$ 是钝角.

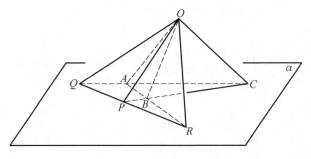

图 3.11.15

下面这个命题把直角四面体和正四面体联系在一起.

命题 3.11.11 设四面体 $ABCD$ 的顶点 A 在底面 BCD 上的射影为 O,线段 AO 的中点为 M,如图 3.11.16 所示,求证:"$ABCD$ 为正四面体"的充要条件是"$M-BCD$ 为直角四面体",即"$ABCD$ 为正四面体"的充要条件是"MB,MC,MD 两两垂直".

由这个命题可以推出:

命题 3.11.12 设正方体 $ABCD-A'B'C'D'$ 中,对角线 BD' 交平面 $A'BC'$ 于 M,如图 3.11.17 所示,求证:MA,MB',MC 两两垂直.

关于直角四面体的体积,有下面的结论:

命题 3.11.13 设 $O-ABC$ 为直角四面体,A,B,C 三点在平面 **B** 上的射影

459

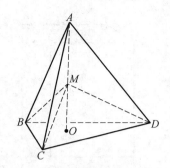

图 3.11.16

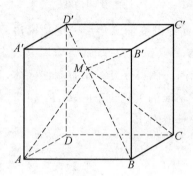

图 3.11.17

分别为 A', B', C', 如图 3.11.18 所示, 求证: 在蓝观点下(以 **B** 为"蓝假面", O 为"蓝标准点"), 该"蓝直角四面体"的"蓝体积"为

$$bl(V_{O-ABC}) = \frac{V_{O-ABC}}{AA' \cdot BB' \cdot CC'}.$$

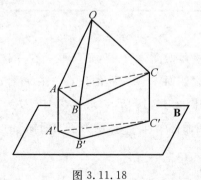

图 3.11.18

3.12 "蓝正四面体"

考察图 3.12.1, 设 O 是四面体 $ABCD$ 内一点, 若 OA, OB, OC, OD 的两两

460

夹角都是 $\arccos(-\dfrac{1}{3})$，且 $OA=OB=OC=OD$，那么，四面体 $ABCD$ 是一个"正四面体".

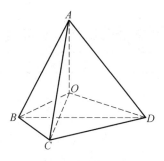

图 3.12.1

考察图 3.12.2，设 O 是四面体 $ABCD$ 内一点，使得 OA，OB，OC，OD 的两两夹角都是 $\arccos(-\dfrac{1}{3})$，设四面体 $ABCD$ 整体在平面 **B** 的一侧，O,A,B,C,D 在平面 **B** 上的射影分别为 O',A',B',C',D'，且 $\dfrac{OA}{AA'}=\dfrac{OB}{BB'}=\dfrac{OC}{CC'}=\dfrac{OD}{DD'}$（参看图 3.7.3），那么，在蓝观点下（以 **B** 为"蓝假面"，O 为"蓝标准点"），$ABCD$ 是一个"蓝正四面体"，O 是其"蓝中心".

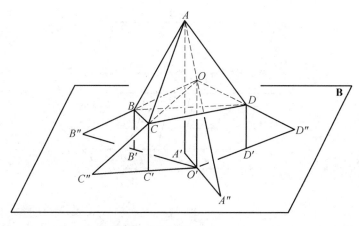

图 3.12.2

命题 3.12.1 设 P,A,B,C 是平面 **B** 同侧四点，由 A,B,C 三点确定的平面与平面 **B** 相交，交线记为 z，直线 BC,CA,AB 分别交 z 于 A',B',C'，设 $\angle A'PC'$，$\angle A'PB'$ 的平分线分别交 z 于 D,E，BD 交 CE 于 O，若 $\angle A'PC'=\angle A'PB'=60°$，且 $\angle BPA=\angle BPC=60°$，如图 3.12.3 所示，求证：

①A,B,C' 三点共线；

461

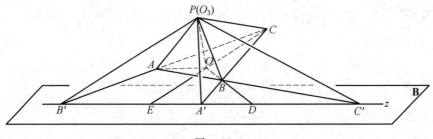

图 3.12.3

②$PO \perp$ 平面 $PA'B'$；

③$PA' \perp$ 平面 PAO，$PB' \perp$ 平面 PBO，$PC' \perp$ 平面 PCO.

在蓝观点下(以 **B** 为"蓝假面"，P 为"蓝标准点")，图 3.12.3 的 $PABC$ 也是一个"蓝正四面体"，PO 是其"蓝底面"ABC 上的"高".

3.13 "蓝微点几何"

考察图 3.13.1，设 P 是平面 π 外一点，过 P 且与 π 平行的平面记为 λ，我们称 π 为"基准面"，λ 为"参考面"。

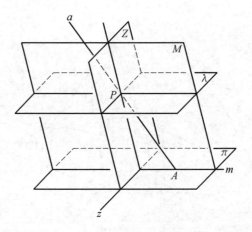

图 3.13.1

前面，我们说过，平面 π 上如果演绎着"红平面几何"，那么，通过"吸收"，在点 P 上，也能演绎这样的几何，因为，这时的载体不是平面，而是一个点，所以，在该点上演绎的红几何，称为"红微点几何". 可想而知，如果在平面 π 上演绎的不是红几何，而是蓝几何，那么，"吸收"到点 P 上的自然也是蓝几何了，我们称它为"蓝微点几何".

设平面 π 上有两直线 m，z 和一点 A，过 A，P 的直线记为 a，过 m，P 的平面

记为 M;过 z,P 的平面记为 Z.

现在,在点 P 和平面 π 之间建立起一种一一对应:

平面 π 上的点 A(包括红假点)对应于点 P 上的直线 a(当 A 是红假点时, a 在 λ 上);

平面 π 上的直线 m(包括红假线)对应于点 P 上的平面 M(当 m 是红假线时,M 就是 λ);特别是,直线 z 对应于平面 Z.

这一次在基准面 π 上演绎的是蓝几何(以 z 为"蓝假线"),因而在点 P 上应有相应的反映,应该有"蓝点""蓝线"…… 概念,这些概念用我们的语言叙述,就是:

"蓝点":指过 P 的所有直线,如 a;

"蓝线":指过 P 的所有平面,如 M;

"蓝假线":指过 P 的平面 Z;

"蓝假点":指过平面 Z 上所有过 P 的直线;

"蓝欧点":指过 P 但不在平面 Z 的所有直线;

"蓝欧线":指过 P 的所有平面,但是平面 Z 除外;

"平行的蓝欧线":若两平面 M,N 都过 P,且二者的交线 t 在平面 Z 上,则说 M,N 是两条彼此"平行的蓝欧线"(图 3.13.2);

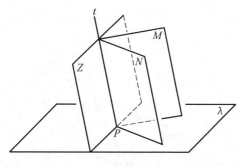

图 3.13.2

"蓝标准点":在过 P 且不在平面 Z 上的直线中选出一条,记为 O_3,称为"蓝标准点"(图 3.13.3);

"蓝角":设直线 c 过 P 但不在平面 Z 上,两平面 M',N' 均过 c 且与平面 Z 的交线分别为 a,b(图 3.13.3),那么,M',N' 将平面 c 上的平面分成两个集合,每一个都称为 P 上的一个"蓝角",c 是它的"蓝顶点".

在图 3.13.3 中,过 O_3 的两平面 M,N 与平面 Z 的交线也分别是 a,b,那么, M,M' 是"平行的蓝欧线";N,N' 也是"平行的蓝欧线",所以,由 M',N' 构成的

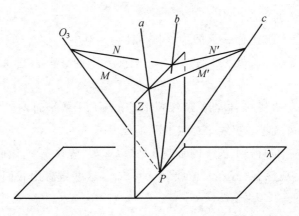

图 3.13.3

"蓝角"与 M,N 构成的"蓝角"是"相等"的,二者是"平移"关系.

红观点下,M,N 构成的二面角的大小,就作为蓝观点下,M,N 所构成的"蓝角"的大小,而且,凡与这个"蓝角"存在"平移"关系的,其大小都是相等的.

"蓝线段":设平面 Z 过点 P,三直线 a,b,O_3 也过 P,但都不在 Z 上(图 3.13.4),两直线 a,b 所确定的平面记为 M,平面 M 与平面 Z 的交线记为 t,平面 M 上过 P 的直线被 a,b 分成两个集合,其中不含 t 的那一个称为"蓝线段",a,b 是它的"蓝端点",这"蓝线段"的"长度",也就是两"蓝欧点"a,b 间的"距离"按下式计算

$$d(ab) = \frac{\sin \delta \cdot \sin \alpha}{\sin \beta \cdot \sin \gamma \cdot \sin \theta}$$

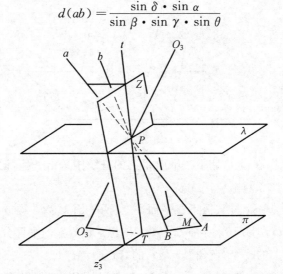

图 3.13.4

其中 α 是 a,b 的夹角,β,γ 分别是 t,a 和 t,b 的夹角,δ 是 O_3,t 的夹角,θ 是平面

464

M 和平面 Z 所成二面角的大小.

3.14 "蓝球(面)"

考察图 3.14.1,设圆 O 在平面 α 上,其半径为 r,M 是这圆内一点,$OM=m$,M 关于圆 O 的极线为 z,过 z 且与平面 α 垂直的平面记为 $\mathbf{B}$,设 OM 交圆 O 于 B,交 z 于 Q,直线 QA 与圆 O 相切,直线 BC 也与圆 O 相切,且交 QA 于 C,MC 交 z 于 D,在 OM 上取一点 O_3,使得 $QO_3=QD\left(=\dfrac{r}{m}\cdot\sqrt{r^2-m^2}\right)$,那么,在蓝观点下(以 $\mathbf{B}$ 为"蓝假面",O_3 为"蓝标准点"),圆 O 是个"蓝圆",M 是其"蓝圆心",其"蓝半径"为 $\dfrac{m}{\sqrt{r^2-m^2}}$.

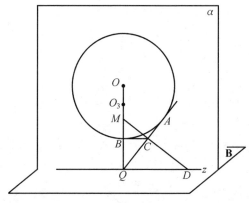

图 3.14.1

现在,让圆 O 绕着 OM 旋转一周,在红观点下,这个旋转面是球面,O 是它的球心. 在蓝观点下(以 $\mathbf{B}$ 为"蓝假面",O_3 为"蓝标准点"),它也是一个"球面"——"蓝球面",M 是它的"蓝球心".

在红三维几何里,下面的命题是简单命题:

命题 3.14.1 设球 m 的球心为 M,n 是这个球的小圆,小圆 n 的圆心为 N,AB 是这个小圆的直径,BM 交球 m 于 C,如图 3.14.2 所示,求证:CA 垂直于 n 所在的平面.

这个命题在蓝三维几何中的表现是:

命题 3.14.2 设图 3.14.3 的球面 m 是图 3.14.1 的圆 O 绕 OM 旋转所得,M 是球面内一点,M 关于球面 m 的极线为 z,过 z 且与 OM 垂直的平面记为 $\mathbf{B}$,在 OM 上取一点 O_3,其来历如图 3.14.1 所述,一平面 α 与球面 m 相交,交线为

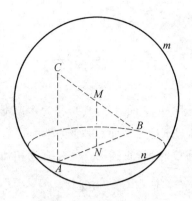

图 3.14.2

一小圆,记为 n,α 交 z 于 P,在 z 上取一点 R,使得 $O_3R \perp O_3P$,设 RM 交小圆 n 于 N,一直线过 N 且交小圆于 A,B,BM 交球面 m 于 C,求证:A,C,R 三点共线.

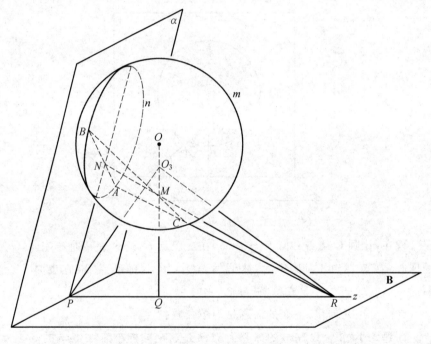

图 3.14.3

在蓝观点下(以 **B** 为"蓝假面",O_3 为"蓝标准点"),图 3.14.3 的 m 是一个"蓝球面",M 是它的"蓝球心",n 是它的一个"蓝小圆",N 是 n 的"蓝圆心",所以,"蓝种人"眼里的图 3.14.3,和我们眼里的图 3.14.2 是一回事.

把图 3.14.3 画成二维的,那就是下面的命题:

命题 3.14.3 设 M 是圆 O 内一点,它关于这圆的极线为 z,OM 交圆 O 于

466

D, 交 z 于 Q, 直线 QE 与圆 O 相切, 切点为 E, DE 交 z 于 F, 在 OM 上取一点 O_3, 使得 $QO_3 = QF$, 一直线交圆 O 于 A, B, 且交 z 于 P, 在 z 上取一点 R, 使得 $O_3R \perp O_3P$, 设 RM 交 AB 于 N, BM 交圆 O 于 C, 如图 3.14.4 所示, 求证:

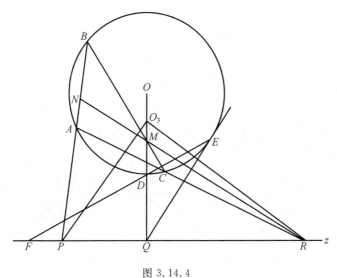

图 3.14.4

①A, C, R 三点共线;

②$\dfrac{AN}{AP} = \dfrac{BN}{BP}$.

在蓝观点下(以 z 为"蓝假线", O_3 为"蓝标准点"), N 是"蓝线段" AB 的"蓝中点", 所以, 有上面的结论 ②.

长旋转椭球面可以视为"蓝球面", 所以, 命题 3.14.2 也可以叙述成:

命题 3.14.4 设 M 是椭圆 m' 的焦点, 让 m' 绕其长轴旋转一周, 得一个长旋转椭球面(该椭球面记为 m), 点 M 关于 m 的极面记为 **B**, 一平面 α 与 m 相交, 交线记为 n(n 是一个椭圆), 过 M 作与 α, **B** 都垂直的平面, 这垂面与 **B** 的交线为 z, 与 α 的交线记为 PN, 其中 P 是 z 与 α 的交点, 在 z 上取一点 R, 使得 $MR \perp MP$, 设 MR 交 PN 于 N, 一直线过 N 且交 n 于 A, B, BM 交 m 于 C, 如图 3.14.5 所示, 求证:

①A, C, R 三点共线;

②$\dfrac{AN}{AD} = \dfrac{BN}{BD}$($D$ 是直线 AB 与平面 **B** 的交点, 图中未画出).

在蓝观点下(以 **B** 为"蓝假面", M 为"蓝标准点"), 图 3.14.5 的长旋转椭球面 m 是一个"蓝球面", M 是其"蓝球心", n 是它的一个"小圆面", N 是这个"小圆面"的"蓝圆心".

467

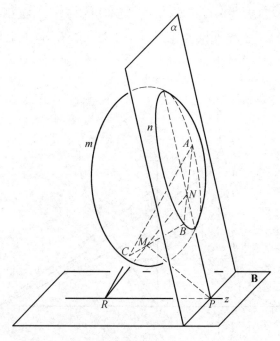

图 3.14.5

图 3.14.5 的特殊性在于:"蓝球心"M 恰好位于长旋转椭球面 m 的焦点上,这时,"蓝球心"M 和"蓝标准点"重合在一起,那么,如果 M 位于长旋转椭球面内的其他位置,情况将怎样呢?

考察下面的命题:

命题 3.14.5 设长旋转椭球面 m 的焦点为 F_1, F_2, M 是 m 内一定点(它不在 m 的长轴上),过 M, F_1, F_2 三点的平面记为 α, α 与 m 的交线是一个椭圆,这椭圆记为 m',设 M 关于椭圆 m' 的极线记为 z,过 z 作 α 的垂面 **B**,一直线过 M,且交椭圆 m' 于 A, B,在椭圆 m' 上另取三点,它们是 C_1, C_2, C_3,设 AC_1, BC_1;AC_2, BC_2;AC_3, BC_3 分别交 z 于 P_1, Q_1;P_2, Q_2;P_3, Q_3,以线段 P_1Q_1, P_2Q_2,P_3Q_3 为直径分别作球,如图 3.14.6 所示,求证:

① 这三个球有两个公共点(这两点都记为 O_3),它们都在平面 α 上;

②O_3 是定点,它与点 C_1, C_2, C_3 在 m' 上的位置无关,与直线 AB 的位置无关(只要过定点 M),与平面 α 的位置无关(只要过定点 M).

这个命题说明:只要定点 M 在长旋转椭球面内给定,就能找到相应的定点 O_3,使得该长旋转椭球面在蓝观点下成为"蓝球面",M 是其"蓝球心",O_3 是"蓝标准点".

可以证明,上述命题中的平面 **B** 就是 M 关于长旋转椭球面 m 的极面,为此

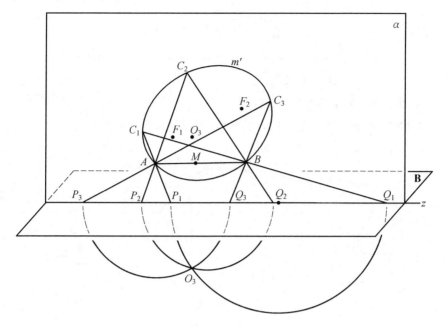

图 3.14.6

只要证出以下两点就行了,首先,M 关于长旋转椭球面 m 的极面与 α 垂直,其次,这极面与 α 的交线 z 就是 M 关于 m' 的极线,下面就是这两点的证明:

适当地选择坐标系,使得长旋转椭球面 m 的方程为

$$\frac{x^2}{a^2}+\frac{y^2}{a^2}+\frac{z^2}{c^2}=1 \quad (a > c > 0) \tag{1}$$

设 M 的坐标为 (x_0, y_0, z_0),那么,M 关于 m 的极面方程为

$$\frac{x_0 x}{a^2}+\frac{y_0 y}{a^2}+\frac{z_0 z}{c^2}=1 \tag{2}$$

过 M, F_1, F_2 三点的平面(即 α)的方程为

$$y_0 x - x_0 y = 0 \tag{3}$$

可见,平面 α 与极面(2)垂直,而且由(2)(3)消去 y,可得平面 α 与极面(2)的交线为

$$\frac{x_0{}^2 + y_0{}^2}{a^2 x_0} \cdot x + \frac{z_0 z}{c^2} = 1 \tag{4}$$

另一方面,由(1)(3)可得平面 α 与长旋转椭球面 m 的交线 m' 的方程如下

$$\frac{x_0{}^2 + y_0{}^2}{a^2 x_0{}^2} \cdot x^2 + \frac{z^2}{c^2} = 1$$

可见 m' 是个椭圆,M 关于这个椭圆的极线为

469

$$\frac{x_0{}^2 + y_0{}^2}{a^2 x_0} \cdot x + \frac{z_0 z}{c^2} = 1$$

这个结果与(4)一致,说明图 3.14.6 中,过 z 且与 α 垂直的平面 **B**,就是点 M 关于长旋转椭球面 m 的极面. （证毕）

下面是一道简单的命题:

命题 3.14.6 设球面 m 的球心为 O,AB 是过 O 的直径,C 是 m 上任一点, 如图 3.14.7 所示,求证:$AB \perp AC$.

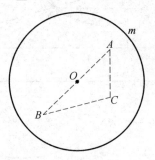

图 3.14.7

该命题的蓝表现(用我们的语言叙述)是:

命题 3.14.7 设长旋转椭球面 m 的焦点为 F_1,F_2,M 是 m 内一点(它不在 m 的长轴上),过 M,F_1,F_2 三点的平面记为 α,α 与 m 的交线是一个椭圆,这椭 圆记为 m',设 M 关于椭圆 m' 的极线记为 z,过 z 作 α 的垂面 **B**,定点 O_3 是平面 α 上一点,其来历如命题 3.14.5 所述,一直线过 M 且交 m 于 A,B,在 m 上任取 一点 C,设 CA,CB 分别交平面 **B** 于 P,Q,如图 3.14.8 所示,求证:$O_3 P \perp O_3 Q$.

这个命题可以改述为:

命题 3.14.8 设 M 是长旋转椭球面 m 内一点,M 关于 m 的极面为 **B**,一直 线过 M 且交 m 于 A,B,在 m 上任取一点 C,设 CA,CB 分别交平面 **B** 于 P,Q,以 线段 PQ 为直径作球,如图 3.14.8 所示,求证:这球恒过两个定点.

这两个定点都记为 O_3,它们就是命题 3.14.5 所说的 O_3.

命题 3.14.9 设长旋转椭球面 m 的焦点为 F_1,F_2,M 是 m 内一点(它不在 m 的长轴上),过 M,F_1,F_2 三点的平面记为 α,α 与 m 的交线是一个椭圆,这椭 圆记为 m',设 M 关于椭圆 m' 的极线记为 z,过 z 作 α 的垂面 **B**,过 z 作 m 的切 面,切点分别记为 A,B,一平面过 z 且与 m 相交,交线为一椭圆,这椭圆记为 n, 直线 z 关于椭圆 n 的极点记为 N,如图 3.14.9 所示,求证:

① 平面 **B** 是 M 关于长旋转椭球面 m 的极面;

② A,B,M,N 四点共线,且这直线与平面 **B** 平行.

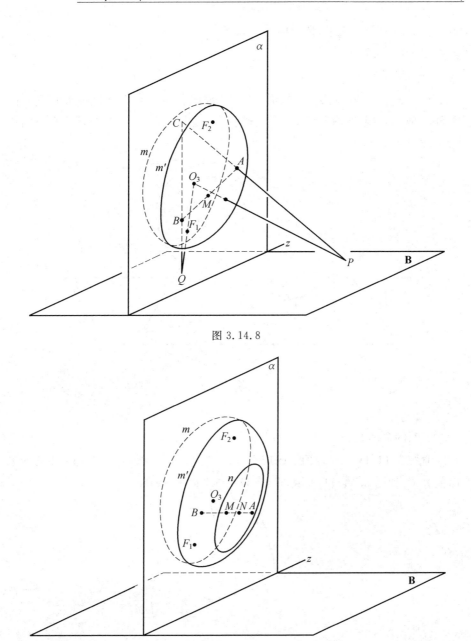

图 3.14.8

图 3.14.9

命题 3.14.10 设 M 是长旋转椭球面 m 内一点，M 关于 m 的极面为 B，取点 O_3，其来历如命题 3.14.5 所述，一平面与平面 B 相交，交线记为 z'，这平面还与 m 相交，交线是一个椭圆，记为 n，z' 关于 n 的极点记为 N，一直线过 N 且交 n 于 A，B，设 C 是 n 上一点，CA，CB 分别交 z' 于 P，Q，直线 MN 交平面 B 于 R，

471

如图 3.14.10 所示(图中 R 未标出),求证:

①$O_3P \perp O_3Q$.

②O_3R 垂直于平面 O_3PQ.

在蓝观点下(以 **B** 为"蓝假面",O_3 为"蓝标准点"),图 3.14.10 的长旋转椭球面 m 是一个"蓝球面",M 是其"蓝球心",n 是其一个"小圆",N 是这个小圆的"蓝圆心".

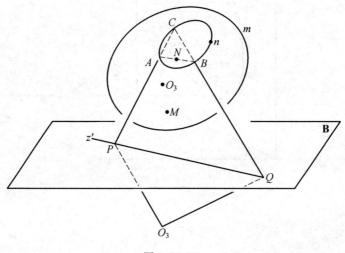

图 3.14.10

下面的命题是一道简单的命题:

命题 3.14.11 设球面 α 的球心为 O,A 是 α 上一点,过 A 且与 α 相切的平面记为 P,如图 3.14.11 所示,求证:OA 与平面 P 垂直.

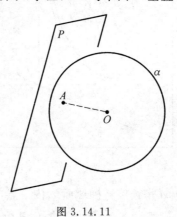

图 3.14.11

这个命题的蓝表现是:

命题 3.14.12 设长旋转椭球面 α 的焦点为 O,O 关于 α 的极面记为 **B**,A 是

二维、三维欧氏
几何的对偶原理

α 上一点,过 A 且与 α 相切的平面记为 P , P 与平面 $\mathbf{B}$ 的交线为 QR ,如图 3.14.12 所示,求证:直线 AO 与平面 OQR 垂直.(参阅命题 2.28.12)

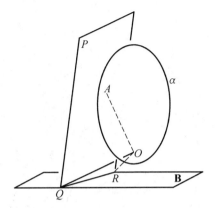

图 3.14.12

下面的命题也是一道简单的命题:

命题 3.14.13 设 O 是球 α 的球心, P 是 α 外一点,过 P 作 α 的切线,切点记为 A ,如图 3.14.13 所示,求证:

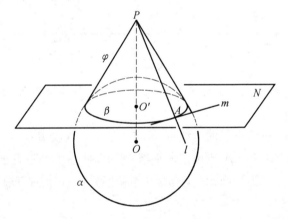

图 3.14.13

① 点 A 的轨迹是一个小圆,记为 β , β 所在的平面记为 N ;

② 在 N 上,过 A 作 β 的切线 m ,则 m 与 PA 垂直, m 与 α 相切, m 和 PA 所确定的平面是 α 的切面;

③ 直线 PA 记为 l ,则 l 的集合是一个正圆锥面,记为 φ , PO 与 N 垂直相交,交点 O' 是小圆 β 的圆心.

这个命题的蓝表现是:

命题 3.14.14 设长旋转椭球面 α 的焦点为 O , O 关于 α 的极面记为 $\mathbf{B}$, P 是

α 外一点,过 P 作 α 的切线,切点记为 A,如图 3.14.14 所示,求证:

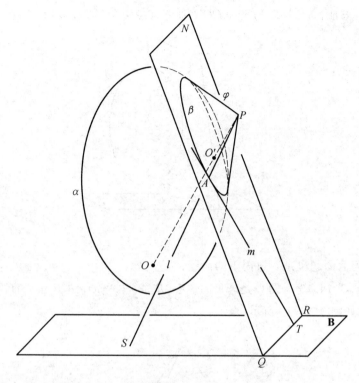

图 3.14.14

① 点 A 的轨迹是一个椭圆,记为 $β$,$β$ 所在的平面记为 N,平面 N 与平面 **B** 的交线记为 QR;

② 在 N 上,过 A 作 $β$ 的切线 m,m 交 B 于 T,PA 交 B 于 S,则 OS 与 OT 垂直,m 与 α 相切,m 和 PA 所确定的平面是 α 的切面,OA 垂直于平面 OST;

③ 直线 PA 记为 l,则 l 的集合是一个斜圆锥面,记为 $φ$,PO 与平面 OQR 垂直;

④ 设 PO 交平面 N 于 O',则 O' 是椭圆 $β$ 的焦点,与 O' 相应的准线是 QR. (参阅本章命题 2.28.16)

以上关于长旋转椭球面的论述,对旋转抛物面(图 3.14.15)、旋转双叶双曲面(图 3.14.16)也都成立.

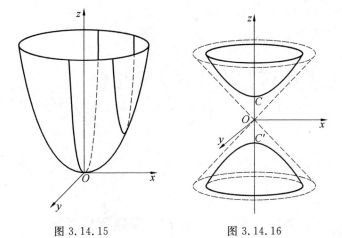

图 3.14.15　　　　　　图 3.14.16

"特殊蓝几何"和"特殊黄几何"

1.1 "普通蓝几何"

前面第 1 章第 3 节所说的"蓝几何"都是"普通蓝几何",举例说,考察图 A,设椭圆 α 的左焦点为 O,左准线为 z,如果把 z 视为"蓝假线",那么,α 就可以视为"圆"——"蓝圆",O 就是这个"蓝圆"的"蓝圆心",所有有关圆的性质,均可以在这个"蓝圆"上得到体现,我们就建立了"蓝几何",它是普通的"蓝几何",普通就普通在:它以一条普通的直线 z 为"蓝假线".

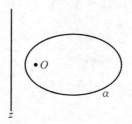

图 A

再说一例,考察图 B,设 M 是椭圆 α 内一点,M 关于 α 的极线为 z(或记为 z_3),一直线过 M,且交 α 于 A,B,C_1,C_2,C_3 是 α 上任意三点,$C_1A,C_2A,C_3A,C_1B,C_2B,C_3B$ 分别交 z 于 P_1,P_2,P_3,Q_1,Q_2,Q_3,依次以线段 P_1Q_1,P_2Q_2,P_3Q_3 为直径作圆,可以证明,这三个圆有且仅有两个公共点,它们都记为 O_3,如图 B 所示.

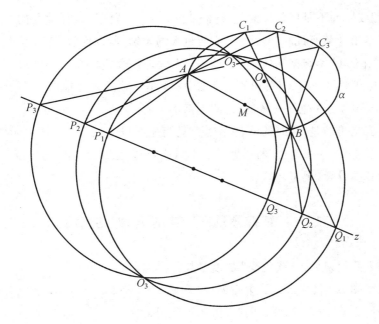

图 B

现在,把 z 视为"蓝假线",把 O_3 作为"蓝标准点",那么,"蓝欧氏几何"就建立了,这时,α 是"圆",不过是"蓝圆",M 是它的"蓝圆心",AB 是它的"蓝直径"(因而,$\angle AC_1B$,$\angle AC_2B$,$\angle AC_3B$ 都是"蓝直角").

只要 M 异于椭圆 α 的中心 O,上述作图就一定可行,这样建立的"蓝几何"也是"普通蓝几何".

1.2 "特殊蓝几何"

考察图 A,设椭圆 α 的中心为 O,现在,我们提出一个问题:能否建立这样的"蓝几何",使得 α 被视为"蓝圆",且以 O 为其"蓝圆心"?

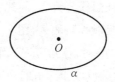

图 A

回答是:可以建立"蓝几何",但不是"普通蓝几何",而是一种"特殊蓝几何".因为,这时以椭圆的中心为"蓝圆心",那么,就必须以红假线(无穷远直线)

为"蓝假线",而不是以普通的直线（红欧线）为"蓝假线",这样建立的"蓝几何"与第1章第3节所说的"蓝几何"有着重大的差别,所以称为"特殊蓝几何".

正因为在"特殊蓝几何"里,"蓝假线"就是红假线（无穷远直线）,所以"蓝平移"与红平移（即我们熟知的正常的平移）是一致的,"蓝中点"与红中点（我们通常说的中点）也是一致的.这两点都很重要.

还要指出的是,这时的"蓝标准点"只能是点 O.

不难看出,要想建立"特殊蓝几何",就必须对"蓝长度"和"蓝角度"的度量作出特殊的设计（规定）.

1.3 "特殊蓝几何"中"蓝角度"的度量

以下我们说一下"蓝角度"的度量是怎样规定的.

考察图 A ,设椭圆 α 的中心为 O ,长轴为 m , m 交 α 于 M , M' ,以 MM' 为直径的圆记为 β , β 称为椭圆 α 的"大圆",该圆记为 β .

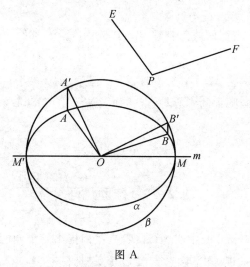

图 A

现在,在"蓝观点"下（以红假线 z 为"蓝假线",以 O 为"蓝标准点"）,把 α 视为"蓝圆",且把 O 视为它的"蓝圆心",那么,图 A 的"蓝角" EPF 的大小如何度量呢? 为此,我们进行如下操作:对"蓝角" EPF 作"蓝平移"（"蓝平移"和"红平移"是一回事）,使得顶点 P 到达 O ,这时,角的两边分别交 α 于 A , B ,在 β 上取两点 A' , B' ,使得 AA' , BB' 均与 m 垂直（ A 与 A' 位于 m 的同侧, B 与 B' 也位于 m 的同侧）,我们规定,红角 $A'OB'$ 的大小就作为"蓝角" EPF 的大小.

"蓝角"的大小就是这样度量的.

二维、三维欧氏
几何的对偶原理

1.4 "特殊蓝几何"中的"蓝垂直"

可以证明,在3.3的图A中,当PE,PF的方向关于α共轭时,红角$A'OB'$的大小是90°(3.3的图A的红角$A'OB'$正是这样),这时我们认为"蓝角"EPF的大小为90°.也就是说,当两直线的方向关于α共轭时,这两直线在"特殊蓝种人"眼里就是"垂直"的.

1.5 "特殊蓝几何"中"蓝长度"的度量

"蓝角"的度量已如上述,那么,"蓝线段"的长度的度量是怎样规定的呢?为此,考察图A,设椭圆α的中心为O,右顶点为M,上顶点为N,A是α上一点,A的"红坐标"记为(x,y),则

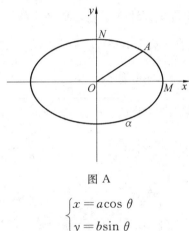

图 A

$$\begin{cases} x = a\cos\theta \\ y = b\sin\theta \end{cases}$$

A的"蓝坐标"记为$(\bar{x},\bar{y})$,若将α视为"蓝单位圆",那么

$$\begin{cases} \bar{x} = \cos\theta \\ \bar{y} = \sin\theta \end{cases} \Rightarrow \begin{cases} \bar{x} = \dfrac{x}{a} \\ \bar{y} = \dfrac{y}{b} \end{cases}$$

这就是同一个点的两种坐标间的关系.

考察图B,设P是平面上任意一点,OP交α于A,那么,O,P间的"蓝距离"(记为"$bl(OP)$")怎么计算? 为此,我们规定

$$bl(OP) = \frac{OP}{OA}$$

479

继续考察图 B,设 P',Q' 是平面上任意两点,那么,这两点间的"蓝距离"怎么计算? 为此,我们过 O 作 $P'Q'$ 的平行线,该线记为 l,它交 α 于 A,在 l 上取两点 P,Q,使得 $PP' \parallel QQ'$,现在,我们规定

$$bl(P'Q') = \frac{PQ}{OA}$$

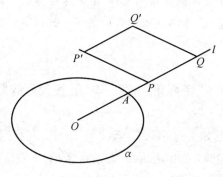

图 B

当然,我们也可以通过坐标计算 P' 和 Q' 之间的"蓝距离":为此,设 P' 的"红坐标"记为 (x_1,y_1),P' 的"蓝坐标"记为 $(\bar{x}_1,\bar{y}_1)$,Q' 的"红坐标"记为 (x_2,y_2),Q' 的"蓝坐标"记为 $(\bar{x}_2,\bar{y}_2)$,那么

$$bl(P'Q') = \sqrt{(\bar{x}_2 - \bar{x}_1)^2 + (\bar{y}_2 - \bar{y}_1)^2}$$
$$= \sqrt{\left(\frac{x_2}{a} - \frac{x_1}{a}\right)^2 + \left(\frac{y_2}{b} - \frac{y_1}{b}\right)^2}$$
$$= \sqrt{\frac{(x_2 - x_1)^2}{a^2} + \frac{(y_2 - y_1)^2}{b^2}}$$

例如,图 A 的 M,N,它们的"红坐标"分别是 $(a,0)$ 和 $(0,b)$,代入上式计算,得 M,N 间的"蓝距离"为 $\sqrt{2}$.

至此,平面上任两"蓝欧点"间的"蓝距离"都可以度量了.

确定了"蓝假线"和"蓝标准点",又规定了"蓝角度"和"蓝长度"的度量法则,那么,"蓝几何"就建立了,不过,它以"红假线"为"蓝假线",所以,不是"普通的蓝几何",不妨称之为"特殊蓝几何".

1.6　椭圆被视为"蓝圆"的例子

我们已经成功地使椭圆在"特殊蓝几何"里被视为"圆"——"蓝圆",那么,

二维、三维欧氏
几何的对偶原理

有关圆的结论就都可以通过"特殊蓝圆",移植到椭圆上.

以下命题都是成双成对的,前一道是关于圆的,后一道就是关于椭圆的:

命题 1.6.1 设 AB 是圆 O 的弦,该弦的中点为 M,如图 1.6.1 所示,求证:$OM \perp AB$.

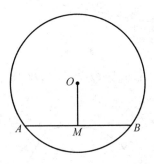

图 1.6.1

命题 1.6.2 设 AB 是椭圆 α 的弦,该弦的中点为 M,如图 1.6.2 所示,求证:OM 的方向与 AB 的方向关于 α 共轭.

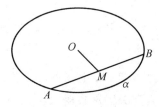

图 1.6.2

命题 1.6.3 设 A 是圆 O 上一点,BC 是过 A 且与 α 相切的直线,如图 1.6.3 所示,求证:$OA \perp BC$.

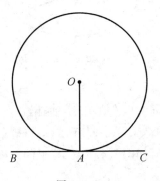

图 1.6.3

命题 1.6.4 设 A 是椭圆 α 上一点,BC 是过 A 且与 α 相切的直线,如图 1.6.4 所示,求证:OA 的方向与 BC 的方向关于 α 共轭.

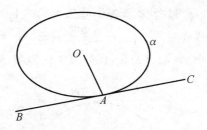

图 1.6.4

命题 1.6.5 设 A, B, C 是圆 O 上三点，BC 是圆 O 的直径，如图 1.6.5 所示，求证：$AB \perp AC$.

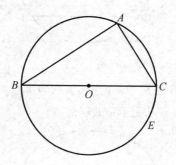

图 1.6.5

命题 1.6.6 设 A, B, C 是椭圆 α 上三点，BC 是 α 的直径，如图 1.6.6 所示，求证：AB 的方向与 AC 的方向关于 α 共轭.

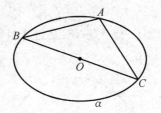

图 1.6.6

命题 1.6.7 设两直线 l_1, l_2 均与圆 O 相切，另有一直线也与该圆相切，且分别交 l_1, l_2 于 A, B，如图 1.6.7 所示，求证：$OA \perp OB$.

命题 1.6.8 设两直线 l_1, l_2 均与椭圆 α 相切，另有一直线也与该椭圆相切，且分别交 l_1, l_2 于 A, B，如图 1.6.8 所示，求证：OA 的方向与 OB 的方向关于 α 共轭.

命题 1.6.9 设 A 是圆 O 外一点，过 A 作圆 O 的两条切线，切点分别为 B，C，如图 1.6.9 所示，求证：AO 平分 $\angle BAC$.

二维、三维欧氏
几何的对偶原理

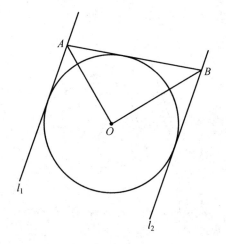

图 1.6.7

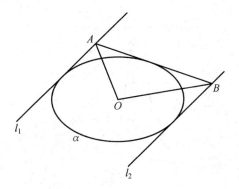

图 1.6.8

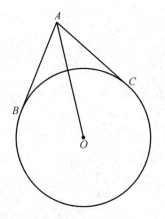

图 1.6.9

命题 1.6.10 设 A 是椭圆 α 外一点,过 A 作 α 的两条切线,切点分别为 B,C,AO 交 α 于 D,过 D 分别作 AB,AC 的平行线,且依次交 α 于 E,F,EF 交 AO

于 M,如图 1.6.10 所示,求证:M 是 EF 的中点.

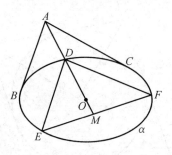

图 1.6.10

命题 1.6.11 设 A 是圆 O 外一点,过 A 作圆 O 的两条切线,切点分别为 B, C,BC 交 AO 于 M,如图 1.6.11 所示,求证:

①$BM = CM$;

②$BC \perp AO$.

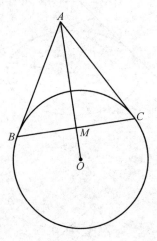

图 1.6.11

命题 1.6.12 设 A 是椭圆 α 外一点,过 A 作 α 的两条切线,切点分别为 B, C,BC 交 AO 于 M,如图 1.6.12 所示,求证:

①$BM = CM$;

②BC 的方向与 AO 的方向关于 α 共轭.

命题 1.6.13 设 A,B,C 是圆 O 上三点,如图 1.6.13 所示,求证:$\angle BOC = 2\angle BAC$.

命题 1.6.14 设 A,B,C 是椭圆 α 上三点,过 O 分别作 AB,AC 的平行线,且依次交 α 于 D,E,设 BC 的中点为 M,OM 交 α 于 F,如图 1.6.14 所示,求证:$BE \parallel DF$.

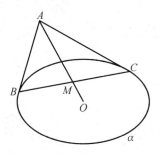

图 1.6.12

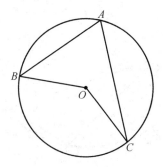

图 1.6.13

注:看得出,"蓝角"DOE 与"蓝角"BOF 相等,因此,"蓝角"BOD 与"蓝角"EOF 相等,于是,$BE /\!/ DF$.

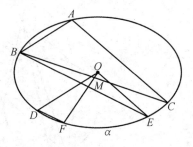

图 1.6.14

命题 1.6.15 设 A 是圆 O 上一点,过 A 且与圆 O 相切的直线记为 AB,C,D 是圆 O 上另外两点,如图 1.6.15 所示,求证:$\angle DAB = \angle ACD$.

命题 1.6.16 设 A 是椭圆 α 上一点,过 A 且与 α 相切的直线记为 AB,C,D 是 α 上另外两点,过 O 分别作 CA,CD 的平行线,这两线依次交 α 于 E,F,过 O 再分别作 AD,AB 的平行线,这次两线依次交 α 于 G,H,如图 1.6.16 所示,求证:$EG /\!/ FH$.

命题 1.6.17 设 $\triangle ABC$ 外切于圆 O,BC,CA,AB 上的切点分别为 D,E,

485

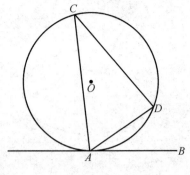

图 1.6.15

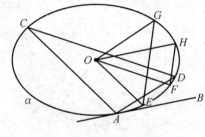

图 1.6.16

F,AO 交 BC 于 P,EP,FP 分别交 AD 于 G,H，如图 1.6.17 所示，求证：BH ∥ CG.

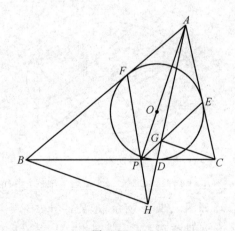

图 1.6.17

命题 1.6.18 设 $\triangle ABC$ 外切于椭圆 α，BC,CA,AB 上的切点分别为 D，E,F,AO 交 BC 于 P,EP,FP 分别交 AD 于 G,H，如图 1.6.18 所示，求证：BH ∥ CG.

命题 1.6.19 设 ZA 是圆 O 的直径，B,C 是该圆上两点，过 B,C 且分别与

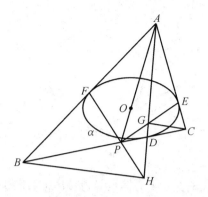

图 1.6.18

圆 O 相切的直线交于 D，过 Z 且与 ZD 垂直的直线分别交 AB，AC 于 E，F，如图 1.6.19 所示，求证：$ZE = ZF$.

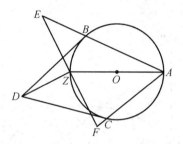

图 1.6.19

命题 1.6.20 设椭圆 α 中心为 O，AB 是 α 的直径，P 是 α 外一点，过 P 作 α 的两条切线，切点分别为 C，D，PB 交 α 于 E，过 B 作 AE 的平行线，且分别交 AC，AD 于 M，N，如图 1.6.20 所示，求证：$BM = BN$.

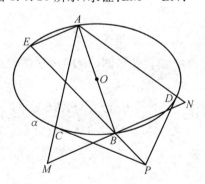

图 1.6.20

命题 1.6.21 设圆 O 是菱形 $ABCD$ 的内切圆，在两侧各作圆 O 的一条切线 EF 和 GH，如图 1.6.21 所示，求证：$EG \parallel FH$.

487

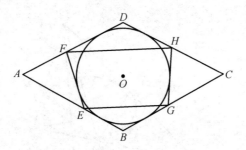

图 1.6.21

命题 1.6.22 设椭圆 α 中心为 O,两直线 AC,BD 均过 O,且 AC 的方向与 BD 的方向关于 α 共轭,AB,BC,CD 均与 α 相切,一直线与 α 相切,且分别交 AB,AD 于 E,F,另一直线也与 α 相切,且分别交 CB,CD 于 G,H,如图 1.6.22 所示,求证:

① AD 与 α 相切;

② $OA = OC, OB = OD$;

③ $EG /\!/ FH$.

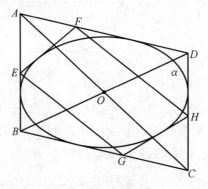

图 1.6.22

命题 1.6.23 设 $\triangle ABC$ 内接于圆 O,O 关于 BC,CA,AB 的对称点分别为 A',B',C',如图 1.6.23 所示,求证:AA',BB',CC' 三线共点.

命题 1.6.24 设椭圆 α 中心为 O,$\triangle ABC$ 内接于 α,BC,CA,AB 的中点分别为 D,E,F,延长 OD 至 A',使得 $OD = DA'$,依次 OE 至 B',使得 $OE = EB'$,依次 OF 至 C',使得 $OF = FC'$,如图 1.6.24 所示,求证:AA',BB',CC' 三线共点(这点记为 S).

命题 1.6.25 设 AB 是圆 O 的直径,过 A 且与圆 O 相切的直线记为 l,M 是 OA 的中点,过 M 且与 l 平行的直线交圆 O 于 C,如图 1.6.25 所示,求证:$\angle BOC = 120°$.

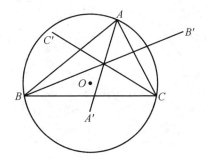

图 1.6.23

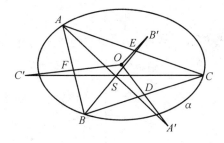

图 1.6.24

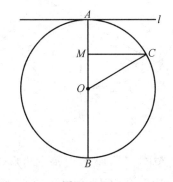

图 1.6.25

命题 1.6.26　设椭圆 α 中心为 O，m 是 α 的长轴，β 是 α 的大圆，AB 是 α 的直径，过 A 且与 α 相切的直线记为 l，M 是 OA 的中点，过 M 且与 l 平行的直线交 α 于 C，在 β 上取两点 B'，C'，使得 BB'，CC' 均与 m 垂直，如图 1.6.26 所示，求证：$\angle B'OC' = 120°$.

注：本命题对椭圆 α 的小圆 γ 也是成立的，请看下面的命题 1.6.26$'$.

所谓椭圆 α 的"小圆"，是指以 α 的短轴为直径的圆.

命题 1.6.26$'$　设椭圆 α 的中心为 O，短轴为 n，γ 是 α 的小圆，AB 是 α 的直径，过 A 且与 α 相切的直线记为 l，M 是 OA 的中点，过 M 且与 l 平行的直线交

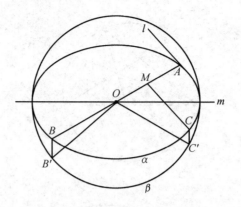

图 1.6.26

α 于 C, 在 γ 上取两点 B', C', 使得 BB', CC' 均与 n 垂直, 如图 1.6.26$'$ 所示, 求证: $\angle B'OC' = 120°$.

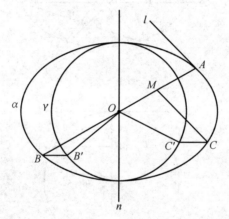

图 1.6.26$'$

命题 1.6.27 设 $\triangle ABC$ 是圆 O 的内接三角形, H 是 $\triangle ABC$ 的垂心, 以 HB, HC 为邻边作平行四边形 $BHCD$, 如图 1.6.27 所示, 求证:

① 点 D 在圆 O 上;

② A, O, D 三点共线.

命题 1.6.28 设椭圆 α 的中心为 O, A, B, C 是 α 上三点, AB, AC 的中点分别为 M, N, 过 B 作 ON 的平行线, 同时, 过 C 作 OM 的平行线, 这两线交于 H, 以 HB, HC 为邻边作平行四边形 $BHCD$, 如图 1.6.28 所示, 求证:

① 点 D 在 α 上;

② A, O, D 三点共线.

注: 在这里, H 是"蓝三角形" ABC 的"蓝垂心".

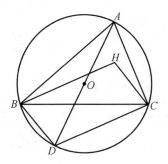

图 1.6.27

下面是另一些有关"特殊蓝圆"的命题.

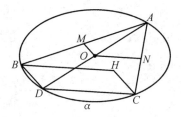

图 1.6.28

＊＊命题 1.6.29　设椭圆 α 的中心为 O,四边形 $ABCD$ 是平行四边形,AB 的中点为 M,DM 交 α 于 E,F,EF 的中点为 N,过 C 作 ON 的平行线,且交 DM 于 G,设 CG 的中点为 P,如图 1.6.29 所示,求证:$BP \parallel DM$.

注:在这里,椭圆的作用就是引进"垂直"的定义.

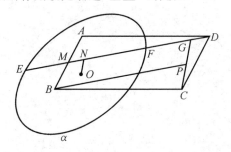

图 1.6.29

命题 1.6.30　设椭圆 α 的中心为 O,A,B,C 是 α 上三点,AB,AC 的中点分别为 M,N,过 B 作 ON 的平行线,同时,过 C 作 OM 的平行线,这两线相交于 H,设 D 是 α 上一点,在平面上取两点 E,F,使得 $DE \parallel OM$,$DF \parallel ON$,且 DE 被 AB 所平分,DF 被 AC 所平分,如图 1.6.30 所示,求证:E,H,F 三点共线.

＊＊命题 1.6.31　设椭圆 α 的中心为 O,$\triangle ABC$ 内接于 α,过 A,B,C 且与

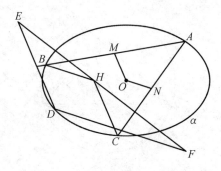

图 1.6.30

α 相切的直线分别记为 l_1,l_2,l_3，另有一椭圆 β，它与 α 有着相同的中心，相同的离心率，以及相同的长、短轴，一直线与 l_1 平行，且与 β 相切，这切线交 BC 于 P；一直线与 l_2 平行，且与 β 相切，这切线交 CA 于 Q；一直线与 l_3 平行，且与 β 相切，这切线交 AB 于 R，如图 1.6.31 所示，求证：P,Q,R 三点共线.

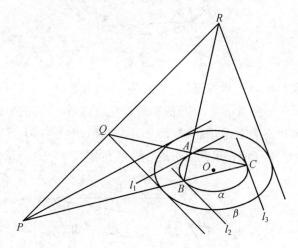

图 1.6.31

1.7　多个"蓝圆"的例子

设两椭圆 α,β 的中心分别为 O,O'，这两椭圆有着相同的离心率，且长轴互相平行，如图 A 所示，那么，当我们对 α 建立了"特殊蓝几何"后，β 也成了"蓝圆"，当然，这两个"蓝圆"的大小不一定相同.

总之，若几个椭圆有着相同的离心率，且长轴互相平行，那么，这几个椭圆就可以同时被视为"蓝圆". 于是，有关多圆的命题就可以"翻译"成有关多个椭

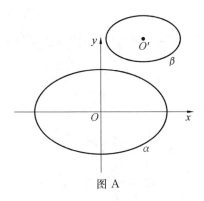

图 A

圆的命题.

下面是一些多个"特殊蓝圆"的例子,这些命题都是成双成对的,前一道是关于圆的,后一道就是关于椭圆的:

命题 1.7.1 设两圆相交于 M,N,一直线过 M,且依次交这两圆于 A,C,另一直线过 N,且依次交这两圆于 B,D,如图 1.7.1 所示,求证:$AB \parallel CD$.

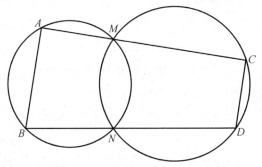

图 1.7.1

命题 1.7.2 设两椭圆 α,β 有着相同的离心率,且长轴互相平行,α 交 β 于 M,N,一直线过 M,且依次交这两椭圆于 A,C,另一直线过 N,且依次交这两椭圆于 B,D,如图 1.7.2 所示,求证:$AB \parallel CD$.

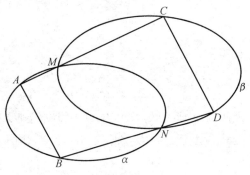

图 1.7.2

命题 1.7.3 设两圆 O_1, O_2 外切于 A, 过 A 且与这两圆都相切的直线记为 l, B 是 l 上一点, 过 B 分别作这两圆的切线, 切点依次为 C, D, 如图 1.7.3 所示, 求证: $BC = BD$.

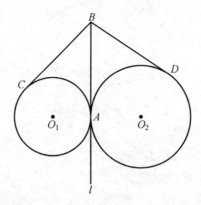

图 1.7.3

命题 1.7.4 设两椭圆 α, β 的中心分别为 O_1, O_2, 这两椭圆有着相同的离心率, 且长轴互相平行, α 与 β 外切于 A, 过 A 且与这两椭圆都相切的直线记为 l, B 是 l 上一点, 过 B 分别作这两椭圆的切线, 切点依次为 C, D, 设 CD 分别交 α, β 于 E, F, CE, DF, CD 的中点分别记为 M, N, P, 如图 1.7.4 所示, 求证:

① $MO_1 \parallel NO_2 \parallel BP$;

② BP 的方向与 CD 的方向关于 α 共轭 (当然也关于 β 共轭).

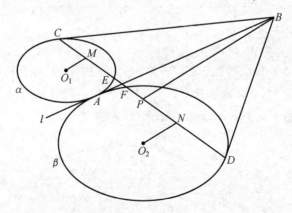

图 1.7.4

命题 1.7.5 设两圆 O, O' 相交于 A, B, O 在圆 O' 上, OO' 交圆 O' 于 C, BO 交圆 O 于 D, 设 E 是圆 O 上任意一点, AE 交 BD 于 F, 如图 1.7.5 所示, 求证: AD, BE, CF 三线共点 (此点记为 S).

494

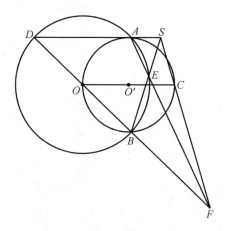

图 1.7.5

命题 1.7.6 设两椭圆 α,β 的中心分别为 O,O',这两椭圆有着相同的离心率,且长轴互相平行,α 交 β 于 A,B,O 在 β 上,OO' 交 β 于 C,BO 交 α 于 D,设 E 是 α 上任意一点,AE 交 BD 于 F,如图 1.7.6 所示,求证:AD,BE,CF 三线共点 (此点记为 S).

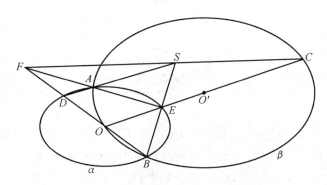

图 1.7.6

命题 1.7.7 设两圆 O_1,O_2 外离,两条内公切线分别记为 l_1,l_2,其中,l_1 与圆 O_1 相切于 A,l_2 与圆 O_2 相切于 B,AB 交圆 O_2 于 C,过 C 作圆 O_2 的切线,这切线交 l_1 于 D,过 D 作圆 O_1 的切线,切点为 E,如图 1.7.7 所示,求证:AD 平分 $\angle CDE$.

命题 1.7.8 设两椭圆 α,β 的中心分别为 O_1,O_2,这两椭圆有着相同的离心率,且长轴互相平行,它们的两条内公切线分别记为 l_1,l_2,其中,l_1 与 α 相切于 A,l_2 与 β 相切于 B,AB 交 β 于 C,过 C 作 β 的切线,这切线交 l_1 于 D,过 D 作 α 的切线,切点为 E,过 O_2 分别作 DA,DC,DE 的平行线,且依次交 β 于 F,G,H,如图 1.7.8 所示,求证:O_2F 平分 GH.

495

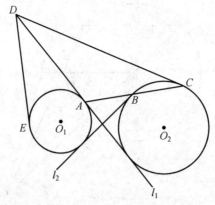

图 1.7.7

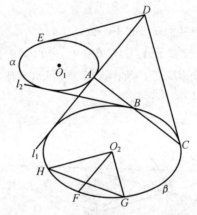

图 1.7.8

命题 1.7.9 设圆 O 与圆 O' 相交于 A, B, O 在圆 O' 上, P 是圆 O 上一点, M 是圆 O' 上一点, PA, PB 的中点分别为 C, D, OC 交 AM 于 Q, OD 交 BM 于 R, , 如图 1.7.9 所示, 求证: P, Q, R 三点共线.

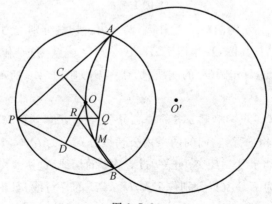

图 1.7.9

命题 1.7.10 设两椭圆 α,β 的中心分别为 O,O',O 在 β 上,这两椭圆有着相同的离心率,且长轴互相平行,P 是 α 上一点,M 是 β 上一点,PA,PB 的中点分别为 C,D,OC 交 AM 于 Q,OD 交 BM 于 R,,如图 1.7.10 所示,求证:P,Q,R 三点共线.

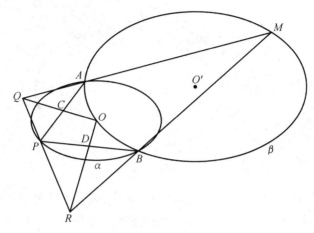

图 1.7.10

命题 1.7.11 设三圆 O_1,O_2,O_3 两两相交,交点分别为 $A,B;C,D;E,F$,如图 1.7.11 所示,求证:AB,CD,EF 三线共点(此点记为 S).

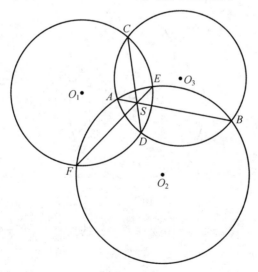

图 1.7.11

命题 1.7.12 设三椭圆 α,β,γ 有着相同的离心率,且长轴互相平行,它们两两相交,交点分别为 $A,B;C,D;E,F$,如图 1.7.12 所示,求证:AB,CD,EF 三线共点(此点记为 S).

497

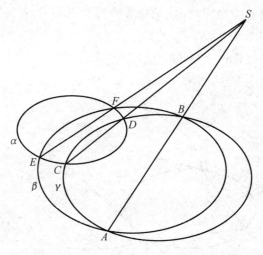

图 1.7.12

命题 1.7.13 设三圆 O_1, O_2, O_3 中,每两圆都有两条外公切线,圆 O_2, O_3 的两条外公切线相交于 P,圆 O_3, O_1 的两条外公切线相交于 Q,圆 O_1, O_2 的两条外公切线相交于 R,如图 1.7.13 所示,求证:P, Q, R 三点共线.

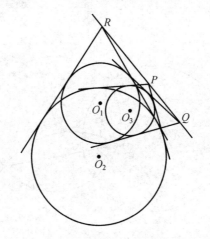

图 1.7.13

命题 1.7.14 设三椭圆 α, β, γ 有着相同的离心率,且长轴互相平行,它们中的每两个都有两条外公切线,β, γ 的两条外公切线相交于 P,γ, α 的两条外公切线相交于 Q,α, β 的两条外公切线相交于 R,如图 1.7.14 所示,求证:P, Q, R 三点共线.

命题 1.7.15 设三圆 O_1, O_2, O_3 两两相交,交点分别记为 M, A, B, C,其中 M 是这三个圆的公共点,如图 1.7.15 所示,BC, CA, AB 的中点分别为 A',

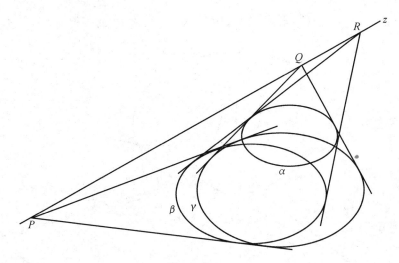

图 1.7.14

$B', C', A'O_1$ 的延长线交圆 O_1 于 A''；$B'O_2$ 的延长线交圆 O_2 于 B''；$C'O_3$ 的延长线交圆 O_3 于 C''，求证：AA''，BB''，CC'' 三线共点（此点记为 S）.

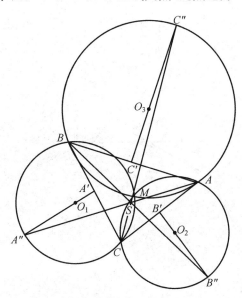

图 1.7.15

命题 1.7.16 设三椭圆 α, β, γ 有着相同的离心率，且长轴互相平行，它们的中心分别为 O_1, O_2, O_3，它们中的每两个都相交，交点分别记为 M, A, B, C，其中 M 是这三个椭圆的公共点，如图 1.7.16 所示，BC, CA, AB 的中点分别为 $A', B', C', A'O_1$ 的延长线交圆 O_1 于 A''；$B'O_2$ 的延长线交圆 O_2 于 B''；$C'O_3$ 的

499

延长线交圆 O_3 于 C''，求证：AA''，BB''，CC'' 三线共点（此点记为 S）.

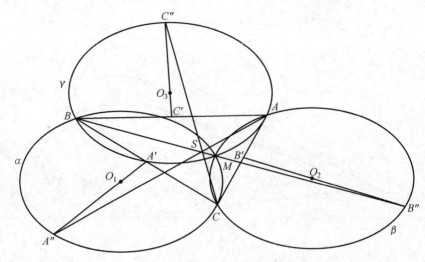

图 1.7.16

命题 1.7.17 设三圆 O_1，O_2，O_3 两两外离，每两圆都有两条内公切线，它们分别记为 l_{12}，l_{23}，l_{31} 和 m_{12}，m_{23}，m_{31}，如图 1.7.17 所示，若 l_{12}，l_{23}，l_{31} 三线共点（此点记为 S），求证：m_{12}，m_{23}，m_{31} 三线也共点（此点记为 T）.

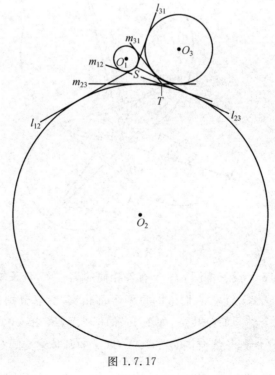

图 1.7.17

500

命题 1.7.18 设三椭圆 α,β,γ 有着相同的离心率,且长轴互相平行,它们两两外离,每两圆都有两条内公切线,分别记为 l_{12},l_{23},l_{31} 和 m_{12},m_{23},m_{31},如图 1.7.18 所示,若 l_{12},l_{23},l_{31} 三线共点(此点记为 S),求证:m_{12},m_{23},m_{31} 三线也共点(此点记为 T).

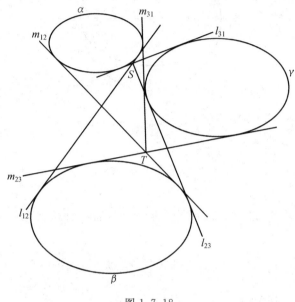

图 1.7.18

1.8 椭圆的"大圆"和"小圆"

考察图 A,设椭圆 α 的中心为 O,离心率为 e,α 的左、右焦点分别为 F_1,F_2,以 α 的长轴为直径的圆记为 β,称为 α 的"大圆",设 β 与 x,y 轴分别相交于 M,N,α 与 x,y 轴分别相交于 M,M'.

设椭圆 α 的直角坐标方程为

$$\frac{x^2}{a^2}+\frac{y^2}{b^2}=1 \quad (a>b>0,c=\sqrt{a^2-b^2})$$

在"特殊蓝几何"的观点下,α 是"蓝单位圆",即 $bl(OM)=1,bl(OM')=1$,所以,$bl(ON)>bl(OM)$,β 应该是"蓝椭圆",ON 是它的"蓝半长轴",OM 是它的"蓝半短轴",记 $bl(ON)=\bar{a},bl(OM)=\bar{b}$,其中 $\bar{b}=1$.

设 β 的"蓝直角坐标方程"为

501

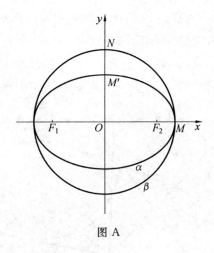

图 A

$$\frac{\bar{x}^2}{\bar{b}^2} + \frac{\bar{y}^2}{\bar{a}^2} = 1 \quad (\bar{a} > \bar{b} > 0)$$

P 是 β 上一点,它的"红坐标"记为 (x, y),"蓝坐标"记为 $(\bar{x}, \bar{y})$,这两坐标间的关系是

$$\begin{cases} \bar{x} = \dfrac{x}{a} \\ \bar{y} = \dfrac{y}{b} \end{cases} \Rightarrow \begin{cases} \bar{x} = \dfrac{a\cos\theta}{a} = \cos\theta \\ \bar{y} = \dfrac{a\sin\theta}{b} = \dfrac{a}{b}\sin\theta \end{cases} \Rightarrow \bar{x}^2 + \dfrac{\bar{y}^2}{\dfrac{a^2}{b^2}} = 1$$

这就是 β 的"蓝直角坐标方程",可见是"蓝椭圆",其"蓝半长轴"为 $\bar{a} = \dfrac{a}{b}$,"蓝半短轴"为 $\bar{b} = 1$,因而,"蓝半焦距"为

$$\bar{c} = \sqrt{\bar{a}^2 - \bar{b}^2} = \sqrt{\frac{a^2}{b^2} - 1} = \frac{c}{b}$$

"蓝离心率"为

$$\bar{e} = \frac{\bar{c}}{\bar{b}} = \frac{\dfrac{c}{b}}{\dfrac{a}{b}} = \frac{c}{a} = e$$

这说明:若椭圆 α 的离心率为 e,那么,它的大圆 β,在"特殊蓝几何"的观点下,是"蓝椭圆",而且,它的"蓝离心率"也是 e.

这时,平面上任何一个圆,不论大小,如图 B 的圆 O',在"特殊蓝几何"的观点下,都是"蓝椭圆",而且,它们的"蓝离心率"也都是 e. 反之,凡"蓝离心率"为 e 的"蓝椭圆",在我们眼里都是圆.

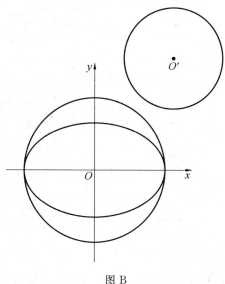

图 B

既然图 A 的 β 是"蓝椭圆",那么,它就有两个"蓝焦点",分别记为 F_3,F_4,这两点都在 y 轴上,其"蓝坐标"分别为 $F_3(0,\frac{c}{b})$ 和 $F_4(0,-\frac{c}{b})$,折算成"红坐标"则分别是 $F_3(0,c)$ 和 $F_4(0,-c)$,所以,$OF_1=OF_2=OF_3=OF_4$,如图 C 所示,我们把 F_3,F_4 分别称为 β 的"上焦点"和"下焦点",这两点关于 β 的极线分别记为 f_3,f_4,称为 β 的"上准线"和"下准线",这两准线的"蓝坐标方程"分别为 $\overline{y}=\frac{a^2}{bc}$ 和 $\overline{y}=-\frac{a^2}{bc}$,折算成"红坐标方程"则分别是 $y=\frac{a^2}{c}$ 和 $y=-\frac{a^2}{c}$.

现在,考察图 D,设椭圆 α 的中心为 O,左、右焦点分别为 F_1,F_2,椭圆 α 的直角坐标方程为

$$\frac{x^2}{a^2}+\frac{y^2}{b^2}=1 \quad (a>b>0,c=\sqrt{a^2-b^2})$$

以 α 的短轴为直径的圆记为 γ,γ 称为 α 的"小圆",其直角坐标方程为

$$x^2+y^2=b^2$$

在图 D 中,设椭圆 β 内切于 γ,与椭圆 α 有着相同的离心率,且也以 x 轴为长轴,那么,不难算出 β 的直角坐标方程为

$$\frac{x^2}{b^2}+\frac{y^2}{\frac{b^4}{a^2}}=1$$

前面说过,γ 作为 β 的大圆,应该有"上焦点"和"下焦点",分别记为 F_3,F_4,

503

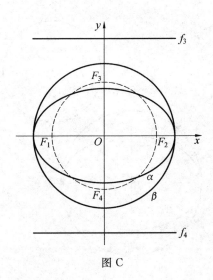

图 C

这两点的直角坐标,按现在 β 的直角坐标方程计算,应该分别是:$F_3\left(0,\dfrac{bc}{a}\right)$ 和 $F_4\left(0,-\dfrac{bc}{a}\right)$,$\beta$ 还有"上准线"和"下准线",分别记为 f_3,f_4,这两直线的直角坐标方程,按现在 β 的直角坐标方程计算,应该分别是:$y=\dfrac{ab}{c}$ 和 $y=-\dfrac{ab}{c}$.

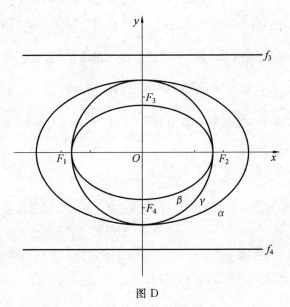

图 D

我们把 $F_3\left(0,\dfrac{bc}{a}\right)$ 和 $F_4\left(0,-\dfrac{bc}{a}\right)$ 两点称为小圆 γ 的"上焦点"和"下焦点",

把两直线 $f_3 : y = \dfrac{ab}{c}$ 和 $f_4 : y = -\dfrac{ab}{c}$ 称为小圆 γ 的"上准线"和"下准线".

以后，$F_3(0, \dfrac{bc}{a})$ 和 $F_4(0, -\dfrac{bc}{a})$ 也作为椭圆 α 的"上焦点"和"下焦点"，直线 $f_3 : y = \dfrac{ab}{c}, f_4 : y = -\dfrac{ab}{c}$ 也作为椭圆 α 的"上准线"和"下准线"，这一点很重要.

总之，椭圆 α 有"上焦点"和"下焦点"，有"上准线"和"下准线"，它的大圆 β 和小圆 γ 也都有各自的"上焦点"和"下焦点"，"上准线"和"下准线"，具体地说，是这样的：

（1）若椭圆 α 的直角坐标方程为

$$\frac{x^2}{a^2} + \frac{y^2}{b^2} = 1 \quad (a > b > 0, c = \sqrt{a^2 - b^2})$$

那么，α 的"上焦点"和"下焦点"分别是 $F_3(0, \dfrac{bc}{a})$ 和 $F_4(0, -\dfrac{bc}{a})$，如图 E 所示，"上准线"和"下准线"的直角坐标方程分别是 $f_3 : y = \dfrac{ab}{c}$ 和 $f_4 : y = -\dfrac{ab}{c}$.

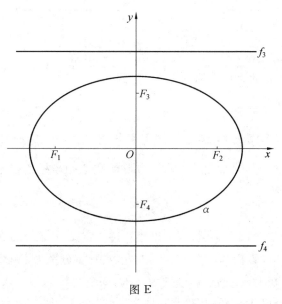

图 E

（2）若椭圆 α 的直角坐标方程为

$$\frac{x^2}{a^2} + \frac{y^2}{b^2} = 1 \quad (a > b > 0, c = \sqrt{a^2 - b^2})$$

那么，α 的小圆 γ 的"上焦点"和"下焦点"分别是 $F_3(0, \dfrac{bc}{a})$ 和 $F_4(0, -\dfrac{bc}{a})$，

如图 F 所示，α 的小圆 γ 的"上准线"和"下准线"的直角坐标方程分别是 $f_3:y=\dfrac{ab}{c}$ 和 $f_4:y=-\dfrac{ab}{c}$.

也就是说，椭圆 α 的"上焦点"F_3 和"下焦点"F_4，与该椭圆的小圆 γ 的"上焦点"和"下焦点"，是完全相同的，"上准线"f_3 和"下准线"f_4 也是完全相同的.

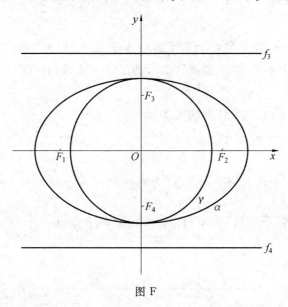

图 F

（3）若椭圆 α 的直角坐标方程为

$$\frac{x^2}{a^2}+\frac{y^2}{b^2}=1 \quad (a>b>0,c=\sqrt{a^2-b^2})$$

那么，α 的大圆 β 的"上焦点"和"下焦点"分别是 $F_3(0,c)$ 和 $F_4(0,-c)$，如图 G 所示，α 的大圆 β 的"上准线"和"下准线"的直角坐标方程分别是 $f_3:y=\dfrac{a^2}{c}$ 和 $f_4:y=-\dfrac{a^2}{c}$.

其实，椭圆的大圆和小圆，都可以用轨迹作定义，请看下面的命题.

命题 1.8.1　设椭圆 α 的中心为 O，左、右焦点分别为 F_1,F_2，PQ 是它的任意切线，F_1,F_2 在 PQ 上的射影分别为 P,Q，如图 1.8.1 所示，求证：P,Q 两点的轨迹是以 α 的长轴为直径的圆（此圆称为椭圆 α 的"大圆"，记为 β）.

命题 1.8.2　设椭圆 α 的中心为 O，f_3，f_4 分别是 α 的上准线和下准线，P 是 α 上一动点，过 O 作 OP 的垂线，这垂线交 f_3 于 Q，O 在 PQ 上的射影为 M，如图 1.8.2 所示，求证：动点 M 的轨迹是圆，该圆以 α 的短轴为直径（此圆称为椭圆 α 的"小圆"，记为 γ）.

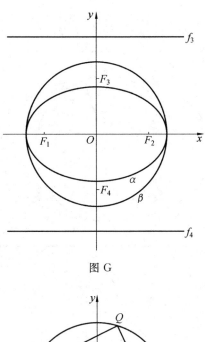

图 G

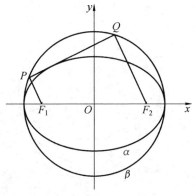

图 1.8.1

命题 1.8.3 设椭圆 α 的中心为 O，左、右准线分别为 f_1, f_2，一直线过 O，且分别交 f_1, f_2 于 A, B，过 A, B 分别作 α 的切线，这两切线交于 P，如图 1.8.3 所示，求证：点 P 的轨迹是以 α 的长轴为直径的圆（此圆称为椭圆 α 的"大圆"，记为 β）.

命题 1.8.4 设椭圆 α 的中心为 O，上、下焦点分别为 F_3, F_4, A, B 是 α 上两动点，使得 AF_3 // BF_4，如图 1.8.4 所示，求证：AB 的包络为圆，该圆以 α 的短轴为直径.

命题 1.8.5 设椭圆 α 的中心为 O，左、右焦点分别为 F_1, F_2, A, B 是 α 上两动点，使得 AF_1 // BF_2，过 A, B 分别作 α 的切线，这两切线相交于 P，如图 1.8.5 所示，求证：点 P 的轨迹是以 α 的长轴为直径的圆.

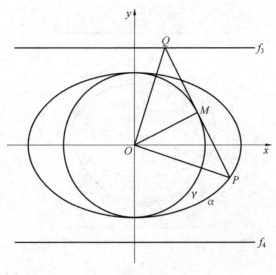

图 1.8.2

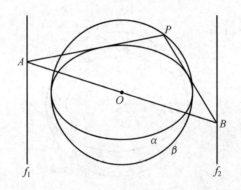

图 1.8.3

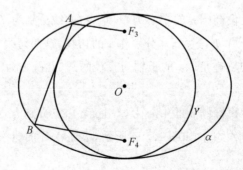

图 1.8.4

命题 1.8.6 设椭圆 α 的中心为 O，f_3，f_4 分别是 α 的上准线和下准线，一直线过 O，且分别交 f_3，f_4 于 C，D，过 C，D 分别作 α 的切线，切点依次为 A，B，

508

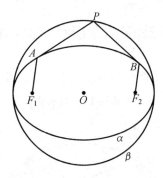

图 1.8.5

如图 1.8.6 所示,求证:AB 的包络为圆 ,该圆以 α 的短轴为直径(此圆称为椭圆 α 的"小圆",记为 γ).

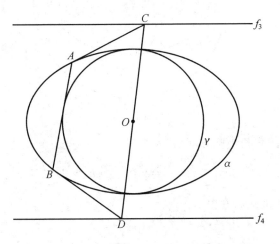

图 1.8.6

命题 1.8.7 设椭圆 α 的中心为 O,上、下焦点分别为 F_3,F_4,AC 是 α 的直径,AF_3 交 α 于 B,如图 1.8.7 所示,求证:BC 的包络为圆 ,该圆以 α 的短轴为直径.

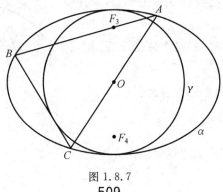

图 1.8.7

1.9 椭圆的"大蒙日圆"和"小蒙日圆"

命题 1.9.1 设椭圆 α 的中心为 O，A 是 α 外一动点，过 A 作 α 的两条切线，切点分别为 B,C，且使得 $AB \perp AC$，如图 1.9.1 所示，求证：动点 A 的轨迹是以 O 为圆心的圆（此圆记为 β）.

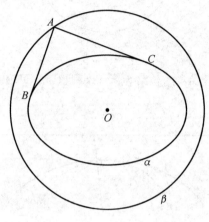

图 1.9.1

若椭圆 α 的直角坐标方程为

$$\frac{x^2}{a^2} + \frac{y^2}{b^2} = 1 \quad (a > b > 0)$$

那么，圆 β 的直角坐标方程为

$$x^2 + y^2 = a^2 + b^2$$

这个圆称为椭圆 α 的"蒙日（Gaspard Monge，1746—1818，法国）圆"或"准圆"，为区别计，此圆以后改称为椭圆 α 的"大蒙日圆"，该圆上任何一点对椭圆 α 的张角都是直角.

命题 1.9.2 设椭圆 α 的中心为 O，动直线 AB 交 α 于 A,B，且使得 $OA \perp OB$，如图 1.9.2 所示，求证：动直线 AB 的包络是以 O 为圆心的圆（此圆记为 γ）.

若椭圆 α 的直角坐标方程为

$$\frac{x^2}{a^2} + \frac{y^2}{b^2} = 1 \quad (a > b > 0)$$

那么，本命题所说的圆 γ 的直角坐标方程是

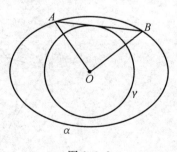

图 1.9.2

二维、三维欧氏
几何的对偶原理

$$x^2 + y^2 = \frac{a^2 b^2}{a^2 + b^2}$$

该圆称为椭圆 α 的"小蒙日圆".

其实,椭圆的大圆和小圆,都可以用轨迹作定义,请看下面的命题.

命题 1.9.3 设椭圆 α 的中心为 O, β 是 α 的大蒙日圆, A 是 β 上一动点,过 A 作 α 的两条切线,切点分别为 B, C, A 在 BC 上的射影为 D,如图 1.9.3 所示,求证:点 D 的轨迹是 α 的小蒙日圆(此圆记为 γ).

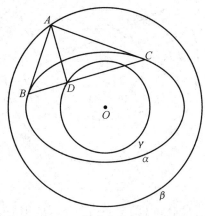

图 1.9.3

命题 1.9.4 设椭圆 α 的中心为 Z, γ 是 α 的小蒙日圆,一直线与 γ 相切,且交 α 于 A, B,过 A, B 分别作 α 的切线,这两切线相交于 C,过 Z 作 ZC 的垂线,这垂线交 AB 于 D,如图 1.9.4 所示,求证: CD 的包络是 α 的大蒙日圆(此圆记为 β).

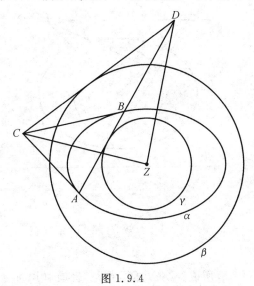

图 1.9.4

＊＊命题 1.9.5　设椭圆 α 的中心为 O,左、右焦点分别为 F_1,F_2,左、右准线分别为 f_1,f_2,动点 A,B 分别在 f_1,f_2 上,使得 $AF_1 \perp BF_1$(或 $AF_2 \perp BF_2$),如图 1.9.5 所示,求证:直线 AB 的包络是 α 的大蒙日圆(该圆记为 β).

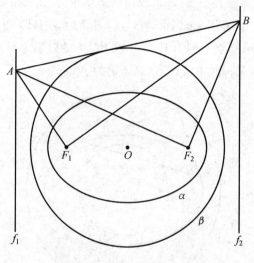

图 1.9.5

＊＊命题 1.9.6　设椭圆 α 的中心为 Z,F_3,F_4 是 α 的上、下焦点,f_3,f_4 是 α 的上、下准线,A,B 是 f_3(或 f_4)上两动点,使得 $AZ \perp BZ$,设 AF_4 交 BF_3 于 P(或 AF_3 交 BF_4 于 P),如图 1.9.6 所示,求证:点 P 的轨迹是 α 的小蒙日圆(该圆记为 γ).

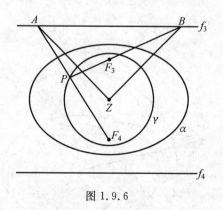

图 1.9.6

1.10　"普通黄几何"

前面第 1 章第 2 节所说的"黄几何"都是"普通黄几何",举例说,考察图 A,

二维、三维欧氏
几何的对偶原理

设椭圆 α 的左焦点为 Z，左准线为 f，如果把 Z 视为"黄假线"，那么，α 就可以视为"圆"——"黄圆"，f 就是这个"黄圆"的"黄圆心"，所有有关圆的性质，均可以在这个"黄圆"上得到体现，我们就建立了"黄几何"，它是普通的"黄几何"，普通就普通在：它以一条普通的直线 f 为"黄圆心".

举例说，命题 1.10.1 在"普通黄几何"中的表现就是命题 1.10.2.

命题 1.10.1 设 A 是圆 O 上一点，直线 l 过 A，且与圆 O 相切，如图 1.10.1 所示，求证：$OA \perp l$.

命题 1.10.2 设椭圆 α 的左焦点为 Z，左准线为 f，A 是 α 上一点，过 A 且与 α 相切的直线交 f 于 P，如图 1.10.2 所示，求证：$ZA \perp ZP$.

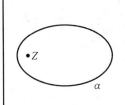

图 A

这里，命题 1.10.1 与命题 1.10.2 的对偶关系如下：

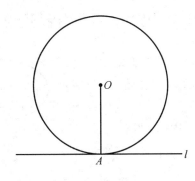

图 1.10.1

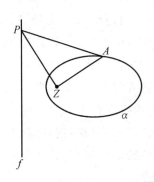

图 1.10.2

命题 1.10.1	命题 1.10.2
无穷远直线	Z
O	f
A	AP
l	A
AO	P

再如，下面的命题 1.10.3 在"普通黄几何"中的表现就是命题 1.10.4.

命题 1.10.3 设 A 是圆 O 外一点，过 A 作圆 O 的两条切线，切点分别为 B，C，如图 1.10.3 所示，求证：$\angle OAB = \angle OAC$.

命题 1.10.4 设椭圆 α 的左焦点为 Z，左准线为 f，一直线交 α 于 A，B，交 f 于 P，设 BZ 交 f 于 C，如图 1.10.4 所示，求证：$\angle AZP = \angle CZP$.

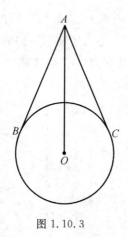

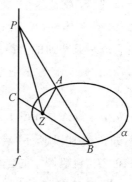

图 1.10.3　　　　　　　　　图 1.10.4

1.11　"特殊黄几何"

现在的问题是：如果让图 A 的椭圆 α 的中心 Z 作为"黄假线"，那么，α 还可以被视为"黄圆"吗？也就是说，还能建立"黄几何"吗？

回答是：可以建立"黄几何"，但不是"普通黄几何"，而是一种"特殊黄几何"．因为按目前的要求，"黄圆心"只能是平面上的无穷远直线（即"红假线"，记为"z_1"），这样以无穷远直线为"黄圆心"的"黄几何"称为"特殊黄几何"．

在"特殊黄几何"里，"黄角度"和"黄长度"的度量应有特殊的规定．

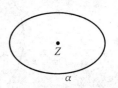

图 A

1.12　"特殊黄几何"中"黄角度"的度量

我们先说一下"特殊黄几何"中"黄角度"的度量．

考察图 A，设椭圆 α 的中心为 Z，长轴为 MN，以 MN 为直径的圆记为 β（β 称为椭圆 α 的"大圆"），设 A,B 是平面上两点，它们与 Z 不共线，那么，在"特殊黄观点"下（以 Z 为"黄假线"），A,B 是两条相交的"黄直线"（"黄欧线"），这两条"黄直线"（"黄欧线"）构成两个互补的"黄角"（分别记为"$ye(AB)$"和"$ye(BA)$"），它们的大小是这样度量的：设 ZA,ZB 分别交 α 于 C,D，在 β 上取两点 C',D'，使得 CC',DD' 均与 MN 垂直，那么，$\angle C'ZD'$ 的大小以及其补角的大小，分别作为"$ye(AB)$"和"$ye(BA)$"的数值．

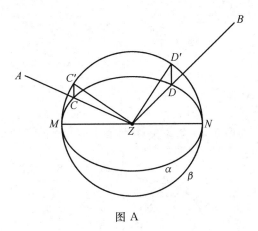

图 A

如果 $\angle C'ZD' = 90°$，我们就说两"黄直线"（"黄欧线"）A,B 互相"垂直"——"黄垂直"，不难看出，这时，ZA,ZB 的方向关于 α 是共轭的，也就是说，当 ZA,ZB 的方向关于 α 共轭时，两"黄直线"（"黄欧线"）A,B 在"黄种人"眼里就是"垂直"的.

"特殊黄几何"里，"黄角"的度量方法，与"特殊蓝几何"里，"蓝角"的度量方法几乎是一样的.

举例说，命题 1.12.1 在"特殊黄几何"中的表现就是命题 1.12.2.

命题 1.12.1 设 A 是圆 O 上一点，直线 l 过 A，且与圆 O 相切，如图 1.12.1 所示，求证：$OA \perp l$.

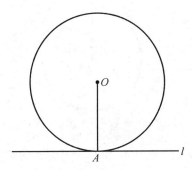

图 1.12.1

命题 1.12.2 设椭圆 α 的中心为 Z，P 是 α 上一点，过 P 且与 α 相切的直线记为 l，如图 1.12.2 所示，求证：l 的方向与 ZP 的方向关于 α 共轭.

命题 1.12.1 与命题 1.12.2 的对偶关系如下：

命题 1.12.1	命题 1.12.2
O	无穷远直线 z_1
无穷远直线 z_1	Z
A	l
l	P

再譬如,下面的命题 1.12.3 在"特殊黄几何"里的表现是命题 1.12.4.

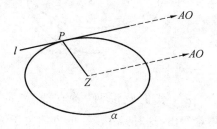

图 1.12.2

命题 1.12.3 设 A 是圆 O 外一点,过 A 作圆 O 的两条切线,切点分别为 B,C,如图 1.12.3 所示,求证:$\angle OAB = \angle OAC$.

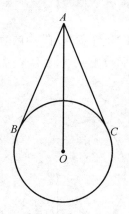

图 1.12.3

命题 1.12.4 设椭圆 α 的中心为 Z,MN 是 α 的长轴,β 是 α 的"大圆",A,B 是 α 上两点,C 是 AB 的中点,ZC 交 α 于 D,在 β 上取三点 A',B',D',使得 AA',BB',DD' 均与 MN 垂直,如图 1.12.4 所示,求证:D' 是 β 上弧 $A'B'$ 的中点(即 $\angle D'ZA' = \angle D'ZB'$).

还有,下面的命题 1.12.5 在"特殊黄几何"里的表现是命题 1.12.6.

命题 1.12.5 设 A,B,C,D 是圆 O 上四点,如图 1.12.5 所示,求证:$\angle ACB = \angle ADB$.

二维、三维欧氏
几何的对偶原理

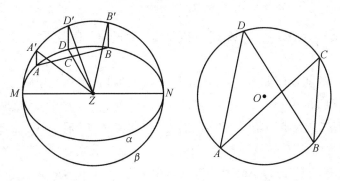

图 1.12.4   图 1.12.5

命题 1.12.6   设椭圆 α 的中心为 O，GH 是它的长轴，β 是它的大圆，完全四边形 $ABCD-EF$ 外切于 α，OB，OE，OF，OD 分别交 α 于 M，N，P，Q，在 β 上取四点 M'，N'，P'，Q'，使得 MM'，NN'，PP'，QQ' 均与 GH 垂直，如图 1.12.6 所示，求证：$M'N'=P'Q'$（等价于 $\angle M'ON'=\angle P'OQ'$）。

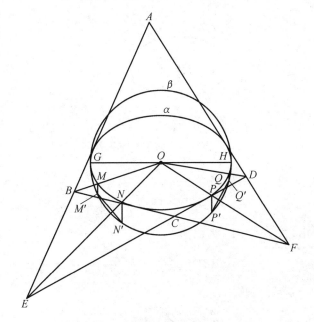

图 1.12.6

这两命题的对偶关系如下：

命题 1.12.5   命题 1.12.6

圆 O 椭圆 α

A,B BC,CD

C,D AB,AD

517

1.13 "特殊黄几何"中"黄长度"的度量

"黄角"的度量已如上述,那么,"黄线段"的度量怎样规定呢?为此,考察图 A,设椭圆 α 的中心为 Z,直线 l 过 Z,l 交 α 于 A,P,Q,R 是 l 上三点,直线 l 上的无穷远点("红假点")记为 W,那么,在"特殊黄几何"看来,W,A,P,Q,R 都是普通的"黄直线"("黄欧线"),它们都彼此"平行",我们把两"平行黄直线"W,P 之间的"黄距离"记为"$ye(WP)$",其值规定为

$$ye(WP) = \frac{ZA}{ZP}$$

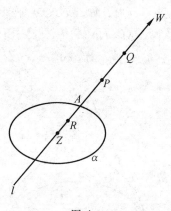

图 A

例如

$$ye(WA) = \frac{ZA}{ZA} = 1$$

在图 A 中,若 $ZP = 2 \cdot ZA$,则

$$ye(WP) = \frac{ZA}{ZP} = \frac{ZA}{2 \cdot ZA} = \frac{1}{2}$$

若 $ZQ = 3 \cdot ZA$,则

$$ye(WQ) = \frac{ZA}{ZP} = \frac{ZA}{3 \cdot ZA} = \frac{1}{3}$$

若 $ZQ = \frac{1}{2} \cdot ZA$,则

$$ye(WR) = \frac{ZA}{ZP} = \frac{ZA}{\frac{1}{2} \cdot ZA} = 2$$

对于两条互相"平行的黄直线"P,Q,如图 A 所示,它们间的"黄距离"记为

"$ye(PQ)$",其值规定为

$$ye(PQ) = ye(WP) - ye(WQ) = \frac{ZA}{ZP} - \frac{ZA}{ZQ} = \frac{ZA \cdot PQ}{ZP \cdot ZQ}$$

例如,设 $ZP = 2 \cdot ZA$, $ZQ = 3 \cdot ZA$,如图 A 所示,则

$$ye(PQ) = ye(WP) - ye(WQ) = \frac{ZA}{ZP} - \frac{ZA}{ZQ} = \frac{1}{2} - \frac{1}{3} = \frac{1}{6}$$

可以证明这样规定的"黄距离"具备"可加性",即下面的式子成立

$$ye(PQ) + ye(QR) = ye(PR)$$

考察图 B,设椭圆 α 的中心为 Z,两直线 l_1, l_2 相交于 M,直线 m 过 Z,它的方向与直线 ZM 的方向关于 α 共轭,m 分别交 l_1, l_2 于 P, Q,在"特殊黄观点"下(以 Z 为"黄假线"),l_1, l_2 是两个"黄点"("黄欧点"),它们构成一条"黄线段",记为"$l_1 l_2$",这"黄线段"的"黄长度"记为 $ye(l_1 l_2)$,其值规定为

$$ye(l_1 l_2) = ye(PQ) = \frac{ZA \cdot PQ}{ZP \cdot ZQ}$$

至此,平面上任两"黄欧点"间的"黄距离"都可以度量了.

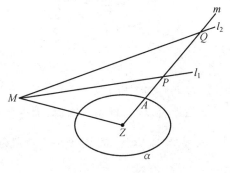

图 B

确定了"黄假线",又规定了"角度"和"黄长度"的度量法则,那么,"黄几何"就建立了,不过,它以"红假线"为"黄圆心",所以,不是"普通的黄几何",不妨称之为"特殊黄几何".

1.14 "大圆"和"小圆"的"黄对偶"关系

椭圆的大圆和小圆在红、黄(指"特殊黄几何")对偶中,正好是一对相互对偶的圆,就是说,与椭圆的大圆"黄对偶"的图形是该椭圆的小圆(如下面命题1.14.3 对偶成命题 1.14.4 那样),反之,与椭圆的小圆对偶的图形是该椭圆的大圆(如命题 1.14.1 对偶成命题 1.14.2 那样).

至于对偶前椭圆的左、右焦点和左、右准线,在对偶后,应该分别换成该椭圆的上、下准线和上、下焦点,例如,命题 1.14.1 的左、右准线,经"黄对偶"后,就成了命题 1.14.2 上、下焦点.反过来,对偶前椭圆的上、下焦点和上、下准线,在对偶后,应该分别换成该椭圆的左、右准线和左、右焦点.

那么,什么是椭圆的"上、下焦点"和"上、下准线"?

考察图 A,设椭圆 α 的中心为 O,它的直角坐标方程为

$$\frac{x^2}{a^2}+\frac{y^2}{b^2}=1 \quad (a>b>0, c=\sqrt{a^2-b^2})$$

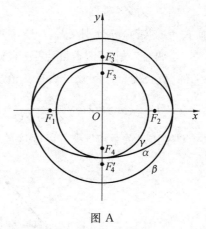

图 A

α 的左、右焦点分别为 $F_1(0,c)$ 和 $F_2(0,-c)$,β,γ 分别是 α 的大、小圆,在"特殊蓝几何"的观点下,β,γ 都是"蓝椭圆",因而,都有各自的"蓝焦点"和"蓝准线",经计算,小圆 γ 的两个"蓝焦点"的"红坐标"分别为 $F_3(0,\frac{bc}{a})$ 和 $F_4(0,-\frac{bc}{a})$,称为 γ 的"上焦点"和"下焦点",相应的两条"蓝准线"的"红方程"分别是 $f_3: y=\frac{ab}{c}$ 和 $f_4: y=-\frac{ab}{c}$,称为 γ 的"上准线"和"下准线"(这两准线在图 A 中均未画出).大圆 β 的两个"蓝焦点"的"红坐标"分别为 $F_3'(0,c)$ 和 $F_4'(0,-c)$,称为 β 的"上焦点"和"下焦点",相应的"蓝准线"的"红方程"的方程分别是 $f_3': y=\frac{a^2}{c}$ 和 $f_4': y=-\frac{a^2}{c}$,称为 β 的"上准线"和"下准线"(这两准线在图 A 中均未画出).

特别需要提醒的是:椭圆 α 的小圆 γ 的两个"蓝焦点"$F_3(0,\frac{bc}{a})$ 和 $F_4(0,-\frac{bc}{a})$,及其相应的两"蓝准线"$f_3: y=\frac{ab}{c}$ 和 $f_4: y=-\frac{ab}{c}$,经常被称为椭圆 α 的

"上焦点""下焦点"以及"上准线"和"下准线".

下面是一些红、黄(指"特殊黄几何")对偶的命题,它们都成对地出现,每一对命题中的前一个是原命题,后一个是前一个在特殊黄几何中的表现.

命题 1.14.1 设椭圆 α 的中心为 O,左、右准线分别为 f_1,f_2,γ 是 α 的小圆,A 是 γ 上一点,过 A 作 γ 的切线,这切线分别交 f_1,f_2 于 B,C,过 B,C 分别作 α 的切线,切点依次为 D,E,设 AO 交 DE 于 M,如图 1.14.1 所示,求证:M 是线段 DE 的中点.

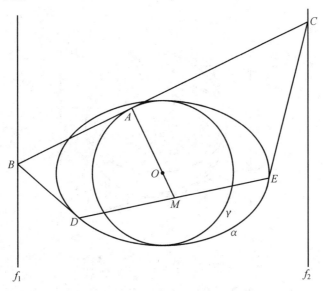

图 1.14.1

命题 1.14.2 设椭圆 α 的中心为 Z,上、下焦点分别为 F_3,F_4,β 是 α 的大圆,P 是 β 上一点,PF_3,PF_4 分别交 α 于 A,B,过 A,B 分别作 α 的切线,这两切线分别记为 AM 和 BN,过 Z 作 PZ 的垂线,这垂线依次交 AM,BN 于 M,N,如图 1.14.2 所示,求证:$ZM = ZN$.

注:命题 1.14.1 与命题 1.14.2 的对偶关系如下:

命题 1.14.1　命题 1.14.2

α,γ　　　　α,β

B,C　　　　PA,PB

D,E　　　　AM,BN

命题 1.14.3 设椭圆 α 的中心为 O,左、右焦点分别为 F_1,F_2,左、右准线分别为 f_1,f_2,β 是 α 的大圆,A 是 β 上一点,AF_1 交 f_1 于 B,AF_2 交 f_2 于 C,如图 1.14.3 所示,求证:$AO \perp BC$.

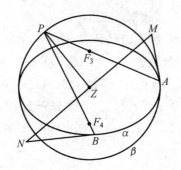

图 1.14.2

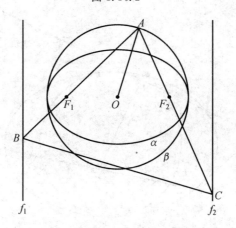

图 1.14.3

命题 1.14.4 设椭圆 α 的中心为 Z ,F_3,F_4 是 α 的上、下焦点,f_3,f_4 是 α 的上、下准线,γ 是 α 的小圆,一直线与 γ 相切,且分别交 f_3,f_4 于 A,B,设 AF_3 交 BF_4 于 C,如图 1.14.4 所示,求证:$ZC \perp AB$.

注:命题 1.14.3 与命题 1.14.4 的对偶关系如下:

命题 1.14.3　命题 1.14.4

α,β 　　　　α,γ

A 　　　　　AB

B,C 　　　AC,BC

BC 　　　　C

命题 1.14.5 设椭圆 α 的中心为 O,左、右焦点分别为 F_1,F_2,左、右准线分别为 f_1,f_2,β 是 α 的大圆,P 是 β 上一点,过 P 且与 β 相切的直线分别交 f_3,f_4 于 A,B,如图 1.14.5 所示,求证:$OA \perp PF_1$,$OB \perp PF_2$.

命题 1.14.6 设椭圆 α 的中心为 Z,上、下焦点分别为 F_3,F_4,上、下准线

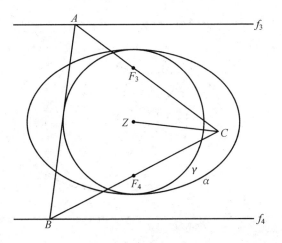

图 1.14.4

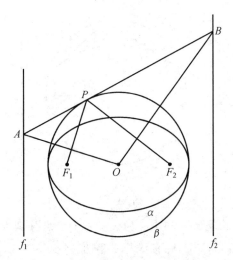

图 1.14.5

分别为 f_3, f_4, γ 是 α 的小圆, P 是 γ 上一点, 过 P 且与 γ 相切的直线分别交 f_3, f_4 于 A, B, 如图 1.14.6 所示, 求证: $ZA \perp PF_3$, $ZB \perp PF_4$.

命题 1.14.7 设椭圆 α 的中心为 O, 左、右焦点分别为 F_1, F_2, 左、右准线分别为 f_1, f_2, β 是 α 的大圆, P 是 β 上一点, 过 P 作 α 的两条切线, 切点分别为 A, B, PA 交 f_1 于 C, PB 交 f_2 于 D, PA, PB 分别交 β 于 E, G, 如图 1.14.7 所示, 求证:

① C, O, D 三点共线;

② AB 是 $\triangle PCD$ 的中位线;

③ $EF_1 \perp PC$, $GF_2 \perp PD$.

523

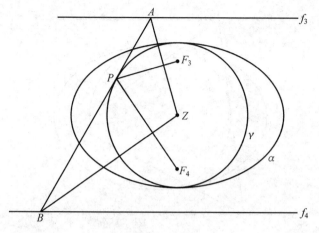

图 1.14.6

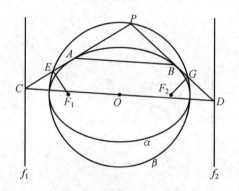

图 1.14.7

命题 1.14.8 设椭圆 α 的中心为 Z，上、下焦点分别为 F_3,F_4，上、下准线分别为 f_3,f_4，γ 是 α 的小圆，一直线与 γ 相切，且交 α 于 A,B，过 A,B 分别作 α 的切线，这两切线相交于 P，在 f_3 上取一点 C，使得 $AC \perp ZA$，在 f_4 上取一点 D，使得 $ZD \perp ZB$，如图 1.14.8 所示，求证：

① $ZA \parallel ZD \parallel ZP$；

② AC,BD 均与 γ 相切.

命题 1.14.9 设椭圆 α 的中心为 O，左、右焦点分别为 F_1,F_2，左、右准线分别为 f_1,f_2，β 是 α 的大圆，P 是 β 上一点，PF_1,PF_2 的延长线分别交 α 于 A，B，PA 交 f_1 于 C，PB 交 f_2 于 D，设 AF_2 交 BF_1 于 Q，CF_2 交 DF_1 于 R，如图 1.14.9 所示，求证：P,Q,R 三点共线.

命题 1.14.10 设椭圆 α 的中心为 Z，上、下焦点分别为 F_3,F_4，上、下准线分别为 f_3,f_4，γ 是 α 的小圆，一直线与 γ 相切，且分别交 f_3,f_4 于 A,B，设 AF_3

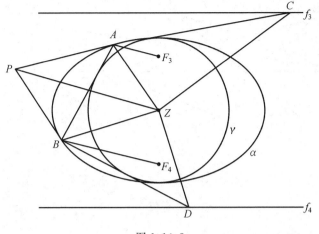

图 1.14.8

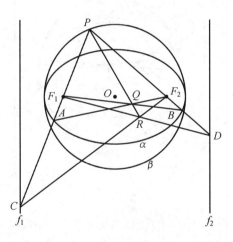

图 1.14.9

交 f_4 于 C,BF_4 交 f_3 于 D,过 A 且与 α 相切的直线交 f_4 于 E,过 B 且与 α 相切的直线交 f_3 于 F,如图 1.14.10 所示,求证:AB,CD,EF 三线共点(此点记为 S).

命题 1.14.11 设椭圆 α 的中心为 O,左、右焦点分别为 F_1,F_2,左、右准线分别为 f_1,f_2,β 是 α 的大圆,P 是 β 上一点,PF_1 交 f_1 于 A,PF_2 交 f_2 于 B,过 A,B 分别作 α 的切线,切点依次为 C,D,CF_2 交 DF_1 于 Q,BF_1 交 AF_2 于 R,如图 1.14.11 所示,求证:P,Q,R 三点共线.

命题 1.14.12 设椭圆 α 的中心为 O,F_3,F_4 是 α 的上、下焦点,f_3,f_4 是 α 的上、下准线,γ 是 α 的小圆,一直线与 γ 相切,且分别交 f_3,f_4 于 A,B,设 AF_3 交 f_4 于 C,BF_4 交 f_3 于 D,AB 交 CD 于 P,AF_3 的延长线交 α 于 E,过 E 且与

525

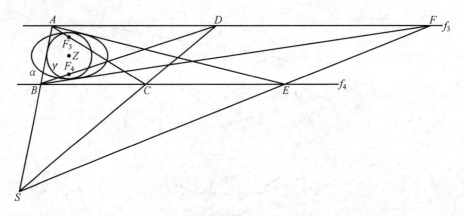

图 1.14.10

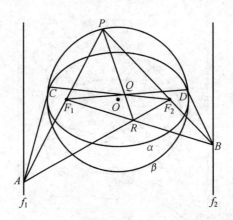

图 1.14.11

α 相切的直线交 f_4 于 Q,BF_4 的延长线交 α 于 G,过 G 且与 α 相切的直线交 f_3 于 R,如图 1.14.12 所示,求证:P,Q,R 三点共线.

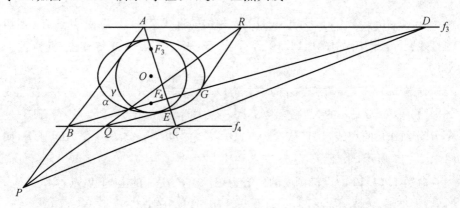

图 1.14.12

命题 1. 14. 13　设椭圆 α 的中心为 O，左、右焦点分别为 F_1,F_2，左、右准线分别为 f_1,f_2，β,γ 分别是 α 的大、小圆，一直线过 F_1，且分别交 f_1,f_2 于 A,B，过 A,B 分别作 β 的切线，这两切线相交于 C，过 A,B 分别作 γ 的切线，这两切线相交于 D，如图 1.14.13 所示，求证：C,D,O 三点共线.

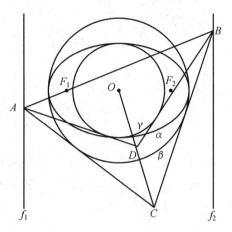

图 1.14.13

命题 1. 14. 14　设椭圆 α 的中心为 Z，F_3,F_4 是 α 的上、下焦点，f_3,f_4 是 α 的上、下准线，β,γ 分别是 α 的大、小圆，P 是 f_3 上一点，PF_3,PF_4 分别交 β 于 A，B，交 γ 于 C,D，如图 1.14.14 所示，求证：$AB \parallel CD$.

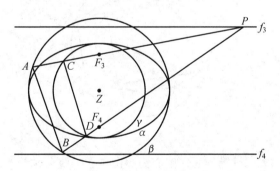

图 1.14.14

命题 1. 14. 15　设椭圆 α 的中心为 O，左、右准线分别为 f_1,f_2，β,γ 分别是 α 的大、小圆，P 是 β 上一点，过 P 作 α 的两条切线，其中一条交 f_1 于 A，另一条交 f_2 于 B，过 A,B 分别作 γ 的切线，这两切线相交于 D，如图 1.14.15 所示，求证：

① A,O,B 三点共线，C,D,O 也三点共线；

② $CD \perp AB$.

527

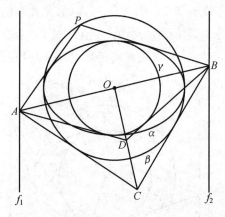

图 1.14.15

命题 1.14.16　设椭圆 α 的中心为 Z,上、下焦点分别为 F_3,F_4,β,γ 分别是 α 的大、小圆,一直线与 γ 相切,且交 α 于 A,B,设 AF_3 分别交 β,γ 于 C,E,BF_4 分别交 β,γ 于 D,F,如图 1.14.16 所示,求证:

①$AF_3 \parallel BF_4$;

②$CD \parallel EF$;

③$CD \perp AC$.

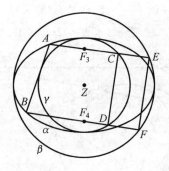

图 1.14.16

命题 1.14.17　设椭圆 α 的中心为 O,左、右准线分别为 f_1,f_2,左、右端点分别为 A,B,β,γ 分别是 α 的大、小圆,P 是 β 上一点,PA 交 f_1 于 C,PB 交 f_2 于 D,过 C,D 分别作 γ 的切线,这两切线相交于 E,如图 1.14.17 所示,求证:$OE \perp CD$.

命题 1.14.18　设椭圆 α 的中心为 Z,上、下焦点分别为 F_3,F_4,β,γ 分别是 α 的大、小圆,γ 与 α 相切于 M,N,过 M 且与 α 相切的直线记为 l_1,过 N 且与 α 相切的直线记为 l_2,一直线与 γ 相切,且分别交 l_1,l_2 于 A,B,设 AF_3,BF_4 分别交 β 于 C,D,AC 交 BD 于 P,如图 1.14.18 所示,求证:$PZ \perp CD$.

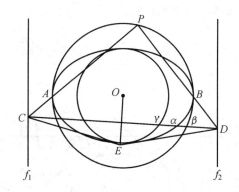

图 1.14.17

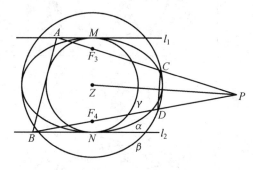

图 1.14.18

命题 1.14.19 设椭圆 α 的中心为 O,左、右准线分别为 f_1,f_2;f_3,f_4 是 α 的上、下准线,β,γ 分别是 α 的大、小圆,P 是 α 上一点,过 P 作 γ 的两条切线,其中一条交 f_3 于 A,另一条交 f_4 于 B,过 A,B 分别作 α 的切线,这两切线依次交 β 于 C,D,设 AB 交 CD 于 S,如图 1.14.19 所示,求证:

① 点 S 在 f_2 上;

②SP 与 α 相切.

命题 1.14.20 设椭圆 α 的中心为 Z,左、右焦点分别为 F_1,F_2,上、下焦点分别为 F_3,F_4,β,γ 分别是 α 的大、小圆,P 是 α 上一点,过 P 作 α 的切线,这切线交 β 于 A,B,AF_2 交 BF_1 于 Q,AQ,BQ 分别交 α 于 C,D,过 C,D 分别作 γ 的切线,这两切线相交于 R,如图 1.14.20 所示,求证:P,Q,R,F_4 四点共线.

命题 1.14.21 设椭圆 α 的中心为 O,左、右焦点分别为 F_1,F_2,左、右准线分别为 f_1,f_2,β,γ 分别是 α 的大、小圆,P 是 f_1 上一点,PF_1 分别交 β,γ 于 A,B,和 A',B',PF_2 分别交 β,γ 于 C,D 和 C',D',AD 交 $A'D'$ 于 M,BC 交 $B'C'$ 于 N,如图 1.14.21 所示,求证:

①$\angle AMA' = \angle BNB'$;

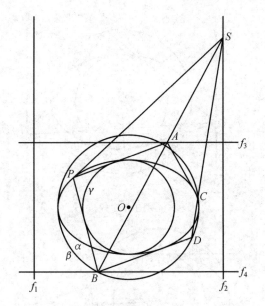

图 1.14.19

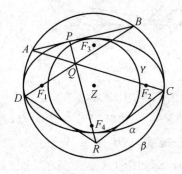

图 1.14.20

②$MN /\!/ PO.$

命题 1.14.22 设椭圆 α 的中心为 Z,上、下焦点分别为 F_3,F_4,上、下准线分别为 f_3,f_4,β,γ 分别是 α 的大、小圆,一直线过 F_3,且分别交 f_3,f_4 于 A,B,过 A,B 各作 β 的一条切线,这两条切线相交于 C,过 A,B 再各作 β 的一条切线,这两条切线相交于 D,过 A,B 各作 γ 的一条切线,这两条切线相交于 C',过 A,B 再各作 γ 的一条切线,这两条切线相交于 D',设 CC' 交 DD' 于 P,如图 1.14. 22 所示,求证:

①$\angle CZC' = \angle DZD'$;

②$PZ /\!/ AB.$

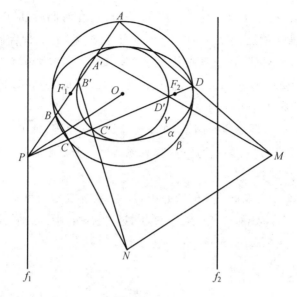

图 1.14.21

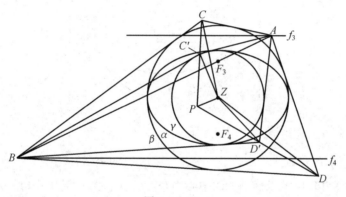

图 1.14.22

1.15 "大圆"和"小圆"的"蓝对偶"关系

把红几何的命题向"特殊蓝几何"对偶时,椭圆及其大圆应分别对偶成圆和椭圆,而且对偶后的图形中,圆在椭圆内,恰好是椭圆的小圆,换句话说,如果当初是关于椭圆和其大圆的图形,对偶到"特殊蓝几何"后,就成了椭圆和小圆的图形,就如同下面的命题1.15.1对偶后成了命题1.15.1′那样,反过来,如果当初的图形是椭圆和小圆的图形,那么,对偶到"特殊蓝几何",就成了椭圆和大圆的图形,就如同下面的命题1.15.1″对偶后成了命题1.15.1‴那样.

至于对偶前椭圆的左、右焦点和左、右准线,在对偶后,应该分别换成相应圆(小圆或大圆)的上、下焦点和上、下准线. 反过来,对偶前椭圆的上、下焦点和上、下准线,在对偶后,应该分别换成相应圆(小圆或大圆)的左、右焦点和左、右准线. 例如,命题1.15.1″对偶成命题1.15.1‴时,命题1.15.1″的上、下焦点就换成了命题1.15.1‴的左、右焦点.

下面是一些对偶命题的例子,都以成组的形式出现,每组包含四个命题,第一个是原命题,第二个是原命题的"蓝表现",第三个是原命题的"黄表现",第四个是第三个的"蓝表现".

命题 1.15.1　设椭圆 α 的中心为 O,左、右准线分别为 f_1,f_2,β 是 α 的大圆,一直线过 O,且分别交 f_1,f_2 于 A,B,过 A,B 分别作 α 的切线,这两切线交于 P,如图1.15.1所示,求证:点 P 在 β 上.

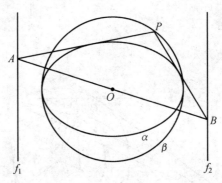

图 1.15.1

注:下面的命题1.15.1′是命题1.15.1的"蓝表示".

命题 1.15.1′　设椭圆 α 的中心为 O,上、下准线分别为 f_3,f_4,γ 是 α 的小圆,一直线过 O,且分别交 f_3,f_4 于 A,B,过 A,B 分别作 γ 的切线,这两切线相交于 P,如图1.15.1′所示,求证:P 在 α 上.

注:命题1.15.1与命题1.15.1′的对偶关系如下:

命题 1.15.1　　命题 1.15.1′

　　α,β　　　　　　γ,α

　　f_1,f_2　　　　　　f_3,f_4

　　P,A,B　　　　　P,A,B

下面的命题1.15.1″是命题1.15.1的"黄表示".

命题 1.15.1″　设椭圆 α 的中心为 Z,上、下焦点分别为 F_3,F_4,γ 是 α 的小圆,一直线与 γ 相切,且交 α 于 A,B,如图1.15.1″所示,求证:$AF_3 \parallel BF_4$.

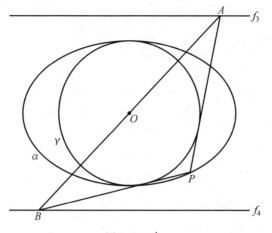

图 1.15.1′

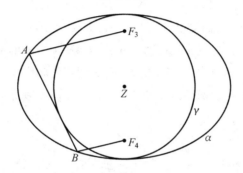

图 1.15.1″

注:命题 1.15.1 与命题 1.15.1″ 的对偶关系如下:

命题 1.15.1　命题 1.15.1″

　α,β　　　　α,γ

　f_1,f_2　　　　F_3,F_4

　　P　　　　　AB

A,B　　　AF_3,BF_4

下面的命题 1.15.1‴ 是命题 1.15.1″ 的"蓝表示".

命题 1.15.1‴　设椭圆 α 的中心为 Z，左、右焦点分别为 F_1,F_2,β 是 α 的大圆,一直线与 α 相切,且交 β 于 A,B,如图 1.15.1‴ 所示,求证:$AF_1 \ /\!/ \ BF_2$.

注:命题 1.15.1″ 与命题 1.15.1‴ 的对偶关系如下:

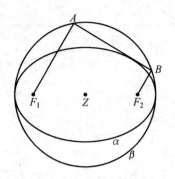

图 1.15.1‴

命题 1.15.1″　　命题 1.15.1‴

　　α,γ　　　　　β,α

　　F_3,F_4　　　　　F_1,F_2

　　A,B　　　　　　A,B

命题 1.15.2　设椭圆 α 的长轴为 AB,以 AB 为直径的圆记为 β(大圆),C, D 是 β 上两点,过 C,D 各作一条 α 的切线,这两切线相交于 E,现在,过 C,D 再各作 α 的一条切线,这次两切线相交于 F,如图 1.15.2 所示,求证:$EF \perp AB$.

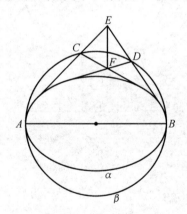

图 1.15.2

注:下面的命题 1.15.2′ 是命题 1.15.2 的"蓝表示".

命题 1.15.2′　设椭圆 α 的短轴为 AB,以 AB 为直径的圆记为 γ(小圆),C, D 是 α 上两点,过 C,D 各作一条 γ 的切线,这两切线相交于 E,如图 1.15.2′ 所示,现在,过 C,D 再各作 γ 的一条切线,这次两切线相交于 F,求证:$EF \perp AB$.

注:下面的命题 1.15.2″ 是命题 1.15.2 的"黄表示".

命题 1.15.2″　设椭圆 α 的短轴为 AB,以 AB 为直径的圆记为 γ(小圆),作 γ 的两条切线,这两切线依次交 α 于 C,D 和 E,F,设 CE 交 DF 于 G,如图 1.15.

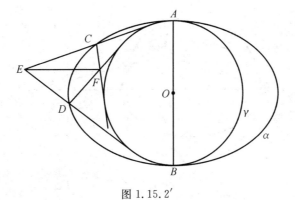

图 1.15.2′

$2''$ 所示,求证:G 在 AB 上.

注:下面的命题 1.15.2′′′ 是命题 1.15.2′′ 的"蓝表示".

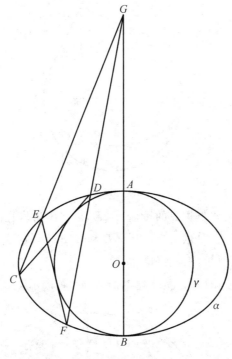

图 1.15.2′′

命题 1.15.2′′′   设椭圆 α 的长轴为 AB,以 AB 为直径的圆记为 β(大圆),作 α 的两条切线,这两切线依次交 β 于 C,D 和 E,F,设 CE 交 DF 于 G,如图 1.15.$2'''$ 所示,求证:G 在 AB 上.

命题 1.15.3   设椭圆 α 的长轴为 AB,以 AB 为直径的圆记为 β(大圆),作 α 的两条切线,这两切线依次交 β 于 C,D 和 E,F,设 CD 交 EF 于 P,CE 交 DF

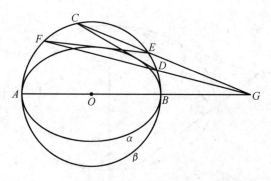

图 1.15.2‴

于 Q,如图 1.15.3 所示,求证:$PQ \perp AB$.

注:下面的命题 1.15.3′ 是命题 1.15.3 的"蓝表示".

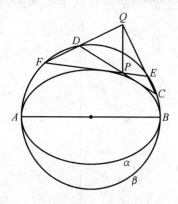

图 1.15.3

命题 1.15.3′　设椭圆 α 的短轴为 AB,以 AB 为直径的圆记为 γ(小圆),CD,EF 都是 γ 的切线,且依次交 α 于 C,D 和 E,F,设 CD 交 EF 于 P,CE 交 DF 于 Q,如图 1.15.3′ 所示,求证:$PQ \perp AB$.

注:下面的命题 1.15.3″ 是命题 1.15.3 的"黄表示".

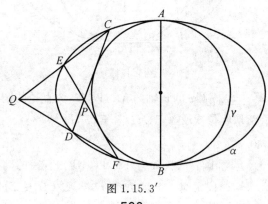

图 1.15.3′

二维、三维欧氏
几何的对偶原理

命题 1.15.3″　设椭圆 α 的短轴为 AB，以 AB 为直径的圆记为 γ（小圆），D,E 是 α 上两点，过 D,E 各作 γ 的一条切线，这两切线相交于 C，如图 1.15.3″ 所示，现在，过 D,E 再各作 γ 的一条切线，这次两切线相交于 F，设 DE 交 CF 于 G，求证：G 在 AB 上.

注：下面的命题 1.15.3‴ 是命题 1.15.3″ 的"蓝表示".

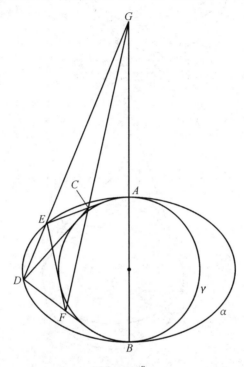

图 1.15.3″

命题 1.15.3‴　设椭圆 α 的长轴为 AB，以 AB 为直径的圆记为 β（大圆），D,E 是 β 上两点，过 D,E 各作 α 的一条切线，这两切线相交于 C，如图 1.15.3‴ 所示，现在，过 D,E 再各作 α 的一条切线，这次两切线相交于 F，设 DE 交 CF 于 G，求证：G 在 AB 上.

命题 1.15.4　设椭圆 α 的中心为 O，β 是 α 的大圆，P 是 α 上一点，过 P 且与 α 相切的直线交 β 于 A,B，过 A,B 分别作 β 的切线，这两切线相交于 Q，过 A，B 分别作 α 的切线，这两切线相交于 R，如图 1.15.4 所示，求证：P,Q,R 三点共线.

注：下面的命题 1.15.4′ 是命题 1.15.4 的"蓝表示".

命题 1.15.4′　设椭圆 α 的中心为 O，γ 是 α 的小圆，P 是 γ 上一点，过 P 且与 γ 相切的直线交 α 于 A,B，过 A,B 分别作 α 的切线，这两切线相交于 Q，过 A，

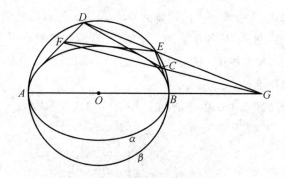

图 1.15.3‴

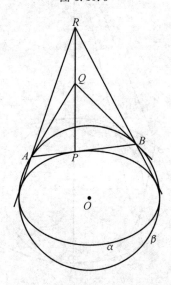

图 1.15.4

B 分别作 γ 的切线,这两切线相交于 R,如图 1.15.4′ 所示,求证:P,Q,R 三点共线.

注:下面的命题 1.15.4″ 是命题 1.15.4 的"黄表示".

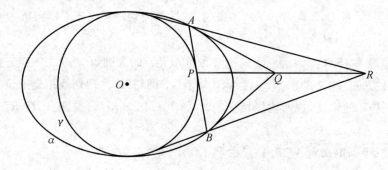

图 1.15.4′

二维、三维欧氏
几何的对偶原理

命题 1. 15. 4″　设椭圆 α 的中心为 Z，γ 是 α 的小圆，A 是 α 上一点，过 A 作 γ 的两条切线，切点分别为 B,C,AB,AC 分别交 α 于 D,E,DE 交 BC 于 P，如图 1. 15. 4″ 所示，求证：AP 是 α 的切线.

注：下面的命题 1. 15. 4‴ 是命题 1. 15. 4″ 的"蓝表示".

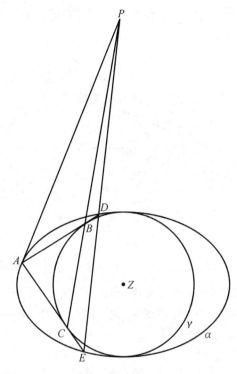

图 1. 15. 4″

命题 1. 15. 4‴　设椭圆 α 的中心为 Z，β 是 α 的大圆，A 是 β 上一点，过 A 作 α 的两条切线，切点分别为 B,C,AB,AC 分别交 β 于 D,E,DE 交 BC 于 P，如图 1. 15. 4‴ 所示，求证：AP 是 β 的切线.

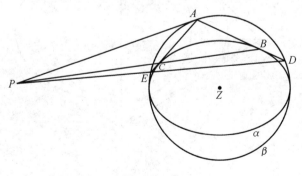

图 1. 15. 4‴

命题 1.15.5　设椭圆 α 的长轴为 AB，以 AB 为直径的圆记为 β（大圆），P，Q 是直线 AB 上两点（这两点均在 α 外），过 P，Q 分别作 β 的一条切线，这两切线相交于 C，如图 1.15.5 所示，现在，过 P，Q 再各作 α 的一条切线，这次两切线相交于 D，求证：$CD \perp AB$．

注：下面的命题 1.15.5′ 是命题 1.15.5 的"蓝表示"．

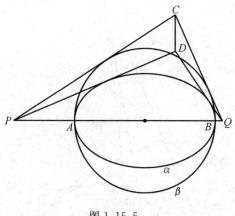

图 1.15.5

命题 1.15.5′　设椭圆 α 的短轴为 AB，以 AB 为直径的圆记为 γ（小圆），P，Q 是直线 AB 上两点（这两点均在 α 外），过 P，Q 分别作 α 的一条切线，这两切线相交于 C，如图 1.15.5′ 所示，现在，过 P，Q 再各作 γ 的一条切线，这次两切线相交于 D，求证：$CD \perp AB$．

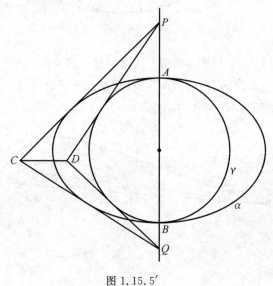

图 1.15.5′

二维、三维欧氏
几何的对偶原理

注：下面的命题 1.15.5″ 是命题 1.15.5 的"黄表示".

命题 1.15.5″　设椭圆 α 的短轴为 AB，以 AB 为直径的圆记为 γ（小圆），有两直线均与 AB 垂直，且分别交 α,γ 于 C,D 和 E,F，设 CE 交 DF 于 G，如图 1.15.5″ 所示，求证：G 在 AB 上.

注：下面的命题 1.15.5‴ 是命题 1.15.5″ 的"蓝表示".

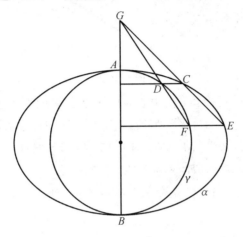

图 1.15.5″

命题 1.15.5‴　设椭圆 α 的长轴为 AB，以 AB 为直径的圆记为 β（大圆），有两直线均与 AB 垂直，且分别交 α,β 于 C,D 和 E,F，设 CE 交 DF 于 G，如图 1.15.5‴ 所示，求证：G 在 AB 上.

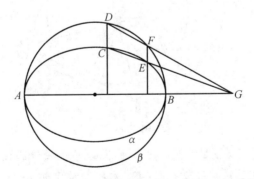

图 1.15.5‴

命题 1.15.6　设椭圆 α 的中心为 O，β 是 α 的大圆，四边形 $ABCD$ 外切于 α，A,C 两点均在 β 上，AB,BC,CD,DA 分别与 α 相切于 E,F,G,H，AB,BC,CD，DA 分别交 β 于 K,L,M,N，如图 1.15.6 所示，求证：下列六直线共点（此点记为 S）：AC,BD,EG,FH,KM,LN.

注：下面的命题 1.15.6′ 是命题 1.15.6 的"蓝表示".

541

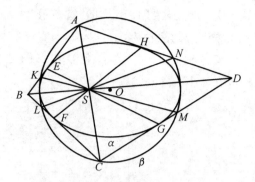

图 1.15.6

命题 1.15.6′ 设椭圆 α 的中心为 O，γ 是 α 的小圆，四边形 $ABCD$ 外切于 γ，A，C 两点均在 α 上，AB，BC，CD，DA 分别与 γ 相切于 E，F，G，H，AB，BC，CD，DA 分别交 α 于 K，L，M，N，如图 1.15.6′ 所示，求证：下列六直线共点（此点记为 S）：AC，BD，EG，FH，KM，LN。

注：下面的命题 1.15.6″ 是命题 1.15.6 的"黄表示".

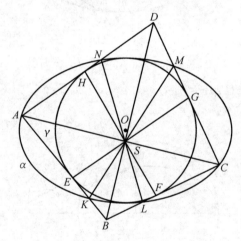

图 1.15.6′

命题 1.15.6″ 设 γ 是椭圆 α 的小圆，四边形 $ABCD$ 内接于 α，AB，CD 均与 γ 相切，AB 交 CD 于 P，AD 交 BC 于 Q，过 B，D 分别作 α 的切线，这两切线相交于 M，过 B，D 分别作 γ 的切线，这两切线相交于 N，过 A，C 分别作 α 的切线，这两切线相交于 R，过 A，C 分别作 γ 的切线，这两切线相交于 S（S 未画出），如图 1.15.6″ 所示，求证：M，N，P，Q，R，S 六点共线。

注：下面的命题 1.15.6‴ 是命题 1.15.6″ 的"蓝表示".

命题 1.15.6‴ 设 β 是椭圆 α 的大圆，四边形 $ABCD$ 内接于 β，AB，CD 均与

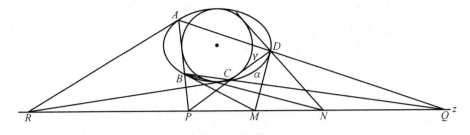

图 1.15.6″

α 相切,AB 交 CD 于 P,AD 交 BC 于 Q,过 B,D 分别作 α 的切线,这两切线相交于 M,过 B,D 分别作 β 的切线,这两切线相交于 N,过 A,C 分别作 α 的切线,这两切线相交于 R,过 A,C 分别作 β 的切线,这两切线相交于 S,如图 1.15.6‴ 所示,求证:M,N,P,Q,R,S 六点共线.

命题 1.15.7 设椭圆 α 的中心为 O,β 是 α 的大圆,一直线与 α 相切,切点为 A,这直线交 β 于 B,C,过 B,C 分别作 α 的切线,这两切线相交于 D,D 在 BC 上的射影为 E,DE 交 α 于 F,如图 1.15.7 所示,求证:

①$AB = CE$;

②A,O,F 三点共线.

注:下面的命题 1.15.7′ 是命题 1.15.7 的"蓝表示".

命题 1.15.7′ 设椭圆 α 的中心为 O,γ 是 α 的大圆,一直线与 γ 相切,切点为 A,这直线交 α 于 B,C,过 B,C 分别作 γ 的切线,这两切线相交于 D,设 AO 交 γ 于 F,DF 交 BC 于 E,如图 1.15.7′ 所示,求证:

①$AB = CE$;

② BC 的方向与 DF 的方向关于 α 共轭.

注:下面的命题 1.15.7″ 是命题 1.15.7 的"黄表示".

命题 1.15.7″ 设椭圆 α 的中心为 O,γ 是 α 的小圆,A 是 α 上一点,过 A 作 γ 的两条切线,且分别交 α 于 B,C,过 O 作 OA 的垂线,这垂线交 BC 于 D,过 D 作 α 的一条切线,切点记为 E,设 BO 交 α 于 B',过 C 作 AE 的平行线,这直线分别交 AD,EB',ED 于 F,G,H,如图 1.15.7″ 所示,求证:

①A,O,E 三点共线;

②$FC = GH$.

注:下面的命题 1.15.7‴ 是命题 1.15.7″ 的"蓝表示".

命题 1.15.7‴ 设椭圆 α 的中心为 Z,β 是 α 的大圆,A 是 β 上一点,过 A 作 α 的两条切线,且分别交 β 于 B,C,AZ 交 β 于 E,过 E 作 β 的切线,这切线交 BC

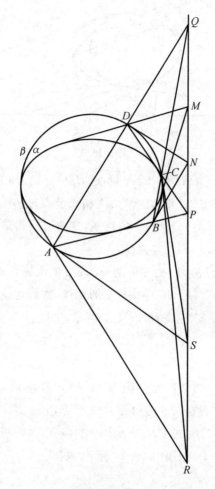

图 1.15.6‴

于 D,设 BZ 交 α 于 B',过 C 作 AE 的平行线,这直线分别交 AD,EB',ED 于 F,G,H,如图 1.15.7‴ 所示,求证:

①ZD 的方向与 ZA 的方向关于 α 共轭;

②$FC = GH$.

命题 1.15.8 设椭圆 α 的左、右焦点分别为 F_1,F_2,β 是 α 的大圆,A 是 α 上一点,过 A 且与 α 相切的直线交 β 于 B,C,BF_2 交 CF_1 于 D,如图 1.15.8 所示,求证:$AD \perp BC$.

注:下面的命题 1.15.8′ 是命题 1.15.8 的"蓝表示".

命题 1.15.8′ 设椭圆 α 的中心为 O,上、下焦点分别为 F_3,F_4,γ 是 α 的小圆,A 是 γ 上一点,过 A 且与 γ 相切的直线交 α 于 B,C,设 CF_3 交 BF_4 于 D,如

544

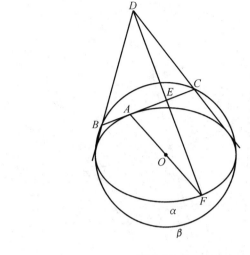

图 1.15.7

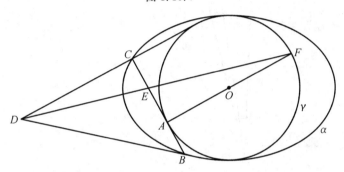

图 1.15.7′

图 1.15.8′ 所示,求证:AD 与 BC 关于 α 共轭.

注:下面的命题 1.15.8″ 是命题 1.15.8 的"黄表示".

命题 1.15.8″ 设椭圆 α 的中心为 Z,上、下准线分别为 f_3,f_4,γ 是 α 的小圆,P 是 α 上一点,过 P 作 γ 的两条切线,这两切线分别交 f_3,f_4 于 A,B 和 C,D,过 P 作 α 的切线,这切线交 AD 于 E,如图 1.15.8″ 所示,求证:

①B,C,E,Z 四点共线;

②$PZ \perp BC$.

注:下面的命题 1.15.8‴ 是命题 1.15.8″ 的"蓝表示".

命题 1.15.8‴ 设椭圆 α 的中心为 Z,左、右准线分别为 f_1,f_2,β 是 α 的大圆,P 是 β 上一点,过 P 作 α 的两条切线,这两切线分别交 f_1,f_2 于 A,B 和 C,D,过 P 作 β 的切线,这切线交 AD 于 E,如图 1.15.8‴ 所示,求证:

①B,C,E,Z 四点共线;

545

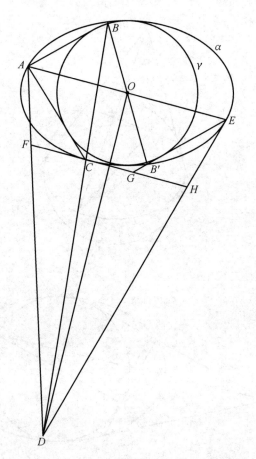

图 1.15.7″

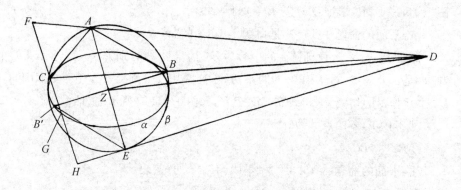

图 1.15.7‴

②PZ 的方向与 BC 的方向关于 α 共轭.

命题 1.15.9　设椭圆 α 的中心为 O,左、右焦点分别为 F_1,F_2,β 是 α 的大

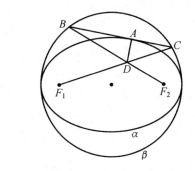

图 1.15.8

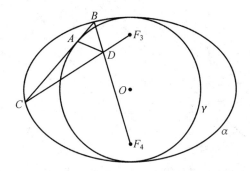

图 1.15.8′

圆, P 是 β 上一点, 过 P 作 α 的两条切线, 切点分别为 A,B, 如图 1.15.9 所示, 求证: $AF_1 \parallel BF_2 \parallel PO$.

注: 下面的命题 1.15.9′ 是命题 1.15.9 的"蓝表示".

命题 1.15.9′ 设椭圆 α 的中心为 O, 上、下焦点分别为 F_3, F_4, γ 是 α 的小圆, P 是 α 上一点, 过 P 作 γ 的两条切线, 切点分别为 A,B, 如图 1.15.9′ 所示, 求证: $AF_3 \parallel BF_4 \parallel PO$.

注: 下面的命题 1.15.9″ 是命题 1.15.9 的"黄表示".

命题 1.15.9″ 设椭圆 α 的中心为 Z, 上、下准线分别为 f_3, f_4, γ 是 α 的小圆, 一直线与 γ 相切, 且交 α 于 A,B, 过 A 且与 α 相切的直线交 f_3 于 C, 过 B 且与 α 相切的直线交 f_4 于 D, 如图 1.15.9″ 所示, 求证:

① C,Z,D 三点共线;

② $AB \parallel CD$.

注: 下面的命题 1.15.9‴ 是命题 1.15.9″ 的"蓝表示".

命题 1.15.9‴ 设椭圆 α 的中心为 Z, 左、右准线分别为 f_1, f_2, β 是 α 的大圆, 一直线与 α 相切, 且交 β 于 A,B, 过 A 且与 β 相切的直线交 f_2 于 C, 过 B 且与 β 相切的直线交 f_2 于 D, 如图 1.15.9‴ 所示, 求证:

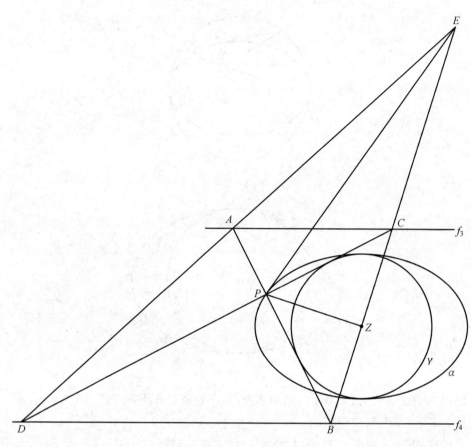

图 1.15.8″

①C,Z,D 三点共线;

②$AB \parallel CD$.

命题 1.15.10 设椭圆 α 的中心为 O,左、右准线分别为 f_1,f_2,β 是 α 的大圆,A 是 f_1 上一点,过 A 作 α 的两条切线,这两切线分别交 β 于 B,D,过 B,D 分别作 α 的切线,这两切线交于 C,如图 1.15.10 所示,求证:

①C 在 f_2 上;

② 四边形 $ABCD$ 是以 O 为中心的平行四边形,且两对角线 AC,BD 的方向关于 α 共轭.

注:下面的命题 1.15.10′ 是命题 1.15.10 的"蓝表示".

命题 1.15.10′ 设椭圆 α 的中心为 O,上、下准线分别为 f_3,f_4,γ 是 α 的小圆,A 是 f_3 上一点,过 A 作 γ 的两条切线,这两切线分别交 α 于 B,D,过 B,D 分别作 γ 的切线,这两切线相交于 C,如图 1.15.10′ 所示,求证:

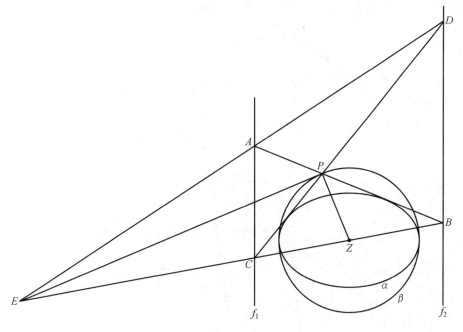

图 1.15.8‴

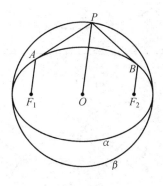

图 1.15.9

①C 在 f_4 上；

② 四边形 $ABCD$ 是以 O 为中心的菱形.

注：下面的命题 1.15.10″ 是命题 1.15.10 的"黄表示".

命题 1.15.10″　设椭圆 α 的中心为 Z，上、下焦点分别为 F_3，F_4，γ 是 α 的小圆，一直线过 F_3，且交 α 于 A，B，过 A，B 分别作 γ 的切线，这两切线依次交 α 于 D，C，如图 1.15.10″ 所示，求证：

①D，F_4，C 三点共线；

② 四边形 $ABCD$ 是以 Z 为中心的平行四边形，且两对角线 AC，BD 的方向

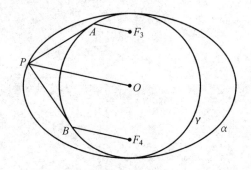

图 1.15.9′

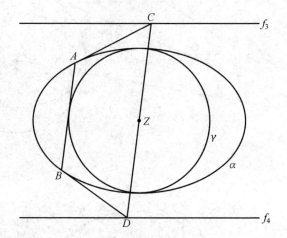

图 1.15.9″

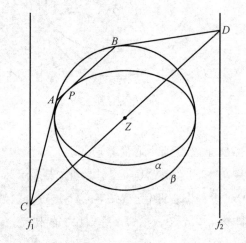

图 1.15.9‴

二维、三维欧氏
几何的对偶原理

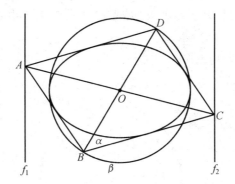

图 1.15.10

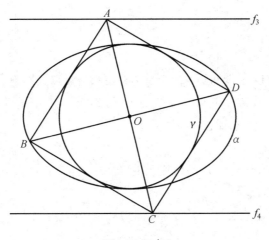

图 1.15.10′

关于 α 共轭.

注:下面的命题 1.15.10‴ 是命题 1.15.10″ 的"蓝表示".

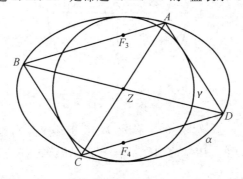

图 1.15.10″

命题 1.15.10‴　设椭圆 α 的中心为 Z，左、右焦点分别为 F_1，F_2，β 是 α 的

大圆,一直线过 F_1,且交 β 于 A,B,过 A,B 分别作 α 的切线,这两切线依次交 β 于 D,C,如图 1.15.10''' 所示,求证:

①D,F_2,C 三点共线;

② 四边形 $ABCD$ 是以 Z 为中心的正方形.

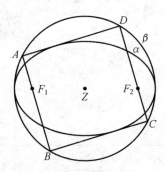

图 1.15.10'''

命题 1.15.11 设椭圆 α 的中心为 O,左、右焦点分别为 F_1,F_2,β 是 α 的大圆,P 是 β 上一点,PF_1,PF_2 分别交 α 于 A,B,AF_2 交 BF_1 于 Q,PQ 交 α 于 R,如图 1.15.11 所示,求证:

①$PQ \perp AB$;

②R 是定点,与动点 P 的位置无关;

③$OR \perp F_3F_4$.

注:下面的命题 1.15.11′ 是命题 1.15.11 的"蓝表示".

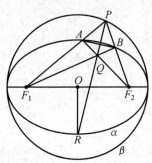

图 1.15.11

命题 1.15.11′ 设椭圆 α 的中心为 O,上、下焦点分别为 F_3,F_4,γ 是 α 的小圆,P 是 α 上一点,PF_3,PF_4 分别交 α 于 A,B,AF_4 交 BF_3 于 Q,PQ 交 γ 于 R,如图 1.15.11′ 所示,求证:

①PQ 的方向与 AB 的方向关于 α 共轭;

②R 是定点,与动点 P 的位置无关;

③$OR \perp F_3 F_4$.

注：下面的命题 1.15.11″ 是命题 1.15.11 的"黄表示".

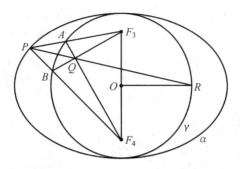

图 1.15.11′

命题 1.15.11″　设椭圆 α 的中心为 Z ，上、下准线分别为 f_3 , f_4 , γ 是 α 的小圆，一直线与 γ 相切，且分别交 f_3 , f_4 于 A , B ，过 A 作 α 的切线，这切线交 f_4 于 C ，过 B 作 α 的切线，这切线交 f_3 于 D ，CD 交 AB 于 P ，AC 交 BD 于 Q ，如图 1.15.11″ 所示，求证：

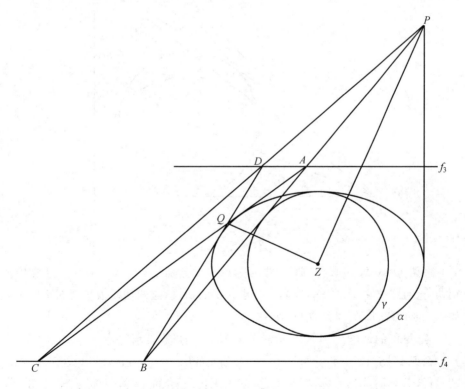

图 1.15.11″

① $ZP \perp ZQ$；

② 过 P 且与 f_3 垂直的直线与 α 相切.

注：下面的命题 1.15.11‴ 是命题 1.15.11″ 的"蓝表示".

命题 1.15.11‴ 设椭圆 α 的中心为 Z，左、右准线分别为 f_1，f_2，β 是 α 的大圆，一直线与 α 相切，且分别交 f_1，f_2 于 A，B，过 A 作 β 的切线，这切线交 f_2 于 C，过 B 作 β 的切线，这切线交 f_1 于 D，CD 交 AB 于 P，AC 交 BD 于 Q，如图 1.15.11‴ 所示，求证：

① ZP 的方向与 ZQ 的方向关于 α 共轭；

② 过 P 且与 f_1 垂直的直线与 β 相切.

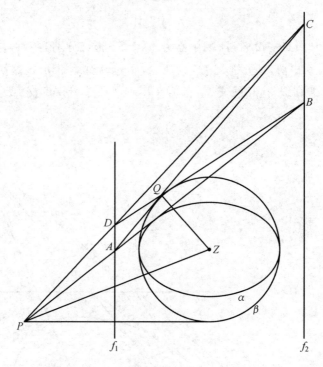

图 1.15.11‴

命题 1.15.12 设椭圆 α 的中心为 O，β，γ 分别是 α 的大、小圆，一直线与 γ 相切，这直线交 α 于 A，B，过 A，B 分别作 α 的切线，这两切线依次交 β 于 C，D，如图 1.15.12 所示，求证：$CD \ // \ AB$.

注：下面的命题 1.15.12′ 是命题 1.15.12 的"蓝表示".

命题 1.15.12′ 设两椭圆 α，β 有着公共的中心 O（β 在 α 内），有着公共的长轴，且有着相同的离心率，圆 γ 既是 α 的小圆，又是 β 的大圆，一直线与 β 相切，这直线交 γ 于 A，B，过 A，B 分别作 γ 的切线，这两切线依次交 α 于 C，D，如图

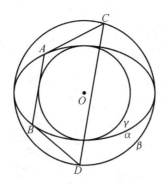

图 1.15.12

1.15.12′ 所示,求证:$CD \parallel AB$.

注:下面的命题 1.15.12″ 是命题 1.15.12 的"黄表示".

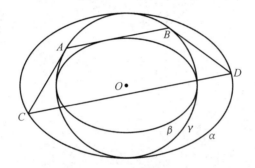

图 1.15.12′

命题 1.15.12″ 设椭圆 α 的中心为 O,β,γ 分别是 α 的大、小圆,A 是 β 上一点,过 A 作 α 的两条切线,切点分别为 B,C,过 B,C 分别作 γ 的切线,这两切线相交于 D,如图 1.15.12″ 所示,求证:A,O,D 三点共线.

注:下面的命题 1.15.12‴ 是命题 1.15.12″ 的"蓝表示".

命题 1.15.12‴ 设两椭圆 α,β 有着公共的中心 O(β 在 α 内),有着公共的长轴,且有着相同的离心率,γ 既是 α 的小圆,又是 β 的大圆,A 是 α 上一点,过 A 作 γ 的两条切线,切点分别为 B,C,过 B,C 分别作 β 的切线,这两切线相交于 D,如图 1.15.12‴ 所示,求证:A,O,D 三点共线.

命题 1.15.13 设椭圆 α 的中心为 O,短轴为 MN,β,γ 分别是 α 的大、小圆,A 是 β 上一点,过 A 作 α 的两条切线,且分别交 β 于 B,C,过 B,C 分别作 γ 的切线,这两切线相交于 D,如图 1.15.13 所示,求证:AD 过 N(或过 M).

注:下面的命题 1.15.13′ 是命题 1.15.13 的"蓝表示".

命题 1.15.13′ 设两椭圆 α,β 有着公共的中心 O(β 在 α 内),有着公共的长

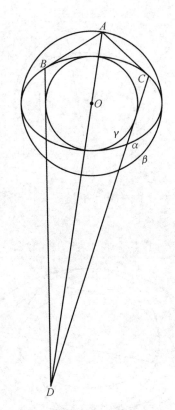

图 1.15.12″

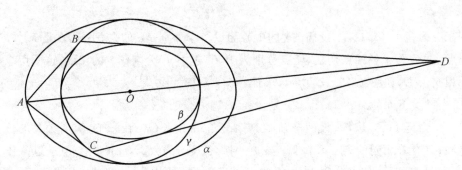

图 1.15.12‴

轴,且有着相同的离心率,γ既是α的小圆,又是β的大圆,设A是α上一点,过A作γ的两条切线,且分别交α于B,C,过B,C分别作β的切线,这两切线相交于D,如图1.15.13′所示,求证:AD过N(或过M).

注:下面的命题1.15.13″是命题1.15.13的"黄表示".

556

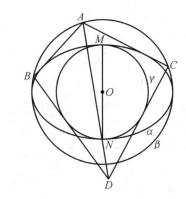

图 1.15.13

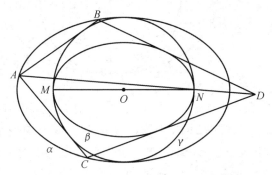

图 1.15.13′

命题 1.15.13″　设椭圆 α 的中心为 O,长轴的两端分别为 M,N,β,γ 分别是 α 的大、小圆,设一直线与 γ 相切,且交 α 于 A,B,过 A,B 分别作 γ 的切线,这两切线依次交 β 于 C,D,CD 交 AB 于 E,如图 1.15.13″ 所示,求证:$EN \perp MN$（或 $EM \perp MN$）.

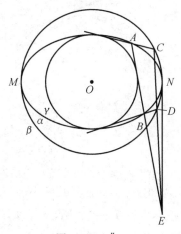

图 1.15.13″

557

注:下面的命题 1.15.13‴ 是命题 1.15.13″ 的"蓝表示".

命题 1.15.13‴　设两椭圆 α,β 有着公共的中心 Z(β 在 α 内),有着公共的长轴,且有着相同的离心率,γ 既是 α 的小圆,又是 β 的大圆,设一直线与 β 相切,且交 γ 于 A,B,过 A,B 分别作 β 的切线,这两切线依次交 α 于 C,D,CD 交 AB 于 E,如图 1.15.13‴ 所示,求证:$EM \perp MN$(或 $EN \perp MN$).

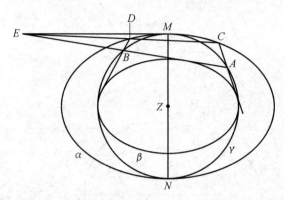

图 1.15.13‴

命题 1.15.14　设椭圆 α 的中心为 O,β 是 α 的大蒙日圆,γ 是 α 的小蒙日圆,一直线与 γ 相切,且交 β 于 A,B,过 A,B 分别作 α 的切线,这两切线依次交 β 于 C,D,若 $AB \perp BC$,如图 1.15.14 所示,求证:

① CD 与 γ 相切;

② 四边形 $ABCD$ 是以 O 为中心的平行四边形.

注:下面的命题 1.15.14′ 是命题 1.15.14 的"蓝表示".

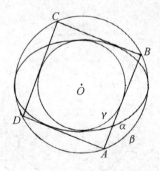

图 1.15.14

命题 1.15.14′　设两椭圆 α,β 有着公共的中心 O(β 在 α 内),有着公共的长轴,且有着相同的离心率,圆 γ 既是 α 的小圆,又是 β 的大圆,一直线与 β 相切,这直线交 α 于 A,B,过 A,B 分别作 γ 的切线,这两切线依次交 α 于 C,D,若 OA 的

方向与 OB 的方向关于 α 共轭,如图 1.15.14$'$ 所示,求证:

①CD 与 β 相切;

② 四边形 $ABCD$ 是以 O 为中心的平行四边形.

注:下面的命题 1.15.14$''$ 是命题 1.15.14 的"黄表示".

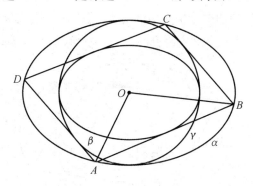

图 1.15.14$'$

命题 1.15.14$''$ 设椭圆 α 的中心为 Z,β 是 α 的大蒙日圆,γ 是 α 的小蒙日圆,A 是 β 上一点,过 A 作 γ 的两条切线,这两切线分别交 α 于 B,D,过 B,D 分别作 γ 的切线,这两切线相交于 C,若 $ZA \perp ZB$,如图 1.15.14$''$ 所示,求证:

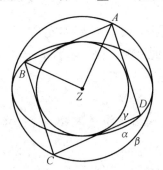

图 1.15.14$''$

①C 在 β 上;

② 四边形 $ABCD$ 是以 Z 为中心的平行四边形.

注:命题 1.15.14 与命题 1.15.14$''$ 的对偶关系如下:

命题 1.15.14	命题 1.15.14$''$
α,β,γ	α,γ,β
A,B	AB,AD
C,D	CD,CB
AB,CD	A,C

AD,BC B,D

下面的命题 1.15.14‴ 是命题 1.15.14″ 的"蓝表示".

命题 1.15.14‴   设两椭圆 α,β 有着公共的中心 $Z(\beta$ 在 α 内)，有着公共的长轴，且有着相同的离心率，圆 γ 既是 α 的小圆，又是 β 的大圆，A 是 α 上一点，过 A 作 β 的两条切线，这两切线分别交 γ 于 B,D，过 B,D 分别作 β 的切线，这两切线相交于 C，若 ZA 的方向与 ZB 的方向关于 α 共轭，如图 1.15.14‴ 所示，求证：

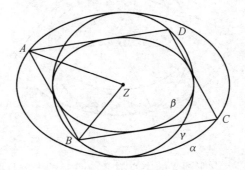

图 1.15.14‴

① C 在 α 上；

② 四边形 $ABCD$ 是以 Z 为中心的平行四边形.

命题 1.15.15   设椭圆 α 的中心为 O，左、右焦点分别为 F_1,F_2，β 是 α 的大圆，γ 是 α 的小圆，P 是 α 上一点，过 P 且与 α 相切的直线交 β 于 A,B，AF_2 交 BF_1 于 Q，AF_2,BF_1 分别交 α 于 C,D，过 C,D 分别作 γ 的切线，这两切线相交于 R，如图 1.15.15 所示，求证：

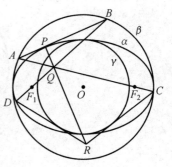

图 1.15.15

① P,Q,R 三点共线；

② $PR \perp AB$.

注：下面的命题 1.15.15′ 是命题 1.15.15 的"蓝表示".

命题 1.15.15′   设两椭圆 α,β 有着公共的中心 $O(\beta$ 在 α 内)，有着公共的长轴，且有着相同的离心率，α 的上、下焦点分别为 F_3,F_4，圆 γ 既是 α 的小圆，又是 β 的大圆，P 是 γ 上一点，过 P 且与 γ 相切的直线交 α 于 A,B，AF_4 交 BF_3 于 Q，AF_4,BF_3 分别交 γ 于 C,D，过 C,D 分别作 β 的切线，这两切线相交于 R，如图 1.15.15′ 所示，求证：

① P,Q,R 三点共线；

②PR 的方向与 AB 的方向关于 α 共轭.

注:下面的命题 1.15.15″ 是命题 1.15.15 的"黄表示".

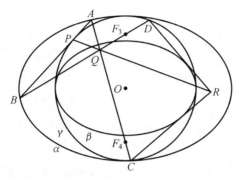

图 1.15.15′

命题 1.15.15″　设椭圆 α 的中心为 Z,上、下准线分别为 f_3,f_4,β 是 α 的大圆,γ 是 α 的小圆,P 是 α 上一点,过 P 作 γ 的两条切线,这两切线中的一条交 f_3 于 A,另一条交 f_4 于 B,过 A,B 分别作 α 的切线,这两切线依次交 β 于 C,D,设 CD 交 AB 于 S,如图 1.15.15″ 所示,求证:

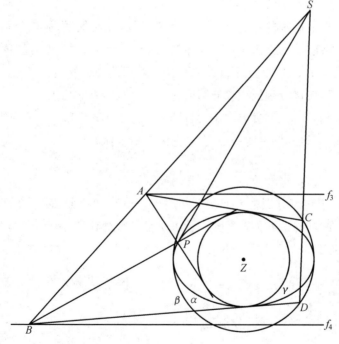

图 1.15.15″

①SP 是 α 的切线;

②$ZP \perp ZS$(在图 1.15.15″ 中,ZP,ZS 均未画出)

注：下面的命题 1.15.15‴ 是命题 1.15.15″ 的"蓝表示".

命题 1.15.15‴　设两椭圆 α,β 有着公共的中心 Z(β在α内)，有着公共的长轴，且有着相同的离心率，α 的左、右准线分别为 f_1,f_2，圆 γ 既是 α 的小圆，又是 β 的大圆，P 是 γ 上一点，过 P 作 β 的两条切线，其中一条与 f_1 交于 A，另一条与 f_2 交于 B，过 A,B 分别作 γ 的切线，且依次交 α 于 C,D，设 CD 交 AB 于 S，如图 1.15.15‴ 所示，求证：

①PS 是 γ 的切线；

②ZP 的方向与 ZS 的方向关于 α 共轭.

1.16 "大蒙日圆"和"小蒙日圆"的"黄对偶"关系(1)

椭圆的大蒙日圆和小蒙日圆在红、黄(指"特殊黄几何")对偶中，正好是一对相互对偶的圆，就是说，与椭圆的大蒙日圆"黄对偶"的图形是该椭圆的小蒙日圆(如命题 1.16.1 对偶成命题 1.16.2 那样)，反之，与椭圆的小蒙日圆"黄对偶"的图形是该椭圆的大蒙日圆.

至于对偶前椭圆的左、右焦点和左、右准线，在对偶后，应该分别换成该椭圆的上、下准线和上、下焦点，例如，命题 1.16.23 的左、右焦点，经"黄对偶"后，就成了命题 1.16.24 的上、下准线.反过来，对偶前椭圆的上、下焦点和上、下准线，在对偶后，应该分别换成该椭圆的左、右准线和左、右焦点.

什么是椭圆的大蒙日圆和小蒙日圆的"上、下焦点"和"上、下准线"？

考察图 A，设椭圆 α 的中心为 O，它的直角坐标方程为

$$\frac{x^2}{a^2}+\frac{y^2}{b^2}=1 \quad (a>b>0,c=\sqrt{a^2-b^2})$$

α 的左、右焦点分别为 $F_1(0,c)$ 和 $F_2(0,-c)$，,β,γ 分别是 α 的大蒙日圆和小蒙日圆，在"特殊蓝几何"的观点下，β,γ 都是"蓝椭圆"，因而，都有各自的"蓝焦点"和"蓝准线"，经计算，小蒙日圆 γ 的两个"蓝焦点"的"红坐标"分别为

$F_3(0,\dfrac{bc}{\sqrt{a^2+b^2}})$ 和 $F_4(0,-\dfrac{bc}{\sqrt{a^2+b^2}})$，称为 γ 的"上焦点"和"下焦点"，相应的

两条"蓝准线"的"红方程"分别是 $f_3:y=\dfrac{a^2 b}{c\sqrt{a^2+b^2}}$ 和 $f_4:y=-\dfrac{a^2 b}{c\sqrt{a^2+b^2}}$(这

两准线在图 A 中均未画出).大蒙日圆 β 的两个"蓝焦点"的"红坐标"分别为

$F_3{'}(0,\dfrac{c\sqrt{a^2+b^2}}{a})$ 和 $F_4{'}(0,-\dfrac{c\sqrt{a^2+b^2}}{a})$，称为 β 的"上焦点"和"下焦点"，相

二维、三维欧氏
几何的对偶原理

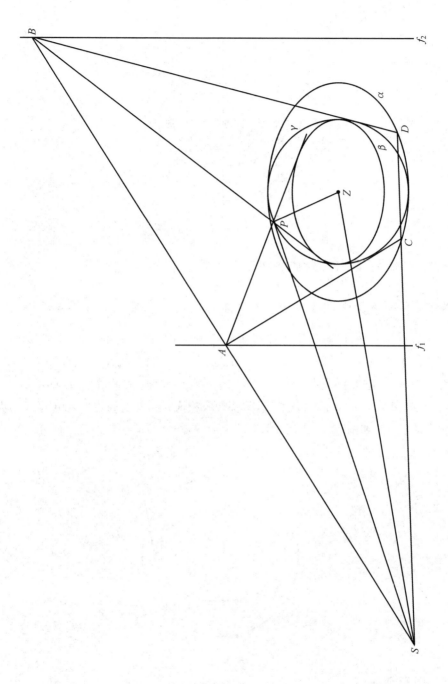

图 1.15.15‴

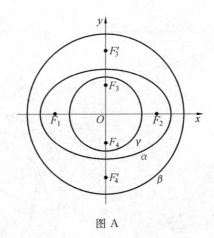

图 A

应的"蓝准线"的"红方程"的方程分别是 $f_3':y=\dfrac{a\sqrt{a^2+b^2}}{c}$ 和 $f_4':y=-$

$\dfrac{a\sqrt{a^2+b^2}}{c}$,称为 β 的"上准线"和"下准线"(这两准线在图 A 中均未画出).

下面是一些红、黄(指"特殊黄几何")对偶的命题,它们都成对地出现,每一对命题中的前一个是原命题,后一个是前一个在特殊黄几何中的表现.

＊＊命题 1.16.1 设椭圆 α 的中心为 O,β 是 α 的大蒙日圆,A,C 是 β 上两点,过 A,C 各作 α 的两条切线,这些切线构成 α 的外切四边形 $ABCD$,设 BD 的中点为 M,如图 1.16.1 所示,求证:$OM\perp AC$.

注:下面的命题 1.16.2 是命题 1.16.1 的"黄表示".

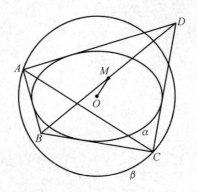

图 1.16.1

＊＊命题 1.16.2 设椭圆 α 的中心为 O,γ 是 α 的小蒙日圆,P 是 γ 外一点,过 P 作 γ 的两条切线,这两条切线分别交 α 于 A,B 和 C,D,过 O 作 PO 的垂线,这垂线分别交 AD,BC 于 M,N,如图 1.16.2 所示,求证:$OM=ON$.

二维、三维欧氏
几何的对偶原理

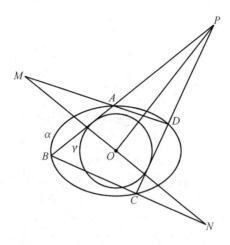

图 1.16.2

命题 1.16.3 设椭圆 α 的中心为 O，β 是 α 的大蒙日圆，A 是 β 外一点，过 A 作 α 的两条切线，切点分别为 B,C，设 AB,AC 分别交 β 于 D,E 和 F,G，BG 交 CE 于 P，BF 交 CD 于 Q，如图 1.16.3 所示，求证：$\angle BAP = \angle CAQ$.

注：下面的命题 1.16.4 是本命题的"黄表示".

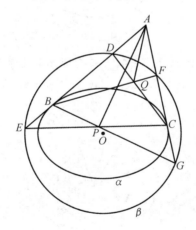

图 1.16.3

命题 1.16.4 设椭圆 α 的中心为 Z，γ 是 α 的小蒙日圆，A,B 是 α 上两点，过 A 作 γ 的两条切线，这两条切线与过 B 且与 α 相切的直线分别相交于 C,D，现在，过 B 作 γ 的两条切线，这次两切线与过 A 且与 α 相切的直线分别相交于 E,F，设 CF,DE 分别交 AB 于 P,Q，如图 1.16.4 所示，求证：$\angle AZP = \angle BZQ$.

命题 1.16.5 设椭圆 α 的中心为 O，β 是 α 的大蒙日圆，A 是 β 上一点，过 A 作 α 的两条切线，切点分别为 B,C，有四个角分别记为 $\angle 1,\angle 2,\angle 3,\angle 4$，如

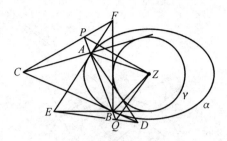

图 1.16.4

图 1.16.5 所示,求证:$\angle 1 + \angle 2 = 90^\circ$,$\angle 3 + \angle 4 = 90^\circ$.

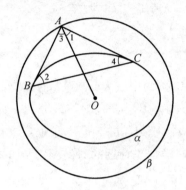

图 1.16.5

命题 1.16.6 设椭圆 α 的中心为 Z,γ 是 α 的小蒙日圆,A 是 γ 上一点,过 A 作 γ 的切线,这切线交 α 于 B,C,过 B,C 分别作 α 的切线,这两切线相交于 D,如图 1.16.6 所示,求证:$\angle BZD = \angle AZC$.

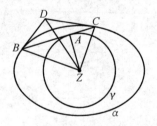

图 1.16.6

命题 1.16.7 设椭圆 α 的中心为 O,β 是 α 的大蒙日圆,A,B 是 β 上两点,过 A 作 α 的两条切线,这两条切线分别交 β 于 C,D,过 B 作 α 的两条切线,这两条切线分别交 β 于 E,F,设 AC 交 BE 于 P,AD 交 BF 于 Q,如图 1.16.7 所示,求证:

①$CE \parallel DF$;

②PQ 与 CE,DF 都垂直.

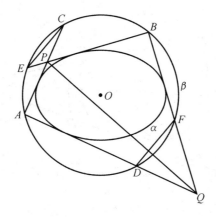

图 1.16.7

命题 1.16.8 设椭圆 α 的中心为 Z，γ 是 α 的小蒙日圆，P 是 α 外一点，过 P 作 γ 的两条切线，这两切线分别交 α 于 A,B 和 C,D，过 A,D 分别作 γ 的切线，这两切线相交于 E，过 B,C 分别作 γ 的切线，这两切线相交于 F，设 AD 交 BC 于 G，如图 1.16.8 所示，求证：

①E,Z,F 三点共线；

②$ZG \perp EF$.

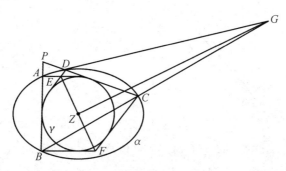

图 1.16.8

命题 1.16.9 设椭圆 α 的中心为 O，β 是 α 的大蒙日圆，完全四边形 $ABCD - EF$ 外切于 α，且 B,D 两点均在 β 上，如图 1.16.9 所示，求证：$AC \perp EF$.

命题 1.16.10 设椭圆 α 的中心为 O，γ 是 α 的小蒙日圆，AB,CD 均与 γ 相切，且分别与 α 相交于 A,B 和 C,D，设 AD 交 BC 于 P，AC 交 BD 于 Q，如图 1.16.10 所示，求证：$OP \perp OQ$.

** 命题 1.16.11 设椭圆 α 的中心为 O，β 是 α 的大蒙日圆，P 是 α 上一点，过 P 作 α 的切线，这切线交 β 于 A,C，过 P 作 α 的法线，这法线交 β 于 B,D，

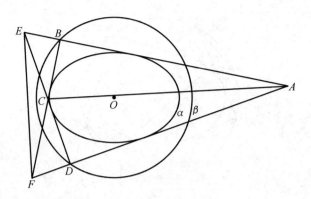

图 1.16.9

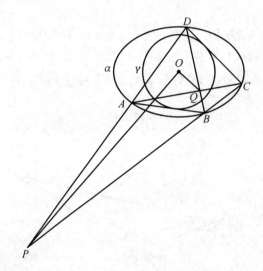

图 1.16.10

AB 交 CD 于 E,AD 交 BC 于 F,有 12 个角被编上了号码,如图 1.16.11 所示,求证:下列六对角相等:$\angle 1 = \angle 2,\angle 3 = \angle 4,\angle 5 = \angle 6,\angle 7 = \angle 8,\angle 9 = \angle 10,\angle 11 = \angle 12$,也就是说,$O,P$ 两点是完全四边形 $ABCD - EF$ 的一对等角共轭点.

命题 1.16.12　设椭圆 α 的中心为 Z,γ 是 α 的小蒙日圆,P 是 α 上一点,过 P 的切线记为 PQ,过 Z 作 ZP 的垂线,这垂线交 PQ 于 Q,过 P,Q 各作 γ 的两条切线,这些切线构成 γ 的外切四边形 $ABCD$,设 AC 交 PQ 于 E,如图 1.16.12 所示,求证:$\angle ACZ = \angle AZE$.

命题 1.16.13　设椭圆 α 的中心为 O,β 是 α 的大蒙日圆,M,N 是 α 的长轴的两端,A 是 β 上一点,过 M 作 MA 的垂线,这垂线交 AN 于 B,过 N 作 NA 的

二维、三维欧氏
几何的对偶原理

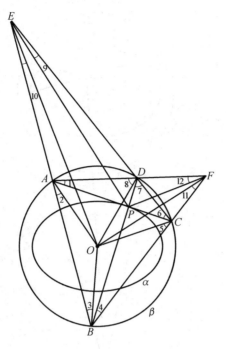

图 1.16.11

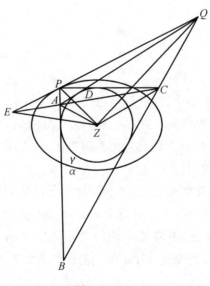

图 1.16.12

垂线,这垂线交 AM 于 C,设 MB 交 NC 于 D,如图 1.16.13 所示,求证:$AD \perp BC$.

命题 1.16.14 设椭圆 α 的中心为 Z,γ 是 α 的小蒙日圆,过 α 的短轴的两端

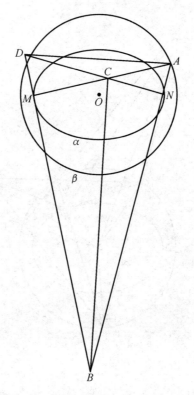

图 1.16.13

分别作 α 的切线,这两切线依次记为 l_1,l_2,一直线与 γ 相切,且分别交 l_1,l_2 于 A,B,在 l_1 上取一点 A',使得 $ZA' \perp ZA$,在 l_2 上取一点 B',使得 $ZB' \perp ZB$,设 AB' 交 $A'B$ 于 C,AB 交 $A'B'$ 于 D,如图 1.16.14 所示,求证:$ZC \perp ZD$.

命题 1.16.15 设椭圆 α 的中心为 O,β,γ 分别是 α 的大、小蒙日圆,A 是 β 上一点,过 A 作 α 的两条切线,切点分别为 B,C,A 在 BC 上的射影为 D,如图 1.16.15 所示,求证:点 D 在 γ 上.

命题 1.16.16 设椭圆 α 的中心为 O,β,γ 分别是 α 的大、小蒙日圆,一直线与 γ 相切,且交 α 于 A,B,过 A,B 分别作 α 的切线,这两切线相交于 C,过 C 作 β 的一条切线,这切线交 AB 于 D,如图 1.16.16 所示,求证:$OD \perp OC$.

注:命题 1.16.15 与命题 1.16.16 的对偶关系如下:

二维、三维欧氏
几何的对偶原理

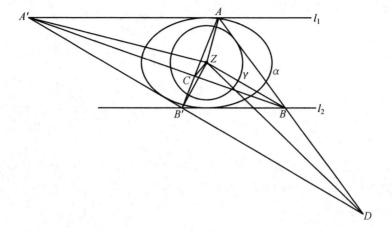

图 1. 16. 14

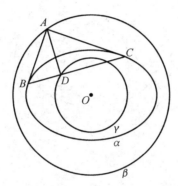

图 1. 16. 15

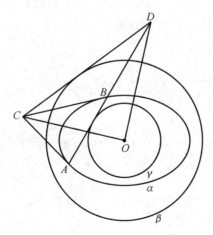

图 1. 16. 16

571

命题 1.16.15   命题 1.16.16

α	α
β,γ	γ,β
A	AB
B,C	CA,CB
D	CD
AD,BC	D,C

命题 1.16.17   设椭圆 α 的中心为 O,β,γ 分别是 α 的大、小蒙日圆,A 是 α 上一点,过 A 作 γ 的两条切线,这两切线分别交 β 于 B,C,如图 1.16.17 所示,求证:$AB = AC$.

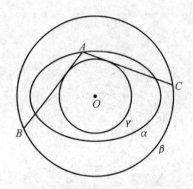

图 1.16.17

命题 1.16.18   设椭圆 α 的中心为 Z,β,γ 分别是 α 的大、小蒙日圆,一直线与 α 相切,且交 β 于 A,B,过 A,B 分别作 γ 的切线,这两切线相交于 C,如图 1.16.18 所示,求证:$\triangle AZC \cong \triangle BZC$.

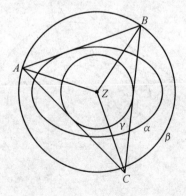

图 1.16.18

＊＊命题 1.16.19 设椭圆 α 的中心为 Z，β，γ 分别是 α 的大、小蒙日圆，直线 AB 与 α 相切，A，B 是这切线上两点，过 A，B 各作 β 的一条切线，这两切线相交于 C，过 A，B 各作 γ 的一条切线，这两切线相交于 D，如图 1.16.19 所示，求证：$CD \perp AB$.

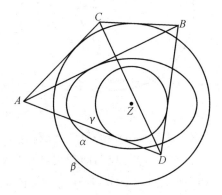

图 1.16.19

＊＊命题 1.16.20 设椭圆 α 的中心为 Z，β，γ 分别是 α 的大、小蒙日圆，P 是 α 上一点，过 P 作两直线，它们分别交 β，γ 于 A，C 和 B，D，设 AB 交 CD 于 Q，如图 1.16.20 所示，求证：$ZP \perp ZQ$.

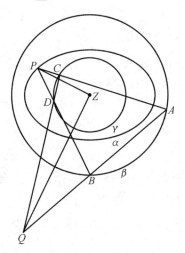

图 1.16.20

命题 1.16.21 设椭圆 α 的中心为 O，β，γ 分别是 α 的大、小蒙日圆，自 O 作两条互相垂直的射线，这两射线分别交 α，β，γ 于 A，B，C 和 A'，B'，C'，设 AC' 交 $A'C$ 于 M，AB' 交 $A'B$ 于 N，如图 1.16.21 所示，求证：$AC' \parallel A'B$，$A'C \parallel AB'$.

命题 1.16.22 设椭圆 α 的中心为 O，β，γ 分别是 α 的大、小蒙日圆，三直线

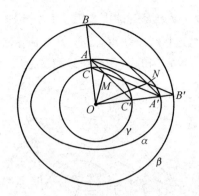

图 1.16.21

l_1, l_2, l_3 彼此平行,且依次相切于 α, β, γ,另有三直线 m_1, m_2, m_3 也彼此平行,且依次相切于 α, β, γ,前三直线与后三直线两两相交得九个交点,其中有六个分别记为 A, B, C, D, E, F,如图 1.16.22 所示,若 $l_1 \perp m_1$,求证:有三次三点共线,它们分别是:$(A, B, O), (C, D, O), (E, F, O)$.

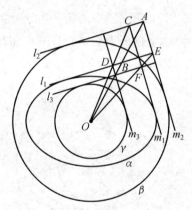

图 1.16.22

命题 1.16.23　设椭圆 α 的中心为 O,左、右焦点分别为 F_1, F_2,β 是 α 的大蒙日圆,A 是 β 外一点,AF_1, AF_2 分别交 α 于 B, C,交 β 于 D, E,设 BF_2 交 CF_1 于 P,BE 交 CD 于 Q,EF_1 交 DF_2 于 R,如图 1.16.23 所示,求证:A, P, Q, R 四点共线.

命题 1.16.24　设椭圆 α 的中心为 Z,上、下准线分别为 f_3, f_4,γ 是 α 的小蒙日圆,A 是 f_3 上一点,B 是 f_4 上一点,过 A 分别作 α, γ 的切线,且依次交 f_4 于 C, E,过 B 分别作 α, γ 的切线,且依次交 f_3 于 D, F,设 AC 交 BF 于 G,AE 交 BD 于 H,如图 1.16.24 所示,求证:AB, CD, EF, GH 四线共点(此点记为 S).

注:命题 1.16.23 与命题 1.16.24 的对偶关系如下:

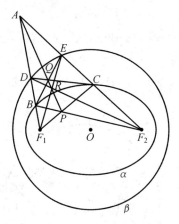

图 1. 16. 23

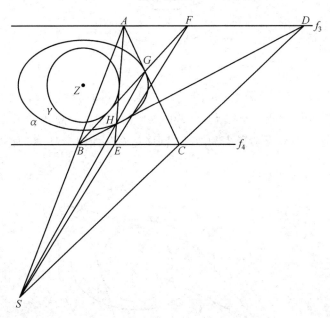

图 1. 16. 24

命题 1.16.23	命题 1.16.24
α	α
β	γ
F_1, F_2	f_3, f_4
A	AB
B, C	AC, BD
D, E	AE, BF

575

P,Q,R CD,GH,EF

命题 1.16.25 设椭圆 α 的中心为 O,左、右焦点分别为 F_1,F_2,β,γ 分别是 α 的大、小蒙日圆,A 是 α 上一点,使得 $AF_1 \perp AF_2$,过 A 作 α 的切线,这切线交 β 于 B,C,过 BC 分别作 γ 的切线,这两切线相交于 D,如图 1.16.25 所示,求证: 点 D 在 β 上.

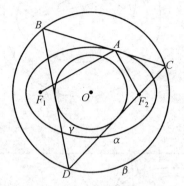

图 1.16.25

命题 1.16.26 设椭圆 α 的中心为 Z,上、下准线分别为 f_3,f_4,β,γ 分别是 α 的大、小蒙日圆,A 是 α 上一点,过 A 的切线分别交 f_3,f_4 于 B,C,过 A 作 γ 的两条切线,这两切线分别交 β 于 D,E,若 $BZ \perp CZ$,如图 1.16.26 所示,求证:DE 与 γ 相切.

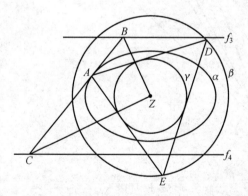

图 1.16.26

命题 1.16.27 设椭圆 α 的中心为 O,左、右焦点分别为 F_1,F_2,β 是 α 的大蒙日圆,P 是 α 上一点,PF_1,PF_2 分别交 β 于 A,B,过 A,B 分别作 β 的切线,这两切线相交于 C,过 C 作 α 的两条切线,切点依次为 D,E,如图 1.16.27 所示,求证:$\angle DCF_1 = \angle ECF_2$.

命题 1.16.28 设椭圆 α 的中心为 Z,上、下准线分别为 f_3,f_4,γ 是 α 的小

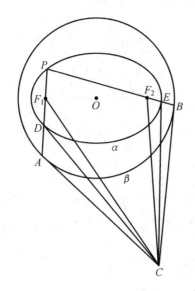

图 1.16.27

蒙日圆,一直线与 α 相切,且分别交 f_3,f_4 于 A,B,过 A,B 分别作 γ 的切线,切点依次为 C,D,CD 分别交 f_3,f_4 于 E,F,如图 1.16.28 所示,求证:$\angle CZE = \angle DZF$.

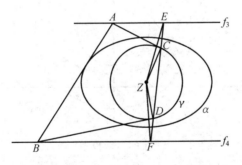

图 1.16.28

命题 1.16.29 设椭圆 α 的中心为 O,左、右焦点分别为 F_1,F_2,β,γ 分别是 α 的大、小蒙日圆,在 β 上取一点 A,使得 $AF_1 \perp F_1F_2$,过 A 作 α 的两条切线,切点依次记为 B,C,过 A 作 γ 的两条切线,切点依次记为 D,E,如图 1.16.29 所示,求证:

①B,D,F_1 三点共线,C,E,F_1 也三点共线;

②F_1A 平分 $\angle BF_1C$.

命题 1.16.30 设椭圆 α 的中心为 Z,β,γ 分别是 α 的大、小蒙日圆,f_3,f_4 是 α 的上、下准线,n 是 α 的短轴,n 交 f_3 于 P,过 P 作 γ 的切线,这切线分别交

577

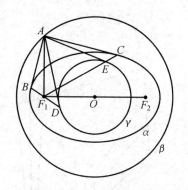

图 1.16.29

α, β 于 A, B 和 C, D, 过 A, B 分别作 α 的切线, 这两切线依次交 f_3 于 Q, R, 如图 1.16.30 所示, 求证:

①CQ, DR 均与 β 相切.

②P 是线段 QR 的中点.

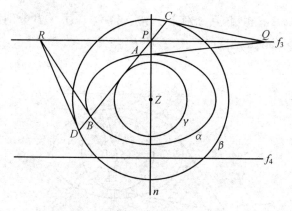

图 1.16.30

命题 1.16.31 设椭圆 α 的中心为 O, 左、右焦点分别为 F_1, F_2, β 是 α 的大蒙日圆, 直线 l 与 α 相切于 P, PF_1, PF_2 分别交 β 于 A, B, AF_2 交 BF_1 于 Q, 如图 1.16.31 所示, 求证: $PQ \perp l$.

命题 1.16.32 设椭圆 α 的中心为 Z, f_3, f_4 是 α 的上、下准线, γ 是 α 的小蒙日圆, P 是 α 上一点, 过 P 且与 α 相切的直线分别交 f_3, f_4 于 A, B, 过 A 作 γ 的切线, 这切线交 f_4 于 C, 过 B 作 γ 的切线, 这切线交 f_3 于 D, AB 交 CD 于 Q, 如图 1.16.32 所示, 求证: $ZP \perp ZQ$.

命题 1.16.33 设椭圆 α 的中心为 O, 左、右焦点分别为 F_1, F_2, β 是 α 的大蒙日圆, P 是 α 外一点, PF_1, PF_2 分别交 α, β 于 A, C 和 B, D, , 过 A, B 分别作 α

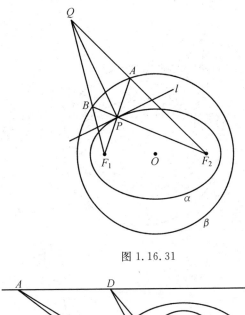

图 1.16.31

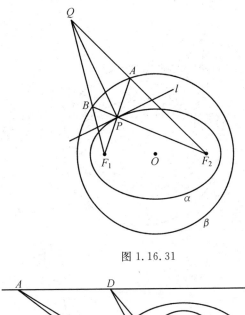

图 1.16.32

的切线,这两切线相交于 Q,过 C,D 分别作 β 的切线,这两切线相交于 R,如图 1.16.33 所示,求证: P,Q,R 三点共线.

命题 1.16.34 设椭圆 α 的中心为 Z, f_3, f_4 是 α 的上、下准线, γ 是 α 的小蒙日圆, A,B 两点分别在 f_3, f_4 上,过 A,B 分别作 α 的切线,切点依次为 C,D,过 A,B 分别作 γ 的切线,切点依次为 E,F,如图 1.16.34 所示,求证: AB,CD,EF 三线共点(此点记为 S).

命题 1.16.35 设椭圆 α 的中心为 O,左、右焦点分别为 F_1,F_2, γ 是 α 的小蒙日圆, AB 是 α 的弦,该弦与 γ 相切, AF_1, BF_1 分别交 α 于 C,D, AF_2, BF_2 分别交 α 于 E,G,设 AG 交 BC 于 P, BE 交 AD 于 Q,如图 1.16.35 所示,求证: $PQ \parallel AB$.

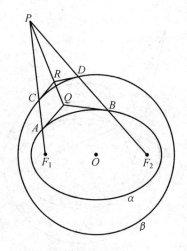

图 1.16.33

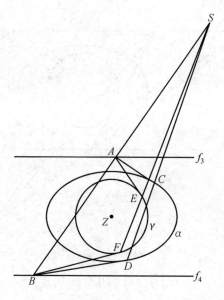

图 1.16.34

命题 1.16.36 设椭圆 α 的中心为 Z，上、下准线分别为 f_3，f_4，β 是 α 的大蒙日圆，P 是 β 上一点，过 P 作 α 的两条切线，这两切线分别交 f_3，f_4 于 A，B 和 C，D，过 A，B 分别 α 的切线，这两切线依次交 PD 于 E，F，过 C，D 分别作 α 的切线，这两切线依次交 PB 于 G，H，设 EH 交 FG 于 Q，如图 1.16.36 所示，求证：P，Q，Z 三点共线.

命题 1.16.37 设椭圆 α 的中心为 O，左、右焦点分别为 F_1，F_2，β，γ 分别是 α 的大、小蒙日圆，P 是 β 上一点，P 在 F_1F_2 上的射影是 F_2，过 P 作 α 的两条切

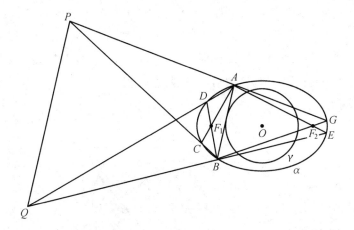

图 1.16.35

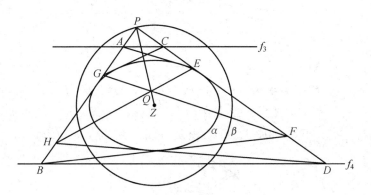

图 1.16.36

线,切点分别为 A,B,过 P 作 γ 的两条切线,切点分别为 C,D,如图 1.16.37 所示,求证:A,C,F_2 三点共线,B,D,F_2 三点也共线.

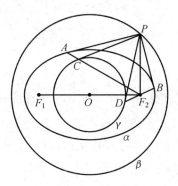

图 1.16.37

命题 1.16.38 设椭圆 α 的中心为 Z,上、下准线分别为 f_3,f_4,β,γ 分别是 α 的大、小蒙日圆,Z 在 f_4 上的射影为 A,过 A 作 γ 的切线,这切线交 α 于 B,C,交 β 于 D,E,过 B 作 α 的切线,同时,过 D 作 β 的切线,这两切线相交于 P,过 C 作 α 的切线,同时,过 E 作 β 的切线,这两切线相交于 Q,如图 1.16.38 所示,求证:P,Q 两点均在 f_4 上.

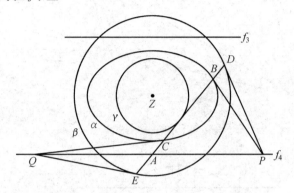

图 1.16.38

命题 1.16.39 设椭圆 α 的中心为 O,左、右焦点分别为 F_1,F_2,β,γ 分别是 α 的大、小蒙日圆,P 是 β 上一点,P 在 F_1F_2 上的射影是 F_1,PF_1 交 α 于 A,AO 交 γ 于 B,PF_2 交 α 于 C,如图 1.16.39 所示,求证:BC 与 γ 相切.

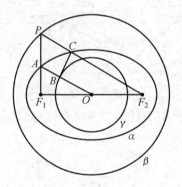

图 1.16.39

命题 1.16.40 设椭圆 α 的中心为 Z,上、下准线分别为 f_3,f_4,β,γ 分别是 α 的大、小蒙日圆,Z 在 f_4 上的射影为 A,过 A 作 γ 的切线,这切线交 f_3 于 B,过 B 作 α 的切线,这切线交 β 于 C,过 C 作 γ 的切线,这切线记为 l,过 A 作 α 的切线,这切线记为 l',如图 1.16.40 所示,求证:$l \parallel l'$.

✱✱命题 1.16.41 设椭圆 α 的中心为 O,左、右焦点分别为 F_1,F_2,β,γ 分别是 α 的大、小蒙日圆,过 F_1 作 ZF_1 的垂线,这垂线交 α 于 A,交 β 于 B,AZ 交

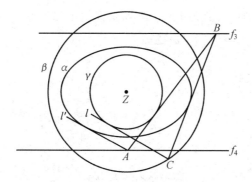

图 1.16.40

γ 于 C，BF_2 交 α 于 D，如图 1.16.41 所示，求证：CD 是 γ 的切线.

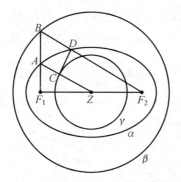

图 1.16.41

＊＊命题 1.16.42 设椭圆 α 的中心为 Z，上、下准线分别为 f_3，f_4，β，γ 分别是 α 的大、小蒙日圆，Z 在 f_3 上的射影为 A，过 A 作 α 的切线，其切点记为 B，过 A 作 γ 的切线，这切线交 f_4 于 C，过 C 作 α 的切线，这切线交 β 于 D，如图 1.16.42 所示，求证：$ZD \perp AB$.

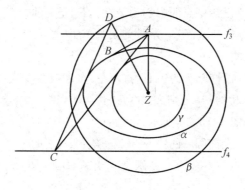

图 1.16.42

注:命题 1.16.41 与命题 1.16.42 的对偶关系如下:

命题 1.16.41	命题 1.16.42
α,β,γ	α,γ,β
F_1,F_2	f_3,f_4
AB	A
A,B	AB,AC
BF_2	C
D	CD
CD	D

命题 1.16.43 设椭圆 α 的中心为 O,左、右准线分别为 f_1,f_2,γ 是 α 的小蒙日圆,一直线与 α 相切,且分别交 f_1,f_2 于 A,B,过 A,B 分别作 γ 的切线,切点依次为 C,D,设 CD 分别交 f_1,f_2 于 E,F,如图 1.16.43 所示,求证:$\angle COE = \angle DOF$.

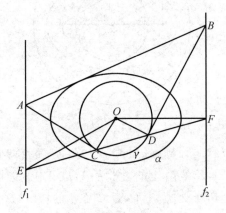

图 1.16.43

命题 1.16.44 设椭圆 α 的中心为 Z,F_3,F_4 是 α 的上、下焦点,β 是 α 的大蒙日圆,P 是 α 上一点,PF_3,PF_4 分别交 β 于 A,B,过 A,B 分别作 β 的切线,这两切线相交于 C,如图 1.16.44 所示,求证:$\angle ACF_3 = \angle BCF_4$.

命题 1.16.45 设椭圆 α 的中心为 O,左、右准线分别为 f_1,f_2,γ 是 α 的小蒙日圆,一直线与 γ 相切,且分别交 f_1,f_2 于 A,B,过 A,B 分别作 α 的切线,这两切线相交于 C,如图 1.16.45 所示,求证:$OC \perp AB$.

命题 1.16.46 设椭圆 α 的中心为 Z,F_3,F_4 是 α 的上、下焦点,β 是 α 的大蒙日圆,P 是 β 上一点,PF_3,PF_4 分别交 α 于 A,B,如图 1.16.46 所示,求证:$PZ \perp AB$.

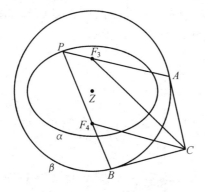

图 1.16.44

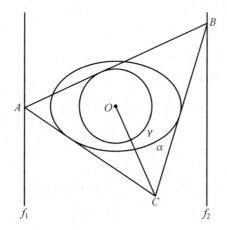

图 1.16.45

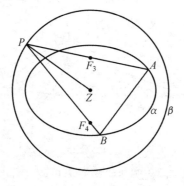

图 1.16.46

命题 1.16.47 设椭圆 α 的中心为 O,左、右准线分别为 f_1,f_2,γ 是 α 的小蒙日圆,P 是 f_1 上一点,过 P 作 γ 的两条切线,这两切线分别交 f_2 于 A,B,过

585

A,B 各作 α 的两条切线,这些切线构成四边形 $EFCD$,如图 1.16.47 所示,求证:

①D,P,F 三点共线;

②$CE \perp DF$.

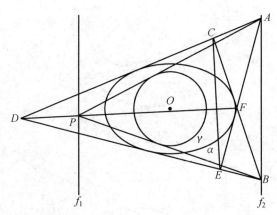

图 1.16.47

命题 1.16.48　设椭圆 α 的中心为 Z,F_3,F_4 是 α 的上、下焦点,β 是 α 的大蒙日圆,一直线过 F_3,且交 β 于 A,B,AF_4,BF_4 分别交 α 于 C,F 和 D,E,如图 1.16.48 所示,设 CE 交 DF 于 Q,求证:

①AB,CD,EF 三线共点,此点记为 P;

②$ZP \perp ZQ$.

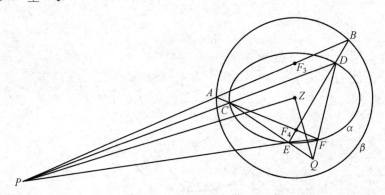

图 1.16.48

✶✶ 命题 1.16.49　设椭圆 α 的中心为 O,左、右准线分别为 f_1,f_2,β 是 α 的大蒙日圆,一直线分别交 f_1,f_2 于 A,B,过 A,B 各作 α 的两条切线,这些切线构成 α 的外切四边形 $ACBD$,过 A,B 各作 β 的两条切线,这些切线构成 β 的外切四边形 $AEBF$,如图 1.16.49 所示,求证:AB,CD,EF 三线共点(此点记为 S).

命题 1.16.50　设椭圆 α 的中心为 Z,F_3,F_4 是 α 的上、下焦点,γ 是 α 的小

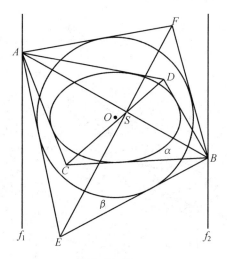

图 1.16.49

蒙日圆, P 是 α 外一点, PF_3, PF_4 分别交 α 于 A, B 和 C, D, 还分别交 γ 于 E, F, 和 G, H, 设 AD 交 BC 于 Q, EH 交 FG 于 R, 如图 1.16.50 所示, 求证: P, Q, R 三点共线.

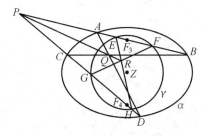

图 1.16.50

＊＊ **命题 1.16.51** 设椭圆 α 的中心为 O, 左、右准线分别为 f_1, f_2, β 是 α 的大蒙日圆, A 是 β 上一点, 过 A 作 α 的两条切线, 切点分别为 B, C, BC 分别交 f_1, f_2 于 D, F, 过 D, F 各作 α 的两条切线, 这些切线构成完全四边形 $DEFG - PQ$, 如图 1.16.51 所示, 求证:

①E, G, A 三点共线;

②P, A, Q 三点共线;

③$EG \perp PQ$;

④AE 平分 $\angle BAC$.

命题 1.16.52 设椭圆 α 的中心为 Z, F_3, F_4 是 α 的上、下焦点, γ 是 α 的小蒙日圆, 一直线与 γ 相切, 且交 α 于 A, B, 过 A, B 分别作 α 的切线, 这两切线相交

587

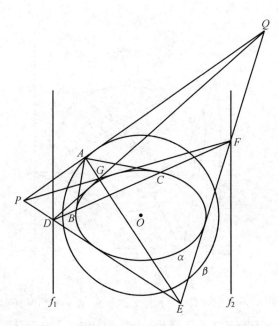

图 1.16.51

于 C,CF_3,CF_4 分别交 α 于 D,E 和 G,H,如图 1.16.52 所示,求证:

①AB,DG,EH 三线共点,此点记为 P;

②AB,DH,EG 三线共点,此点记为 Q;

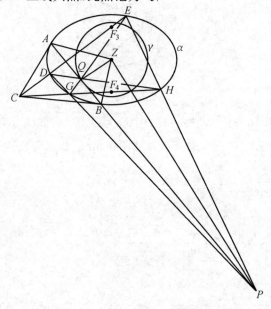

图 1.16.52

③$ZP \perp ZQ$;

④ZQ 平分 $\angle AZB$.

＊＊命题 1.16.53 设椭圆 α 的中心为 O,左、右准线分别为 f_1,f_2,β 是 α 的大蒙日圆,γ 是 α 的小圆,A 是 β 上一点,过 A 作 α 的两条切线,这两条切线中的一条交 f_1 于 B,另一条交 f_2 于 C,如图 1.16.53 所示,若 BC 恰与 γ 相切,切点为 D,求证:A,O,D 三点共线.

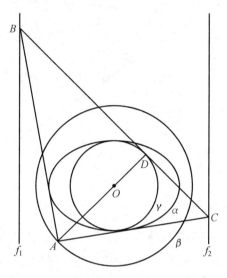

图 1.16.53

＊＊命题 1.16.54 设椭圆 α 的中心为 Z,上、下焦点分别为 F_3,F_4,β 是 α 的大圆,γ 是 α 的小蒙日圆,A 是 β 上一点,过 A 且与 β 相切的直线记为 l,AF_3,AF_4 分别交 α 于 B,C,若 BC 与 γ 相切,如图 1.16.54 所示,求证:$BC \parallel l$.

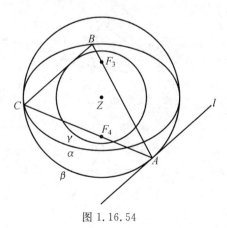

图 1.16.54

命题 1.16.55 设椭圆 α 的中心为 O,左、右准线分别为 f_1,f_2,γ 是 α 的小蒙日圆,P 是 f_1 上一点,过 P 作 γ 的两条切线,这两条切线分别交 f_2 于 Q,R,过 Q,R 各作 α 的两条切线,这些切线构成外切于 α 的四边形 $ABCD$,如图 1.16.55 所示,求证:$AC \perp BD$.

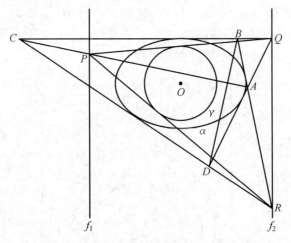

图 1.16.55

命题 1.16.56 设椭圆 α 的中心为 Z,上、下焦点分别为 F_3,F_4,β 是 α 的大蒙日圆,一直线过 F_3,且交 β 于 A,B,AF_4,BF_4 分别交 α 于 C,D 和 E,F,设 CE 交 DF 于 P,CF 交 DE 于 Q,如图 1.16.56 所示,求证:$ZP \perp ZQ$.

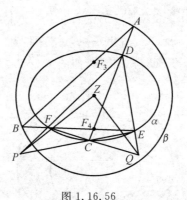

图 1.16.56

命题 1.16.57 设椭圆 α 的中心为 O,左、右准线分别为 f_1,f_2,β 是 α 的大蒙日圆,A 是 β 上一点,过 A 作 α 的两条切线,切点分别为 B,C,BC 分别交 f_1,f_2 于 D,E,过 D,E 各作 α 的两条切线,这四条切线构成完全四边形 $MEND - PQ$,如图 1.16.57 所示,求证:

①A,M,N 三点共线；

②AM 平分 $\angle BAC$；

③P,A,Q 三点共线；

④$MN \perp PQ.$

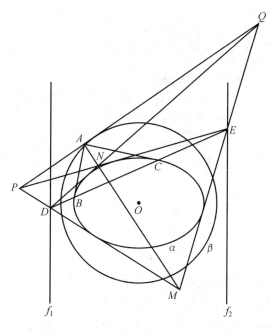

图 1.16.57

命题 1.16.58 设椭圆 α 的中心为 Z，上、下焦点分别为 F_3,F_4，γ 是 α 的小蒙日圆，一直线与 γ 相切，且交 α 于 A,B，过 A,B 分别作 α 的切线，这两切线相交于 C,CF_3,CF_4 分别交 α 于 D,E 和 G,H，如图 1.16.58 所示，求证：

①AB,DG,EH 三线共点（该点记为 M）；

②ZM 平分 $\angle AZB$；

③AB,DH,EG 三线共点，此点记为 N；

④$ZM \perp ZN.$

注：命题 1.16.57 与命题 1.16.58 的对偶关系如下：

命题 1.16.57	命题 1.16.58
α	α
β	γ
A	AB
B,C	AC,BC

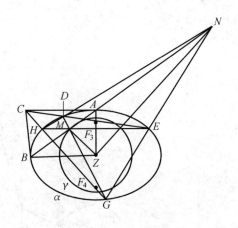

图 1.16.58

D,E	DE,GH
M,N	DG,EH
P,Q	DH,EG

命题 1.16.59 设椭圆 α 的中心为 O，左、右准线分别为 f_1,f_2,β,γ 分别是 α 的大、小蒙日圆，一直线与 f_1 平行，且与 γ 相切，切点为 A，这切线还分别交 α，β 于 B,C，过 B 作 α 的切线，且交 f_2 于 E，过 C 作 γ 的切线，且交 β 于 D，如图 1. 16.59 所示，求证：DE 与 β 相切.

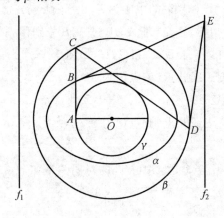

图 1.16.59

命题 1.16.60 设椭圆 α 的中心为 Z，上、下焦点分别为 F_3,F_4,β,γ 是

α 的大、小蒙日圆,ZF_3 交 β 于 A,过 A 作 α 的切线,切点记为 B,BF_4 交 γ 于 C,过 A 作 γ 的切线,且交 β 于 D,如图 1.16.60 所示,求证:CD 与 γ 相切.

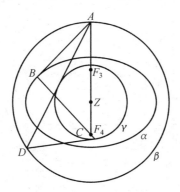

图 1.16.60

注:命题 1.16.59 与命题 1.16.60 的对偶关系如下:

命题 1.16.59	命题 1.16.60
α,β,γ	α,γ,β
F_1,f_2	F_3,F_4
AB	A
B,C	AB,AD
E,D	BC,CD
CD	D

1.17 "大蒙日圆"和"小蒙日圆"的"黄对偶"关系(2)

本节的命题与上一节相同,仍然是椭圆的大蒙日圆和小蒙日圆在红、黄几何(指"特殊黄几何")中的对偶,所有命题都成对出现,每一对命题中的前一个是原命题,后一个是前一个在黄几何中的表现.

＊＊命题 1.17.1 设椭圆 α 的中心为 O,左、右焦点分别为 F_1,F_2,左、右准线分别为 f_1,f_2,动点 A,B 分别在 f_1,f_2 上,使得 $AF_1 \perp BF_1$(或 $AF_2 \perp BF_2$),如图 1.17.1 所示,求证:直线 AB 的包络是 α 的大蒙日圆(该圆记为 β).

＊＊命题 1.17.2 设椭圆 α 的中心为 Z,F_3,F_4 是 α 的上、下焦点,f_3,f_4 是 α 的上、下准线,A,B 是 f_3(或 f_4)上两动点,使得 $AZ \perp BZ$,设 AF_4 交 BF_3 于 P(或 AF_3 交 BF_4 于 P),如图 1.17.2 所示,求证:点 P 的轨迹是 α 的小蒙日圆(该圆记为 γ).

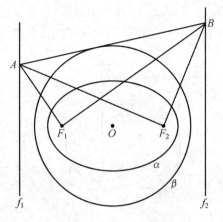

图 1.17.1

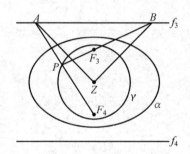

图 1.17.2

命题 1.17.3　设椭圆 α 的中心为 O,左、右焦点分别为 F_1,F_2,左、右准线分别为 f_1,f_2,β 是 α 的大蒙日圆,A 是 β 上一点,过 A 作 α 的一条切线,这切线交 f_1 于 B,过 A 再作 α 的一条切线,这切线交 f_2 于 C,过 A 作 β 的切线,这切线分别交 f_1,f_2 于 D,E,DF_1 交 EF_2 于 P,如图 1.17.3 所示,求证:$OP \perp BC$.

命题 1.17.4　设椭圆 α 的中心为 Z,上、下焦点分别为 F_3,F_4,上、下准线分别为 f_3,f_4,γ 是 α 的小蒙日圆,P 是 γ 上一点,PF_3 交 f_3 于 A,PF_4 交 f_4 于 B,过 P 且与 γ 相切的直线交 α 于 C,D,CF_3 交 DF_4 于 Q,如图 1.17.4 所示,求证:$QZ \perp AB$.

命题 1.17.5　设椭圆 α 的中心为 O,左、右焦点分别为 F_1,F_2,左、右准线分别为 f_1,f_2,β,γ 分别是 α 的大、小蒙日圆,过 F_2 作 γ 的一条切线,这切线交 f_1 于 A,现在,过 F_2 作 γ 的另一条切线,这切线交 f_2 于 B,如图 1.17.5 所示,求证:

①$AF_2 \perp BF_2$;

②AB 与 β 相切.

命题 1.17.6　设椭圆 α 的中心为 Z,上、下焦点分别为 F_3,F_4,上、下准线

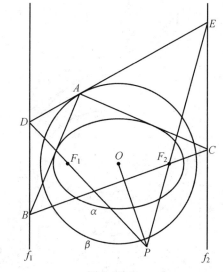

图 1.17.3

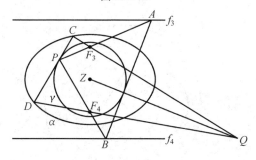

图 1.17.4

分别为 f_3，f_4，β，γ 分别是 α 的大、小蒙日圆，β 交 f_4 于 A，B，BF_3 交 AF_4 于 P，如图 1.17.6 所示，求证：

①$ZA \perp ZB$；

②P 在 γ 上.

注：命题 1.17.5 与命题 1.17.6 的对偶关系如下：

命题 1.17.5	命题 1.17.6
α	α
β，γ	γ，β
F_1，F_2	f_3，f_4
f_1，f_2	F_3，F_4
A，B	AF_4，BF_3
AB	P

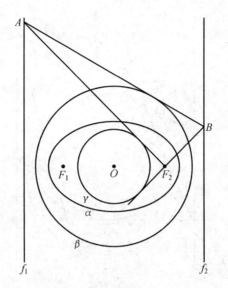

图 1.17.5

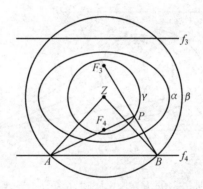

图 1.17.6

命题 1.17.7　设椭圆 α 的中心为 O，左、右焦点分别为 F_1，F_2，左、右准线分别为 f_1，f_2，β 是 α 的大蒙日圆，一直线过 F_1，且交 β 于 P，Q，PF_2，QF_2 分别交 α 于 A，C 和 B，D，设 AB 交 CD 于 E，AD 交 BC 于 F，如图 1.17.7 所示，求证：E，F 都在 f_2 上；

命题 1.17.8　设椭圆 α 的中心为 Z，上、下焦点分别为 F_3，F_4，上、下准线分别为 f_3，f_4，γ 是 α 的小蒙日圆，P 是 f_3 上一点，过 P 作 γ 的两条切线，这两条切线分别交 f_4 于 A，B，过 A，B 各作 α 的两条切线，这些切线构成 α 的外切四边形 $CFDE$，如图 1.17.8 所示，求证：

①C，F_4，D 三点共线；

②E，F_4，F 三点共线.

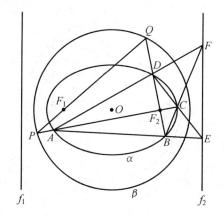

图 1.17.7

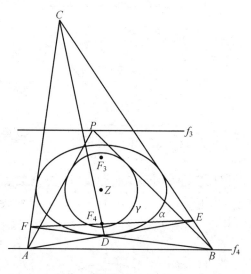

图 1.17.8

命题 1.17.9 设椭圆 α 的中心为 O,左、右焦点分别为 F_1,F_2,左、右准线分别为 f_1,f_2,β 是 α 的大蒙日圆,P 是 β 上一点,使得 $PF_2 \perp F_1F_2$,过 P 作 α 的两条切线,其中一条交 f_1 于 A,另一条交 f_2 于 B,如图 1.17.9 所示,过 A,B 分别作 α 的切线,这两切线相交于 C,求证:$CF_1 \perp F_1F_2$.

命题 1.17.10 设椭圆 α 的中心为 Z,上、下焦点分别为 F_3,F_4,上、下准线分别为 f_3,f_4,γ 是 α 的小蒙日圆,Z 在 f_3,f_4 上的射影分别为 A,B,过 B 作 γ 的切线,这切线交 α 于 C,D,CF_3,DF_4 分别交 α 于 E,F,如图 1.17.10 所示,求证:A,E,F 三点共线.

命题 1.17.11 设椭圆 α 的中心为 O,左、右焦点分别为 F_1,F_2,左、右准线

597

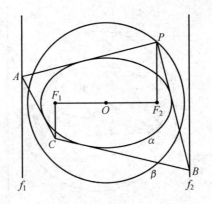

图 1.17.9

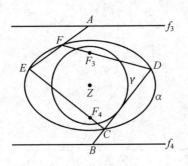

图 1.17.10

分别为 f_1, f_2, β, γ 分别是 α 的大、小蒙日圆, F_1F_2 分别交 f_1, f_2 于 A, B, P 是 β 上一点, P 在 F_1F_2 上的射影是 F_2, 过 P 作 α 的切线, 这切线交 β 于 C, 过 B 作 γ 的切线, 这切线交 β 于 D, 如图 1.17.11 所示, 求证: CD 与 α 相切.

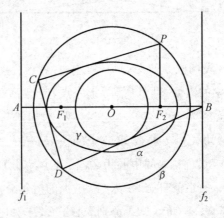

图 1.17.11

命题 1.17.12 设椭圆 α 的中心为 Z, 上、下焦点分别为 F_3, F_4, 上、下准线

598

分别为 f_3,f_4,β,γ 分别是 α 的大、小蒙日圆,Z 在 f_4 上的射影为 A,过 A 作 γ 的切线,这切线交 α 于 B,过 B 作 γ 的切线,这切线交 α 于 C,过 C 作 γ 的切线,这切线交 β 于 D,如图 1.17.12 所示,求证:DF_4 与 f_4 平行.

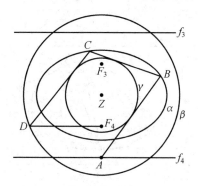

图 1.17.12

命题 1.17.13 设椭圆 α 的中心为 O,左、右焦点分别为 F_1,F_2,左、右准线分别为 f_1,f_2,β 是 α 的大蒙日圆,一直线过 F_1,且分别交 f_1,f_2 于 P,Q,过 P,Q 分别作 α 的两条切线,这四条切线构成外切于 α 的四边形 $APBQ$,过 P,Q 分别作 β 的两条切线,这四条切线构成外切于 β 的四边形 $CPDQ$,如图 1.17.13 所示,求证:AB,CD,PQ 三线共点(此点记为 S).

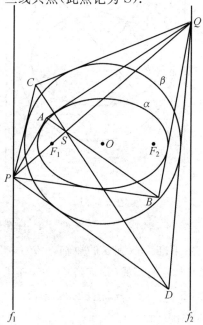

图 1.17.13

命题 1.17.14 设椭圆 α 的中心为 Z，上、下焦点分别为 F_3，F_4，上、下准线分别为 f_3，f_4，γ 是 α 的小蒙日圆，P 是 f_3 上一点，PF_3 和 PF_4 分别交 α 于 A，B 和 C，D，交 γ 于 A'，B' 和 C'，D'，设 AD 交 BC 于 Q，$A'D'$ 交 $B'C'$ 于 R，如图 1.17.14 所示，求证：P，Q，R 三点共线.

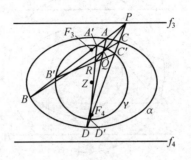

图 1.17.14

命题 1.17.15 设椭圆 α 的中心为 O，左、右焦点分别为 F_1，F_2，左、右准线分别为 f_1，f_2，β 是 α 的大蒙日圆，A 是 β 上一点，使得 $AF_1 \parallel f_1$，过 A 作 α 的两条切线，其中一条交 f_1 于 B，另一条的切点记为 C，BC 交 β 于 D，过 D 作 α 的切线，切点记为 E，如图 1.17.15 所示，求证：A，E，O 三点共线.

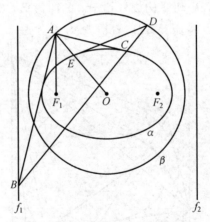

图 1.17.15

命题 1.17.16 设椭圆 α 的中心为 Z，γ 是 α 的小蒙日圆，F_3，F_4 是 α 的上、下焦点，f_3，f_4 是 α 的上、下准线，n 是 α 的短轴，n 交 f_3 于 A，过 A 作 γ 的切线，这切线交 α 于 B，C，过 C 作 α 的切线，这切线交 BF_3 于 D，直线 l 与 AC 平行，且与 α 相切于 E，如图 1.17.16 所示，求证：DE 与 γ 相切.

命题 1.17.17 设椭圆 α 的中心为 O，左、右焦点分别为 F_1，F_2，左、右准线分别为 f_1，f_2，β 是 α 的大蒙日圆，一直线过 F_1，且分别交 β 于 A，B，AF_2，BF_2 分

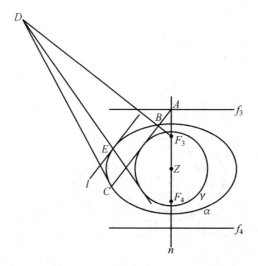

图 1.17.16

别交 α 于 C,D 和 E,F,设 CE 交 DF 于 P,如图 1.17.17 所示,求证:P 在 f_2 上.

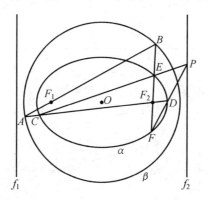

图 1.17.17

命题 1.17.18 设椭圆 α 的中心为 Z,F_3,F_4 是 α 的上、下焦点,f_3,f_4 是 α 的上、下准线,γ 是 α 的小蒙日圆,P 是 f_3 上一点,过 P 作 γ 的两条切线,这两切线分别交 f_4 于 E,F,过 E,F 各作 α 的两条切线,这些切线构成四边形 $ABCD$,如图 1.17.18 所示,求证:AC,BD 的交点是 F_4.

命题 1.17.19 设椭圆 α 的中心为 O,左、右焦点分别为 F_1,F_2,左、右准线分别为 f_1,f_2,上、下准线分别为 f_3,f_4,β,γ 分别是 α 的大、小蒙日圆,设 O 在 f_2 上的射影为 P,f_3,f_4 分别交 β 于 A,D 和 B,C,过 A,C 分别作 α 的切线,这两切线相交于 E,如图 1.17.19 所示,求证:

①F_1 在 AB 上,F_2 在 CD 上;

601

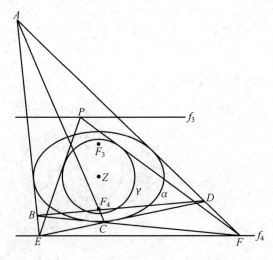

图 1.17.18

②E 在 β 上；

③AP 与 γ 相切.

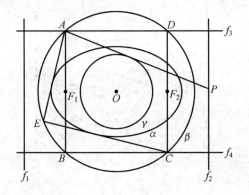

图 1.17.19

命题 1.17.20 设椭圆 α 的中心为 Z，F_3，F_4 是 α 的上、下焦点，f_3，f_4 是 α 的上、下准线，β，γ 分别是 α 的大、小蒙日圆，n 是 α 的短轴，n 分别交 f_3，f_4 于 A，B，过 A 作 γ 的切线，这切线分别交 α，β 于 C，D，过 B 作 γ 的切线，这切线交 α 于 E，如图 1.17.20 所示，求证：

①$DF_4 \perp n$；

②CE 与 γ 相切.

602

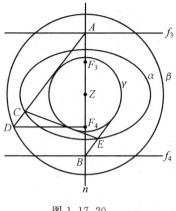

图 1.17.20

1.18 "大蒙日圆"和"小蒙日圆"的"蓝对偶"关系(1)

把红几何的命题向"特殊蓝几何"对偶时,椭圆及其大蒙日圆应分别对偶成圆和椭圆,而且对偶后的图形中,圆在椭圆内,恰好是椭圆的小蒙日圆,换句话说,当初是椭圆和大蒙日圆的图形,对偶到"特殊蓝几何"后,就成了椭圆和小蒙日圆的图形,就如同下面的命题 1.18.1 对偶后成了命题 1.18.1′那样.

反过来,如果当初的图形是椭圆和小蒙日圆的图形,那么,对偶到"特殊蓝几何",就成了椭圆和大蒙日圆的图形,就如同下面的命题 1.18.1″对偶后成了命题 1.18.1‴那样.

至于对偶前椭圆的左、右焦点和左、右准线,在对偶后,应该分别换成相应圆(小蒙日圆或大蒙日圆)的上、下焦点和上、下准线.反过来,对偶前椭圆的上、下焦点和上、下准线,在对偶后,应该分别换成相应圆(小蒙日圆或大蒙日圆)的左、右焦点和左、右准线.

下面是一些对偶命题的例子,都以成组的形式出现,每组包含四个命题,第一个是原命题,第二个是原命题的"蓝表现",第三个是原命题的"黄表现",第四个是第三个的"蓝表现".

命题 1.18.1 设椭圆 α 的中心为 O,A 是 α 外一动点,过 A 作 α 的两条切线,切点分别为 B,C,且使得 $AB \perp AC$,如图 1.18.1 所示,求证:动点 A 的轨迹是以 O 为圆心的圆(此圆记为 β,称为 α 的"大蒙日圆").

注:下面的命题 1.18.1′是命题 1.18.1 的"蓝表示".

命题 1.18.1′ 设椭圆 α 的中心为 O,γ 是 α 的小蒙日圆,A 是 α 上一点,过 A 作 γ 的两条切线,这两切线分别交 α 于 B,C,如图 1.18.1′所示,求证:AB 的

603

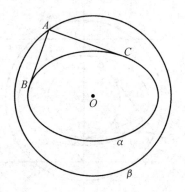

图 1.18.1

方向与 AC 的方向关于 α 共轭.

注:图 1.18.1 的椭圆 α 和大蒙日圆 β 分别对偶成图 $1.18.1'$ 的小蒙日圆 γ 和椭圆 α.

下面的命题 $1.18.1''$ 是命题 1.18.1 的"黄表示".

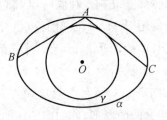

图 $1.18.1'$

命题 1.18.1″　设椭圆 α 的中心为 O,动直线 AB 交 α 于 A,B,且使得 $OA \perp OB$,如图 $1.18.1''$ 所示,求证:动直线 AB 的包络是以 O 为圆心的圆(此圆记为 γ,称为 α 的"小蒙日圆").

注:图 1.18.1 的椭圆 α 和大蒙日圆 β 分别对偶成图 $1.18.1''$ 的椭圆 α 和小蒙日圆 γ.

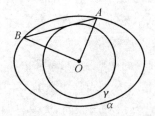

图 $1.18.1''$

下面的命题 $1.18.1'''$ 是命题 $1.18.1''$ 的"蓝表示".

命题 1.18.1‴　设椭圆 α 的中心为 Z,β 是 α 的大蒙日圆,一直线与 α 相切,

且交 β 于 A,B,如图 1.18.1''' 所示,求证:ZA 的方向与 ZB 的方向关于 α 共轭.

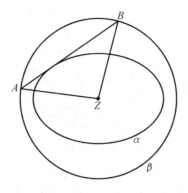

图 1.18.1'''

命题 1.18.2　设椭圆 α 的中心为 O,β 是 α 的大蒙日圆,A,C 是 β 上两点,过 A,C 各作 α 的两条切线,这四条切线构成完全四边形 $ABCD-EF$,如图 1.18.2 所示,求证:$BD \perp EF$.

注:下面的命题 1.18.2′ 是命题 1.18.2 的"蓝表示".

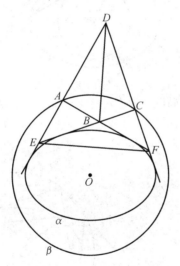

图 1.18.2

命题 1.18.2′　设椭圆 α 的中心为 O,γ 是 α 的小蒙日圆,A,C 是 α 上两点,过 A,C 各作 γ 的两条切线,这四条切线构成完全四边形 $ABCD-EF$,如图 1.18.2′ 所示,求证:BD 的方向与 EF 的方向关于 α 共轭.

注:下面的命题 1.18.2″ 是命题 1.18.2 的"黄表示".

命题 1.18.2″　设椭圆 α 的中心为 Z,γ 是 α 的小蒙日圆,A,B,C,D 是 α 上四点,AC,BD 均与 γ 相切,设 AB 交 CD 于 E,AD 交 BC 于 F,如图 1.18.2″ 所

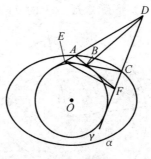

图 1.18.2′

示,求证:$ZE \perp ZF$.

注:下面的命题 1.18.2‴ 是命题 1.18.2″ 的"蓝表示".

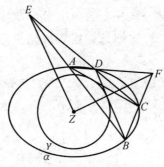

图 1.18.2″

命题 1.18.2‴　设椭圆 α 的中心为 Z，β 是 α 的大蒙日圆，A,B,C,D 是 β 上四点，AC,BD 均与 α 相切，设 AB 交 CD 于 E，AD 交 BC 于 F，如图 1.18.2‴ 所示，求证：ZE 的方向与 ZF 的方向关于 α 共轭.

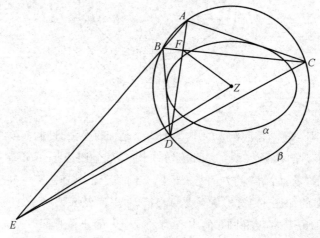

图 1.18.2‴

二维、三维欧氏
几何的对偶原理

命题 1.18.3 设椭圆 α 的中心为 O，β 是 α 的大蒙日圆，A 是 β 上一点，过 A 作 α 的两条切线，切点分别为 B,C，设 AB,AC 分别交 β 于 D,E，BE 交 CD 于 P，如图 1.18.3 所示，求证：A,O,P 三点共线.

注：下面的命题 1.18.3′ 是命题 1.18.3 的"蓝表示".

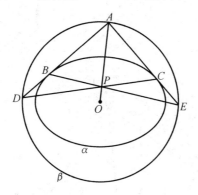

图 1.18.3

命题 1.18.3′ 设椭圆 α 的中心为 O，γ 是 α 的小蒙日圆，A 是 α 上一点，过 A 作 γ 的两条切线，切点分别为 B,C，设 AB,AC 分别交 α 于 D,E，BE 交 CD 于 P，如图 1.18.3′ 所示，求证：A,O,P 三点共线.

注：下面的命题 1.18.3″ 是命题 1.18.3 的"黄表示".

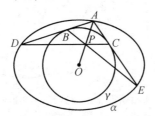

图 1.18.3′

命题 1.18.3″ 设椭圆 α 的中心为 Z，γ 是 α 的小蒙日圆，一直线与 γ 相切，且交 α 于 A,B，过 A 作 α 的切线，同时，过 B 作 γ 的切线，这两切线交于 C，现在，过 B 作 α 的切线，同时，过 A 作 γ 的切线，这次两切线交于 D，如图 1.18.3″ 所示，求证：四边形 $ABCD$ 是平行四边形.

注：下面的命题 1.18.3‴ 是命题 1.18.3″ 的"蓝表示".

命题 1.18.3‴ 设椭圆 α 的中心为 Z，β 是 α 的大蒙日圆，一直线与 α 相切，且交 β 于 A,B，过 A 作 α 的切线，同时，过 B 作 β 的切线，这两切线交于 D，现在，过 B 作 α 的切线，同时，过 A 作 β 的切线，这次两切线交于 C，如图 1.18.3‴ 所示，求证：四边形 $ABCD$ 是平行四边形.

607

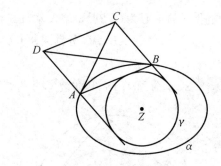

图 1.18.3″

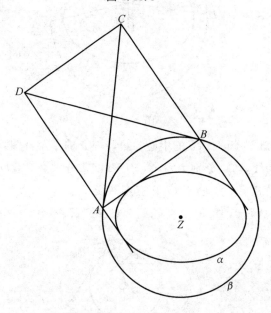

图 1.18.3‴

命题 1.18.4　设椭圆 α 的中心为 O，β 是 α 的大蒙日圆，A 是 β 上一点，过 A 作 α 的两条切线，切点分别为 B,C，AB,AC 分别交 β 于 D,E，如图 1.18.4 所示，求证：

①$DE \parallel BC$.

②D,O,E 三点共线.

注：下面的命题 1.18.4′ 是命题 1.18.4 的"蓝表示".

命题 1.18.4′　设椭圆 α 的中心为 O，γ 是 α 的小蒙日圆，A 是 β 上一点，过 A 作 γ 的两条切线，切点分别为 B,C，AB,AC 分别交 α 于 D,E，如图 1.18.4′ 所示，求证：

①$DE \parallel BC$.

二维、三维欧氏
几何的对偶原理

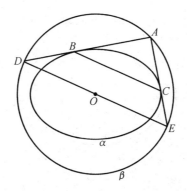

图 1.18.4

②D,O,E 三点共线.

注:下面的命题 1.18.4″ 是命题 1.18.4 的"黄表示".

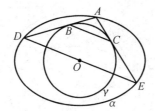

图 1.18.4′

命题 1.18.4″ 设椭圆 α 的中心为 Z,γ 是 α 的小蒙日圆,一直线与 γ 相切,且交 α 于 A,B,过 A,B 分别作 γ 的切线,切点依次记为 C,D,过 A,B 分别作 α 的切线,这两切线交于 E,如图 1.18.4″ 所示,求证:$AC \parallel BD \parallel ZE$.

注:下面的命题 1.18.4‴ 是命题 1.18.4″ 的"蓝表示".

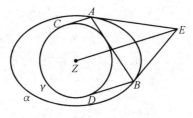

图 1.18.4″

命题 1.18.4‴ 设椭圆 α 的中心为 Z,β 是 α 的大蒙日圆,一直线与 α 相切,且交 β 于 A,B,过 A,B 分别作 α 的切线,切点依次记为 C,D,过 A,B 分别作 β 的切线,这两切线交于 E,如图 1.18.4‴ 所示,求证:$AC \parallel BD \parallel ZE$.

命题 1.18.5 设椭圆 α 的中心为 O,β 是 α 的大蒙日圆,A 是 β 上一点,过 A 作 α 的两条切线,切点分别为 B,C,过 B,C 分别作 α 的法线,这两法线相交于 D,

609

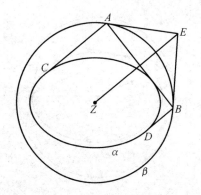

图 1.18.4'''

如图 1.18.5 所示,求证:A,O,D 三点共线.

注:下面的命题 1.18.5′ 是命题 1.18.5 的"蓝表示".

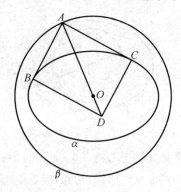

图 1.18.5

命题 1.18.5′ 设椭圆 α 的中心为 O,γ 是 α 的小蒙日圆,A 是 α 上一点,过 A 作 γ 的两条切线,切点分别为 B,C,过 B 作 AC 的平行线,同时,过 C 作 AB 的平行线,这两线相交于 D,如图 1.18.5′ 所示,求证:A,O,D 三点共线.

注:下面的命题 1.18.5″ 是命题 1.18.5 的"黄表示".

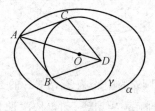

图 1.18.5′

命题 1.18.5″ 设椭圆 α 的中心为 Z,γ 是 α 的小蒙日圆,一直线与 γ 相切,且交 α 于 A,B,过 A 作 α 的切线,这切线交 BZ 于 C,过 B 作 α 的切线,这切线与

AZ 交于 D,如图 $1.18.5''$ 所示,求证:$CD /\!/ AB$.

注:下面的命题 $1.18.5'''$ 是命题 $1.18.5''$ 的"蓝表示".

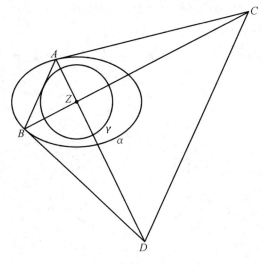

图 $1.18.5''$

命题 1.18.5''' 设椭圆 α 的中心为 Z,β 是 α 的大蒙日圆,一直线与 α 相切,且交 β 于 A,B,过 A 作 β 的切线,这切线交 BZ 于 C,过 B 作 β 的切线,这切线与 AZ 交于 D,如图 $1.18.5'''$ 所示,求证:$CD /\!/ AB$.

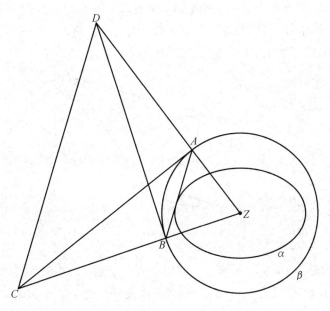

图 $1.18.5'''$

命题 1.18.6　设椭圆 α 的中心为 O，β 是 α 的大蒙日圆，P 是 β 外一点，过 P 作 β 的两条切线，切点分别为 A,B，过 A,B 分别作 α 的一条切线，这两切线相交于 Q，过 A,B 再各作 α 的一条切线，这两切线上的切点分别为 M,N，如图 1.18.6 所示，求证：$MN \perp PQ$.

注：下面的命题 1.18.6′ 是命题 1.18.6 的"蓝表示".

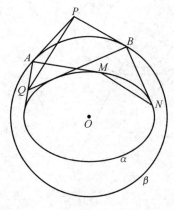

图 1.18.6

命题 1.18.6′　设椭圆 α 的中心为 O，γ 是 α 的小蒙日圆，P 是 α 外一点，过 P 作 α 的两条切线，切点分别为 A,B，过 A,B 分别作 γ 的一条切线，这两切线相交于 Q，过 A,B 再各作 γ 的一条切线，这两切线上的切点分别为 M,N，如图 1.18.6′ 所示，求证：MN 的方向与 PQ 的方向关于 α 共轭.

注：下面的命题 1.18.6″ 是命题 1.18.6 的"黄表示".

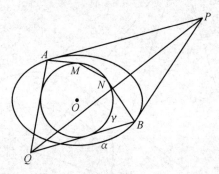

图 1.18.6′

命题 1.18.6″　设椭圆 α 的中心为 Z，γ 是 α 的小蒙日圆，两直线 AB，CD 均与 γ 相切，切点依次为 E,F，这两切线还分别交 α 于 A,B 和 C,D，设 AD 交 EF 于 P，过 B,C 分别作 α 的切线，这两切线相交于 Q，如图 1.18.6″ 所示，求

证:$ZP \perp ZQ$.

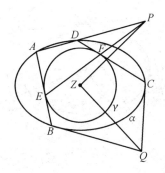

图 1.18.6″

注:命题 1.18.6 与命题 1.18.6″的对偶关系如下:

命题 1.18.6   命题 1.18.6″

$\quad \alpha , \beta$ α , γ

$\quad P$ EF

$\quad A , B$ AB , CD

AQ , BQ A , D

$\quad Q$ AD

$\quad PQ$ P

$\quad M , N$ BQ , CQ

$\quad MN$ Q

下面的命题 1.18.6‴ 是命题 1.18.6″的"蓝表示".

命题 1.18.6‴ 设椭圆 α 的中心为 Z ,β 是 α 的大蒙日圆,两直线 AB , CD 均与 α 相切,切点依次为 E , F,这两切线还分别交 β 于 A , B 和 C , D,设 AD 交 EF 于 P,过 B , C 分别作 β 的切线,这两切线相交于 Q,如图 1.18.6‴ 所示,求证:ZP 的方向与 ZQ 的方向关于 α 共轭.

命题 1.18.7 设椭圆 α 的中心为 O , β 是 α 的大蒙日圆,β 的两弦 AB , CD 均与 α 相切,过 A , D 分别作 α 的切线,这两切线相交于 P,过 B , C 分别作 α 的切线,这次两切线相交于 Q,如图 1.18.7 所示,求证:O , P , Q 三点共线.

注:下面的命题 1.18.7′ 是命题 1.18.7 的"蓝表示".

命题 1.18.7′ 设椭圆 α 的中心为 O , γ 是 α 的小蒙日圆,α 的两弦 AB , CD 均与 γ 相切,过 A , D 分别作 γ 的切线,这两切线相交于 P,过 B , C 分别作 γ 的切线,这次两切线相交于 Q,如图 1.18.7′ 所示,求证:O , P , Q 三点共线.

注:下面的命题 1.18.7″ 是命题 1.18.7 的"黄表示".

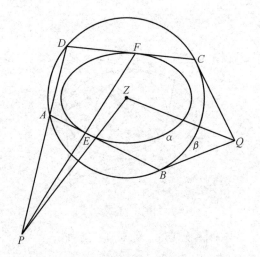

图 1.18.6‴

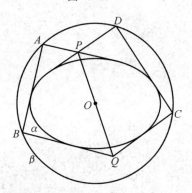

图 1.18.7

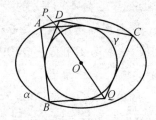

图 1.18.7′

命题 1.18.7″　设椭圆 α 的中心为 O，γ 是 α 的小蒙日圆，A,A' 是 α 上两点，过 A 作 γ 的两条切线，这两切线分别交 α 于 B,C，过 A' 作 γ 的两切线，这两切线分别交 α 于 B',C'，如图 1.18.7″ 所示，求证：$BB' /\!/ CC'$.

注：命题 1.18.7 与命题 1.18.7″ 的对偶关系如下：

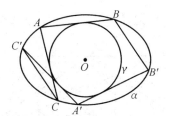

图 1.18.7″

命题 1.18.7	命题 1.18.7″
α,β	α,γ
AB	A
A,B	AB,AC
CD	A'
C,D	$A'B',A'C'$
P	BB'
Q	CC'

下面的命题 1.18.7‴ 是命题 1.18.7″ 的"蓝表示".

命题 1.18.7‴ 设椭圆 α 的中心为 O，β 是 α 的大蒙日圆，A,A' 是 β 上两点，过 A 作 α 的两条切线，这两切线分别交 β 于 B,C，过 A' 作 α 的两条切线，这两切线分别交 β 于 B',C'，如图 1.18.7‴ 所示，求证：$BB' \mathbin{/\!/} CC'$.

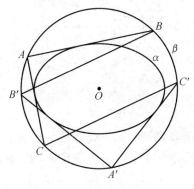

图 1.18.7‴

命题 1.18.8 设 β 是椭圆 α 的大蒙日圆，AB 是 α 的短轴，过 A,B 分别作 α 的切线，它们依次记为 l_1,l_2，设 C 是 β 上一点，过 C 作 α 的两条切线，这两切线分别交 l_1,l_2 于 D,E 和 F,G，DG 交 EF 于 P，如图 1.18.8 所示，求证：点 P 在 AB 上.

注：下面的命题 1.18.8′ 是命题 1.18.8 的"蓝表示".

命题 1.18.8′ 设 γ 是椭圆 α 的小蒙日圆，α 的长轴交 γ 于 A,B，过 A,B 分

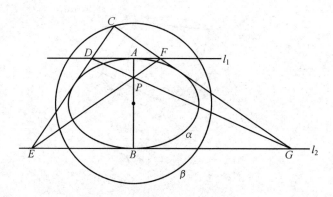

图 1.18.8

别作 α 的切线,它们依次记为 l_1,l_2,设 C 是 α 上一点,过 C 作 γ 的两条切线,这两切线分别交 l_1,l_2 于 D,E 和 F,G,DG 交 EF 于 P,如图 1.18.8′ 所示,求证:点 P 在 AB 上.

注:下面的命题 1.18.8″ 是命题 1.18.8 的"黄表示".

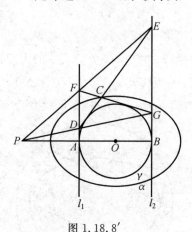

图 1.18.8′

命题 1.18.8″ 设 γ 是椭圆 α 的小蒙日圆,α 的长轴为 MN,一直线与 γ 相切,且交 α 于 A,B,设 AN 交 BM 于 P,AM 交 BN 于 Q,如图 1.18.8″ 所示,求证:$PQ \perp MN$.

注:命题 1.18.8 与命题 1.18.8″ 的对偶关系如下:

命题 1.18.8	命题 1.18.8″
α,β	α,γ
l_1,l_2	M,N
C	AB
D,E	AM,AN

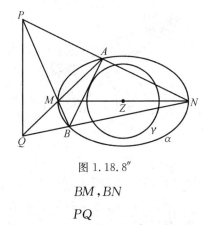

图 1.18.8″

$$F, G \qquad\qquad BM, BN$$

$$P \qquad\qquad PQ$$

下面的命题 1.18.8‴ 是命题 1.18.8″ 的"蓝表示".

命题 1.18.8‴　设 β 是椭圆 α 的大蒙日圆, α 的短轴交 β 于 M, N, 一直线与 α 相切, 且交 β 于 A, B, 设 AN 交 BM 于 P, AM 交 BN 于 Q, 如图 1.18.8‴ 所示, 求证: $PQ \perp MN$.

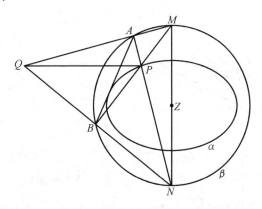

图 1.18.8‴

命题 1.18.9　设椭圆 α 的中心为 O, γ 是 α 的小蒙日圆, P 是 α 上一点, 过 P 作 γ 的两条切线, 这两条切线分别记为 l_1, l_2, 过 P 作 α 的切线, 并在其上取一点 Q, 使得 $OQ \perp OP$, 过 Q 作 γ 的一条切线, 这切线分别交 l_1, l_2 于 A, B, 如图 1.18.9 所示, 求证

$$\angle BOQ + \angle OAB = 180°$$

注: 下面的命题 1.18.9′ 是命题 1.18.9 的"蓝表示".

命题 1.18.9′　设椭圆 α 的中心为 O, β 是 α 的大蒙日圆, P 是 β 上一点, 过 P 作 α 的两条切线, 这两条切线分别记为 l_1, l_2, 过 P 作 β 的切线, 并在其上取一点 Q, 使得 OQ 的方向与 OP 的方向关于 α 共轭, 过 Q 作 α 的一条切线, 这切线分

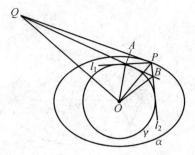

图 1.18.9

别交 l_1，l_2 于 A，B，设 OA，OB 分别交 α 于 C，D，QO 交 α 于 E，过 O 且与 AB 平行的直线交 α 于 F，如图 1.18.9' 所示，求证：$EF \parallel CD$.

注：下面的命题 1.18.9″ 是命题 1.18.9 的"黄表示".

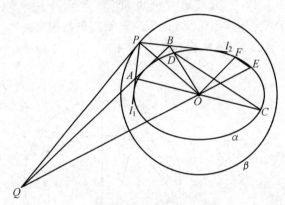

图 1.18.9'

∗∗ 命题 1.18.9″　设椭圆 α 的中心为 Z，β 是 α 的大蒙日圆，P 是 α 上一点，过 P 且与 α 相切的直线交 β 于 A，B，过 P 作 AB 的垂线，这垂线交 β 于 Q，如图 1.18.9″ 所示，求证：$\angle ZQB = \angle AQP$.

注：下面的命题 1.18.9‴ 是命题 1.18.9″ 的"蓝表示".

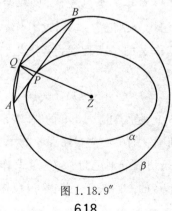

图 1.18.9″

二维、三维欧氏
几何的对偶原理

命题 1.18.9″′ 设椭圆 α 的中心为 Z，γ 是 α 的小蒙日圆，P 是 γ 上一点，过 P 且与 γ 相切的直线交 α 于 A，B，AB 的中点为 M，过 P 作 MZ 的平行线，且交 α 于 Q，C，QZ 交 α 于 D，如图 1.18.9″′ 所示，求证：$CD \parallel AB$.

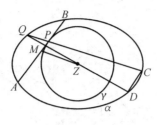

图 1.18.9″′

1.19 "大蒙日圆"和"小蒙日圆"的"蓝对偶"关系(2)

命题 1.19.1 设椭圆 α 的中心为 O，左、右焦点分别为 F_1，F_2，β 是 α 的大蒙日圆，P 是平面上一点，PF_1，PF_2 分别交 α 于 A，B，交 β 于 C，D，过 A，B 分别作 α 的切线，这两切线相交于 Q，过 C，D 分别作 β 的切线，这两切线相交于 R，如图 1.19.1 所示，求证：P，Q，R 三点共线.

注：下面的命题 1.19.1′ 是命题 1.19.1 的"蓝表示".

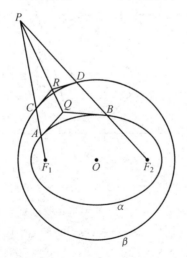

图 1.19.1

命题 1.19.1′ 设椭圆 α 的中心为 O，γ 是 α 的小蒙日圆，γ 的上、下焦点分别为 F_3，F_4，P 是平面上一点，PF_3，PF_4 分别交 γ 于 A，B，交 α 于 C，D，过 A，B 分别作 γ 的切线，这两切线相交于 Q，过 C，D 分别作 α 的切线，这两切线相交于

R,如图 1.19.1′ 所示,求证:P,Q,R 三点共线.

注:下面的命题 1.19.1″ 是命题 1.19.1 的"黄表示".

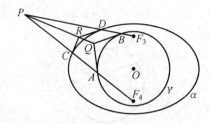

图 1.19.1′

命题 1.19.1″   设椭圆 α 的中心为 Z,上、下准线分别为 f_3,f_4,γ 是 α 的小蒙日圆,一直线分别交 f_3,f_4 于 A,B,过 A 分别作 α,γ 的切线,切点依次为 C,E;过 B 分别作 α,γ 的切线,切点依次为 D,F,如图 1.19.1″ 所示,求证:AB,CD,EF 三线共点(此点记为 S).

注:下面的命题 1.19.1‴ 是命题 1.19.1″ 的"蓝表示".

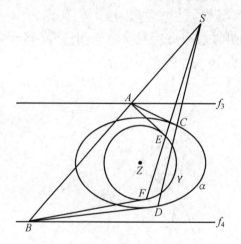

图 1.19.1″

命题 1.19.1‴   设椭圆 α 的中心为 Z,β 是 α 的大蒙日圆,β 的左、右准线分别为 f_1,f_2,一直线分别交 f_1,f_2 于 A,B,过 A 分别作 α,β 的切线,切点依次为 C,E;过 B 分别作 α,β 的切线,切点依次为 D,F,如图 1.19.1‴ 所示,求证:AB,CD,EF 三线共点(此点记为 S).

注:所谓大蒙日圆 β 的左、右准线,就是大蒙日圆 β 的上、下准线,只是改变了方向而已.

* * **命题 1.19.2**   设椭圆 α 的中心为 O,左、右焦点分别为 F_1,F_2,β 是 α 的大蒙日圆,A 是 α 上一点,过 A 作 α 的切线,这切线交 β 于 B,C,设 AF_1,AF_2 分

二维、三维欧氏
几何的对偶原理

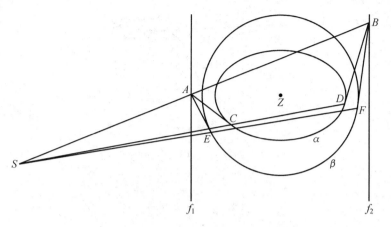

图 1.19.1‴

别交 β 于 D,E,F_1E 交 F_2D 于 P,如图 1.19.2 所示,求证:$AP \perp BC$.

注:下面的命题 1.19.2′ 是命题 1.19.2 的"蓝表示".

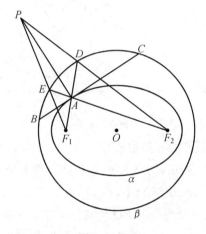

图 1.19.2

命题 1.19.2′　设椭圆 α 的中心为 O,γ 是 α 的小蒙日圆,γ 的上、下焦点分别为 F_3,F_4,A 是 γ 上一点,过 A 作 γ 的切线,这切线交 α 于 B,C,设 AF_3,AF_4 分别交 α 于 D,E,F_3E 交 F_4D 于 P,如图 1.19.2′ 所示,求证:AP 的方向与 BC 的方向关于 α 共轭.

注:下面的命题 1.19.2″ 是命题 1.19.2 的"黄表示".

** **命题 1.19.2″**　设椭圆 α 的中心为 Z,上、下准线分别为 f_3,f_4,γ 是 α 的小蒙日圆,一直线与 α 相切,切点为 P,这切线还分别交 f_3,f_4 于 A,B,过 A 作 γ 的切线,且交 f_4 于 C,过 B 作 γ 的切线,且交 f_3 于 D,设 CD 交 AB 于 Q,如图 1.19.2″ 所示,求证:$ZP \perp ZQ$.

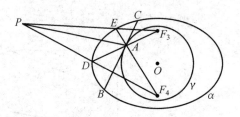

图 1.19.2′

注：下面的命题 1.19.2‴ 是命题 1.19.2″ 的"蓝表示".

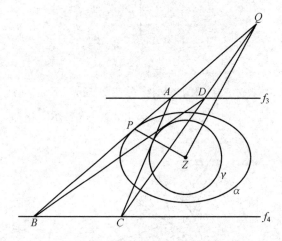

图 1.19.2″

命题 1.19.2‴　设椭圆 α 的中心为 Z，β 是 α 的大蒙日圆，β 的左、右准线分别为 f_1，f_2，一直线与 β 相切，切点为 P，这切线还分别交 f_1，f_2 于 A，B，过 A 作 α 的切线，且交 f_2 于 C，过 B 作 α 的切线，且交 f_3 于 D，设 CD 交 AB 于 Q，如图 1.19.2‴ 所示，求证：ZP 的方向与 ZQ 的方向关于 α 共轭.

命题 1.19.3　设椭圆 α 的中心为 O，左、右焦点分别为 F_1，F_2，β 是 α 的大蒙日圆，P 是 β 上一点，PF_1，PF_2 分别交 α 于 A，B 和 C，D，设 AC 交 BD 于 Q，如图 1.19.3 所示，求证：PQ 平分 $\angle APD$.

注：下面的命题 1.19.3′ 是命题 1.19.3 的"蓝表示".

命题 1.19.3′　设椭圆 α 的中心为 O，γ 是 α 的小蒙日圆，γ 的上、下焦点分别为 F_3，F_4，P 是 α 上一点，PF_3，PF_4 分别交 γ 于 A，B 和 C，D，还交 α 于 E，F，设 AC 交 BD 于 Q，PQ 交 α 于 G，OG 交 EF 于 M，如图 1.19.3′ 所示，求证：M 是 EF 的中点.

注：下面的命题 1.19.3″ 是命题 1.19.3 的"黄表示".

命题 1.19.3″　设椭圆 α 的中心为 Z，上、下准线分别为 f_3，f_4，γ 是 α 的小

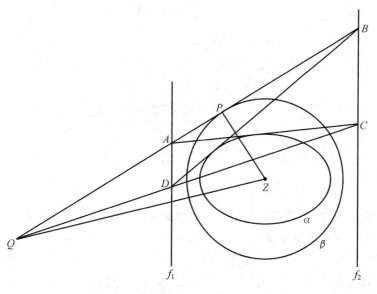

图 1.19.2‴

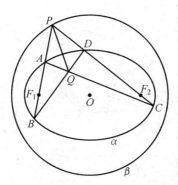

图 1.19.3

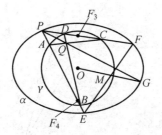

图 1.19.3′

蒙日圆,一直线与 γ 相切,且分别交 f_3,f_4 于 A,C,过 A,C 各作 α 的两条切线,这些切线构成 α 的外切四边形 $ABCD$,设 AC 交 BD 于 M,如图 1.19.3″所示,求证:ZM 平分 $\angle AZC$.

623

注:下面的命题 1.19.3‴ 是命题 1.19.3″ 的"蓝表示".

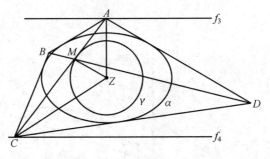

图 1.19.3″

命题 1.19.3‴ 设椭圆 α 的中心为 Z,β 是 α 的大蒙日圆,β 的左、右准线分别为 f_1,f_2,一直线与 α 相切,且分别交 f_1,f_2 于 A,C,过 A,C 各作 β 的两条切线,这些切线构成 β 的外切四边形 $ABCD$,设 ZA,ZC 分别交 α 于 E,F,AC 交 BD 于 M,ZM 交 EF 于 N,如图 1.19.3‴ 所示,求证:N 是 EF 的中点.

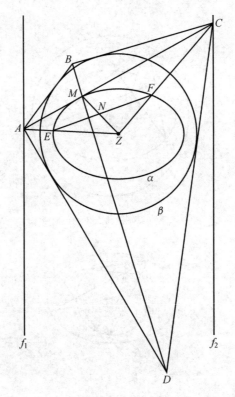

图 1.19.3‴

命题 1.19.4 设椭圆 α 的中心为 O,左、右焦点分别为 F_1,F_2,γ 是 α 的小蒙

日圆,A 是 γ 上一点,F_1A,F_2A 的延长线分别交 α 于 B,C,设 F_1C 交 F_2B 于 D,DA 交 α 于 E,过 E 且与 α 相切的直线记为 l,如图 1.19.4 所示,求证:$l \perp DA$.

注:下面的命题 1.19.4′ 是命题 1.19.4 的"蓝表示".

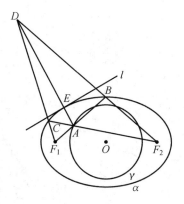

图 1.19.4

** 命题 1.19.4′ 设椭圆 α 的中心为 O,β 是 α 的大蒙日圆,β 的上、下焦点分别为 F_3,F_4,A 是 α 上一点,AF_3,AF_4 分别交 β 于 B,C,CF_3 交 BF_4 于 D,DA 交 α 于 G,交 β 于 E,GO 交 α 于 H,如图 1.19.4′ 所示,求证:$OE \perp AH$.

注:下面的命题 1.19.4″ 是命题 1.19.4 的"黄表示".

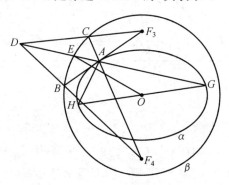

图 1.19.4′

命题 1.19.4″ 设椭圆 α 的中心为 Z,上、下准线分别为 f_3,f_4,β 是 α 的大蒙日圆,一直线与 β 相切,且与 f_3,f_4 分别交于 A,B,过 A 作 α 的切线,且交 f_4 于 C,过 B 作 α 的切线,且交 f_3 于 D,设 CD 交 AB 于 E,过 E 作 α 的切线,切点记为 F,如图 1.19.4″ 所示,求证:$ZE \perp ZF$.

注:命题 1.19.4 与命题 1.19.4″ 的对偶关系如下:

命题 1.19.4　　　　　　命题 1.19.4″

　　α　　　　　　　　　α

γ	β
F_1, F_2	f_3, f_4
A	AB
B, C	AC, BD
D	CD
AD	E
L	F

注:下面的命题 1.19.4‴ 是命题 1.19.4″ 的"蓝表示".

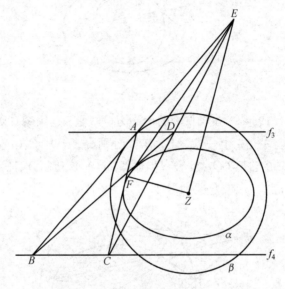

图 1.19.4″

命题 1.19.4‴ 设椭圆 α 的中心为 Z，γ 是 α 的小蒙日圆，γ 的左、右准线分别为 f_3，f_4，一直线与 α 相切，且分别交 f_3，f_4 于 A，B，过 A 作 γ 的切线，且交 f_4 于 C，过 B 作 γ 的切线，且交 f_3 于 D，设 CD 交 AB 于 E，过 E 作 γ 的切线，切点记为 F，如图 1.19.4‴ 所示，求证：ZE 的方向与 ZF 的方向关于 α 共轭.

注:所谓小蒙日圆 γ 的左、右准线，就是小蒙日圆 γ 的上、下准线，只是改变了方向而已.

命题 1.19.5 设椭圆 α 的中心为 O，左、右焦点分别为 F_1，F_2，β 是 α 的大蒙日圆，A 是 β 上一点，过 F_1 作 AF_1 的垂线，这垂线交 AF_2 于 B，过 F_2 作 AF_2 的垂线，这垂线交 AF_1 于 C，设 BF_1 交 CF_2 于 D，如图 1.19.5 所示，求证：$AD \perp BC$.

注:下面的命题 1.19.5′ 是命题 1.19.5 的"蓝表示".

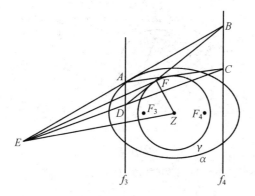

图 1.19.4‴

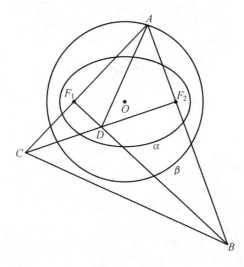

图 1.19.5

命题 1.19.5′ 设椭圆 α 的中心为 O，γ 是 α 的小蒙日圆，γ 的上、下焦点分别为 F_3，F_4，A 是 α 上一点，AF_3，AF_4 分别交 α 于 E，G，AE，AG 的中点分别为 M，N，过 F_3 作 OM 的平行线，该线交 AG 于 B，过 F_4 作 ON 的平行线，该线交 AE 于 C，BF_3 交 CF_4 于 D，设 AO，AD 分别交 α 于 H，K，如图 1.19.5′ 所示，求证：$HK \parallel BC$.

注：下面的命题 1.19.5″ 是命题 1.19.5 的"黄表示".

命题 1.19.5″ 设椭圆 α 的中心为 Z，上、下准线分别为 f_3，f_4，γ 是 α 的小蒙日圆，一直线与 γ 相切，且分别交 f_3，f_4 于 A，B，在 f_3 上取一点 A'，使得 $ZA' \perp ZA$，在 f_4 上取 B'，使得 $ZB' \perp ZB$，设 AB 交 $A'B'$ 于 C，AB' 交 $A'B$ 于 D，如图 1.19.5″ 所示，求证：$ZC \perp ZD$.

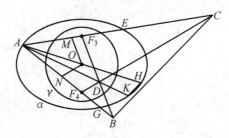

图 1.19.5′

注：下面的命题 1.19.5‴ 是命题 1.19.5″ 的"蓝表示".

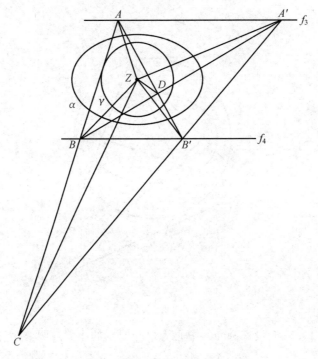

图 1.19.5″

命题 1.19.5‴　设椭圆 α 的中心为 Z，β 是 α 的大蒙日圆，β 的左、右准线分别为 f_1，f_2，一直线与 α 相切，且分别交 f_1，f_2 于 A，B，在 f_1 上取一点 A'，使得 ZA' 的方向与 ZA 的方向关于 α 共轭，在 f_2 上取 B'，使得 ZB' 的方向与 ZB 的方向关于 α 共轭，设 AB 交 $A'B'$ 于 C，AB' 交 $A'B$ 于 D，如图 1.19.5‴ 所示，求证：ZC 的方向与 ZD 的方向关于 α 共轭，.

命题 1.19.6　设椭圆 α 的中心为 O，左、右焦点分别为 F_1，F_2，β 是 α 的大蒙日圆，P 是 β 上一点，P 在 F_1F_2 上的射影是 F_1，过 P 作 α 的一条切线，这切线交 β 于 A，过 A 作 α 的切线，这切线交 β 于 B，设 PF_2 交 α 于 C，如图 1.19.6 所示，

628

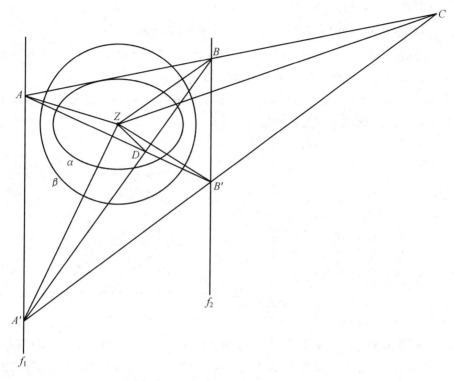

图 1.19.5‴

求证：BC 与 α 相切.

注：下面的命题 1.19.6′ 是命题 1.19.6 的"蓝表示".

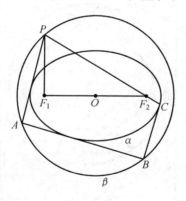

图 1.19.6

命题 1.19.6′ 设椭圆 α 的中心为 O，γ 是 α 的小蒙日圆，γ 的上、下焦点分别为 F_3，F_4，P 是 α 上一点，使得 $PF_3 \perp F_3F_4$，过 P 作 γ 的一条切线，这切线交 α 于 A，过 A 作 γ 的切线，这切线交 α 于 B，设 PF_4 交 γ 于 C，如图 1.19.6′ 所示，

求证：BC 与 γ 相切.

注：下面的命题 1.19.6″ 是命题 1.19.6 的"黄表示".

命题 1.19.6″ 设椭圆 α 的中心为 Z，上、下准线分别为 f_3，f_4，γ 是 α 的小蒙日圆，Z 在 f_3 上的射影为 A，过 A 作 γ 的一条切线，这切线交 α 于 B，交 f_4 于 C，过 B 作 γ 的切线，这切线交 α 于 D，过 D 作 γ 的切线，这切线交 α 于 E，如图 1.19.6″ 所示，求证：CE 是 α 的切线.

注：下面的命题 1.19.6‴ 是命题 1.19.6″ 的"蓝表示"

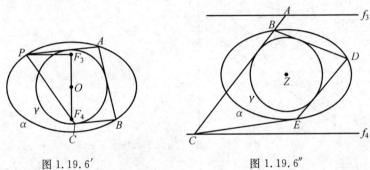

图 1.19.6′   图 1.19.6″

命题 1.19.6‴ 设椭圆 α 的中心为 Z，β 是 α 的大蒙日圆，β 的左、右准线分别为 f_1，f_2，Z 在 f_1 上的射影为 A，过 A 作 α 的一条切线，这切线交 β 于 B，交 f_2 于 C，过 B 作 α 的切线，这切线交 β 于 D，过 D 作 α 的切线，这切线交 β 于 E，如图 1.19.6‴ 所示，求证：CE 是 β 的切线.

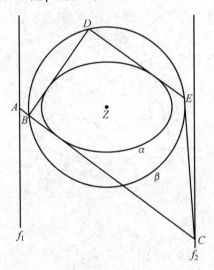

图 1.19.6‴

630

二维、三维欧氏
几何的对偶原理

1.20　圆被视为"椭圆"(1)

考察图 A,设椭圆 α 的中心为 O,以 α 的长轴为直径的圆称为 α 的"大圆",记为 β,前面说过,在"特殊蓝几何"的观点下,β 是"蓝椭圆",这"椭圆"有着两个焦点,分别记为 F_3 和 F_4(有时记为 F_1 和 F_2 也无妨),与之相应的准线分别记为 f_3,f_4(有时记为 f_1 和 f_2 也无妨).

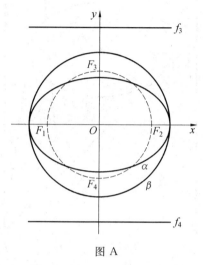

图 A

既然圆可以被视为"椭圆",那么,有关椭圆的性质,就都可以向圆移植.例如,把命题 1.20.1 移植到圆上,就成了命题 1.20.2.

我们知道,图 A 的 α 和 β,应该是 α 在先,β 在后,先有 α 才会有 β,所以称椭圆 α 是圆 β 的"发生椭圆",是恰当的.当然,这个过程也可以反过来,即先有圆 β 及其两焦点 F_3 和 F_4,然后作出 β 的"发生椭圆"α("发生椭圆"α 很容易作出,因为,在图 A,该椭圆的两个焦点 F_1,F_2 以及长轴都是已知的).

在可以省略的情况下(通常是不涉及度量的情况下),我们可以略去"发生椭圆".如命题 1.20.2、命题 1.20.4 等,但是,如果不能略去,那么,必须在命题中补述,如 1.21 的命题 1.21.5,不过,既然不能省略,与其补述,不如把"发生椭圆"α 说在命题的一开始,如命题 1.21.9 那样,而不要在后面追述,像 1.21 的命题 1.21.5、命题 1.21.18 那样.

当我们把圆 O 视为"蓝椭圆"时,如果还涉及"蓝角度"或"蓝长度",那就有必要作出圆 O 的"发生椭圆",因为,只有在"发生椭圆"上,才能体现出"蓝角度"和"蓝长度"的大小.如 1.21 的命题 1.21.16.

631

命题 1.20.1 设椭圆 α 的左、右焦点分别为 F_1,F_2,左、右准线分别为 f_1, f_2,A 是 f_1 上一点,过 A 作 α 的两条切线,这两切线分别交 f_2 于 B,C,过 B 作 α 的切线,这切线交 AC 于 D,过 C 作 α 的切线,这切线交 AB 于 E,如图 1.20.1 所示,求证:D,E,F_2 三点共线.

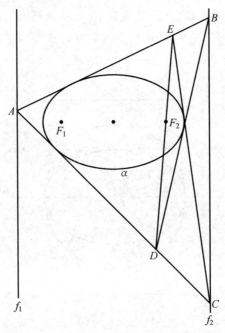

图 1.20.1

注:把本命题表现在"特殊蓝几何"里,就是下面的命题 1.20.2,它是一道纯与圆有关的命题.

命题 1.20.2 设圆 α 的圆心为 O,F_3,F_4 是 α 内关于 O 对称的两点,这两点关于 α 的极线分别记为 f_3,f_4,设 A 是 f_3 上一点,过 A 作 α 的两条切线,这两切线分别交 f_4 于 B,C,过 B 作 α 的切线,且交 AC 于 D,过 C 作 α 的切线,且交 AB 于 E,如图 1.20.2 所示,求证:D,F_4,E 三点共线.

注:本命题是命题 1.20.1 的"特殊蓝表示",它们的对偶关系如下:

命题 1.20.1	命题 1.20.2
无穷远直线	无穷远直线
椭圆 α	圆 α
F_1,F_2	F_3,F_4
f_1,f_2	f_3,f_4
A,B,C,D,E	A,B,C,D,E

二维、三维欧氏
几何的对偶原理

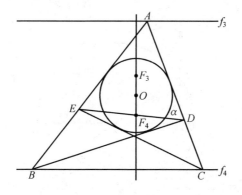

图 1.20.2

命题 1.20.3 设椭圆 α 的中心为 O,左、右焦点分别为 F_1,F_2,P 是 α 上一点,PF_1,PF_2 分别交 α 于 A,B,过 A,B 分别作 α 的切线,这两切线相交于 C,C 在 F_1F_2 上的射影为 D,CD 交 α 于 Q,如图 1.20.3 所示,求证:O,P,Q 三点共线.

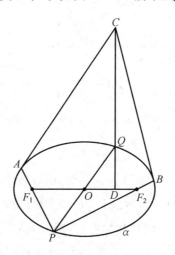

图 1.20.3

命题 1.20.4 设圆 O 内两点 F_1,F_2 关于 O 对称,P 是圆 O 上一点,$PF_1,$ PF_2 分别交圆 O 于 A,B,过 A,B 分别作圆 O 的切线,这两切线交于 C,C 在 F_1F_2 上的射影为 D,CD 交圆 O 于 Q,如图 1.20.4 所示,求证:O,P,Q 三点共线.

注:本命题是命题 1.20.3 的"特殊蓝表示".

命题 1.20.5 设椭圆 α 的左、右焦点分别为 F_1,F_2,左、右准线分别为 $f_1,$ f_2,一直线与 α 相切,且分别交 f_1,f_2 于 C,D,过 C,D 分别作 α 的切线,切点依次为 E,F,设 EF 交 F_1F_2 于 G,过 G 作 α 的两条切线,如图 1.20.5 所示,求证:这两条切线中有一条(指图 1.20.5 中的 GH)与 CD 平行.

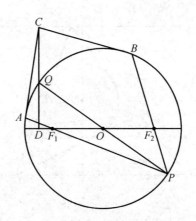

图 1.20.4

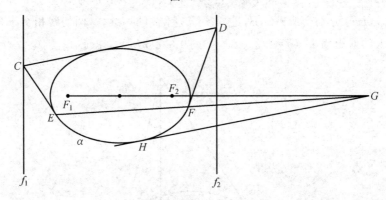

图 1.20.5

注:下面的命题 1.20.6 是本命题的"特殊蓝表示".

命题 1.20.6　设圆 O 内两点 F_1,F_2 关于 O 对称,这两点关于圆 O 的极线分别记为 f_1,f_2,一直线与圆 O 相切,且分别交 f_1,f_2 于 C,D,过 C,D 分别作圆 O 的切线,切点依次为 E,F,设 EF 交 F_1F_2 于 G,过 G 作圆 O 的两条切线,如图 1.20.6 所示,求证:这两条切线中有一条(指图 1.20.6 中的 GH)与 CD 平行.

命题 1.20.7　设椭圆 α 的中心为 O,左、右焦点分别为 F_1,F_2,左、右准线分别为 f_1,f_2,一直线与 α 相切,且分别交 f_1,f_2 于 A,B,AF_1,BF_2 分别交 α 于 C,D,过 A,B 分别作 α 的切线,这两切线交于 P,过 C,D 分别作 α 的切线,这两切线交于 Q,如图 1.20.7 所示,求证:O,P,Q 三点共线.

注:下面的命题 1.20.8 和命题 1.20.9 分别是本命题的"特殊蓝表示"和"特殊黄表示".

命题 1.20.8　设 F_1,F_2 是圆 O 内两点,它们关于 O 对称,这两点关于圆 O 的极线分别记为 f_1,f_2,一直线与圆 O 相切,且分别交 f_1,f_2 于 A,B,过 A,B 分

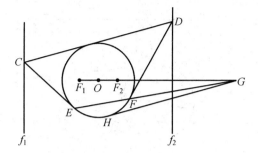

图 1.20.6

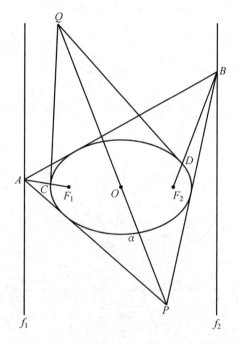

图 1.20.7

别作圆 O 的切线,这两切线相交于 P,设 AF_1,BF_2 分别交圆 O 于 C,D,过 C,D 分别作圆 O 的切线,这两切线相交于 Q,如图 1.20.8 所示,求证:O,P,Q 三点共线.

** **命题 1.20.9** 设 Z 是圆 β 的中心,F_1,F_2 是圆 Z 内两点,它们关于 Z 对称,这两点关于 β 的极线分别记为 f_1,f_2,A 是 β 上一点,AF_1 交 f_1 于 B,AF_2 交 f_2 于 C,过 B,C 分别作 β 的切线,切点依次为 G,H,如图 1.20.9 所示,求证:$DE \parallel GH$.

注:本命题与命题 1.20.7 的对偶关系如下:

命题 1.20.7　　　　　命题 1.20.9

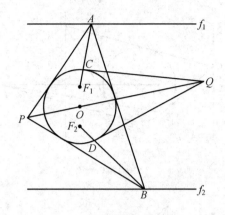

图 1.20.8

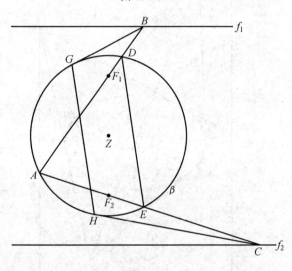

图 1.20.9

α	β
O	无穷远直线
无穷远直线	Z
AB	A
A,B	AF_1,AF_2
C,D	BG,CH
P	DE
Q	GH

以下有关圆的命题都来源于椭圆,因而,都能看到焦点或准线的影子.

命题 1.20.10 设 F_1,F_2 是圆 O 内两点,它们关于 O 对称,这两点关于圆

二维、三维欧氏
几何的对偶原理

O 的极线分别记为 f_1，f_2，F_1 在 f_1 上的射影为 P，F_2 在 f_2 上的射影为 Q，一直线过 P，且交圆 O 于 A，B，设 AF_1，BF_2 分别交圆 O 于 C，D，如图 1.20.10 所示，求证：C，D，Q 三点共线.

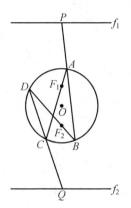

图 1.20.10

命题 1.20.11 设 F_1，F_2 是圆 O 内两点，它们关于 O 对称，这两点关于圆 O 的极线分别记为 f_1，f_2，A 是圆 O 外一点，过 A 作圆 O 的两条切线，切点分别记为 B，C，设 BC 分别交 f_1，f_2 于 D，E，AF_1，AF_2 分别交圆 O 于 G，H，如图 1.20.11 所示，求证：DG，EH 都是圆 O 的切线.

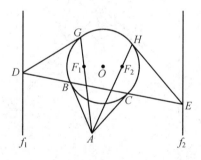

图 1.20.11

命题 1.20.12 设 F_1，F_2 是圆 O 内两点，它们关于 O 对称，这两点关于圆 O 的极线分别记为 f_1，f_2，一直线过 O，且分别交 f_1，f_2 于 P，Q，PF_1，PF_2 分别交圆 O 于 A，B，如图 1.20.12 所示，过 A，B 分别作圆 O 的切线，这两切线相交于 M，求证：$OM \parallel PF_1 \parallel QF_2$.

命题 1.20.13 设 F_1，F_2 是圆 O 内两点，它们关于 O 对称，这两点关于圆 O 的极线分别记为 f_1，f_2，设 A 是 f_1 上一点，过 A 作圆 O 的两条切线，切点分别为 A_1，A_2，A_1A_2 交 f_1 于 B，设 C 是 f_2 上一点，过 C 作圆 O 的两条切线，切点分

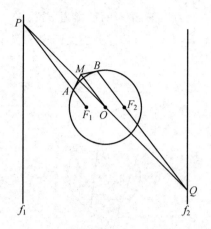

图 1.20.12

别为 C_1 ,C_2 ,$C_1 C_2$ 交 f_2 于 D ,AD 交 BC 于 P ,$A_1 A_2$ 交 $C_1 C_2$ 于 Q ,AF_1 交 CF_2 于 R ,如图 1.20.13 所示,求证:P ,Q ,R 三点共线.

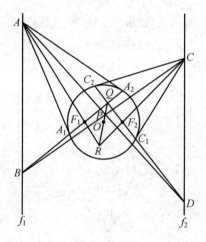

图 1.20.13

命题 1.20.14 设 F_1 ,F_2 是圆 O 内两点,它们关于 O 对称,这两点关于圆 O 的极线分别记为 f_1 ,f_2 ,一直线过 F_1 ,且交圆 O 于 A ,B ,AF_2 ,BF_2 分别交圆 O 于 C ,D ,设 AD 交 BC 于 E ,如图 1.20.14 所示,求证:点 E 在 f_2 上.

命题 1.20.15 设 F_1 ,F_2 是圆 O 内两点,它们关于 O 对称,这两点关于圆 O 的极线分别记为 f_1 ,f_2 ,$F_1 F_2$ 交圆 O 于 A ,B ,设 S 是 f_1 上一点,过 S 作圆 O 的两条切线,切点分别为 M ,N ,在圆 O 上取两点 C ,D ,使得 OC // SF_1 ,OD // MN ,AC 交 BD 于 P ,过 C ,D 分别作圆 O 的切线,这两切线相交于 Q ,如图 1.20.15 所示,求证:$PQ \perp AB$.

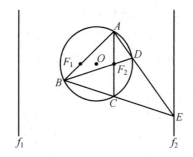

图 1.20.14

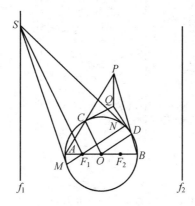

图 1.20.15

命题 1.20.16 设 F_1，F_2 是圆 O 内两点，它们关于 O 对称，F_1F_2 交圆 O 于 A，B，DF_1，CF_2 相交于 E，CF_1，DF_2 相交于 G，EG 交 CD 于 P，AC 交 BD 于 Q，如图 1.20.16 所示，求证：$PQ \perp AB$.

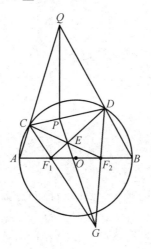

图 1.20.16

命题 1.20.17　设 F_1, F_2 是圆 O 内两点,它们关于 O 对称,这两点关于圆 O 的极线分别记为 f_1, f_2,A 是圆 O 上一点,过 A 作圆 O 的切线,且分别交 f_1, f_2 于 B, C,AF_1 交 f_2 于 E,AF_2 交 f_1 于 G,BE 交 CG 于 H,如图 1.20.17 所示,求证:H, A, O 三点共线.

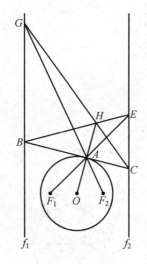

图 1.20.17

命题 1.20.18　设 F_1, F_2 是圆 O 内两点,它们关于 O 对称,这两点关于圆 O 的极线分别记为 f_1, f_2,A 是圆 O 上一点,AF_1 交 f_1 于 B,AF_2 交 f_2 于 C,CF_1 交 BF_2 于 D,AO 交圆 O 于 E,如图 1.20.18 所示,求证:$DE \perp F_1F_2$.

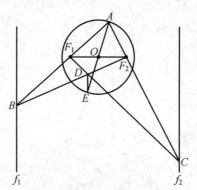

图 1.20.18

﹡﹡ 命题 1.20.19　设 F_1, F_2 是圆 O 内两点,它们关于 O 对称,A, B 是圆 O 上两点,AF_1 交 BF_2 于 P,AF_2 交 BF_1 于 Q,过 O 作 AB 的垂线,这垂线交 PQ 于 M,如图 1.20.19 所示,求证:M 是 PQ 的中点.

命题 1.20.20　设 F_1, F_2 是圆 O 内两点,它们关于圆

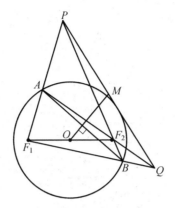

图 1.20.19

O 的极线分别记为 f_1,f_2,A 是圆 O 上一点，AF_1 交 f_2 于 C,AF_2 交 f_1 于 B,BC 交 F_1F_2 于 S，如图 1.20.20 所示，求证：AS 与圆 O 相切.

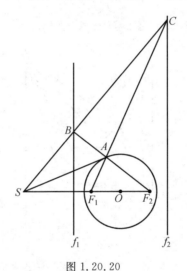

图 1.20.20

命题 1.20.21 设 F_1,F_2 是圆 O 内两点，它们关于 O 对称，这两点关于圆 O 的极线分别记为 f_1,f_2，一直线与圆 O 相切，且分别交 f_1,f_2 于 $A,B,AF_1,$ BF_2 分别交圆 O 于 C,D，过 A,B 分别作圆 O 的切线，这两切线交于 P，过 C,D 分别作圆 O 的切线，这两切线交于 Q，如图 1.20.21 所示，求证：O,P,Q 三点共线.

* * 命题 1.20.22 设 F_1,F_2 是圆 O 内两点，它们关于 O 对称，这两点关于圆 O 的极线分别记为 f_1,f_2，一直线过 F_1，且分别交 f_1,f_2 于 P,Q，过 P,Q 各作 α 的两条切线，这些切线构成外切于 α 的四边形 $PBQA$，如图 1.20.22 所示，

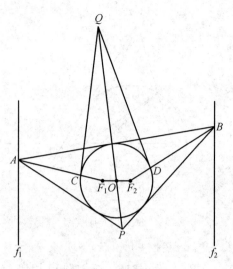

图 1.20.21

设 QF_1,QF_2 分别交 AB 于 C,D,求证:$AC = BD$.

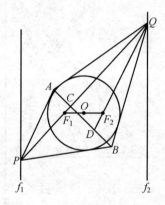

图 1.20.22

1.21 圆被视为"椭圆"(2)

命题 1.21.1 设椭圆 α 的中心为 O,β 是 α 的大圆,β 的上、下焦点分别为 F_3,F_4,上、下准线分别为 f_3,f_4,P 是 f_3 上一点,PF_3 交 β 于 A,过 A 且与 β 相切的直线交 f_3 于 Q,过 P 作 β 的切线,其切点为 B,如图 1.21.1 所示,求证:Q,B,F_3 三点共线.(参阅《圆锥曲线习题集》上册命题 118)

注:本命题的椭圆 α 是可以略去的,即改述如下:

命题 1.21.1′ 设圆 β 的中心为 O,F_3,F_4 是圆 β 内两点,它们关于 O 对称,

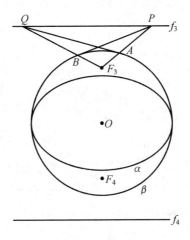

图 1.21.1

这两点关于 β 的极线分别记为 f_3, f_4, P 是 f_3 上一点, PF_3 交 β 于 A, 过 A 且与 β 相切的直线交 f_3 于 Q, 过 P 作 β 的切线, 其切点为 B, 如图 1.21.1' 所示, 求证: Q, B, F_3 三点共线.

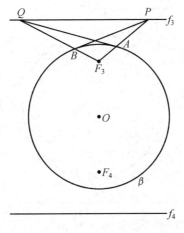

图 1.21.1'

下面的命题 1.21.2、1.21.3、1.21.4 等都有类似的情况. 但是下面的命题 1.21.5、1.21.6、1.21.7、1.21.8、1.21.9、1.21.10、1.21.11 等就不能略去椭圆 α,

命题 1.21.2   设椭圆 α 的中心为 O, β 是 α 的大圆, β 的上、下焦点分别为 F_3, F_4, 上、下准线分别为 f_3, f_4, 直线 F_3F_4 交 β 于 A, B, 过 B 且与 β 相切的直线记为 l, P 是 f_3 上一点, PA 交 β 于 D, PF_3 交 l 于 C, 如图 1.21.2 所示, 求证: CD 与 β 相切. (参阅《圆锥曲线习题集》上册命题 119)

643

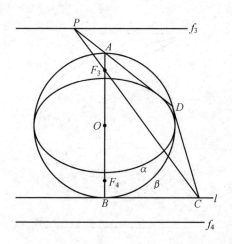

图 1.21.2

命题 1.21.3 设椭圆 α 的中心为 O，β 是 α 的大圆，β 的上、下焦点分别为 F_3，F_4，上、下准线分别为 f_3，f_4，C 是 β 外一点，过 C 作 β 的两条切线，切点分别为 B，D，BF_3 交 β 于 A，CF_3 交 AD 于 P，如图 1.21.3 所示，求证：P 在 f_3 上.

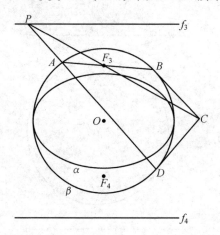

图 1.21.3

命题 1.21.4 设椭圆 α 的中心为 O，β 是 α 的大圆，β 的上、下焦点分别为 F_3，F_4，上、下准线分别为 f_3，f_4，A 是 β 上一点，AO 交 β 于 D，过 A 作 β 的切线，且分别交 f_3，f_4 于 B，C，BF_3 与 CF_4 相交于 E，过 B，C 分别作 β 的切线，这两切线相交于 F，如图 1.21.4 所示，求证：

①D，E，F 三点共线；

②$DF \parallel f_3$.

命题 1.21.5 设圆 β 的中心为 O，F_3，F_4 是 β 内两点，它们关于 O 对称，F_3，

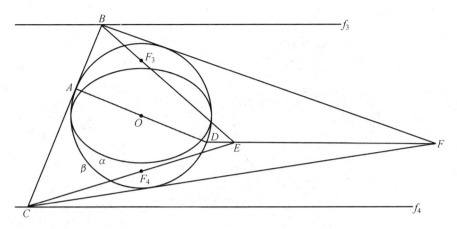

图 1.21.4

F_4 关于 α 的极线分别为 f_3，f_4，P 是 f_3 上一点，过 P 作 β 的两条切线，切点分别为 A，B，现在，在 β 内取两点 F_1，F_2，使得 $F_1F_2 \perp F_3F_4$，且 $F_1F_2 = F_3F_4$，作椭圆 α，使得该椭圆以 F_1，F_2 为左、右焦点，且内切于 β（这个椭圆称为 β 的"发生椭圆"），如图 1.21.5 所示，求证：

①A，F_3，B 三点共线；

②AB 与 PF_3 的方向关于 α 共轭.

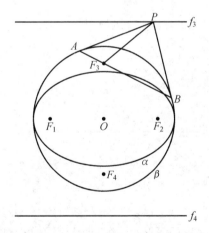

图 1.21.5

命题 1.21.6 设椭圆 α 的中心为 O，β 是 α 的大圆，β 的上、下焦点分别为 F_3，F_4，F_3F_4 交 β 于 M，N，A 是 β 上一点，过 A 且与 β 相切的直线记为 BC，过 M，N 分别作 F_3F_4 的垂线，这两垂线依次交 BC 于 B，C，设 BF_3 交 CF_4 于 P，PA 交 α 于 D，E，DE 的中点为 K，如图 1.21.6 所示，求证 $OK \,/\!/\, BC$.（参阅《圆锥曲线

习题集》下册第 1 卷命题 26）

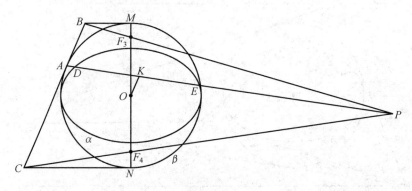

图 1.21.6

命题 1.21.7　设椭圆 α 的中心为 O，β 是 α 的大圆，β 的上、下焦点分别为 F_3，F_4，上、下准线分别为 f_3，f_4，A 是 β 上一点，过 A 且与 β 相切的直线交 f_3 于 B，BF_3 交 α 于 C，D，CD 的中点为 M，如图 1.21.7 所示，求证：$OM \parallel AF_3$.

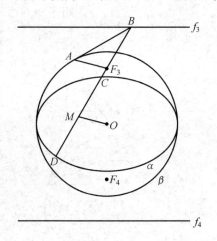

图 1.21.7

命题 1.21.8　设椭圆 α 的中心为 O，β 是 α 的大圆，β 的上、下焦点分别为 F_3，F_4，上、下准线分别为 f_3，f_4，过 F_4 作 f_4 的平行线，且交 β 于 A，过 A 且与 β 相切的直线交 f_3 于 B，如图 1.21.8 所示，求证：F_3A 的方向与 F_3B 的方向关于 α 共轭.

命题 1.21.9　设椭圆 α 的中心为 O，β 是 α 的大圆，它的上、下焦点分别为 F_1，F_2，上、下准线分别为 f_1，f_2，P 是 f_1 上一点，过 P 作 β 的两条切线，切点分别为 A，B，设 PF_1 交 α 于 C，D，过 O 作 AB 的平行线，这条线交 CD 于 M，如图 1.21.9 所示，求证：M 是线段 CD 的中点.

二维、三维欧氏
几何的对偶原理

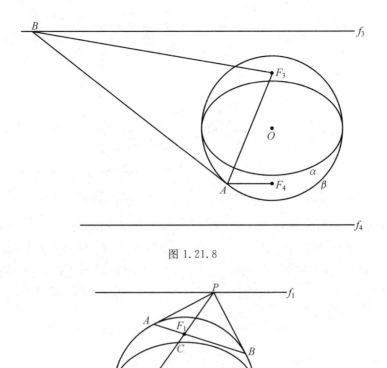

图 1.21.8

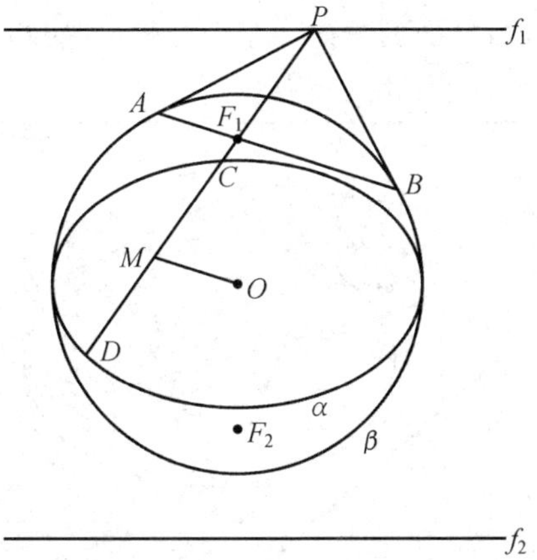

图 1.21.9

命题 1.21.10 设椭圆 α 的中心为 O，β 是 α 的大圆，β 的上、下焦点分别为 F_3，F_4，两直线 l_1，l_2 均与 F_3F_4 垂直，且均与 β 相切，A 是 β 上一点，过 A 且与 β 相切的直线分别交 l_1，l_2 于 B，C，BF_3 交 CF_4 于 D，BF_4 交 CF_3 于 H，如图 1.21.10 所示，求证：

① A，H，D 三点共线；

② 下列三对直线的方向关于 α 共轭：$(AD，BC)$，$(BF，CD)$，$(CF，BD)$.

注：在"特殊蓝几何"观点下，图 1.21.10 的 α 是"蓝圆"，而 β 则是"蓝椭圆"，F_3，F_4 是这个"蓝椭圆"的两个"蓝焦点"，命题 1.21.10 的结论②，用"特殊蓝种人"的话说，应当是：那三对直线都是互相"垂直"的，也就是说，H 是 $\triangle BCD$ 的"蓝垂心".

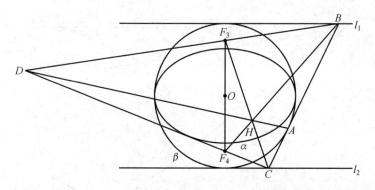

图 1.21.10

命题 1.21.11 设椭圆 α 的中心为 O，β 是 α 的大圆，它的上、下焦点分别为 F_3，F_4，上、下准线分别为 f_3，f_4，A 是 f_3 一点，AF_3，AF_4 分别交 β 于 B，C，如图 1.21.11 所示，BC 分别交 β 于 D，E，交 α 于 F，G，过 D，E 分别作 β 的切线，这两切线相交于 P，求证：PO，BC 的方向关于 α 共轭（即：PO 平分线段 FG）.

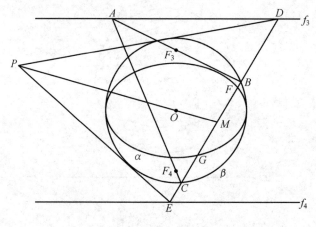

图 1.21.11

命题 1.21.12 设 F_1，F_2 是圆 O 内两点，它们关于 O 对称，两直线 l_1，l_2 均与 F_1F_2 垂直，且均与圆 O 相切，A 是圆 O 上一点，AF_1 交 l_1 于 B，AF_2 交 l_2 于 C，CF_1 交 BF_2 于 D，AO 交圆 O 于 E，如图 1.21.12 所示，求证：$DE \perp F_1F_2$.

命题 1.21.13 设 F_1，F_2 是圆 O 内两点，它们关于 O 对称，两直线 l_1，l_2 均与 F_1F_2 垂直，且均与圆 O 相切，A 是圆 O 上一点，过 A 且与圆 O 相切的直线分别交 l_1，l_2 于 B，C，BF_1 交 CF_2 于 D，BF_2 交 CF_1 于 H，如图 1.21.13 所示，求证：A，H，D 三点共线.

命题 1.21.14 设 F_1，F_2 是圆 O 内两点，它们关于 O 对称，这两点关于圆

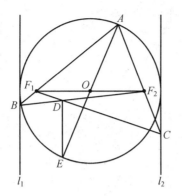

图 1.21.12

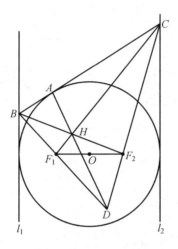

图 1.21.13

O 的极线分别记为 f_1，f_2，A，B 是圆 O 上两点，过 A，B 分别作圆 O 的切线，这两切线相交于 C，OA 交 f_1 于 P，OB 交 f_2 于 Q，过 A 作 PF_1 的平行线，同时，过 B 作 QF_2 的平行线，这两线相交于 D，如图 1.21.14 所示，求证：C，O，D 三点共线.

命题 1.21.15 设 F_1，F_2 是圆 O 内两点，它们关于 O 对称，这两点关于圆 O 的极线分别记为 f_1，f_2，A 是 f_1 上一点，B 是 f_2 上一点，AF_1 交 BF_2 于 P，AF_2 交 BF_1 于 Q，过 O 作 f_1 的平行线，且交 PQ 于 M，如图 1.21.15 所示，求证：M 是 PQ 的中点.

＊＊命题 1.21.16 设圆 O 内两点 F_1，F_2 关于 O 对称，A 是圆 O 外一点，过 A 作圆 O 的两条切线，切点分别为 B，C，作圆 O 的"发生椭圆"α，且在 α 上取四点 D，E，F，G，使得 $DO \parallel AB$，$EO \parallel AF_1$，$FO \parallel AF_2$，$GO \parallel AC$，在圆 O 上取四点 D'，E'，F'，G'，使得 DD'，EE'，FF'，GG' 均与 F_1F_2 平行，如图 1.21.16

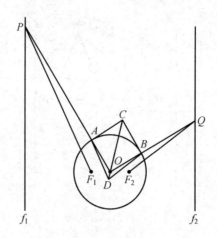

图 1.21.14

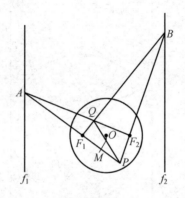

图 1.21.15

所示,求证:$\angle D'OE' = \angle F'OG'$.

注:这里说"$\angle D'OE' = \angle F'OG'$",就是在说:"蓝角"$BAF_1$ 与"蓝角"CAF_2 相等.

＊＊命题 1.21.17 设 F_1,F_2 是圆 O 内两点,它们关于 O 对称,这两点关于圆 O 的极线分别记为 f_1,f_2,P 是 f_1 上一点,PF_1,PF_2 分别交 f_2 于 Q,R,过 P,Q 各作圆 O 的两条切线,这些切线构成外切于 α 的四边形 $PBQA$,如图 1.21. 17 所示,现在,过 P,R 各作圆 O 的两条切线,这些切线构成外切于 α 的四边形 $PB'RA'$,过 O 作两线段 OC,OD,使得 OC 与 AB 平行且相等,OD 与 $A'B'$ 平行且相等,设 OC,OD 分别交 α 于 E,G,求证:$CD \parallel EG$.

注:由本命题的结论"$CD \parallel EG$",可以推出"$\dfrac{OC}{OE} = \dfrac{OD}{OG}$",按照"特殊蓝几何"的"蓝线段"的度量法则,这就相当于说:"蓝线段"$A'B'$ 与"蓝线段"AB 相等.

二维、三维欧氏
几何的对偶原理

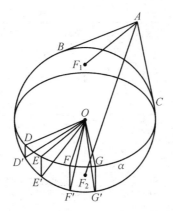

图 1.21.16

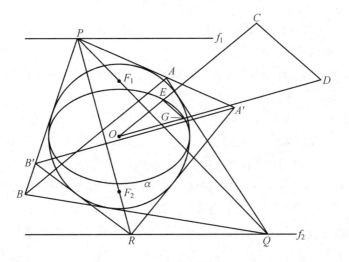

图 1.21.17

命题 1.21.18 设两直线 f_1, f_2 均在圆 O 外,彼此平行,且与 O 等距离,这两直线关于 O 的极点分别为 F_1, F_2,在圆 O 内取两点 F_1', F_2',使得 F_1F_2 与 $F_1'F_2'$ 互相垂直平分于 O,且 $OF_1 = OF_1'$,$F_1'F_2'$ 交圆 O 于 M, N,现在,以 F_1', F_2' 为焦点,MN 为长轴作椭圆,该椭圆记为 α,设 A 是圆 O 上一点,过 A 作圆 O 的切线,这切线分别交 f_3, f_4 于 B, C,过 B, C 分别作圆 O 的切线,这两切线相交于 D,如图 1.21.18 所示,求证:AD 与 BC 的方向关于 α 共轭.

注:在"特殊蓝几何"观点下,图 1.21.18 的 α 是"蓝圆",而圆 O 则是"蓝椭圆",在"特殊蓝种人"的眼里,AD 与 BC 是"蓝垂直"的.

按理说,在图 1.21.18 应当先有椭圆 α,然后才有圆 O(圆 O 称为椭圆 α 的"大圆",椭圆 α 称为圆 O 的"发生椭圆"),可是,本命题把这个先后倒了过来,那

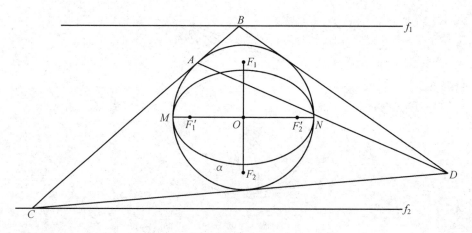

图 1.21.18

是因为在许多场合,这个椭圆 α 是不需要的,例如命题 1.21.1、1.21.2、1.21.3 等,那里的椭圆 α 只是摆设,是可以删去的,但有时就不行,例如命题 1.21.5、1.21.6、1.21.7、1.21.8,以及命题 1.21.9 等都是这样,因为它们都涉及"蓝角度"和"蓝长度",这时,就必须作补充叙述,像本命题这样.

平时,我们只要说:"设 F_1,F_2 是圆 O 内两点,它们关于 O 对称",一个"特殊蓝椭圆"就产生了,就像命题 1.21.12、1.21.13 那样,如果还涉及准线,那么,再加一句:"这两点关于圆 O 的极线分别记为 f_1,f_2",就像命题 1.21.14,1.21.15 那样,但是,如果命题还涉及"蓝角度"(参见命题 1.21.16)和"蓝长度"(参见命题 1.21.17),那么,没有"发生椭圆"就不行了,如本命题. 当然,如果命题需要"发生椭圆",最好将这个椭圆叙述在一开始(像命题 1.21.9),而不要在后面追述(像本命题那样).

1.22   椭圆被视为"椭圆"

前面说过,在"特殊蓝几何"的观点下,圆被视为"椭圆",同时,椭圆被视为"圆",所以,凡椭圆的性质均可移植到圆上,当然,反过来,也可以把圆的性质移植到椭圆上,那么,如果这两种移植连续施行,情况将会怎样?

以下面的命题 1.22.1 为例,它是关于椭圆左、右焦点的命题,把它移植到圆上,就成了命题 1.22.2(注意,这时命题 1.22.2 的 F_1,F_2 只是两个关于圆心 O 对称的点,此外别无其他要求),现在,再把命题 1.22.2 移植到椭圆上,就产生了命题 1.22.3,然而此时的命题 1.22.3,并没有回到命题 1.22.1,而是一个新命题,该命题中的 F_1,F_2 只是两个关于圆心 O 对称的点,不再要求它们是椭

二维、三维欧氏
几何的对偶原理

圆的焦点,当然,题设的要求改变了,题断的内容也相应地变了.

现在,椭圆内任意两个关于椭圆中心对称的点,都可以作为该椭圆的焦点了,这样的例子有很多,例如下面关于椭圆焦点的命题 1.22.1,先移植到圆上,形成命题 1.22.2,然后又将命题 1.22.2 移植到椭圆上,形成命题 1.22.3.当然也可以从椭圆直接移植到椭圆上,就像下面从命题 1.22.4 对偶成命题 1.22.5 那样.

读者应该记得,在第 1 章的 1.22 里,有这样的说法:"如果有人问:在一个圆内,哪个点可以作为圆心?答案应该是:随便哪个点都可以,不过要用'蓝观点'欣赏".现在,我们又有了一个类似的说法:"椭圆内任意两个关于椭圆中心对称的点,都可以作为该椭圆的焦点,不过要用'蓝观点'欣赏".

欧氏几何的对偶原理给我们带来了前所未有的自由度.

命题 1.22.1 设椭圆 α 的中心为 O,左、右焦点分别为 F_1,F_2,P 是 α 上一点,PF_1,PF_2 分别交 α 于 A,B,过 A,B 分别作 α 的切线,这两切线相交于 C,设 PO 交 α 于 Q,如图 1.22.1 所示,求证:$CQ \perp F_1F_2$.

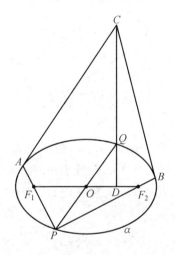

图 1.22.1

命题 1.22.2 设圆 O 内两点 F_1,F_2 关于 O 对称,P 是圆 O 上一点,PF_1,PF_2 分别交圆 O 于 A,B,过 A,B 分别作圆 O 的切线,这两切线交于 C,设 PO 交 α 于 Q,如图 1.22.2 所示,求证:$CQ \perp F_1F_2$.

命题 1.22.3 设椭圆 α 的中心为 O,F_1,F_2 是 α 内关于 O 对称的两点,P 是 α 上一点,PF_1,PF_2 分别交 α 于 A,B,过 A,B 分别作 α 的切线,这两切线交于 C,PO 交 α 于 Q,CQ 交 α 于 R,如图 1.22.3 所示,求证:QR 被 F_1F_2 所平分.

注:本命题是命题 1.22.1 的"特殊蓝表示",所以,在"蓝种人"看来,图

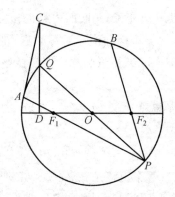

图 1.22.2

1.22.3 的 CQ 与 F_1F_2 是"垂直"的,那么,在我们看来就应该是:CQ 与 F_1F_2 关于 α 是共轭的,这就是"QR 被 F_1F_2 所平分"的由来.

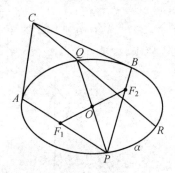

图 1.22.3

命题 1.22.4 设椭圆 α 的中心为 O,左、右准线分别为 f_1,f_2,一直线与 α 相切,且分别交 f_1,f_2 于 C,D,过 C,D 分别作 α 的切线,切点依次为 E,F,一直线与 CD 平行,且与 α 相切于 H,该直线交 EF 于 G,如图 1.22.4 所示,求证:$OG \perp f_1$.

注:下面的命题 1.22.5 和命题 1.22.6 分别是本命题的"特殊蓝表示"和"特殊黄表示".

命题 1.22.5 设椭圆 α 的中心为 O,α 外两直线 f_1,f_2 彼此平行,且与 O 等距离,一直线与 α 相切,且分别交 f_1,f_2 于 C,D,过 C,D 分别作 α 的切线,切点依次为 E,F,一直线与 CD 平行,且与 α 相切于 H,该直线交 EF 于 G,如图 1.22.5 所示,求证:OG 的方向与 f_1 的方向关于 α 共轭.

命题 1.22.6 设椭圆 α 的中心为 Z,F_1,F_2 是 α 内关于 Z 对称的两点,A 是 α 上一点,AF_1,AF_2 分别交 α 于 B,C,过 B,C 分别作 α 的切线,这两切线相交于 D,设 AZ 交 α 于 E,如图 1.22.6 所示,求证:DE 的方向与 F_1F_2 的方向关于 α 共

二维、三维欧氏
几何的对偶原理

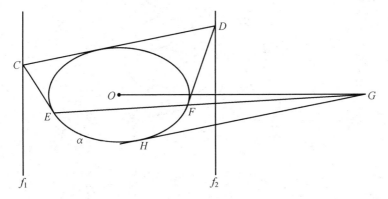

图 1.22.4

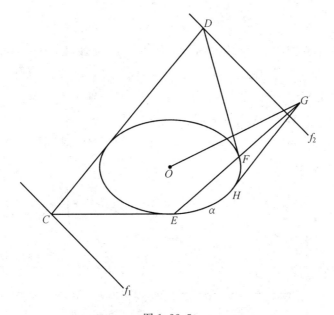

图 1.22.5

轭.

注:本命题与命题 1.22.4 的"黄对偶"关系如下:

命题 1.22.4	命题 1.22.6
O	无穷远直线
无穷远直线	Z
f_1, f_2	F_1, F_2
CD	A
C, D	AF_1, AF_2

655

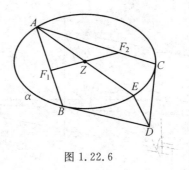

图 1.22.6

E,F	BD,CD
EF	D
G	DE
GH	E

以下关于椭圆的命题都来源于另一个与焦点(或准线)有关的椭圆命题.

命题 1.22.7 设椭圆 α 的中心为 O,α 内两点 F_1,F_2 关于 O 对称,这两点关于 α 的极线分别记为 f_1,f_2,一直线与 α 相切,且分别交 f_1,f_2 于 A,B,设 AF_1 交 BF_2 于 P,过 A,B 分别作 α 的切线,这两切线相交于 Q,如图 1.22.7 所示,求证:$PQ \parallel f_1 \parallel f_2$.

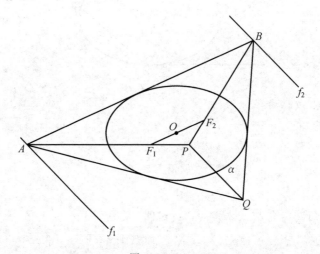

图 1.22.7

命题 1.22.8 设椭圆 α 的中心为 Z,α 内两点 F_1,F_2 关于 Z 对称,这两点关于 α 的极线分别记为 f_1,f_2,P 是 α 上一点,PF_1 交 f_1 于 A,PF_2 交 f_2 于 B,PF_1,PF_2 分别交 α 于 C,D,设 CD 交 AB 于 M,如图 1.22.8 所示,求证:M 在直线 F_1F_2 上.

二维、三维欧氏
几何的对偶原理

注:本命题是命题 1.22.7 的"特殊黄表示",它们的对偶关系如下:

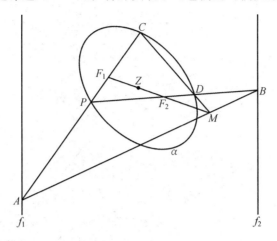

图 1.22.8

命题 1.22.7	命题 1.22.8
F_1, F	f_1, f_2
f_1, f_2	F_1, F_2
O	无穷远直线
无穷远直线	Z
AB	P
A, B	PF_1, PF_2
AQ, BQ	C, D
AF_1, BF_2	A, B
P, Q	AB, CD
PQ	M

命题 1.22.9 设椭圆 α 的中心为 O, α 内两点 F_1, F_2 关于 O 对称, AB 是 α 的直径, AF_1, AF_2 分别交 α 于 C, D, CD 交 F_1F_2 于 S, 如图 1.22.9 所示, 求证: BS 是 α 的切线.

命题 1.22.10 设椭圆 α 的中心为 O, α 内两点 F_1, F_2 关于 O 对称, 这两点关于 α 的极线分别记为 f_1, f_2, 一直线与 α 相切于 P, 且分别交 f_1, f_2 于 A, B, AF_1 交 BF_2 于 C, AC, BC 分别交 α 于 D, E, 过 D, E 分别作 α 的切线, 这两切线相交于 G, 如图 1.22.10 所示, 求证: $CG \parallel OP$.

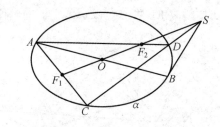

图 1.22.9

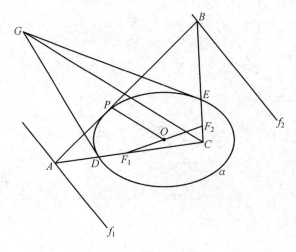

图 1.22.10

命题 1.22.11 设椭圆 α 的中心为 O，α 内两点 F_1，F_2 关于 O 对称，这两点关于 α 的极线分别记为 f_1，f_2，一直线与 α 相切于 A，且分别交 f_1，f_2 于 B，C，AF_1 交 f_1 于 D，AF_2 交 f_2 于 E，AF_1 交 BF_2 于 F，AF_2 交 CF_1 于 G，如图 1.22.11 所示，求证：$DE \parallel FG$.

命题 1.22.12 设椭圆 α 的中心为 O，α 内两点 F_1，F_2 关于 O 对称，F_1F_2 交 α 于 A，B，C，D 是 α 上两点，CF_2 交 DF_1 于 E，CF_1 交 DF_2 于 G，EG 交 CD 于 P，AC 交 BD 于 Q，如图 1.22.12 所示，求证：PQ 的方向与 AB 的方向关于 α 共轭.

命题 1.22.13 设椭圆 α 的中心为 O，α 内两点 F_1，F_2 关于 O 对称，这两点关于 α 的极线分别记为 f_1，f_2，一直线过 F_2，且交 α 于 A，B，AF_1，BF_1 分别交 α 于 C，D，设 AD 交 BC 于 E，如图 1.22.13 所示，求证：点 E 在 f_1 上.

命题 1.22.14 设椭圆 α 的中心为 O，α 内两点 F_1，F_2 关于 O 对称，这两点关于 α 的极线分别记为 f_1，f_2，一直线过 F_1，且分别交 f_1，f_2 于 A，B，过 A，B 各作 α 的两条切线，这些切线构成四边形 $ADBC$，如图 1.22.14 所示，设 CF_1，DF_2 分别交 α 于 P，Q 和 R，S，求证：四边形 $PQRS$ 是平行四边形.

658

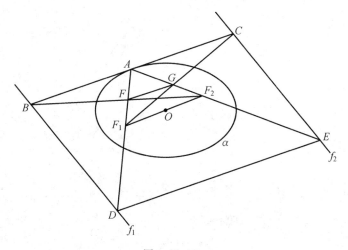

图 1.22.11

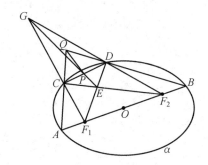

图 1.22.12

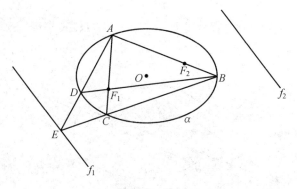

图 1.22.13

命题 1.22.15 设椭圆 α 的中心为 O, α 内两点 F_1, F_2 关于 O 对称, A 是 α 上一点, 过 O 任作两直线, 它们分别交 AF_1, AF_2 于 B, C 和 D, E, 设 BE 交 CD 于 P, 如图 1.22.15 所示, 求证: $PA \parallel F_1F_2$.

命题 1.22.16 设椭圆 α 的中心为 O, α 内两点 F_1, F_2 关于 O 对称, 一直线

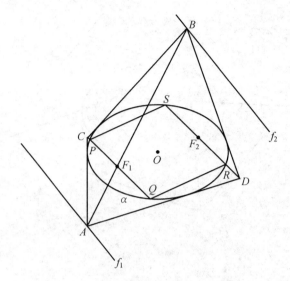

图 1.22.14

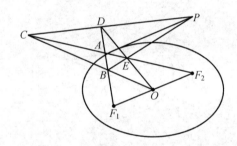

图 1.22.15

过 F_1, 且交 α 于 A, B, 另一直线过 F_2, 且交 α 于 C, D, AC, BD 分别交 F_1F_2 于 M, N, 如图 1.22.16 所示, 求证: $OM = ON$.

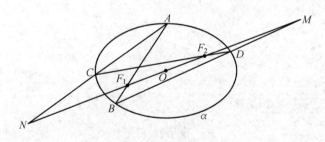

图 1.22.16

命题 1.22.17 设椭圆 α 的中心为 Z, α 外两直线 f_1, f_2 彼此平行, 且与 O 等距离, A, B 分别是 f_1, f_2 上两点, 过 A, B 各作 α 的一条切线, 这两切线相交于 P, 过 A, B 再各作 α 的一条切线, 这次两切线相交于 Q, 如图 1.22.17 所示, 求

证:P 到 f_1 的距离与 Q 到 f_2 的距离相等.

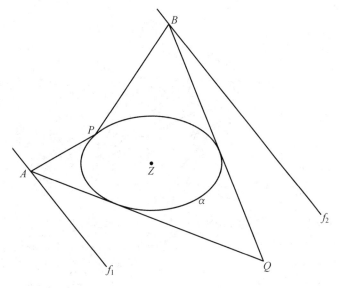

图 1.22.17

命题 1.22.18　设椭圆 α 的中心为 O，α 内两点 F_1，F_2 关于 O 对称，这两点关于 α 的极线分别记为 f_1，f_2，A 是 α 外一点，过 A 作 α 的两条切线，切点分别为 B，C，BC 分别交 f_1，f_2 于 D，E，AF_1，AF_2 分别交 β 于 G，H，如图 1.22.18 所示，求证：DG，EH 都是 α 的切线.（参阅《圆锥曲线习题集》下册第 1 卷命题 32）

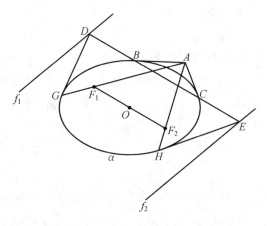

图 1.22.18

命题 1.22.19　设椭圆 α 的中心为 O，F_1，F_2 是 α 内两点，它们关于 O 对称，F_1F_2 交 α 于 M，N，过 M，N 分别作 α 的切线，这两切线依次记为 l_1，l_2，A 是 α 上一点，过 A 作 α 的切线，这切线分别交 l_1，l_2 于 B，C，BF_2 交 CF_1 于 H，BF_1 交

CF_2 于 D,如图 1.22.19 所示,求证:A,H,D 三点共线.

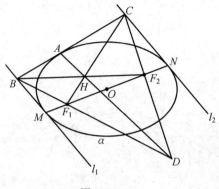

图 1.22.19

命题 1.22.20 设椭圆 α 的中心为 O,F_1,F_2 是 α 内两点,它们关于 O 对称,F_1,F_2 关于 α 的极线分别为 f_1,f_2,A 是 α 上一点,过 A 作 α 的切线,这切线交 F_1F_2 于 S,设 AF_2 交 f_1 于 B,AF_1 交 f_2 于 C,如图 1.22.20 所示,求证:B,C,S 三点共线.

1.23   杂圆(1)

除了椭圆的大、小圆及大、小蒙日圆外,椭圆还会涉及其他的圆,一律称为 "杂圆",请看下面一些命题.

命题 1.23.1 设椭圆 α 的中心为 O,左、右焦点分别为 F_1,F_2,β 是 α 的大蒙日圆,γ 是以 F_1F_2 为直径的圆,A 是 γ 上一点,过 A 作 γ 的切线,这切线交 β 于 B,C,BC 交 α 于 D,E,过 D 作 α 的切线,这切线交 β 于 G,如图 1.23.1 所示,过 E 作 α 的切线,这切线交 β 于 H,设 BG 交 CH 于 P,如图所示,求证:P,A,O 三点共线.

注:在图 1.23.1 中,以两焦点 F_1,F_2 的连线为直径的圆称为该椭圆的"焦点圆".

命题 1.23.2 设椭圆 α 的中心为 O,左、右准线分别为 f_1,f_2,β 是以 O 为圆心,且与 f_1,f_2 都相切的圆,A 是 α 上一点,过 A 作 α 的切线,这切线分别交 f_1,f_2 于 B,C,过 B,C 分别作 β 的切线,这两切线相交于 G,GA 交 β 于 D,过 D 作 α 的两条切线,这两条切线分别交 β 于 E,F,如图 1.23.2 所示,求证:EF // BC.

注:在图 1.23.2 中,以椭圆的中心为圆心,且与椭圆的两准线都相切的圆,

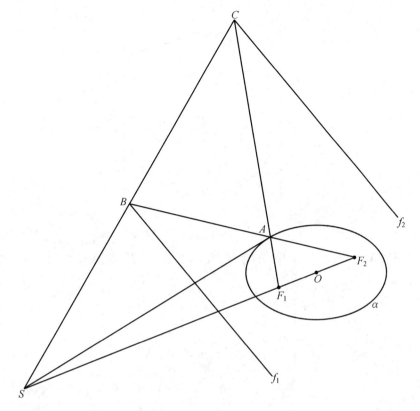

图 1.22.20

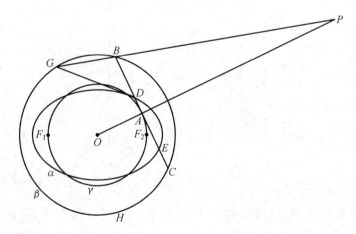

图 1.23.1

称为该椭圆的"准线圆".

命题 1.23.3 设椭圆 α 的中心为 O,左、右准线分别为 f_1,f_2,β 是 α 的准线圆,A 是 α 上一点,过 A 作 α 的切线,这切线交 β 于 B,C,过 B,C 分别作 α 的切线,

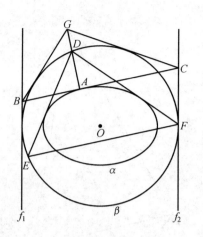

图 1.23.2

这两切线交于 D,过 D 作 BC 的垂线,此垂线交 α 于 E,如图 1.23.3 所示,求证:A,O,E 三点共线.

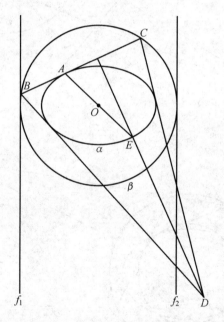

图 1.23.3

命题 1.23.4 设椭圆 α 的中心为 O,左、右焦点分别为 F_1,F_2,左、右准线分别为 f_1,f_2,β 是 α 的准线圆,P 是 α 上一点,过 P 且与 α 相切的直线交 β 于 A,B,设 AF_1 交 BF_2 于 Q,如图 1.23.4 所示,求证:O,P,Q 三点共线.

命题 1.23.5 设椭圆 α 的中心为 O,左、右准线分别为 f_1,f_2,β 是 α 的准线圆,P 是 f_2 上一点,OP 分别交 α,β 于 Q,R,过 P 作 α 的两条切线,切点分别为 A,

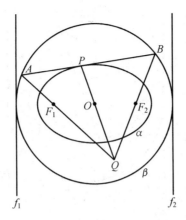

图 1.23.4

B,过 R 分别作 α 的两条切线,切点分别为 C,D,过 Q 且与 α 相切的直线记为 l,如图 1.23.5 所示,求证:$l \parallel AB \parallel CD$.

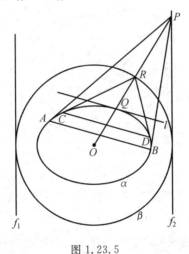

图 1.23.5

命题 1.23.6　设椭圆 α 的中心为 O,左、右准线分别为 f_1,f_2,β 是 α 的准线圆,P 是 β 上一点,过 P 作 α 的两条切线,切点分别为 A,B,直线 l 与 AB 平行,且与 α 相切,切点为 Q,如图 1.23.6 所示,求证:O,P,Q 三点共线.

命题 1.23.7　设椭圆 α 的中心为 O,左、右焦点分别为 F_1,F_2,左、右准线分别为 f_1,f_2,β,γ 分别是 α 的准线圆和小圆,以 F_1 为圆心,作一个过 O 的圆,该圆分别交 β,γ 于 A,B 和 C,D,如图 1.23.7 所示,求证:"A,F_1,C 三点共线"的充要条件是"$BC \parallel F_1F_2$".

命题 1.23.8　设椭圆 α 的中心为 O,左、右准线分别为 f_1,f_2,β,γ 分别是 α 的准线圆和小圆,一直线与 β 相切,且分别交 f_1,f_2 于 A,B,过 A,B 分别作 γ 的

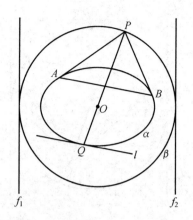

图 1.23.6

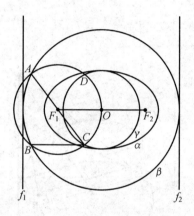

图 1.23.7

切线,这两切线相交于 P,过 A,B 分别作 α 的切线,这两切线相交于 Q,如图 1.23.8 所示,求证:O,P,Q 三点共线.

命题 1.23.9 设椭圆 α 的中心为 O,左、右准线分别为 f_1,f_2,β 是 α 的准线圆,一直线与 β 相切,且分别交 f_1,f_2 于 P,Q,过 P,Q 各作 α 的两条切线,这四条切线构成四边形 $ABCD$,如图 1.23.9 所示,求证:$AC \perp BD$.

命题 1.23.10 设椭圆 α 的中心为 Z,F_3,F_4 是 α 的上、下焦点,以 F_3F_4 为直径的圆记为 γ,P 是 γ 上一点,PF_3,PF_4 分别交 α 于 A,C 和 B,D,设 AB 交 CD 于 Q,AD 交 BC 于 R,如图 1.23.10 所示,求证:$ZQ \perp ZR$.

命题 1.23.11 设椭圆 α 的中心为 O,左、右准线分别为 f_1,f_2,β 是 α 的大蒙日圆,γ 是 α 的小圆,A 是 β 上一点,过 A 作 α 的两条切线,这两条切线中的一条交 f_1 于 B,另一条交 f_2 于 C,如图 1.23.11 所示,若 BC 恰与 γ 相切,切点为 D,求证:A,O,D 三点共线.

二维、三维欧氏
几何的对偶原理

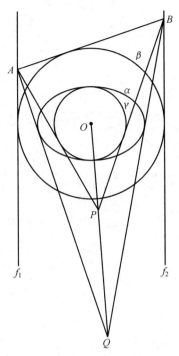

图 1.23.8

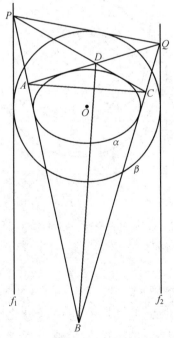

图 1.23.9

667

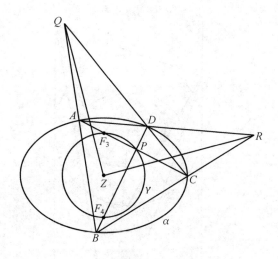

图 1.23.10

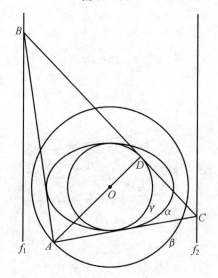

图 1.23.11

命题 1.23.12 设椭圆 α 的中心为 O,左、右焦点分别为 F_1,F_2,左、右准线分别为 f_1,f_2,γ 是 α 的焦点圆,γ 交 α 于 A,B,C,D 四点,过 A 且与 α 相切的直线分别交 f_1,f_2 于 P,Q,如图 1.23.12 所示,求证:P,F_1,C 三点共线,Q,F_2,C 三点也共线.

命题 1.23.13 设椭圆 α 的中心为 O,左、右焦点分别为 F_1,F_2,左、右准线分别为 f_1,f_2,γ 是 α 的焦点圆,P 是 γ 与 α 的交点之一,过 P 作 α 的切线,且分别交 f_1,f_2 于 A,B,过 P 作 α 的法线,且分别交 f_1,f_2 于 C,D,设 α 的短轴为 n,AD,BC 分别交 n 于 M,N,如图 1.23.13 所示,求证:$OM = ON$.

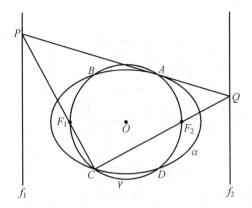

图 1.23.12

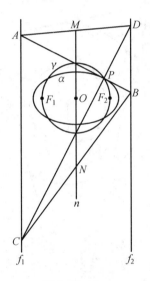

图 1.23.13

命题 1.23.14　设椭圆 α 的中心为 O，β 是 α 的大圆，F_3，F_4 是 α 的上、下焦点，以 F_3F_4 为直径的圆记为 γ，P 是 γ 上一点，PF_3，PF_4 分别交 α 于 A，B，交 β 于 C，D，如图 1.23.14 所示，求证：$AB \parallel CD$.

命题 1.23.15　设椭圆 α 的中心为 Z，左、右准线分别为 f_1，f_2，β 是 α 的准线圆，γ 是 α 的小圆，一直线与 β 相切，且分别交 f_1，f_2 于 P，Q，过 P，Q 分别作 α 的切线，这两切线相交于 A，过 P，Q 分别作 γ 的切线，这两切线相交于 B，如图 1.23.15 所示，求证：A，B，Z 三点共线.

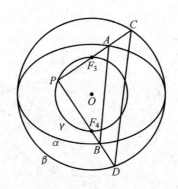

图 1.23.14

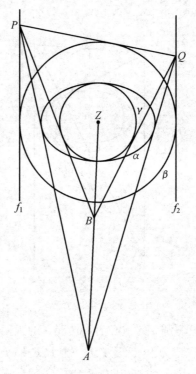

图 1.23.15

1.24 杂圆(2)

命题 1.24.1 设椭圆 α 的中心为 O，β，γ 分别是 α 的大、小蒙日圆，f_3，f_4 是 α 的上、下准线，n 是 α 的短轴，n 分别交 f_3，f_4 于 A，B，以 O 为圆心，且过 A，B 的圆记为 δ，一直线与 α 相切，切点为 C，这切线分别交 f_3，f_4 于 D，E，过 C 作 γ 的

两条切线,这两条切线分别交 β,δ 于 G,H 和 M,N,若 $OD \perp OE$,如图 1.24.1 所示,求证:$GH \parallel MN$.

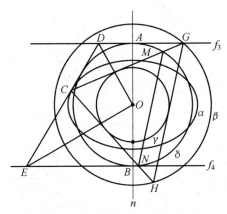

图 1.24.1

命题 1.24.2 设椭圆 α 的中心为 O,F_3,F_4 是 α 的上、下焦点,f_3,f_4 是 α 的上、下准线,n 是 α 的短轴,n 分别交 f_3,f_4 于 A,B,以 O 为圆心,且过 A,B 的圆记为 β,直线 l 是 α,β 的公切线,l 与 α 相切于 C,CF_3 交 f_3 于 D,CF_4 交 f_4 于 E,如图 1.24.2 所示,求证:DE 是 α,β 的公切线.

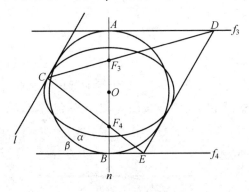

图 1.24.2

命题 1.24.3 设椭圆 α 的中心为 O,f_3,f_4 是 α 的上、下准线,以 O 为圆心,且与 f_3,f_4 都相切的圆记为 β,P 是 β 上一点,过 P 作 α 的两条切线,切点依次为 A,B,一直线与 AB 平行,且与 α 相切,切点为 Q,如图 1.24.3 所示,求证:O,P,Q 三点共线.

命题 1.24.4 设椭圆 α 的中心为 O,F_3,F_4 是 α 的上、下焦点,f_3,f_4 是 α 的上、下准线,以 F_3F_4 为直径的圆记为 β,P 是 α 上一点,过 P 且与 α 相切的直线记为 l,过 P 作 β 的两条切线,其中一条交 f_3 于 A,另一条交 f_4 于 B,如图 1.24.4

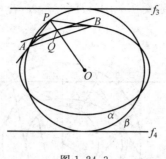

图 1.24.3

所示,求证:$AB /\!/ l$.

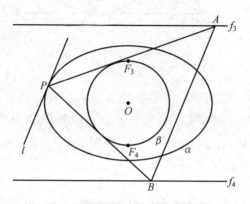

图 1.24.4

命题 1.24.5 设椭圆 α 的中心为 O,F_3,F_4 是 α 的上、下焦点,f_3,f_4 是 α 的上、下准线,以 O 为圆心,且与 f_3,f_4 都相切的圆记为 β,以 F_3F_4 为直径的圆记为 γ,P 是 β 上一点,过 P 作 α 的两条切线,切点分别为 A,B,过 A,P 分别作 γ 的切线,这两切线交于 C,过 B,P 分别作 γ 的切线,这两切线交于 D,如图 1.24.5 所示,求证:$OP \perp CD$.

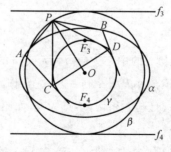

图 1.24.5

命题 1.24.6 设椭圆 α 的中心为 O,f_3,f_4 是 α 的上、下准线,β,γ 分别是 α

的大、小蒙日圆,以 O 为圆心,且与 f_3, f_4 都相切的圆记为 δ,直线 l 是 α 和 δ 的公切线,设 l 与 α 相切于 A,过 A 作 γ 的两条切线,这两切线分别交 β 于 B, C,如图 1.24.6 所示,求证: BC 与 γ 相切.

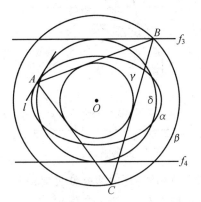

图 1.24.6

＊＊**命题 1.24.7**　设椭圆 α 的中心为 O, F_1, F_2 是 α 的左、右焦点, f_3, f_4 是 α 的上、下准线,以 F_1F_2 为直径的圆(焦点圆)记为 β, P 是 β 外一点,过 P 作 β 的两条切线,这两切线分别交 f_3, f_4 于 A, B 和 C, D,设 AD 交 BC 于 Q, PQ 交 f_4 于 M,如图 1.24.7 所示,求证: $MB = MD$.

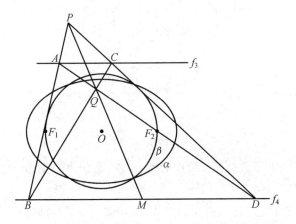

图 1.24.7

命题 1.24.8　设椭圆 α 的中心为 O, F_1, F_2 是 α 的左、右焦点, f_3, f_4 是 α 的上、下准线,以 O 为圆心,且与 f_3, f_4 都相切的圆记为 β,设 B, D 是 β 上两点, BF_1 交 DF_2 于 A, BF_2 交 DF_1 于 C, AC 交 BD 于 M,过 C 且与 f_3 平行的直线分别交 AF_1, AF_2 于 P, Q,如图 1.24.8 所示,求证: MF_1 平分 CP, MF_2 平分 CQ.

命题 1.24.9　设椭圆 α 的中心为 O, β 是 α 的大圆, γ 是 α 的小蒙日圆, A 是

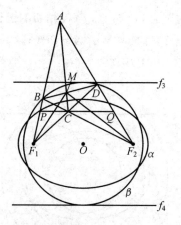

图 1.24.8

β 上一点，过 A 作 γ 的两条切线，这两切线分别交 α 于 B，C 和 D，E，过 O 作 OA 的垂线，且分别交 BD，CE 于 F，G，设 DE 交 FG 于 P，过 P 作 OA 的平行线，这线分别交 AG，AF，AC 于 Q，R，S，如图 1.24.9 所示，求证：$PQ = RS$.

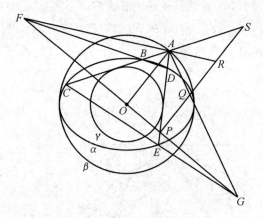

图 1.24.9

命题 1.24.10 设椭圆 α 的中心为 O，左、右焦点分别为 F_1，F_2，β 是 α 的大蒙日圆，γ 是以 F_1F_2 为直径的圆，A 是 γ 上一点，过 A 作 γ 的切线，这切线交 β 于 B，C，BC 交 α 于 D，E，过 D 作 α 的切线，这切线交 β 于 G，如图所示，过 E 作 α 的切线，这切线交 β 于 H，设 BG 交 CH 于 P，如图 1.24.10 所示，求证：P，A，O 三点共线.

命题 1.24.11 设椭圆 α 的中心为 O，左、右焦点分别为 F_1，F_2，γ 是 α 的焦点圆，P 是 γ 上一点，过 P 且与 γ 相切的直线交 β 于 A，B，过 A，B 分别作 α 的切线，这两切线相交于 C，CO 交 α 于 D，过 D 且与 α 相切的直线记为 l，如图 1.24.11 所示，求证：$l \parallel AB$.

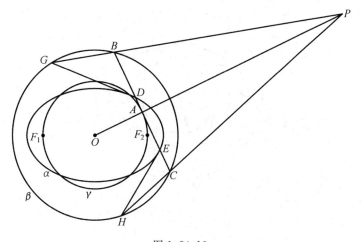

图 1.24.10

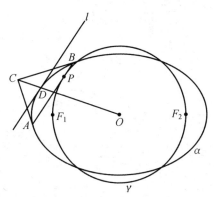

图 1.24.11

命题 1.24.12 设椭圆 α 的中心为 O,左、右焦点分别为 F_1,F_2,β,γ,δ 分别是 α 的大蒙日圆、小蒙日圆和焦点圆,δ 交 α 于 A,B,C,D 四点,过 A 且与 α 相切的直线交 β 于 M,N,过 M,N 分别作 δ 的切线,这两切线相交于 P,过 M,N 分别作 γ 的切线,这两切线相交于 Q,如图 1.24.12 所示,求证:

①O,P,Q 三点共线;

②$OP \perp MN$;

③$PM = PN$.

命题 1.24.13 设椭圆 α 的中心为 O,F_3,F_4 是 α 的上、下焦点,以 F_3F_4 为直径的圆记为 β,一直线与 β 相切,且交 α 于 A,B,过 A,B 分别作 α 的切线,这两切线相交于 C,CO 交 α 于 D,过 D 且与 α 相切的直线记为 l,如图 1.24.13 所示,求证:$l \parallel AB$.

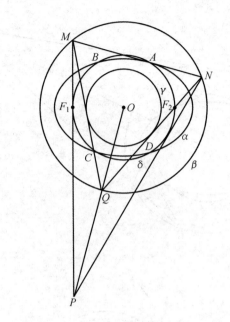

图 1.24.12

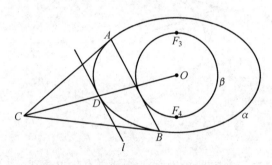

图 1.24.13

命题 1.24.14 设椭圆 α 的中心为 O，F_3，F_4 是 α 的上、下焦点，以 F_3F_4 为直径的圆记为 β，P 是 β 上一点，PF_3，PF_4 分别交 α 于 A，C 和 B，D，设 AB 交 CD 于 E，AD 交 BC 于 F，如图 1.24.14 所示，求证：$EF \perp AC$.

命题 1.24.15 设椭圆 α 的中心为 O，F_3，F_4 是 α 的上、下焦点，以 F_3F_4 为直径的圆记为 β，一直线过 F_3，且交 α 于 A，B，直线 CD 与 AB 平行，它与 β 相切，且交 α 于 C，D，直线 l 也与 AB 平行，且与 α 相切于 P，过 A，B 分别作 α 的切线，这两切线交于 Q，过 C，D 分别作 α 的切线，这次两切线相交于 R，如图 1.24.15 所示，求证：O，P，Q，R 四点共线.

命题 1.24.16 设椭圆 α 的中心为 O，F_3，F_4 是 α 的上、下焦点，以 F_3F_4 为直径的圆记为 β，P 是 α 上一点，PF_3，PF_4 分别交 β 于 A，B，过 P 作 α 的切线，这

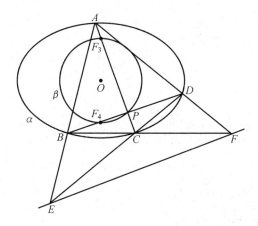

图 1.24.14

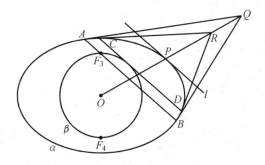

图 1.24.15

切线交 AB 于 C,过 C 作 β 的切线,这切线交 α 于 D,E,过 D,E 分别作 β 的切线,这两切线相交于 Q,如图 1.24.16 所示,求证:O,P,Q 三点共线.

＊＊命题 1.24.17 设椭圆 α 的中心为 O,左、右焦点分别为 F_1,F_2,β 是 α 的大蒙日圆,γ 是 α 的焦点圆,δ 是 α 的大圆,γ 交 α 于 A,B,C,D 四点,过这四点分别作 γ 的切线,如图 1.24.17 所示,求证:这些切线构成菱形,这菱形的两条对角线中,一条是 β 的直径,另一条是 δ 的直径.

677

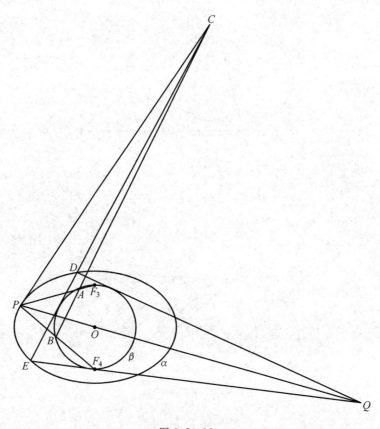

图 1.24.16

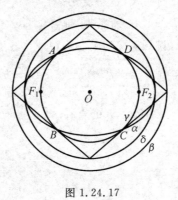

图 1.24.17

二维、三维欧氏
几何的对偶原理

练习 1

命题 1　设椭圆 β 在椭圆 α 内部,二者的中心分别为 O_1, O_2,AA',BB' 分别是 α,β 的直径,且 $AA' /\!/ BB'$,设 AB' 交 $A'B$ 于 M,AB 交 $A'B'$ 于 N,如图 1 所示,求证:

①O_1,O_2,M,N 四点共线;

②M,N 都是定点,与 AA' 的方向无关.

注:M,N 分别称为 α,β 的"外公心"和"内公心"(参阅本书第 1 章的 1.11),不论两椭圆 α,β 关系是内含、内切、相交、外切或外离,本命题的结论都是正确的.

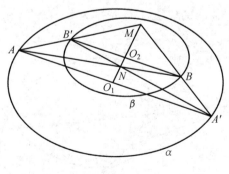

图 1

命题 2 设两椭圆 α,β 相交于 A,B,C,D 四点，P 是 AC 上一点（P 在 α,β 外），过 P 分别作 α,β 的切线，切点依次为 E,E' 和 F,F'，设 EF 分别交 α,β 于 G，$H,E'F'$ 分别交 α,β 于 G',H'，过 G,G' 分别作 α 的切线，同时，过 H,H' 作 β 的切线，如图 2 所示，求证：

① 这四条切线共点，该点记为 Q；

② Q 在 AC 上；

③ $AC,EF,E'F'$ 三线共点（此点记为 S）.

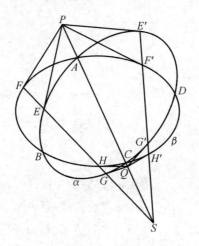

图 2

命题 3 设两椭圆 α,β 相交于四点，在 α,β 的四条公切线中选出两条不相邻的，设它们相交于 M，一直线过 M，且分别交 α,β 于 A,A' 和 B,B'，过 A 作 α 的切线，同时，过 B 作 β 的切线，这两切线相交于 P，过 A' 作 α 的切线，同时，过 B' 作 β 的切线，这两切线相交于 Q，现在，过 P 分别作 α,β 的切线，切点依次为 C，D，过 Q 分别作 α,β 的切线，切点依次为 C',D'，如图 3 所示，求证：

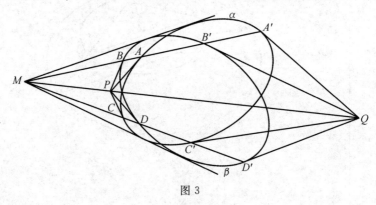

图 3

680

①M,P,Q 三点共线；

②C,D,C',D',M 五点共线.

命题 4 设两椭圆 α,β 相交于 A,B,C,D 四点，M,N 两点分别在 AD,BC 上 (M,N 均在 α,β 外)，过 M,N 各作 α 的一条切线，这两切线相交于 P，过 M,N 再各作 α 的一条切线，这次两切线相交于 Q，现在，过 M,N 各作 β 的一条切线，这两切线相交于 R，过 M,N 再各作 β 的一条切线，这次两切线相交于 S，如图 4 所示，求证：PQ,RS,MN 三线共点(此点记为 T).

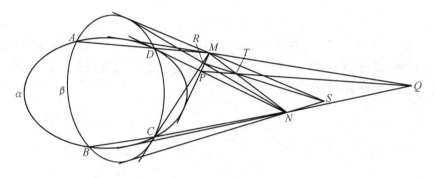

图 4

命题 5 设两椭圆 α,β 相交于四点，α,β 的四条公切线构成四边形 $ABCD$，O 是 α,β 外一点，OA 分别交 α 于 E,F 和 G,H，OC 分别交 α,β 于 E',F' 和 G'，H'，设 EE' 交 FF' 于 P，GG' 交 HH' 于 Q，如图 5 所示，求证：O,P,Q 三点共线.

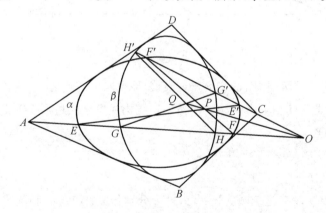

图 5

命题 6 设两椭圆 α,β 相交于 A,B,C,D 四点，一直线过 A，且分别交 α,β 于 E,F，另一直线过 C，且分别交 α,β 于 G,H，如图 6 所示，求证：EG,FH,BD 三线共点(此点记为 S).

命题 7 设两椭圆 α,β 相交于四点，它们的四条公切线构成四边形 $ABCD$，

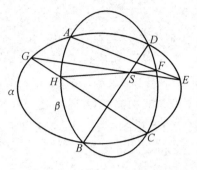

图 6

AD 交 BC 于 P ,设 M,N 两点分别在 AB,CD 上,过 M,N 分别作 α 的切线,这两切线相交于 Q ,现在,过 M,N 分别作 β 的切线,这次两切线相交于 R ,如图 7 所示,求证: P,Q,R 三点共线.

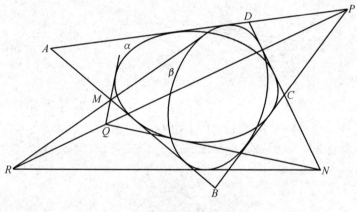

图 7

命题 8 设两椭圆 α,β 相交于四点, Z 是这四个交点之一,在 Z 处, α 的切线 l 与 β 的切线 m 互相垂直, α,β 的四条公切线构成完全四边形 $ABCD-EF$,如图 8 所示,求证:

①$\angle AZB$ 与 $\angle CZD$ 互补, $\angle AZD$ 与 $\angle BZC$ 互补;

②$\angle BZE = \angle DZF$.

命题 9 设 Z 是椭圆 α 上一点,过 Z 分别作 α 的切线 m 和法线 n ,以 Z 为圆心作圆 β , β 与 α 相交于四点,设 α,β 的四条公切线构成完全四边形 $ABCD-EF$,如图 9 所示,求证:下列三角: $\angle AZC$, $\angle BZD$, $\angle EZF$ 不是被 m 所平分,就是被 n 所平分.

命题 10 设 Z 是椭圆 α 上一点,以 Z 为圆心作圆 β , β 与 α 有且仅有三个公共点,其中一个是 α,β 的切点,这点记为 A ,另两个都是 α,β 的交点,过 A 作 α,β

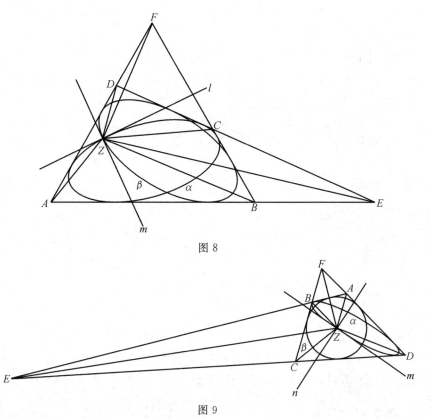

图 8

图 9

的公切线,这条公切线与 α,β 的另两条公切线分别相交于 B,C,过 Z 作 α 的法线 n,如图 10 所示,求证:n 平分 $\angle BZC$.

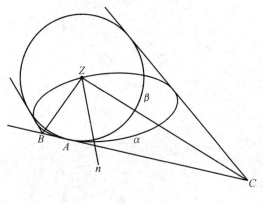

图 10

命题 11 设两椭圆 α,β 外离,Z 是 α 的焦点,与 Z 相应准线为 f,β 与 f 相交于 P,Q,设 ZP,ZQ 均与 β 相切,在 α,β 的四条公切线中任选两条,分别记为 AB

和 CD,其中 AB 分别与 α,β 相切于 A,B,CD 分别与 α,β 相切于 C,D,如图 11 所示,求证:

①$\angle AZB = \angle CZD$;

②$\angle BZQ = \angle DZP$.

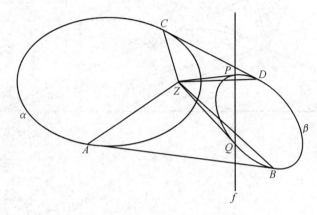

图 11

命题 12 设 Z 是椭圆 α 外一点,过 Z 作 α 的两条切线,切点分别为 T_1,T_2,以 Z 为圆心作圆 β,β 与 α 没有公共点,它们的四条公切线中,有三条构成 $\triangle ABC$,第四条公切线交 T_1T_2 于 P,过 Z 作 ZA 的垂线,且交 BC 于 Q,过 Z 作 ZC 的垂线,且交 AB 于 R,若 $ZT_1 \perp ZT_2$,如图 12 所示,求证:

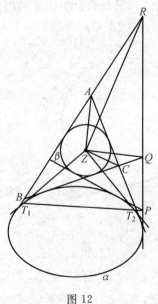

图 12

①P,Q,R 三点共线；

②PQ 与 α 相切.

命题 13 设三椭圆 α,β,γ 中,每两个都相交于四点,这些交点中,有两个记为 A,B,它们是这三椭圆的公共交点,除 A,B 外,α,β 还交于 C,D,β,γ 还交于 E,F,γ,α 还交于 G,H,如图 13 所示,求证:在三直线 CD,EF,GH 中,只要有两条彼此平行,就必然三条都彼此平行.

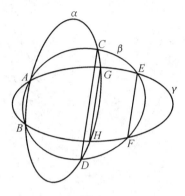

图 13

命题 14 设两椭圆 α,β 相交于四点,两直线 l_1,l_2 都是 α,β 的公切线,它们彼此平行,一直线与 l_1 平行,且分别交 α,β 于 A,B,过 A 且与 α 相切的直线记为 m_1,直线 m_2 与 m_1 平行,且与 α 相切于 C,过 B 且与 β 相切的直线记为 n_1,直线 n_2 与 n_1 平行,且与 β 相切于 D,如图 14 所示,求证:$CD /\!/ AB$.

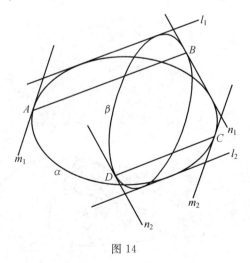

图 14

685

命题 15　设两椭圆 α,β 相交于四点,α,β 的两条公切线相交于 P,这两条公切线可以是相对的,如图 15 所示,也可以是相邻的两条,如图 15.1 所示,一直线过 P,且分别交 α,β 于 A,B 和 C,D,过 A,B 分别作 α 的切线,这两切线相交于 Q,过 C,D 分别作 β 的切线,这两切线相交于 R,求证:P,Q,R 三点共线.

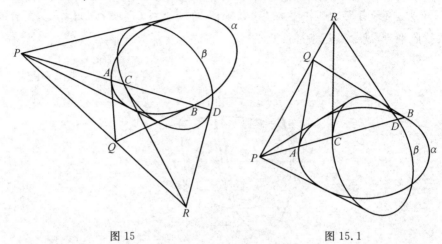

图 15　　　　　　　　　　　图 15.1

命题 16　设 Z 是椭圆 α 的焦点,f 是与 Z 对应的准线,椭圆 β 过 Z,且与 α 相切于 A,B 两点,AB 交 f 于 S,过 A,B 分别作 α,β 的公切线,这两公切线相交于 T,过 S 作 β 的切线,切点为 P,设 SP 分别交 AT,BT 于 C,D,如图 16 所示,求证:

①ZS 与 β 相切;

②$ZS \perp ZT$;

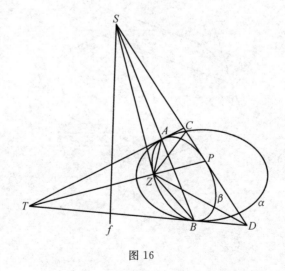

图 16

686

二维、三维欧氏
几何的对偶原理

③∠AZP = ∠BZP；

④T, Z, P 三点共线；

⑤∠AZC = ∠BZD.

命题 17 设两椭圆 α, β 的离心率相同, 且长轴彼此平行, 这两椭圆相交于 C, M, 一直线过 C, 且分别交 α, β 于 D, E, B 是 α 上一点, A 是 β 上一点, DB 交 EA 于 F, 如图 17 所示, 求证: 一定存在椭圆 γ, 它过 M, A, B, F 四点, 离心率与 α, β 相同, 且长轴与 α, β 的长轴平行.

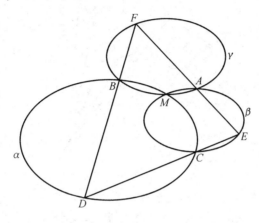

图 17

命题 18 设椭圆 β 在双曲线 α 外部, 二者相切于 A, B 两点, 直线 CD 与 β 相切, 且交 α 于 C, D, 过 D 作 AB 的平行线, 且交 α 于 E, 直线 C'D' 与 β 相切, 且交 α 于 C', D', 过 D' 作 AB 的平行线, 且交 α 于 E', 如图 18 所示, 求证: AB, CE, C'E' 三线共点 (此点记为 S).

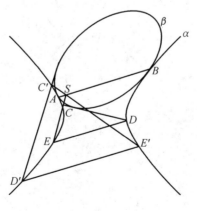

图 18

命题 19 设椭圆 α 在双曲线 β 的外部,它们相切于 A,B 两点,过 A,B 分别作 α,β 的公切线,这两公切线相交于 C,设 D 是 α,β 外一点,过 D 作 α 的两条切线 l_1,l_2,再过 D 作 β 的两条切线 l_3,l_4,如图 19 所示,记直线 CD 与 l_1,l_2,l_3,l_4,所成的角分别为 $\theta_1,\theta_2,\theta_3,\theta_4$,求证:"$\theta_1 = \theta_2$"的充要条件是"$\theta_3 = \theta_4$".

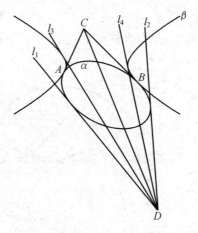

图 19

命题 20 设椭圆 α 在双曲线 β 的外部,它们相切于 A,B 两点,过 A,B 分别作 α,β 的公切线,这两公切线相交于 C,设 D 是 α,β 外一点,过 D 作 α 的两条切线 l_1,l_2,再过 D 作 β 的两条切线 l_3,l_4,如图 20 所示,记直线 CD 与 l_1,l_2,l_3,l_4,所成的角分别为 $\theta_1,\theta_2,\theta_3,\theta_4$,求证

$$\frac{\sin(\theta_1 - \theta_3)}{\sin\theta_1 \cdot \sin\theta_3} = \frac{\sin(\theta_2 - \theta_4)}{\sin\theta_2 \cdot \sin\theta_4}$$

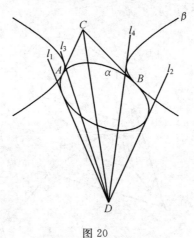

图 20

命题 21 设椭圆 α 在双曲线 β 的外部,且二者相切于 A,B,一直线过 A,且

二维、三维欧氏
几何的对偶原理

分别交 α,β 于 C,D,另一直线过 B,且分别交 α,β 于 E,F,设 CE 交 DF 于 P,如图 21 所示,求证:P 在直线 AB 上.

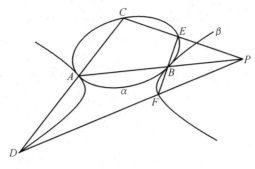

图 21

命题 22 设 Z 是双曲线 α 上一点,过 Z 且与 α 相切的直线记为 t,椭圆 β 以 Z 为焦点,β 与 α 有且仅有三个公共点,其中一个是 α,β 的切点,这点记为 A,另两个都是 α,β 的交点,过 A 作 α,β 的公切线,这条公切线与 α,β 的另两条公切线分别相交于 B,C,如图 22 所示,求证:t 平分 $\angle BZC$.

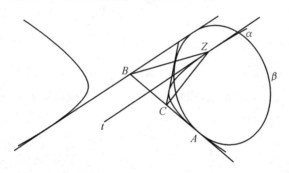

图 22

命题 23 设椭圆 α 在双曲线 β 的外部,Z 是 α 的焦点,与 Z 相应准线为 f,β 与 f 相交于 P,Q,设 ZP,ZQ 均与 β 相切,在 α,β 的四条公切线中任选两条,分别记为 AB 和 CD,其中 AB 分别与 α,β 相切于 A,B,CD 分别与 α,β 相切于 C,D,如图 23 所示,求证:$\angle AZB = \angle CZD$.

命题 24 设 O 是等轴双曲线 α 的中心,O 也是椭圆 β 的焦点,α,β 有着四条公切线,这四条公切线中,有三条构成 $\triangle ABC$,第四条公切线记为 l,过 O 作 OB 的垂线,且交 CA 于 P,过 O 作 OC 的垂线,且交 AB 于 Q,如图 24 所示,求证:PQ 与 l 平行.

命题 25 设椭圆 α 与双曲线 β 相交于四点:A,B,C,D,直线 l 分别交 α,β 于 E,F 和 G,H,过 E,F 分别作 α 的切线,同时,过 G,H 分别作 β 的切线,若这四条

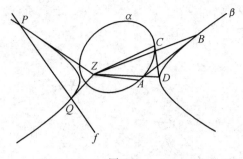

图 23

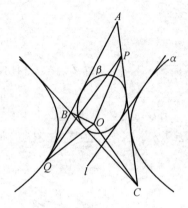

图 24

切线共点于 Z,如图 25 所示,求证:A,B,Z 三点共线,C,D,Z 三点也共线.

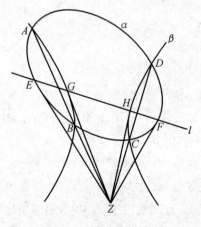

图 25

命题 26 设两双曲线 α,β 的渐近线分别为 t_1,t_2 和 t_3,t_4,这两双曲线的渐近线方向相同(即 $t_1 \parallel t_3, t_2 \parallel t_4$,即便这样,$\alpha,\beta$ 的离心率仍可不一样),α,β 有着两个交点 A,B,椭圆 γ 经过 A,B,且分别与 α,β 相切于 C,D,如图 26 所示,求

690

证：CD 是 γ 的直径.

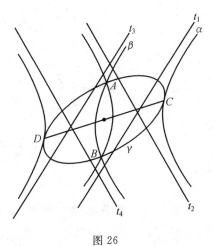

图 26

命题 27 设 Z 是椭圆 α 的焦点，f 是与 Z 对应的准线，双曲线 β 在 α 外，且与 α 相切于 A，B 两点，过 Z 作 β 的两条切线，切点依次为 C，D，CD 交 AB 于 S，过 A，B 分别作 α，β 的公切线，这两公切线相交于 T，如图 27 所示，求证：

① S 在 f 上；

② $ZS \perp ZT$；

③ $\angle AZT = \angle BZT$.

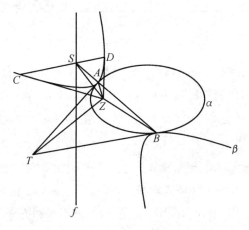

图 27

命题 28 设双曲线 α 的两条渐近线分别为 t_1，t_2，椭圆 β 在 α 外，β 与 α 相切于 A，B，过 A 作 t_1 的平行线，且交 β 于 C，过 B 作 t_2 的平行线，且交 β 于 D，如图 28 所示，求证：CD 与 AB 平行.

命题 29 设椭圆 α 与抛物线 β 有且仅有三个公共点，其中一个是切点，记

691

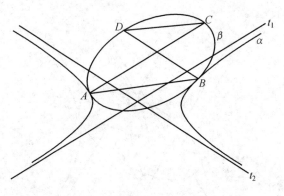

图 28

为 A，另两个都是交点，其中一个记为 Z，过 Z 分别作 α,β 的切线 l_1,l_2,α,β 的三条公切线构成 $\triangle BCD$，若 $l_1 \perp l_2$，如图 29 所示，求证：$\angle AZB = \angle CZD$.

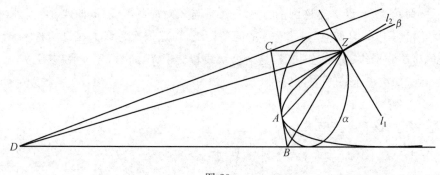

图 29

命题 30　设直线 m 是抛物线 α 的对称轴，椭圆 β 在 α 外，且与 α 相切于 A，过 A 且与 α,β 都相切的直线记为 l_1，直线 l_2 与 l_1 平行，且与 β 相切于 B，过 B 作 m 的平行线，且分别交 α,β 于 C,D，过 C 作 α 的切线，同时，过 D 作 β 的切线，这两切线相交于 E，如图 30 所示，求证：点 E 在直线 l_1 上.

命题 31　设抛物线 α 与抛物线 β 相切于 A，除 A 外，α,β 没有其他的公共点，直线 l 不过 A，但与 α,β 都相切，椭圆 γ 在 α 内部，它与 α 相切于两点，其中一个切点是 A，另一个切点记为 B，设 β 与 γ 的两条公切线相交于 C，如图 31 所示，求证：BC 与 l 平行.

命题 32　设两抛物线 α,β 与直线 t 相切于 P，且在 t 的同一侧，α,β 的另一条公切线记为 l，椭圆 γ 也与 t 相切于 P，但位于 α,β 的另一侧，设 α 与 γ 的两条公切线相交于 A，β 与 γ 的两条公切线相交于 B，如图 32 所示，求证：直线 AB 与 l 平行.

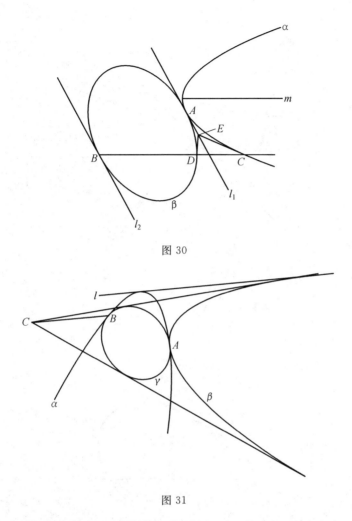

图 30

图 31

命题33 设抛物线 α 的对称轴为 m ,椭圆 β 在 α 的内部,它们相切于 A,B 两点,过 B 作 m 的平行线,且交 β 于 C ,如图33所示,求证: AC 是 β 的直径.

命题34 设椭圆 α 与抛物线 β 相切于 A,B 两点,过 B 且与 α,β 都相切的直线记为 l_1 ,直线 l_2 与 l_1 平行,且与 α 相切,一直线与 α 相切,且分别交 l_1,l_2 于 C , D ,过 C 作 AD 的平行线,如图34所示,求证:此平行线与 β 相切.

命题35 设两抛物线 α,β 有着三条公切线: l_1,l_2,l_3 ,椭圆 γ 与 l_1,l_3 都相切,且与 α,β 各有四个交点, α,γ 间另有两条公切线,这两条公切线相交于 P,β,γ 间也另有两条公切线,这两条公切线相交于 Q ,如图35所示,求证: PQ 与 l_2 平行.

命题36 设两抛物线 α,β 的对称轴分别为 $m,n,m \perp n,\alpha$ 与 β 有且仅有三

693

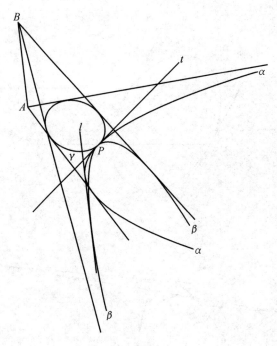

图 32

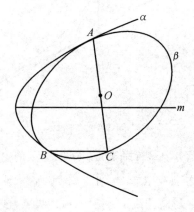

图 33

个公共点 A,B,C,其中 A 是 α,β 的切点,B,C 都是交点,直线 DE 过 A,且与 α,β 都相切,如图 36 所示,求证:$\angle ACB = \angle BAD$.

命题 37 设三抛物线 α,β,γ 的对称轴彼此平行,每两抛物线都有且仅有两条公切线,其中 β,γ 的两条公切线相交于 P,α,γ 的两条公切线相交于 Q,α,β 的两条公切线相交于 R,如图 37 所示,求证:P,Q,R 三点共线.

命题 38 设两抛物线 α,β 的对称轴分别为 m,n,α,β 有且仅有三个公共点,其中一个是 α,β 的切点,这点记为 A,另两个都是 α,β 的交点,设直线 BC 是 α,β

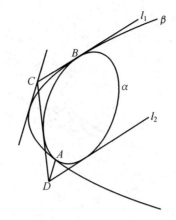

图 34

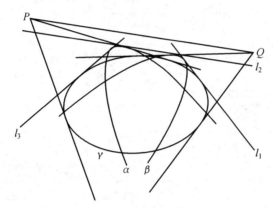

图 35

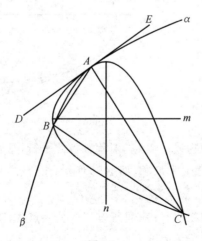

图 36

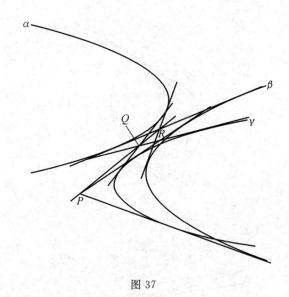

图 37

的公切线,B,C 分别是这直线与 α,β 的切点,过 B 作 m 的平行线,同时,过 C 作 n 的平行线,这两线相交于 D,如图 38 所示,求证:直线 DA 与 α,β 都相切.

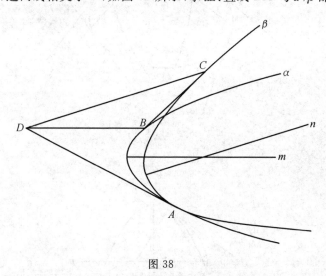

图 38

命题 39 设三抛物线 α,β,γ 的对称轴彼此平行,且开口方向相同,β 交 γ 于 A,B,γ 交 α 于 C,D,α 交 β 于 E,F,如图 39 所示,求证:AB,CD,EF 三线共点(此点记为 S).

命题 40 设两抛物线 α,β 有且仅有三个公共点 A,B,P,其中 P 是 α,β 的切点,A,B 都是 α,β 的交点,过 A,B 分别作 α 的切线,这两切线相交于 Q,过 A,B 分别作 β 的切线,这两切线相交于 R,设直线 l 是 α,β 的不过 P 的公切线,如图 40

696

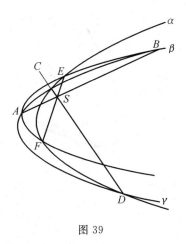

图 39

所示,求证:

①P,Q,R 三点共线;

②PQ 与 l 平行.

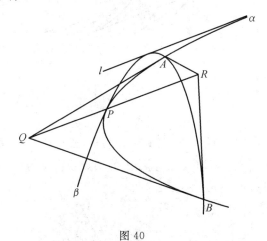

图 40

命题 41 设直线 t 是双曲线 α 的渐近线之一,抛物线 β 以 t 为其对称轴,β 与 α 相切于 A,相交于 B,过 B 作 α 的切线,这切线交 t 于 C,过 B 作 β 的切线,这切线记为 l,如图 41 所示,求证:l 与 AC 平行.

命题 42 设抛物线 α 的对称轴为 m,双曲线 β 的中心为 O,α 与 β 有且仅有一个公共点 A,A 是 α,β 的切点,在 β 上取一点 B,使得 AB 与 m 平行,设 BO 交 β 于 C,直线 l_1 过 B 且与 β 相切,直线 l_2 与 l_1 平行,且与 α 相切于 D,如图 42 所示,求证:A,C,D 三点共线.

命题 43 设双曲线 α 与抛物线 β 有着四个交点及四条公切线,A,B 是四个

697

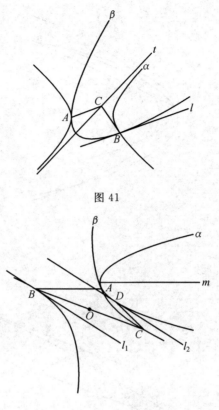

图 41

图 42

交点中的两个,如图 43 所示,β 的对称轴记为 m,三直线 l_1,l_2,l_3 彼此平行,其中 l_1,l_2 均与 α 相切,l_3 与 β 相切,这三直线上的切点依次记为 C,D,E,设 CD 交 AB 于 F,求证:EF 与 m 平行.

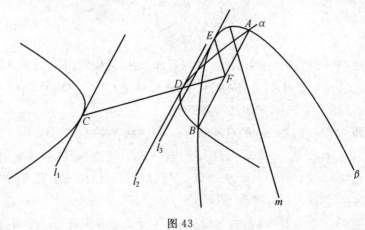

图 43

命题 44 设直线 t 是双曲线 α 的渐近线之一,抛物线 β 的对称轴为 m,m 与 t 平行,α 与 β 相交于 A,且相切于 B,过 A 且与 β 相切的直线记为 n,过 A 且与 α 相切的直线交 t 于 C,作 α,β 的两条公切线,这两公切线相交于 D,如图 44 所示, 求证:

①B,C,D 三点共线;

②BD 与 n 平行.

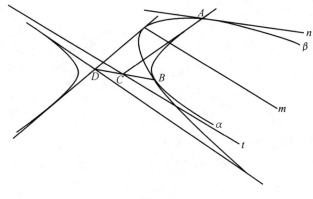

图 44

命题 45 设双曲线 α 与抛物线 β 相交于四点:A,B,C,D,抛物线 β 的对称轴为 m,α,β 的两条公切线相交于 P,过 P 作 m 的平行线,且交 α 于 M,N,过 M,N 分别作 α 的切线,这两切线分别记为 l_1,l_2,如图 45 所示,求证:$l_1 \,/\!/\, AC$,$l_2 \,/\!/\, BD$.

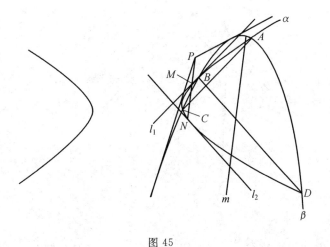

图 45

命题 46 设直线 m 是抛物线 α 的对称轴,直线 t 是双曲线 β 的渐近线之一,

699

$t /\!/ m$，α 与 β 相切于 A，另外还相交于 B，过 B 作 β 的切线，这切线交 t 于 C，过 B 作 α 的切线，这切线记为 l，如图 46 所示，求证：l 与 AC 平行.

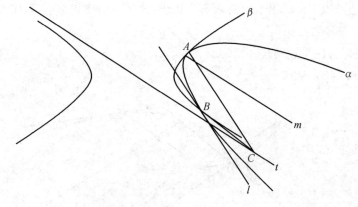

图 46

命题 47　设双曲线 α 的两渐近线分别为 t_1，t_2，A 是 α 上一点，两直线 l_1，l_2 均过 A，且使得 $l_1 /\!/ t_1$，$l_2 /\!/ t_2$，抛物线 β 与 l_1，l_2 均相切，设 P 是 α 上一点（P 在 β 外），过 P 作 β 的两条切线，这两条切线分别交 α 于 Q，R，如图 47 所示，求证：直线 QR 与 β 相切.

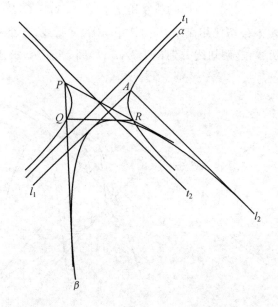

图 47

命题 48　设抛物线 β 在双曲线 α 外部，α 与 β 有两个切点：A，B，过 A，B 分别作 α，β 的公切线，这两公切线相交于 P，设 C 是线段 AB 上一点，过 C 作 α 的两

700

条切线,切点依次为 D,E,过 P 作 CD 的平行线,且交 CE 于 F,过 F 作 β 的切线,切点为 G,如图 48 所示,求证:$FG \parallel AB$.

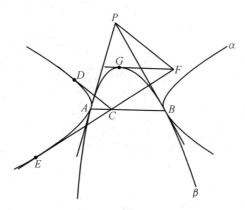

图 48

命题 49 设抛物线 α 的对称轴为 m,双曲线 β 在 α 的外部,且与 α 相切于 A,B,过 A 且与 α,β 均相切的直线记为 l,P 是 l 上一动点,过 P 作 m 的平行线,且交 α 于 Q,BQ 交 β 于 R,PR 交 β 于 C,如图 49 所示,求证:

①C 是定点,与 P 在 l 上的位置无关;

②BC 与 m 平行.

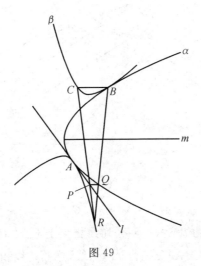

图 49

命题 50 设双曲线 α 的两渐近线分别为 t_1,t_2,抛物线 β 与 α 相交于两点,这两点中的一个记为 A,直线 l_1 与 t_1 平行,且于 β 相切,直线 l_2 与 t_2 平行,且也于 β 相切,l_1 交 l_2 于 P,过 A 作 β 的切线,这切线交 α 于 B,过 B 作 α 的切线,若这切线恰好也与 β 相切,如图 50 所示,求证:P 在 α 上.

701

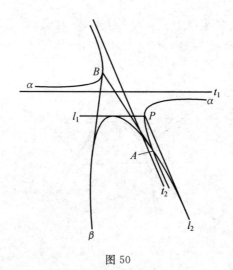

图 50

命题 51 设双曲线 α 的两渐近线分别为 t_1,t_2,抛物线 β 与 t_1 相切,β 的对称轴为 m,m 与 t_2 平行,α 与 β 有且仅有一个交点,A 是 α 上一点,过 A 作 β 的两条切线,这两切线分别交 α 于 B,C,如图 51 所示,求证:BC 与 β 相切.

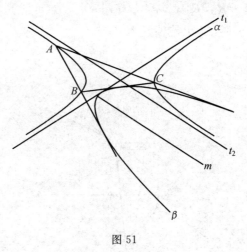

图 51

命题 52 设抛物线 α 的对称轴为 m,双曲线 β 与 α 有且仅有两个交点,α,β 的两条公切线分别记为 l_1,l_2,这两公切线相交于 P,过 P 且与 m 平行的直线交 α 于 A,交 β 于 B,C,过 B,C 分别作 β 的切线,这两切线相交于 Q,过 A 且与 α 相切的直线记为 l_3,如图 52 所示,求证:l_3 与 PQ 平行.

命题 53 设抛物线 α 的对称轴为 m,顶点为 O,O 也是双曲线 β 的顶点,β 的实轴为 $n,m \perp n$,设 α,β 有着四条公切线,它们分别记为 l_1,l_2,l_3,l_4,l_1 依次交 l_3,l_4 于 A,B,l_2 依次交 l_3,l_4 于 C,D,如图 53 所示,求证:$\angle AOB = \angle COD$.

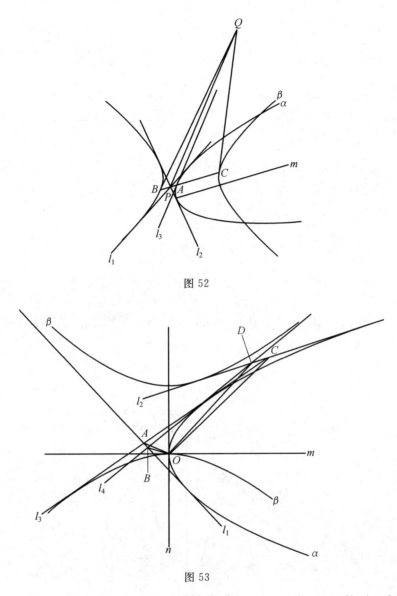

图 52

图 53

命题 54 设两抛物线 α,β 的对称轴分别为 $m,n,m \parallel n,\alpha,\beta$ 的开口方向相反，α 在 β 外，双曲线 γ 与 α,β 各有一个切点，它们记为 A,B，直线 l_1 过 A，且与 α,γ 都相切，直线 l_2 过 B，且与 β,γ 都相切，设 β 与 γ 的两条公切线相交于 P,γ 与 α 的两条公切线相交于 Q,α 与 β 的两条公切线相交于 R，若 $l_1 \parallel l_2$，如图 54 所示，求证：P,Q,R 三点共线.

命题 55 设两抛物线 α,β 的对称轴分别为 $m,n,m \parallel n,\alpha,\beta$ 的开口方向相反，α,β 相交于 A,B 两点，双曲线 γ 与 α 有且仅有三个公共点：P,C,D，其中 P 是

703

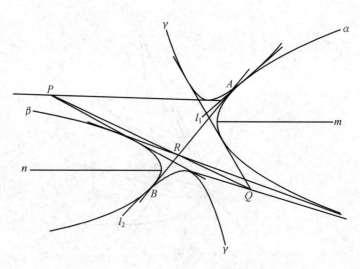

图 54

γ 与 α 的切点,C,D 都是 γ 与 α 的交点,同样的,双曲线 γ 与 β 有且仅有三个公共点:Q,E,F,其中 Q 是 γ 与 β 的切点,E,F 都是 γ 与 β 的交点,若 PQ 与 m 平行,如图 55 所示,求证:AB,CD,EF 三线共点(此点记为 S).

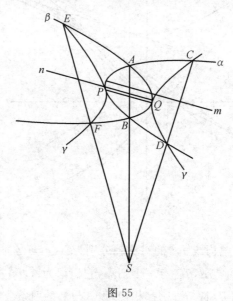

图 55

练习 2

命题 1 设 t_1, t_2 是两双曲线 α, β 的公共渐近线, β 在 α 外(二者不一定是共轭双曲线), P, A, B 是 α 上三点, AB 与 β 相切, P', A', B' 是 α 上另外三点, $P'A'$ // PA, $P'B'$ // PB, 如图 1 所示, 求证: $A'B'$ 与 β 相切.

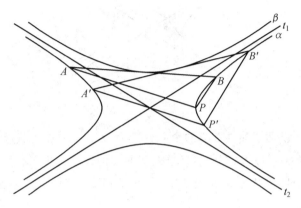

图 1

命题 2 设 t_1, t_2 是两双曲线 α, β 的公共渐近线, β 在 α 外(二者不一定是共轭双曲线), P, P' 是 β 上两点, 直线 AB 与 α 相切, 过 P 作 α 的两条切线, 这两切线交 AB 于 A, B, 另一直线 $A'B'$ 也与 α 相切, 过 P' 作 α 的两条切线, 这两切线交 $A'B'$ 于 A', B', 如图 2 所示, 求证: "A, O, A' 三点共线"的充要条件是"B, O, B' 三点共线".

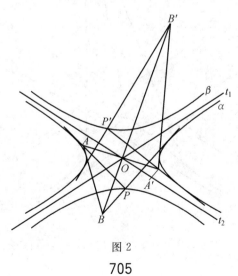

图 2

命题 3 设两双曲线 α,β 有着公共的中心 O,公共的渐近线 t_1,t_2,如图 3 所示(即便这样,α,β 仍然不一定是共轭双曲线),A,B 两点分别在 t_1,t_2 上,过 A,B 分别作 α 的切线,这两切线相交于 P,过 A,B 分别作 β 的切线,这两切线相交于 Q,求证:O,P,Q 三点共线.

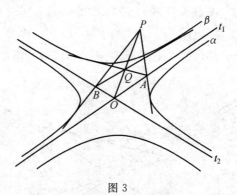

图 3

命题 4 设两双曲线 α,β 的中心分别为 O_1,O_2,α,β 的渐近线分别为 t_1,t_2 和 $t_3,t_4,t_1 \parallel t_3,t_2 \parallel t_4$(即便这样这两双曲线的开口大小仍有可能不同),设 $\alpha,$ β 有四条公切线,其中两条相交于 P,另两条相交于 Q,如图 4 所示,求证:$O_1,$ O_2,P,Q 四点共线.

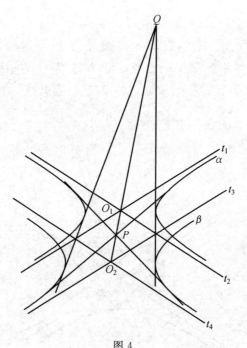

图 4

命题 5 设两双曲线 α,β 有着四个公共点,且有着四条公切线,其中两条彼此平行,这两条分别记为 l_1,l_2,α,β 的渐近线分别为 t_1,t_2 和 t_3,t_4,设 t_1 交 t_4 于 C,t_2 交 t_3 于 D,如图 5 所示,求证:在 α,β 的四个交点中,一定有两个,分别记为 A,B,使得 A,B,C,D 四点共线.

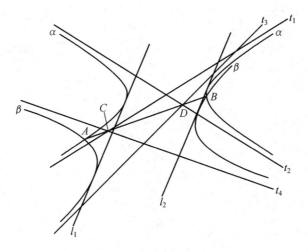

图 5

命题 6　设三双曲线 α,β,γ 有两条公切线,记为 l_1,l_2,除 l_1,l_2 外,这三双曲线两两间还各有两条公切线,其中 β,γ 的两条公切线相交于 P,α,γ 的两条公切线相交于 Q,α,β 的两条公切线相交于 R,如图 6 所示,求证:P,Q,R 三点共线.

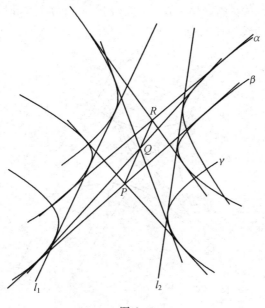

图 6

707

命题7 设两双曲线 α,β 的渐近线方向相同（即 α 的两条渐近线与 β 的两条渐近线，分别平行），α,β 相交于 M,N 两点，两直线 l_1,l_2 彼此平行，且 l_1 与 α 相切于 A，l_2 与 β 相切于 B，直线 AB 分别交 α,β 于 C,D，设 MN 分别交 l_1,l_2 于 E，F，如图 7 所示，求证：

①FC 与 α 相切，ED 与 β 相切；

②$FC \parallel ED$.

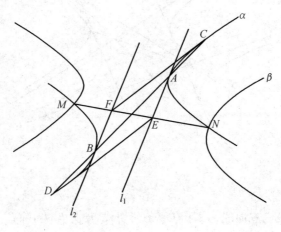

图 7

命题8 设两双曲线 α,β 相交于四点：A,B,C,D，一直线分别交 α,β 于 E，F 和 G,H（图中，点 F 未画出），过 E,F 分别作 α 的切线，同时，过 G,H 分别作 β 的切线，这四条切线构成四边形 $PQRS$，其中，P 在 AC 上，如图 8 所示，求证：

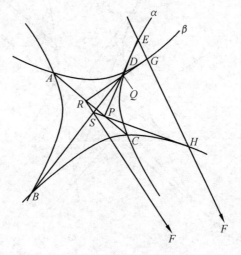

图 8

①R 也在 AC 上；

②Q,S 均在 BD 上．

命题9 设两双曲线 α,β 相交于四点：A,B,C,D,α,β 没有公切线，α 的两渐近线分别为 t_1,t_2,β 的两渐近线分别为 t_3,t_4，设 t_1 交 t_3 于 M,t_2 交 t_4 于 N，如图9 所示，求证：" M 在 AC 上"的充要条件是" N 在 AC 上"．

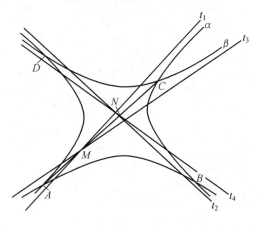

图 9

命题10 设两双曲线 α,β 的中心分别为 O_1,O_2,α,β 的渐近线方向相同（即 α 的两条渐近线与 β 的两条渐近线，分别平行），它们有一个切点 P，此外没有别的公共点，四条直线 l_1,l_2,l_3,l_4 彼此平行，其中，l_1,l_2 均与 α 相切，切点分别为 A,B,l_3,l_4 均与 β 相切，切点分别为 C,D，如图10 所示，求证：

①A,P,D 三点共线，B,P,C 三点也共线；

②O_1,P,O_2 三点共线．

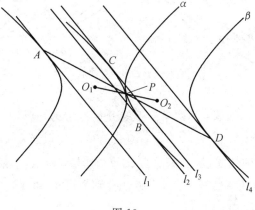

图 10

命题 11 设两双曲线 α,β 的中心分别为 O_1,O_2，α,β 的渐近线方向相同（即 α 的两条渐近线与 β 的两条渐近线分别平行），它们有且仅有两条公切线，这两条公切线相交于 P，如图 11 所示，求证：O_1,P,O_2 三点共线.

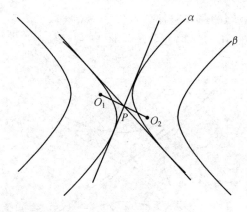

图 11

命题 12 设两双曲线 α,β 的中心分别为 O,O'，它们的渐近线分别为 t_1,t_2 和 t_3,t_4，$t_1 /\!/ t_3$，$t_2 /\!/ t_4$，α,β 有且仅有三个公共点，其中一个是 α,β 的切点，该点记为 A，另两个都是 α,β 的交点，如图 12 所示，求证：O,O',A 三点共线.

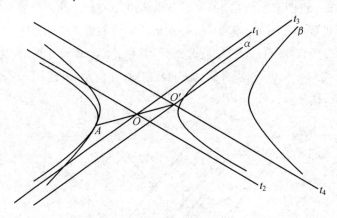

图 12

命题 13 设双曲线 α 的两条渐近线分别为 t_1,t_2，直线 t_3 是双曲线 β 的渐近线之一，t_3 分别交 t_1,t_2 于 A,B，α,β 有且仅有两个交点 M,N，A 恰好就在 MN 上过 A,B 分别作 α 的切线，切点依次为 C,D，如图 13 所示，求证：CD 与 AB 平行.

命题 14 设两双曲线 α,β 的渐近线分别为 t_1,t_2 和 t_3,t_4，α 与 β 有且仅有三条公切线：l_1,l_2,m，其中 $l_1 /\!/ l_2$，m 与 α,β 相切于同一点，这点记为 P，设 t_1 交 t_4 于 Q，t_2 交 t_3 于 R，t_2 交 t_4 于 A，t_1 交 t_3 于 B，如图 14 所示，求证：

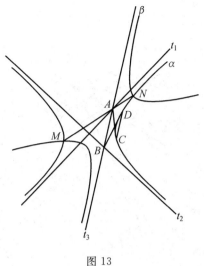

图 13

①Q,R 两点都在 m 上;

②AB 与 l_1,l_2 都平行.

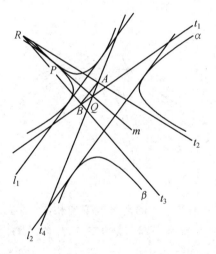

图 14

命题 15 设直线 m 是两双曲线 α,β 的一条公共的渐近线,α 的另一条渐近线为 t_1,β 的另一条渐近线为 t_2,t_1 交 t_2 于 P,过 P 分别作 α,β 的切线,切点依次为 A,B,如图 15 所示,求证:AB 与 m 平行.

命题 16 设两双曲线 α,β 的渐近线分别为 t_1,t_2 和 t_3,t_4,A,B 是 α,β 的两个交点,t_1 交 t_3 于 C,t_2 交 t_4 于 D,如图 16 所示,求证:"C 在 AB 上"的充要条件是"D 在 AB 上".

711

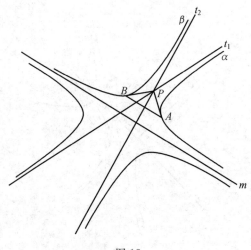

图 15

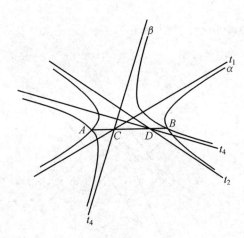

图 16

命题 17 设两双曲线 α,β 的渐近线方向相同（即 α 的两条渐近线与 β 的两条渐近线分别平行），一直线分别交 α,β 于 A,B 和 C,D,过 A,B,C,D 分别作所在双曲线的切线,这些切线依次记为 l_1,l_2,l_3,l_4,如图 17 所示,求证:"$l_1 \mathbin{/\!/} l_4$"的充要条件是"$l_2 \mathbin{/\!/} l_3$".

命题 18 设两双曲线 α,β 的渐近线分别为 t_1,t_2 和 t_3,t_4,两直线 l_1,l_2 都是 α,β 的公切线,它们彼此平行,设 t_1,t_2,t_3,t_4 两两相交,产生六个交点,A 是其中之一,过 A 分别作 α,β 的切线,切点依次为 P,Q,如图 18 所示,求证:直线 PQ 与 l_1,l_2 都平行.

命题 19 设两双曲线 α,β 的中心分别为 O_1,O_2,两直线 l_1,l_2 都是 α,β 的公切线,它们彼此平行,如图 19 所示,求证:直线 O_1O_2 与 l_1,l_2 都平行.

二维、三维欧氏
几何的对偶原理

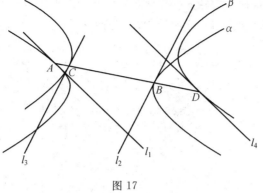

图 17

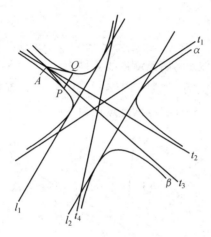

图 18

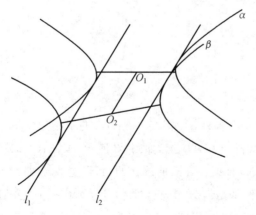

图 19

713

命题 20 设两双曲线 α,β 有着两条公共的渐近线 t_1,t_2，A 是 t_1 上一点，过 A 分别作 α,β 的切线，切点依次为 B,C，如图 20 所示，求证：BC 与 t_2 平行.

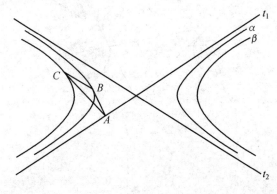

图 20

命题 21 设双曲线 α 的两条渐近线分别为 t_1,t_2，双曲线 β 的两条渐近线分别为 t_1,t_3，β 在 α 的内部，且与 α 相切于 A，过 A 且与 α,β 都相切的直线记为 l，如图 21 所示，求证：l,t_2,t_3 三线共点（此点记为 S）.

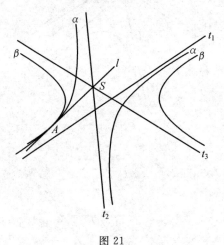

图 21

命题 22 设两双曲线 α,β 相交于 A,B，α 的中心为 O，过 O 作 β 的两条切线，切点分别为 C,D，若 O 在 AB 上，如图 22 所示，求证：$CD \mathbin{/\!/} AB$.

命题 23 设双曲线 α 在双曲线 β 的内部，这两双曲线有且仅有两个公共点，记为 A,B，它们都是 α,β 的切点，过 A,B 分别作 α,β 的公切线，这两公切线相交于 M，一直线过 M，且分别交 α,β 于 C,D 和 E,F，过 C,D,E,F 分别作它们所在双曲线的切线，如图 23 所示，求证：

① 这四条切线共点，该点记为 N；

714

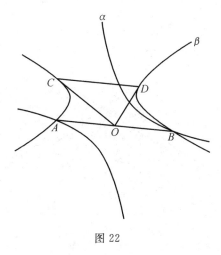

图 22

②A,B,N 三点共线.

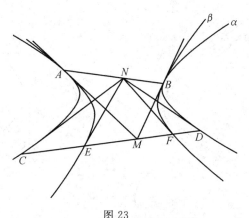

图 23

命题 24 设双曲线 α 的两条渐近线分别为 t_1,t_2,双曲线 β 的两条渐近线分别为 t_1,t_3,α,β 有且仅有一个公共点 P,该点是 α,β 的切点,设 t_2 交 t_3 于 Q,如图 24 所示,求证:PQ 是 α,β 的公切线.

命题 25 设两双曲线 α,β 的渐近线方向相同(就是说,α 的两条渐近线与 β 的两条渐近线分别平行,即便这样,α,β 的离心率仍可不一样),α,β 有且仅有一个公共点 P,P 是 α,β 的切点,过 P 且与 α,β 均相切的直线记为 l,设 α,β 的两条公切线与 α 相切于 A,B,与 β 相切于 C,D,如图 25 所示,求证:AB,CD 均与 l 平行.

命题 26 设两双曲线 α,β 有且仅有三个公共点:S,A,B,其中 S 是 α,β 的切点,A,B 都是 α,β 的交点,过 A,B 分别作 α 的切线,这两切线相交于 P,过 A,B 分别作 β 的切线,这两切线相交于 Q,设 α,β 有且仅有三条公切线,其中不过 S 的

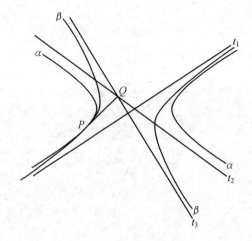

图 24

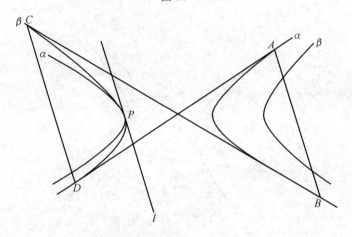

图 25

那两条相交于 R,如图 26 所示,求证:S,P,Q,R 四点共线.

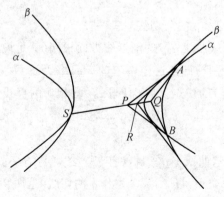

图 26

命题 27　设直线 t 是两双曲线 α, β 的公共的渐近线, α, β 有且仅有两个公共点: A, B, 过 A, B 分别作 α 的切线, 这两切线相交于 P, 过 A, B 分别作 β 的切线, 这两切线相交于 Q, 设 α, β 有且仅有两条公切线, 这两条公切线相交于 R, 如图 27 所示, 求证:

①P, Q, R 三点共线;

②PQ 与 t 平行.

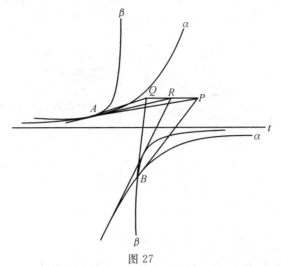

图 27

命题 28　设两双曲线 α, β 有且仅有 2 个公共点: P, A, 其中 P 是 α, β 的切点, A 是 α, β 的交点, 直线 t_1 是 α 的渐近线, 直线 t_2 是 β 的渐近线, $t_1 \parallel t_2$, α, β 的两条不过 P 的公切线相交于 Q, 设 PQ 分别交 t_1, t_2 于 B, C, 如图 28 所示, 求证: AB 与 α 相切, AC 与 β 相切.

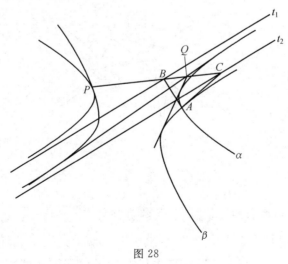

图 28

命题 29 设 t_1 是双曲线 α 的渐近线之一, t_2 是 β 的渐近线之一, $t_1 \parallel t_2$, α, β 有且仅有一个公共点 A, 过 A 作 α 的切线, 且交 t_1 于 P, 过 A 作 β 的切线, 且交 t_2 于 Q, 设 α, β 的两条公切线 l_1, l_2 相交于 R, 如图 29 所示, 求证: P, Q, R 三点共线.

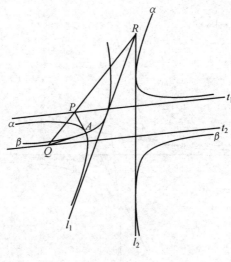

图 29

命题 30 设两双曲线 α, β 有且仅有两个公共点 A, B, 过 A, B 分别作 α 的切线, 这两切线相交于 P, 过 A, B 分别作 β 的切线, 这两切线相交于 Q, 设 α, β 有且仅有两条公切线, 这两公切线相交于 R, 如图 30 所示, 求证: P, Q, R 三点共线.

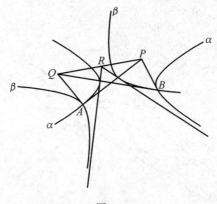

图 30

命题 31 设两双曲线 α, β 的渐近线分别为 t_1, t_2 和 t_1, t_3, 其中 t_1 是 α, β 公共的渐近线, α, β 相交于 A, B 两点, t_2 交 t_3 于 P, 过 P 分别作 α, β 的切线, 切点依次为 C, D, 如图 31 所示, 求证: "CD 平行于 t_1" 的充要条件是 "P 在 AB 上".

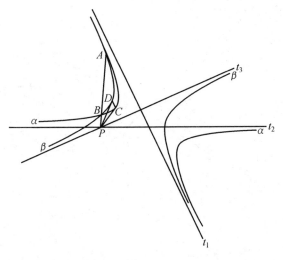

图 31

命题 32 设两双曲线 α,β 的渐近线分别为 t_1,t_2 和 t_1,t_3,其中 t_1 是 α,β 公共的渐近线,$t_2 /\!/ t_3$,α,β 有一条公切线,这公切线交 t_1 于 S,现在,作四条彼此平行的直线,其中两条分别与 α 相切,切点依次为 A,B,另两条分别与 β 相切,切点依次为 C,D,设 AC 交 BD 于 T,如图 32 所示,求证:

①AD,BC 均过 S;

②T 在 t_1 上.

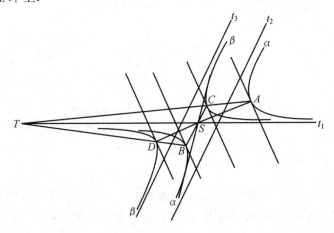

图 32

命题 33 设两双曲线 α,β 的渐近线分别为 t_1,t_2 和 t_3,t_4,α,β 有且仅有三个公共点:P,Q,R,其中 P 是 α,β 的切点,Q,R 都是 α,β 的交点,设 t_1 分别交 t_3,t_4 于 A,B,t_2 分别交 t_3,t_4 于 C,D,如图 33 所示,求证:B,C,P,Q 四点共线,$A,D,$

P,R 四点也共线.

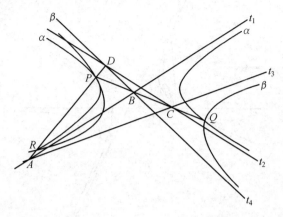

图 33

命题 34 设直线 t 是两双曲线 α,β 的公共的渐近线，α,β 有且仅有两条公切线，这两公切线相交于 M，过 M 作 t 的平行线，且分别交 α,β 于 A,B，过 A,B 分别作所在双曲线的切线，这两切线相交于 N，如图 34 所示，求证：N 在 t 上.

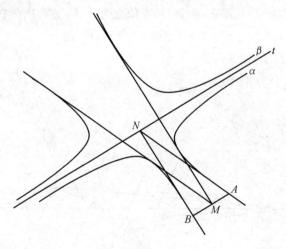

图 34

命题 35 设 O 是两双曲线 α,β 的公共的中心，直线 t 是 α,β 的公共的渐近线，A,B 是 t 上两点，过 A 分别作 α,β 的切线，切点依次为 C,D，过 B 分别作 α,β 的切线，切点依次为 E,F，如图 35 所示，求证：$CD \parallel EF$.

命题 36 设直线 t 是两双曲线 α,β 的公共的渐近线，α,β 没有公共点，且 α 在 β 的外部，一直线与 t 平行，且分别交 α,β 于 A,B，过 A 作 α 的切线，同时，过 B 作 β 的切线，这两切线相交于 P，如图 36 所示，求证：

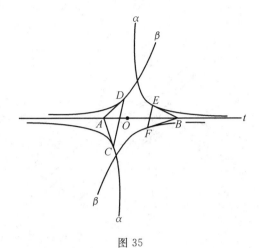

图 35

① 当直线 AB 变动时,点 P 的轨迹是直线,这直线记为 z;

② z 与 α,β 不相交.

注:若 α 在 β 的内部,如图 36.1 所示,那么,点 P 的轨迹就是直线 t.

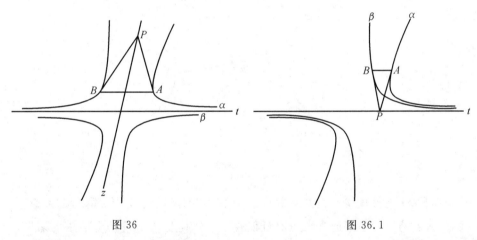

图 36   图 36.1

命题 37　设直线 t_1 是双曲线 α 的渐近线之一,t_2 是 β 的渐近线之一,α,β 有且仅有两个公共点:A,B,这两个点都是 α,β 的切点,过 A,B 分别作 α,β 的公切线,这两公切线相交于 P,过 P 作 t_1 的平行线,交 α 于 C,过 P 作 t_2 的平行线,交 β 于 D,如图 37 所示,求证:$CD \mathbin{/\!/} AB$.

命题 38　设两双曲线 α,β 的渐近线方向相同(即 α 的两条渐近线与 β 的两条渐近线分别平行,即便这样,这两双曲线的开口大小仍有可能不同,也就是说,它们的离心率可以不一样的),α,β 相交于 M,N 两点,作四边形 $ABCD$,使得 AD,CD 均与 α 相切,AB,BC 均与 β 相切,且 A,C 两点均在 MN 上,如图 38 所

721

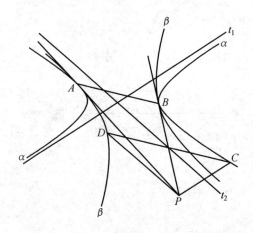

图 37

示,求证:"AB ∥ CD"的充要条件是"AD ∥ BC".

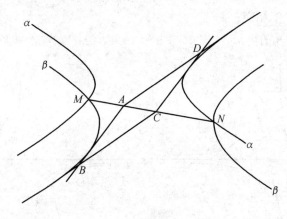

图 38

命题 39 设直线 t_1 是两双曲线 α,β 的公共的渐近线,t_2 是 α 的另一条渐近线,t_3 是 β 的另一条渐近线,α,β 有且仅有一个公共点 P,这个点是 α,β 的切点,一直线过 P,且分别交 α,β 于 A,B,过 A 作 t_2 的平行线,同时,过 B 作 t_3 的平行线,这两线相交于 Q,如图 39 所示,求证:PQ 与 t_1 平行.

命题 40 设双曲线 α 的两条渐近线分别为 t_1,t_2,双曲线 β 与 α 有且仅有两个公共点 A,B,这两点都是 α,β 的切点,过 B 作 α,β 的公切线,该线记为 l,过 A 分别作 t_1,t_2 的平行线,且依次交 β 于 C,D,如图 40 所示,求证:CD 与 l 平行.

命题 41 设两双曲线 α,β 有且仅有两个公共点 A,B,这两点都是 α,β 的切点,设 C,D 是 β 上两点,AC,BD 分别交 α 于 E,F,如图 41 所示,求证:AB,CD,EF 三线共点(此点记为 S).

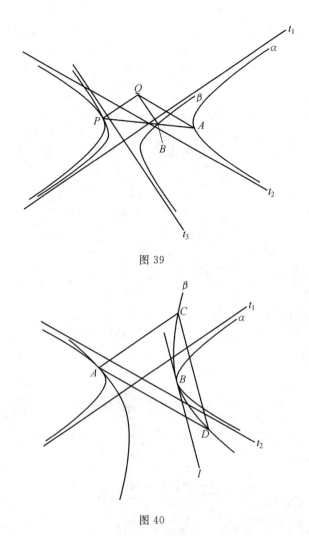

图 39

图 40

命题 42 设两双曲线 α, β 的渐近线分别为 t_1, t_2 和 t_1, t_3, 其中 t_1 是 α, β 公共的渐近线, α, β 有且仅有一个公共点 A, 该点是 α, β 的切点, 一直线与 t_1 平行, 它分别交 α, β 于 B, C, 过 B 作 t_2 的平行线, 同时, 过 C 作 t_3 的平行线, 这两线相交于 D, 设 t_2 交 t_3 于 E, 如图 42 所示, 求证:

①AD 是 α, β 的公切线;

②E 在 AD 上.

命题 43 设两双曲线 α, β 相交于两点 M, N, 它们的渐近线分别为 t_1, t_2 和 t_3, t_4 (在图中, t_1, t_2, t_3, t_4 均未画出), 设 α, β 有着四条公切线, 其中两条分别记为 l_1, l_2, 这两条公切线分别与 α, β 相切于 A, C 和 B, D, 如图 43 所示, α, β 的另两条公切线分别与 l_1, l_2 相交于 E, G 和 F, H, 求证: 下列五条直线共点(此点记为

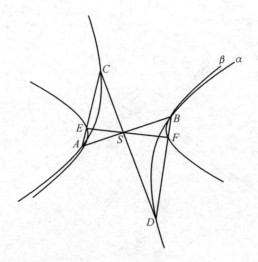

图 41

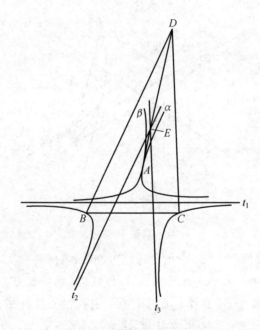

图 42

S):MN,AB,CD,EF,GH.

命题44 设两双曲线α,β的中心分别为O_1,O_2,这两条双曲线有且仅有两个交点和两条公切线l_1,l_2,$l_1\parallel l_2$,如图44所示,求证:O_1,O_2的连线与l_1,l_2都平行.

命题45 设双曲线α的中心为O,双曲线β与α有且仅有两个交点A,B,过

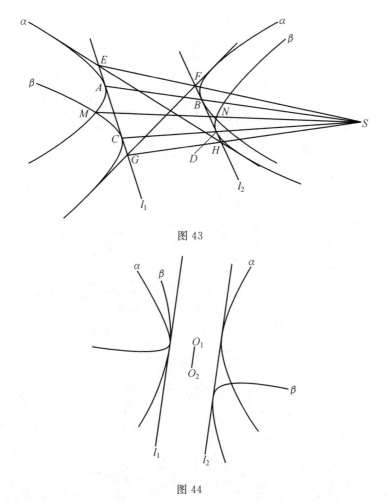

图 43

图 44

O 作 β 的两条切线,切点依次为 C,D,若 A,O,B 三点共线,如图 45 所示,求证:CD 与 AB 平行.

命题 46 设双曲线 α 的渐近线为 t_1,t_2,双曲线 β 的渐近线为 t_1,t_3,其中 t_1 是 α,β 公共的渐近线,t_2 交 t_3 于 M,t_2 交 β 于 A,B,过 A,B 分别作 t_1 的平行线,这两平行线依次交 α 于 C,D,过 A 作 CD 的平行线,且交 β 于 E,如图 46 所示,求证:

①C,M,D 三点共线;

②DE 与 t_3 平行.

命题 47 设双曲线 α 的渐近线为 t_1,t_2,双曲线 β 的渐近线为 t_1,t_3,其中 t_1 是 α,β 公共的渐近线,t_2 交 t_3 于 A,设 t_2 交 β 于 B,C,过 B,C 分别作 t_1 的平行线,且依次交 α 于 D,E,如图 47 所示,求证:A,D,E 三点共线.

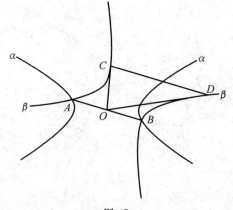

图 45

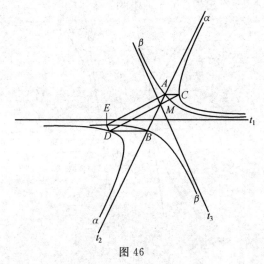

图 46

图 47

二维、三维欧氏
几何的对偶原理

命题48 设双曲线 β 在双曲线 α 外,二者有且仅有一个公共点 A,该点是它们的切点,一直线过 A,且分别交 α,β 于 B,C,过 B 且与 α 相切的直线记为 l_1,过 C 且与 β 相切的直线记为 l_2,设 l_1 交 β 于 D,E,AD,AE 分别交 α 于 F,G,若 l_1 // l_2,如图48所示,求证:FG 与 l_1,l_2 都平行.

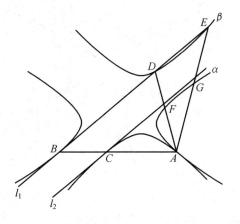

图 48

命题49 设两双曲线 α,β 的渐近线分别为 t_1,t_2 和 t_3,t_4,t_1 // t_3,t_2 // t_4(即便这样,这两双曲线的开口大小仍有可能不同,也就是说,它们的离心率可以不一样的),α,β 有着两个交点 A,B,双曲线 γ 过 A,B 两点,且交 α 于 C,D,交 β 于 E,F,如图49所示,求证:CD // EF.

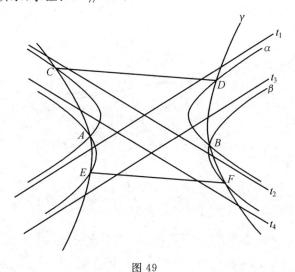

图 49

命题50 设双曲线 α 的两条渐近线分别为 t_1,t_2,双曲线 β 与 α 有且仅有两个公共点 A,B,这两点都是 α,β 的切点,过 A 且与 α,β 都相切的直线记为 l,过 B

分别作 t_1, t_2 的平行线,这两平行线依次交 β 于 C, D,如图 50 所示,求证:CD 与 l 平行.

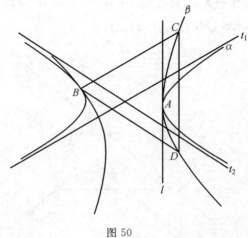

图 50

命题 51 设两双曲线 α, β 有一条公共的渐近线 t, α, β 有且仅有一个公共点 P, P 是 α, β 的切点,过 P 且与 α, β 都相切的直线记为 l, A, C 是 l 上两点,过 A 分别作 α, β 的切线,过 C 也分别作 α, β 的切线,这四条切线构成四边形 $ABCD$,如图 51 所示,求证:"$AB \parallel CD$"的充要条件是"$AD \parallel BC$".

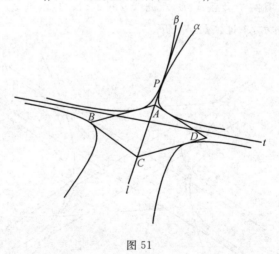

图 51

命题 52 设两双曲线 α, β 有着一条公共的渐近线 t, α, β 有且仅有两个交点 A, B,过 A, B 分别作 α 的切线,这两切线依次记为 l_1, l_2,过 A, B 分别作 β 的切线,这两切线依次记为 l_3, l_4,若 $l_1 \parallel l_2$,且 $l_3 \parallel l_4$,如图 52 所示,求证:双曲线 α 的中心 O 也是双曲线 β 的中心.

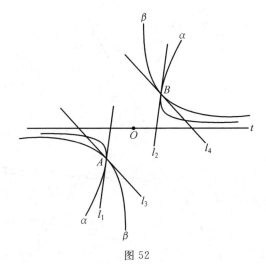

图 52

命题53 设双曲线 α 的两条渐近线分别为 t_1,t_2，直线 t_3 是双曲线 β 的渐近线之一，t_3 分别交 t_1,t_2 于 A,B，过 A,B 分别作 α 的切线，这两切线与 α 依次相切于 C,D，若 α,β 有且仅有两条公切线 l_1,l_2，且 $l_1 /\!/ l_2$，如图 53 所示，求证：CD 与 t_3 平行.

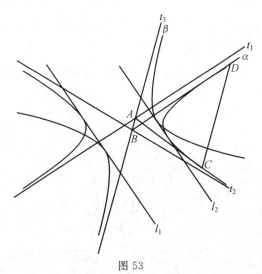

图 53

命题54 设 $\triangle ABC$ 的三边 BC,CA,AB 恰好是三双曲线 α,β,γ 的渐近线：AB,AC 是 α 的渐近线，BC,BA 是 β 的渐近线，CA,CB 是 γ 的渐近线，设 β 交 γ 于 P,P'，γ 交 α 于 Q,Q'，α 交 β 于 R,R'，如图 54 所示，求证：PP',QQ',RR' 三线共点（此点记为 S）.

命题55 设 $\triangle ABC$ 的三边 BC,CA,AB 所在的直线分别为 t_1,t_2,t_3，以 A

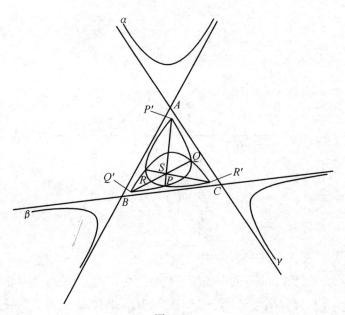

图 54

为中心,且以 t_2,t_3 为渐近线的双曲线记为 α,以 B 为中心,且以 t_3,t_1 为渐近线的双曲线记为 β,以 C 为中心,且以 t_1,t_2 为渐近线的双曲线记为 γ,设 β 交 γ 于 P,P',γ 交 α 于 Q,Q',α 交 β 于 R,R',如图 55 所示,求证:

①PP',QQ',RR' 三线共点(此点记为 S);

②P,A,P' 三点共线,Q,B,Q' 三点共线,R,C,R' 三点共线.

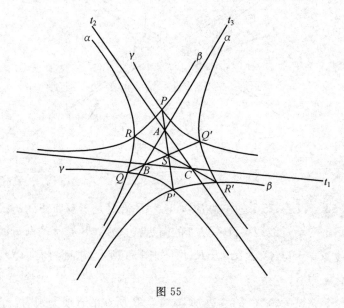

图 55

练习 3

命题 1 设椭圆 α 与抛物线 β，既有公共的焦点 Z，又有公共的准线 f，$\triangle ABC$ 既内接于 β，又外切于 α，如图 1 所示，求证：Z 是 $\triangle ABC$ 的费马点，即 $\angle AZB = \angle BZC = \angle CZA = 120°$.

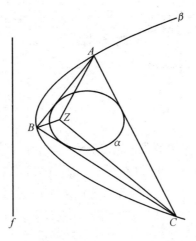

图 1

命题 2 设椭圆 α 和抛物线 β 有着四个交点 A,B,C,D,α 的中心为 O，过 O 的两直线分别交 α 于 E,F 和 G,H，且 $EF \parallel AB; GH \parallel CD$，设 β 的对称轴为 m，如图 2 所示，求证：EH 和 FG 都与 m 平行.

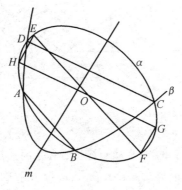

图 2

命题 3 设椭圆 α 和抛物线 β 有着四个交点，Z 是其中之一，过 Z 分别作 α，β 的切线 $t_1,t_2,t_1 \perp t_2$，作 α,β 的四条公切线，它们两两相交于 A,B,C,D，如图 3

所示,求证:$\angle AZB = \angle CZD$.

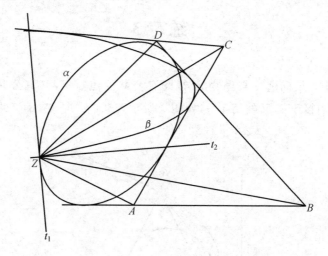

图 3

命题 4 设椭圆 α 在抛物线 β 外,β 的对称轴为 m,AB 是 α,β 的一条公切线,A,B 两点都是切点,A 在 α 上,B 在 β 上,三直线 l_1,l_2,l_3 彼此平行,其中前两条均与 α 相切,切点分别为 C,D,最后一条与 β 相切,切点为 E,过 B 作 m 的平行线,且交 AC 于 P,AD 交 BE 于 Q,如图 4 所示,求证:PQ // l_1.

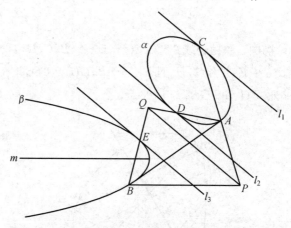

图 4

命题 5 设抛物线 α 的准线为 z,椭圆 β 在 α 的内部,且与 α 相切于 P,过 P 且与 α,β 都相切的直线记为 l,A 是 l 上一点,过 A 分别作 α,β 的切线,切点依次为 B,C,设直线 l' 与 l 平行,且与 α 相切于 D,l' 交 AC 于 E,过 E 作 AB 的平行线,且交 BC 于 F,如图 5 所示,求证:$FD \perp z$.

命题 6 设椭圆 α 与抛物线 β 有且仅有两个交点 A,B,β 的对称轴为 n,直线

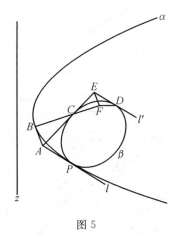

图 5

CD 与 α,β 均相切,切点分别为 C,D,一直线与 AB 平行,且与 α 相切,切点为 E,EC 交 AB 于 Q,如图 6 所示,求证:$DQ \parallel n$.

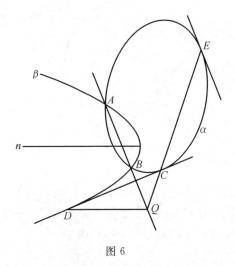

图 6

命题 7 设双曲线 α 和椭圆 β 相交于两点,Z 是两交点之一,设 α,β 满足下列两条件:

①α,β 在公共点 Z 处的切线 m,n 互相垂直;

②α,β 存在四条公切线:l_1,l_2,l_3,l_4,其中 l_1 分别交 l_2,l_3 于 A,B;l_4 分别交 l_2,l_3 于 C,D.

如图 7 所示,求证:$\angle AZB = \angle CZD$.

命题 8 设椭圆 α 和双曲线 β 有且仅有两个公共点,且都是它们的切点,过这两切点的公切线交于 P,设 α,β 的中心分别为 M,N,如图 8 所示,求证:M,N,P 三点共线.

733

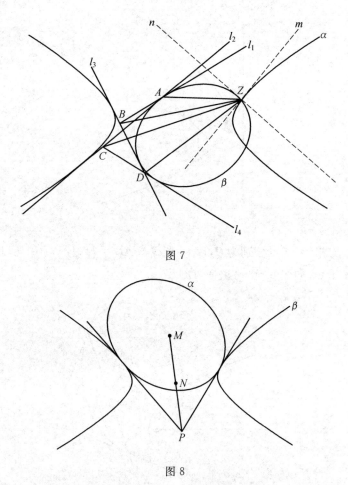

图 7

图 8

命题 9　设椭圆 α 和双曲线 β 有着两个切点 Q,R，一任意直线交 α 于 B,C，交 β 于 A,D，交直线 QR 于 P，如图 9 所示，求证

$$\frac{AB}{PA \cdot PB} = \frac{CD}{PC \cdot PD}$$

命题 10　设双曲线 α 与椭圆 β 外切于 T_1,T_2，过 T_1,T_2 且与 α,β 都相切的两直线交于 Z，设 A 是直线 T_1T_2 上一点，过 A 且与 β 相切的两直线，一条交 ZT_1 于 B，另一条交 ZT_2 于 C，过 B,C 分别作 α 的切线，这两条切线交于 D，如图 10 所示，求证：D,A,Z 三点共线.

命题 11　设椭圆 α 和双曲线 β 有且仅有三个公共点，其中一个是 α,β 的切点，记为 A，另两个都是交点，过 A 且与 α,β 都相切的直线记为 l，设 B,C 是 l 上两个动点，过 B 分别作 β 的切线，切点为 D,E；过 C 也分别作 α,β 的切线，切点为 F,G，设 DE 交 FG 于 Z，BD 交 CF 于 H，BE 交 CG 于 K，如图 11 所示，求证：

二维、三维欧氏
几何的对偶原理

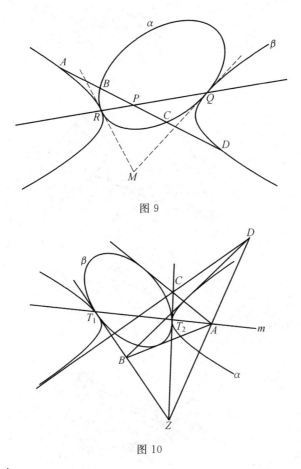

图 9

图 10

①Z 为定点；

②H,K,Z 三点共线.

命题 12 设椭圆 α 在双曲线 β 的外部，它们有且仅有两个公共点 A,B，这两点都是 α,β 的切点，过 B 任作两直线，其中一条分别交 α,β 于 C,D，另一条分别交 α,β 于 E,F，设 CE 交 DF 于 P，如图 12 所示，求证：直线 PA 是 α,β 的公切线.

命题 13 设椭圆 α 和双曲线 β 有着四个公共点 A,B,C,D，其中 A,B 在 β 的左支上，C,D 在 β 的右支上，$AB \parallel CD$，过 A,C 分别作 α 的切线，这两切线彼此平行，如图 13 所示，求证：过 B,D 分别作 α 的切线，这两切线也是彼此平行的.

命题 14 设椭圆 α 和双曲线 β 有着四个交点 A,B,C,D，AB 交 CD 于 M，过 M 作 α 的两条切线，切点分别为 P,Q；过 M 作 β 的两条切线，切点分别为 R，

735

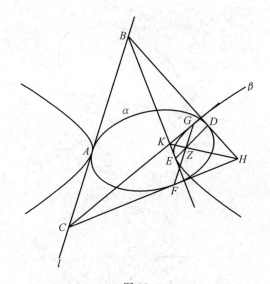

图 11

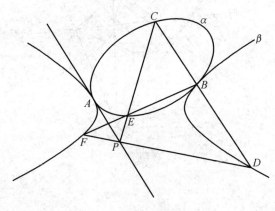

图 12

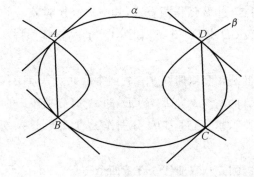

图 13

二维、三维欧氏
几何的对偶原理

S, 如图 14 所示, 求证: P, Q, R, S 四点共线.

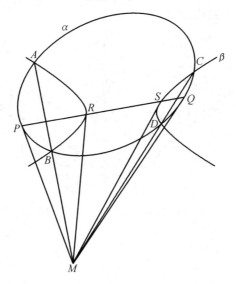

图 14

命题 15 设双曲线 α 与椭圆 β 相交于 A, B, C, D 四点, 过 A, C 分别作 α, β 的切线, 这四条切线构成四边形 $AMCN$, 其中 AM, CN 是 α 的切线, AN, CM 是 β 的切线; 现在, 过 B, D 分别作 α, β 的切线, 这四条切线构成四边形 $BPDQ$, 其中 BQ, DP 是 α 的切线, BP, DQ 是 β 的切线, 如图 15 所示, 求证: AC, BD, MN, PQ 四线共点(此点记为 S).

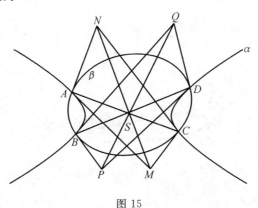

图 15

命题 16 设双曲线 α 的中心为 M, 两渐近线为 t_1, t_2, 椭圆 β 与 α 外切于 A, 过 A 作 α, β 的公切线, 且分别交 t_1, t_2 于 B, C, 过 B, C 分别作 β 的切线, 这两切线交于 P, BP, CP 上的切点分别为 D, E, 设 α, β 的另两条公切线交于 N, 如图 16 所示, 求证:

①$DE \parallel BC$；

②M,N,P 三点共线.

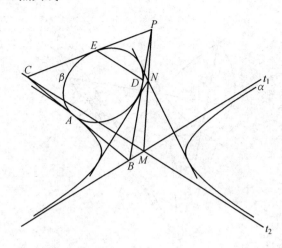

图 16

命题 17 设椭圆 α 在双曲线 β 外,二者没有公共点,它们的四条公切线分别与 α 切于 A,E,G,C,与 β 切于 F,B,D,H,设 AB 交 GH 于 M；CD 交 EF 于 N,求证:

①AC,FH,BD,EG 四线共点,此点记为 S,如图 17.1 所示；

②FB,AE,CG,HD 四线共点,此点记为 P,如图 17.2 所示；

③M,P,N 三点共线.

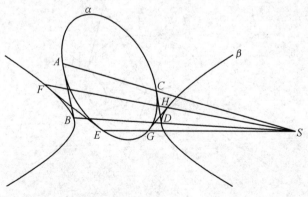

图 17.1

命题 18 设双曲线 α 的两渐近线为 t_1,t_2,椭圆 β 在 α 外,β 与 t_2 相切于 A,且与 t_1 不相交,P 是 t_1 上一点,过 P 作 β 的两条切线,切点分别为 B,C,过 P 作 α 的切线,切点为 D,过 D 作 t_2 的平行线,且交 AC 于 E,如图 18 所示,求证:

738

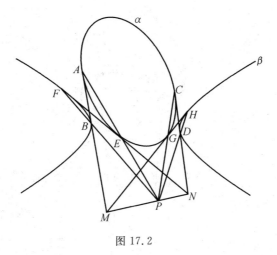

图 17.2

$PE \ /\!/ \ AB.$

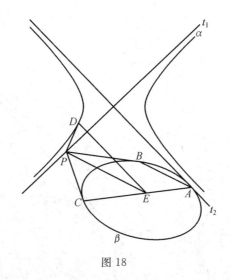

图 18

命题 19 设椭圆 α 的与双曲线 β 相交于 A,B,C,D 四点,过 A 作 α 的切线, 同时,过 B 作 β 的切线,这两切线交于 E;现在,过 A 作 β 的切线,同时,过 B 作 α 的切线,这两切线交于 F,如图 19 所示,求证: AB,CD,EF 三线共点(此点记为 S).

命题 20 设椭圆 α 和双曲线 β 有着四个公共点 A,B,C,D,其中 A,B 在 β 的左支上; C,D 在 β 的右支上, AB 交 CD 于 P,过 A,C 分别作 β 的切线,且两次切线交于 Q;过 B,D 分别作 α 的切线,且两次切线交于 R,如图 20 所示,求证: P,Q,R 三点共线.

命题 21 设等轴双曲线 α 的中心 Z 恰好是椭圆 β 的焦点,且 α,β 有着四条

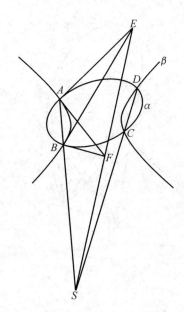

图 19

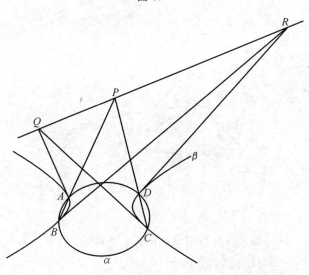

图 20

公切线,分别记为 l_1, l_2, l_3, l_4,设 l_2 交 l_3 于 A;l_3 交 l_1 于 B;l_1 交 l_2 于 C,设直线 m 与 l_4 平行且与 α 相切,m 交 BC 于 A';交 CA 于 B';交 AB 于 C',如图 21 所示, 求证:$ZA' \perp ZA, ZB' \perp ZB, ZC' \perp ZC$.

命题 22 设椭圆 α 的焦点为 Z,相应的准线为 f,Z 也是等轴双曲线 β 的中心,α, β 有着四条公切线 l_1, l_2, l_3, l_4,其中 l_1, l_2 的交点 P 在 f 上,l_3, l_4 分别切 β 于 A, B,如图 22 所示,求证:

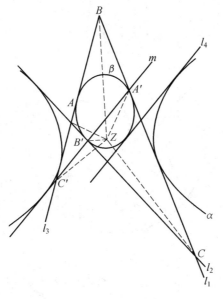

图 21

①$l_3 \parallel l_4$;

②$AB \perp PZ$.

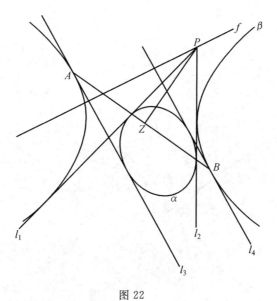

图 22

命题 23　设圆 Z 的两弦 AB,CD 交于 E,如图 23 所示,求证:一定存在两条圆锥曲线 α,β,使得:

①α,β 都以 Z 为焦点;

②α 过 A，D，E 三点，β 过 B，C，E 三点；

③E 是 α，β 的唯一的公共点，且是 α，β 的切点.

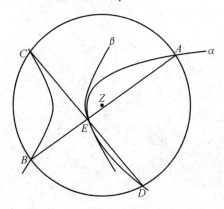

图 23

命题 24 设抛物线 α 和双曲线 β 有且仅有两个公共点 A，B，且它们都是 α，β 的切点，α 的焦点为 O，准线为 z，过 A，B 分别作 α，β 的公切线，这两公切线交于 N，且分别交 z 于 S，T，设 β 交 z 于 P，Q，过 P，Q 分别作 β 的切线，这两切线交于 M，如图 24 所示，求证：

①O，M，N 三点共线；

②∠NOS = ∠NOT；

③∠NOP = ∠NOQ.

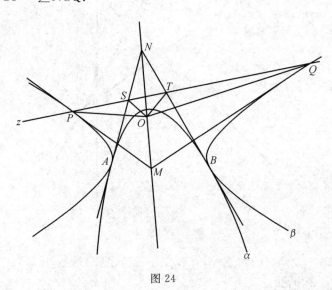

图 24

命题 25 设抛物线 α 的焦点为 P，准线为 f，双曲线 β 与 α 交于四点 A，B，

C,D,若 A,B,P 三点共线,同时,C,D,P 三点也共线,如图 25 所示,求证:

①P 关于 β 的极线是 f;

②O,A,C 三点共线,O,D,B 三点也共线.

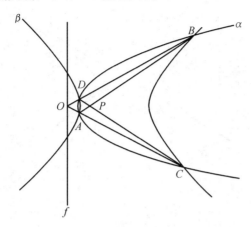

图 25

命题 26 设抛物线 α 的对称轴为 m,双曲线 β 的虚轴为 n,m,n 彼此平行,设 α,β 交于四点 A,B,C,D,如图 26 所示,求证:

①AB,CD 与 m 成等角;

②AD,BC 与 m 成等角;

③AC,BD 与 m 成等角.

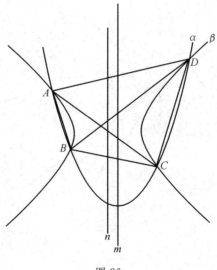

图 26

命题 27 设 t 是双曲线 α 的渐近线之一,抛物线 β 在 α 外,它们有且仅有一个公共点 P, P 是 α, β 的切点,过 P 且与 α, β 都相切的直线记为 l_1,设 β 与 t 相切,切点为 A,过 A 作 α 的切线,这切线记为 l_2,如图 27 所示,求证: $l_2 \parallel l_1$.

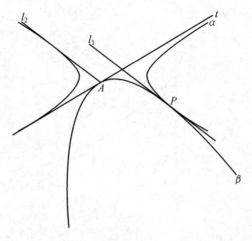

图 27

命题 28 设抛物线 α 位于双曲线 β 的内部,一直线与 α 相切,且交 β 于 A, B,过 A, B 分别作 β 的切线,这两切线交于 O,过 O 作 α 的两条切线,这两切线分别交 β 于 C, D 和 E, F,过 C, D, E, F 分别作 β 的切线,这四条切线构成四边形 $MNPQ$,如图 28 所示,求证:点 O 是四边形 $MNPQ$ 的对角线的交点.

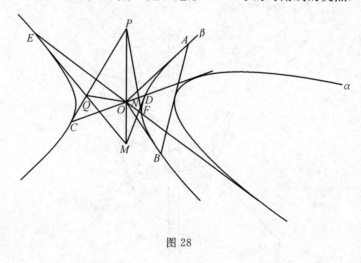

图 28

练习 4

命题 1　设三个椭圆 α,β,γ 两两相交于四点,在这些交点中,除了 A,B 是 α,β,γ 三者共同的公共点外,α,β 还交于 C,D；β,γ 还交于 E,F；γ,α 还交于 G,H,如图 1 所示,求证:CD,EF,GH 三线共点.

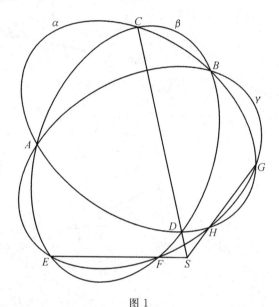

图 1

命题 2　设三个椭圆 α,β,γ 中,每两个都有四条公切线,其中有两条(记为 l_1,l_2)是 α,β,γ 这三个椭圆共同的公切线,此外,设 β,γ 的另两条公切线交于 P；γ,α 的另两条公切线交于 Q；α,β 的另两条公切线交于 R,如图 2 所示,求证:P,Q,R 三点共线.

注:本命题是上面命题 1 的"黄对偶".

命题 3　设三个椭圆 $\alpha,\beta,,\gamma$ 两两相交于四点,共十二个点,其中位置靠外的六个,顺次记为 A,B,C,A',B',C',依次作出每两椭圆的外围公切线,这些公切线构成一个六边形,记为 $DEFGHI$,若 AA',BB',CC' 三线共点于 O,如图 3 所示,求证:

① 三直线 DG,EH,FI 也共点于 O；

② 设六边形 $DEFGHI$ 各边上的切点分别为 $P,Q,R,S,M,N,P',Q',R',S',M',N'$,则下列六直线 PP',QQ',RR',SS',MM',NN' 也共点于 O(如

745

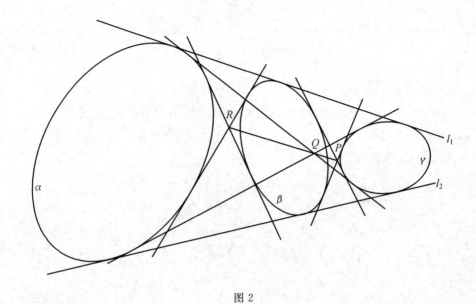

图 2

图 3.1 所示).

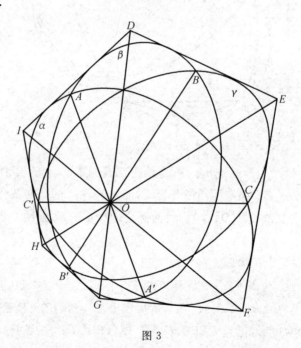

图 3

命题 4 设三个椭圆 α,β,γ 两两相交于四点,共十二个点,其中位置靠外的六个,顺次记为 A,B,C,A',B',C',三直线 AA',BB',CC' 恰好共点于 O,设过 A 而切于 β 的直线,与过 A' 而切于 γ 的直线交于 P;过 A 而切于 γ 的直线,与过 A'

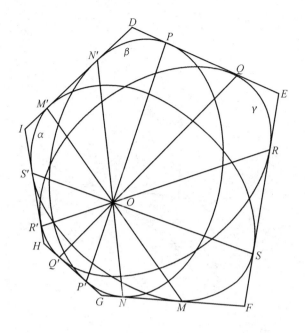

图 3.1

而切于 β 的直线交于 Q,如图 4 所示,求证:O,P,Q 三点共线.

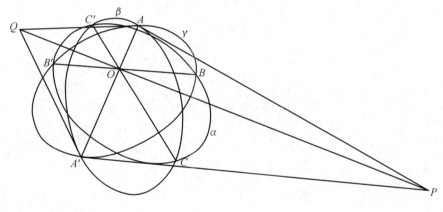

图 4

命题 5　设三个椭圆 α,β,γ 有着公共的焦点 Z,它们两两间有且仅有两个公共点,每两个椭圆的两条公切线都相交,交点分别为 P,Q,R,如图 5 所示,求证:P,Q,R 三点共线.

命题 6　设三个椭圆 α,β,γ 两两外离,β,γ 的外公切线交于 A,内公切线交于 A';γ,α 的外公切线交于 B,内公切线交于 B';α,β 的外公切线交于 C,内公切线交于 C',设 BB' 交 CC' 于 P;CC' 交 AA' 于 Q;AA' 交 BB' 于 R,如图 6 所示

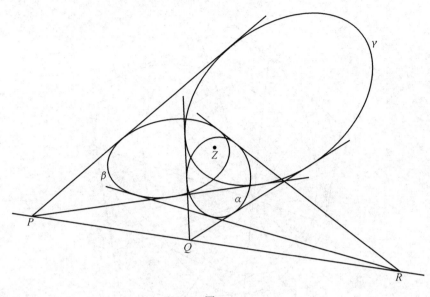

图 5

（在图 6 中，所有的内外公切线均未画出），求证：

① 有三次三点共线，它们是：(A,B',C')，(B,C',A')，(C,A',B')；

② 三直线 PA'，QB'，RC' 共点.

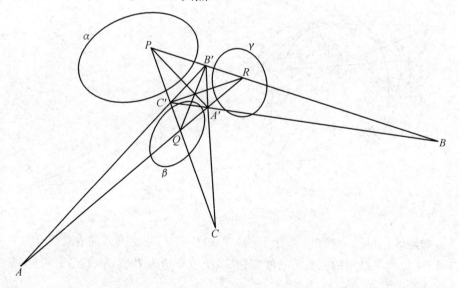

图 6

命题 7　设三椭圆 α,β,γ 两两有且仅有两个交点：β 交 γ 于 A,B；γ 交 α 于 C，D；α 交 β 于 E,F，设 β,γ 的两条公切线交于 P；γ,α 的两条公切线交于 Q；α,β 的

两条公切线交于 R，如图 7 或图 7.1 所示，求证："三直线 AB，CD，EF 共点（这点记为 M）"的充要条件是"P，Q，R 三点共线（这直线记为 z）".

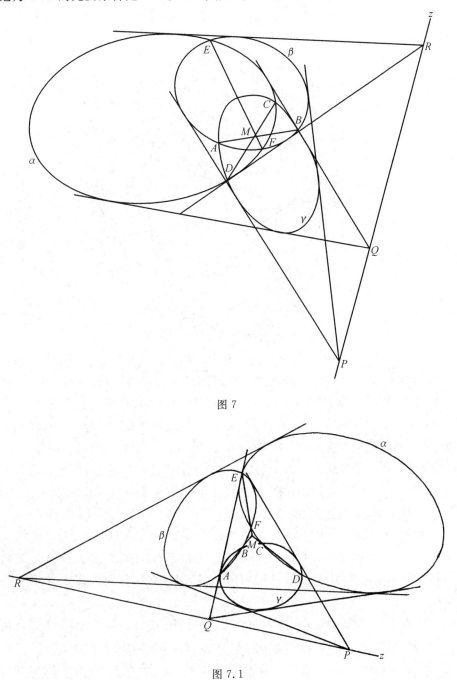

图 7

图 7.1

命题8 设三个椭圆 α,β,γ 两两相交于四点,共十二个点,其中位置靠外的六个,顺次记为 $A,B,C,D,E,F,A'D'$ 交 $C'F'$ 于 P;$A'D'$ 交 $B'E'$ 于 Q;$B'E'$ 交 $C'F'$ 于 R,若 AD,BE,CF 三线共点(此点记为 O),如图8所示,求证:P,Q,R 分别在 AD,BE,CF 上.

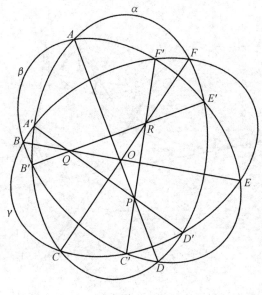

图 8

命题9 设三椭圆 α,β,γ 两两外离,它们都在 $\triangle ABC$ 内部,α 与 AB,AC 都相切,β 与 BC,BA 都相切,γ 与 CA,CB 都相切,设 β,γ 的两条内公切线交于 A'';γ,α 的两条内公切线交于 B'';α,β 的两条内公切线交于 C'',如图9所示(在图9中,所有的内公切线均未画出),求证:AA'',BB'',CC'' 三线共点(此点记为 S).

命题10 设三椭圆 α,β,γ 两两外离,β,γ 的两条内公切线交于 P;γ,α 的两条内公切线交于 Q;α,β 的两条内公切线交于 R,如图10所示,求证:O_1P,O_2Q,O_3R 三线共点(此点记为 S).

命题11 设 $\triangle ABC$ 内有三个椭圆 α,β,γ,其中 α,β 分别与 AB 切于 C_1,C_2;β,γ 分别与 BC 切于 A_1,A_2;γ,α,分别于 CA 切于 B_1,B_2,如图11所示,求证:AA_1,BB_1,CC_1 三线共点(此点记为 P);AA_2,BB_2,CC_2 三线也共点(此点记为 Q).

命题12 设三椭圆 α,β,γ 两两外离,它们的中心分别为 O_1,O_2,O_3,β,γ 的两条外公切线交于 P;γ,α 的两条外公切线交于 Q;α,β 的两条外公切线交于 R,这六条公切线中,处于外围的三条构成 $\triangle ABC$,另三条则构成 $\triangle A'B'C'$,如图12所示,若 P,Q,R 三点共线,求证:

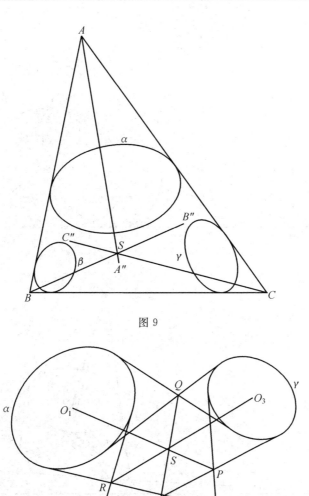

图 9

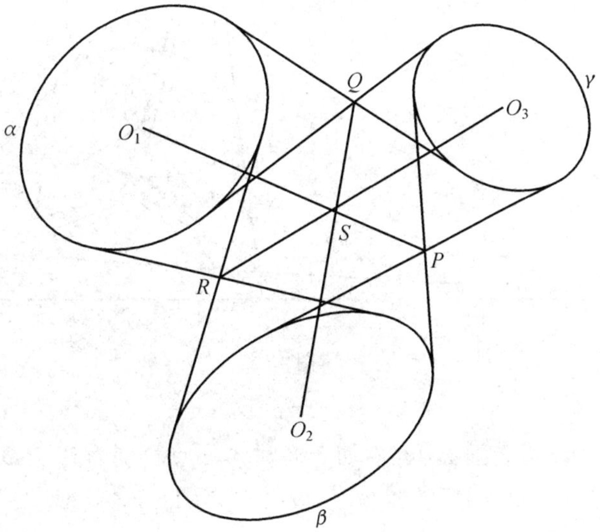

图 10

①AO_1,BO_2,CO_3 三线共点(此点记为 M);

②AA',BB',CC' 三线共点(此点记为 N).

命题 13 设三个椭圆 α,β,γ 两两外离,其中 β 和 γ 的外公心为 M_1,内公轴为 z'_1;γ,α 的外公心为 M_2,内公轴为 z'_2;α,β 的外公心为 M_3,内公轴为 z'_3;如图 13 所示,求证:"M_1,M_2,M_3 三点共线" 的充要条件是"z'_1,z'_2,z'_3 三线共

751

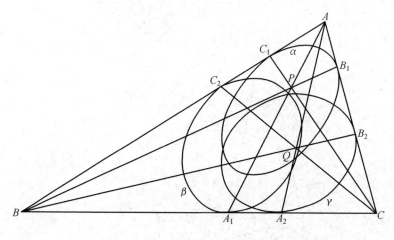

图 11

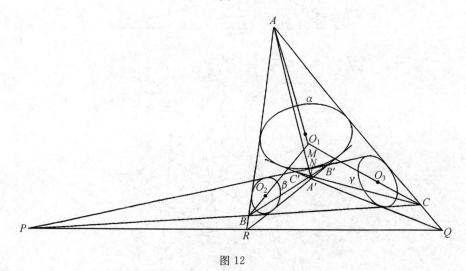

图 12

点".

命题 14 设两椭圆 α,β 都内切于椭圆 γ,切点分别为 A,B,α,β 的两条外公切线分别与 α,β 相切于 C,D 和 E,F,设 AC 交 BD 于 M,AE 交 BF 于 N,如图 14 所示,求证:"点 M 在 γ 上"的充要条件是"点 N 在 γ 上".

命题 15 设三抛物线 α,β,γ 有着公共的焦点 Z,它们的准线分别为 $f_1,f_2,$ f_3,设 l_1,l_2,l_3 分别是 β 和 γ;γ 和 α;α 和 β 的公切线,若存在一条抛物线,它以 Z 为焦点,且与 f_1,f_2,f_3 均相切,如图 15 的虚线所示,求证:三直线 l_1,l_2,l_3 必共点.

命题 16 设椭圆 α,双曲线 β,双曲线 γ 有着公共的焦点 Z,它们每两个都有且仅有三个公共点:β 交 γ 于 A,D,E,其中 A 是二者的切点,D,E 都是二者的交

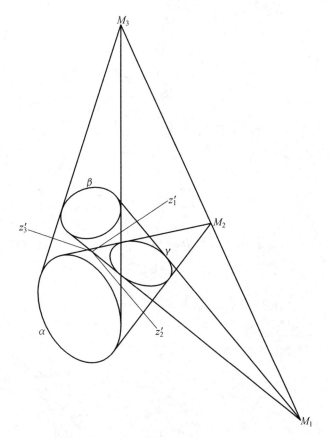

图 13

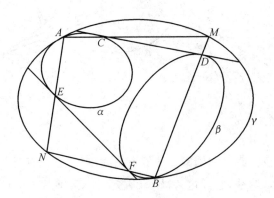

图 14

点;γ 交 α 于 B,F,G,其中 B 是二者的切点,F,G 都是二者的交点;α 交 β 于 C,H,K,其中 C 是二者的切点,H,K 都是二者的交点,如图 16 所示,求证:

①A,B,C 三点共线;

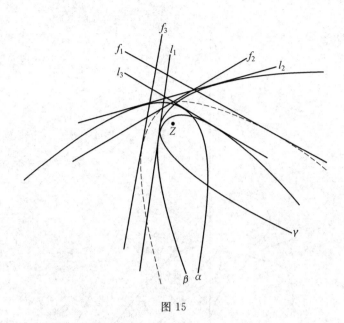

图 15

②DE,FG,HK 三线共点.

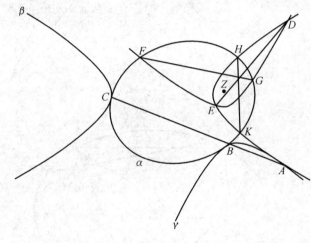

图 16

命题 17 设椭圆 α 和椭圆 β 的位置是固定的,它们有且仅有两个交点,记为 A,B,设 γ 是双曲线,它经过 A,B,且 γ 交 α 于 C,D,交 β 于 E,F,设 CD 交 EF 于 P,如图 17 所示,求证:当 γ 变动时,点 P 的轨迹是一条直线(记为 z).

命题 18 设椭圆 α,抛物线 β 及双曲线 γ 中,每两者都有且仅有三个公共点,除 A 是三者公共的切点外,α 和 β 还交于 C,D;β 和 γ 还交于 E,F;γ 和 α 还交于 G,H,如图 18 所示,求证:CD,EF,GH 三线共点.

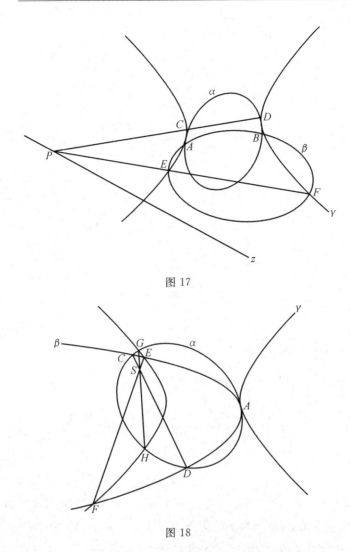

图 17

图 18

命题 19 设椭圆 α_1,双曲线 α_2,双曲线 α_3 有着公共的焦点 F,且 $\alpha_1,\alpha_2,\alpha_3$ 间都有且仅有三个公共点,在 α_1,α_2 的三个公共点中,有一个是切点,记为 C;在 α_2,α_3 的公共点中,有一个是切点,记为 A;在 α_3,α_1 的公共点中,有一个是切点,记为 B,如图 19 所示,求证:A,B,C 三点共线.

命题 20 设椭圆 α,抛物线 β 及双曲线 γ 每两者都有着四个交点,除 A,B 两点是 α,β,γ 三者的公共点外,α 和 β 还交于 C,D;β 和 γ 还交于 E,F;γ 和 α 还交于 G,H,如图 20 所示,求证:CD,EF,GH 三线共点.

命题 21 设双曲线 α 和椭圆 β 有着四个交点,另有三个椭圆 γ,δ,ω,它们与 α 都有且仅有两个交点;与 β 也都有且仅有两个交点,五曲线 $\alpha,\beta,\gamma,\delta,\omega$ 有着公

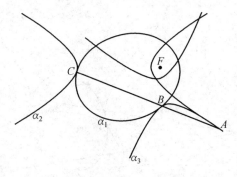

图 19

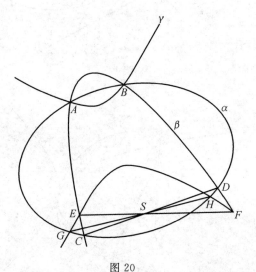

图 20

共的焦点 Z，设 α 与 γ 的两条公切线交于 A；α 与 δ 的两条公切线交于 B；α 于 ω 的两条公切线交于 C，又设 β 与 γ 的两条公切线交于 A'；β 与 δ 的两条公切线交与 B'；β 与 ω 的两条公切线交于 C'，如图 21 所示，求证：AA'，BB'，CC' 三线共点.

命题 22　设两椭圆 α，β 有且仅有两个公共点 A，B，且它们都是 α，β 的交点，过 A，B 有两条双曲线 γ_1，γ_2 及一条抛物线 γ_3，设 γ_1，γ_2，γ_3 分别交 α 于 C，D；E，F；G，H，又设 γ_1，γ_2，γ_3 分别交 β 于 C'，D'；E'，F'；G'，H'，记 CD 与 $C'D'$ 的交点为 P；EF 与 $E'F'$ 的交点为 Q；GH 与 $G'H'$ 的交点为 R，如图 22 所示，求证：P，Q，R 三点共线.

二维、三维欧氏
几何的对偶原理

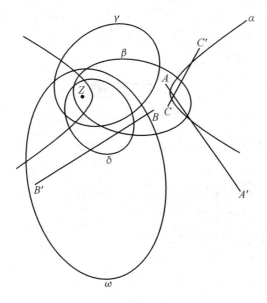

图 21

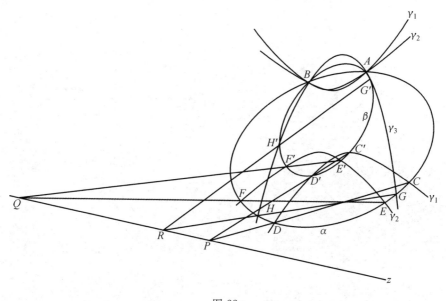

图 22

757

参考文献

[1] COXETER H S M. Projective geometry[M]. New York：Blaisdell Pub. Co. ,1964.

[2] WYLIE, RAYMOND CLARENCE. Foundation of geometry[M]. New York：McGraw-Hill,1964.

[3] 陈传麟.欧氏几何对偶原理研究[M].上海：上海交通大学出版社,2011.

◎ 后记

陨石在宇宙中运行了万年、亿年，

最终坠落在大气里，

瞬间消融，

仅仅一闪，

……

有此一闪，足矣.

陈传麟

2017 年

于上海

759

刘培杰数学工作室
已出版(即将出版)图书目录——初等数学

书　名	出版时间	定　价	编号
新编中学数学解题方法全书(高中版)上卷(第2版)	2018－08	58.00	951
新编中学数学解题方法全书(高中版)中卷(第2版)	2018－08	68.00	952
新编中学数学解题方法全书(高中版)下卷(一)(第2版)	2018－08	58.00	953
新编中学数学解题方法全书(高中版)下卷(二)(第2版)	2018－08	58.00	954
新编中学数学解题方法全书(高中版)下卷(三)(第2版)	2018－08	68.00	955
新编中学数学解题方法全书(初中版)上卷	2008－01	28.00	29
新编中学数学解题方法全书(初中版)中卷	2010－07	38.00	75
新编中学数学解题方法全书(高考复习卷)	2010－01	48.00	67
新编中学数学解题方法全书(高考真题卷)	2010－01	38.00	62
新编中学数学解题方法全书(高考精华卷)	2011－03	68.00	118
新编平面解析几何解题方法全书(专题讲座卷)	2010－01	18.00	61
新编中学数学解题方法全书(自主招生卷)	2013－08	88.00	261
数学奥林匹克与数学文化(第一辑)	2006－05	48.00	4
数学奥林匹克与数学文化(第二辑)(竞赛卷)	2008－01	48.00	19
数学奥林匹克与数学文化(第二辑)(文化卷)	2008－07	58.00	36′
数学奥林匹克与数学文化(第三辑)(竞赛卷)	2010－01	48.00	59
数学奥林匹克与数学文化(第四辑)(竞赛卷)	2011－08	58.00	87
数学奥林匹克与数学文化(第五辑)	2015－06	98.00	370
世界著名平面几何经典著作钩沉——几何作图专题卷(上)	2009－06	48.00	49
世界著名平面几何经典著作钩沉——几何作图专题卷(下)	2011－01	88.00	80
世界著名平面几何经典著作钩沉(民国平面几何老课本)	2011－03	38.00	113
世界著名平面几何经典著作钩沉(建国初期平面三角老课本)	2015－08	38.00	507
世界著名解析几何经典著作钩沉——平面解析几何卷	2014－01	38.00	264
世界著名数论经典著作钩沉(算术卷)	2012－01	28.00	125
世界著名数学经典著作钩沉——立体几何卷	2011－02	28.00	88
世界著名三角学经典著作钩沉(平面三角卷Ⅰ)	2010－06	28.00	69
世界著名三角学经典著作钩沉(平面三角卷Ⅱ)	2011－01	38.00	78
世界著名初等数论经典著作钩沉(理论和实用算术卷)	2011－07	38.00	126
发展你的空间想象力	2017－06	38.00	785
走向国际数学奥林匹克的平面几何试题诠释(上、下)(第1版)	2007－01	68.00	11,12
走向国际数学奥林匹克的平面几何试题诠释(上、下)(第2版)	2010－02	98.00	63,64
平面几何证明方法全书	2007－08	35.00	1
平面几何证明方法全书习题解答(第1版)	2005－10	18.00	2
平面几何证明方法全书习题解答(第2版)	2006－12	18.00	10
平面几何天天练上卷·基础篇(直线型)	2013－01	58.00	208
平面几何天天练中卷·基础篇(涉及圆)	2013－01	28.00	234
平面几何天天练下卷·提高篇	2013－01	58.00	237
平面几何专题研究	2013－07	98.00	258

刘培杰数学工作室
已出版(即将出版)图书目录——初等数学

书　名	出版时间	定　价	编号
最新世界各国数学奥林匹克中的平面几何试题	2007—09	38.00	14
数学竞赛平面几何典型题及新颖解	2010—07	48.00	74
初等数学复习及研究(平面几何)	2008—09	58.00	38
初等数学复习及研究(立体几何)	2010—06	38.00	71
初等数学复习及研究(平面几何)习题解答	2009—01	48.00	42
几何学教程(平面几何卷)	2011—03	68.00	90
几何学教程(立体几何卷)	2011—07	68.00	130
几何变换与几何证题	2010—06	88.00	70
计算方法与几何证题	2011—06	28.00	129
立体几何技巧与方法	2014—04	88.00	293
几何瑰宝——平面几何500名题暨1000条定理(上、下)	2010—07	138.00	76,77
三角形的解法与应用	2012—07	18.00	183
近代的三角形几何学	2012—07	48.00	184
一般折线几何学	2015—08	48.00	503
三角形的五心	2009—06	28.00	51
三角形的六心及其应用	2015—10	68.00	542
三角形趣谈	2012—08	28.00	212
解三角形	2014—01	28.00	265
三角学专门教程	2014—09	28.00	387
图天下几何新题试卷.初中(第2版)	2017—11	58.00	855
圆锥曲线习题集(上册)	2013—06	68.00	255
圆锥曲线习题集(中册)	2015—01	78.00	434
圆锥曲线习题集(下册·第1卷)	2016—10	78.00	683
圆锥曲线习题集(下册·第2卷)	2018—01	98.00	853
论九点圆	2015—05	88.00	645
近代欧氏几何学	2012—03	48.00	162
罗巴切夫斯基几何学及几何基础概要	2012—07	28.00	188
罗巴切夫斯基几何学初步	2015—06	28.00	474
用三角、解析几何、复数、向量计算解数学竞赛几何题	2015—03	48.00	455
美国中学几何教程	2015—04	88.00	458
三线坐标与三角形特征点	2015—04	98.00	460
平面解析几何方法与研究(第1卷)	2015—05	18.00	471
平面解析几何方法与研究(第2卷)	2015—06	18.00	472
平面解析几何方法与研究(第3卷)	2015—07	18.00	473
解析几何研究	2015—01	38.00	425
解析几何学教程.上	2016—01	38.00	574
解析几何学教程.下	2016—01	38.00	575
几何学基础	2016—01	58.00	581
初等几何研究	2015—02	58.00	444
十九和二十世纪欧氏几何学中的片段	2017—01	58.00	696
平面几何中考.高考.奥数一本通	2017—07	28.00	820
几何学简史	2017—08	28.00	833
四面体	2018—01	48.00	880
平面几何图形特性新析.上篇	即将出版		911
平面几何图形特性新析.下篇	2018—06	88.00	912
平面几何范例多解探究.上篇	2018—04	48.00	913
平面几何范例多解探究.下篇	即将出版		914
从分析解题过程学解题:竞赛中的几何问题研究	2018—07	68.00	946

刘培杰数学工作室
已出版(即将出版)图书目录——初等数学

书　　名	出版时间	定　价	编号
俄罗斯平面几何问题集	2009-08	88.00	55
俄罗斯立体几何问题集	2014-03	58.00	283
俄罗斯几何大师——沙雷金论数学及其他	2014-01	48.00	271
来自俄罗斯的5000道几何习题及解答	2011-03	58.00	89
俄罗斯初等数学问题集	2012-05	38.00	177
俄罗斯函数问题集	2011-03	38.00	103
俄罗斯组合分析问题集	2011-01	48.00	79
俄罗斯初等数学万题选——三角卷	2012-11	38.00	222
俄罗斯初等数学万题选——代数卷	2013-08	68.00	225
俄罗斯初等数学万题选——几何卷	2014-01	68.00	226
俄罗斯《量子》杂志数学征解问题100题选	2018-08	48.00	969
俄罗斯《量子》杂志数学征解问题又100题选	2018-08	48.00	970
463个俄罗斯几何老问题	2012-01	28.00	152
《量子》数学短文精粹	2018-09	38.00	972
谈谈素数	2011-03	18.00	91
平方和	2011-03	18.00	92
整数论	2011-05	38.00	120
从整数谈起	2015-10	28.00	538
数与多项式	2016-01	38.00	558
谈谈不定方程	2011-05	28.00	119
解析不等式新论	2009-06	68.00	48
建立不等式的方法	2011-03	98.00	104
数学奥林匹克不等式研究	2009-08	68.00	56
不等式研究(第二辑)	2012-02	68.00	153
不等式的秘密(第一卷)	2012-02	28.00	154
不等式的秘密(第一卷)(第2版)	2014-02	38.00	286
不等式的秘密(第二卷)	2014-01	38.00	268
初等不等式的证明方法	2010-06	38.00	123
初等不等式的证明方法(第二版)	2014-11	38.00	407
不等式·理论·方法(基础卷)	2015-07	38.00	496
不等式·理论·方法(经典不等式卷)	2015-07	38.00	497
不等式·理论·方法(特殊类型不等式卷)	2015-07	48.00	498
不等式探究	2016-03	38.00	582
不等式探秘	2017-01	88.00	689
四面体不等式	2017-01	68.00	715
数学奥林匹克中常见重要不等式	2017-09	38.00	845
三正弦不等式	2018-09	98.00	974
同余理论	2012-05	38.00	163
[x]与{x}	2015-04	48.00	476
极值与最值.上卷	2015-06	28.00	486
极值与最值.中卷	2015-06	38.00	487
极值与最值.下卷	2015-06	28.00	488
整数的性质	2012-11	38.00	192
完全平方数及其应用	2015-08	78.00	506
多项式理论	2015-10	88.00	541
奇数、偶数、奇偶分析法	2018-01	98.00	876

刘培杰数学工作室
已出版(即将出版)图书目录——初等数学

书　名	出版时间	定　价	编号
历届美国中学生数学竞赛试题及解答(第一卷)1950—1954	2014—07	18.00	277
历届美国中学生数学竞赛试题及解答(第二卷)1955—1959	2014—04	18.00	278
历届美国中学生数学竞赛试题及解答(第三卷)1960—1964	2014—06	18.00	279
历届美国中学生数学竞赛试题及解答(第四卷)1965—1969	2014—04	28.00	280
历届美国中学生数学竞赛试题及解答(第五卷)1970—1972	2014—06	18.00	281
历届美国中学生数学竞赛试题及解答(第六卷)1973—1980	2017—07	18.00	768
历届美国中学生数学竞赛试题及解答(第七卷)1981—1986	2015—01	18.00	424
历届美国中学生数学竞赛试题及解答(第八卷)1987—1990	2017—05	18.00	769

书　名	出版时间	定　价	编号
历届IMO试题集(1959—2005)	2006—05	58.00	5
历届CMO试题集	2008—09	28.00	40
历届中国数学奥林匹克试题集(第2版)	2017—03	38.00	757
历届加拿大数学奥林匹克试题集	2012—08	38.00	215
历届美国数学奥林匹克试题集:多解推广加强	2012—08	38.00	209
历届美国数学奥林匹克试题集:多解推广加强(第2版)	2016—03	48.00	592
历届波兰数学竞赛试题集.第1卷,1949~1963	2015—03	18.00	453
历届波兰数学竞赛试题集.第2卷,1964~1976	2015—03	18.00	454
历届巴尔干数学奥林匹克试题集	2015—05	38.00	466
保加利亚数学奥林匹克	2014—10	38.00	393
圣彼得堡数学奥林匹克试题集	2015—01	38.00	429
匈牙利奥林匹克数学竞赛题解.第1卷	2016—05	28.00	593
匈牙利奥林匹克数学竞赛题解.第2卷	2016—05	28.00	594
历届美国数学邀请赛试题集(第2版)	2017—10	78.00	851
全国高中数学竞赛试题及解答.第1卷	2014—07	38.00	331
普林斯顿大学数学竞赛	2016—06	38.00	669
亚太地区数学奥林匹克竞赛题	2015—07	18.00	492
日本历届(初级)广中杯数学竞赛试题及解答.第1卷(2000~2007)	2016—05	28.00	641
日本历届(初级)广中杯数学竞赛试题及解答.第2卷(2008~2015)	2016—05	38.00	642
360个数学竞赛问题	2016—08	58.00	677
奥数最佳实战题.上卷	2017—06	38.00	760
奥数最佳实战题.下卷	2017—05	58.00	761
哈尔滨市早期中学数学竞赛试题汇编	2016—07	28.00	672
全国高中数学联赛试题及解答:1981—2017(第2版)	2018—05	98.00	920
20世纪50年代全国部分城市数学竞赛试题汇编	2017—07	28.00	797
高中数学竞赛培训教程:平面几何问题的求解方法与策略.上	2018—05	68.00	906
高中数学竞赛培训教程:平面几何问题的求解方法与策略.下	2018—06	78.00	907
高中数学竞赛培训教程:整除与同余以及不定方程	2018—01	88.00	908
高中数学竞赛培训教程:组合计数与组合极值	2018—04	48.00	909
国内外数学竞赛题及精解:2016~2017	2018—07	45.00	922
许康华竞赛优学精选集.第一辑	2018—08	68.00	949

书　名	出版时间	定　价	编号
高考数学临门一脚(含密押三套卷)(理科版)	2017—01	45.00	743
高考数学临门一脚(含密押三套卷)(文科版)	2017—01	45.00	744
新课标高考数学题型全归纳(文科版)	2015—05	72.00	467
新课标高考数学题型全归纳(理科版)	2015—05	82.00	468
洞穿高考数学解答题核心考点(理科版)	2015—11	49.80	550
洞穿高考数学解答题核心考点(文科版)	2015—11	46.80	551

书　名	出版时间	定　价	编号
高考数学题型全归纳:文科版.上	2016—05	53.00	663
高考数学题型全归纳:文科版.下	2016—05	53.00	664
高考数学题型全归纳:理科版.上	2016—05	58.00	665
高考数学题型全归纳:理科版.下	2016—05	58.00	666
王连笑教你怎样学数学:高考选择题解题策略与客观题实用训练	2014—01	48.00	262
王连笑教你怎样学数学:高考数学高层次讲座	2015—02	48.00	432
高考数学的理论与实践	2009—08	38.00	53
高考数学核心题型解题方法与技巧	2010—01	28.00	86
高考思维新平台	2014—03	38.00	259
30分钟拿下高考数学选择题、填空题(理科版)	2016—10	39.80	720
30分钟拿下高考数学选择题、填空题(文科版)	2016—10	39.80	721
高考数学压轴题解题诀窍(上)(第2版)	2018—01	58.00	874
高考数学压轴题解题诀窍(下)(第2版)	2018—01	48.00	875
北京市五区文科数学三年高考模拟题详解:2013～2015	2015—08	48.00	500
北京市五区理科数学三年高考模拟题详解:2013～2015	2015—09	68.00	505
向量法巧解数学高考题	2009—08	28.00	54
高考数学万能解题法(第2版)	即将出版	38.00	691
高考物理万能解题法(第2版)	即将出版	38.00	692
高考化学万能解题法(第2版)	即将出版	28.00	693
高考生物万能解题法(第2版)	即将出版	28.00	694
高考数学解题金典(第2版)	2017—01	78.00	716
高考物理解题金典(第2版)	即将出版	68.00	717
高考化学解题金典(第2版)	即将出版	58.00	718
我一定要赚分:高中物理	2016—01	38.00	580
数学高考参考	2016—01	78.00	589
2011～2015年全国及各省市高考数学文科精品试题审题要津与解法研究	2015—10	68.00	539
2011～2015年全国及各省市高考数学理科精品试题审题要津与解法研究	2015—10	88.00	540
最新全国及各省市高考数学试卷解法研究及点拨评析	2009—02	38.00	41
2011年全国及各省市高考数学试题审题要津与解法研究	2011—10	48.00	139
2013年全国及各省市高考数学试题解析与点评	2014—01	48.00	282
全国及各省市高考数学试题审题要津与解法研究	2015—02	48.00	450
新课标高考数学——五年试题分章详解(2007～2011)(上、下)	2011—10	78.00	140,141
全国中考数学压轴题审题要津与解法研究	2013—04	78.00	248
新编全国及各省市中考数学压轴题审题要津与解法研究	2014—05	58.00	342
全国及各省市5年中考数学压轴题审题要津与解法研究(2015版)	2015—04	58.00	462
中考数学专题总复习	2007—04	28.00	6
中考数学较难题、难题常考题型解题方法与技巧.上	2016—01	48.00	584
中考数学较难题、难题常考题型解题方法与技巧.下	2016—01	58.00	585
中考数学较难题常考题型解题方法与技巧	2016—09	48.00	681
中考数学难题常考题型解题方法与技巧	2016—09	48.00	682
中考数学中档题常考题型解题方法与技巧	2017—08	68.00	835
中考数学选择填空压轴好题妙解365	2017—05	38.00	759

书　名	出版时间	定　价	编号
中考数学小压轴汇编初讲	2017－07	48.00	788
中考数学大压轴专题微言	2017－09	48.00	846
北京中考数学压轴题解题方法突破(第3版)	2017－11	48.00	854
助你高考成功的数学解题智慧:知识是智慧的基础	2016－01	58.00	596
助你高考成功的数学解题智慧:错误是智慧的试金石	2016－04	58.00	643
助你高考成功的数学解题智慧:方法是智慧的推手	2016－04	68.00	657
高考数学奇思妙解	2016－04	38.00	610
高考数学解题策略	2016－05	48.00	670
数学解题泄天机(第2版)	2017－10	48.00	850
高考物理压轴题全解	2017－04	48.00	746
高中物理经典问题25讲	2017－05	28.00	764
高中物理教学讲义	2018－01	48.00	871
2016年高考文科数学真题研究	2017－04	58.00	754
2016年高考理科数学真题研究	2017－04	78.00	755
初中数学、高中数学脱节知识补缺教材	2017－06	48.00	766
高考数学小题抢分必练	2017－10	48.00	834
高考数学核心素养解读	2017－09	38.00	839
高考数学客观题解题方法和技巧	2017－10	38.00	847
十年高考数学精品试题审题要津与解法研究.上卷	2018－01	68.00	872
十年高考数学精品试题审题要津与解法研究.下卷	2018－01	58.00	873
中国历届高考数学试题及解答.1949—1979	2018－01	38.00	877
历届中国高考数学试题及解答.第二卷,1980—1989	2018－10	28.00	975
历届中国高考数学试题及解答.第三卷,1990—1999	2018－10	48.00	976
数学文化与高考研究	2018－03	48.00	882
跟我学解高中数学题	2018－07	58.00	926
中学数学研究的方法及案例	2018－05	58.00	869
高考数学抢分技能	2018－07	68.00	934
高一新生常用数学方法和重要数学思想提升教材	2018－06	38.00	921

新编640个世界著名数学智力趣题	2014－01	88.00	242
500个最新世界著名数学智力趣题	2008－06	48.00	3
400个最新世界著名数学最值问题	2008－09	48.00	36
500个世界著名数学征解问题	2009－06	48.00	52
400个中国最佳初等数学征解老问题	2010－01	48.00	60
500个俄罗斯数学经典老题	2011－01	28.00	81
1000个国外中学物理好题	2012－04	48.00	174
300个日本高考数学题	2012－05	38.00	142
700个早期日本高考数学试题	2017－02	88.00	752
500个前苏联早期高考数学试题及解答	2012－05	28.00	185
546个早期俄罗斯大学生数学竞赛题	2014－03	38.00	285
548个来自美苏的数学好问题	2014－11	28.00	396
20所苏联著名大学早期入学试题	2015－02	18.00	452
161道德国工科大学生必做的微分方程习题	2015－05	28.00	469
500个德国工科大学生必做的高数习题	2015－06	28.00	478
360个数学竞赛问题	2016－08	58.00	677
200个趣味数学故事	2018－02	48.00	857
470个数学奥林匹克中的最值问题	2018－10	88.00	985
德国讲义日本考题.微积分卷	2015－04	48.00	456
德国讲义日本考题.微分方程卷	2015－04	38.00	457
二十世纪中叶中、英、美、日、法、俄高考数学试题精选	2017－06	38.00	783

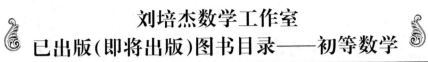

书　名	出版时间	定　价	编号
中国初等数学研究　2009卷(第1辑)	2009—05	20.00	45
中国初等数学研究　2010卷(第2辑)	2010—05	30.00	68
中国初等数学研究　2011卷(第3辑)	2011—07	60.00	127
中国初等数学研究　2012卷(第4辑)	2012—07	48.00	190
中国初等数学研究　2014卷(第5辑)	2014—02	48.00	288
中国初等数学研究　2015卷(第6辑)	2015—06	68.00	493
中国初等数学研究　2016卷(第7辑)	2016—04	68.00	609
中国初等数学研究　2017卷(第8辑)	2017—01	98.00	712
几何变换(Ⅰ)	2014—07	28.00	353
几何变换(Ⅱ)	2015—06	28.00	354
几何变换(Ⅲ)	2015—01	38.00	355
几何变换(Ⅳ)	2015—12	38.00	356
初等数论难题集(第一卷)	2009—05	68.00	44
初等数论难题集(第二卷)(上、下)	2011—02	128.00	82,83
数论概貌	2011—03	18.00	93
代数数论(第二版)	2013—08	58.00	94
代数多项式	2014—06	38.00	289
初等数论的知识与问题	2011—02	28.00	95
超越数论基础	2011—03	28.00	96
数论初等教程	2011—03	28.00	97
数论基础	2011—03	18.00	98
数论基础与维诺格拉多夫	2014—03	18.00	292
解析数论基础	2012—08	28.00	216
解析数论基础(第二版)	2014—01	48.00	287
解析数论问题集(第二版)(原版引进)	2014—05	88.00	343
解析数论问题集(第二版)(中译本)	2016—04	88.00	607
解析数论基础(潘承洞,潘承彪著)	2016—07	98.00	673
解析数论导引	2016—07	58.00	674
数论入门	2011—03	38.00	99
代数数论入门	2015—03	38.00	448
数论开篇	2012—07	28.00	194
解析数论引论	2011—03	48.00	100
Barban Davenport Halberstam 均值和	2009—01	40.00	33
基础数论	2011—03	28.00	101
初等数论100例	2011—05	18.00	122
初等数论经典例题	2012—07	18.00	204
最新世界各国数学奥林匹克中的初等数论试题(上、下)	2012—01	138.00	144,145
初等数论(Ⅰ)	2012—01	18.00	156
初等数论(Ⅱ)	2012—01	18.00	157
初等数论(Ⅲ)	2012—01	28.00	158

书　名	出版时间	定　价	编号
平面几何与数论中未解决的新老问题	2013—01	68.00	229
代数数论简史	2014—11	28.00	408
代数数论	2015—09	88.00	532
代数、数论及分析习题集	2016—11	98.00	695
数论导引提要及习题解答	2016—01	48.00	559
素数定理的初等证明.第2版	2016—09	48.00	686
数论中的模函数与狄利克雷级数（第二版）	2017—11	78.00	837
数论:数学导引	2018—01	68.00	849
数学眼光透视（第2版）	2017—06	78.00	732
数学思想领悟（第2版）	2018—01	68.00	733
数学方法溯源（第2版）	2018—08	68.00	734
数学解题引论	2017—05	58.00	735
数学史话览胜（第2版）	2017—01	48.00	736
数学应用展观（第2版）	2017—08	68.00	737
数学建模尝试	2018—04	48.00	738
数学竞赛采风	2018—01	68.00	739
数学技能操握	2018—03	48.00	741
数学欣赏拾趣	2018—02	48.00	742
从毕达哥拉斯到怀尔斯	2007—10	48.00	9
从迪利克雷到维斯卡尔迪	2008—01	48.00	21
从哥德巴赫到陈景润	2008—05	98.00	35
从庞加莱到佩雷尔曼	2011—08	138.00	136
博弈论精粹	2008—03	58.00	30
博弈论精粹.第二版（精装）	2015—01	88.00	461
数学 我爱你	2008—01	28.00	20
精神的圣徒　别样的人生——60位中国数学家成长的历程	2008—09	48.00	39
数学史概论	2009—06	78.00	50
数学史概论（精装）	2013—03	158.00	272
数学史选讲	2016—01	48.00	544
斐波那契数列	2010—02	28.00	65
数学拼盘和斐波那契魔方	2010—07	38.00	72
斐波那契数列欣赏（第2版）	2018—08	58.00	948
Fibonacci 数列中的明珠	2018—06	58.00	928
数学的创造	2011—02	48.00	85
数学美与创造力	2016—01	48.00	595
数海拾贝	2016—01	48.00	590
数学中的美	2011—02	38.00	84
数论中的美学	2014—12	38.00	351

刘培杰数学工作室
已出版(即将出版)图书目录——初等数学

书　名	出版时间	定　价	编号
数学王者　科学巨人——高斯	2015—01	28.00	428
振兴祖国数学的圆梦之旅:中国初等数学研究史话	2015—06	98.00	490
二十世纪中国数学史料研究	2015—10	48.00	536
数字谜、数阵图与棋盘覆盖	2016—01	58.00	298
时间的形状	2016—01	38.00	556
数学发现的艺术:数学探索中的合情推理	2016—07	58.00	671
活跃在数学中的参数	2016—07	48.00	675
数学解题——靠数学思想给力(上)	2011—07	38.00	131
数学解题——靠数学思想给力(中)	2011—07	48.00	132
数学解题——靠数学思想给力(下)	2011—07	38.00	133
我怎样解题	2013—01	48.00	227
数学解题中的物理方法	2011—06	28.00	114
数学解题的特殊方法	2011—06	48.00	115
中学数学计算技巧	2012—01	48.00	116
中学数学证明方法	2012—01	58.00	117
数学趣题巧解	2012—03	28.00	128
高中数学教学通鉴	2015—05	58.00	479
和高中生漫谈:数学与哲学的故事	2014—08	28.00	369
算术问题集	2017—03	38.00	789
张教授讲数学	2018—07	38.00	933
自主招生考试中的参数方程问题	2015—01	28.00	435
自主招生考试中的极坐标问题	2015—04	28.00	463
近年全国重点大学自主招生数学试题全解及研究.华约卷	2015—02	38.00	441
近年全国重点大学自主招生数学试题全解及研究.北约卷	2016—05	38.00	619
自主招生数学解证宝典	2015—09	48.00	535
格点和面积	2012—07	18.00	191
射影几何趣谈	2012—04	28.00	175
斯潘纳尔引理——从一道加拿大数学奥林匹克试题谈起	2014—01	28.00	228
李普希兹条件——从几道近年高考数学试题谈起	2012—10	18.00	221
拉格朗日中值定理——从一道北京高考试题的解法谈起	2015—10	18.00	197
闵科夫斯基定理——从一道清华大学自主招生试题谈起	2014—01	28.00	198
哈尔测度——从一道冬令营试题的背景谈起	2012—08	28.00	202
切比雪夫逼近问题——从一道中国台北数学奥林匹克试题谈起	2013—04	38.00	238
伯恩斯坦多项式与贝齐尔曲面——从一道全国高中数学联赛试题谈起	2013—03	38.00	236
卡塔兰猜想——从一道普特南竞赛试题谈起	2013—06	18.00	256
麦卡锡函数和阿克曼函数——从一道前南斯拉夫数学奥林匹克试题谈起	2012—08	18.00	201
贝蒂定理与拉姆贝克莫斯尔定理——从一个拣石子游戏谈起	2012—08	18.00	217
皮亚诺曲线和豪斯道夫分球定理——从无限集谈起	2012—08	18.00	211
平面凸图形与凸多面体	2012—10	28.00	218
斯坦因豪斯问题——从一道二十五省市自治区中学数学竞赛试题谈起	2012—07	18.00	196

刘培杰数学工作室
已出版(即将出版)图书目录——初等数学

书 名	出版时间	定 价	编号
纽结理论中的亚历山大多项式与琼斯多项式——从一道北京市高一数学竞赛试题谈起	2012—07	28.00	195
原则与策略——从波利亚"解题表"谈起	2013—04	38.00	244
转化与化归——从三大尺规作图不能问题谈起	2012—08	28.00	214
代数几何中的贝祖定理(第一版)——从一道IMO试题的解法谈起	2013—08	18.00	193
成功连贯理论与约当块理论——从一道比利时数学竞赛试题谈起	2012—04	18.00	180
素数判定与大数分解	2014—08	18.00	199
置换多项式及其应用	2012—10	18.00	220
椭圆函数与模函数——从一道美国加州大学洛杉矶分校(UCLA)博士资格考题谈起	2012—10	28.00	219
差分方程的拉格朗日方法——从一道2011年全国高考理科试题的解法谈起	2012—08	28.00	200
力学在几何中的一些应用	2013—01	38.00	240
高斯散度定理、斯托克斯定理和平面格林定理——从一道国际大学生数学竞赛试题谈起	即将出版		
康托洛维奇不等式——从一道全国高中联赛试题谈起	2013—03	28.00	337
西格尔引理——从一道第18届IMO试题的解法谈起	即将出版		
罗斯定理——从一道前苏联数学竞赛试题谈起	即将出版		
拉克斯定理和阿廷定理——从一道IMO试题的解法谈起	2014—01	58.00	246
毕卡大定理——从一道美国大学数学竞赛试题谈起	2014—07	18.00	350
贝齐尔曲线——从一道全国高中联赛试题谈起	即将出版		
拉格朗日乘子定理——从一道2005年全国高中联赛试题的高等数学解法谈起	2015—05	28.00	480
雅可比定理——从一道日本数学奥林匹克试题谈起	2013—04	48.00	249
李天岩—约克定理——从一道波兰数学竞赛试题谈起	2014—06	28.00	349
整系数多项式因式分解的一般方法——从克朗耐克算法谈起	即将出版		
布劳维不动点定理——从一道前苏联数学奥林匹克试题谈起	2014—01	38.00	273
伯恩赛德定理——从一道英国数学奥林匹克试题谈起	即将出版		
布查特—莫斯特定理——从一道上海市初中竞赛试题谈起	即将出版		
数论中的同余数问题——从一道普特南竞赛试题谈起	即将出版		
范·德蒙行列式——从一道美国数学奥林匹克试题谈起	即将出版		
中国剩余定理:总数法构建中国历史年表	2015—01	28.00	430
牛顿程序与方程求根——从一道全国高考试题解法谈起	即将出版		
库默尔定理——从一道IMO预选试题谈起	即将出版		
卢丁定理——从一道冬令营试题的解法谈起	即将出版		
沃斯滕霍姆定理——从一道IMO预选试题谈起	即将出版		
卡尔松不等式——从一道莫斯科数学奥林匹克试题谈起	即将出版		
信息论中的香农熵——从一道近年高考压轴题谈起	即将出版		
约当不等式——从一道希望杯竞赛试题谈起	即将出版		
拉比诺维奇定理	即将出版		
刘维尔定理——从一道《美国数学月刊》征解问题的解法谈起	即将出版		
卡塔兰恒等式与级数求和——从一道IMO试题的解法谈起	即将出版		
勒让德猜想与素数分布——从一道爱尔兰竞赛试题谈起	即将出版		
天平称重与信息论——从一道基辅市数学奥林匹克试题谈起	即将出版		
哈密尔顿—凯莱定理:从一道高中数学联赛试题的解法谈起	2014—09	18.00	376
艾思特曼定理——从一道CMO试题的解法谈起	即将出版		

刘培杰数学工作室
已出版(即将出版)图书目录——初等数学

书　　名	出版时间	定价	编号
阿贝尔恒等式与经典不等式及应用	2018－06	98.00	923
迪利克雷除数问题	2018－07	48.00	930
贝克码与编码理论——从一道全国高中联赛试题谈起	即将出版		
帕斯卡三角形	2014－03	18.00	294
蒲丰投针问题——从2009年清华大学的一道自主招生试题谈起	2014－01	38.00	295
斯图姆定理——从一道"华约"自主招生试题的解法谈起	2014－01	18.00	296
许瓦兹引理——从一道加利福尼亚大学伯克利分校数学系博士生试题谈起	2014－08	18.00	297
拉姆塞定理——从王诗宬院士的一个问题谈起	2016－04	48.00	299
坐标法	2013－12	28.00	332
数论三角形	2014－04	38.00	341
毕克定理	2014－07	18.00	352
数林掠影	2014－09	48.00	389
我们周围的概率	2014－10	38.00	390
凸函数最值定理:从一道华约自主招生题的解法谈起	2014－10	28.00	391
易学与数学奥林匹克	2014－10	38.00	392
生物数学趣谈	2015－01	18.00	409
反演	2015－01	28.00	420
因式分解与圆锥曲线	2015－01	18.00	426
轨迹	2015－01	28.00	427
面积原理:从常庚哲命的一道CMO试题的积分解法谈起	2015－01	48.00	431
形形色色的不动点定理:从一道28届IMO试题谈起	2015－01	38.00	439
柯西函数方程:从一道上海交大自主招生的试题谈起	2015－02	28.00	440
三角恒等式	2015－02	28.00	442
无理性判定:从一道2014年"北约"自主招生试题谈起	2015－01	38.00	443
数学归纳法	2015－03	18.00	451
极端原理与解题	2015－04	28.00	464
法雷级数	2014－08	18.00	367
摆线族	2015－01	38.00	438
函数方程及其解法	2015－05	38.00	470
含参数的方程和不等式	2012－09	28.00	213
希尔伯特第十问题	2016－01	38.00	543
无穷小量的求和	2016－01	28.00	545
切比雪夫多项式:从一道清华大学金秋营试题谈起	2016－01	38.00	583
泽肯多夫定理	2016－03	38.00	599
代数等式证题法	2016－01	28.00	600
三角等式证题法	2016－01	28.00	601
吴大任教授藏书中的一个因式分解公式:从一道美国数学邀请赛试题的解法谈起	2016－06	28.00	656
易卦——类万物的数学模型	2017－08	68.00	838
"不可思议"的数与数系可持续发展	2018－01	38.00	878
最短线	2018－01	38.00	879
幻方和魔方(第一卷)	2012－05	68.00	173
尘封的经典——初等数学经典文献选读(第一卷)	2012－07	48.00	205
尘封的经典——初等数学经典文献选读(第二卷)	2012－07	38.00	206
初级方程式论	2011－03	28.00	106
初等数学研究(Ⅰ)	2008－09	68.00	37
初等数学研究(Ⅱ)(上、下)	2009－05	118.00	46,47

刘培杰数学工作室
已出版(即将出版)图书目录——初等数学

书 名	出版时间	定 价	编号
趣味初等方程妙题集锦	2014—09	48.00	388
趣味初等数论选美与欣赏	2015—02	48.00	445
耕读笔记(上卷):一位农民数学爱好者的初数探索	2015—04	28.00	459
耕读笔记(中卷):一位农民数学爱好者的初数探索	2015—05	28.00	483
耕读笔记(下卷):一位农民数学爱好者的初数探索	2015—05	28.00	484
几何不等式研究与欣赏.上卷	2016—01	88.00	547
几何不等式研究与欣赏.下卷	2016—01	48.00	552
初等数列研究与欣赏·上	2016—01	48.00	570
初等数列研究与欣赏·下	2016—01	48.00	571
趣味初等函数研究与欣赏.上	2016—09	48.00	684
趣味初等函数研究与欣赏.下	2018—09	48.00	685
火柴游戏	2016—05	38.00	612
智力解谜.第1卷	2017—07	38.00	613
智力解谜.第2卷	2017—07	38.00	614
故事智力	2016—07	48.00	615
名人们喜欢的智力问题	即将出版		616
数学大师的发现、创造与失误	2018—01	48.00	617
异曲同工	2018—09	48.00	618
数学的味道	2018—01	58.00	798
数学千字文	2018—10	68.00	977
数贝偶拾——高考数学题研究	2014—04	28.00	274
数贝偶拾——初等数学研究	2014—04	38.00	275
数贝偶拾——奥数题研究	2014—04	48.00	276
钱昌本教你快乐学数学(上)	2011—12	48.00	155
钱昌本教你快乐学数学(下)	2012—03	58.00	171
集合、函数与方程	2014—01	28.00	300
数列与不等式	2014—01	38.00	301
三角与平面向量	2014—01	28.00	302
平面解析几何	2014—01	38.00	303
立体几何与组合	2014—01	28.00	304
极限与导数、数学归纳法	2014—01	38.00	305
趣味数学	2014—03	28.00	306
教材教法	2014—04	68.00	307
自主招生	2014—05	58.00	308
高考压轴题(上)	2015—01	48.00	309
高考压轴题(下)	2014—10	68.00	310
从费马到怀尔斯——费马大定理的历史	2013—10	198.00	I
从庞加莱到佩雷尔曼——庞加莱猜想的历史	2013—10	298.00	II
从切比雪夫到爱尔特希(上)——素数定理的初等证明	2013—07	48.00	III
从切比雪夫到爱尔特希(下)——素数定理100年	2012—12	98.00	III
从高斯到盖尔方特——二次域的高斯猜想	2013—10	198.00	IV
从库默尔到朗兰兹——朗兰兹猜想的历史	2014—01	98.00	V
从比勃巴赫到德布朗斯——比勃巴赫猜想的历史	2014—02	298.00	VI
从麦比乌斯到陈省身——麦比乌斯变换与麦比乌斯带	2014—02	298.00	VII
从布尔到豪斯道夫——布尔方程与格论漫谈	2013—10	198.00	VIII
从开普勒到阿诺德——三体问题的历史	2014—05	298.00	IX
从华林到华罗庚——华林问题的历史	2013—10	298.00	X

刘培杰数学工作室
已出版（即将出版）图书目录——初等数学

书　名	出版时间	定　价	编号
美国高中数学竞赛五十讲.第1卷(英文)	2014—08	28.00	357
美国高中数学竞赛五十讲.第2卷(英文)	2014—08	28.00	358
美国高中数学竞赛五十讲.第3卷(英文)	2014—09	28.00	359
美国高中数学竞赛五十讲.第4卷(英文)	2014—09	28.00	360
美国高中数学竞赛五十讲.第5卷(英文)	2014—10	28.00	361
美国高中数学竞赛五十讲.第6卷(英文)	2014—11	28.00	362
美国高中数学竞赛五十讲.第7卷(英文)	2014—12	28.00	363
美国高中数学竞赛五十讲.第8卷(英文)	2015—01	28.00	364
美国高中数学竞赛五十讲.第9卷(英文)	2015—01	28.00	365
美国高中数学竞赛五十讲.第10卷(英文)	2015—02	38.00	366
三角函数(第2版)	2017—04	38.00	626
不等式	2014—01	38.00	312
数列	2014—01	38.00	313
方程(第2版)	2017—04	38.00	624
排列和组合	2014—01	28.00	315
极限与导数(第2版)	2016—04	38.00	635
向量(第2版)	2018—08	58.00	627
复数及其应用	2014—08	28.00	318
函数	2014—01	38.00	319
集合	即将出版		320
直线与平面	2014—01	28.00	321
立体几何(第2版)	2016—04	38.00	629
解三角形	即将出版		323
直线与圆(第2版)	2016—11	38.00	631
圆锥曲线(第2版)	2016—09	48.00	632
解题通法(一)	2014—07	38.00	326
解题通法(二)	2014—07	38.00	327
解题通法(三)	2014—05	38.00	328
概率与统计	2014—01	28.00	329
信息迁移与算法	即将出版		330
IMO 50 年.第1卷(1959—1963)	2014—11	28.00	377
IMO 50 年.第2卷(1964—1968)	2014—11	28.00	378
IMO 50 年.第3卷(1969—1973)	2014—09	28.00	379
IMO 50 年.第4卷(1974—1978)	2016—04	38.00	380
IMO 50 年.第5卷(1979—1984)	2015—04	38.00	381
IMO 50 年.第6卷(1985—1989)	2015—04	58.00	382
IMO 50 年.第7卷(1990—1994)	2016—01	48.00	383
IMO 50 年.第8卷(1995—1999)	2016—06	38.00	384
IMO 50 年.第9卷(2000—2004)	2015—04	58.00	385
IMO 50 年.第10卷(2005—2009)	2016—01	48.00	386
IMO 50 年.第11卷(2010—2015)	2017—03	48.00	646

书　名	出版时间	定　价	编号
数学反思(2007—2008)	即将出版		915
数学反思(2008—2009)	即将出版		916
数学反思(2010—2011)	2018-05	58.00	917
数学反思(2012—2013)	即将出版		918
数学反思(2014—2015)	即将出版		919
历届美国大学生数学竞赛试题集.第一卷(1938—1949)	2015-01	28.00	397
历届美国大学生数学竞赛试题集.第二卷(1950—1959)	2015-01	28.00	398
历届美国大学生数学竞赛试题集.第三卷(1960—1969)	2015-01	28.00	399
历届美国大学生数学竞赛试题集.第四卷(1970—1979)	2015-01	18.00	400
历届美国大学生数学竞赛试题集.第五卷(1980—1989)	2015-01	28.00	401
历届美国大学生数学竞赛试题集.第六卷(1990—1999)	2015-01	28.00	402
历届美国大学生数学竞赛试题集.第七卷(2000—2009)	2015-08	18.00	403
历届美国大学生数学竞赛试题集.第八卷(2010—2012)	2015-01	18.00	404
新课标高考数学创新题解题诀窍:总论	2014-09	28.00	372
新课标高考数学创新题解题诀窍:必修1～5分册	2014-08	38.00	373
新课标高考数学创新题解题诀窍:选修2－1,2－2,1－1,1－2分册	2014-09	38.00	374
新课标高考数学创新题解题诀窍:选修2－3,4－4,4－5分册	2014-09	18.00	375
全国重点大学自主招生英文数学试题全攻略:词汇卷	2015-07	48.00	410
全国重点大学自主招生英文数学试题全攻略:概念卷	2015-01	28.00	411
全国重点大学自主招生英文数学试题全攻略:文章选读卷(上)	2016-09	38.00	412
全国重点大学自主招生英文数学试题全攻略:文章选读卷(下)	2017-01	58.00	413
全国重点大学自主招生英文数学试题全攻略:试题卷	2015-07	38.00	414
全国重点大学自主招生英文数学试题全攻略:名著欣赏卷	2017-03	48.00	415
劳埃德数学趣题大全.题目卷.1:英文	2016-01	18.00	516
劳埃德数学趣题大全.题目卷.2:英文	2016-01	18.00	517
劳埃德数学趣题大全.题目卷.3:英文	2016-01	18.00	518
劳埃德数学趣题大全.题目卷.4:英文	2016-01	18.00	519
劳埃德数学趣题大全.题目卷.5:英文	2016-01	18.00	520
劳埃德数学趣题大全.答案卷:英文	2016-01	18.00	521
李成章教练奥数笔记.第1卷	2016-01	48.00	522
李成章教练奥数笔记.第2卷	2016-01	48.00	523
李成章教练奥数笔记.第3卷	2016-01	38.00	524
李成章教练奥数笔记.第4卷	2016-01	38.00	525
李成章教练奥数笔记.第5卷	2016-01	38.00	526
李成章教练奥数笔记.第6卷	2016-01	38.00	527
李成章教练奥数笔记.第7卷	2016-01	38.00	528
李成章教练奥数笔记.第8卷	2016-01	48.00	529
李成章教练奥数笔记.第9卷	2016-01	28.00	530

刘培杰数学工作室
已出版（即将出版）图书目录——初等数学

书　名	出版时间	定　价	编号
第19～23届"希望杯"全国数学邀请赛试题审题要津详细评注(初一版)	2014—03	28.00	333
第19～23届"希望杯"全国数学邀请赛试题审题要津详细评注(初二、初三版)	2014—03	38.00	334
第19～23届"希望杯"全国数学邀请赛试题审题要津详细评注(高一版)	2014—03	28.00	335
第19～23届"希望杯"全国数学邀请赛试题审题要津详细评注(高二版)	2014—03	38.00	336
第19～25届"希望杯"全国数学邀请赛试题审题要津详细评注(初一版)	2015—01	38.00	416
第19～25届"希望杯"全国数学邀请赛试题审题要津详细评注(初二、初三版)	2015—01	58.00	417
第19～25届"希望杯"全国数学邀请赛试题审题要津详细评注(高一版)	2015—01	48.00	418
第19～25届"希望杯"全国数学邀请赛试题审题要津详细评注(高二版)	2015—01	48.00	419
物理奥林匹克竞赛大题典——力学卷	2014—11	48.00	405
物理奥林匹克竞赛大题典——热学卷	2014—04	28.00	339
物理奥林匹克竞赛大题典——电磁学卷	2015—07	48.00	406
物理奥林匹克竞赛大题典——光学与近代物理卷	2014—06	28.00	345
历届中国东南地区数学奥林匹克试题集(2004～2012)	2014—06	18.00	346
历届中国西部地区数学奥林匹克试题集(2001～2012)	2014—07	18.00	347
历届中国女子数学奥林匹克试题集(2002～2012)	2014—08	18.00	348
数学奥林匹克在中国	2014—06	98.00	344
数学奥林匹克问题集	2014—01	38.00	267
数学奥林匹克不等式散论	2010—06	38.00	124
数学奥林匹克不等式欣赏	2011—09	38.00	138
数学奥林匹克超级题库(初中卷上)	2010—01	58.00	66
数学奥林匹克不等式证明方法和技巧(上、下)	2011—08	158.00	134,135
他们学什么:原民主德国中学数学课本	2016—09	38.00	658
他们学什么:英国中学数学课本	2016—09	38.00	659
他们学什么:法国中学数学课本.1	2016—09	38.00	660
他们学什么:法国中学数学课本.2	2016—09	28.00	661
他们学什么:法国中学数学课本.3	2016—09	38.00	662
他们学什么:苏联中学数学课本	2016—09	28.00	679
高中数学题典——集合与简易逻辑·函数	2016—07	48.00	647
高中数学题典——导数	2016—07	48.00	648
高中数学题典——三角函数·平面向量	2016—07	48.00	649
高中数学题典——数列	2016—07	58.00	650
高中数学题典——不等式·推理与证明	2016—07	38.00	651
高中数学题典——立体几何	2016—07	48.00	652
高中数学题典——平面解析几何	2016—07	78.00	653
高中数学题典——计数原理·统计·概率·复数	2016—07	48.00	654
高中数学题典——算法·平面几何·初等数论·组合数学·其他	2016—07	68.00	655

书 名	出版时间	定 价	编号
台湾地区奥林匹克数学竞赛试题.小学一年级	2017—03	38.00	722
台湾地区奥林匹克数学竞赛试题.小学二年级	2017—03	38.00	723
台湾地区奥林匹克数学竞赛试题.小学三年级	2017—03	38.00	724
台湾地区奥林匹克数学竞赛试题.小学四年级	2017—03	38.00	725
台湾地区奥林匹克数学竞赛试题.小学五年级	2017—03	38.00	726
台湾地区奥林匹克数学竞赛试题.小学六年级	2017—03	38.00	727
台湾地区奥林匹克数学竞赛试题.初中一年级	2017—03	38.00	728
台湾地区奥林匹克数学竞赛试题.初中二年级	2017—03	38.00	729
台湾地区奥林匹克数学竞赛试题.初中三年级	2017—03	28.00	730
不等式证题法	2017—04	28.00	747
平面几何培优教程	即将出版		748
奥数鼎级培优教程.高一分册	2018—09	88.00	749
奥数鼎级培优教程.高二分册.上	2018—04	68.00	750
奥数鼎级培优教程.高二分册.下	2018—04	68.00	751
高中数学竞赛冲刺宝典	即将出版		883
初中尖子生数学超级题典.实数	2017—07	58.00	792
初中尖子生数学超级题典.式、方程与不等式	2017—08	58.00	793
初中尖子生数学超级题典.圆、面积	2017—08	38.00	794
初中尖子生数学超级题典.函数、逻辑推理	2017—08	48.00	795
初中尖子生数学超级题典.角、线段、三角形与多边形	2017—07	58.00	796
数学王子——高斯	2018—01	48.00	858
坎坷奇星——阿贝尔	2018—01	48.00	859
闪烁奇星——伽罗瓦	2018—01	58.00	860
无穷统帅——康托尔	2018—01	48.00	861
科学公主——柯瓦列夫斯卡娅	2018—01	48.00	862
抽象代数之母——埃米·诺特	2018—01	48.00	863
电脑先驱——图灵	2018—01	58.00	864
昔日神童——维纳	2018—01	48.00	865
数坛怪侠——爱尔特希	2018—01	68.00	866
当代世界中的数学.数学思想与数学基础	2019—01	38.00	892
当代世界中的数学.数学问题	2019—01	38.00	893
当代世界中的数学.应用数学与数学应用	即将出版		894
当代世界中的数学.数学王国的新疆域(一)	2019—01	38.00	895
当代世界中的数学.数学王国的新疆域(二)	2019—01	38.00	896
当代世界中的数学.数林撷英(一)	即将出版		897
当代世界中的数学.数林撷英(二)	即将出版		898
当代世界中的数学.数学之路	即将出版		899

刘培杰数学工作室
已出版(即将出版)图书目录——初等数学

书　名	出版时间	定　价	编号
105 个代数问题:来自 AwesomeMath 夏季课程	即将出版		956
106 个几何问题:来自 AwesomeMath 夏季课程	即将出版		957
107 个几何问题:来自 AwesomeMath 全年课程	即将出版		958
108 个代数问题:来自 AwesomeMath 全年课程	2018-09	68.00	959
109 个不等式:来自 AwesomeMath 夏季课程	即将出版		960
数学奥林匹克中的 110 个几何问题	即将出版		961
111 个代数和数论问题	即将出版		962
112 个组合问题:来自 AwesomeMath 夏季课程	即将出版		963
113 个几何不等式:来自 AwesomeMath 夏季课程	即将出版		964
114 个指数和对数问题:来自 AwesomeMath 夏季课程	即将出版		965
115 个三角问题:来自 AwesomeMath 夏季课程	即将出版		966
116 个代数不等式:来自 AwesomeMath 全年课程	即将出版		967

联系地址:哈尔滨市南岗区复华四道街 10 号　哈尔滨工业大学出版社刘培杰数学工作室
网　　址:http://lpj.hit.edu.cn/
邮　　编:150006
联系电话:0451-86281378　　13904613167
E-mail:lpj1378@163.com